非线性系统的自适应模糊控制

（第二版）

佟绍成　李永明　刘艳军　著

U0252511

科学出版社

北　京

内 容 简 介

本书系统介绍了非线性系统的自适应模糊控制的基本内容和方法，力图概括国内外最新研究成果。主要内容包括：非线性系统的自适应模糊控制设计方法与稳定性分析；非线性系统的自适应模糊 H_∞ 控制设计方法与稳定性分析；非线性系统的自适应模糊滑模控制设计方法与稳定性分析；非线性系统的自适应输出反馈模糊控制设计方法与稳定性分析；基于高增益观测器非线性系统的自适应输出反馈模糊控制设计方法与稳定性分析；多变量非线性系统的自适应模糊控制设计方法与稳定性分析；多变量非线性系统的自适应输出反馈模糊控制设计方法与稳定性分析；非线性大系统的自适应分散模糊控制设计方法与稳定性分析；多变量非线性系统的自适应模糊辨识、模糊控制设计方法与稳定性分析。

本书可作为高等学校控制理论与控制工程及相关专业的研究生教材，也可供研究模糊控制理论的科技工作者参考。

图书在版编目(CIP)数据

非线性系统的自适应模糊控制/佟绍成，李永明，刘艳军著. —2 版. —北京：科学出版社，2020.6

ISBN 978-7-03-065292-8

Ⅰ.①非… Ⅱ.①佟…②李…③刘… Ⅲ.①非线性系统(自动化)-自适应控制-模糊控制 Ⅳ.①TP271

中国版本图书馆 CIP 数据核字(2020)第 092359 号

责任编辑：朱英彪 / 责任校对：郭瑞芝

责任印制：吴兆东 / 封面设计：蓝正设计

科学出版社出版

北京东黄城根北街 16 号

邮政编码：100717

http://www.sciencep.com

北京凌奇印刷有限责任公司 印刷

科学出版社发行 各地新华书店经销

*

2006 年 1 月第 一 版 开本：720×1000 B5

2020 年 6 月第 二 版 印张：18

2024 年 1 月第四次印刷 字数：363 000

定价：138.00 元

(如有印装质量问题，我社负责调换)

第二版前言

本书第一版于2006年正式出版。十多年来，该书为模糊控制领域的广大专家学者提供了重要的学术参考，同时，作为智能控制或相关学科的研究生精品教材，已被国内多所高校使用，并收到了良好的教学效果。诸多专家学者、读者对该书的知识结构、内容体系给予了高度评价，也提出了许多非常有意义的建议，并期待该书能够再版。

为此，作者在第一版的基础上，把作者及国内外学者最新的代表性研究成果融入书中，进一步丰富了相关章节的内容。另外，修订了第一版中的一些表述，使之更加清晰简洁，同时也对第一版中存在的一些疏漏进行了改正。

本书的再版得到了国家自然科学基金项目(61374113)和辽宁省高等学校一流学科建设项目的资助，在此表示衷心的感谢。

由于作者水平有限，书中难免存在疏漏之处，殷切希望广大读者批评指正。

作　者

2020年5月

第一版前言

当今的经济社会经历着一场强劲的信息革命，模糊数学为其提供了一种新的更加强有力的数学手段，它的兴起反映了这场革命的迫切需要。1965 年，美国控制论专家 L. A. Zadeh 发表了具有创建性的论文《模糊集》，创立了模糊集合论。1974 年，英国学者 Mamdani 把模糊语言逻辑用于控制并获得成功，这标志着模糊控制的诞生。

众所周知，经典和现代控制论对解决线性定常系统的控制问题是非常有效的手段。随着科学技术的进步，现代工业过程日趋复杂，严重的非线性、不确定性和多变量等因素使得控制对象精确的数学模型要么难以建立，要么知之甚少，从而使得传统的控制理论和方法显得无能为力。模糊控制是利用模糊集理论设计的，它无须知道被控对象精确的数学模型，而且模糊算法能够有效地利用专家所提供的模糊信息和知识，进而能够处理那些定义不完善或难以精确建模的复杂过程。30 多年来，模糊控制及其算法在工程领域取得了明显的应用效果，使人们坚信在原有控制理论基础上纳入模糊控制，是解决非线性不确定系统的控制问题的有效途径之一。

本书基于模糊控制、模糊逻辑系统、模糊滑模、自适应控制等理论和方法，针对非线性系统不确定的控制问题，系统地介绍了自适应状态反馈模糊控制和基于观测器的输出反馈模糊控制的设计方法，模糊控制系统的稳定性和收敛性等理论分析，着重反映自适应模糊控制领域最新的研究成果和发展动态。本书的内容取材于作者在各种期刊杂志和国际会议上公开发表的学术论文，同时融合了国内外学者在该领域的部分优秀研究成果。

本书的出版得到了中国科学院科学出版基金的资助，作者表示衷心的感谢。本书介绍的研究成果得到了国家自然科学基金（60274019）、国家重点基础研究发展计划项目（2002CB312200）和辽宁省优秀人才基金项目（2005219001）的资助，在此表示衷心感谢。

由于作者水平有限，书中难免存在疏漏之处，殷切希望广大读者批评指正。

作　者

2005 年 7 月

目　　录

第1章 绪　论

1.1 模糊控制的产生与发展

以状态空间法为基础的现代控制理论从20世纪60年代初期发展以来，已经取得了很大进展，特别是在航空航天等领域取得了辉煌的成果。利用状态空间法分析和设计系统是设计控制系统的一种手段，它提高了人们对被控对象的洞察力，对控制理论和控制工程的发展起到了积极的推动作用。但是随着科学技术的迅速发展，现代控制理论的局限性日益明显。这主要表现在以下三个方面：

（1）现代控制理论的基础是被控对象要建立精确的数学模型。然而，随着科学技术和生产的迅速发展，各个领域对自动化控制的控制精度、响应速度、系统的稳定性与适应能力的要求越来越高，所研究的复杂工业过程，其数学模型要么很难建立，要么建立的数学模型的结构十分复杂，难以设计和实现有效的控制。

（2）系统在实际运行中由于各种原因，其参数要发生一些变化，而且生产环境的改变和外来扰动的影响给系统带来了很大的不确定性，这使得按理想模型得到的最优控制失去了最优性并使控制品质下降。在实际应用中，人们往往更关心的是控制系统在不确定性因素影响下仍能保持良好的控制性能，而不是追求理想的最优性。这些来自实际的原因阻碍了现代控制理论在工业过程中的有效应用。

（3）为了克服理论与应用之间的不协调，20世纪70年代以来，人们开始加强对生产过程的建模、系统辨识、自适应控制、鲁棒控制等方向的研究，取得了一定的实际效果，但范围有限，仍没有打破传统控制思想的束缚。其原因在于：系统建模、辨识和自适应控制方法本身的复杂性难以被生产现场的操作人员接受；没有将人的经验、直觉推理运用到系统的设计中，因此不能满足对复杂控制系统设计的要求。

为了用数学方法描述和处理自然界中出现的不精确、不完整的信息，如人类语言描述和图像处理，美国科学家L. A. Zadeh于1965年发表了论文《模糊集》，提出了模糊理论。模糊理论是建立在模糊集合和模糊逻辑的基础上，通过引入隶属函数的概念来描述那些介于“属于”和“不属于”之间的过渡过程，使得每个元素不仅以“0”或“1”属于某个集合，还以一定的介于“0”和“1”之间的程度属于某个集合。每个元素或多或少属于某个集合。模糊集合是以一定程度具备某种特性元素的全体，因此模糊集合论打破了分明集中的0-1的界限，为描述模糊信息、处理模糊现象提供了新的数学工具。

模糊控制是以模糊集理论为基础，以模糊语言变量和逻辑推理为工具，能够利

用人的经验和知识,把直觉推理纳入到决策之中的一种智能控制。模糊控制的研究对象一般具备如下特点:

(1)系统的不确定性。传统的控制是基于模型的控制,这里的模型包括控制对象和干扰模型。对于传统控制,通常认为模型已知或者经过辨识可以得到。而模糊控制的对象通常存在严重的不确定性。这里所说的模型不确定性包含三层意思:一是模型未知或知之甚少;二是模型的结构和参数可能在很大范围内变化;三是模型的结构已知,但模型中所包含的函数未知。无论哪种情况,传统方法都难以对它们进行控制,这正是引入模糊控制的原因之一。

(2)系统的非线性、多变量和未建模动态。当系统具有高度非线性、多输入多输出、时变和未建模动态等综合特征时,系统的数学模型非常复杂或根本就不存在,虽然也有一些非线性、解耦和鲁棒控制方法,但总的说来,这些理论还很不成熟,而且方法比较复杂。模糊控制是建立在对过程的语言型经验上,不需要精确的数学模型。

模糊控制理论和技术是控制领域中非常有前途的一个分支,在工程上已经取得了很多成功的应用。1974 年,英国学者 Mamdani 利用模糊语言构成模糊控制器,首次把模糊控制理论应用到蒸汽机和锅炉的控制中,取得了优于常规调节器的控制品质,标志着模糊控制从理论走向应用,其特点是把人的经验转化为控制策略,为模型未知的复杂系统控制提供了简便的模式。随后,Ostergarad 和 Sugeno 分别将模糊控制成功地应用于热交换器、水泥窑的生产和汽车的控制上,取得了很好的控制效果。1979 年,英国学者 Procyk 和 Mamdani 研究了一种自组织的模糊控制器,它在控制过程中不断修改和调整控制规则,使控制系统的性能不断完善。自组织模糊控制器的问世,标志着模糊控制器智能化程度进一步向高级阶段发展。应用是推动学科进步的最有效手段。到 20 世纪 80 年代末期,随着计算机技术的发展,日本科学家成功地将模糊控制理论运用于工业控制和消费产品控制,在世界范围内掀起了模糊控制应用的高潮。目前,各种模糊产品充满日本、欧洲和美国市场,如模糊洗衣机、模糊吸尘器和模糊摄像机等。作为对模糊理论的认同,世界最大的工程师协会 IEEE 从 1992 年起每年举办一届模糊系统年会,并于 1993 年起创办了 IEEE 模糊系统会刊。

与现代控制理论相比较,模糊系统理论还有一些重要的理论问题没有得到很好的解决。一方面是由于模糊控制是一门年轻的学科,另一方面,模糊控制本质上是非线性控制,而非线性控制理论还不成熟,加之模糊系统算法及结构的复杂性,语言变量的不确定性,因而研究模糊控制的理论问题远非像现代控制理论那么简单。目前模糊控制主要研究的理论问题如下:

(1) 控制器的设计。模糊控制器的设计是模糊控制系统中的最重要问题之一,但目前关于模糊控制系统的可控性和可观性问题还没有得到解决,因此模糊控制器的设计还没有形成统一的设计准则,这使得控制器的设计存在随意性。

(2)稳定性。我们知道,任何一个控制系统首先必须是稳定的,否则系统将无法正常运行,所以稳定性也是评价模糊控制的一个重要指标。虽然目前国内外许多学者提出了关于模糊系统稳定性的一些判据,但是各种判据都是基于具体的控制对象,而且假设条件是千差万别的,还没有统一的方法,所以稳定性仍然是模糊控制领域研究的最重要问题之一。

(3)鲁棒性。由于模糊控制系统实际所依据的模型都带有不确定性,如果其中某些部件的特性发生变化,它能否仍然保持满意的品质?这就是鲁棒性问题,因此,模糊控制系统的鲁棒性研究具有重要的意义。目前许多模糊控制的论文都声称,模糊控制系统具有鲁棒性。然而,这只是基于仿真的结论,并不是基于理论分析的结论,所以模糊控制器的鲁棒性问题还有待于进一步深入地分析。

1.2 自适应模糊控制

对那些时变的、非线性的复杂系统采用模糊控制时,为了获得良好的控制效果,必须要求模糊控制器具有较完善的控制规则。这些控制规则是人们对受控过程认识的模糊信息的归纳和操作经验的总结。然而,由于被控过程的非线性、高阶次、时变性以及随机干扰等因素的影响,模糊控制规则或者粗糙或者不完善,都会不同程度地影响控制效果。为了弥补这个不足,先进的模糊控制应该具有自适应性,在系统出现不确定因素时,仍使系统保持既定的特性。

自适应模糊控制与传统的自适应控制器相比有着本质的区别。自适应模糊控制器的优越性在于自适应模糊控制可以利用专家提供的具有自适应功能的语言性模糊信息,来使控制系统适应被控对象的不确定性,而传统的自适应控制器则通过系统辨识参数使其具有自控功能。这对具有高度不确定因素的系统尤为重要,例如,化学反应过程或飞机等系统,虽然这类系统从控制理论的观点来看是很难控制的,但操作人员却常常可以成功地控制这类系统。那么,操作人员是怎样在不知道数学模型的情况下,成功地控制这类复杂系统呢?如果询问他们到底采用了什么样的控制策略,通常他们会用一些比较模糊的术语给出若干控制规则。同时,还会用模糊术语描述系统在不同条件下的不同响应。虽然这些模糊控制规则的语言描述都不够准确,也不足以在此基础上构造出一个理想的控制器,但这些信息对我们了解系统和控制却是十分重要的。由此可见,自适应模糊控制为人们系统而有效地利用模糊信息提供了一种工具。目前较为成熟的自适应模糊控制的类型如下:

(1) 量化因子和比例因子的自调整模糊控制器。量化因子和比例因子的自调整是自适应模糊控制应用于实时控制中最有效的手段,量化因子和比例因子的自调整模糊控制是依据控制器在线辨识控制效果,依据上升时间、超调量、稳态误差和振荡发散程度等对量化因子和比例因子进行整定。量化因子和比例因子的自调整模糊控制器的工作原理如图 1-1 所示。

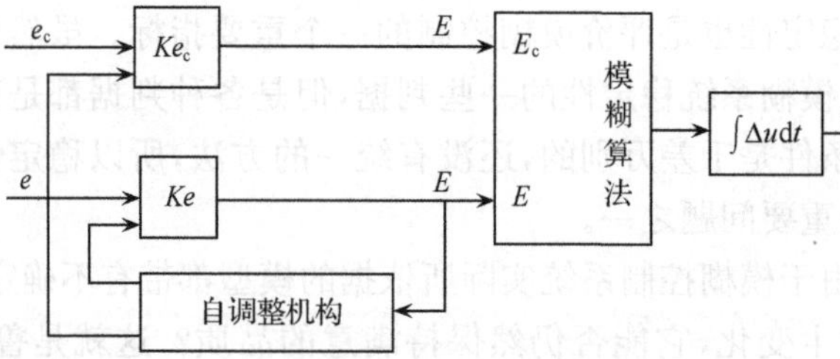

图 1-1 量化因子和比例因子的自调整模糊控制器的工作原理

(2) 自组织模糊控制器。自组织模糊控制器是一种可进化的模糊控制器,它自动地对模糊控制规则进行修正、改进和完善,以提高控制系统的性能。它比一般的模糊控制要多三个环节:性能测量环节、控制量校正环节和控制规则修正环节。其思想是通过性能测量得到输出特性的校正量,再利用校正量,通过控制量校正环节求出控制量,根据此控制量再进一步对模糊控制规则进行修正,直至达到改善系统性能的目的。图 1-2 给出了这种自组织模糊控制器的结构图。

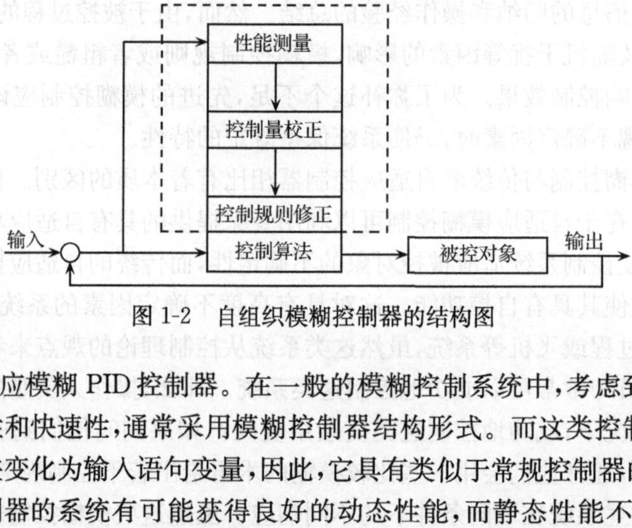

图 1-2 自组织模糊控制器的结构图

(3) 自适应模糊 PID 控制器。在一般的模糊控制系统中,考虑到模糊控制器实现的简易性和快速性,通常采用模糊控制器结构形式。而这类控制器都是以系统误差和误差变化为输入语句变量,因此,它具有类似于常规控制器的作用。采用该类模糊控制器的系统有可能获得良好的动态性能,而静态性能不能令人满意。由线性控制理论可知,积分控制作用能消除稳态误差,但动态响应慢,比例控制作用是动态响应快,而比例积分控制作用既能获得较高的稳态精度,又具有较高的动态响应。自适应模糊 PID 是以误差 e 和误差的变化率 e_c 作为输入,来满足不同时刻的 e 和 e_c 对 PID 参数自整定的要求。对 PID 参数自整定的要求,利用模糊控制规则在线进行修正,便构成了自适应模糊 PID 控制,其结构如图 1-3 所示。

(4) 自适应递阶模糊控制。自适应递阶模糊控制是采用一些模糊变量来衡量和表达系统的性能,构造了监督模糊规则集,用来调整模糊控制器中递阶规则基的参数,使系统对过程参数未知性的变化具有适应能力。其控制原理结构如

图 1-4 所示。

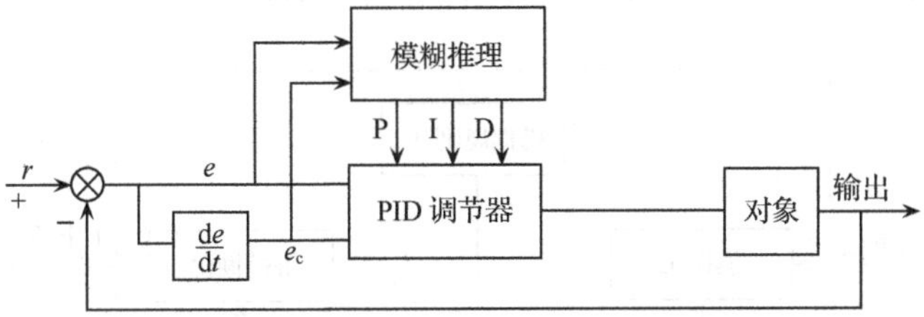

图 1-3 自适应模糊 PID 控制的结构图

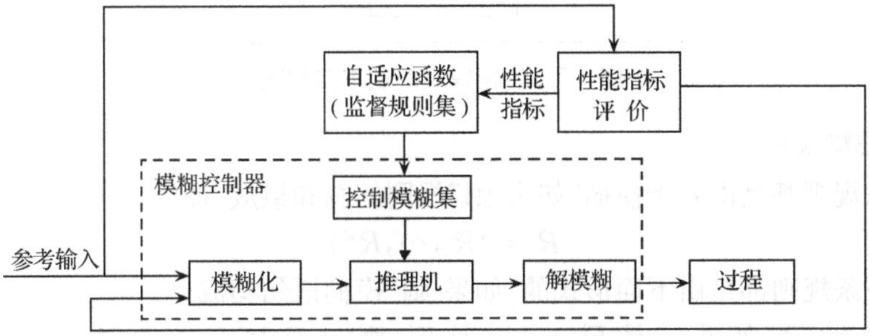

图 1-4 自适应递阶模糊控制的结构图

以上四种模糊自适应控制器的特点是无须知道被控对象的模型，直接应用模糊语言规则进行推理、决策和控制。这些方法的优点在于简单、易于实施，但缺点是缺少对控制系统的稳定性和收敛性分析。

(5) 稳定的非线性自适应模糊控制。针对一类非线性不确定系统，王立新于 1993 年提出了一种新的非线性自适应模糊控制器。这种自适应控制器中的模糊算法是模糊逻辑系统配备某种训练算法并按照输入、输出数据进行参数的调节。其显著特点是:设计控制器时可以把专家知识结合到模糊逻辑系统中，基于李雅普诺夫(Lyapunov)函数的方法给出模糊系统中的参数自适应调节律，并严格证明了模糊控制系统的稳定性等问题。这种稳定的自适应模糊控制分为直接和间接自适应模糊控制两种类型。如果一个自适应模糊控制器中的模糊逻辑系统是作为控制器使用，则这种自适应模糊控制就称为直接自适应模糊控制器。这种自适应模糊控制器可以直接利用模糊控制规则。如果一个自适应模糊控制器中的模糊逻辑系统是用于被控对象的建模，则这种自适应模糊控制器就称为间接自适应模糊控制器。这种间接自适应模糊控制器可以直接利用被控对象的模糊信息。

1.3 模糊控制的基本原理

模糊逻辑系统或模糊控制是由模糊规则基、模糊推理、模糊化算子和非模糊化(解模糊化)算子四部分组成，其基本结构如图 1-5 所示。设 $\boldsymbol{x}\in U=U_1\times\cdots\times U_n\subseteq$

$X_1 \times X_2 \times \cdots \times X_n$ 为模糊系统的输入，$y \in V \subset \mathbf{R}$ 为模糊系统的输出，那么，模糊逻辑系统构成了由子空间 U 到子空间 V 上的一个映射。

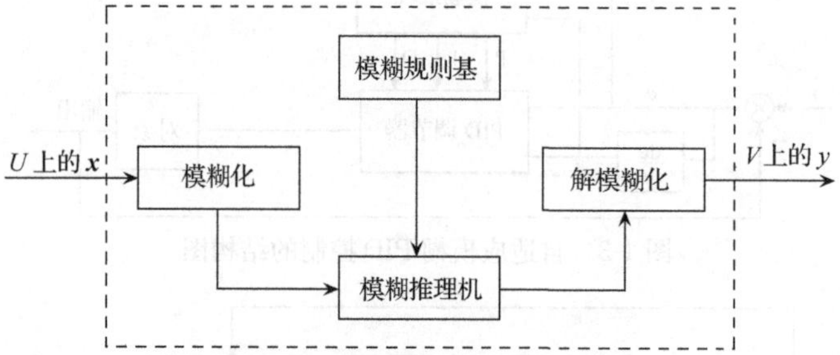

图 1-5　模糊控制的基本结构图

1) 模糊规则基

模糊规则基是由若干模糊“如果-则”规则的总和组成，即

$$R = \{R^l, \cdots, R^M\}$$

其中每一条规则都是由下面形式的“如果-则”模糊语句构成

$$R^l: 如果\ x_1\ 是\ F_1^l, \cdots, x_n\ 是\ F_n^l, 则\ y_1\ 是\ B_{lj}\ 且\ y_q\ 是\ B_{lq}$$

$$l=1,2,\cdots,M; j=1,2,\cdots,q$$

上面的多输入多输出模糊语句总可以分解为多个多输入单输出语句，即模糊规则为

$$R^l: 如果\ x_1\ 是\ F_1^l, \cdots, x_n\ 是\ F_n^l, 则\ y\ 是\ B_l, l=1,2,\cdots,M$$

模糊规则来源于人们离线或在线对控制过程的了解。人们通过直接观察控制过程或对控制过程建立数学模型进行仿真，对控制过程的特性能够有一个直观的认识。虽然这种认识并不是很精确的数学表达，只是一些定性描述，但它能够反映控制过程的本质，是人的智能的体现。在此基础上，人们往往能够成功地实施控制。因此，建立在语言变量基础上的模糊控制规则，为表达人的控制行为和决策过程提供了一条途径。

2) 模糊推理

模糊推理是模糊逻辑系统和模糊控制中的心脏，它根据模糊系统的输入和模糊推理规则，经过模糊关系合成和模糊推理合成等逻辑运算，得出模糊系统的输出。由于一般的模糊推理的形式及相应的推理算法在许多模糊控制书籍中都有详细的论述，这里不再赘述。

3) 模糊化

模糊化方法的作用是将一个确定的点 $\boldsymbol{x}=[x_1, \cdots, x_n]^{\mathrm{T}} \in U$ 映射成 U 上的一个模糊集合 A'。映射方式至少有两种。

(1) 单点模糊化：若 A' 对支撑集为单点模糊集，则对某一点 $\boldsymbol{x}'=\boldsymbol{x}$，有 $A(\boldsymbol{x})=1$，而对其余所有的点 $\boldsymbol{x}' \neq \boldsymbol{x}, \boldsymbol{x}' \in U$，有 $A(\boldsymbol{x})=0$。

(2) 非单点模糊化：当 $\boldsymbol{x}'=\boldsymbol{x}$ 时，$A(\boldsymbol{x})=1$，但当 $\boldsymbol{x}'$ 逐渐远离 $\boldsymbol{x}$ 时，$A(\boldsymbol{x})$ 从1开始衰减。

在有关模糊控制的文献中，几乎所有的模糊化算子都是单点模糊化算子。应当指出：只有在输入信号有噪声干扰的情况下，非单点模糊化算子才比单点模糊化算子更适用。

4)非模糊化

因为在实际控制中，系统的输出是精确的量，不是模糊集，但模糊推理或系统的输出是模糊集，而不是精确的量，所以非模糊化的作用是将 V 上的模糊集合映射为一个确定的点 $y\in V$。通常采用的非模糊化有下面的几种形式。

(1) 最大值模糊化方法。定义如下：

$$y=\arg\sup_{y\in V}[B(y)] \tag{1.3.1}$$

(2) 重心模糊化方法。将模糊推理得到的模糊集合 B 的隶属函数与横坐标所围成的面积的重心所对应的 V 上的数值作为精确化结果，即

$$y=\frac{\int yB(y)\mathrm{d}y}{\int B(y)\mathrm{d}y} \tag{1.3.2}$$

(3) 中心加权平均模糊化方法。对 V 上各模糊集合的中心加权平均得到精确化结果，即

$$y=\frac{\sum_{l=1}^{M}y^l(F_l\circ R_l)(y^l)}{\sum_{l=1}^{M}(F_l\circ R_l)(y^l)} \tag{1.3.3}$$

式中，y^l 为推理后的模糊集 B_l 的隶属函数取得最大值的点。不妨限制 $B_l(y^l)=1$。

在模糊逻辑系统中，由于模糊推理规则、模糊化、模糊推理合成和非模糊化方法的取法很多，所以每一组组合会产生不同类型的模糊逻辑系统。图1-6表示了模糊逻辑系统的一些子集类。

下面介绍几种最常用的模糊逻辑系统。

设模糊推理规则为

$$R^l\text{：如果 } x_1 \text{ 是 } F_1^l,\cdots,x_n \text{ 是 } F_n^l\text{，则 } y \text{ 是 } B_l,\ l=1,2,\cdots,M$$

假设 $B_l(y^l)=1$，即 B_l 为正规模糊集，其隶属函数在 y^l 点处取得最大值。

(1) 由单点模糊化、乘积推理和中心平均加权非模糊化所构成的模糊逻辑系统为

$$f(\boldsymbol{x})=\frac{\sum_{l=1}^{M}y^l\left[\prod_{i=1}^{n}F_i^l(x_i)\right]}{\sum_{l=1}^{M}\left[\prod_{i=1}^{n}F_i^l(x_i)\right]} \tag{1.3.4}$$

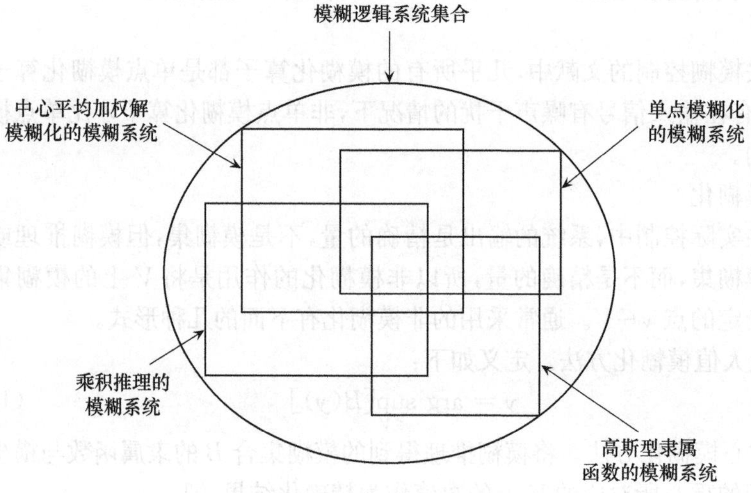

图 1-6　一些模糊系统的子集类

(2) 由单点模糊化、最小值推理和中心平均加权解模糊化所构成的模糊逻辑系统具有的形式为

$$f(\boldsymbol{x})=\frac{\sum_{l=1}^{M}y^{l}\{\min[F_{1}^{l}(x_{1}),\cdots,F_{i}^{l}(x_{i})]\}}{\sum_{l=1}^{M}\{\min[F_{1}^{l}(x_{1}),\cdots,F_{i}^{l}(x_{i})]\}} \tag{1.3.5}$$

(3) 由单点模糊化、乘积推理、中心平均加权非模糊化及高斯隶属函数所构成的模糊逻辑系统具有的形式为

$$f(\boldsymbol{x})=\frac{\sum_{l=1}^{M}y^{l}\left\{\prod_{i=1}^{n}a_{i}^{l}\exp\left[-\left(\frac{x_{i}-x_{i}^{l}}{\sigma_{i}^{l}}\right)^{2}\right]\right\}}{\sum_{l=1}^{M}\left\{\prod_{i=1}^{n}a_{i}^{l}\exp\left[-\left(\frac{x_{i}-x_{i}^{l}}{\sigma_{i}^{l}}\right)^{2}\right]\right\}} \tag{1.3.6}$$

式中,模糊集 F_i^l 的隶属函数为

$$F_{i}^{l}(x_{i})=a_{i}^{l}\exp\left[-\left(\frac{x_{i}-x_{i}^{l}}{\sigma_{i}^{l}}\right)^{2}\right]$$

对于模糊逻辑系统(1.3.6),王立新于 1992 年证明了它具有全局逼近性质,即下面的万能逼近定理[1]。

定理 1.1　设 $g(\boldsymbol{x})$是定义在致密集 $U\subseteq\mathbf{R}^n$ 上的连续函数,对任意的 $\varepsilon>0$,一定存在形如式(1.3.4)的模糊逻辑系统 $f(\boldsymbol{x})$,使得下面的不等式成立:

$$\sup_{\boldsymbol{x}\in U}|f(\boldsymbol{x})-g(\boldsymbol{x})|<\varepsilon$$

(4) T-S 模糊系统。

如果定义模糊推理规则为

$R^{(l)}$:如果 x_1 是 F_1^l,x_2 是 F_2^l,…,x_n 是 F_n^l,则

$$y^l = c_0^l + c_1^l x_1 + \cdots + c_n^l x_n$$

式中,$F_i^l(i=1,2,\cdots,n)$为模糊集;c_i^l 为真参数;y^l 为系统根据规则 $R^{(l)}$ 得到的输出,$l=1,2,\cdots,M$。

由单点模糊化、乘积推理、中心加权平均解模糊化构成的模糊逻辑系统为

$$y(\boldsymbol{x}) = \frac{\sum_{l=1}^{M} y^l \prod_{i=1}^{n} F_i^l(x_i)}{\sum_{l=1}^{M} \prod_{i=1}^{n} F_i^l(x_i)} \tag{1.3.7}$$

或

$$y(\boldsymbol{x}) = \frac{\sum_{l=1}^{M} \sum_{j=0}^{n} c_j^l x_j \prod_{i=1}^{n} F_i^l(x_i)}{\sum_{l=1}^{M} \prod_{i=1}^{n} F_i^l(x_i)} \tag{1.3.8}$$

模糊逻辑系统通常称为模糊 Takagi-Sugeno(T-S)模型。图 1-7 给出了 T-S 模糊系统的基本框图。

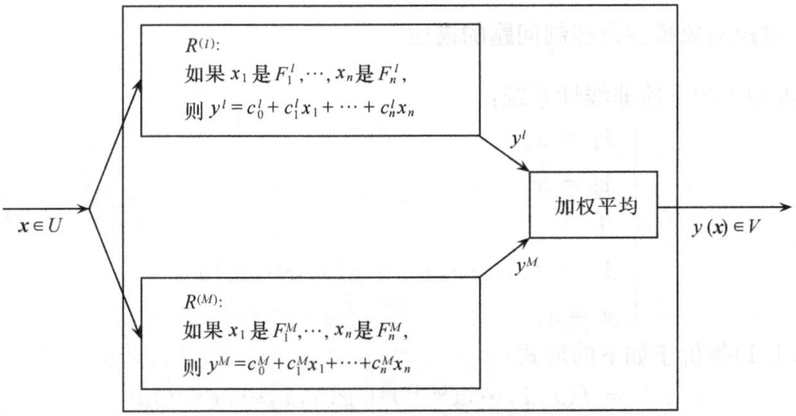

图 1-7 T-S 模糊系统的基本框图

模糊 T-S 模型是对非线性不确定系统建模的一个重要工具,目前已经在系统辨识及其控制中得到了广泛的应用,并形成了模糊控制领域中最重要的研究方向之一。

第 2 章　非线性系统的自适应模糊监督控制

本章针对一类单输入单输出非线性不确定系统，把模糊自适应逻辑系统具有的逼近性质和非线性系统的反馈控制相结合，给出了一套间接和直接自适应模糊控制设计方法，并对闭环系统的稳定性进行了分析。本章的内容主要是基于文献[1]、[2]。

2.1　间接自适应模糊控制

本节针对一类单输入单输出非线性不确定系统，首先利用模糊逻辑系统对被控对象中的未知函数进行逼近，即对非线性不确定系统进行模糊建模，然后基于 Lyapunov 函数的综合设计方法，给出一种稳定的间接自适应模糊控制方法和控制系统的稳定性分析。

2.1.1　被控对象模型及控制问题的描述

考虑如下的 n 阶非线性系统：

$$\begin{cases} \dot{x}_1 = x_2 \\ \dot{x}_2 = x_3 \\ \vdots \\ \dot{x}_n = f(x_1, \cdots, x_n) + g(x_1, \cdots, x_n)u \\ y = x_1 \end{cases} \tag{2.1.1}$$

系统(2.1.1)等价于如下的形式：

$$\begin{cases} x^{(n)} = f(x, \dot{x}, \cdots, x^{(n-1)}) + g(x, \dot{x}, \cdots, x^{(n-1)})u \\ y = x \end{cases} \tag{2.1.2}$$

式中，f 和 g 为未知的连续函数；$u \in \mathbf{R}$ 和 $y \in \mathbf{R}$ 分别为系统的输入和输出；$\boldsymbol{x} = [x_1, \cdots, x_n]^{\mathrm{T}} = [x, \dot{x}, \cdots, x^{(n-1)}]^{\mathrm{T}}$ 为系统的状态向量且假设可以通过测量得到。式(2.1.2)可控的条件是：对处于某一可控区域 $U \subset \mathbf{R}^n$ 内的 $\boldsymbol{x}$，有 $g(\boldsymbol{x}) \neq 0$。不失一般性，可假设 $g(\boldsymbol{x}) > 0$。按照非线性控制文献[3]的定义，系统(2.1.2)称为具有相对度等于 n 的标准形式。

控制任务　(基于模糊逻辑系统)求出一个反馈控制 $u(\boldsymbol{x}|\boldsymbol{\theta})$ 和一个参数向量 $\boldsymbol{\theta}$ 的自适应律，使得：

(1) 在所有变量一致有界的意义上，闭环系统具有全局稳定性，即对所有的 $t \geqslant 0$，都有 $|\boldsymbol{x}| \leqslant M_x < \infty$，$|u(\boldsymbol{x}|\boldsymbol{\theta})| \leqslant M_u < \infty$ 成立，式中的 M_x 和 M_u 为设计参数。

(2) 对于给定的有界参考信号 y_m，在满足约束条件(1)的情况下，跟踪误差 $e=y_m-y$ 应尽可能小。

2.1.2　模糊控制器的设计

首先，设 $\boldsymbol{e}=[e,\dot{e},\cdots,e^{(n-1)}]^{\mathrm{T}}$ 和 $\boldsymbol{k}=[k_n,\cdots,k_1]^{\mathrm{T}}$，选择向量 $\boldsymbol{k}=[k_n,\cdots,k_1]^{\mathrm{T}}$ 使得多项式 $s^n+k_1s^{n-1}+\cdots+k_n=0$ 的所有根位于左半开平面上。如果函数 $f(\boldsymbol{x})$ 和 $g(\boldsymbol{x})$ 已知，则取控制律为

$$u=\frac{1}{g(\boldsymbol{x})}[-f(\boldsymbol{x})+y_{\mathrm{m}}^{(n)}+\boldsymbol{k}^{\mathrm{T}}\boldsymbol{e}] \tag{2.1.3}$$

代入式(2.1.2)得

$$e^{(n)}+k_1e^{(n-1)}+\cdots+k_ne=0 \tag{2.1.4}$$

由于微分方程(2.1.4)对应的特征方程的特征根的实部均为负，有 $\lim\limits_{t\to\infty}e(t)=0$。然而，当 $f(\boldsymbol{x})$ 和 $g(\boldsymbol{x})$ 未知时，上述的控制器无法实施，因此首先要对不确定非线性系统(2.1.2)进行模糊建模，即用模糊逻辑系统 $\hat{f}(\boldsymbol{x}\mid\boldsymbol{\theta}_f)=\boldsymbol{\theta}_f^{\mathrm{T}}\boldsymbol{\xi}(\boldsymbol{x})$ 和 $\hat{g}(\boldsymbol{x}|\boldsymbol{\theta}_g)=\boldsymbol{\theta}_g^{\mathrm{T}}\boldsymbol{\xi}(\boldsymbol{x})$ 分别逼近 $f(\boldsymbol{x})$ 和 $g(\boldsymbol{x})$，便可得到如下的控制：

$$u_{\mathrm{c}}(\boldsymbol{x})=\frac{1}{\hat{g}(\boldsymbol{x}\mid\boldsymbol{\theta}_g)}[-\hat{f}(\boldsymbol{x}\mid\boldsymbol{\theta}_f)+y_{\mathrm{m}}^{(n)}+\boldsymbol{k}^{\mathrm{T}}\boldsymbol{e}] \tag{2.1.5}$$

以上控制律在文献[4]中被称为等价控制器。将式(2.1.5)代入式(2.1.2)，并经过运算后可得如下的误差方程：

$$e^{(n)}=-\boldsymbol{k}^{\mathrm{T}}\boldsymbol{e}+[\hat{f}(\boldsymbol{x}\mid\boldsymbol{\theta}_f)-f(\boldsymbol{x})]+[\hat{g}(\boldsymbol{x}\mid\boldsymbol{\theta}_g)-g(\boldsymbol{x})]u_{\mathrm{c}} \tag{2.1.6}$$

式(2.1.6)等价于

$$\dot{\boldsymbol{e}}=\boldsymbol{\Lambda}_{\mathrm{c}}\boldsymbol{e}+\boldsymbol{b}_{\mathrm{c}}\{[\hat{f}(\boldsymbol{x}\mid\boldsymbol{\theta}_f)-f(\boldsymbol{x})]+[\hat{g}(\boldsymbol{x}\mid\boldsymbol{\theta}_g)-g(\boldsymbol{x})]u_{\mathrm{c}}\} \tag{2.1.7}$$

式中

$$\boldsymbol{\Lambda}_{\mathrm{c}}=\begin{bmatrix}0 & 1 & 0 & 0 & \cdots & 0 & 0\\ 0 & 0 & 1 & 0 & \cdots & 0 & 0\\ \vdots & \vdots & \vdots & \vdots & & \vdots & \vdots\\ 0 & 0 & 0 & 0 & \cdots & 0 & 1\\ -k_n & -k_{n-1} & -k_{n-2} & -k_{n-3} & \cdots & -k_2 & -k_1\end{bmatrix},\quad \boldsymbol{b}_{\mathrm{c}}=\begin{bmatrix}0\\ \vdots\\ 0\\ 1\end{bmatrix}$$

由于 $\boldsymbol{\Lambda}_{\mathrm{c}}$ 为稳定的矩阵，即 $|s\boldsymbol{I}-\boldsymbol{\Lambda}_{\mathrm{c}}|=s^{(n)}+k_1s^{(n-1)}+\cdots+k_n$ 为稳定的，其中 $\boldsymbol{I}$ 为单位矩阵，所以一定存在一个唯一 $n\times n$ 阶的正定对称矩阵 $\boldsymbol{P}$ 满足 Lyapunov 方程

$$\boldsymbol{\Lambda}_{\mathrm{c}}^{\mathrm{T}}\boldsymbol{P}+\boldsymbol{P}\boldsymbol{\Lambda}_{\mathrm{c}}=-\boldsymbol{Q} \tag{2.1.8}$$

式中，$\boldsymbol{Q}$ 为任意 $n\times n$ 阶正定矩阵。

设 $V_{\mathrm{c}}=\frac{1}{2}\boldsymbol{e}^{\mathrm{T}}\boldsymbol{P}\boldsymbol{e}$，再利用式(2.1.7)和式(2.1.8)，可得

$$\dot{V}_{\mathrm{c}}=\frac{1}{2}\dot{\boldsymbol{e}}^{\mathrm{T}}\boldsymbol{P}\boldsymbol{e}+\frac{1}{2}\boldsymbol{e}^{\mathrm{T}}\boldsymbol{P}\dot{\boldsymbol{e}}$$

$$= \frac{1}{2}\boldsymbol{e}^{\mathrm{T}}\boldsymbol{Q}\boldsymbol{e} + \boldsymbol{e}^{\mathrm{T}}\boldsymbol{P}\boldsymbol{b}_{\mathrm{c}}\{[\hat{f}(\boldsymbol{x} \mid \boldsymbol{\theta}_f) - f(\boldsymbol{x})] + [\hat{g}(\boldsymbol{x} \mid \boldsymbol{\theta}_g) - g(\boldsymbol{x})]u_{\mathrm{c}}\} \tag{2.1.9}$$

为使 $x_i = y_{\mathrm{m}}^{(i-1)} - e^{(i-1)}$ 有界,则必须 V_{c} 是有界的。即当 V_{c} 大于一个较大的常数 $\bar{V}$ 时需要 $\dot{V}_{\mathrm{c}} \leqslant 0$。然而,由式(2.1.9)可知,如果建模误差

$$w_1 = f(\boldsymbol{x}) - \hat{f}(\boldsymbol{x} \mid \boldsymbol{\theta}_f) + [g(\boldsymbol{x}) - \hat{g}(\boldsymbol{x} \mid \boldsymbol{\theta}_g)]u_{\mathrm{c}} = 0$$

则等价控制器 u_{c} 使得式(2.1.9)小于零,否则就很难实现控制目标。解决这一问题的办法之一是引入监督控制器 u_{s},即设计的控制器为

$$u = u_{\mathrm{c}} + u_{\mathrm{s}} \tag{2.1.10}$$

引入附加控制项 u_{s} 的目的是要补偿建模误差对系统输出误差的影响,保证当 $V_{\mathrm{c}} \geqslant \bar{V}$ 时,有 $\dot{V}_{\mathrm{c}} \leqslant 0$ 成立。

把式(2.1.10)代入式(2.1.2),并用求式(2.1.6)的同样方法,可以得到误差方程

$$\dot{\boldsymbol{e}} = \boldsymbol{\Lambda}_{\mathrm{c}}\boldsymbol{e} + \boldsymbol{b}_{\mathrm{c}}\{[\hat{f}(\boldsymbol{x} \mid \boldsymbol{\theta}_f) - f(\boldsymbol{x})] + [\hat{g}(\boldsymbol{x} \mid \boldsymbol{\theta}_g) - g(\boldsymbol{x})]u_{\mathrm{c}} - g(\boldsymbol{x})u_{\mathrm{s}}\} \tag{2.1.11}$$

再利用式(2.1.11)和式(2.1.8),可得

$$\begin{aligned}\dot{V}_{\mathrm{c}} &= -\frac{1}{2}\boldsymbol{e}^{\mathrm{T}}\boldsymbol{Q}\boldsymbol{e} + \boldsymbol{e}^{\mathrm{T}}\boldsymbol{P}\boldsymbol{b}_{\mathrm{c}}\{[\hat{f}(\boldsymbol{x} \mid \boldsymbol{\theta}_f) - f(\boldsymbol{x})] + [\hat{g}(\boldsymbol{x} \mid \boldsymbol{\theta}_g) - g(\boldsymbol{x})]u_{\mathrm{c}} - g(\boldsymbol{x})u_{\mathrm{s}}\} \\ &\leqslant -\frac{1}{2}\boldsymbol{e}^{\mathrm{T}}\boldsymbol{Q}\boldsymbol{e} + |\boldsymbol{e}^{\mathrm{T}}\boldsymbol{P}\boldsymbol{b}_{\mathrm{c}}|\,[|\hat{f}(\boldsymbol{x} \mid \boldsymbol{\theta}_f)| + |f(\boldsymbol{x})| \\ &\quad + |\hat{g}(\boldsymbol{x} \mid \boldsymbol{\theta}_g)u_{\mathrm{c}}| + |g(\boldsymbol{x})u_{\mathrm{s}}|] - \boldsymbol{e}^{\mathrm{T}}\boldsymbol{P}\boldsymbol{b}_{\mathrm{c}}g(\boldsymbol{x})u_{\mathrm{s}}\end{aligned} \tag{2.1.12}$$

为了使选择的 u_{s} 能保证式(2.1.12)的右边取非正值,需要知道 $f(\boldsymbol{x})$ 和 $g(\boldsymbol{x})$ 的界,为此作如下必要的假设。

假设 2.1 存在已知的函数 $f^{\mathrm{U}}(\boldsymbol{x})$, $g^{\mathrm{U}}(\boldsymbol{x})$ 和 $g_{\mathrm{L}}(\boldsymbol{x})$,使得下列不等式成立:

$$|f(\boldsymbol{x})| \leqslant f^{\mathrm{U}}(\boldsymbol{x}), \quad 0 < g_{\mathrm{L}} \leqslant g(\boldsymbol{x}) \leqslant g^{\mathrm{U}}(\boldsymbol{x})$$

设计监督控制器 u_{s} 为如下的形式:

$$\begin{aligned}u_{\mathrm{s}} = I_1^* \operatorname{sgn}(\boldsymbol{e}^{\mathrm{T}}\boldsymbol{P}\boldsymbol{b}_{\mathrm{c}})\frac{1}{g_{\mathrm{L}}(\boldsymbol{x})}[&|\hat{f}(\boldsymbol{x} \mid \boldsymbol{\theta}_f)| + |f^{\mathrm{U}}(\boldsymbol{x})| \\ &+ |\hat{g}(\boldsymbol{x} \mid \boldsymbol{\theta}_g)u_{\mathrm{c}}| + |g^{\mathrm{U}}(\boldsymbol{x})u_{\mathrm{c}}|]\end{aligned} \tag{2.1.13}$$

式中,当 $V_{\mathrm{c}} \geqslant \bar{V}$ 时,$I_1^* = 1$($\bar{V}$ 为设计者取定的一个常数);当 $V_{\mathrm{c}} \leqslant \bar{V}$ 时,$I_1^* = 0$。如果将式(2.1.13)代入式(2.1.12),并考虑 $V_{\mathrm{c}} \geqslant \bar{V}$ 的情况,则有

$$\begin{aligned}\dot{V}_{\mathrm{c}} &\leqslant -\frac{1}{2}\boldsymbol{e}^{\mathrm{T}}\boldsymbol{Q}\boldsymbol{e} + |\boldsymbol{e}^{\mathrm{T}}\boldsymbol{P}\boldsymbol{b}_{\mathrm{c}}|\,[|\hat{f}| + |f| + |\hat{g}u_{\mathrm{c}}| + |gu_{\mathrm{c}}| \\ &\quad - \frac{g}{g_{\mathrm{L}}}(|\hat{f}| + f^{\mathrm{U}} + |\hat{g}u_{\mathrm{c}}| + |g^{\mathrm{U}}u_{\mathrm{c}}|)] \\ &\leqslant -\frac{1}{2}\boldsymbol{e}^{\mathrm{T}}\boldsymbol{Q}\boldsymbol{e} \leqslant 0\end{aligned} \tag{2.1.14}$$

总之，只要采用式(2.1.10)来控制，就可以保证 $V_c \leqslant \bar{V} < \infty$。由于 $\boldsymbol{P}$ 是正定的，V_c 的界就是 $\boldsymbol{e}$ 的界，进一步地讲也是 $\boldsymbol{x}$ 的界。这里需要注意一点，式(2.1.6)和式(2.1.13)右边的所有量都是已知的或可以测量的，因此，控制律(2.1.10)就可以实现。

从式(2.1.14)可以看出，仅当误差函数 V_c 大于一个正常数 $\bar{V}$ 时，u_s 才是非零的。这就是说，具有模糊控制器 u_c 的闭环系统如果有良好的性能，误差就不会大(即 $V_c \leqslant \bar{V}$)，此时，监督控制器 u_s 为零；反之，如果闭环系统趋于不稳定(即 $V_c > \bar{V}$)，则监督控制器 u_s 才开始工作以迫使 $V_c \leqslant \bar{V}$。这样，控制器就相当于一个监督器，这就是把 u_s 称为监督控制器的原因。

2.1.3　模糊自适应算法

由于在已设计的控制器 $u = u_c + u_s$ 中含有未知参数向量 $\boldsymbol{\theta}_f$ 和 $\boldsymbol{\theta}_g$，必须给出它们的模糊自适应算法。

首先定义 $\boldsymbol{\theta}_f$ 和 $\boldsymbol{\theta}_g$ 的最优参数分别为 $\boldsymbol{\theta}_f^*$ 和 $\boldsymbol{\theta}_g^*$：

$$\boldsymbol{\theta}_f^* = \arg \min_{\boldsymbol{\theta}_f \in \Omega_f} \left[\sup_{\boldsymbol{x} \in U_c} \left| \hat{f}(\boldsymbol{x} \mid \boldsymbol{\theta}_f) - f(\boldsymbol{x}) \right| \right] \tag{2.1.15}$$

$$\boldsymbol{\theta}_g^* = \arg \min_{\boldsymbol{\theta}_g \in \Omega_g} \left[\sup_{\boldsymbol{x} \in U_c} \left| \hat{g}(\boldsymbol{x} \mid \boldsymbol{\theta}_g) - g(\boldsymbol{x}) \right| \right] \tag{2.1.16}$$

式中，Ω_f 和 Ω_g 分别为 $\boldsymbol{\theta}_f$ 和 $\boldsymbol{\theta}_g$ 的约束集；Ω_f 和 Ω_g 是由设计者设定。定义模糊最小逼近误差

$$w = [\hat{f}(\boldsymbol{x} \mid \boldsymbol{\theta}_f^*) - f(\boldsymbol{x})] + [\hat{g}(\boldsymbol{x} \mid \boldsymbol{\theta}_g^*) - g(\boldsymbol{x})] u_c \tag{2.1.17}$$

于是式(2.1.7)的误差方程可重写如下：

$$\begin{aligned} \dot{\boldsymbol{e}} = {} & \boldsymbol{\Lambda}_c \boldsymbol{e} + \boldsymbol{b}_c \{ [\hat{f}(\boldsymbol{x} \mid \boldsymbol{\theta}_f) - \hat{f}(\boldsymbol{x} \mid \boldsymbol{\theta}_f^*)] \\ & + [\hat{g}(\boldsymbol{x} \mid \boldsymbol{\theta}_g) - \hat{g}(\boldsymbol{x} \mid \boldsymbol{\theta}_g^*)] u_c + w \} - \boldsymbol{b}_c g(\boldsymbol{x}) u_s \end{aligned} \tag{2.1.18}$$

或

$$\dot{\boldsymbol{e}} = \boldsymbol{\Lambda}_c \boldsymbol{e} - \boldsymbol{b}_c g(\boldsymbol{x}) u_s + \boldsymbol{b}_c w + \boldsymbol{b}_c [\boldsymbol{\phi}_f^{\mathrm{T}} \boldsymbol{\xi}(\boldsymbol{x}) + \boldsymbol{\phi}_g^{\mathrm{T}} \boldsymbol{\xi}(\boldsymbol{x}) u_c] \tag{2.1.19}$$

式中，$\boldsymbol{\phi}_f = \boldsymbol{\theta}_f - \boldsymbol{\theta}_f^*$，$\boldsymbol{\phi}_g = \boldsymbol{\theta}_g - \boldsymbol{\theta}_g^*$ 为参数误差；$\boldsymbol{\xi}(\boldsymbol{x})$ 为模糊基函数。

为了在控制中保证参数有界，引入自适应控制文献中的投影算法。采用如下的自适应律调节参数向量 $\boldsymbol{\theta}_f$：

$$\dot{\boldsymbol{\theta}}_f = \begin{cases} -\gamma_1 \boldsymbol{e}^{\mathrm{T}} \boldsymbol{P} \boldsymbol{b}_c \boldsymbol{\xi}(\boldsymbol{x}), & \|\boldsymbol{\theta}_f\| < M_f \\ & \text{或 } \|\boldsymbol{\theta}_f\| = M_f \text{ 且 } \boldsymbol{e}^{\mathrm{T}} \boldsymbol{P} \boldsymbol{b}_c \boldsymbol{\theta}_f^{\mathrm{T}} \boldsymbol{\xi}(\boldsymbol{x}) \leqslant 0 \\ P_f[-\gamma_1 \boldsymbol{e}^{\mathrm{T}} \boldsymbol{P} \boldsymbol{b}_c \boldsymbol{\xi}(\boldsymbol{x})], & \|\boldsymbol{\theta}_f\| = M_f \text{ 且 } \boldsymbol{e}^{\mathrm{T}} \boldsymbol{P} \boldsymbol{b}_c \boldsymbol{\theta}_f^{\mathrm{T}} \boldsymbol{\xi}(\boldsymbol{x}) > 0 \end{cases} \tag{2.1.20}$$

式中，$P_f[\cdot]$ 为投影算子，定义如下：

$$P_f[-\gamma_1 \boldsymbol{e}^{\mathrm{T}} \boldsymbol{P} \boldsymbol{b}_c \boldsymbol{\xi}(\boldsymbol{x})] = -\gamma_1 \boldsymbol{e}^{\mathrm{T}} \boldsymbol{P} \boldsymbol{b}_c \boldsymbol{\xi}(\boldsymbol{x}) + \gamma_1 \boldsymbol{e}^{\mathrm{T}} \boldsymbol{P} \boldsymbol{b}_c \frac{\boldsymbol{\theta}_f \boldsymbol{\theta}_f^{\mathrm{T}} \boldsymbol{\xi}(\boldsymbol{x})}{\|\boldsymbol{\theta}_f\|^2} \tag{2.1.21}$$

采用如下的自适应律调节参数向量 $\boldsymbol{\theta}_g$：当 $\boldsymbol{\theta}_g$ 的某个分量 $\theta_{gi} = \varepsilon$ 时，采用

$$\dot{\theta}_{gi}=\begin{cases}-\gamma_2 \boldsymbol{e}\boldsymbol{P}\boldsymbol{b}_c\xi_i(\boldsymbol{x})u_c, & \boldsymbol{e}^{\mathrm{T}}\boldsymbol{P}\boldsymbol{b}_c\xi_i(\boldsymbol{x})u_c\leqslant 0\\ 0, & \boldsymbol{e}^{\mathrm{T}}\boldsymbol{P}\boldsymbol{b}_c\xi_i(\boldsymbol{x})u_c>0\end{cases}\tag{2.1.22}$$

式中,$\xi_i(\boldsymbol{x})$为$\boldsymbol{\xi}(\boldsymbol{x})$的第 i 个分量;

$$\dot{\boldsymbol{\theta}}_g=\begin{cases}-\gamma_2\boldsymbol{e}^{\mathrm{T}}\boldsymbol{P}\boldsymbol{b}_c\boldsymbol{\xi}(\boldsymbol{x})u_c, & \|\boldsymbol{\theta}_g\|<M_g\\ & \text{或}\ \|\boldsymbol{\theta}_g\|=M_g\ \text{且}\ \boldsymbol{e}^{\mathrm{T}}\boldsymbol{P}\boldsymbol{b}_c\boldsymbol{\theta}_g^{\mathrm{T}}\boldsymbol{\xi}(\boldsymbol{x})u_c\leqslant 0\\ P_g[-\gamma_2\boldsymbol{e}^{\mathrm{T}}\boldsymbol{P}\boldsymbol{b}_c\boldsymbol{\xi}(\boldsymbol{x})u_c], & \|\boldsymbol{\theta}_g\|=M_g\ \text{且}\ \boldsymbol{e}^{\mathrm{T}}\boldsymbol{P}\boldsymbol{b}_c\boldsymbol{\theta}_g^{\mathrm{T}}\boldsymbol{\xi}(\boldsymbol{x})u_c>0\end{cases}\tag{2.1.23}$$

$$P_g[-\gamma_2\boldsymbol{e}^{\mathrm{T}}\boldsymbol{P}\boldsymbol{b}_c\boldsymbol{\xi}(\boldsymbol{x})u_c]=-\gamma_2\boldsymbol{e}^{\mathrm{T}}\boldsymbol{P}\boldsymbol{b}_c\boldsymbol{\xi}(\boldsymbol{x})u_c+\gamma_2\boldsymbol{e}^{\mathrm{T}}\boldsymbol{P}\boldsymbol{b}_c\frac{\boldsymbol{\theta}_g\boldsymbol{\theta}_g^{\mathrm{T}}\boldsymbol{\xi}(\boldsymbol{x})u_c}{\|\boldsymbol{\theta}_g\|^2}\tag{2.1.24}$$

图 2-1 给出这种间接自适应模糊控制策略的总体框图。

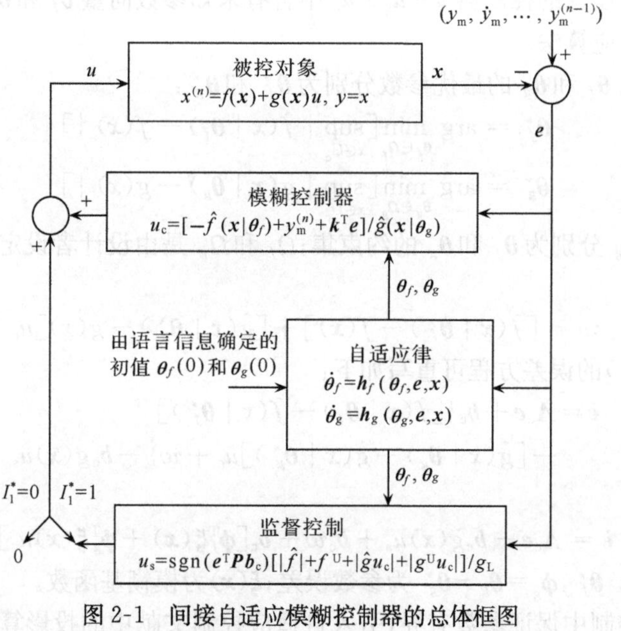

图 2-1　间接自适应模糊控制器的总体框图

这种间接自适应模糊控制器的设计步骤如下:

步骤 1　离线预处理。

(1) 确定出一组参数 $k_1,\cdots,k_n$,使得 $s^n+k_1s^{n-1}+\cdots+k_n=0$ 的根都在左半开平面内。

(2) 给定正定矩阵 $\boldsymbol{Q}$,解 Lyapunov 方程(2.1.8),求出正定矩阵 $\boldsymbol{P}$。

(3) 根据实际问题,确定出设计参数 M_f,M_g。

步骤 2　构造模糊控制器。

(1) 建立模糊规则基:它是由下面的 N 条模糊推理规则构成

R^i:如果 x_1 是 F_1^i,x_2 是 F_2^i,…,x_n 是 F_n^i,则 y 是 B_i,$i=1,2,\cdots,N$

(2) 构造模糊基函数

$$\xi_i(x_1,\cdots,x_n)=\frac{\prod_{j=1}^{n}\mu_{F_j^i}(x_j)}{\sum_{i=1}^{N}\left[\prod_{j=1}^{n}\mu_{F_j^i}(x_j)\right]}$$

做一个 N 维向量 $\boldsymbol{\xi}(\boldsymbol{x})=[\xi_1,\cdots,\xi_N]^{\mathrm{T}}$，并构造成模糊逻辑系统

$$\hat{f}(\boldsymbol{x}\mid\boldsymbol{\theta}_f)=\boldsymbol{\theta}_f^{\mathrm{T}}\boldsymbol{\xi}(\boldsymbol{x}),\quad \hat{g}(\boldsymbol{x}\mid\boldsymbol{\theta}_g)=\boldsymbol{\theta}_g^{\mathrm{T}}\boldsymbol{\xi}(\boldsymbol{x})$$

步骤 3　在线自适应调节。

(1) 将反馈控制(2.1.10)作用于控制对象(2.1.1)，其中 u_{c} 取为式(2.1.5)，u_{s} 取为式(2.1.13)。

(2) 用式(2.1.20)～式(2.1.24)自适应调节参数向量 $\boldsymbol{\theta}_f$ 和 $\boldsymbol{\theta}_g$。

2.1.4　稳定性与收敛性分析

下面用定理给出这种自适应模糊控制器的性能。

定理 2.1　考虑式(2.1.5)的控制对象，其中控制器 u 取为式(2.1.10)，u_{c} 取为式(2.1.5)，u_{s} 取为式(2.1.13)。设参数向量 $\boldsymbol{\theta}_f$ 和 $\boldsymbol{\theta}_g$ 用自适应律(2.1.20)～(2.1.24)来调节，同时假设 2.1 成立，则总体控制方案保证具有如下的性能：

(1)

$$\|\boldsymbol{\theta}_f\|\leqslant M_f,\quad \|\boldsymbol{\theta}_g\|\leqslant M_g,\quad \theta_{gi}\geqslant\varepsilon$$

$$|\boldsymbol{x}|\leqslant|\boldsymbol{y}_{\mathrm{m}}|+\left(\frac{2\bar{V}}{\lambda_{\min}(\boldsymbol{P})}\right)^{1/2}\tag{2.1.25}$$

$$\begin{aligned}|u(t)|\leqslant&\frac{1}{\varepsilon}\left[M_f+|y_{\mathrm{m}}^{(n)}|+\|\boldsymbol{k}\|\left(\frac{2\bar{V}}{\lambda_{\min}(\boldsymbol{P})}\right)^{1/2}\right]\\&+\frac{1}{g_{\mathrm{L}}(\boldsymbol{x})}\left\{M_f+|f^{\mathrm{U}}(\boldsymbol{x})|+\frac{1}{\varepsilon}(M_g+g^{\mathrm{U}})\right.\\&\left.\times\left[M_f+|y_{\mathrm{m}}^{(n)}|+\|\boldsymbol{k}\|\left(\frac{2\bar{V}}{\lambda_{\min}(\boldsymbol{P})}\right)^{1/2}\right]\right\}\end{aligned}\tag{2.1.26}$$

对所有的 $t\geqslant0$ 成立。式中，$\lambda_{\min}(\boldsymbol{P})$ 为 $\boldsymbol{P}$ 的最小特征值，$\boldsymbol{y}_{\mathrm{m}}=[y_{\mathrm{m}},\dot{y}_{\mathrm{m}},\cdots,y_{\mathrm{m}}^{(n-1)}]^{\mathrm{T}}$。

(2)

$$\int_0^t\|\boldsymbol{e}(t)\|^2\mathrm{d}t\leqslant a+b\int_0^t|w(t)|^2\mathrm{d}t\tag{2.1.27}$$

对所有的 $t\geqslant0$ 成立。式中，a 和 b 为常数，w 为由式(2.1.17)定义的最小逼近误差。

(3) 如果 w 平方可积，即 $\int_0^t|w(t)|^2\mathrm{d}t<\infty$，则 $\lim\limits_{t\to\infty}\|\boldsymbol{e}(t)\|=0$。

证明　(1) 为了证明 $\|\boldsymbol{\theta}_f(t)\|\leqslant M_f$，需设 $V_f=\frac{1}{2}\boldsymbol{\theta}_f^{\mathrm{T}}\boldsymbol{\theta}_f$。如果式(2.1.20)的第一个行成立，就可知当 $\|\boldsymbol{\theta}_f(t)\|<M_f$ 或者当 $\|\boldsymbol{\theta}_f(t)\|=M_f$ 时，$\dot{V}_f=-\gamma_1\boldsymbol{e}^{\mathrm{T}}\boldsymbol{P}\boldsymbol{b}_{\mathrm{c}}\boldsymbol{\theta}_f^{\mathrm{T}}\cdot\boldsymbol{\xi}(\boldsymbol{x})\leqslant0$，即总可以保持 $\|\boldsymbol{\theta}_f(t)\|\leqslant M_f$；如果式(2.1.20)的第二行成立，则有 $\|\boldsymbol{\theta}_f(t)\|=M_f$ 和 $\dot{V}_f=-\gamma_1\boldsymbol{e}^{\mathrm{T}}\boldsymbol{P}\boldsymbol{b}_{\mathrm{c}}\boldsymbol{\theta}_f^{\mathrm{T}}\boldsymbol{\xi}(\boldsymbol{x})+\gamma_1\boldsymbol{e}^{\mathrm{T}}\boldsymbol{P}\boldsymbol{b}_{\mathrm{c}}\dfrac{\|\boldsymbol{\theta}_f\|^2\boldsymbol{\theta}_f^{\mathrm{T}}\boldsymbol{\xi}(\boldsymbol{x})}{\|\boldsymbol{\theta}_f\|^2}=0$，此时，对于任意的 $t\geqslant0$，有 $\|\boldsymbol{\theta}_f(t)\|<M_f$。同样的方法可以证明，对于任意的 $t\geqslant0$，有 $\|\boldsymbol{\theta}_g(t)\|\leqslant$

M_g。从式(2.1.22)可以看出,如果 $\theta_{gi}=\varepsilon$,则 $\dot{\theta}_{gi}\geqslant 0$,即对所有的元素 θ_{gi},有 $\theta_{gi}\geqslant\varepsilon$。在前面曾经证明了 $V_c\leqslant\bar{V}$,因此

$$\frac{1}{2}\lambda_{\min}(\boldsymbol{P})\|\boldsymbol{e}\|^2\leqslant\frac{1}{2}\boldsymbol{e}^{\mathrm{T}}\boldsymbol{P}\boldsymbol{e}\leqslant\bar{V},\quad 即\ \|\boldsymbol{e}\|\leqslant\left(\frac{2\bar{V}}{\lambda_{\min}(\boldsymbol{P})}\right)^{1/2}$$

由于 $\boldsymbol{e}=\boldsymbol{y}_{\mathrm{m}}-\boldsymbol{x}$,故有

$$\|\boldsymbol{x}\|\leqslant\|\boldsymbol{y}_{\mathrm{m}}\|+\|\boldsymbol{e}\|\leqslant|\boldsymbol{y}_{\mathrm{m}}|+\left(\frac{2\bar{V}}{\lambda_{\min}(\boldsymbol{P})}\right)^{1/2}$$

成立,这正是式(2.1.25)。最后来证明式(2.1.26)。由于 $\hat{f}(\boldsymbol{x}|\boldsymbol{\theta}_f)$ 和 $\hat{g}(\boldsymbol{x}|\boldsymbol{\theta}_g)$ 分别为 $\boldsymbol{\theta}_f$ 和 $\boldsymbol{\theta}_g$ 中元素的加权平均值,有

$$|\hat{f}(\boldsymbol{x}\mid\boldsymbol{\theta}_f)|\leqslant\|\boldsymbol{\theta}_f\|\leqslant M_f,\quad \hat{g}(\boldsymbol{x}\mid\boldsymbol{\theta}_g)\geqslant\varepsilon$$

于是由式(2.1.5)可得

$$|u_{\mathrm{c}}(t)|\leqslant\frac{1}{\varepsilon}\left[M_f+\|\boldsymbol{y}_{\mathrm{m}}\|+\|\boldsymbol{k}\|\left(\frac{2\bar{V}}{\lambda_{\min}(\boldsymbol{P})}\right)^{1/2}\right]\tag{2.1.28}$$

由式(2.1.3)可得

$$|u_{\mathrm{s}}(t)|\leqslant\frac{1}{g_{\mathrm{L}}(\boldsymbol{x})}\left[M_f+|f^{\mathrm{U}}(\boldsymbol{x})|+(M_f+g^{\mathrm{U}}(\boldsymbol{x}))\,|u_{\mathrm{c}}|\right]\tag{2.1.29}$$

将式(2.1.27)和式(2.1.29)合并起来就得到式(2.1.26)。

(2) 设 Lyapunov 函数为

$$V=\frac{1}{2}\boldsymbol{e}^{\mathrm{T}}\boldsymbol{P}\boldsymbol{e}+\frac{1}{2\gamma_1}\boldsymbol{\phi}_f^{\mathrm{T}}\boldsymbol{\phi}_f+\frac{1}{2\gamma_2}\boldsymbol{\phi}_g^{\mathrm{T}}\boldsymbol{\phi}_g\tag{2.1.30}$$

由于 V 沿着式(2.1.19)的时间导数为

$$\begin{aligned}\dot{V}=&-\frac{1}{2}\boldsymbol{e}^{\mathrm{T}}\boldsymbol{Q}\boldsymbol{e}-g(\boldsymbol{x})\boldsymbol{e}^{\mathrm{T}}\boldsymbol{P}\boldsymbol{b}_{\mathrm{c}}u_{\mathrm{s}}+\boldsymbol{e}^{\mathrm{T}}\boldsymbol{P}\boldsymbol{b}_{\mathrm{c}}w\\&+\frac{1}{\gamma_1}\boldsymbol{\phi}_f^{\mathrm{T}}[\dot{\boldsymbol{\theta}}_f+\gamma_1\boldsymbol{e}^{\mathrm{T}}\boldsymbol{P}\boldsymbol{b}_{\mathrm{c}}\boldsymbol{\xi}(\boldsymbol{x})]+\frac{1}{\gamma_2}\boldsymbol{\phi}_g^{\mathrm{T}}[\dot{\boldsymbol{\theta}}_g+\gamma_2\boldsymbol{e}^{\mathrm{T}}\boldsymbol{P}\boldsymbol{b}_{\mathrm{c}}\boldsymbol{\xi}(\boldsymbol{x})u_{\mathrm{c}}]\end{aligned}\tag{2.1.31}$$

根据式(2.1.30)和式(2.1.20)~式(2.1.24),有

$$\begin{aligned}\dot{V}=&-\frac{1}{2}\boldsymbol{e}^{\mathrm{T}}\boldsymbol{Q}\boldsymbol{e}-g(\boldsymbol{x})\boldsymbol{e}^{\mathrm{T}}\boldsymbol{P}\boldsymbol{b}_{\mathrm{c}}u_{\mathrm{s}}+\boldsymbol{e}^{\mathrm{T}}\boldsymbol{P}\boldsymbol{b}_{\mathrm{c}}w+I_1\boldsymbol{e}^{\mathrm{T}}\boldsymbol{P}\boldsymbol{b}_{\mathrm{c}}\frac{\boldsymbol{\phi}_f^{\mathrm{T}}\boldsymbol{\theta}_f\boldsymbol{\theta}_f^{\mathrm{T}}\boldsymbol{\xi}(\boldsymbol{x})}{\|\boldsymbol{\theta}_f\|^2}\\&+I_2\boldsymbol{e}^{\mathrm{T}}\boldsymbol{P}\boldsymbol{b}_{\mathrm{c}}\frac{\boldsymbol{\phi}_{g+}^{\mathrm{T}}\boldsymbol{\theta}_{g+}\boldsymbol{\theta}_{g+}^{\mathrm{T}}\boldsymbol{\xi}_+(\boldsymbol{x})u_{\mathrm{c}}}{|\boldsymbol{\theta}_{g+}|^2}+I_3\boldsymbol{\phi}_{g\varepsilon}^{\mathrm{T}}\boldsymbol{e}^{\mathrm{T}}\boldsymbol{P}\boldsymbol{b}_{\mathrm{c}}\boldsymbol{\xi}_\varepsilon(\boldsymbol{x})\end{aligned}\tag{2.1.32}$$

式(2.1.32)中,当式(2.1.22)的第一行(第二行)成立时,有 $I_1=0(1)$;当式(2.1.23)的第一式成立时,有 $I_2=0(1)$;当式(2.1.22)的第一行(第二行)成立时,有 $I_3=0(1)$;$\boldsymbol{\theta}_{g+}$ 表示所有元素的总和,令 $\boldsymbol{\theta}_{g\varepsilon}$ 表示所有 $\theta_{gi}=\varepsilon$ 的总和,$\boldsymbol{\phi}_{g+}=\boldsymbol{\theta}_{g+}-\boldsymbol{\theta}_{g+}^*$,$\boldsymbol{\phi}_{g\varepsilon}=\boldsymbol{\theta}_{g\varepsilon}-\boldsymbol{\theta}_{g\varepsilon}^*$,$\boldsymbol{\xi}_+(\boldsymbol{x})$($\boldsymbol{\xi}_\varepsilon(\boldsymbol{x})$)表示 $\boldsymbol{\xi}(\boldsymbol{x})$ 相对于 $\boldsymbol{\theta}_{g+}$($\boldsymbol{\theta}_{g\varepsilon}$)所有元素的总和。现在来证明式(2.1.32)的最后三项均为非正。首先,考查 I_1 这一项,如果 $I_1=0$,其结论并无重要意义,而对 $I_1=1$,此时 $\|\boldsymbol{\theta}_f\|=M_f$,且 $\boldsymbol{e}^{\mathrm{T}}\boldsymbol{P}\boldsymbol{b}_{\mathrm{c}}\boldsymbol{\theta}_f^{\mathrm{T}}\boldsymbol{\xi}(\boldsymbol{x})\leqslant 0$,由于 $\|\boldsymbol{\theta}_f\|=M_f\geqslant\|\boldsymbol{\theta}_f^*\|$,可得 $\boldsymbol{\phi}_f^{\mathrm{T}}\boldsymbol{\phi}_f=(\boldsymbol{\theta}_f-\boldsymbol{\theta}_f^*)\boldsymbol{\theta}_f=\frac{1}{2}[\|\boldsymbol{\theta}_f\|^2-\|\boldsymbol{\theta}_f^*\|^2+\|\boldsymbol{\theta}_f-\boldsymbol{\theta}_f^*\|^2]\geqslant 0$,因此 I_1 是非正的。类似

地，可以证明 I_2 是非正的。最后，根据式(2.1.32)，有 $\phi_{gi}=\theta_{gi}-\theta_{gi}^*=\varepsilon-\theta_{gi}^*\leqslant 0$ 也是非正的。因此得到

$$\dot{V}\leqslant -\frac{1}{2}\boldsymbol{e}^{\mathrm{T}}\boldsymbol{Q}\boldsymbol{e}-g(\boldsymbol{x})\boldsymbol{e}^{\mathrm{T}}\boldsymbol{P}\boldsymbol{b}_{\mathrm{c}}u_{\mathrm{s}}+\boldsymbol{e}^{\mathrm{T}}\boldsymbol{P}\boldsymbol{b}_{\mathrm{c}}w \tag{2.1.33}$$

由式(2.1.13)和 $g(\boldsymbol{x})>0$ 可得 $g(\boldsymbol{x})\boldsymbol{e}^{\mathrm{T}}\boldsymbol{P}\boldsymbol{b}_{\mathrm{c}}u_{\mathrm{s}}\geqslant 0$，因此，式(2.1.33)可进一步简化为

$$\begin{aligned}\dot{V}&\leqslant -\frac{1}{2}\boldsymbol{e}^{\mathrm{T}}\boldsymbol{Q}\boldsymbol{e}-\boldsymbol{e}^{\mathrm{T}}\boldsymbol{P}\boldsymbol{b}_{\mathrm{c}}w\\&\leqslant -\frac{\lambda_{\min}(\boldsymbol{Q})-1}{2}\|\boldsymbol{e}\|^2-\frac{1}{2}\left[\|\boldsymbol{e}\|^2+2\boldsymbol{e}^{\mathrm{T}}\boldsymbol{P}\boldsymbol{b}_{\mathrm{c}}w+|\boldsymbol{p}_n w|^2\right]+\frac{1}{2}|\boldsymbol{P}\boldsymbol{b}_{\mathrm{c}}w|^2\\&\leqslant -\frac{\lambda_{\min}(\boldsymbol{Q})-1}{2}\|\boldsymbol{e}\|^2+\frac{1}{2}|\boldsymbol{P}\boldsymbol{b}_{\mathrm{c}}w|^2\end{aligned} \tag{2.1.34}$$

式中，$\lambda_{\min}(\boldsymbol{Q})$为 $\boldsymbol{Q}$ 的最小值。将式(2.1.34)的左右两边均取积分且假设 $\lambda_{\min}(\boldsymbol{Q})>1$(因为 $\boldsymbol{Q}$ 是由设计者决定的，故可选择这样一个满足要求的 $\boldsymbol{Q}$)，可得

$$\int_0^t\|\boldsymbol{e}(t)\|^2\mathrm{d}t\leqslant\frac{2}{\lambda_{\min}(\boldsymbol{Q})-1}(|V(0)|+|V(t)|)+\frac{1}{\lambda_{\min}(\boldsymbol{Q})-1}|\boldsymbol{P}\boldsymbol{b}_{\mathrm{c}}|^2\int_0^t|w(t)|^2\mathrm{d}t \tag{2.1.35}$$

定义 $\|\boldsymbol{\theta}_f(t)\|\leqslant M_f$，$\|\boldsymbol{\theta}_g(t)\|\leqslant M_g$，$\boldsymbol{\theta}_g$ 的所有分量都大于等于 ε，有

$$a=\frac{2}{\lambda_{\min}(\boldsymbol{Q})-1}(|V(0)|+\sup_{t\geqslant 0}|V(t)|),\quad b=\frac{2}{\lambda_{\min}(\boldsymbol{Q})-1}|\boldsymbol{P}\boldsymbol{b}_{\mathrm{c}}|^2$$

则式(2.1.35)就变成式(2.1.27)(注：因为 $\boldsymbol{e}$，$\boldsymbol{\phi}_f$ 和 $\boldsymbol{\phi}_g$ 均有界，故$\sup\limits_{t\geqslant 0}|V(t)|$有限)。

(3) 如果 $w\in L_2$，则根据式(2.1.27)可得 $\boldsymbol{e}\in L_2$。因为已经证明了式(2.1.18)右边的所有变量均有界，故可得 $\dot{\boldsymbol{e}}\in L_\infty$。再采用文献[3]中的 Barbalet 定理(即如果 $\dot{\boldsymbol{e}}\in L_2\cap L_\infty$ 且 $\dot{\boldsymbol{e}}\in L_\infty$，则$\lim\limits_{t\to\infty}\|\boldsymbol{e}(t)\|=0$)，$\lim\limits_{t\to\infty}\|\boldsymbol{e}(t)\|=0$。

2.1.5　仿真

例 2.1　将间接型自适应模糊控制器用于倒摆系统中，研究它在跟踪一条正弦轨迹的控制问题中的应用。倒摆系统(或车杆系统)如图 2-2所示。设 $x_1=\theta$，$x_2=\dot{\theta}$，其动态方程为

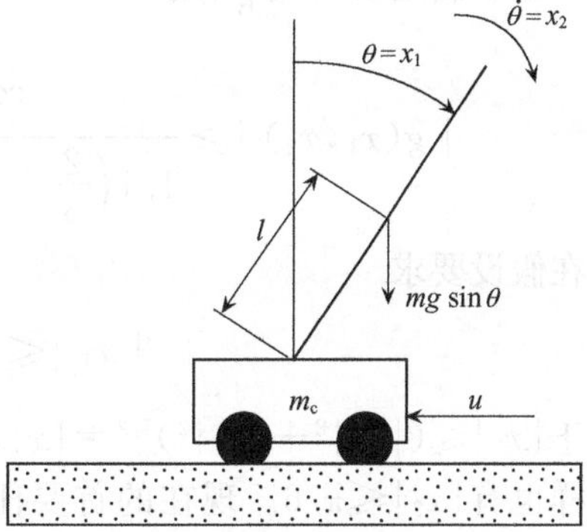

图 2-2　倒立摆系统

$$\begin{cases}\dot{x}_1=x_2\\\dot{x}_2=\dfrac{g\sin x_1-\dfrac{mlx_2^2\cos x_1\sin x_1}{m_{\mathrm{c}}+m}}{l\left(\dfrac{4}{3}-\dfrac{m\cos^2x_1}{m_{\mathrm{c}}+m}\right)}+\dfrac{\dfrac{\cos x_1}{m_{\mathrm{c}}+m}}{l\left(\dfrac{4}{3}-\dfrac{m\cos^2x_1}{m_{\mathrm{c}}+m}\right)}\end{cases} \tag{2.1.36}$$

式中,$g=9.8\text{m/s}^2$ 为重力加速度,m_c 为车的质量,m 为杆的质量,等于 $\frac{1}{2}$ 杆长,u 为外作用力(控制量)。在以下仿真中,选 $m_c=1\text{kg}$,$m=0.1\text{kg}$,$l=0.5\text{m}$。显然,式(2.1.36)具有式(2.1.2)的形式,所以这种模糊控制器可以用于该系统。在仿真中,将参考信号选为 $y_m(t)=\frac{\pi}{30}\sin(t)$。

为了将自适应模糊控制器用于这个系统,首先需要确定 f^U,g^U 和 g_L 的界。对此系统,有

$$|f(x_1,x_2)|=\left|\frac{\dfrac{g\sin x_1-mlx_2^2\cos x_1\sin x_1}{m_c+m}}{l\left(\dfrac{4}{3}-\dfrac{m\cos^2 x_1}{m_c+m}\right)}\right|$$

$$\leqslant\frac{9.8+\dfrac{0.025}{1.1}x_2^2}{\dfrac{2}{3}-\dfrac{0.05}{1.1}}=15.78+0.0366x_2^2=f^U(x_1,x_2)\qquad(2.1.37)$$

$$|g(x_1,x_2)|=\left|\frac{\dfrac{m\cos x_1}{m_c+m}}{l\left(\dfrac{4}{3}-\dfrac{m\cos^2 x_1}{m_c+m}\right)}\right|\leqslant\frac{1}{1.1\left(\dfrac{2}{3}-\dfrac{0.05}{1.1}\right)}=1.46=g^U(x_1,x_2)$$

(2.1.38)

如果要求满足 $|x_1|\leqslant\frac{\pi}{6}$,则

$$|g(x_1,x_2)|\geqslant\frac{\cos\dfrac{\pi}{6}}{1.1\left(\dfrac{2}{3}+\dfrac{0.05}{1.1}\cos^2\dfrac{\pi}{6}\right)}=1.12=g_L(x_1,x_2)\qquad(2.1.39)$$

现在假设要求

$$|x_1|\leqslant\frac{\pi}{6},\quad |u|\leqslant 180\qquad(2.1.40)$$

由于 $|x_1|\leqslant(|x_1|^2+|x_2|^2)^{1/2}=|x|$,如果能使 $|x|\leqslant\pi/6$,则自然就有 $|x_1|\leqslant\pi/6$,同样也有 $|x_2|\leqslant\pi/6$。现在的首要任务变成如何根据式(2.1.25)和式(2.1.26),确定出设计参数 $\bar{V},k_1,k_2,\varepsilon,M_f$ 和 M_g,使之满足约束条件(2.1.40)。由于 $|y_m|\leqslant\pi/3$,如果能确定出 $\bar{V}$ 和 $\lambda_{\min}(\boldsymbol{Q})$,使之满足 $\left(\frac{2\bar{V}}{\lambda_{\min}(\boldsymbol{Q})}\right)^{1/2}\leqslant\frac{2\pi}{15}$,则根据式(2.1.25),就有 $|x|\leqslant\frac{\pi}{30}+\frac{2\pi}{15}=\frac{\pi}{6}$。又因为设计参数的数目大于约束条件的数目,所以在选择设计参数时享有一定的自由度。为简便起见,设 $k_1=2$,$k_2=1$(这样 $s^2+k_2s+k_2$ 是稳定的),$\boldsymbol{Q}=\text{diag}(10,10)$。然后,解式(2.1.8)可得

$$\boldsymbol{P}=\begin{bmatrix}15 & 5\\ 5 & 5\end{bmatrix}$$

当 $\lambda_{\min}(\boldsymbol{Q})=2.93$ 时，上述 $\boldsymbol{P}$ 是正定的。为了满足 $|x|$ 的约束条件，选择 $\bar{V}=\frac{\lambda_{\min}(\boldsymbol{Q})}{2}\left(\frac{2\pi}{15}\right)^2=0.267$。最后，根据式(2.1.26)，可以确定出满足 $|u|\leqslant 180$ 的 M_f 和 ε。同样，在选择 M_f 和 ε 时，也享有一定的自由度。经过几次实验和误差反馈后，选择 $M_f=16, M_g=1.6, \varepsilon=0.7$。根据式(2.1.25)和式(2.1.26)不难验证，这样选择的设计参数能够保证状态和控制量，满足式(2.1.40)的约束。到此，已完成了离线处理。

选 $m_1=m_2=5$，由于对于 $i=1,2$，均有 $|x_i|\leqslant\frac{\pi}{6}$，选择

$$\mu_{F_i^1}(x_i)=\exp\left[-\left(\frac{x_i+\frac{\pi}{6}}{\pi/24}\right)^2\right],\quad \mu_{F_i^2}(x_i)=\exp\left[-\left(\frac{x_i+\frac{\pi}{12}}{\pi/24}\right)^2\right]$$

$$\mu_{F_i^3}(x_i)=\exp\left[-\left(\frac{x_i}{\pi/24}\right)^2\right],\quad \mu_{F_i^5}(x_i)=\exp\left[-\left(\frac{x_i-\frac{\pi}{12}}{\pi/24}\right)^2\right]$$

$$\mu_{F_i^6}(x_i)=\exp\left[-\left(\frac{x_i-\frac{\pi}{6}}{\pi/24}\right)^2\right]$$

这种选择显然覆盖了整个区间$[-\pi/6,\pi/6]$。从 $f(x_1,x_2)$ 和 $g(x_1,x_2)$ 的界(2.1.39)和式(2.1.40)中可以看出，$f(x_1,x_2)$ 的取值范围比 $g(x_1,x_2)$ 的取值范围要大得多，因此选 $\gamma_1=50, \gamma_2=1$。图 2-3 和图 2-4 给出了初始条件为 $\boldsymbol{x}(0)=(-\pi/6,0)$ 时的仿真结果，其中图 2-3 给出的是状态 $x_1(t)$ 和其期望值 $y_m=\frac{\pi}{30}\sin(t)$ 的曲线图，图 2-4 给出的是状态 $x_2(t)$ 和其期望值 $\dot{y}_m=\frac{\pi}{30}\cos(t)$ 的曲线图。图 2-5 为控制 $u(t)$ 的曲线图。初始参数 $\boldsymbol{\theta}_f(0)$ 在区间$[-3,3]$内随机选取，$\boldsymbol{\theta}_g(0)$ 在区间$[1,1.3]$内

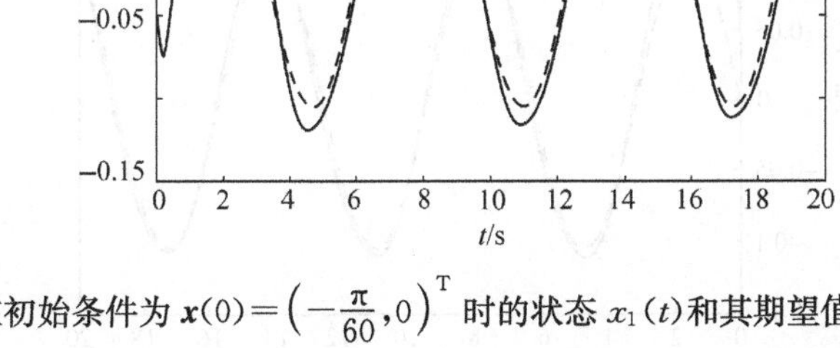

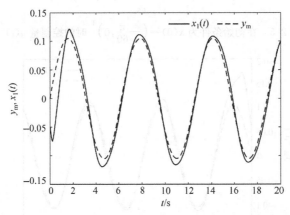

图 2-3　在初始条件为 $\boldsymbol{x}(0)=\left(-\frac{\pi}{60},0\right)^{\mathrm{T}}$ 时的状态 $x_1(t)$ 和其期望值 $y_m=\frac{\pi}{30}\sin(t)$

随机选取。图 2-6～图 2-8 给出了初始条件为$\boldsymbol{x}(0)=\left(\frac{\pi}{60},0\right)^{\mathrm{T}}$时的相应仿真结果。

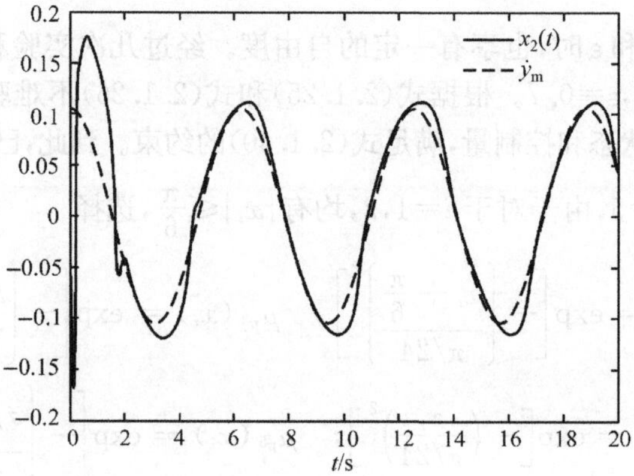

图 2-4　在初始条件为 $\boldsymbol{x}(0)=\left(-\frac{\pi}{60},0\right)^{\mathrm{T}}$ 时的状态 $x_2(t)$及其期望值 $\dot{y}_m=\frac{\pi}{30}\cos(t)$

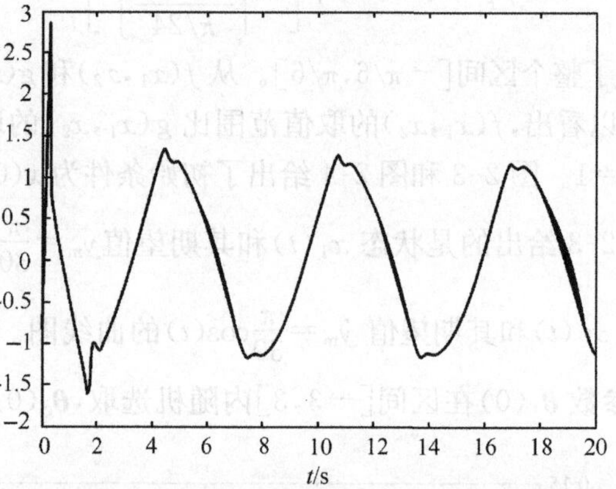

图 2-5　在初始条件为 $\boldsymbol{x}(0)=\left(-\frac{\pi}{60},0\right)^{\mathrm{T}}$ 时的控制量 $u(t)$

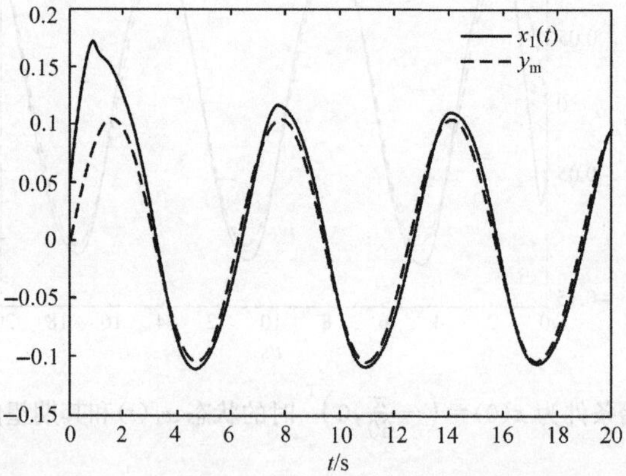

图 2-6　在初始条件为 $\boldsymbol{x}(0)=\left(\frac{\pi}{60},0\right)^{\mathrm{T}}$ 时的状态 $x_1(t)$及其期望值 $y_m=\frac{\pi}{30}\sin(t)$

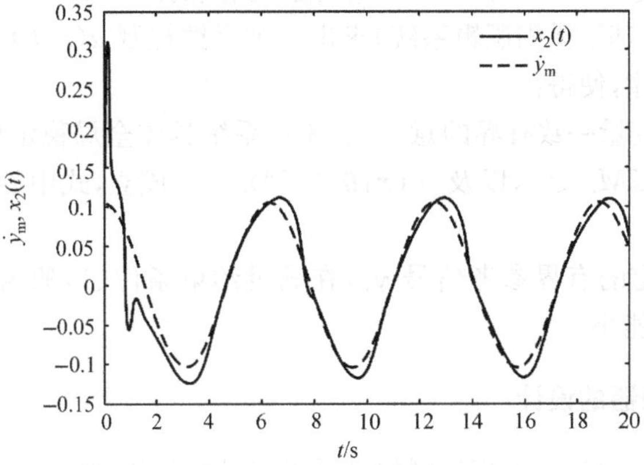

图 2-7　在初始条件为 $\boldsymbol{x}(0)=\left(\frac{\pi}{60},0\right)^{\mathrm{T}}$ 时的状态 $x_2(t)$ 及其期望值 $\dot{y}_m=\frac{\pi}{30}\cos(t)$

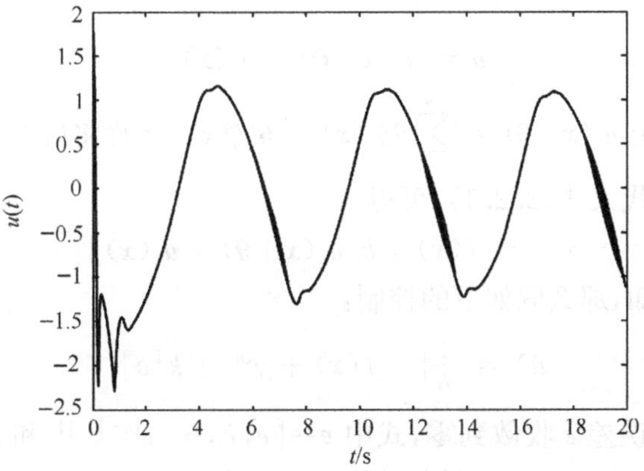

图 2-8　在初始条件为 $\boldsymbol{x}(0)=\left(\frac{\pi}{60},0\right)^{\mathrm{T}}$ 时的控制量 $u(t)$

2.2　直接自适应模糊控制

2.1 节给出了一种间接自适应模糊控制方法。本节将按照 2.1 节的基本思路，构造一种直接自适应模糊控制器。正如第 1 章所述，直接自适应模糊控制器不需要对不确定非线性系统进行建模，而是把自适应模糊系统直接作为控制器。

2.2.1　被控对象模型及控制问题的描述

考虑如下的非线性系统：

$$\begin{cases} x^{(n)}=f(x,\dot{x},\cdots,x^{(n-1)})+bu \\ y=x \end{cases} \tag{2.2.1}$$

式中，f 为未知连续函数；b 为未知正的常数；$u\in\mathbf{R}$ 和 $y\in\mathbf{R}$ 分别为系统的输入输出。假设状态向量 $\boldsymbol{x}=[x,\dot{x},\cdots,x^{(n-1)}]^{\mathrm{T}}$ 是可测量的。

控制任务 (基于模糊逻辑系统)求出一个反馈控制 $u(\boldsymbol{x}|\boldsymbol{\theta})$和一个调节参数向量 $\boldsymbol{\theta}$ 的自适应律,使得:

(1) 在所有变量一致有界的意义上,闭环系统具体全局稳定性。即对所有的 $t\geqslant 0$,都有 $\|\boldsymbol{x}\|\leqslant M_x<\infty$,以及 $|u(\boldsymbol{x}|\boldsymbol{\theta})|\leqslant M_u<\infty$成立,式中的 M_x 和 M_u 为设计参数。

(2) 对于给定的有界参考信号 y_{m},在满足约束条件(1)的情况下,跟踪误差 $e=y_{\mathrm{m}}-y$应尽可能小。

2.2.2 模糊控制器的设计

与2.1节间接自适应模糊控制的设计思路基本相同,唯一的区别是基本控制必须是一个模糊逻辑系统。设总体控制 u 为基本控制器 $u_{\mathrm{c}}(\boldsymbol{x}|\boldsymbol{\theta})$和监督控制器 $u_{\mathrm{s}}(\boldsymbol{x})$之和,即

$$u=u_{\mathrm{c}}(\boldsymbol{x}\mid\boldsymbol{\theta})+u_{\mathrm{s}}(\boldsymbol{x}) \tag{2.2.2}$$

式中,模糊逻辑系统 $u_{\mathrm{c}}(\boldsymbol{x}\mid\boldsymbol{\theta})=\sum_{i=1}^{N}\theta_i\xi_i(\boldsymbol{x})=\boldsymbol{\theta}^{\mathrm{T}}\boldsymbol{\xi}(\boldsymbol{x})$。下面将讨论如何确定 $u_{\mathrm{s}}(\boldsymbol{x})$。

将式(2.2.2)代入式(2.2.1),可得

$$x^{(n)}=f(\boldsymbol{x})+b[u_{\mathrm{c}}(\boldsymbol{x}\mid\boldsymbol{\theta})+u_{\mathrm{s}}(\boldsymbol{x})] \tag{2.2.3}$$

如果 $f(\boldsymbol{x})$和 b 已知,那么取如下的控制:

$$u^{*}=\frac{1}{b}[-f(\boldsymbol{x})+y_{\mathrm{m}}^{(n)}+\boldsymbol{k}^{\mathrm{T}}\boldsymbol{e}] \tag{2.2.4}$$

控制器 u^{*} 将迫使误差 e 收敛到零,式中 $\boldsymbol{e}=[e,\dot{e},\cdots,e^{(n-1)}]^{\mathrm{T}}$ 和 $\boldsymbol{k}=[k_n,\cdots,k_1]^{\mathrm{T}}$ 使得 $s^n+k_1s^{n-1}+\cdots+k_n=0$ 的所有根都位于左半开平面上。对式(2.2.3)中加上 bu^{*} 再减去 bu^{*},并进行运算可推导出闭环系统的误差方程:

$$e^{(n)}=-\boldsymbol{k}^{\mathrm{T}}\boldsymbol{e}+b[u^{*}-u_{\mathrm{c}}(\boldsymbol{x}\mid\boldsymbol{\theta})-u_{\mathrm{s}}(\boldsymbol{x})] \tag{2.2.5}$$

或等价于

$$\dot{\boldsymbol{e}}=\boldsymbol{\Lambda}_{\mathrm{c}}\boldsymbol{e}+\boldsymbol{b}_{\mathrm{c}}[u^{*}-u_{\mathrm{c}}(\boldsymbol{x}\mid\boldsymbol{\theta})-u_{\mathrm{s}}(\boldsymbol{x})] \tag{2.2.6}$$

式中

$$\boldsymbol{\Lambda}_{\mathrm{c}}=\begin{bmatrix}0 & 1 & 0 & 0 & \cdots & 0 & 0\\ 0 & 0 & 1 & 0 & \cdots & 0 & 0\\ \vdots & \vdots & \vdots & \vdots & & \vdots & \vdots\\ 0 & 0 & 0 & 0 & \cdots & 0 & 1\\ -k_n & -k_{n-1} & -k_{n-2} & -k_{n-3} & \cdots & -k_2 & -k_1\end{bmatrix},\quad \boldsymbol{b}_{\mathrm{c}}=\begin{bmatrix}b\\ \vdots\\ 0\\ 1\end{bmatrix}$$

由于$\boldsymbol{\Lambda}_{\mathrm{c}}$ 为稳定的矩阵,即$|s\boldsymbol{I}-\boldsymbol{\Lambda}_{\mathrm{c}}|=s^{(n)}+k_1s^{(n-1)}+\cdots+k_n$ 为稳定的,一定存在一个唯一的 $n\times n$ 的正定对称矩阵 $\boldsymbol{P}$,满足 Lyapunov 方程

$$\boldsymbol{\Lambda}_{\mathrm{c}}^{\mathrm{T}}\boldsymbol{P}+\boldsymbol{P}\boldsymbol{\Lambda}_{\mathrm{c}}=-\boldsymbol{Q} \tag{2.2.7}$$

式中，$\boldsymbol{Q}$ 为任意的 $n\times n$ 正定矩阵，设 $V_{\mathrm{c}}=\frac{1}{2}\boldsymbol{e}^{\mathrm{T}}\boldsymbol{P}\boldsymbol{e}$，利用式(2.2.7)和式(2.2.6)可得

$$
\begin{aligned}
\dot{V}_{\mathrm{c}}&=\frac{1}{2}\dot{\boldsymbol{e}}^{\mathrm{T}}\boldsymbol{P}\boldsymbol{e}+\frac{1}{2}\boldsymbol{e}^{\mathrm{T}}\boldsymbol{P}\dot{\boldsymbol{e}}\\
&=-\frac{1}{2}\boldsymbol{e}^{\mathrm{T}}\boldsymbol{Q}\boldsymbol{e}+\boldsymbol{e}^{\mathrm{T}}\boldsymbol{P}\boldsymbol{b}_{\mathrm{c}}[u^{*}-u_{\mathrm{c}}(\boldsymbol{x}\mid\boldsymbol{\theta})-u_{\mathrm{s}}(\boldsymbol{x})]\\
&\leqslant-\frac{1}{2}\boldsymbol{e}^{\mathrm{T}}\boldsymbol{Q}\boldsymbol{e}+|\boldsymbol{e}^{\mathrm{T}}\boldsymbol{P}\boldsymbol{b}_{\mathrm{c}}|(|u^{*}|+|u_{\mathrm{c}}|)-\boldsymbol{e}^{\mathrm{T}}\boldsymbol{P}\boldsymbol{b}_{\mathrm{c}}u_{\mathrm{s}}
\end{aligned}
\tag{2.2.8}
$$

为了使设计出来的监督控制器 u_{s} 能保证 $\dot{V}_{\mathrm{c}}$，需作如下的假设。

假设 2.2　存在一个函数 $f^{\mathrm{U}}(\boldsymbol{x})$ 和一个常数 b_{L}，使得

$$
|f(\boldsymbol{x})|\leqslant f^{\mathrm{U}}(\boldsymbol{x}),\quad 0\leqslant b_{\mathrm{L}}\leqslant b
$$

将监督控制器取为如下的形式：

$$
u_{\mathrm{s}}(\boldsymbol{x})=I_{1}^{*}\operatorname{sgn}(\boldsymbol{e}^{\mathrm{T}}\boldsymbol{P}\boldsymbol{b}_{\mathrm{c}})\left[|u_{\mathrm{c}}|+\frac{1}{b_{\mathrm{L}}}(f^{\mathrm{U}}+|y_{\mathrm{m}}^{(n)}|+|\boldsymbol{k}^{\mathrm{T}}\boldsymbol{e}|)\right]\tag{2.2.9}
$$

式中，当 $V_{\mathrm{c}}\geqslant\bar{V}$ 时，$I_{1}^{*}=1$（$\bar{V}$ 为设计者取定的一个常数）；当 $V_{\mathrm{c}}\leqslant\bar{V}$ 时，$I_{1}^{*}=0$。因为 $b>0$，故 $\operatorname{sgn}(\boldsymbol{e}^{\mathrm{T}}\boldsymbol{P}\boldsymbol{b}_{\mathrm{c}})$ 可以确定下来。同样，式(2.2.9)中其余各项也能确定下来。如果将式(2.2.9)代入式(2.2.8)，并考虑 $I_{1}^{*}=1$ 的情况，有

$$
\begin{aligned}
\dot{V}_{\mathrm{c}}\leqslant&-\frac{1}{2}\boldsymbol{e}^{\mathrm{T}}\boldsymbol{Q}\boldsymbol{e}+|\boldsymbol{e}^{\mathrm{T}}\boldsymbol{P}\boldsymbol{b}_{\mathrm{c}}|\left[\frac{1}{b}(|f|+|y_{\mathrm{m}}^{(n)}|+|\boldsymbol{k}^{\mathrm{T}}\boldsymbol{e}|)\right.\\
&\left.+|u_{\mathrm{c}}|-|u_{\mathrm{c}}|-\frac{1}{b_{\mathrm{L}}}(|f^{\mathrm{U}}|+|y_{\mathrm{m}}^{(n)}|+|\boldsymbol{k}^{\mathrm{T}}\boldsymbol{e}|)\right]\\
\leqslant&-\frac{1}{2}\boldsymbol{e}^{\mathrm{T}}\boldsymbol{Q}\boldsymbol{e}\leqslant 0
\end{aligned}
\tag{2.2.10}
$$

如果使用式(2.2.9)的监督控制器 u_{s}，总能有 $V_{\mathrm{c}}\leqslant\bar{V}$，又因为 $\boldsymbol{P}>0$，则 V_{c} 的有界性隐含了 $\boldsymbol{e}$ 的界，$\boldsymbol{e}$ 的有界性隐含了 $\boldsymbol{x}$ 的界。

2.2.3　模糊自适应算法

下面给出参数向量 $\boldsymbol{\theta}$ 的自适应律，定义最优参数向量 $\boldsymbol{\theta}^{*}$ 为

$$
\boldsymbol{\theta}^{*}=\arg\min_{\|\boldsymbol{\theta}\|\leqslant M_{\theta}}\left[\sup_{|\boldsymbol{x}|\leqslant M_{x}}|u_{\mathrm{c}}(\boldsymbol{x}\mid\boldsymbol{\theta})-u^{*}|\right]\tag{2.2.11}
$$

最小模糊逼近误差为

$$
w=u_{\mathrm{c}}(\boldsymbol{x}\mid\boldsymbol{\theta})-u^{*}\tag{2.2.12}
$$

式(2.2.6)的误差方程改写为

$$
\dot{\boldsymbol{e}}=\boldsymbol{\Lambda}_{\mathrm{c}}\boldsymbol{e}+\boldsymbol{b}_{\mathrm{c}}[u_{\mathrm{c}}(\boldsymbol{x}\mid\boldsymbol{\theta})-u_{\mathrm{c}}(\boldsymbol{x}\mid\boldsymbol{\theta}^{*})]-\boldsymbol{b}_{\mathrm{c}}u_{\mathrm{s}}-\boldsymbol{b}_{\mathrm{c}}w\tag{2.2.13}
$$

它等价于

$$
\dot{\boldsymbol{e}}=\boldsymbol{\Lambda}_{\mathrm{c}}\boldsymbol{e}+\boldsymbol{b}_{\mathrm{c}}\boldsymbol{\phi}^{\mathrm{T}}\boldsymbol{\xi}(\boldsymbol{x})-\boldsymbol{b}_{\mathrm{c}}u_{\mathrm{s}}-\boldsymbol{b}_{\mathrm{c}}w\tag{2.2.14}
$$

式中，$\boldsymbol{\phi}=\boldsymbol{\theta}^{*}-\boldsymbol{\theta}$ 为参数误差；$\boldsymbol{\xi}(\boldsymbol{x})$ 为模糊基函数。

取参数 $\boldsymbol{\theta}$ 的自适应律为

$$\dot{\boldsymbol{\theta}} = \gamma \boldsymbol{e}^{\mathrm{T}} \boldsymbol{P} \boldsymbol{b}_{\mathrm{c}} \tag{2.2.15}$$

为了保证 $\|\boldsymbol{\theta}\| \leqslant M_\theta$，使用投影算法来修正自适应律(2.2.15)如下：

$$\dot{\boldsymbol{\theta}} = \begin{cases} \gamma \boldsymbol{e}^{\mathrm{T}} \boldsymbol{p}_n \boldsymbol{\xi}(\boldsymbol{x}), & \|\boldsymbol{\theta}\| < M_\theta \\ & \text{或 } \|\boldsymbol{\theta}\| = M_\theta \text{ 且 } \boldsymbol{e}^{\mathrm{T}} \boldsymbol{p}_n \boldsymbol{\theta}^{\mathrm{T}} \boldsymbol{\xi}(\boldsymbol{x}) \leqslant 0 \\ P_{\mathrm{r}}[\gamma \boldsymbol{e}^{\mathrm{T}} \boldsymbol{p}_n \boldsymbol{\xi}(\boldsymbol{x})], & \|\boldsymbol{\theta}\| = M_\theta \text{ 且 } \gamma \boldsymbol{e}^{\mathrm{T}} \boldsymbol{p}_n \boldsymbol{\xi}(\boldsymbol{x}) > 0 \end{cases} \tag{2.2.16}$$

式中，$P_{\mathrm{r}}[\cdot]$为投影算子，其定义为

$$P_{\mathrm{r}}[\gamma \boldsymbol{e}^{\mathrm{T}} \boldsymbol{p}_n \boldsymbol{\xi}(\boldsymbol{x})] = \gamma \boldsymbol{e}^{\mathrm{T}} \boldsymbol{p}_n \boldsymbol{\xi}(\boldsymbol{x}) - \gamma \boldsymbol{e}^{\mathrm{T}} \boldsymbol{p}_n \frac{\boldsymbol{\theta} \boldsymbol{\theta}^{\mathrm{T}} \boldsymbol{\xi}(\boldsymbol{x})}{\|\boldsymbol{\theta}\|^2} \tag{2.2.17}$$

式中，$\gamma > 0$ 为学习律，$\boldsymbol{p}_n$ 为矩阵 $\boldsymbol{P}$ 的最后一列。直接自适应模糊控制的控制方案由图 2-9 给出。

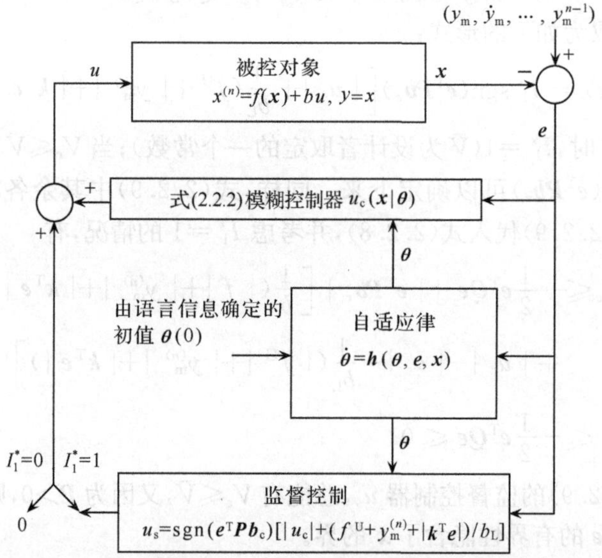

图 2-9　直接自适应模糊控制方案的总体框图

直接自适应模糊控制器的设计步骤如下：

步骤 1　离线预处理。

(1) 确定出一组参数 $k_1, \cdots, k_n$，使得 $s^n + k_1 s^{n-1} + \cdots + k_n = 0$ 的根都在左半开平面内。

(2) 给定正定矩阵 $\boldsymbol{Q}$，解 Lyapunov 方程(2.2.7)，求出正定矩阵 $\boldsymbol{P}$。

(3) 根据实际问题，确定出设计参数 M_θ。

步骤 2　构造模糊控制器。

(1) 建立模糊规则基：它是由下面的 N 条模糊推理规则构成

R^i：如果 x_1 是 F_1^i，x_2 是 F_2^i，…，x_n 是 F_n^i，则 u_{c} 是 B_i，$i=1,2,\cdots,N$

(2) 构造模糊基函数

$$\xi_i(x_1,\cdots,x_n)=\frac{\prod_{j=1}^{n}\mu_{F_j^i}(x_j)}{\sum_{i=1}^{N}\left(\prod_{j=1}^{n}\mu_{F_j^i}(x_j)\right)} \tag{2.2.18}$$

做一个 N 维向量 $\boldsymbol{\xi}(\boldsymbol{x})=[\xi_1,\cdots,\xi_N]^{\mathrm{T}}$，并将 $u(\boldsymbol{x}|\boldsymbol{\theta})$ 构造成

$$u(\boldsymbol{x}\mid\boldsymbol{\theta})=\boldsymbol{\theta}^{\mathrm{T}}\boldsymbol{\xi}(\boldsymbol{x}) \tag{2.2.19}$$

步骤 3　在线自适应调节。

(1) 将反馈控制(2.2.2)作用于控制对象(2.2.1)，式中 u_{c} 取为式(2.2.19)，u_{s} 取为式(2.2.9)。

(2) 用式(2.2.16)和式(2.2.17)作为参数向量 $\boldsymbol{\theta}$ 的自适应调节律。

2.2.4　稳定性与收敛性分析

下面的定理给出了直接自适应模糊控制的性质。

定理 2.2　在控制对象(2.2.1)中，采用式(2.2.2)的控制方式，式中 u_{s} 取为式(2.2.9)，设参数向量由自适应律(2.2.16)和(2.2.17)取得，并设假设 2.2 成立，则总体控制方案具有如下性能：

(1)
$$\|\boldsymbol{\theta}\|\leqslant M_\theta \tag{2.2.20}$$

$$\|\boldsymbol{x}\|\leqslant\|\boldsymbol{y}_{\mathrm{m}}\|+\left(\frac{2\bar{V}}{\lambda_{\min}(\boldsymbol{P})}\right)^{1/2} \tag{2.2.21}$$

$$|u(t)|\leqslant 2M_\theta+\frac{1}{b_{\mathrm{L}}}\left[f^{\mathrm{U}}+|y_{\mathrm{m}}^{(n)}|+\|\boldsymbol{k}\|\left(\frac{2\bar{V}}{\lambda_{\min}(\boldsymbol{P})}\right)^{1/2}\right] \tag{2.2.22}$$

对所有的 $t\geqslant 0$ 成立，式中 $\lambda_{\min}(\boldsymbol{P})$ 为 $\boldsymbol{P}$ 的最小特征值，$\boldsymbol{y}_{\mathrm{m}}=[y_{\mathrm{m}},\dot{y}_{\mathrm{m}},\cdots,y_{\mathrm{m}}^{(n-1)}]^{\mathrm{T}}$。

(2)
$$\int_0^t\|\boldsymbol{e}(t)\|^2\mathrm{d}t\leqslant a+b\int_0^t|w(t)|^2\mathrm{d}t \tag{2.2.23}$$

对所有的 $t\geqslant 0$ 成立，式中，a 和 b 为常数。

(3) 如果 w 平方可积，即 $\int_0^\infty|w(t)|^2\mathrm{d}t<\infty$，则 $\lim\limits_{t\to\infty}\|\boldsymbol{e}(t)\|=0$。

证明　关于式(2.2.20)～式(2.2.22)的证明，参见定理 2.1 的证明。现证明定理的其余部分。

取 Lyapunov 函数

$$V=\frac{1}{2}\boldsymbol{e}^{\mathrm{T}}\boldsymbol{P}\boldsymbol{e}+\frac{1}{2\gamma}\boldsymbol{\phi}^{\mathrm{T}}\boldsymbol{\phi} \tag{2.2.24}$$

沿式(2.2.14)求 V 对时间的导数，由式(2.2.7)得

$$\begin{aligned}\dot{V}&=-\frac{1}{2}\boldsymbol{e}^{\mathrm{T}}\boldsymbol{Q}\boldsymbol{e}+\boldsymbol{e}^{\mathrm{T}}\boldsymbol{P}\boldsymbol{b}_{\mathrm{c}}(\boldsymbol{\phi}^{\mathrm{T}}\boldsymbol{\xi}(\boldsymbol{x})-u_{\mathrm{s}}-w)+\frac{b}{\gamma}\dot{\boldsymbol{\phi}}^{\mathrm{T}}\boldsymbol{\phi}\\&=-\frac{1}{2}\boldsymbol{e}^{\mathrm{T}}\boldsymbol{Q}\boldsymbol{e}+\frac{b}{\gamma}\boldsymbol{\phi}^{\mathrm{T}}\left[\frac{1}{b}\gamma\boldsymbol{e}^{\mathrm{T}}\boldsymbol{P}\boldsymbol{b}_{\mathrm{c}}\boldsymbol{\xi}(\boldsymbol{x})+\dot{\boldsymbol{\phi}}\right]-\boldsymbol{e}^{\mathrm{T}}\boldsymbol{P}\boldsymbol{b}_{\mathrm{c}}u_{\mathrm{s}}-\boldsymbol{e}^{\mathrm{T}}\boldsymbol{P}\boldsymbol{b}_{\mathrm{c}}w\end{aligned} \tag{2.2.25}$$

设 $\boldsymbol{p}_n$ 是 $\boldsymbol{P}$ 的最后一列，则有

$$\boldsymbol{e}^{\mathrm{T}}\boldsymbol{P}\boldsymbol{b}_{\mathrm{c}}=\boldsymbol{e}^{\mathrm{T}}\boldsymbol{p}_n \tag{2.2.26}$$

根据式(2.2.16)和式(2.2.17)可得

$$\dot{V}=-\frac{1}{2}\boldsymbol{e}^{\mathrm{T}}\boldsymbol{Q}\boldsymbol{e}-\boldsymbol{e}^{\mathrm{T}}\boldsymbol{P}\boldsymbol{b}_{\mathrm{c}}u_{\mathrm{c}}-\boldsymbol{e}^{\mathrm{T}}\boldsymbol{P}\boldsymbol{b}_{\mathrm{c}}w+I_1\boldsymbol{e}^{\mathrm{T}}\boldsymbol{p}_n b\frac{\boldsymbol{\theta}\boldsymbol{\theta}^{\mathrm{T}}\boldsymbol{\xi}(\boldsymbol{x})}{\|\boldsymbol{\theta}\|^2} \tag{2.2.27}$$

与定理 2.1 的证明相同,式(2.2.27)的最后一项为非负,因此有

$$\dot{V}\leqslant-\frac{1}{2}\boldsymbol{e}^{\mathrm{T}}\boldsymbol{Q}\boldsymbol{e}-\boldsymbol{e}^{\mathrm{T}}\boldsymbol{P}\boldsymbol{b}_{\mathrm{c}}u_{\mathrm{s}}-\boldsymbol{e}^{\mathrm{T}}\boldsymbol{P}\boldsymbol{b}_{\mathrm{c}}w \tag{2.2.28}$$

由于 $\boldsymbol{e}^{\mathrm{T}}\boldsymbol{P}\boldsymbol{b}_{\mathrm{c}}u_{\mathrm{s}}\geqslant 0$,所以式(2.2.28)简化成

$$\dot{V}\leqslant-\frac{1}{2}\boldsymbol{e}^{\mathrm{T}}\boldsymbol{Q}\boldsymbol{e}-\boldsymbol{e}^{\mathrm{T}}\boldsymbol{P}\boldsymbol{b}_{\mathrm{c}}w \tag{2.2.29}$$

进一步简化成

$$\begin{aligned}\dot{V}&\leqslant-\frac{1}{2}\boldsymbol{e}^{\mathrm{T}}\boldsymbol{Q}\boldsymbol{e}-\boldsymbol{e}^{\mathrm{T}}\boldsymbol{p}_n w\\&\leqslant-\frac{\lambda_{\min}(\boldsymbol{Q})-1}{2}\|\boldsymbol{e}\|^2-\frac{1}{2}(\|\boldsymbol{e}\|^2+2\boldsymbol{e}^{\mathrm{T}}\boldsymbol{p}_n w+|\boldsymbol{p}_n w|^2)+\frac{1}{2}|\boldsymbol{p}_n w|^2\\&\leqslant-\frac{\lambda_{\min}(\boldsymbol{Q})-1}{2}\|\boldsymbol{e}\|^2+\frac{1}{2}|\boldsymbol{p}_n w|^2\end{aligned} \tag{2.2.30}$$

对上式两边对 t 积分得

$$\int_0^t\|\boldsymbol{e}(t)\|^2\mathrm{d}t\leqslant\frac{2}{\lambda_{\min}(\boldsymbol{Q})-1}[|V(0)|+|V(t)|]+\frac{1}{\lambda_{\min}(\boldsymbol{Q})-1}|\boldsymbol{P}\boldsymbol{b}_{\mathrm{c}}|^2\int_0^t|w(t)|^2\mathrm{d}t \tag{2.2.31}$$

定义 $a=\frac{2}{\lambda_{\min}(\boldsymbol{Q})-1}[|V(0)|+\sup\limits_{t\geqslant 0}|V(t)|]$,$b=\frac{1}{\lambda_{\min}(\boldsymbol{Q})-1}|\boldsymbol{P}\boldsymbol{b}_{\mathrm{c}}|^2$,则式(2.2.31)就变成了式(2.2.23)。如果 $w\in L_2$,则从式(2.2.31),可得 $e\in L_2$。由于已经知道式(2.2.14)右边的所有变量有界,所以 $\dot{\boldsymbol{e}}\in L_\infty$。根据 Barbalet 引理,推出 $\lim\limits_{t\to\infty}\|\boldsymbol{e}(t)\|=0$。

2.2.5 仿真

例 2.2 采用直接自适应模糊控制器控制如下的对象,使之调节至零点,即 $y_{\mathrm{m}}=0$:

$$\dot{x}(t)=\frac{1-\mathrm{e}^{-x}}{1+\mathrm{e}^{x}}+u(t) \tag{2.2.32}$$

显然,如果不加控制,对象(2.2.32)是不稳定的,因为如果 $u(t)=0$,当 $x>0$ 时,$\dot{x}(t)=\frac{1-\mathrm{e}^{-x}}{1+\mathrm{e}^{x}}<0$;而当 $x<0$ 时,$\dot{x}(t)=\frac{1-\mathrm{e}^{-x}}{1+\mathrm{e}^{x}}>0$。在仿真中,选 $\gamma=1$,$M_x=3$,$b_{\mathrm{L}}=0.5<1=b$,$f^{\mathrm{U}}=1$。在步骤 1 中,在区间[−3,3]上定义了 6 个模糊集合,分别记为 N_3,N_2,N_1,P_1,P_2,P_3;相应的隶属函数分别为

$$\mu_{N_3}(x)=\frac{1}{1+\exp[-5(x+2)]},\quad \mu_{N_2}(x)=\exp[-(x+1.5)^2]$$

$$\mu_{N_1}(x)=\exp[-(x+0.5)^2],\quad \mu_{P_1}(x)=\exp[-(x-0.5)^2]$$

$$\mu_{P_2}(x)=\exp[-(x-1.5)^2],\quad \mu_{P_3}(x)=\frac{1}{1+\exp[-5(x-2)]}$$

初始参数 $\theta_i(0)$在区间$[-2,2]$上随机选取，采用 MATLAB 的命令“ode23”来对整个控制系统进行仿真，且选初始状态 $x(0)=1$，图 2-10 给出了仿真结果。在图 2-10 所示的仿真结果中，状态 $x(t)$并没有触及界$|x|=3$，因此监督控制器 u_s 实际上不发挥作用。现在如果保持图 2-10 的其他参数不变而仅改变$M_x=1.5$，再进行一次仿真，其结果如图 2-11 所示，从仿真结果看到，此时监督控制器 u_s 确实强迫状态$x(t)$回到约束集合$|x|\leqslant 1.5$。

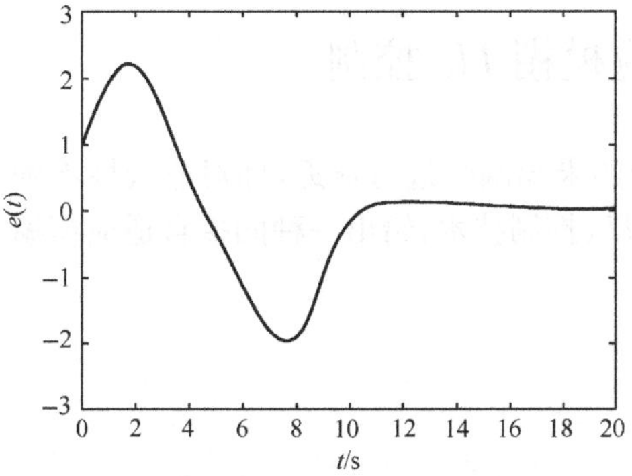

图 2-10　控制对象在直接自适应模糊控制器所得闭环系统状态 $x(t)=e(t)$

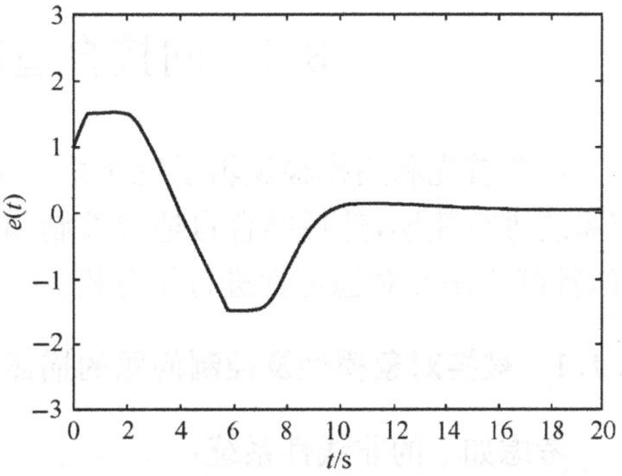

图 2-11　除 $M_x=1.5$ 以外其余参数与图 2-10 相同的闭环系统状态 $x(t)=e(t)$

有界控制的实际过程是一个十分有趣的过程。从图 2-11 中不难发现：一旦状态触及界，监督控制器 u_s 就立刻启动起来，强迫状态重新回到约束集合内。一旦状态回到约束集合内，监督控制器 u_s 就立刻停止工作，这样又导致了状态再次触及界。这种过程的反复发生使得状态“维持”在界的附近。图 2-11 给出了在$t\in[0.5,2.5]$和 $t\in[5,5.7]$这两个(近似)区间上的仿真结果。也就是说，监督控制器可以阻止系统发生不稳定，但是它不能使状态调节至零。这是一个令人满意的结果，其运行过程是：在这一“维持阶段”，自适应律调整了模糊控制器 u_c 的参数，最后使得模糊控制“重新恢复”过来完成其控制任务——使状态调回零点。

第3章　非线性系统的自适应模糊 H_∞ 控制

本章在第2章的基础上，把模糊逻辑系统、非线性反馈控制和 H_∞ 控制技术相结合，针对一类非线性不确定系统，给出了一套间接和直接自适应模糊控制方法，并研究了系统的稳定性分析。本章的内容主要基于文献[5]、[6]。

3.1　间接自适应模糊 H_∞ 控制

本节首先利用模糊逻辑系统对系统中的未知函数进行逼近，即对非线性不确定系统进行建模，然后结合自适应控制和 H_∞ 控制技术，给出一种间接自适应模糊 H_∞ 控制方法并对稳定性进行了分析。

3.1.1　被控对象模型及控制问题的描述

考虑如下的非线性系统：

$$\begin{cases} x^{(n)} = f(x,\dot{x},\cdots,x^{(n-1)}) + g(x,\dot{x},\cdots,x^{(n-1)})u + d \\ y = x \end{cases} \tag{3.1.1}$$

式中，f 和 g 为未知的连续函数；$u\in\mathbf{R}$ 和 $y\in\mathbf{R}$ 分别为系统的输入和输出；$\boldsymbol{x}=[x_1,\cdots,x_n]^{\mathrm{T}}=[x,\dot{x},\cdots,x^{(n-1)}]^{\mathrm{T}}$ 为系统的状态向量且假设可以通过测量得到；d 为外界干扰。式(3.1.1)可控的条件是：对处于某一可控区域 $U\subset\mathbf{R}^n$ 内的 $\boldsymbol{x}$，有 $g(\boldsymbol{x})\neq 0$。

给定参考信号 y_{m}，定义跟踪误差为 $e=y_{\mathrm{m}}-y$，则控制任务如下：

控制任务　(基于模糊逻辑系统)设计模糊控器 $u=u(\boldsymbol{x}|\boldsymbol{\theta}_f,\boldsymbol{\theta}_g)$ 及参数向量 $\boldsymbol{\theta}_f$ 和 $\boldsymbol{\theta}_g$ 的自适应律满足：

(1) 闭环系统中所涉及的所有变量一致有界。

(2) 对于预先给定的抑制水平 $\rho>0$，输出跟踪误差实现 H_∞ 性能指标，即

$$\int_0^T \boldsymbol{e}^{\mathrm{T}}\boldsymbol{Q}\boldsymbol{e}\,\mathrm{d}t \leqslant \boldsymbol{e}^{\mathrm{T}}(0)\boldsymbol{P}\boldsymbol{e}(0) + \frac{1}{\eta_1}\tilde{\boldsymbol{\theta}}_f^{\mathrm{T}}(0)\tilde{\boldsymbol{\theta}}_f(0) + \frac{1}{\eta_2}\tilde{\boldsymbol{\theta}}_g^{\mathrm{T}}(0)\tilde{\boldsymbol{\theta}}_g(0) + \rho^2\int_0^T w^2\,\mathrm{d}t \tag{3.1.2}$$

式中，$T\in[0,\infty)$，$w\in L_2[0,T]$，$\boldsymbol{Q}=\boldsymbol{Q}^{\mathrm{T}}>0$，$\boldsymbol{P}=\boldsymbol{P}^{\mathrm{T}}>0$；$w$ 为模糊系统的逼近误差；$\tilde{\boldsymbol{\theta}}_f$ 和 $\tilde{\boldsymbol{\theta}}_g$ 为模糊系统参数的估计误差；$\eta_1,\eta_2>0$。

3.1.2　模糊 H_∞ 控制器的设计

首先，设 $\boldsymbol{e}=[e,\dot{e},\cdots,e^{(n-1)}]^{\mathrm{T}}$，$\boldsymbol{k}=[k_n,\cdots,k_1]^{\mathrm{T}}$，选择向量 $\boldsymbol{k}=(k_n,\cdots,k_1)^{\mathrm{T}}$ 使

得多项式 $s^n+k_1s^{n-1}+\cdots+k_n=0$ 的所有根位于左半开平面上。如果函数 $f(\boldsymbol{x})$ 和 $g(\boldsymbol{x})$ 已知,则取控制律为

$$u=\frac{1}{g(\boldsymbol{x})}[-f(\boldsymbol{x})+y_{\mathrm{m}}^{(n)}+\boldsymbol{k}^{\mathrm{T}}\boldsymbol{e}-u_{\mathrm{a}}] \tag{3.1.3}$$

把式(3.1.3)代入式(3.1.1)得

$$e^{(n)}+k_1e^{(n-1)}+\cdots+k_ne=u_{\mathrm{a}}-d \tag{3.1.4}$$

式中,u_{a} 是用于抑制外界干扰 d 的鲁棒控制项,当 $d=0$ 时,$u_{\mathrm{a}}=0$。

如果 $f(\boldsymbol{x})$ 和 $g(\boldsymbol{x})$ 未知,则用模糊逻辑系统 $\hat{f}(\boldsymbol{x}|\boldsymbol{\theta}_f)=\boldsymbol{\theta}_f^{\mathrm{T}}\boldsymbol{\xi}(\boldsymbol{x})$ 和 $\hat{g}(\boldsymbol{x}|\boldsymbol{\theta}_g)=\boldsymbol{\theta}_g^{\mathrm{T}}\boldsymbol{\xi}(\boldsymbol{x})$ 来分别逼近 $f(\boldsymbol{x})$ 和 $g(\boldsymbol{x})$。

设计等价模糊控制器为

$$u_{\mathrm{c}}(\boldsymbol{x})=\frac{1}{\hat{g}(\boldsymbol{x}\mid\boldsymbol{\theta}_g)}[-\hat{f}(\boldsymbol{x}\mid\boldsymbol{\theta}_f)+y_{\mathrm{m}}^{(n)}+\boldsymbol{k}^{\mathrm{T}}\boldsymbol{e}-u_{\mathrm{a}}] \tag{3.1.5}$$

$$u_{\mathrm{a}}=-\frac{1}{r}\boldsymbol{P}\boldsymbol{B}^{\mathrm{T}}\boldsymbol{e} \tag{3.1.6}$$

式中,$r>0$;$\boldsymbol{P}=\boldsymbol{P}^{\mathrm{T}}>0$ 是满足下面的黎卡提方程的正定解:

$$\boldsymbol{PA}+\boldsymbol{A}^{\mathrm{T}}\boldsymbol{P}+\boldsymbol{Q}-\frac{2}{\lambda}\boldsymbol{PBB}^{\mathrm{T}}\boldsymbol{P}+\frac{2}{\rho^2}\boldsymbol{PBB}^{\mathrm{T}}\boldsymbol{P}=0 \tag{3.1.7}$$

文献[5]证明了黎卡提方程(3.1.7)存在解的条件是 $2\rho^2\geqslant\lambda$。

把式(3.1.5)代入式(3.1.1)得

$$e^{(n)}=-\boldsymbol{k}^{\mathrm{T}}\boldsymbol{e}+\{[\hat{f}(\boldsymbol{x}\mid\boldsymbol{\theta}_f)-f(\boldsymbol{x})]+[\hat{g}(\boldsymbol{x}\mid\boldsymbol{\theta}_g)-g(\boldsymbol{x})]u_{\mathrm{c}}\}+u_{\mathrm{a}}-d \tag{3.1.8}$$

或

$$\dot{\boldsymbol{e}}=\boldsymbol{Ae}+\boldsymbol{B}u_{\mathrm{a}}+\boldsymbol{B}\{[\hat{f}(\boldsymbol{x}\mid\boldsymbol{\theta}_f)-f(\boldsymbol{x})]+[\hat{g}(\boldsymbol{x}\mid\boldsymbol{\theta}_g)-g(\boldsymbol{x})]u_{\mathrm{c}}\}-\boldsymbol{B}d \tag{3.1.9}$$

式中

$$\boldsymbol{A}=\begin{bmatrix}0&1&0&\cdots&0&0\\0&0&1&\cdots&0&0\\\vdots&\vdots&\vdots&&\vdots&\vdots\\0&0&0&\cdots&1&0\\0&0&0&\cdots&0&1\\-k_n&-k_{n-1}&-k_{n-2}&\cdots&-k_2&-k_1\end{bmatrix},\quad\boldsymbol{B}=\begin{bmatrix}0\\0\\\vdots\\0\\0\\1\end{bmatrix}$$

3.1.3　模糊自适应算法

定义参数向量 $\boldsymbol{\theta}_f$ 和 $\boldsymbol{\theta}_g$ 的最优参数向量 $\boldsymbol{\theta}_f^*$ 和 $\boldsymbol{\theta}_g^*$ 为

$$\boldsymbol{\theta}_f^*=\arg\min_{\boldsymbol{\theta}_f\in\Omega_f}[\sup_{\boldsymbol{x}\in D}|\hat{f}(\boldsymbol{x}\mid\boldsymbol{\theta}_f)-f(\boldsymbol{x})|] \tag{3.1.10}$$

$$\boldsymbol{\theta}_g^*=\arg\min_{\boldsymbol{\theta}_g\in\Omega_g}[\sup_{\boldsymbol{x}\in D}|\hat{g}(\boldsymbol{x}\mid\boldsymbol{\theta}_g)-g(\boldsymbol{x})|] \tag{3.1.11}$$

式中,Ω_f 和 Ω_g 是适当的分别包含 $\boldsymbol{\theta}_f$ 和 $\boldsymbol{\theta}_g$ 的有界集。

定义最小模糊逼近误差为

$$w=[\hat{f}(\boldsymbol{x}\mid\boldsymbol{\theta}_f^*)-f(\boldsymbol{x}\mid\boldsymbol{\theta}_f)]+[\hat{g}(\boldsymbol{x}\mid\boldsymbol{\theta}_g^*)-g(\boldsymbol{x}\mid\boldsymbol{\theta}_g)]u_c \tag{3.1.12}$$

把式(3.1.12)代入式(3.1.9)得

$$\begin{aligned}\dot{\boldsymbol{e}}=&\boldsymbol{A}\boldsymbol{e}+\boldsymbol{B}u_a+\boldsymbol{B}\{[\hat{f}(\boldsymbol{x}\mid\boldsymbol{\theta}_f)-\hat{f}(\boldsymbol{x}\mid\boldsymbol{\theta}_f^*)]\\&+[\hat{g}(\boldsymbol{x}\mid\boldsymbol{\theta}_g)-\hat{g}(\boldsymbol{x}\mid\boldsymbol{\theta}_g^*)]u_c\}+\boldsymbol{B}(w-d)\end{aligned} \tag{3.1.13}$$

它等价于

$$\dot{\boldsymbol{e}}=\boldsymbol{A}\boldsymbol{e}+\boldsymbol{B}u_a+\boldsymbol{B}[\tilde{\boldsymbol{\theta}}_f^{\mathrm{T}}\boldsymbol{\xi}(\boldsymbol{x})+\tilde{\boldsymbol{\theta}}_g^{\mathrm{T}}\boldsymbol{\xi}(\boldsymbol{x})u_c]+\boldsymbol{B}w_1 \tag{3.1.14}$$

式中，$w_1=w-d$，$\tilde{\boldsymbol{\theta}}_f=\boldsymbol{\theta}_f-\boldsymbol{\theta}_f^*$，$\tilde{\boldsymbol{\theta}}_g=\boldsymbol{\theta}_g-\boldsymbol{\theta}_g^*$。

取参数向量$\boldsymbol{\theta}_f$和$\boldsymbol{\theta}_g$的自适应律为

$$\dot{\boldsymbol{\theta}}_f=-\eta_1\boldsymbol{e}^{\mathrm{T}}\boldsymbol{P}\boldsymbol{B}\boldsymbol{\xi}(\boldsymbol{x}) \tag{3.1.15}$$

$$\dot{\boldsymbol{\theta}}_g=-\eta_2\boldsymbol{e}^{\mathrm{T}}\boldsymbol{P}\boldsymbol{B}\boldsymbol{\xi}(\boldsymbol{x})u_c \tag{3.1.16}$$

式中，$\eta_1>0$，$\eta_2>0$是参数的学习律。

为了保证实施控制过程中参数向量$\boldsymbol{\theta}_f$和$\boldsymbol{\theta}_g$在指定的范围内，利用投影算子对上述的参数自适应调节律进行修正。

定义

$$\Omega_1=\{\boldsymbol{\theta}_f\mid\|\boldsymbol{\theta}_f\|^2\leqslant M_f\},\quad \Omega_{\delta1}=\{\boldsymbol{\theta}_f\mid\|\boldsymbol{\theta}_f\|^2\leqslant M_f+\delta_1\}$$

$$\Omega_2=\{\boldsymbol{\theta}_g\mid\|\boldsymbol{\theta}_g\|^2\leqslant M_g\},\quad \Omega_{\delta2}=\{\boldsymbol{\theta}_g\mid\|\boldsymbol{\theta}_g\|^2\leqslant M_g+\delta_2\}$$

式中，M_f，M_g，$\delta_i>0$为设计者所决定的设计参数。

修正后的参数自适应调节律为

$$\dot{\boldsymbol{\theta}}_f=\begin{cases}\eta_1\boldsymbol{P}\boldsymbol{B}\boldsymbol{\xi}(\boldsymbol{x}), & \boldsymbol{\theta}_f\in\Omega_1\\ & \text{或 }\boldsymbol{\theta}_f\notin\Omega_1\text{ 且 }\boldsymbol{e}^{\mathrm{T}}\boldsymbol{P}\boldsymbol{B}\boldsymbol{\xi}(\boldsymbol{x})\leqslant 0\\ P_{r1}[\cdot], & \text{其他}\end{cases} \tag{3.1.17}$$

$$\dot{\boldsymbol{\theta}}_g=\begin{cases}\eta_2\boldsymbol{P}\boldsymbol{B}\boldsymbol{\xi}(\boldsymbol{x})u_c, & \boldsymbol{\theta}_g\in\Omega_2\\ & \text{或 }\boldsymbol{\theta}_g\notin\Omega_2\text{ 且 }\boldsymbol{e}^{\mathrm{T}}\boldsymbol{P}\boldsymbol{B}\boldsymbol{\xi}(\boldsymbol{x})u_c\leqslant 0\\ P_{r2}[\cdot], & \text{其他}\end{cases} \tag{3.1.18}$$

投影算子$P_{ri}[\cdot]$定义为

$$P_{r1}[\eta_1\boldsymbol{e}^{\mathrm{T}}\boldsymbol{P}\boldsymbol{B}\boldsymbol{\xi}(\boldsymbol{x})]=\eta_1\boldsymbol{e}^{\mathrm{T}}\boldsymbol{P}\boldsymbol{B}\boldsymbol{\xi}(\boldsymbol{x})-\eta_1\frac{(\|\boldsymbol{\theta}_f\|^2-M_1)\boldsymbol{e}^{\mathrm{T}}\boldsymbol{P}\boldsymbol{B}\boldsymbol{\xi}(\boldsymbol{x})}{\delta_1\|\boldsymbol{\theta}_f\|^2}\boldsymbol{\theta}_f \tag{3.1.19}$$

$$P_{r2}[\eta_2\boldsymbol{e}^{\mathrm{T}}\boldsymbol{P}\boldsymbol{B}\boldsymbol{\xi}(\boldsymbol{x})u_c]=\eta_2\boldsymbol{e}^{\mathrm{T}}\boldsymbol{P}\boldsymbol{B}\boldsymbol{\xi}(\boldsymbol{x})u_c-\eta_2\frac{(\|\boldsymbol{\theta}_g\|^2-M_2)\boldsymbol{e}^{\mathrm{T}}\boldsymbol{P}\boldsymbol{B}\boldsymbol{\xi}(\boldsymbol{x})u_c}{\delta_2\|\boldsymbol{\theta}_g\|^2}\boldsymbol{\theta}_g \tag{3.1.20}$$

这种间接自适应模糊控制策略的设计步骤如下：

步骤1 离线预处理。

(1) 确定出一组参数$k_1,\cdots,k_n$，使得矩阵$\boldsymbol{A}$的特征根都在左半开平面内。

(2) 确定抑制水平$\rho>0$及$\lambda>0$满足条件$2\rho^2\geqslant\lambda$。给定正定矩阵$\boldsymbol{Q}$，解黎卡提方程(3.1.7)，求出正定矩阵$\boldsymbol{P}$。

(3) 根据实际问题，确定出设计参数 $M_f, M_g, \delta_1, \delta_2$。

步骤 2　构造模糊控制器。

(1) 建立模糊规则基：它是由下面的 N 条模糊推理规则构成

R^i：如果 x_1 是 F_1^i，x_2 是 F_2^i，…，x_n 是 F_n^i，则 u_c 是 B_i，$i=1,2,\cdots,N$

(2) 构造模糊基函数

$$\xi_i(x_1,\cdots,x_n) = \frac{\prod_{j=1}^{n}\mu_{F_j^i}(x_j)}{\sum_{i=1}^{N}\left[\prod_{j=1}^{n}\mu_{F_j^i}(x_j)\right]}$$

做一个 N 维向量 $\boldsymbol{\xi}(\boldsymbol{x})=[\xi_1,\cdots,\xi_N]^{\mathrm{T}}$，并构造成模糊逻辑系统

$$\hat{f}(\boldsymbol{x}\mid\boldsymbol{\theta}_f) = \boldsymbol{\theta}_f^{\mathrm{T}}\boldsymbol{\xi}(\boldsymbol{x}),\quad \hat{g}(\boldsymbol{x}\mid\boldsymbol{\theta}_g) = \boldsymbol{\theta}_g^{\mathrm{T}}\boldsymbol{\xi}(\boldsymbol{x})$$

步骤 3　在线自适应调节。

(1) 将反馈控制(3.1.5)作用于控制对象(3.1.1)，其中 u_c 取为式(3.1.5)，u_a 取为式(3.1.6)。

(2) 用式(3.1.17)～式(3.1.20)自适应调节参数向量 $\boldsymbol{\theta}_f$ 和 $\boldsymbol{\theta}_g$。

3.1.4　稳定性与收敛性分析

下面用定理给出这种自适应模糊控制器的性能。

定理 3.1　考虑式(3.1.1)的控制对象，其中控制量 u_c 取为式(3.1.5)，u_a 取为式(3.1.6)。取参数向量 $\boldsymbol{\theta}_f$ 和 $\boldsymbol{\theta}_g$ 由自适应律(3.1.17)～(3.1.20)来调节，则总体控制方案保证具有如下的性能：

(1) $\|\boldsymbol{\theta}_f\|\leqslant M_f$，$\|\boldsymbol{\theta}_g\|\leqslant M_g$；$\boldsymbol{x},\boldsymbol{e},u\in L_\infty$。

(2) 对于预先给定的抑制水平 $\rho>0$，实现 H_∞ 跟踪性能指标(3.1.2)。

证明　关于参数向量的有界性证明类似于定理 2.1。只需证明定理的其他结论。选择 Lyapunov 函数为

$$V = \frac{1}{2}\boldsymbol{e}^{\mathrm{T}}\boldsymbol{P}\boldsymbol{e} + \frac{1}{2\eta_1}\tilde{\boldsymbol{\theta}}_f^{\mathrm{T}}\tilde{\boldsymbol{\theta}}_f + \frac{1}{2\eta_2}\tilde{\boldsymbol{\theta}}_g^{\mathrm{T}}\tilde{\boldsymbol{\theta}}_g \tag{3.1.21}$$

沿式(3.1.14)求 V 对时间的导数得

$$\begin{aligned}\dot{V} &= \frac{1}{2}\dot{\boldsymbol{e}}^{\mathrm{T}}\boldsymbol{P}\boldsymbol{e} + \frac{1}{2}\boldsymbol{e}^{\mathrm{T}}\boldsymbol{P}\dot{\boldsymbol{e}} + \frac{1}{\eta_1}\dot{\tilde{\boldsymbol{\theta}}}_f^{\mathrm{T}}\tilde{\boldsymbol{\theta}}_f + \frac{1}{\eta_2}\dot{\tilde{\boldsymbol{\theta}}}_g^{\mathrm{T}}\tilde{\boldsymbol{\theta}}_g \\ &= \frac{1}{2}\Big[\boldsymbol{e}^{\mathrm{T}}\boldsymbol{A}^{\mathrm{T}}\boldsymbol{P}\boldsymbol{e} - \frac{1}{\lambda}\boldsymbol{e}^{\mathrm{T}}\boldsymbol{P}\boldsymbol{B}\boldsymbol{B}^{\mathrm{T}}\boldsymbol{P}\boldsymbol{e} + \boldsymbol{\xi}^{\mathrm{T}}(\boldsymbol{x})\tilde{\boldsymbol{\theta}}_f\boldsymbol{B}^{\mathrm{T}}\boldsymbol{P}\boldsymbol{e} + \tilde{\boldsymbol{\theta}}_g^{\mathrm{T}}\boldsymbol{\xi}(\boldsymbol{x})\boldsymbol{B}^{\mathrm{T}}\boldsymbol{P}\boldsymbol{e}u_c \\ &\quad + w_1^{\mathrm{T}}\boldsymbol{B}^{\mathrm{T}}\boldsymbol{P}\boldsymbol{e} + \boldsymbol{e}^{\mathrm{T}}\boldsymbol{P}\boldsymbol{A}\boldsymbol{e} - \frac{1}{\lambda}\boldsymbol{e}^{\mathrm{T}}\boldsymbol{P}\boldsymbol{B}\boldsymbol{B}^{\mathrm{T}}\boldsymbol{P}\boldsymbol{e} + \boldsymbol{e}^{\mathrm{T}}\boldsymbol{P}\boldsymbol{B}\tilde{\boldsymbol{\theta}}_f^{\mathrm{T}}\boldsymbol{\xi}(\boldsymbol{x}) \\ &\quad + \boldsymbol{e}^{\mathrm{T}}\boldsymbol{P}\boldsymbol{B}\tilde{\boldsymbol{\theta}}_g^{\mathrm{T}}\boldsymbol{\xi}(\boldsymbol{x})u_c + \boldsymbol{e}^{\mathrm{T}}\boldsymbol{P}\boldsymbol{B}w_1\Big] + \frac{1}{\eta_1}\dot{\tilde{\boldsymbol{\theta}}}_f^{\mathrm{T}}\tilde{\boldsymbol{\theta}}_f + \frac{1}{\eta_2}\dot{\tilde{\boldsymbol{\theta}}}_g^{\mathrm{T}}\tilde{\boldsymbol{\theta}}_g\end{aligned}$$

$$=\frac{1}{2}\dot{e}^{\mathrm{T}}\left(\boldsymbol{PA}^{\mathrm{T}}+\boldsymbol{AP}-\frac{2}{\lambda}\boldsymbol{PBB}^{\mathrm{T}}\boldsymbol{P}\right)\boldsymbol{e}+\frac{1}{2}(w_1^{\mathrm{T}}\boldsymbol{B}^{\mathrm{T}}\boldsymbol{Pe}+\boldsymbol{e}^{\mathrm{T}}\boldsymbol{PB}w_1)$$

$$+\frac{1}{\eta_1}(\eta_1\boldsymbol{e}^{\mathrm{T}}\boldsymbol{PB}\boldsymbol{\xi}^{\mathrm{T}}(\boldsymbol{x})+\dot{\boldsymbol{\theta}}_f^{\mathrm{T}})\widetilde{\boldsymbol{\theta}}_f+\frac{1}{\eta_2}(\eta_2\boldsymbol{e}^{\mathrm{T}}\boldsymbol{PB}\boldsymbol{\xi}^{\mathrm{T}}(\boldsymbol{x})u_{\mathrm{c}}+\dot{\boldsymbol{\theta}}_g^{\mathrm{T}})\widetilde{\boldsymbol{\theta}}_g \quad (3.1.22)$$

由参数向量 $\boldsymbol{\theta}_f$ 和 $\boldsymbol{\theta}_g$ 的自适应律得

$$\begin{aligned}\dot{V}&\leqslant-\frac{1}{2}\boldsymbol{e}^{\mathrm{T}}\boldsymbol{Qe}-\frac{1}{2\rho^2}\boldsymbol{e}^{\mathrm{T}}\boldsymbol{PBB}^{\mathrm{T}}\boldsymbol{Pe}+\frac{1}{2}(w_1^{\mathrm{T}}\boldsymbol{BPe}+\boldsymbol{e}^{\mathrm{T}}\boldsymbol{PB}w_1)\\&=-\frac{1}{2}\boldsymbol{e}^{\mathrm{T}}\boldsymbol{Qe}-\frac{1}{2}\left(\frac{1}{\rho}\boldsymbol{e}^{\mathrm{T}}\boldsymbol{PB}-\rho w_1\right)^2+\frac{1}{2}\rho^2w_1^2\\&\leqslant-\frac{1}{2}\boldsymbol{e}^{\mathrm{T}}\boldsymbol{Qe}+\frac{1}{2}\rho^2w_1^2\\&\leqslant-\frac{1}{2}\lambda_{\min}(\boldsymbol{Q})\|\boldsymbol{e}\|^2+\frac{1}{2}\rho^2|\overline{w}_1|^2\end{aligned} \quad (3.1.23)$$

式中,$\overline{w}_1$ 为 w_1 的上界;$\lambda_{\min}(\boldsymbol{Q})$为矩阵的最小特征值。由式(3.1.23)可知,当 $\|\boldsymbol{e}\|\geqslant\rho|w|\sqrt{\lambda_{\min}(\boldsymbol{Q})}$时,有 $\dot{V}\leqslant0$,从而推得 $\boldsymbol{x},\boldsymbol{e},u\in L_\infty$。对式(3.1.23)从 $t=0$ 到 $t=T$ 积分得

$$\frac{1}{2}\int_0^T\boldsymbol{e}^{\mathrm{T}}\boldsymbol{Qe}\,\mathrm{d}t\leqslant V(0)-V(T)+\frac{1}{2}\rho^2\int_0^Tw_1^2\,\mathrm{d}t \quad (3.1.24)$$

由于 $V(T)\geqslant0$,所以根据式(3.1.24)得

$$\begin{aligned}\frac{1}{2}\int_0^T\boldsymbol{e}^{\mathrm{T}}\boldsymbol{Qe}\,\mathrm{d}t&\leqslant V(0)+\frac{1}{2}\rho^2\int_0^Tw_1^2\,\mathrm{d}t\\&=\frac{1}{2}\boldsymbol{e}^{\mathrm{T}}(0)\boldsymbol{Pe}(0)+\frac{1}{2\eta_1}\widetilde{\boldsymbol{\theta}}_f^{\mathrm{T}}(0)\widetilde{\boldsymbol{\theta}}_f(0)\\&\quad+\frac{1}{2\eta_2}\widetilde{\boldsymbol{\theta}}_g^{\mathrm{T}}(0)\widetilde{\boldsymbol{\theta}}_g(0)+\frac{1}{2}\rho^2\int_0^Tw_1^2\,\mathrm{d}t\end{aligned} \quad (3.1.25)$$

即 H_∞ 跟踪性能指标(3.1.2)实现。

3.1.5 仿真

例 3.1 将间接自适应模糊 H_∞ 控制用于如下的倒摆系统中。倒摆系统动态方程在例 2.1 中所给出。可把倒摆系统描述为如下的输入输出模型:

$$\begin{cases}\dot{x}_1=x_2\\ \dot{x}_2=\dfrac{g\sin y-\dfrac{ml\dot{y}^2\cos y\sin y}{m_{\mathrm{c}}+m}}{l\left(\dfrac{4}{3}-\dfrac{m\cos^2y}{m_{\mathrm{c}}+m}\right)}+\dfrac{\dfrac{\cos y}{m_{\mathrm{c}}+m}}{l\left(\dfrac{4}{3}-\dfrac{m\cos^2y}{m_{\mathrm{c}}+m}\right)}\\ y=x_1\end{cases} \quad (3.1.26)$$

有关方程的参数的选取与例 2.1 相同。

定义模糊推理规则为

R^l:如果 x_1 是 F_1^j,则 y 是 G_1^j,$j=1,2,\cdots,7;l=1,2,\cdots,7$

R^l:如果 x_2 是 F_2^j,则 y 是 G_2^j,$j=1,2,\cdots,7;l=8,2,\cdots,14$

选择模糊隶属函数为

$$\mu_{F_i^1}(x_i)=\frac{1}{1+\exp[-5(x_i+0.6)]},\quad \mu_{F_i^2}(x_i)=\exp[-0.5(x_i+0.4)^2]$$

$$\mu_{F_i^3}(x_i)=\exp[-0.5(x_i+0.2)^2],\quad \mu_{F_i^4}(x_i)=\exp(-0.5x_i^2)$$

$$\mu_{F_i^5}(x_i)=\exp[-0.5(x_i-0.2)^2],\quad \mu_{F_i^6}(x_i)=\exp[-0.5(x_i-0.4)^2]$$

$$\mu_{F_i^7}(x_i)=\frac{1}{1+\exp[-5(x_i-0.6)]},\quad i=1,2$$

令

$$\xi_i(\boldsymbol{x})=\frac{\mu_{F_i^j}(x_1)\mu_{F_2^j}(x_2)}{\sum\limits_{j=1}^{7}\mu_{F_i^j}(x_1)\mu_{F_2^j}(x_2)}$$

$$\boldsymbol{\xi}(\boldsymbol{x})=[\xi_1(\boldsymbol{x}),\xi_2(\boldsymbol{x}),\xi_3(\boldsymbol{x}),\xi_4(\boldsymbol{x}),\xi_5(\boldsymbol{x}),\xi_6(\boldsymbol{x}),\xi_7(\boldsymbol{x})]^{\mathrm{T}}$$

则得到模糊逻辑系统

$$\hat{f}(\boldsymbol{x}\mid\boldsymbol{\theta}_f)=\boldsymbol{\theta}_f^{\mathrm{T}}\boldsymbol{\xi}(\boldsymbol{x}),\quad \hat{g}(\boldsymbol{x}\mid\boldsymbol{\theta}_g)=\boldsymbol{\theta}_g^{\mathrm{T}}\boldsymbol{\xi}(\boldsymbol{x})$$

选取初始值

$$\boldsymbol{\theta}_f(0)=\boldsymbol{0},\quad \boldsymbol{\theta}_g(0)=2\boldsymbol{I}_{7\times1},\quad x_1(0)=x_2(0)=0.2$$

其他参数为

$$\eta_1=0.1,\quad \eta_2=0.01;\quad k_1=2,\quad k_1=1$$

给定 $\boldsymbol{Q}=\mathrm{diag}(10,10)$,$\rho=0.05,0.1,0.2$,$\lambda=0.005,0.02,0.08$,解黎卡提方程(3.1.7)得

$$\boldsymbol{P}=\begin{bmatrix}15&5\\5&5\end{bmatrix}$$

图 3-1～图 3-4 给出对于 $\rho=0.05,0.1,0.2$ 的仿真情况。

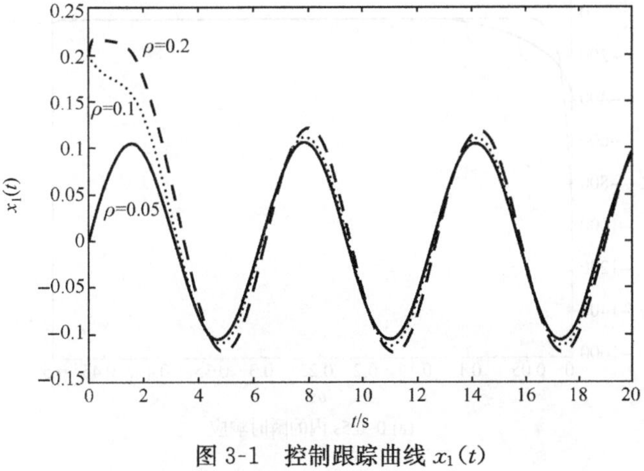

图 3-1　控制跟踪曲线 $x_1(t)$

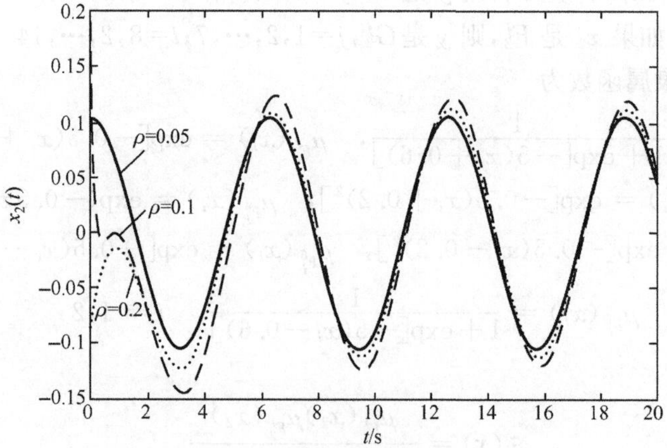

图 3-2　控制跟踪曲线 $x_2(t)$

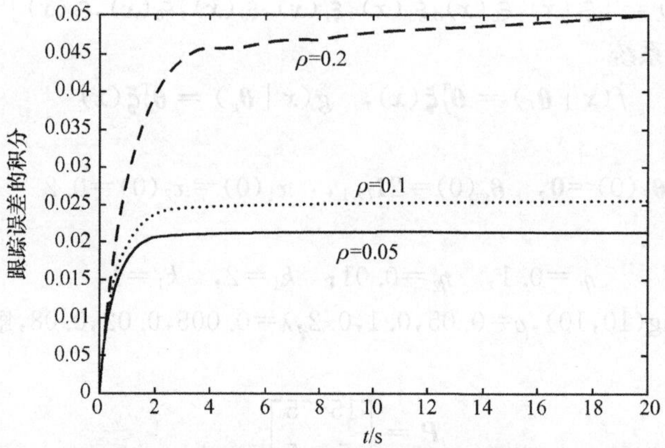

图 3-3　控制跟踪误差的积分曲线 $\int_0^T e^2(t)\,\mathrm{d}t$

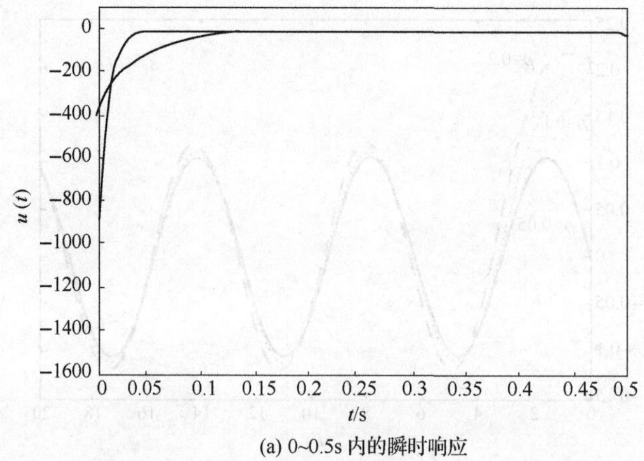

(a) 0~0.5s 内的瞬时响应

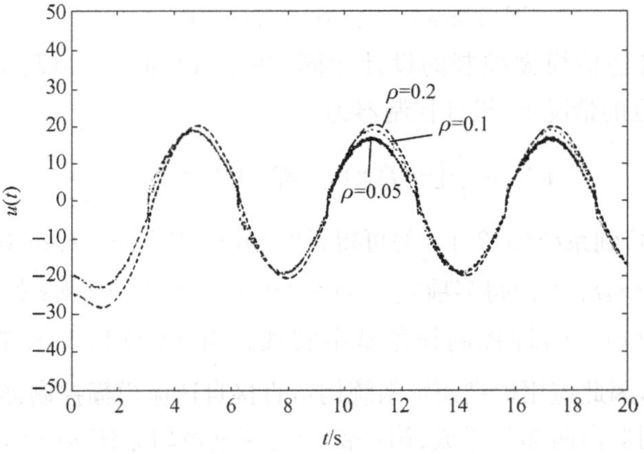

(b) 0.5~20s 内的稳态响应

图 3-4　控制曲线

3.2　直接自适应模糊 H_∞ 控制

本节按照 3.1 节间接自适应模糊 H_∞ 控制的设计思路，给出一种对应的直接自适应模糊 H_∞ 控制的方法与控制系统的稳定性分析。

3.2.1　被控对象模型及控制问题的描述

考虑如下的非线性系统：

$$\begin{cases} x^{(n)} = f(x,\dot{x},\cdots,x^{(n-1)}) + bu + d \\ y = x \end{cases} \tag{3.2.1}$$

式中，f 为未知函数；b 为未知的正常数；$u\in\mathbf{R}$ 和 $y\in\mathbf{R}$ 分别为系统的输入和输出；d 是外界干扰。设 $\boldsymbol{x}=[x,\dot{x},\cdots,x^{(n-1)}]^{\mathrm{T}}$ 是系统的状态向量，并假设 x 是可测的。

给定参考信号 y_{m}，定义跟踪误差为 $e=y_{\mathrm{m}}-y$，控制任务如下。

控制任务　（模糊逻辑系统）求出一个状态反馈控制 $u=u(\boldsymbol{x}|\boldsymbol{\theta})$ 和一个调整参数向量 $\boldsymbol{\theta}$ 的自适应律，使得闭环系统具有全局稳定性，并且实现如下的跟踪误差性能指标：

$$\int_0^T \boldsymbol{e}^{\mathrm{T}}\boldsymbol{Q}\boldsymbol{e}\,\mathrm{d}t \leqslant \boldsymbol{e}^{\mathrm{T}}(0)\boldsymbol{P}\boldsymbol{e}(0) + \frac{1}{\eta}\tilde{\boldsymbol{\theta}}^{\mathrm{T}}(0)\tilde{\boldsymbol{\theta}}(0) + \rho^2\int_0^T w^2\,\mathrm{d}t \tag{3.2.2}$$

式中，$T\in[0,\infty)$；$w\in L_2[0,T]$是模糊逼近误差；$\boldsymbol{Q}$ 和 $\boldsymbol{P}$ 是两个正定矩阵；$\tilde{\boldsymbol{\theta}}=\boldsymbol{\theta}^*-\boldsymbol{\theta}$ 是参数的误差向量；$\eta>0$，$\rho>0$ 是两个给定的参数。

3.2.2　模糊 H_∞ 控制器的设计

设 $\boldsymbol{k}=[k_n,\cdots,k_1]$是满足下面微分方程的参数向量：

$$e^{(n)} + k_1 e^{(n-1)} + \cdots + k_n e = 0 \tag{3.2.3}$$

与第 2 章的直接自适应模糊控制的设计相同，在 $f(\boldsymbol{x})$ 和 b 已知及状态 $\boldsymbol{x}=[x, \dot{x}, \cdots, x^{(n-1)}]^{\mathrm{T}}$ 可测的情况下，设计控制器为

$$u^* = \frac{1}{b}[-f(\boldsymbol{x}) + y_{\mathrm{m}}^{(n)} + \boldsymbol{k}^{\mathrm{T}}\boldsymbol{e}] \tag{3.2.4}$$

应用控制器(3.2.4)到系统(3.2.1)，便可得 $e^{(n)}+k_1e^{(n-1)}+\cdots+k_ne=0$。如果选取参数向量 $\boldsymbol{k}=[k_n, \cdots, k_1]^{\mathrm{T}}$ 使得多项式 $h(s)=s^n+k_1s^{(n-1)}+\cdots+k_ns$ 的根在左半开平面内，则得 $\lim\limits_{t\to\infty} e(t)=0$，即控制任务基本实现。当 $f(\boldsymbol{x})$ 和 b 未知时，控制器(3.2.4)无法应用，因此应用模糊逻辑系统构造直接自适应模糊控制器。本节的直接自适应模糊控制器由两部分组成：第一部分是模糊逻辑系统 $\hat{u}(\boldsymbol{x}|\boldsymbol{\theta})$，用它去逼近 u^*。第二部分是一个 H_∞ 鲁棒控制项，用它来克服模糊逼近误差和外界干扰对输出跟踪误差的影响，并保证系统的稳定性。

设模糊逻辑系统为

$$\hat{u}(\boldsymbol{x} \mid \boldsymbol{\theta}) = \sum_{i=1}^{N} \theta_i \xi_i(\boldsymbol{x}) = \boldsymbol{\theta}^{\mathrm{T}} \boldsymbol{\xi}(\boldsymbol{x}) \tag{3.2.5}$$

设计的直接模糊控制器为

$$u = \hat{u}(\boldsymbol{x} \mid \boldsymbol{\theta}) + v \tag{3.2.6}$$

式中

$$v = -\frac{1}{\lambda}\boldsymbol{e}^{\mathrm{T}}\boldsymbol{PB} \tag{3.2.7}$$

这里，$\lambda>0$ 是一个设计参数；$\boldsymbol{P}$ 是满足下面黎卡提方程解的一个正定矩阵：

$$\boldsymbol{PA} + \boldsymbol{A}^{\mathrm{T}}\boldsymbol{P} + \boldsymbol{Q} - \frac{2}{\lambda}\boldsymbol{PBB}^{\mathrm{T}}\boldsymbol{P} + \frac{2}{\rho^2}\boldsymbol{PBB}^{\mathrm{T}}\boldsymbol{P} = 0 \tag{3.2.8}$$

把式(3.2.6)代入式(3.2.1)，得

$$x^{(n)} = f(\boldsymbol{x}) + b[\hat{u}(\boldsymbol{x} \mid \boldsymbol{\theta}) + v] \tag{3.2.9}$$

对式(3.2.9)的右边加一项 bu^* 并减去一项 bu^*，经过计算整理得

$$\begin{aligned} \dot{\boldsymbol{e}} &= \boldsymbol{Ae} + \boldsymbol{B}[u^*(\boldsymbol{x}) - \hat{u}(\boldsymbol{x} \mid \boldsymbol{\theta}) + v] \\ &= \boldsymbol{Ae} + \boldsymbol{B}[u^*(\boldsymbol{x}) - \hat{u}(\boldsymbol{x} \mid \boldsymbol{\theta})] + \boldsymbol{B}v - \boldsymbol{B}d \end{aligned} \tag{3.2.10}$$

式中

$$\boldsymbol{A} = \begin{bmatrix} 0 & 1 & 0 & \cdots & 0 & 0 \\ 0 & 0 & 1 & \cdots & 0 & 0 \\ \vdots & \vdots & \vdots & & \vdots & \vdots \\ 0 & 0 & 0 & \cdots & 1 & 0 \\ 0 & 0 & 0 & \cdots & 0 & 1 \\ -k_n & -k_{n-1} & -k_{n-2} & \cdots & -k_2 & -k_1 \end{bmatrix}, \quad \boldsymbol{B} = \begin{bmatrix} 0 \\ 0 \\ \vdots \\ 0 \\ 0 \\ b \end{bmatrix}$$

3.2.3　模糊自适应算法

定义参数向量 $\boldsymbol{\theta}$ 的最优参数为 $\boldsymbol{\theta}^*$，定义为

$$\boldsymbol{\theta}^* = \arg\min_{\boldsymbol{\theta}\in\Omega}[\sup_{\boldsymbol{x}\in U_c} |\hat{u}(\boldsymbol{x} \mid \boldsymbol{\theta}) - u^*(\boldsymbol{x})|] \tag{3.2.11}$$

式中，Ω 是适当的包含 $\boldsymbol{\theta}$ 的有界集。定义模糊最小逼近误差为

$$w = u^*(\boldsymbol{x}) - \hat{u}(\boldsymbol{x} \mid \boldsymbol{\theta}^*) \tag{3.2.12}$$

把式(3.2.10)改写成

$$\dot{\boldsymbol{e}} = \boldsymbol{Ae} + \boldsymbol{B}\{[\hat{u}(\boldsymbol{x} \mid \boldsymbol{\theta}^*) - \hat{u}(\boldsymbol{x} \mid \boldsymbol{\theta})] + [u^* - \hat{u}(\boldsymbol{x} \mid \boldsymbol{\theta}^*)]\} + \boldsymbol{B}v - \boldsymbol{B}d \tag{3.2.13}$$

或

$$\dot{\boldsymbol{e}} = \boldsymbol{Ae} - \boldsymbol{B}\tilde{\boldsymbol{\theta}}^{\mathrm{T}}\boldsymbol{\xi}(\boldsymbol{x}) + \boldsymbol{B}v + \boldsymbol{B}w_1 \tag{3.2.14}$$

式中，$\tilde{\boldsymbol{\theta}} = \boldsymbol{\theta}^* - \boldsymbol{\theta}$ 是参数估计误差；$w_1 = w - d$。

取参数向量 $\boldsymbol{\theta}$ 的自适应律为

$$\dot{\boldsymbol{\theta}} = \eta \boldsymbol{e}^{\mathrm{T}}\boldsymbol{PB\xi}(\boldsymbol{x}) \tag{3.2.15}$$

式中，$\eta>0$ 是参数的学习律。

为了保证实施控制过程中参数向量 $\boldsymbol{\theta}$ 在指定的范围内，利用投影算子对参数 $\boldsymbol{\theta}$ 向量的自适应律进行修正。

定义如下的有界闭集：

$$\Omega = \{\boldsymbol{\theta} \mid \|\boldsymbol{\theta}\|^2 \leqslant M\}, \quad \Omega_\delta = \{\boldsymbol{\theta} \mid \|\boldsymbol{\theta}\|^2 \leqslant M+\delta\} \tag{3.2.16}$$

式中，$M>0$ 和 $\delta>0$ 是两个设计参数。

取参数向量 $\boldsymbol{\theta}$ 的调节律为

$$\dot{\boldsymbol{\theta}} = \begin{cases} \eta \boldsymbol{e}^{\mathrm{T}}\boldsymbol{PB\xi}(\boldsymbol{x}), & \boldsymbol{\theta}\in\Omega \\ & \text{或 } \boldsymbol{\theta}\in\Omega_\delta \text{ 且 } \boldsymbol{e}^{\mathrm{T}}\boldsymbol{PB\xi}(\boldsymbol{x}) \leqslant 0 \\ P_r[\eta \boldsymbol{e}^{\mathrm{T}}\boldsymbol{PB\xi}(\boldsymbol{x})], & \text{其他} \end{cases} \tag{3.2.17}$$

$P_r[\cdot]$定义为

$$P_r[\eta \boldsymbol{e}^{\mathrm{T}}\boldsymbol{PB\xi}(\boldsymbol{x})] = \eta \boldsymbol{e}^{\mathrm{T}}\boldsymbol{PB\xi}(\boldsymbol{x}) - \eta\frac{(\|\boldsymbol{\theta}\|^2 - M)\boldsymbol{e}^{\mathrm{T}}\boldsymbol{PB\xi}(\boldsymbol{x})}{\delta\|\boldsymbol{\theta}\|^2}\boldsymbol{\theta} \tag{3.2.18}$$

这种直接模糊控制的策略的设计步骤如下：

步骤 1　离线预处理。

(1) 定出一组参数 $k_1,\cdots,k_n$，使得矩阵 $\boldsymbol{A}$ 的特征根都在左半开平面内。

(2) 确定抑制水平 $\rho>0$ 及 $\lambda>0$ 满足条件 $2\rho^2\geqslant\lambda$。给定正定矩阵 $\boldsymbol{Q}$，解黎卡提方程(3.2.8)，求出正定矩阵 $\boldsymbol{P}$。

(3) 根据实际问题，确定出设计参数 M,δ。

步骤 2　构造模糊控制器。

(1) 建立模糊规则基:它是由下面的 N 条模糊推理规则构成

R^i:如果 x_1 是 F_1^i,x_2 是 F_2^i,…,x_n 是 F_n^i,则 u_c 是 B_i,$i=1,2,\cdots,N$

(2) 构造模糊基函数

$$\xi_i(x_1,\cdots,x_n)=\frac{\prod_{j=1}^{n}\mu_{F_j^i}(x_j)}{\sum_{i=1}^{N}\left[\prod_{j=1}^{n}\mu_{F_j^i}(x_j)\right]}$$

做一个 N 维向量 $\boldsymbol{\xi}(\boldsymbol{x})=[\xi_1,\cdots,\xi_N]^{\mathrm{T}}$,并构造成模糊逻辑系统

$$\hat{u}(\boldsymbol{x}\mid\boldsymbol{\theta})=\boldsymbol{\theta}^{\mathrm{T}}\boldsymbol{\xi}(\boldsymbol{x})$$

步骤 3 在线自适应调节。

(1) 将反馈控制(3.2.6)作用于控制对象(3.2.1),式中,v 取为式(3.2.7)。

(2) 用式(3.2.17)和式(3.2.18)自适应调节参数向量 $\boldsymbol{\theta}$。

3.2.4 稳定性与收敛性分析

本节用下面的定理给出这种直接自适应模糊控制所具有的性质。

定理 3.2 考虑式(3.2.1)的控制对象,控制律 u 取为式(3.2.6),参数向量 $\boldsymbol{\theta}$ 的自适应律取为式(3.2.17)和式(3.2.18),则总体控制方案保证如下的性能:

(1) $\boldsymbol{\theta}\in\Omega,\boldsymbol{x},\boldsymbol{e},u\in L_\infty$。

(2) 对于给定的抑制水平 ρ,跟踪误差达到 H_∞ 跟踪性能指标(3.2.2)。

证明 取 Lyapunov 函数为

$$V=\frac{1}{2}\boldsymbol{e}^{\mathrm{T}}\boldsymbol{P}\boldsymbol{e}+\frac{1}{2\eta}\tilde{\boldsymbol{\theta}}^{\mathrm{T}}\tilde{\boldsymbol{\theta}} \tag{3.2.19}$$

求 V 对时间的导数得

$$\dot{V}=\frac{1}{2}\dot{\boldsymbol{e}}^{\mathrm{T}}\boldsymbol{P}\boldsymbol{e}+\frac{1}{2}\boldsymbol{e}^{\mathrm{T}}\boldsymbol{P}\dot{\boldsymbol{e}}+\frac{1}{2\eta}\dot{\tilde{\boldsymbol{\theta}}}^{\mathrm{T}}\tilde{\boldsymbol{\theta}}+\frac{1}{2\eta}\tilde{\boldsymbol{\theta}}^{\mathrm{T}}\dot{\tilde{\boldsymbol{\theta}}} \tag{3.2.20}$$

由于 $\dot{\tilde{\boldsymbol{\theta}}}=\dot{\boldsymbol{\theta}}$,根据式(3.2.14)有

$$\begin{aligned}\dot{V}=&\frac{1}{2}[\boldsymbol{e}^{\mathrm{T}}\boldsymbol{A}^{\mathrm{T}}\boldsymbol{P}\boldsymbol{e}+v\boldsymbol{B}^{\mathrm{T}}\boldsymbol{P}\boldsymbol{e}-\tilde{\boldsymbol{\theta}}^{\mathrm{T}}\boldsymbol{\xi}(\boldsymbol{x})\boldsymbol{B}^{\mathrm{T}}\boldsymbol{P}\boldsymbol{e}+w_1\boldsymbol{B}^{\mathrm{T}}\boldsymbol{P}\boldsymbol{e}+\frac{1}{\eta}\dot{\boldsymbol{\theta}}^{\mathrm{T}}\tilde{\boldsymbol{\theta}}\\&+\boldsymbol{e}^{\mathrm{T}}\boldsymbol{P}\boldsymbol{A}\boldsymbol{e}+\boldsymbol{e}^{\mathrm{T}}\boldsymbol{P}\boldsymbol{B}v-\boldsymbol{e}^{\mathrm{T}}\boldsymbol{P}\boldsymbol{B}\boldsymbol{\xi}^{\mathrm{T}}(\boldsymbol{x})\tilde{\boldsymbol{\theta}}+\boldsymbol{e}^{\mathrm{T}}\boldsymbol{P}\boldsymbol{B}w_1+\frac{1}{\eta}\tilde{\boldsymbol{\theta}}^{\mathrm{T}}\dot{\tilde{\boldsymbol{\theta}}}]\end{aligned} \tag{3.2.21}$$

由式(3.2.7)得

$$\begin{aligned}\dot{V}=&\frac{1}{2}\boldsymbol{e}^{\mathrm{T}}\left(\boldsymbol{P}\boldsymbol{A}+\boldsymbol{A}^{\mathrm{T}}\boldsymbol{P}-\frac{2}{r}\boldsymbol{P}\boldsymbol{B}\boldsymbol{B}^{\mathrm{T}}\boldsymbol{P}\right)\boldsymbol{e}-\tilde{\boldsymbol{\theta}}^{\mathrm{T}}\left[\boldsymbol{\xi}(\boldsymbol{x})\boldsymbol{B}\boldsymbol{B}^{\mathrm{T}}\boldsymbol{P}\boldsymbol{e}-\frac{1}{\eta}\dot{\boldsymbol{\theta}}\right]\\&+\frac{1}{2}w_1\boldsymbol{B}^{\mathrm{T}}\boldsymbol{P}\boldsymbol{e}+\frac{1}{2}\boldsymbol{e}^{\mathrm{T}}\boldsymbol{P}\boldsymbol{B}w_1\end{aligned} \tag{3.2.22}$$

根据参数的自适应律(3.2.15)及其黎卡提方程(3.2.8)得

$$\begin{aligned}\dot{V}&=-\frac{1}{2}\boldsymbol{e}^{\mathrm{T}}\boldsymbol{Q}\boldsymbol{e}-\frac{1}{2\rho^2}\boldsymbol{e}^{\mathrm{T}}\boldsymbol{P}\boldsymbol{B}\boldsymbol{B}^{\mathrm{T}}\boldsymbol{P}\boldsymbol{e}+\frac{1}{2}w_1\boldsymbol{B}^{\mathrm{T}}\boldsymbol{P}\boldsymbol{e}+\frac{1}{2}\boldsymbol{e}^{\mathrm{T}}\boldsymbol{P}\boldsymbol{B}w_1\\&=-\frac{1}{2}\boldsymbol{e}^{\mathrm{T}}\boldsymbol{Q}\boldsymbol{e}-\frac{1}{2}\left(\frac{1}{\rho}\boldsymbol{B}^{\mathrm{T}}\boldsymbol{P}\boldsymbol{e}-\rho w_1\right)^{\mathrm{T}}\left(\frac{1}{\rho}\boldsymbol{B}^{\mathrm{T}}\boldsymbol{P}\boldsymbol{e}-\rho w_1\right)+\frac{1}{2}\rho^2 w_1^2\\&\leqslant-\frac{1}{2}\boldsymbol{e}^{\mathrm{T}}\boldsymbol{Q}\boldsymbol{e}+\frac{1}{2}\rho^2 w_1^2\end{aligned}\tag{3.2.23}$$

对式(3.2.23)从 $t=0$ 到 $t=T$ 积分得

$$V(T)-V(0)\leqslant-\frac{1}{2}\int_0^T\boldsymbol{e}^{\mathrm{T}}\boldsymbol{Q}\boldsymbol{e}\,\mathrm{d}t+\frac{1}{2}\rho^2\int_0^T w_1^2\,\mathrm{d}t\tag{3.2.24}$$

由于 $V(T)\geqslant 0$，所以由式(3.2.24)便得

$$\begin{aligned}\frac{1}{2}\int_0^T\boldsymbol{e}^{\mathrm{T}}\boldsymbol{Q}\boldsymbol{e}\,\mathrm{d}t&\leqslant V(0)+\frac{1}{2}\rho^2\int_0^T w_1^2\,\mathrm{d}t\\&=\frac{1}{2}\boldsymbol{e}^{\mathrm{T}}(0)\boldsymbol{P}\boldsymbol{e}(0)+\frac{1}{2\eta}\boldsymbol{\theta}^{\mathrm{T}}(0)\tilde{\boldsymbol{\theta}}(0)+\frac{1}{2}\rho^2\int_0^T w_1^2\,\mathrm{d}t\end{aligned}\tag{3.2.25}$$

即跟踪误差实现 H_∞ 控制性能指标。

3.2.5 仿真

例 3.2 考虑达芬强迫振荡(duffing forcing oscillation)系统，其方程为

$$\begin{cases}\dot{x}_1=x_2\\\dot{x}_2=-0.1x_2-x_1^3+12\cos t+u\\y=x_1\end{cases}\tag{3.2.26}$$

给定跟踪参考信号为 $y_{\mathrm{m}}=\sin t$，应用直接自适应模糊控制方法控制系统(3.2.26)，并使输出误差实现 H_∞ 跟踪性能指标。

选取模糊集隶属函数如下：

$$\mu_{F_i^1}(x_i)=\frac{1}{1+\exp[-5(x_i+0.6)]},\quad \mu_{F_i^2}(x_i)=\exp[-0.5(x_i+0.4)^2]$$

$$\mu_{F_i^3}(x_i)=\exp[-0.5(x_i+0.2)^2],\quad \mu_{F_i^4}(x_i)=\exp(-0.5x_i^2)$$

$$\mu_{F_i^5}(x_i)=\exp[-0.5(x_i-0.2)^2],\quad \mu_{F_i^6}(x_i)=\exp[-0.5(x_i-0.4)^2]$$

$$\mu_{F_i^7}(x_i)=\frac{1}{1+\exp[-5(x_i-0.6)]},\quad i=1,2$$

定义模糊基函数为

$$\xi_i(\boldsymbol{x})=\frac{\mu_{F_i^j}(x_1)\mu_{F_2^j}(x_2)}{\sum_{j=1}^{7}\mu_{F_i^j}(x_1)\mu_{F_2^j}(x_2)}$$

令

$$\boldsymbol{\xi}(\boldsymbol{x})=[\xi_1(\boldsymbol{x}),\xi_2(\boldsymbol{x}),\xi_3(\boldsymbol{x}),\xi_4(\boldsymbol{x}),\xi_5(\boldsymbol{x}),\xi_6(\boldsymbol{x}),\xi_7(\boldsymbol{x})]^{\mathrm{T}}$$

于是模糊逻辑系统为

$$\hat{u}(\boldsymbol{x}\mid\boldsymbol{\theta})=\sum_{i=1}^{7}\theta_i\xi_i(\boldsymbol{x})=\boldsymbol{\theta}^{\mathrm{T}}\boldsymbol{\xi}(\boldsymbol{x})$$

取向量 $\boldsymbol{k}=[k_1,k_2]^{\mathrm{T}}=[2,1]^{\mathrm{T}}$，控制 u^* 为

$$u^*=-0.1x_2-x_1^3+12\cos t-\sin t+2\dot{e}+e$$

应用模糊逻辑系统 $u(\boldsymbol{x}|\hat{\boldsymbol{\theta}})$ 逼近 u^*。初始条件为：$\hat{\boldsymbol{\theta}}(0)=\boldsymbol{0}$，$x_1(0)=x_2(0)=2$。给定正定矩阵 $\boldsymbol{Q}=\mathrm{diag}(10,10)$，$\rho=0.05,0.1,0.2$，$\lambda=0.005,0.02,0.08$，由黎卡提方程(3.2.8)得

$$\boldsymbol{P}=\begin{bmatrix}15 & 5\\ 5 & 5\end{bmatrix}$$

仿真结果如图 3-5～图 3-8 所示。

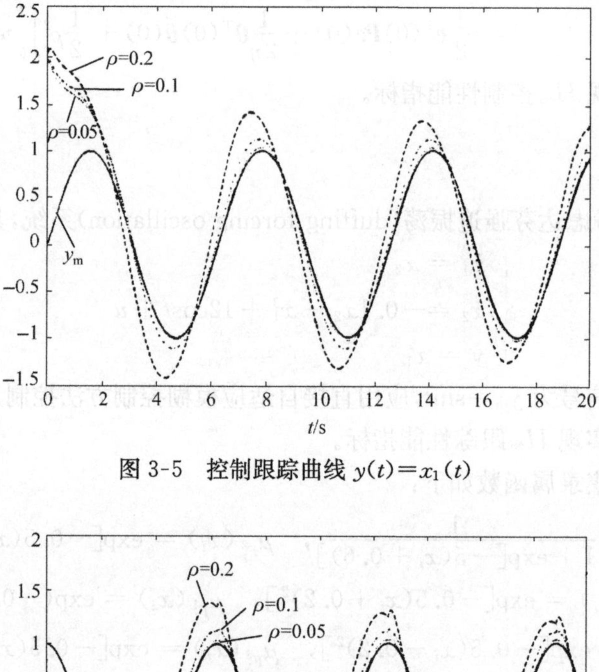

图 3-5　控制跟踪曲线 $y(t)=x_1(t)$

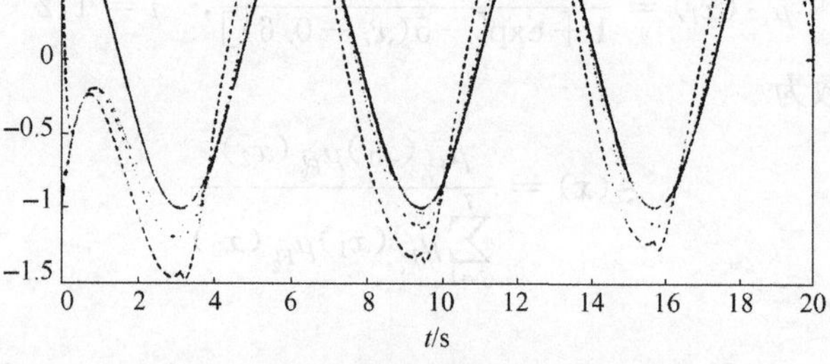

图 3-6　控制跟踪曲线 $\dot{y}(t)=x_2(t)$

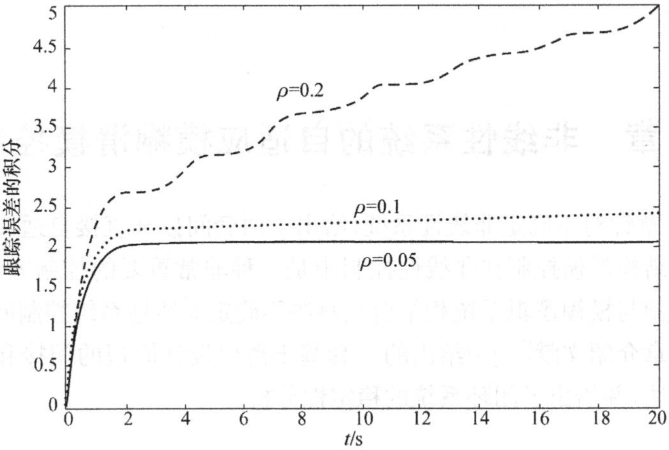

图 3-7　控制跟踪误差的积分曲线 $\int_0^T e^2(t)\mathrm{d}t$

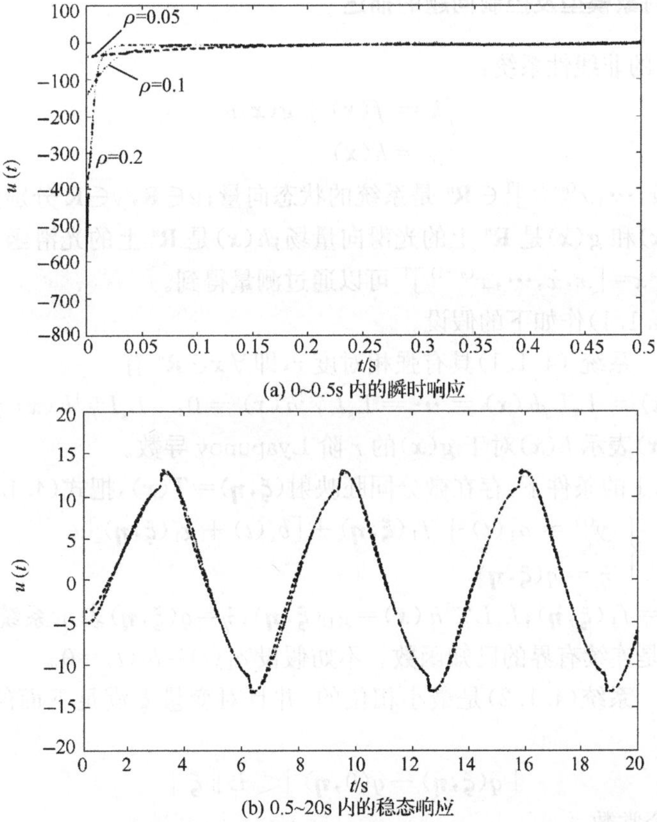

图 3-8　控制曲线

第 4 章　非线性系统的自适应模糊滑模控制

第 2、第 3 章针对不确定非线性系统，给出了两套间接和直接自适应模糊控制方法。由于变结构滑模控制在非线性控制中是一种非常重要的控制方法，所以把变结构滑模控制与模糊逻辑系统相结合是解决不确定非线性系统控制问题的又一有效途径。本章介绍文献[7]中给出的一套基于滑模设计原理的间接和直接自适应模糊控制方法，并给出了闭环系统的稳定性分析。

4.1　间接自适应模糊滑模控制

4.1.1　被控对象模型及控制问题的描述

考虑如下的非线性系统：

$$\begin{cases}\dot{\boldsymbol{x}}=f(\boldsymbol{x})+g(\boldsymbol{x})u\\ y=h(\boldsymbol{x})\end{cases}\tag{4.1.1}$$

式中，$\boldsymbol{x}=[x,\dot{x},\cdots,x^{(n-1)}]^{\mathrm{T}}\in\mathbf{R}^n$ 是系统的状态向量；$u\in\mathbf{R}$，$y\in\mathbf{R}$ 分别为系统的输入和输出；$f(\boldsymbol{x})$和 $g(\boldsymbol{x})$是 $\mathbf{R}^n$ 上的光滑向量场；$h(\boldsymbol{x})$是 $\mathbf{R}^n$ 上的光滑函数。假设系统的状态向量 $\boldsymbol{x}=[x,\dot{x},\cdots,x^{(n-1)}]^{\mathrm{T}}$ 可以通过测量得到。

对系统(4.1.1)作如下的假设。

假设 4.1　系统 (4.1.1)具有强相对度 r，即 $\forall\,\boldsymbol{x}\in\mathbf{R}^n$ 有

$$L_gh(\boldsymbol{x})=L_gL_fh(\boldsymbol{x})=\cdots=L_gL_f^{r-2}h(\boldsymbol{x})=0,\quad L_gL_f^{r-1}h(\boldsymbol{x})\neq 0$$

这里，$L_gL_f^rh(\boldsymbol{x})$表示 $h(\boldsymbol{x})$对于 $g(\boldsymbol{x})$的 r 阶 Lyapunov 导数。

在假设 4.1 的条件下，存在微分同胚映射$(\boldsymbol{\xi},\boldsymbol{\eta})=T(\boldsymbol{x})$，把式(4.1.1)变换成

$$\begin{cases}y^{(r)}=a_1(t)+f_1(\boldsymbol{\xi},\boldsymbol{\eta})+[b_1(t)+g_1(\boldsymbol{\xi},\boldsymbol{\eta})]u\\ \dot{\eta}=q(\boldsymbol{\xi},\boldsymbol{\eta})\end{cases}\tag{4.1.2}$$

式中，$L_g^rh(\boldsymbol{x})=f_1(\boldsymbol{\xi},\boldsymbol{\eta})$；$L_gL_f^{r-1}h(\boldsymbol{x})=g_1(\boldsymbol{\xi},\boldsymbol{\eta})$；$\dot{\eta}=q(\boldsymbol{\xi},\boldsymbol{\eta})$表示系统的零动态；$a_1(t)$和 $b_1(t)$是连续有界的已知函数。不妨假设 $a_1(t)=b_1(t)=0$。

假设 4.2　系统(4.1.2)是最小相位的，并且对变量 $\boldsymbol{\xi}$ 满足下面的 Lipschitz 条件：

$$|\,q(\boldsymbol{\xi},\boldsymbol{\eta})-q(0,\boldsymbol{\eta})\,|\leqslant L\,\|\,\boldsymbol{\xi}\,\|\tag{4.1.3}$$

式中，L 是一个常数。

引理 4.1　在假设 4.2 的条件下，如果 $\boldsymbol{\xi}$ 有界，那么 $\boldsymbol{\eta}$ 必有界。

证明　由于系统是最小相位且 $q(\boldsymbol{\xi},\boldsymbol{\eta})$满足 Lipschitz 条件，所以存在正数 γ_1，

$\gamma_2,\gamma_3,\gamma_4,B$ 和函数 $\Psi(\boldsymbol{\eta})$，使得

$$\gamma_1\|\boldsymbol{\eta}\|^2\leqslant\Psi(\boldsymbol{\eta})\leqslant\gamma_2\|\boldsymbol{\eta}\|^2 \tag{4.1.4}$$

$$\frac{\mathrm{d}\Psi}{\mathrm{d}\boldsymbol{\eta}}q(0,\boldsymbol{\eta})\leqslant-\gamma_3\|\boldsymbol{\eta}\|^2,\quad \|\boldsymbol{\eta}\|>B \tag{4.1.5}$$

$$\left|\frac{\mathrm{d}\Psi}{\mathrm{d}\boldsymbol{\eta}}\right|\leqslant\gamma_4\|\boldsymbol{\eta}\| \tag{4.1.6}$$

求 Ψ 对时间的导数，根据式(4.1.6)且当 $\|\boldsymbol{\eta}\|>B$ 时得

$$\dot{\Psi}=\frac{\mathrm{d}\Psi}{\mathrm{d}\boldsymbol{\eta}}q(\boldsymbol{\xi},\boldsymbol{\eta})\leqslant-\gamma_3\|\boldsymbol{\eta}\|^2+\frac{\mathrm{d}\Psi}{\mathrm{d}\boldsymbol{\eta}}\left|q(\boldsymbol{\xi},\boldsymbol{\eta})-q(0,\boldsymbol{\eta})\right| \tag{4.1.7}$$

根据式(4.1.3)，式(4.1.7)可变成

$$\dot{\Psi}\leqslant-\gamma_3\|\boldsymbol{\eta}\|^2+\gamma_4L\|\boldsymbol{\xi}\|\,\|\boldsymbol{\eta}\| \tag{4.1.8}$$

因为假设 $\boldsymbol{\xi}$ 有界，所以存在常数 k，使得 $\|\boldsymbol{\xi}\|\leqslant k$，所以式(4.1.8)变成

$$\dot{\Psi}\leqslant-\gamma_3\|\boldsymbol{\eta}\|^2+\gamma_4Lk\|\boldsymbol{\eta}\| \tag{4.1.9}$$

因此当 $\|\boldsymbol{\eta}\|\geqslant\max(B,\gamma_4kL/\gamma_3)$，则 $\dot{\Psi}\leqslant0$。引理 4.1 成立。

根据引理 4.1，在研究式(4.1.2)的控制问题时，可以假设系统无零动态，即 $\boldsymbol{\eta}=0$。设 $f(\boldsymbol{x})=f_1(\boldsymbol{\xi},0)$，$g(\boldsymbol{x})=g_1(\boldsymbol{\xi},0)$，$\boldsymbol{\xi}=T^{-1}(\boldsymbol{x})$，则式(4.1.2)变成

$$y^{(r)}=f(\boldsymbol{x})+g(\boldsymbol{x})u \tag{4.1.10}$$

对于给定的有界参考输出 y_{m}，假设 $\dot{y}_{\mathrm{m}},\cdots,y_{\mathrm{m}}^{(r)}$ 均有界可测。定义跟踪误差为

$$e(t)=y_{\mathrm{m}}(t)-y(t) \tag{4.1.11}$$

控制任务　（基于模糊逻辑系统）设计一个状态反馈模糊控制器 $u(\boldsymbol{x}|\boldsymbol{\Theta}_f,\boldsymbol{\Theta}_g)$ 和参数向量 $\boldsymbol{\Theta}_f,\boldsymbol{\Theta}_g$ 的自适应调节律，使得：

(1) 闭环系统中所涉及的所有变量 $\boldsymbol{x}(t),\boldsymbol{\Theta}_f,\boldsymbol{\Theta}_g$ 和 $u(\boldsymbol{x}|\boldsymbol{\Theta}_f,\boldsymbol{\Theta}_g)$ 一致有界。

(2) 在满足(1) 的约束条件下，跟踪误差 $e(t)$ 收敛于原点的一个小邻域内。

4.1.2　模糊控制器的设计

设 $\boldsymbol{e}=[e,\dot{e},\cdots,e^{(n-1)}]^{\mathrm{T}}$，$\boldsymbol{k}=[k_0,k_1,\cdots,k_{r-2},1]^{\mathrm{T}}$，选取参数向量 $\boldsymbol{k}$ 使得多项式 $\hat{L}(s)=s^{r-1}+k_{r-2}s^{r-2}+\cdots+k_1s+k_0$ 的根在左半开平面内。按照变结构滑模控制原理，首先定义一个滑模平面，在控制器的作用下，使得输出误差在任何初始状态下沿此滑模平面趋近于零。

定义滑模平面为

$$s(t)=e^{(r-1)}+k_{r-2}e^{(r-2)}+\cdots+k_1\dot{e}+k_0e \tag{4.1.12}$$

如果 $f(\boldsymbol{x})$ 和 $g(\boldsymbol{x})$ 已知，可取控制器为

$$u=\frac{1}{g(\boldsymbol{x})}\left[-f(\boldsymbol{x})+ls(t)+\dot{s}(t)+y_{\mathrm{m}}^{(r)}-e^{(r)}\right],\quad l>0 \tag{4.1.13}$$

求 $s(t)$ 的导数，并由式(4.1.10)和式(4.1.13)得

$$\dot{s}(t)+ls(t)=0 \tag{4.1.14}$$

由于 $l>0$,由此可推出 $\lim\limits_{t\to\infty}s(t)=0$。因为 $\hat{L}(s)$ 是稳定的,所以 $\lim\limits_{t\to\infty}e(t)=0$。然而在 $f(\boldsymbol{x})$ 和 $g(\boldsymbol{x})$ 未知的情况下,设计控制器(4.1.14)是不可能的,可利用高木-关野模糊逻辑系统 $\hat{f}(\boldsymbol{x}|\boldsymbol{\Theta}_f)$ 和 $\hat{g}(\boldsymbol{x}|\boldsymbol{\Theta}_g)$ 来分别逼近 $f(\boldsymbol{x})$ 和 $g(\boldsymbol{x})$。

设模糊推理规则为

$$R^i:\text{如果 } x_1 \text{ 是 } F_1^i, x_2 \text{ 是 } F_2^i, \cdots, x_n \text{ 是 } F_n^i, \text{则 } y=g_i(\boldsymbol{x}) \tag{4.1.15}$$

式中,$g_i(\boldsymbol{x})=\theta_{i0}+\theta_{i1}h_1(\boldsymbol{x})+\cdots+\theta_{im-1}h_{m-1}(\boldsymbol{x})$,$h_i(\boldsymbol{x})$ 为满足 Lipschitz 条件的连续函数。

由单点模糊化、乘积推理和中心加权非模糊化得模糊系统:

$$y(\boldsymbol{x})=\boldsymbol{z}^{\mathrm{T}}\boldsymbol{\Theta}\boldsymbol{\xi}(\boldsymbol{x}) \tag{4.1.16}$$

式中

$$\boldsymbol{z}^{\mathrm{T}}=[1,h_1,h_2,\cdots,h_{m-1}],\quad \boldsymbol{\xi}(\boldsymbol{x})=[\xi_1(\boldsymbol{x}),\xi_2(\boldsymbol{x}),\cdots,\xi_N(\boldsymbol{x})]^{\mathrm{T}}$$

$$\boldsymbol{\Theta}^{\mathrm{T}}=\begin{bmatrix}\theta_{10} & \theta_{11} & \cdots & \theta_{1(m-1)}\\ \theta_{20} & \theta_{21} & \cdots & \theta_{2(m-1)}\\ \vdots & \vdots & & \vdots\\ \theta_{N0} & \theta_{N1} & \cdots & \theta_{N(m-1)}\end{bmatrix}$$

$\xi_i(\boldsymbol{x})$ 为模糊基函数。

设 $\hat{f}(\boldsymbol{x}|\boldsymbol{\Theta}_f)$ 和 $\hat{g}(\boldsymbol{x}|\boldsymbol{\Theta}_g)$ 分别取形如式(4.1.16)的模糊逻辑系统,即

$$\hat{f}(\boldsymbol{x}\mid\boldsymbol{\Theta}_f)=\boldsymbol{z}^{\mathrm{T}}\boldsymbol{\Theta}_f\boldsymbol{\xi}(\boldsymbol{x}),\quad \hat{g}(\boldsymbol{x}\mid\boldsymbol{\Theta}_g)=\boldsymbol{z}^{\mathrm{T}}\boldsymbol{\Theta}_g\boldsymbol{\xi}(\boldsymbol{x}) \tag{4.1.17}$$

用 $\hat{f}(\boldsymbol{x}|\boldsymbol{\Theta}_f)$ 和 $\hat{g}(\boldsymbol{x}|\boldsymbol{\Theta}_g)$ 替代式(4.1.13)中的 $f(\boldsymbol{x})$ 和 $g(\boldsymbol{x})$,得到等价的控制器

$$u_{\mathrm{ce}}=\frac{1}{\hat{g}(\boldsymbol{x}\mid\boldsymbol{\Theta}_g)}[-\hat{f}(\boldsymbol{x}\mid\boldsymbol{\Theta}_f)+ls(t)+\dot{s}(t)+y_{\mathrm{m}}^{(r)}-e^{(r)}] \tag{4.1.18}$$

把式(4.1.18)代入式(4.1.10),经过简单的运算得

$$e^{(r)}=[\hat{f}(\boldsymbol{x}\mid\boldsymbol{\Theta}_f)-f(\boldsymbol{x})]+[\hat{g}(\boldsymbol{x}\mid\boldsymbol{\Theta}_g)-g(\boldsymbol{x})]u_{\mathrm{ce}}-ls(t)-\dot{s}(t)+e^{(r)}$$

或

$$\dot{s}(t)+ls(t)=[\hat{f}(\boldsymbol{x}\mid\boldsymbol{\Theta}_f)-f(\boldsymbol{x})]+[\hat{g}(\boldsymbol{x}\mid\boldsymbol{\Theta}_g)-g(\boldsymbol{x})]u_{\mathrm{ce}} \tag{4.1.19}$$

取 $V_1=\frac{1}{2}s^2(t)$,求 V_1 对时间的导数并由式(4.1.19)得

$$\begin{aligned}\dot{V}_1=s(t)\dot{s}(t)=&-ls^2(t)+s(t)\{[\hat{f}(\boldsymbol{x}\mid\boldsymbol{\Theta}_f)-f(\boldsymbol{x})]\\ &+[\hat{g}(\boldsymbol{x}\mid\boldsymbol{\Theta}_g)-g(\boldsymbol{x})]u_{\mathrm{ce}}\}\end{aligned} \tag{4.1.20}$$

从式(4.1.20)可以看出,由于建模误差 $[\hat{f}(\boldsymbol{x}|\boldsymbol{\Theta}_f)-f(\boldsymbol{x})]+[\hat{g}(\boldsymbol{x}|\boldsymbol{\Theta}_g)-g(\boldsymbol{x})]u_{\mathrm{ce}}$ 的存在,仅仅等价控制不能保证系统稳定及其输出误差趋近于零,即 $\dot{V}_1\leqslant 0$ 和 $\lim\limits_{t\to\infty}e(t)=0$。因此设计如下合成的控制器:

$$u=u_{\mathrm{ce}}+u_{\mathrm{s}}+u_{\mathrm{b}} \tag{4.1.21}$$

式中,u_{s} 是滑模控制项;u_{b} 是有界控制项。它们的作用是克服和补偿系统的建模误差,保证系统的输出和状态有界。

1. 有界控制的设计

用式(4.1.21)替换式(4.1.10)中的 u 得

$$\dot{s}(t)+ls(t)=[\hat{f}(\boldsymbol{x}\mid\boldsymbol{\Theta}_f)-f(\boldsymbol{x})]+[\hat{g}(\boldsymbol{x}\mid\boldsymbol{\Theta}_g)-g(\boldsymbol{x})]u_{\mathrm{ce}}-g(\boldsymbol{x})(u_{\mathrm{s}}+u_{\mathrm{b}}) \tag{4.1.22}$$

考虑 Lyapunov 函数为

$$V_2=\frac{1}{2}s^2(t) \tag{4.1.23}$$

由式(4.1.22)和式(4.1.23)得

$$\begin{aligned}\dot{V}_2&=-ls^2(t)+s(t)\{[\hat{f}(\boldsymbol{x}\mid\boldsymbol{\Theta}_f)-f(\boldsymbol{x})]\\&\quad+[\hat{g}(\boldsymbol{x}\mid\boldsymbol{\Theta}_g)-g(\boldsymbol{x})]u_{\mathrm{ce}}-g(\boldsymbol{x})(u_{\mathrm{s}}+u_{\mathrm{b}})\}\\&\leqslant-ls^2(t)+|s(t)|\{|\hat{f}(\boldsymbol{x}\mid\boldsymbol{\Theta}_f)|+|f(\boldsymbol{x})|+[|\hat{g}(\boldsymbol{x}\mid\boldsymbol{\Theta}_g)|+g(\boldsymbol{x})]|u_{\mathrm{ce}}|\}\\&\quad+|s(t)|g(\boldsymbol{x})|u_{\mathrm{s}}|-s(t)g(\boldsymbol{x})u_{\mathrm{b}}\end{aligned} \tag{4.1.24}$$

设 ε_M 和 M_e 是两个设计参数，满足 $0<\varepsilon_M\leqslant M_e$，设计有界控制为

$$u_{\mathrm{b}}=\Pi(t)k_{\mathrm{b}}\mathrm{sgn}(s(t)) \tag{4.1.25}$$

式中

$$\Pi(t)=\begin{cases}1, & M_e\leqslant|s(t)|\\ \dfrac{|s(t)|+\varepsilon_M-M_e}{\varepsilon_M}, & M_e-\varepsilon_M\leqslant|s(t)|<M_e+\varepsilon_M\\ 0, & \text{其他}\end{cases} \tag{4.1.26}$$

假设 4.3　假定存在已知函数 $M_0(\boldsymbol{x})$、$M_1(\boldsymbol{x})$ 和 $M_2(\boldsymbol{x})$，满足下列不等式：

$$|f(\boldsymbol{x})|\leqslant M_0(\boldsymbol{x}),\quad 0<M_1(\boldsymbol{x})\leqslant g(\boldsymbol{x})\leqslant M_2(\boldsymbol{x})$$

取有界控制增益为

$$k_{\mathrm{b}}=\frac{1}{M_1(\boldsymbol{x})}\{|\hat{f}(\boldsymbol{x}\mid\boldsymbol{\Theta}_f)|+M_0(\boldsymbol{x})+[|\hat{g}(\boldsymbol{x}\mid\boldsymbol{\Theta}_g)|+M_2(\boldsymbol{x})]|u_{\mathrm{ce}}|\}+|u_{\mathrm{s}}| \tag{4.1.27}$$

根据式(4.1.24)和式(4.1.27)，当 $|s(t)|\geqslant M_e$ 时，有

$$\dot{V}_2\leqslant-ls^2(t) \tag{4.1.28}$$

因此得出，存在时间 t'，使得当 $|s(t')|\geqslant M_e$ 且 $t>t'$ 时，$|s(t)|$ 是单调减少且满足 $|s(t)|<M_e$。

定义传递函数为

$$\hat{G}_i(s)=\frac{s^i}{\hat{L}(s)},\quad i=0,1,\cdots,r-1 \tag{4.1.29}$$

由于 $\hat{L}(s)$ 是稳定的，所以 $\hat{G}_i(s)$ 是稳定的，即它的极点都在左半开平面内。因为 $e^{(i)}=\hat{G}_i(s)s(t)$，$s(t)$ 有界，所以 $e^{(i)}\in L_\infty$。这里 L_∞ 表示为有界函数的集合，即定义为 $L_\infty=\{z(t):\sup\limits_{t\geqslant0}|z(t)|<\infty\}$。如果 $|s(t)|\leqslant M_e$，则 e 和 $\dot{e}$ 将永远满足 $|e|<M_e/k_0$

和$|\dot{e}|<2M_e$。对于滑模平面 $s(t)=\dot{e}+k_0 e$ 的情况,可用图 4-1 来解释其误差导数的有界性。

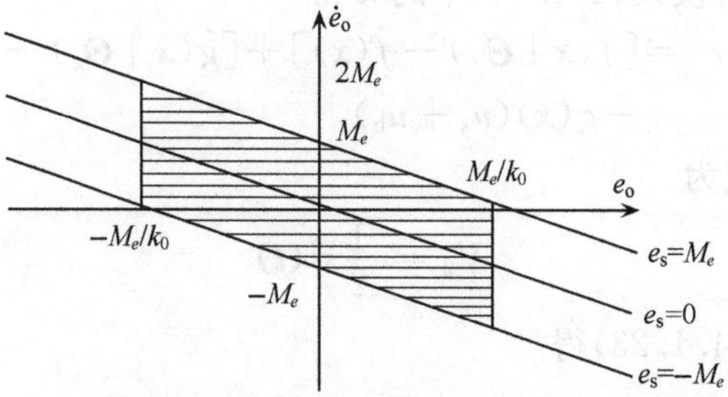

图 4-1　误差导数沿着滑模平面 $s(t)=\dot{e}+k_0 e$ 的有界性

对于高维滑模平面的情况,同样可以得到$|e|<M_e/k_0$ 和$|\dot{e}|<2M_e$。根据引理 4.1,立即得到系统的状态有界。

2. 滑模控制的设计

假设 4.4　假设存在有界函数 $D_f(\boldsymbol{x})$和 $D_g(\boldsymbol{x})$,满足下列不等式:

$$|f(\boldsymbol{x})-\hat{f}(\boldsymbol{x}\mid\boldsymbol{\Theta}_f)|\leqslant D_f(\boldsymbol{x}),\quad |g(\boldsymbol{x})-\hat{g}(\boldsymbol{x}\mid\boldsymbol{\Theta}_g)|\leqslant D_g(\boldsymbol{x})$$

取 Lyapunov 函数为

$$V_3=\frac{1}{2}s^2(t) \tag{4.1.30}$$

求 V_3 对时间的导数得

$$\begin{aligned}\dot{V}_3=&-ls^2(t)+s(t)\{[\hat{f}(\boldsymbol{x}\mid\boldsymbol{\Theta}_f)-f(\boldsymbol{x})]+[\hat{g}(\boldsymbol{x}\mid\boldsymbol{\Theta}_g)-g(\boldsymbol{x})]u_{\mathrm{ce}}\}\\&-s(t)g(\boldsymbol{x})u_{\mathrm{b}}-s(t)g(\boldsymbol{x})u_{\mathrm{s}}\\\leqslant&-ls^2(t)+|s(t)|[D_1(\boldsymbol{x})+D_2(\boldsymbol{x})|u_{\mathrm{ce}}|]\\&-s(t)g(\boldsymbol{x})u_{\mathrm{b}}-s(t)g(\boldsymbol{x})u_{\mathrm{s}}\end{aligned} \tag{4.1.31}$$

设计滑模控制器为

$$u_{\mathrm{s}}=\frac{k_{\mathrm{s}}}{M_1(\boldsymbol{x})}\mathrm{sgn}(s(t)) \tag{4.1.32}$$

式中,$k_{\mathrm{s}}=D_1(\boldsymbol{x})+D_2(\boldsymbol{x})|u_{\mathrm{ce}}|$为滑模控制增益。

由于 $s(t)g(\boldsymbol{x})u_{\mathrm{b}}\geqslant 0$,所以式(4.1.31)变成

$$\dot{V}_3\leqslant -ls^2(t)+[D_1(\boldsymbol{x})+D_2(\boldsymbol{x})|u_{\mathrm{ce}}|]|s(t)|-s(t)g(\boldsymbol{x})u_{\mathrm{s}} \tag{4.1.33}$$

由式(4.1.32)得

$$\dot{V}_3\leqslant -ls^2(t) \tag{4.1.34}$$

4.1.3 模糊自适应算法

设参数矩阵 $\boldsymbol{\Theta}_f$ 和 $\boldsymbol{\Theta}_g$ 分别定义在紧集 Ω_f 和 Ω_g 内,$\boldsymbol{\Theta}_f^*$ 和 $\boldsymbol{\Theta}_g^*$ 分别为 $\boldsymbol{\Theta}_f$ 和

$\boldsymbol{\Theta}_g$ 的最优参数矩阵。

定义参数矩阵误差为

$$\widetilde{\boldsymbol{\Theta}}_f=\boldsymbol{\Theta}_f-\boldsymbol{\Theta}_f^* \tag{4.1.35}$$

$$\widetilde{\boldsymbol{\Theta}}_g=\boldsymbol{\Theta}_g-\boldsymbol{\Theta}_g^* \tag{4.1.36}$$

定义模糊最小逼近误差为

$$w=[\hat{f}(\boldsymbol{x}\mid\boldsymbol{\Theta}_f^*)-f(\boldsymbol{x})]+[\hat{g}(\boldsymbol{x}\mid\boldsymbol{\Theta}_g^*)-g(\boldsymbol{x})]u_{\mathrm{cd}} \tag{4.1.37}$$

由假设 4.2 可得

$$|w|\leqslant D_f(\boldsymbol{x})+D_g(\boldsymbol{x})\,|u_{\mathrm{ce}}| \tag{4.1.38}$$

取参数矩阵的自适应调节律为

$$\dot{\boldsymbol{\Theta}}_f=-\boldsymbol{Q}_f^{-1}\boldsymbol{z}\boldsymbol{\xi}^{\mathrm{T}}(\boldsymbol{x})s(t) \tag{4.1.39}$$

$$\dot{\boldsymbol{\Theta}}_g=-\boldsymbol{Q}_g^{-1}\boldsymbol{z}\boldsymbol{\xi}^{\mathrm{T}}(\boldsymbol{x})s(t)u_{\mathrm{ce}} \tag{4.1.40}$$

式中，$\boldsymbol{Q}_f$ 和 $\boldsymbol{Q}_g$ 是正定的对角矩阵，称为学习矩阵。

在控制过程中，为了保证参数矩阵 $\boldsymbol{\Theta}_f$ 和 $\boldsymbol{\Theta}_g$ 在预先规定的紧集 Ω_f 和 Ω_g 内，使用投影算子对矩阵自适应调节律(4.1.39)和(4.1.40)进行修正。

设 $\boldsymbol{\Theta}_f\in[\boldsymbol{\Theta}_f^{\min},\boldsymbol{\Theta}_f^{\max}]$，$\boldsymbol{\Theta}_g\in[\boldsymbol{\Theta}_g^{\min},\boldsymbol{\Theta}_g^{\max}]$，这里定义 $\boldsymbol{A}\in[\boldsymbol{A}^{\min},\boldsymbol{A}^{\max}]$的充分必要条件是 $\forall a_{ij}\in\boldsymbol{A}$，有 $a_{ij}\in[a_{ij}^{\min},a_{ij}^{\max}]$，其中 $a_{ij}^{\min}$和 $a_{ij}^{\max}$分别为 $\boldsymbol{A}^{\min}$和 $\boldsymbol{A}^{\max}$的元素，$i=1,2,\cdots,m$；$j=1,2,\cdots,n$；定义 $\bar{\theta}_{fij}$ 是矩阵 $\boldsymbol{z}\boldsymbol{\xi}^{\mathrm{T}}(\boldsymbol{x})s(t)$ 的第(i,j)个元素，$\bar{\theta}_{gij}$ 是矩阵 $\boldsymbol{z}\boldsymbol{\xi}^{\mathrm{T}}(\boldsymbol{x})s(t)u_{\mathrm{ce}}$ 的第(i,j)个元素，则参数矩阵的自适应调节律修正为

$$\dot{\boldsymbol{\Theta}}_f=-\boldsymbol{Q}_f^{-1}\hat{\boldsymbol{\Theta}}_f \tag{4.1.41}$$

$$\dot{\boldsymbol{\Theta}}_g=-\boldsymbol{Q}_g^{-1}\hat{\boldsymbol{\Theta}}_g \tag{4.1.42}$$

式中

$$\hat{\theta}_{fij}=\begin{cases}0, & \theta_{fij}\notin(\theta_{fij}^{\min},\theta_{fij}^{\max})\text{ 且 }\bar{\theta}_{fij}(\theta_{fij}-\theta_{fij}^{\mathrm{c}})<0\\ \bar{\theta}_{fij}, & \text{其他}\end{cases}$$

$$\hat{\theta}_{gij}=\begin{cases}0, & \theta_{gij}\notin(\theta_{gij}^{\min},\theta_{gij}^{\max})\text{ 且 }\bar{\theta}_{gij}(\theta_{gij}-\theta_{gij}^{\mathrm{c}})<0\\ \bar{\theta}_{gij}, & \text{其他}\end{cases}$$

这里，矩阵 $\boldsymbol{\Theta}_f^{\mathrm{C}}=(\theta_{fij}^{\mathrm{c}})_{m\times n}$，$\boldsymbol{\Theta}_g^{\mathrm{C}}=(\theta_{gij}^{\mathrm{c}})_{m\times n}$分别是满足 $\boldsymbol{\Theta}_f^{\mathrm{C}}\in[\boldsymbol{\Theta}_f^{\min},\boldsymbol{\Theta}_f^{\max}]$，$\boldsymbol{\Theta}_g^{\mathrm{C}}\in[\boldsymbol{\Theta}_g^{\min},\boldsymbol{\Theta}_g^{\max}]$的两个固定矩阵。经过式(4.1.41)和式(4.1.42)的自适应调节可以保证只要初始参数矩阵 $\boldsymbol{\Theta}_f\in[\boldsymbol{\Theta}_f^{\min},\boldsymbol{\Theta}_f^{\max}]$，$\boldsymbol{\Theta}_g\in[\boldsymbol{\Theta}_g^{\min},\boldsymbol{\Theta}_g^{\max}]$，那么在任意时刻参数矩阵 $\boldsymbol{\Theta}_f$ 和 $\boldsymbol{\Theta}_g$ 将永远在此范围之内。图 4-2 给出这种控制策略的总体框图。

这种间接自适应模糊控制器的设计步骤如下：

步骤 1　离线预处理。

(1) 确定出一组参数 $k_0,k_1,\cdots,k_{r-2}$，使得多项式 $s^{r-1}+k_{r-2}s^{r-2}+\cdots+k_1s+k_0$ 的根在左半开平面内。

(2) 根据实际情况，确定出设计参数 $l,\varepsilon_M,M_\varepsilon,\boldsymbol{\Theta}_f^{\min},\boldsymbol{\Theta}_f^{\max},\boldsymbol{\Theta}_g^{\min}$ 和 $\boldsymbol{\Theta}_g^{\max}$。

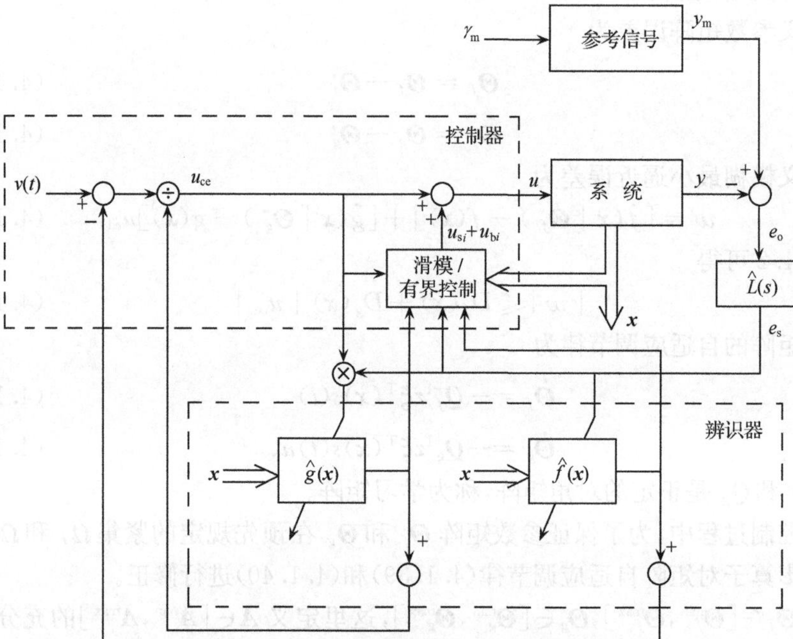

图 4-2 间接自适应模糊控制器的总体框图

步骤 2 构造模糊控制器。

(1) 构造模糊规则基:它由下面的 N 条模糊推理规则构成

R^i:如果 x_1 是 F_1^i,x_2 是 F_2^i,…,x_n 是 F_n^i,则 $y=\theta_{i0}+\theta_{i1}h_1(x)+\cdots+\theta_{im-1}h_{m-1}(x)$

(2) 计算模糊基函数:

$$\xi_i(x_1,x_2,\cdots,x_n)=\frac{\prod_{j=1}^{n}\mu_{F_j^i}(x_i)}{\sum_{i=1}^{N}\left[\prod_{j=1}^{n}\mu_{F_j^i}(x_i)\right]}$$

做如下的向量和矩阵:

$$\boldsymbol{z}^{\mathrm{T}}=[1,h_1,h_2,\cdots,h_{m-1}],\quad \boldsymbol{\xi}(\boldsymbol{x})=[\xi_1(\boldsymbol{x}),\xi_2(\boldsymbol{x}),\cdots,\xi_M(\boldsymbol{x})]^{\mathrm{T}}$$

$\boldsymbol{\Theta}_f$ 和 $\boldsymbol{\Theta}_g$ 构造成模糊逻辑系统

$$\hat{f}(\boldsymbol{x}\mid\boldsymbol{\Theta}_f)=\boldsymbol{z}^{\mathrm{T}}\boldsymbol{\Theta}_f\boldsymbol{\xi}(\boldsymbol{x}),\quad \hat{g}(\boldsymbol{x}\mid\boldsymbol{\Theta}_g)=\boldsymbol{z}^{\mathrm{T}}\boldsymbol{\Theta}_g\boldsymbol{\xi}(\boldsymbol{x})$$

步骤 3 在线自适应调节。

(1) 将反馈控制(4.1.21)作用于对象(4.1.1),式中,u_{ce} 取为式(4.1.18),u_b 取为式(4.1.25),u_s 取为式(4.1.32)。

(2) 用式(4.1.41)~式(4.1.43)自适应调节参数矩阵 $\boldsymbol{\Theta}_f$,$\boldsymbol{\Theta}_g$。

4.1.4 稳定性与收敛性分析

本节给出模糊控制器及其自适应算法的稳定性分析。

定理 4.1 考虑控制对象(4.1.1)，其中控制器取为式(4.1.21)，u_{ce} 取为式(4.1.18)，u_b 取为式(4.1.25)，u_s 取为式(4.1.32)。设参数矩阵的自适应律为式(4.1.41)和式(4.1.42)，假设 4.1～假设 4.4 成立，则有

(1) 系统的输出及其导数 $y,\dot{y},\cdots,y^{(r-1)}$ 有界。

(2) 控制信号有界，即 $u_{ce},u_b,u_s\in L_\infty$。

(3) $\lim\limits_{t\to\infty}e(t)=0$。

证明 取 Lyapunov 函数为

$$V=\frac{1}{2}s^2(t)+\frac{1}{2}\mathrm{tr}(\tilde{\boldsymbol{\Theta}}_f^{\mathrm{T}}\boldsymbol{Q}_f\tilde{\boldsymbol{\Theta}}_f)+\frac{1}{2}\mathrm{tr}(\tilde{\boldsymbol{\Theta}}_g^{\mathrm{T}}\boldsymbol{Q}_g\tilde{\boldsymbol{\Theta}}_g) \tag{4.1.43}$$

式中，tr(・)表示矩阵 $\boldsymbol{A}$ 的迹，即 $\mathrm{tr}(\boldsymbol{A})=\sum\limits_{i=1}^{n}a_{ii}$。

求 V 对时间的导数，并根据由式(4.1.22)、式(4.1.25)得

$$\begin{aligned}
\dot{V}=&-ls^2(t)+s(t)\{[\hat{f}(\boldsymbol{x}\mid\boldsymbol{\Theta}_f)-\hat{f}(\boldsymbol{x}\mid\boldsymbol{\Theta}_f^*)]+[\hat{g}(\boldsymbol{x}\mid\boldsymbol{\Theta}_g)-\hat{g}(\boldsymbol{x}\mid\boldsymbol{\Theta}_g^*)]u_{ce}\}\\
&+s(t)\{[\hat{f}(\boldsymbol{x}\mid\boldsymbol{\Theta}_f^*)-f(\boldsymbol{x})]+[\hat{g}(\boldsymbol{x}\mid\boldsymbol{\Theta}_g^*)-g(\boldsymbol{x})]u_{ce}-g(\boldsymbol{x})(u_s+u_b)\}\\
&+\mathrm{tr}(\tilde{\boldsymbol{\Theta}}_f^{\mathrm{T}}\boldsymbol{Q}_f\dot{\tilde{\boldsymbol{\Theta}}}_f)+\mathrm{tr}(\tilde{\boldsymbol{\Theta}}_g^{\mathrm{T}}\boldsymbol{Q}_g\dot{\tilde{\boldsymbol{\Theta}}}_g)\\
=&-ls^2(t)+s(t)\boldsymbol{z}^{\mathrm{T}}\tilde{\boldsymbol{\Theta}}_f\boldsymbol{\xi}(\boldsymbol{x})+s(t)\boldsymbol{z}^{\mathrm{T}}\tilde{\boldsymbol{\Theta}}_g\boldsymbol{\xi}(\boldsymbol{x})u_{ce}+s(t)w\\
&-s(t)g(\boldsymbol{x})u_b-g(\boldsymbol{x})s(t)u_s+\mathrm{tr}(\tilde{\boldsymbol{\Theta}}_f^{\mathrm{T}}\boldsymbol{Q}_f\dot{\tilde{\boldsymbol{\Theta}}}_f)+\mathrm{tr}(\tilde{\boldsymbol{\Theta}}_g^{\mathrm{T}}\boldsymbol{Q}_g\dot{\tilde{\boldsymbol{\Theta}}}_g)\\
\leqslant&-ls^2(t)+|s(t)|[D_f(\boldsymbol{x})+D_g(\boldsymbol{x})|u_{ce}|]-s(t)g(\boldsymbol{x})u_s\\
&+\mathrm{tr}\{\tilde{\boldsymbol{\Theta}}_f^{\mathrm{T}}[s(t)\boldsymbol{\xi}^{\mathrm{T}}(\boldsymbol{x})\boldsymbol{z}+\boldsymbol{Q}_f\dot{\boldsymbol{\Theta}}_f]\}+\mathrm{tr}\{\tilde{\boldsymbol{\Theta}}_g^{\mathrm{T}}[s(t)\boldsymbol{\xi}^{\mathrm{T}}(\boldsymbol{x})\boldsymbol{z}u_{ce}+\boldsymbol{Q}_g\dot{\boldsymbol{\Theta}}_g]\}
\end{aligned} \tag{4.1.44}$$

根据参数矩阵的自适应调节律(4.1.41)和(4.1.42)及其滑模控制(4.1.32)得

$$\dot{V}\leqslant -ls^2(t) \tag{4.1.45}$$

于是有

$$\int_0^\infty ls^2(t)\mathrm{d}t\leqslant V(0)-V(\infty) \tag{4.1.46}$$

由式(4.1.46)推出 $s(t)\in L_2$，由于 $V(0),V(\infty)\in L_\infty$，则 $s(t)\in L_\infty$。因为已经证明 $e^{(i)}\in L_\infty,i=1,2,\cdots,r,f(x),\hat{f}(\boldsymbol{x}|\boldsymbol{\Theta}_f),g(x),\hat{g}(\boldsymbol{x}|\boldsymbol{\Theta}_g),u_{ce},u_b,u_s\in L_\infty$，所以 $\dot{s}(t)\in L_\infty$。由 Barbalet 引理，推出 $\lim\limits_{t\to\infty}s(t)=0$，这意味着 $\lim\limits_{t\to\infty}e=0$。

4.1.5 仿真

例 4.1 把间接自适应模糊控制方法应用于图 4-3 所示的公路车队跟踪系统问题。

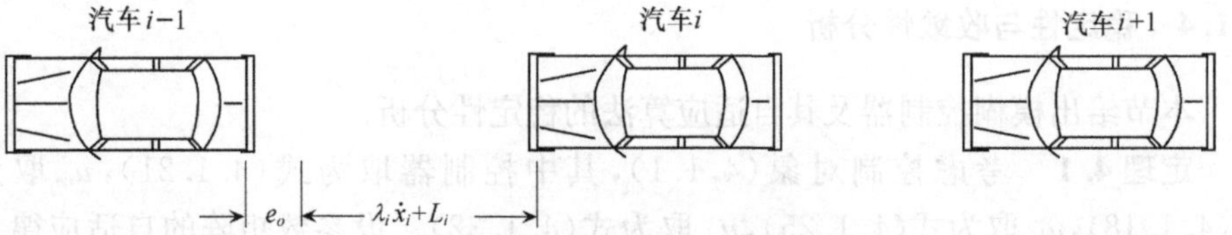

图 4-3　自动车道上的汽车跟踪系统

设第 i 辆汽车的状态向量用 $\boldsymbol{X}_i=[\delta_i, v_i, q_i]$ 表示，式中 $\delta_i=x_i-x_{i-1}$，x_i 表示第 i 辆汽车的位置，v_i 是第 i 辆汽车的速度，q_i 是其驱动力。用 u_i 表示控制，那么第 i 辆汽车的动态方程为

$$\dot{\delta}_i = v_i - v_{i-1} \tag{4.1.47}$$

$$\dot{v} = \frac{1}{m}(-A_\rho v_i^2 - d + q_i) \tag{4.1.48}$$

$$\dot{q}_i = \frac{1}{\tau}(-q_i + u_i) \tag{4.1.49}$$

系统的输出为 $y=\delta+\lambda v(\lambda>0)$，式(4.1.48)和式(4.1.49)中取 $m=1300\text{kg}$，$A_\rho=0.3\text{N}\cdot\text{s}^2/\text{m}^2$，$d=100\text{N}$，$\tau=0.2\text{s}$。规定在下文中与第 i 辆汽车有关的参数，可以忽略其下标。

由于

$$\begin{aligned} y^{(2)} &= \dot{v} + \lambda \ddot{v} - \dot{v}_{i-1} \\ &= \frac{1}{m}(-A_\rho v^2 - d + q) + \frac{\lambda}{m}\left(-2A_\rho v\dot{v} - \frac{1}{\tau}q\right) + \frac{\lambda}{m\tau}u - \dot{v}_{i-1} \end{aligned} \tag{4.1.50}$$

所以系统的相对度为 2。令

$$f(\boldsymbol{x}) = \frac{1}{m}(-A_\rho v^2 - d + q) + \frac{\lambda}{m}\left(-2A_\rho v\dot{v} - \frac{1}{\tau}q\right) \tag{4.1.51}$$

$$g(\boldsymbol{x}) = \frac{\lambda}{m\tau} \tag{4.1.52}$$

式中，$\alpha_k(t)=-\dot{v}_{i-1}$ 当作已知函数。假设 $m\in[m_0, m_1]$，$\tau\in[\tau_0, \tau_1]$，$m_0>0$，$\tau_0>0$，则 $g(\boldsymbol{x})\geqslant\dfrac{1}{m_1\tau_1}$。

如果令 $y=0$，则有 $\lambda\dot{\delta}=-\delta-\lambda v_{i-1}$，假设 $v_1=\delta^2$，则

$$\dot{v}_1 = -\frac{2}{\lambda}\delta(\delta + \lambda v_{i-1}) \tag{4.1.53}$$

如果限制汽车的速度是有界的，即 $|v_{i-1}|\leqslant V_{\text{m}}$，则当 $|\delta|\geqslant\left|\dfrac{\lambda V_{\text{m}}}{1-a}\right|$ 时，有

$$\dot{v}_1 \leqslant -\frac{2a}{\lambda}\delta^2, \quad 0<a<1 \tag{4.1.54}$$

因此系统的零动态是具有指数吸引的性质。

现在用间接模糊自适应控制器控制上面的系统，使得系统的输出跟踪参考信号 $y_{\mathrm{m}}=0$。

设 $A_\rho\in[A_{\rho_0},A_{\rho_1}]$，$d\in[d_0,d_1]$，$A_{\rho_0}>0$，$d_0>0$，估计 $f(\boldsymbol{x})$ 和 $g(\boldsymbol{x})$ 的界。因为

$$\begin{aligned}|f(\boldsymbol{x})|&\leqslant\frac{A_\rho}{m}(|v|+2\lambda|\dot{v}|)|v|+\frac{|d|}{m}+\frac{1}{m}\left(1+\frac{\lambda}{\tau}\right)|q|\\&\leqslant\frac{A_{\rho_1}}{m_0}(|v|+2\lambda|\dot{v}|)|v|+\frac{|d_1|}{m_0}+\frac{1}{m_0}\left(1+\frac{\lambda}{\tau_0}\right)|q|\end{aligned}\tag{4.1.55}$$

$$\frac{\lambda}{m_1\tau_1}\leqslant g(\boldsymbol{x})\leqslant\frac{\lambda}{m_0\tau_0}\tag{4.1.56}$$

于是有

$$M_0(\boldsymbol{x})=\frac{A_{\rho_1}}{m_0}(|v|+2\lambda|\dot{v}|)|v|+\frac{|d_1|}{m_0}+\frac{1}{m_0}\left(1+\frac{\lambda}{\tau_0}\right)|q|$$

$$M_1=\frac{\lambda}{m_1\tau_1},\quad M_2=\frac{\lambda}{m_1\tau_1}$$

确定模糊推理规则为

R^1：如果 v 是慢且 $\dot{v}$ 是负，则 $y=\theta_{10}+\theta_{11}v^2$

R^2：如果 v 是中且 $\dot{v}$ 是负，则 $y=\theta_{20}+\theta_{21}v^2$

R^3：如果 v 是快且 $\dot{v}$ 是负，则 $y=\theta_{30}+\theta_{31}v^2$

R^4：如果 v 是慢且 $\dot{v}$ 是正，则 $y=\theta_{40}+\theta_{41}v^2$

R^5：如果 v 是中且 $\dot{v}$ 是正，则 $y=\theta_{50}+\theta_{51}v^2$

R^6：如果 v 是快且 $\dot{v}$ 是正，则 $y=\theta_{60}+\theta_{61}v^2$

其中，“慢”、“中”、“快”，“正”、“负”的模糊隶属函数如图 4-4 所示。

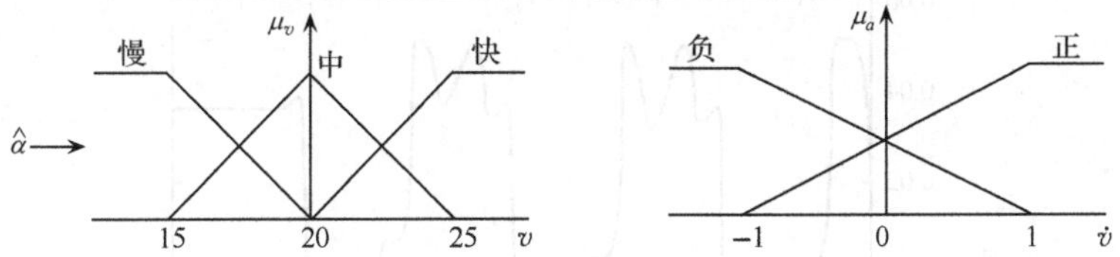

图 4-4　模糊隶属函数

令 $\boldsymbol{z}=[1,v^2]^{\mathrm{T}}$，$\boldsymbol{\Theta}_f\in\mathbf{R}^{2\times6}$，$\boldsymbol{\xi}(\boldsymbol{x})\in\mathbf{R}^6$，得到模糊逻辑系统 $y=\boldsymbol{z}^{\mathrm{T}}\boldsymbol{\Theta}_f\boldsymbol{\xi}(\boldsymbol{x})$，用此系统逼近 $f(\boldsymbol{x})$。

确定模糊推理规则为

R^1：如果 v 是慢，则 $y=\theta_{10}$

R^2：如果 v 是快，则 $y=\theta_{20}$

其中，“慢”和“快”的模糊隶属函数如图 4-5 所示。

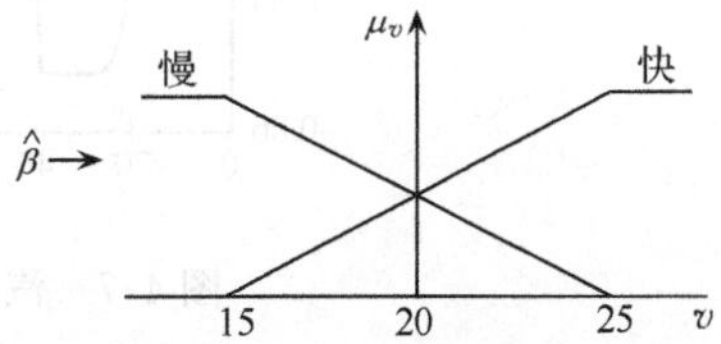

图 4-5　“慢”和“快”的模糊隶属函数

令 $z=[1]$,$\boldsymbol{\Theta}_g\in\mathbf{R}^{1\times 2}$,$\boldsymbol{\xi}(\boldsymbol{x})\in\mathbf{R}^2$,得到模糊逻辑系统 $y=z^{\mathrm{T}}\boldsymbol{\Theta}_g\boldsymbol{\xi}(\boldsymbol{x})$,用此系统逼近 $g(x)$。

设计滑模平面为 $s(t)=\dot{e}+e$,$D_f(\boldsymbol{x})\leqslant 0.1$,$D_g(\boldsymbol{x})\leqslant 0.001$,$k_{si}=0.1+0.001|u_{ce}|$;有关参数的选择如下:

$$M_e=1,\quad \eta_1=1,\quad \varepsilon_M=0.1,\quad \varepsilon=0.05$$
$$\boldsymbol{Q}_f^{-1}=\mathrm{diag}(0.01,0.01),\quad \boldsymbol{Q}_g^{-1}=0.01$$

对参数矩阵 $\boldsymbol{\Theta}_g$ 选择一个范围 $[\theta_{gij}^{\min},\theta_{gij}^{\max}]=[0.001,1]$。

在仿真中,让后面的汽车设法跟踪第一辆汽车。其仿真结果如图 4-6～图 4-8 所示。图中,v_1、u_1 分别表示第一辆车的速度和控制,v_m、u_m 分别表示跟踪车辆的速度和控制。

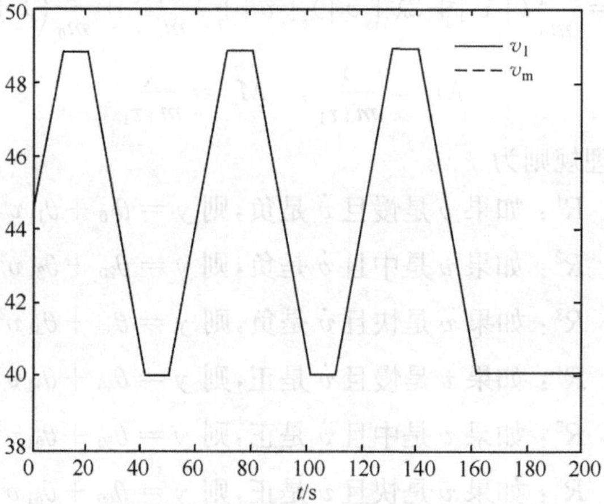

图 4-6　汽车跟踪的速度曲线

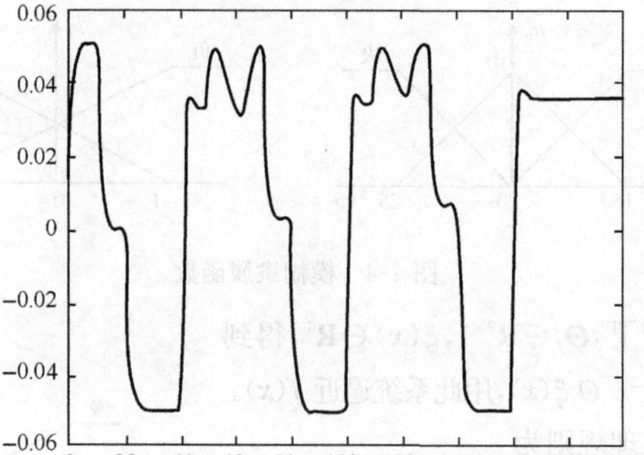

图 4-7　汽车跟踪问题的输出误差曲线

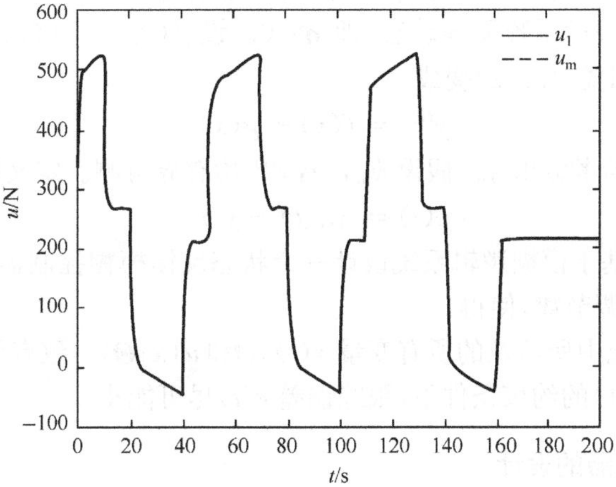

图 4-8　汽车控制曲线

4.2　直接自适应模糊滑模控制

本节在 4.1 节的间接自适应模糊滑模控制的基础上，给出一种对应的直接自适应模糊滑模控制的设计和稳定性分析方法。

4.2.1　被控对象模型及控制问题的描述

考虑如下的非线性系统：

$$\begin{cases} \dot{\boldsymbol{x}} = f(\boldsymbol{x}) + g(\boldsymbol{x})u \\ y = h(\boldsymbol{x}) \end{cases} \tag{4.2.1}$$

式中，$\boldsymbol{x}=[x,\dot{x},\cdots,x^{(n-1)}]^{\mathrm{T}}\in\mathbf{R}^n$ 是系统的状态向量；$u\in\mathbf{R}$ 和 $y\in\mathbf{R}$ 分别为系统的输入和输出；$f(\boldsymbol{x})$ 和 $g(\boldsymbol{x})$ 是 $\mathbf{R}^n$ 上的光滑向量场；$h(\boldsymbol{x})$ 是 $\mathbf{R}^n$ 上的光滑函数。假设系统的状态向量 $\boldsymbol{x}=[x,\dot{x},\cdots,x^{(n-1)}]^{\mathrm{T}}$ 可以通过测量得到。

对系统(4.2.1)作如下的假设。

假设 4.5　系统(4.2.1)具有强相对度 r。

在假设 4.5 的条件下，存在微分同胚映射 $(\boldsymbol{\xi},\boldsymbol{\eta})=T(\boldsymbol{x})$，把式(4.2.1)变换成

$$\begin{cases} y^{(r)} = a_1(t) + f_1(\boldsymbol{\xi},\boldsymbol{\eta}) + [b_1(t) + g_1(\boldsymbol{\xi},\boldsymbol{\eta})]u \\ \dot{\eta} = q(\boldsymbol{\xi},\boldsymbol{\eta}) \end{cases} \tag{4.2.2}$$

式中，$L_g^r h(\boldsymbol{x}) = f_1(\boldsymbol{\xi},\boldsymbol{\eta})$；$L_g L_f^{r-1} h(\boldsymbol{x}) = g_1(\boldsymbol{\xi},\boldsymbol{\eta})$；$\dot{\eta}=q(\boldsymbol{\xi},\boldsymbol{\eta})$ 表示系统的零动态；$a_1(t)$ 和 $b_1(t)$ 是连续有界的已知函数。不妨假设 $a_1(t)=b_1(t)=0$。

假设 4.6　系统(4.2.1)是最小相位的，并且对变量 $\boldsymbol{\xi}$ 满足下面的 Lipschitz 条件：

$$|q(\boldsymbol{\xi},\boldsymbol{\eta}) - q(0,\boldsymbol{\eta})| \leqslant L\|\boldsymbol{\xi}\| \tag{4.2.3}$$

式中，L 是一个常数。

在假设 4.6 的条件下，如果 $\boldsymbol{\xi}$ 有界，那么根据引理 4.1 可知 $\boldsymbol{\eta}$ 必有界。与 4.1 节讨论相同，假设系统无零动态，即 $\boldsymbol{\eta}=0$。设 $f(\boldsymbol{x})=f_1(\boldsymbol{\xi},0)$，$g(\boldsymbol{x})=g_1(\boldsymbol{\xi},0)$，$\boldsymbol{\xi}=T^{-1}(\boldsymbol{x})$，则式(4.2.2)变成

$$y^{(r)}=f(\boldsymbol{x})+g(\boldsymbol{x})u \tag{4.2.4}$$

对于给定的有界参考输出 y_{m}，假设 $\dot{y}_{\mathrm{m}},\cdots,y_{\mathrm{m}}^{(r)}$ 均有界可测。定义跟踪误差为

$$e(t)=y_{\mathrm{m}}(t)-y(t) \tag{4.2.5}$$

控制任务 基于模糊逻辑系统设计一个状态反馈模糊控制器 $u(x\mid\boldsymbol{\Theta})$ 和参数向量 $\boldsymbol{\Theta}$ 的自适应调节律，使得：

(1) 闭环系统中所涉及的所有变量 $\boldsymbol{x}(t)$，$\boldsymbol{\Theta}$ 和 $u(\boldsymbol{x}\mid\boldsymbol{\Theta})$ 一致有界。

(2) 在满足(1)的约束条件下，跟踪误差 $e(t)$ 尽可能小。

4.2.2 模糊控制器的设计

设 $\boldsymbol{e}=[e,\dot{e},\cdots,e^{(n-1)}]^{\mathrm{T}}$，$\boldsymbol{k}=[k_0,k_1,\cdots,k_{r-2},1]^{\mathrm{T}}$，选取参数向量 $\boldsymbol{k}$ 使得多项式 $\hat{L}(s)=s^{r-1}+k_{r-2}s^{r-2}+\cdots+k_1s+k_0$ 的根在左半开平面内。定义一个滑模平面如下：

$$s(t)=e^{(r-1)}+k_{r-2}e^{(r-2)}+\cdots+k_1\dot{e}+k_0e \tag{4.2.6}$$

如果 $f(\boldsymbol{x})$ 和 $g(\boldsymbol{x})$ 已知，那么由非线性控制方法，取控制器为

$$u^*=\frac{1}{g(\boldsymbol{x})}[-f(\boldsymbol{x})+ls(t)+\dot{s}(t)+y_{\mathrm{m}}^{(r)}-e^{(r)}],\quad l>0 \tag{4.2.7}$$

求 $s(t)$ 的导数，并由式(4.2.7)和式(4.2.4)得

$$\dot{s}(t)+ls(t)=0 \tag{4.2.8}$$

那么适当选取参数 $l>0$，可推出 $\lim\limits_{t\to\infty}s(t)=0$。由于 $\hat{L}(s)$ 是稳定的多项式，有 $\lim\limits_{t\to\infty}\boldsymbol{e}(t)=0$。然而在 $f(\boldsymbol{x})$ 和 $g(\boldsymbol{x})$ 未知的情况下，设计控制器(4.2.7)是不可能的，为此应用高木-关野模糊逻辑系统 $\hat{u}(\boldsymbol{x}\mid\boldsymbol{\Theta})$ 来逼近控制器(4.2.7)。

R^i：如果 $\boldsymbol{x}_1$ 是 F_1^i，$\boldsymbol{x}_2$ 是 F_2^i，…，$\boldsymbol{x}_n$ 是 F_n^i，则 $u=g_i(\boldsymbol{x})$

式中，$g_i(\boldsymbol{x})=\theta_{i0}+\theta_{i1}h_1(\boldsymbol{x})+\cdots+\theta_{im-1}h_{m-1}(\boldsymbol{x})$，$h_i(\boldsymbol{x})$ 为满足 Lipschitz 条件的连续函数。

由单点模糊化、乘机推理和中心加权反模糊化得模糊系统

$$\hat{u}(\boldsymbol{x}\mid\boldsymbol{\Theta})=\boldsymbol{z}^{\mathrm{T}}\boldsymbol{\Theta}\boldsymbol{\xi}(\boldsymbol{x}) \tag{4.2.9}$$

式中

$$\boldsymbol{z}^{\mathrm{T}}=[1,h_1,h_2,\cdots,h_{m-1}],\quad \boldsymbol{\xi}(\boldsymbol{x})=[\xi_1(\boldsymbol{x}),\xi_2(\boldsymbol{x}),\cdots,\xi_N(\boldsymbol{x})]^{\mathrm{T}}$$

$$\boldsymbol{\Theta}^{\mathrm{T}}=\begin{bmatrix}\theta_{10} & \theta_{11} & \cdots & \theta_{1m-1}\\ \theta_{20} & \theta_{21} & \cdots & \theta_{2m-1}\\ \vdots & \vdots & & \vdots\\ \theta_{N0} & \theta_{N1} & \cdots & \theta_{Nm-1}\end{bmatrix}$$

这里，$\xi_i(\boldsymbol{x})$ 为模糊基函数。

设计直接控制律为

$$u=\hat{u}(\boldsymbol{x}\mid\boldsymbol{\Theta})+u_{\mathrm{b}}+u_{\mathrm{s}} \tag{4.2.10}$$

式中，$\hat{u}(\boldsymbol{x}|\boldsymbol{\Theta})$是自适应控制项；$u_{\mathrm{b}}$ 是有界控制项；u_{s} 是滑模控制项。

把式(4.2.10)代入式(4.2.4)，经过简单的运算得

$$y^{(r)}=f(\boldsymbol{x})+g(\boldsymbol{x})(\hat{u}+u_{\mathrm{b}}+u_{\mathrm{s}}) \tag{4.2.11}$$

应用式(4.2.7)得

$$\begin{aligned}y^{(r)}&=f(\boldsymbol{x})+g(\boldsymbol{x})u^{*}+g(\boldsymbol{x})(\hat{u}-u^{*})+g(\boldsymbol{x})(u_{\mathrm{b}}+u_{\mathrm{s}})\\&=ls(t)+\dot{s}(t)+y_{\mathrm{m}}^{(r)}-e^{(r)}+g(\boldsymbol{x})(\hat{u}-u^{*})+g(\boldsymbol{x})(u_{\mathrm{b}}+u_{\mathrm{s}})\end{aligned} \tag{4.2.12}$$

式(4.2.12)进一步可表示为

$$\dot{s}(t)+ls(t)=-g(\boldsymbol{x})(\hat{u}-u^{*})-g(\boldsymbol{x})(u_{\mathrm{b}}+u_{\mathrm{s}}) \tag{4.2.13}$$

下面分别设计有界控制器和滑模控制器。

1. 有界控制的设计

考虑 Lyapunov 函数

$$V_1=\frac{1}{2}s^2(t) \tag{4.2.14}$$

求 V_1 对时间的导数，并由式(4.2.13)得

$$\begin{aligned}\dot{V}_1&=-ls^2(t)-s(t)[g(\boldsymbol{x})(\hat{u}-u^{*})+g(\boldsymbol{x})(u_{\mathrm{s}}+u_{\mathrm{b}})]\\&\leqslant -ls^2(t)+|s(t)|[g(\boldsymbol{x})(|\hat{u}|+|u^{*}|)+g(\boldsymbol{x})|u_{\mathrm{s}}|]\\&\quad -s(t)g(\boldsymbol{x})u_{\mathrm{b}}\end{aligned} \tag{4.2.15}$$

假设 4.7　设存在常数 M_1 和已知函数 $M_0(\boldsymbol{x})$，$M_3(\boldsymbol{x})$，使得下列不等式成立：

$$|f(\boldsymbol{x})|\leqslant M_0(\boldsymbol{x}),\quad 0<M_1\leqslant g(\boldsymbol{x})\leqslant M_2(\boldsymbol{x})$$

有界控制器 u_{b} 取为

$$u_{\mathrm{b}}=\Pi(t)k_{\mathrm{b}}\operatorname{sgn}(s(t)) \tag{4.2.16}$$

式中，$\Pi(t)$ 与式(4.1.26)定义相同。有界控制增益取为

$$k_{\mathrm{b}}=|\hat{u}|+|u_{\mathrm{s}}|+\frac{M_0(x)+|y_{\mathrm{m}}^{(r)}+ls(t)+\dot{s}(t)-e^{(r)}|}{M_1} \tag{4.2.17}$$

当$|s(t)|\geqslant M_e$ 时，根据式(4.2.15)和式(4.2.16)得

$$\dot{V}_1\leqslant -ls^2(t) \tag{4.2.18}$$

可得出，如果初始条件满足$|s(0)|\leqslant M_e$，则存在时间 t' 使得当 $t>t'$ 时，$|s(t)|<M_e$。所以根据假设 4.5 和假设 4.6，有界控制可以保证系统的状态有界。

2. 滑模控制的设计

假设 4.8　假设存在有界函数 $D(\boldsymbol{x})$和 $M_4(\boldsymbol{x})$，满足下列不等式：

$$|u^{*}-\hat{u}(\boldsymbol{x}|\boldsymbol{\Theta})|\leqslant D(\boldsymbol{x}),\quad |\dot{g}(\boldsymbol{x})|=\left|\frac{\partial g(\boldsymbol{x})}{\partial \boldsymbol{x}}\dot{\boldsymbol{x}}\right|\leqslant M_4(\boldsymbol{x})$$

取 Lyapunov 函数为

$$V_2=\frac{1}{2g(\boldsymbol{x})}s^2(t) \tag{4.2.19}$$

求 V_2 对时间的导数并由式(4.2.13)得

$$\begin{aligned}\dot{V}_2 &= \frac{\dot{s}(t)s(t)}{g(\boldsymbol{x})} - \frac{\dot{g}(\boldsymbol{x})s^2(t)}{2g^2(\boldsymbol{x})} \\ &= -\frac{l}{g(\boldsymbol{x})}s^2(t) + \frac{s(t)}{g(\boldsymbol{x})}[-g(\boldsymbol{x})(\hat{u}-u^*) - g(\boldsymbol{x})(u_b+u_s)] - \frac{\dot{g}(\boldsymbol{x})s^2(t)}{2g^2(\boldsymbol{x})} \\ &= -\frac{l}{g(\boldsymbol{x})}s^2(t) - s(t)(\hat{u}-u^*) - s(t)u_b - \frac{\dot{g}(\boldsymbol{x})s^2(t)}{2g^2(\boldsymbol{x})} - s(t)u_s \\ &\leqslant -\frac{ls^2(t)}{M_1} + |s(t)|D(\boldsymbol{x}) + |s(t)||u_b| + \frac{M_4(\boldsymbol{x})s^2(t)}{2M_1^2} - s(t)u_s \end{aligned} \tag{4.2.20}$$

设计滑模控制器为

$$u_s = k_s \operatorname{sgn}(s(t)) \tag{4.2.21}$$

式中,$k_s = D(\boldsymbol{x}) + |u_b| + \dfrac{M_4(\boldsymbol{x})|s(t)|}{2M_1^2}$为滑模控制增益。

把式(4.2.21)代入式(4.2.20)得

$$\dot{V}_2 \leqslant -\frac{l}{M_1}s^2(t) \tag{4.2.22}$$

4.2.3 模糊自适应算法

设参数矩阵 $\boldsymbol{\Theta}$ 定义在紧集 Ω 内,$\boldsymbol{\Theta}^*$ 为 $\boldsymbol{\Theta}$ 的最优参数矩阵,定义为

$$\boldsymbol{\Theta}^* = \arg\min_{\boldsymbol{\Theta}\in\Omega}[\sup_{\boldsymbol{x}\in\mathbf{R}^n} |\hat{u}(\boldsymbol{x}\mid\boldsymbol{\Theta}) - u^*|] \tag{4.2.23}$$

定义参数矩阵误差及最小逼近误差分别为

$$\tilde{\boldsymbol{\Theta}} = \boldsymbol{\Theta} - \boldsymbol{\Theta}^* \tag{4.2.24}$$

$$w = \hat{u}(\boldsymbol{x}\mid\boldsymbol{\Theta}^*) - u^* \tag{4.2.25}$$

由假设 4.8 可得

$$|w| \leqslant D(\boldsymbol{x}) \tag{4.2.26}$$

取参数矩阵的自适应调节律为

$$\dot{\boldsymbol{\Theta}} = \boldsymbol{Q}^{-1}\boldsymbol{z}\boldsymbol{\xi}^{\mathrm{T}}(\boldsymbol{x})s(t) \tag{4.2.27}$$

式中,$\boldsymbol{Q}$ 是正定的对角矩阵,并称为学习矩阵。

在控制过程中,为了保证参数矩阵$\boldsymbol{\Theta}$在预先规定的紧集 Ω 内,使用投影算子对矩阵自适应调节律(4.2.27)进行修正如下:

设$\boldsymbol{\Theta}\in[\boldsymbol{\Theta}^{\min},\boldsymbol{\Theta}^{\max}]$,定义 $\bar{\theta}_{ij}$ 是矩阵 $\boldsymbol{z}\boldsymbol{\xi}^{\mathrm{T}}(\boldsymbol{x})s(t)$ 的第(i,j)个元素,则参数矩阵$\boldsymbol{\Theta}$的自适应调节律修正为

$$\dot{\boldsymbol{\Theta}} = \boldsymbol{Q}^{-1}\hat{\boldsymbol{\Theta}} \tag{4.2.28}$$

式中

$$\hat{\theta}_{ij} = \begin{cases} 0, & \theta_{ij} \notin (\theta_{ij}^{\min}, \theta_{ij}^{\max}) \text{ 且 } \bar{\theta}_{ij}(\theta_{ij} - \theta_{ij}^{c}) < 0 \\ \bar{\theta}_{ij}, & \text{其他} \end{cases}$$

矩阵$\boldsymbol{\Theta}^{C}\in[\boldsymbol{\Theta}^{\min},\boldsymbol{\Theta}^{\max}]$是固定矩阵。经过式(4.2.28)的自适应调节，可以保证只要初始参数矩阵$\boldsymbol{\Theta}\in[\boldsymbol{\Theta}^{\min},\boldsymbol{\Theta}^{\max}]$，参数矩阵在任意时刻的值将始终在此范围之内。图 4-9 给出这种控制策略的总体框图。

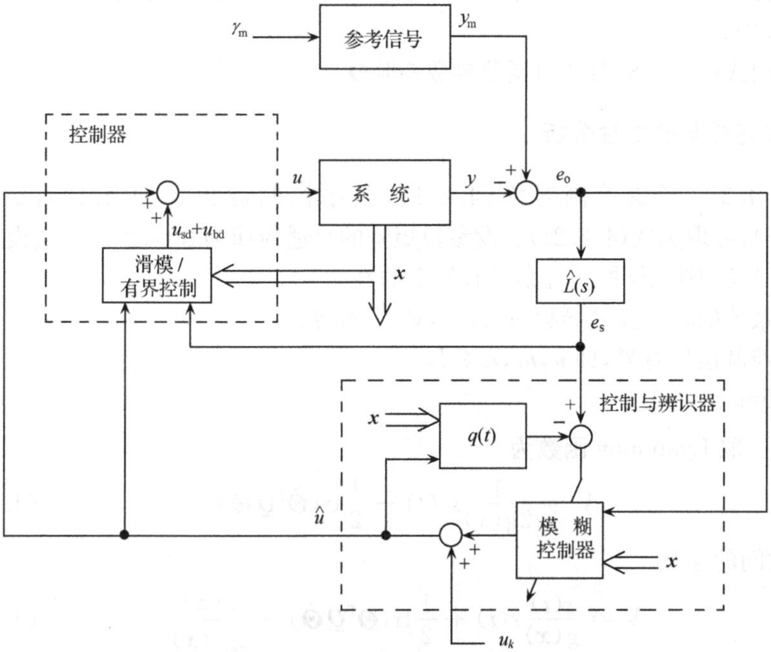

图 4-9　直接自适应模糊控制器的总体框图

这种直接自适应模糊滑模控制器的设计步骤如下：

步骤 1　离线预处理。

(1) 确定出一组参数 $k_0,k_1,\cdots,k_{r-2}$，使得多项式 $s^{r-1}+k_{r-2}s^{r-2}+\cdots+k_1s+k_0$ 的根在左半开平面内。

(2) 根据实际情况，确定出设计参数 $l,\varepsilon_M,M_\varepsilon,\boldsymbol{\Theta}^{\min},\boldsymbol{\Theta}^{\max}$。

步骤 2　构造模糊控制器。

(1) 构造模糊规则基。它是由下面的 N 条模糊推理规则构成

$$R^i:\text{如果 } x_1 \text{ 是 } F_1^i,x_2 \text{ 是 } F_2^i,\cdots,x_n \text{ 是 } F_n^i,$$
$$\text{则 } y=\theta_{i0}+\theta_{i1}h_1(\boldsymbol{x})+\cdots+\theta_{im-1}h_{m-1}(\boldsymbol{x})$$

(2) 计算模糊基函数：

$$\xi_i(x_1,x_2,\cdots,x_n)=\frac{\prod_{j=1}^{n}\mu_{F_j^i}(x_i)}{\sum_{i=1}^{N}\left[\prod_{j=1}^{n}\mu_{F_j^i}(x_i)\right]}$$

做如下的向量和矩阵：

$$z^{\mathrm{T}}=[1,h_1,h_2,\cdots,h_{m-1}],\quad \boldsymbol{\xi}(\boldsymbol{x})=[\xi_1(\boldsymbol{x}),\xi_2(\boldsymbol{x}),\cdots,\xi_N(\boldsymbol{x})]^{\mathrm{T}}$$

和$\boldsymbol{\Theta}^{\mathrm{T}}$ 构造成模糊逻辑系统 $\hat{u}(\boldsymbol{x}|\boldsymbol{\Theta})=\boldsymbol{z}^{\mathrm{T}}\boldsymbol{\Theta}\boldsymbol{\xi}(\boldsymbol{x})$。

步骤 3 在线自适应调节。

(1) 将反馈控制(4.2.10)作用于对象(4.2.1),式中 u_{b} 取为式(4.2.16),u_{s} 取为式(4.2.21)。

(2) 用式(4.2.28)自适应调节参数矩阵$\boldsymbol{\Theta}$。

4.2.4 稳定性与收敛性分析

定理 4.2 考虑控制对象(4.2.1),其中控制器为式(4.2.10),u_{b} 取为式(4.2.16),u_{s} 取为式(4.2.21)。设参数矩阵的自适应律为式(4.2.28),假设 4.5～假设 4.8 成立,则总体控制方案具有如下的性质:

(1) 系统的输出及其导数 $y,\dot{y},\cdots,y^{(r-1)}$ 有界。

(2) 控制信号有界,即 $\hat{u},u_{\mathrm{b}},u_{\mathrm{s}}\in L_\infty$。

(3) $\lim\limits_{t\to\infty}e(t)=0$。

证明 取 Lyapunov 函数为

$$V=\frac{1}{2g(\boldsymbol{x})}s^2(t)+\frac{1}{2}\mathrm{tr}(\widetilde{\boldsymbol{\Theta}}^{\mathrm{T}}\boldsymbol{Q}\widetilde{\boldsymbol{\Theta}}) \tag{4.2.29}$$

求 V 对时间的导数

$$\dot{V}=\frac{s(t)}{g(\boldsymbol{x})}\dot{s}(t)+\frac{1}{2}\mathrm{tr}(\widetilde{\boldsymbol{\Theta}}^{\mathrm{T}}\boldsymbol{Q}\dot{\widetilde{\boldsymbol{\Theta}}})-\frac{\dot{g}(\boldsymbol{x})}{2g^2(\boldsymbol{x})} \tag{4.2.30}$$

由式(4.2.13)和式(4.2.30)得

$$\begin{aligned}\dot{V}=&\frac{s(t)}{g(\boldsymbol{x})}[-ls(t)-g(\boldsymbol{x})(\hat{u}-u^*)-g(\boldsymbol{x})(u_{\mathrm{b}}+u_{\mathrm{s}})]\\&+\mathrm{tr}(\widetilde{\boldsymbol{\Theta}}^{\mathrm{T}}\boldsymbol{Q}\dot{\widetilde{\boldsymbol{\Theta}}})-\frac{\dot{g}(\boldsymbol{x})s(t)}{2g^2(\boldsymbol{x})}\end{aligned} \tag{4.2.31}$$

$$\begin{aligned}\dot{V}=&-\frac{ls^2(t)}{g(\boldsymbol{x})}-s(t)[\boldsymbol{z}^{\mathrm{T}}\boldsymbol{\Theta}\boldsymbol{\xi}(\boldsymbol{x})-w+u_{\mathrm{b}}+u_{\mathrm{s}}]\\&+\mathrm{tr}(\widetilde{\boldsymbol{\Theta}}^{\mathrm{T}}\boldsymbol{Q}\dot{\widetilde{\boldsymbol{\Theta}}})-\frac{\dot{g}(\boldsymbol{x})s^2(t)}{2g^2(\boldsymbol{x})}\end{aligned} \tag{4.2.32}$$

根据参数矩阵 $\boldsymbol{\Theta}$ 的自适应调节律(4.2.28)和假设 4.8 得

$$\dot{V}\leqslant-\frac{ls^2(t)}{M_1}+|s|\left[D+\frac{M_4(\boldsymbol{x})\mid s(t)\mid}{2M_1^2}\right]+s(t)(u_{\mathrm{b}}+u_{\mathrm{s}}) \tag{4.2.33}$$

再根据有界控制(4.2.16)和滑模控制(4.2.21)得

$$\dot{V}\leqslant-\frac{ls^2(t)}{M_1} \tag{4.2.34}$$

于是有

$$\int_0^\infty ls^2(t)/M_1\,\mathrm{d}t\leqslant V(0)-V(\infty) \tag{4.2.35}$$

由式(4.2.35)推出 $s(t)\in L_2$，由于 $V(0),V(\infty)\in L_\infty$，所以 $s(t)\in L_\infty$。由于已经证明了 $e^{(i)}\in L_\infty, i=1,2,\cdots,r, f(\boldsymbol{x}), g(\boldsymbol{x}), \hat{u}, u_b, u_s\in L_\infty$，所以 $\dot{s}(t)\in L_\infty$。由 Barbalet 引理，推出 $\lim\limits_{t\to\infty}s(t)=0$，这意味着 $\lim\limits_{t\to\infty}e=0$。

4.2.5　仿真

例 4.2　用直接自适应模糊滑模控制方法控制例 4.1 的汽车跟踪问题：

$$\dot{\delta}_i = v_i - v_{i-1} \tag{4.2.36}$$

$$\dot{v} = \frac{1}{m}(-A_\rho v_i^2 - d + q_i) \tag{4.2.37}$$

$$\dot{q}_i = \frac{1}{\tau}(-q_i + u_i) \tag{4.2.38}$$

$$y = \delta + \lambda v \tag{4.2.39}$$

上述系统方程中所有参数与例 4.1 的相同。由例 4.1 知这个系统是相对度为 2，且零动态具有指数吸引性质。

令

$$f(\boldsymbol{x}) = \frac{1}{m}(-A_\rho v^2 - d + q) + \frac{\lambda}{m}\left(-2A_\rho v\dot{v} - \frac{1}{\tau}q\right),\quad g(\boldsymbol{x}) = \frac{\lambda}{m\tau}$$

$m\in[m_0,m_1],\tau\in[\tau_0,\tau_1],m_0>0,\tau_0>0,A_\rho\in[A_{\rho_0},A_{\rho_1}],d\in[d_0,d_1],A_{\rho_0}>0,d_0>0$，可估计 $f(\boldsymbol{x})$ 和 $g(\boldsymbol{x})$ 的界：

$$\begin{aligned}|f(\boldsymbol{x})| &\leqslant \frac{A_\rho}{m}(|v|+2\lambda|\dot{v}|)|v| + \frac{|d|}{m} + \frac{1}{m}\left(1+\frac{\lambda}{\tau}\right)|q| \\ &\leqslant \frac{A_{\rho_1}}{m_0}(|v|+2\lambda|\dot{v}|)|v| + \frac{|d_1|}{m_0} + \frac{1}{m_0}\left(1+\frac{\lambda}{\tau_0}\right)|q|\end{aligned}$$

于是

$$M_0(\boldsymbol{x}) = \frac{A_{\rho_1}}{m_0}(|v|+2\lambda|\dot{v}|)|v| + \frac{|d_1|}{m_0} + \frac{1}{m_0}\left(1+\frac{\lambda}{\tau_0}\right)|f|$$

$$M_1 = \frac{\lambda}{m_1\tau_1},\quad M_2 = \frac{\lambda}{m_1\tau_1}$$

由于 $g(\boldsymbol{x})=\dfrac{\lambda}{m\tau}$ 是常数，于是 $\dot{g}(\boldsymbol{x})=0$。

确定模糊推理规则为

R^1：如果 v 是慢且 $s(t)$ 是负，则 $y=\theta_{10}+\theta_{11}h$
R^2：如果 v 是中且 $s(t)$ 是负，则 $y=\theta_{20}+\theta_{21}h$
R^3：如果 v 是快且 $s(t)$ 是负，则 $y=\theta_{30}+\theta_{31}h$
R^4：如果 v 是慢且 $s(t)$ 是零，则 $y=\theta_{40}+\theta_{41}h$
R^5：如果 v 是中且 $s(t)$ 是零，则 $y=\theta_{50}+\theta_{51}h$
R^6：如果 v 是快且 $s(t)$ 是零，则 $y=\theta_{60}+\theta_{61}h$

R^7：如果 v 是慢且 $s(t)$ 是正，则 $y=\theta_{70}+\theta_{71}h$

R^8：如果 v 是中且 $s(t)$ 是正，则 $y=\theta_{80}+\theta_{81}h$

R^9：如果 v 是快且 $s(t)$ 是正，则 $y=\theta_{90}+\theta_{91}h$

其中，“慢”、“中”、“快”，“正”、“负”、“零”的模糊隶属函数如图 4-10 所示。

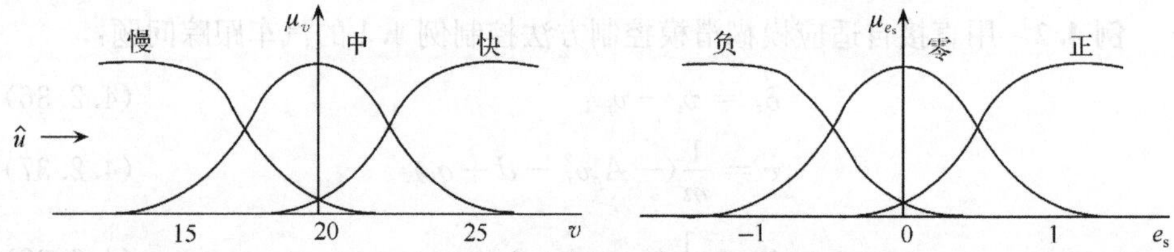

图 4-10 模糊隶属函数

令 $\boldsymbol{z}=[1,h]^{\mathrm{T}}$，$h=2\dot{e}+e+\dot{v}_{i-1}$，$\boldsymbol{\Theta}\in\mathbf{R}^{2\times 9}$，$\boldsymbol{\xi}(\boldsymbol{x})\in\mathbf{R}^9$，得到模糊逻辑系统 $y=\boldsymbol{z}^{\mathrm{T}}\boldsymbol{\Theta}\boldsymbol{\xi}(\boldsymbol{x})$，用此系统逼近 u^*。

设计滑模平面为 $s(t)=\dot{e}+e$，$D(\boldsymbol{x})\leqslant 100$，$k_{\mathrm{b}}=0$；$k_{\mathrm{si}}=\dfrac{M_2(x)|s|}{2M_1^2}+100$；有关参数的选择如下：

$$M_e=1,\quad l=1,\quad \varepsilon_M=0.1,\quad \varepsilon=0.05,\quad \boldsymbol{Q}^{-1}=\mathrm{diag}(500,500)$$

对参数矩阵 $\boldsymbol{\Theta}$ 选择一个范围 $[\theta^{\min},\theta^{\max}]=[-2000,2000]$。

在仿真中，让后面的汽车设法跟踪第一辆汽车。其仿真结果如图 4-11～图 4-13 所示。

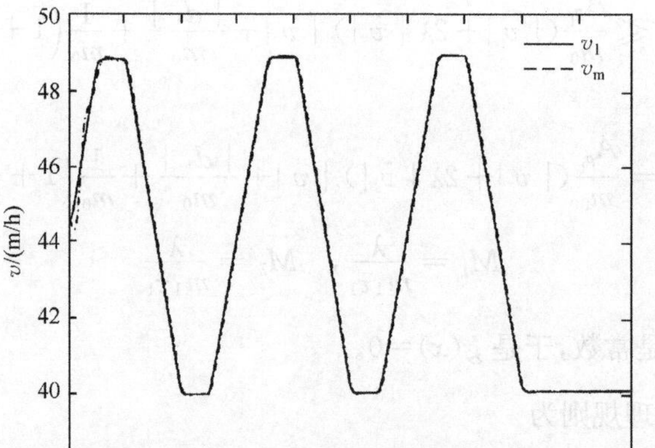

图 4-11 汽车跟踪的速度曲线

由于跟踪误差比较大，在控制器中加上一个比例控制项 $u_k=100e$，则改进了跟踪误差的性能，其结果如图 4-14 所示。

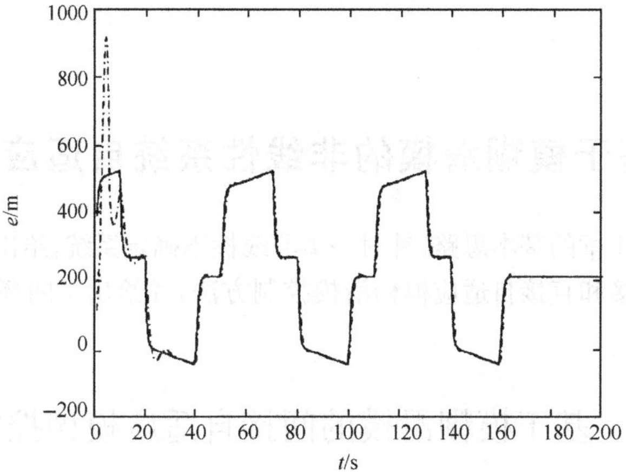

图 4-12　汽车跟踪问题的输出误差曲线

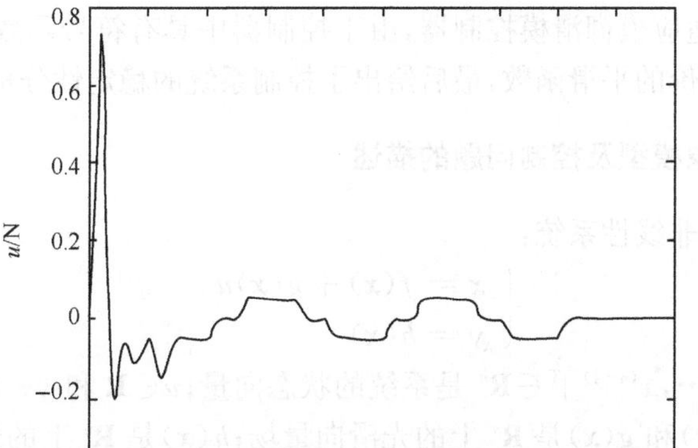

图 4-13　汽车跟踪问题的控制曲线

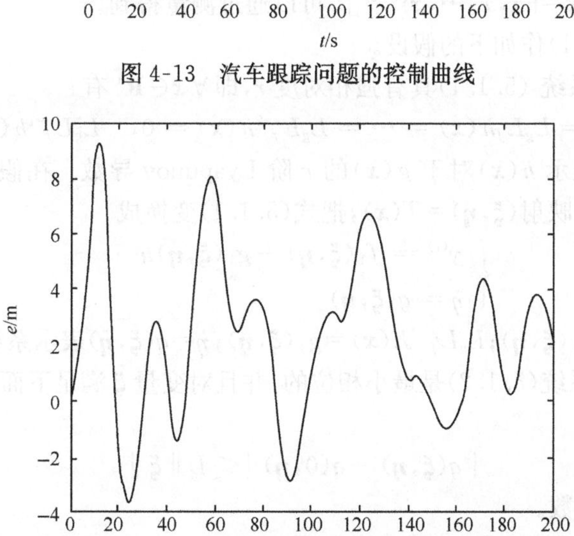

图 4-14　汽车跟踪问题的输出误差曲线(加上比例控制 $u=100e$)

第 5 章　基于模糊滑模的非线性系统自适应模糊控制

本章按照第 4 章的基本思路，针对一类非线性不确定系统，给出了基于滑模设计原理的一套间接和直接自适应模糊滑模控制方法，并给出了闭环系统的稳定性分析[8-15]。

5.1　基于模糊滑模的间接自适应模糊控制

在本节中，首先利用模糊逻辑系统对非线性系统进行建模，然后基于滑模原理，设计一种自适应模糊滑模控制器，由于控制器中具有符号函数，所以利用模糊语言设计与之等价的平滑函数，最后给出了控制系统的稳定性分析。

5.1.1　被控对象模型及控制问题的描述

考虑如下的非线性系统：

$$\begin{cases} \dot{\boldsymbol{x}} = f(\boldsymbol{x}) + g(\boldsymbol{x})u \\ y = h(\boldsymbol{x}) \end{cases} \tag{5.1.1}$$

式中，$\boldsymbol{x}=[x,\dot{x},\cdots,x^{(n-1)}]^{\mathrm{T}}\in\mathbf{R}^n$ 是系统的状态向量；$u\in\mathbf{R}$ 和 $y\in\mathbf{R}$ 分别为系统的输入和输出；$f(\boldsymbol{x})$和 $g(\boldsymbol{x})$是 $\mathbf{R}^n$ 上的光滑向量场；$h(\boldsymbol{x})$是 $\mathbf{R}^n$ 上的光滑函数。假设系统的状态向量 $\boldsymbol{x}=[x,\dot{x},\cdots,x^{(n-1)}]^{\mathrm{T}}$ 可以通过测量得到。

对系统(5.1.1)作如下的假设。

假设 5.1　系统 (5.1.1)具有强相对度 r，即 $\forall\,\boldsymbol{x}\in\mathbf{R}^n$ 有

$$L_g h_f^r(\boldsymbol{x}) = L_g L_f h(\boldsymbol{x}) = \cdots = L_g L_f^{r-2} h(\boldsymbol{x}) = 0,\quad L_g L_f^{r-1} h(\boldsymbol{x}) \neq 0$$

这里 $L_g L_f^r h(\boldsymbol{x})$表示 $h(\boldsymbol{x})$对于 $g(\boldsymbol{x})$的 r 阶 Lyapunov 导数。在假设 5.1 的条件下，存在微分同胚映射$(\boldsymbol{\xi},\boldsymbol{\eta})=T(\boldsymbol{x})$，把式(5.1.1)变换成

$$\begin{cases} y^{(r)} = f_1(\boldsymbol{\xi},\boldsymbol{\eta}) + g_1(\boldsymbol{\xi},\boldsymbol{\eta})u \\ \dot{\eta} = q(\boldsymbol{\xi},\boldsymbol{\eta}) \end{cases} \tag{5.1.2}$$

式中，$L_g^r h(\boldsymbol{x})=f_1(\boldsymbol{\xi},\boldsymbol{\eta})$；$L_g L_f^{r-1} h(\boldsymbol{x})=g_1(\boldsymbol{\xi},\boldsymbol{\eta})$；$\dot{\eta}=q(\boldsymbol{\xi},\boldsymbol{\eta})$表示系统的零动态。

假设 5.2　系统(5.1.2)是最小相位的，并且对变量 $\boldsymbol{\xi}$ 满足下面的 Lipschitz 条件：

$$|\, q(\boldsymbol{\xi},\boldsymbol{\eta}) - q(0,\boldsymbol{\eta}) \,| \leqslant L \,\|\, \boldsymbol{\xi} \,\| \tag{5.1.3}$$

式中，L 是一个常数。

在假设 5.2 的条件下，如果 $\boldsymbol{\xi}$ 有界，那么根据引理 4.1 可知 $\boldsymbol{\eta}$ 必有界。与第 4 章讨论相同，假设系统无零动态，即 $\boldsymbol{\eta}=0$。设 $f(\boldsymbol{x})=f_1(\boldsymbol{\xi},0)$，$g(\boldsymbol{x})=g_1(\boldsymbol{\xi},0)$，

$\boldsymbol{\xi}=T^{-1}(\boldsymbol{x})$，则式(5.1.2)变成

$$y^{(r)}=f(\boldsymbol{x})+g(\boldsymbol{x})u \tag{5.1.4}$$

对于给定的有界参考输出 y_{m}，假设 $\dot{y}_{\mathrm{m}},\cdots,y_{\mathrm{m}}^{(r)}$ 均有界可测。定义跟踪误差为

$$e(t)=y_{\mathrm{m}}(t)-y(t) \tag{5.1.5}$$

控制任务　(基于模糊逻辑系统)设计一个状态反馈模糊控制器 $u(\boldsymbol{x}|\boldsymbol{\theta}_f,\boldsymbol{\theta}_g)$ 和参数向量 $\boldsymbol{\theta}_f$ 和 $\boldsymbol{\theta}_g$ 的自适应调节律，使得：

(1) 闭环系统中所涉及的所有变量 $\boldsymbol{x}(t),\boldsymbol{\theta}_f,\boldsymbol{\theta}_g$ 和 $u(\boldsymbol{x}|\boldsymbol{\theta}_f,\boldsymbol{\theta}_g)$一致有界。

(2) 在满足(1)的约束条件下，跟踪误差 $e(t)$尽可能小。

5.1.2　模糊控制器的设计

首先定义滑模平面为

$$s(t)=\left(\frac{\mathrm{d}}{\mathrm{d}t}+\lambda\right)^{(r-1)}e \tag{5.1.6}$$

式中，$\frac{\mathrm{d}}{\mathrm{d}t}$为导数算子，$\lambda$ 为非负常数。求式(5.1.6)对时间的导数

$$\dot{s}(t)=e^{(r)}+\sum_{i=1}^{n-1}\lambda^i\binom{r-1}{i}e^{(r-i)} \tag{5.1.7}$$

如果 $f(\boldsymbol{x}),g(\boldsymbol{x})$已知，可取控制器为

$$u(\boldsymbol{x})=\frac{1}{g(\boldsymbol{x})}\left[-f(\boldsymbol{x})+\lambda s(t)+\dot{s}(t)+y_{\mathrm{m}}^{(r)}-e^{(r)}\right],\quad \lambda>0 \tag{5.1.8}$$

求 $s(t)$的导数，并由式(5.1.8)和式(5.1.6)得

$$\dot{s}(t)+\lambda s(t)=0 \tag{5.1.9}$$

由此可推出$\lim\limits_{t\to\infty}s(t)=0$，那么适当选取参数 λ，可使 $s(t)$对应的多项式是稳定的，因此有$\lim\limits_{t\to\infty}e(t)=0$。在 $f(\boldsymbol{x}),g(\boldsymbol{x})$未知的情况下，采用模糊逻辑系统 $\hat{h}(\boldsymbol{x}|\boldsymbol{\theta}_h)$和 $\hat{g}^{-1}(\boldsymbol{x}|\boldsymbol{\theta}_g)$逼近未知连续函数 $h(\boldsymbol{x})=g^{-1}(\boldsymbol{x})f(\boldsymbol{x})$和 $g^{-1}(\boldsymbol{x})$，即对未知非线性系统进行模糊建模。设模糊逻辑系统为如下的形式：

$$\hat{h}(\boldsymbol{x}\mid\boldsymbol{\theta}_h)=\sum_{i=1}^{N}\theta_i\xi_i(\boldsymbol{x})=\boldsymbol{\theta}_h^{\mathrm{T}}\boldsymbol{\xi}(\boldsymbol{x}) \tag{5.1.10}$$

$$\hat{g}^{-1}(\boldsymbol{x}\mid\boldsymbol{\theta}_g)=\sum_{i=1}^{N}\theta_i\xi_i(\boldsymbol{x})=\boldsymbol{\theta}_g^{\mathrm{T}}\boldsymbol{\xi}(\boldsymbol{x}) \tag{5.1.11}$$

式中，$\boldsymbol{\theta}_h^{\mathrm{T}}=[\theta_{1h},\theta_{2h},\cdots,\theta_{Nh}]$；$\boldsymbol{\theta}_g^{\mathrm{T}}=[\theta_{1g},\theta_{2g},\cdots,\theta_{Ng}]$；$\boldsymbol{\xi}^{\mathrm{T}}=[\xi_1,\xi_2,\cdots,\xi_N]$；$\xi_i$ 为模糊基函数。

由于模糊逻辑系统是在紧集上具有良好的逼近性质，为此定义两个闭子集 A_{d},A 如下：

$$A_{\mathrm{d}}=\{x\mid\|x-x_0\|_{p,\pi}\leqslant 1\} \tag{5.1.12}$$

$$A=\{x\mid\|x-x_0\|_{p,\pi}\leqslant 1+\Psi\} \tag{5.1.13}$$

式中,x_0 是 $\mathbf{R}^n$ 中一个定点;Ψ 是一个非负参数,它表示过渡区域的宽度;$\|\boldsymbol{x}\|_{p,\pi}$ 是一种范数,具体定义为 $\|\boldsymbol{x}\|_{p,\pi}=\left\{\sum_{i=1}^{r}\left(\frac{|x_i|}{\pi_i}\right)^p\right\}^{1/p}$ $(\{\pi_i\}>0)$。

在闭集 A 上应用逼近定理 1.1,即对于给定的 $\varepsilon_1\geqslant 0,\varepsilon_2\geqslant 0$,存在形如式(5.1.13)的模糊逻辑系统(5.1.10)和(5.1.12),使得对 $\forall x\in A$,有

$$|h(\boldsymbol{x})-\hat{h}(\boldsymbol{x}\mid\boldsymbol{\theta}_h)|\leqslant\varepsilon_1 \tag{5.1.14}$$

$$|g^{-1}(\boldsymbol{x})-\hat{g}^{-1}(\boldsymbol{x}\mid\boldsymbol{\theta}_g)|\leqslant\varepsilon_2 \tag{5.1.15}$$

设计间接自适应模糊控制器为

$$u=-k_d s_\Delta(t)-\frac{1}{2}M_3\|\boldsymbol{x}\|s_\Delta-[1-m(t)]u_{ad}+m(t)k_1(s,t)u_{fs} \tag{5.1.16}$$

式中

$$u_{ad}=\hat{h}(\boldsymbol{x}\mid\hat{\boldsymbol{\theta}}_h)+\hat{g}^{-1}(\boldsymbol{x}\mid\hat{\boldsymbol{\theta}}_g)a_r+\hat{\varepsilon}_1 u_{fs}+\hat{\varepsilon}_2|a_r|u_{fs}$$

$$a_r=-y_m^{(r)}+\sum_{k=1}^{r-1}\binom{r-1}{k}\eta^k e^{(r-k)}$$

u_{ad}是自适应部分,当模糊逻辑系统 $\hat{h}(\boldsymbol{x}|\boldsymbol{\theta}_h)$和 $\hat{g}^{-1}(\boldsymbol{x}|\boldsymbol{\theta}_g)$对 $h(\boldsymbol{x})$和 $g^{-1}(\boldsymbol{x})$有良好的逼近能力时,u_{ad}与 $u(\boldsymbol{x})$有等效的控制效果;u_{fs}是下面将要设计的模糊滑模控制;$k_1(s,t)>0$ 是模糊滑模控制的增益;$\hat{\varepsilon}_1,\hat{\varepsilon}_2$ 分别为 $\varepsilon_1,\varepsilon_2$ 的估计;$m(t)$是一种模式转换函数,其功能是实现自适应控制与模糊滑模控制之间的转换,$m(t)$的定义如下:

$$m(t)=\max\left\{0,\operatorname{sat}\left(\frac{\|\boldsymbol{x}-\boldsymbol{x}_0\|_{p,\pi}-1}{\Psi}\right)\right\} \tag{5.1.17}$$

这里,$\operatorname{sat}(\boldsymbol{x})$为饱和函数,定义如下:

$$\operatorname{sat}(\boldsymbol{x})=\begin{cases}-1, & x<-1\\ x, & |x|\leqslant 1\\ 1, & x>1\end{cases} \tag{5.1.18}$$

可见当 $\boldsymbol{x}\in A_d$ 时,$m(t)=0$,控制器主要由自适应部分起作用。当 $\boldsymbol{x}\in A^c$ 时,$m(t)=1$,自适应部分关闭,控制器由模糊滑模起作用。当 $\boldsymbol{x}\in A_d\cap A$ 时,$0<m(t)<1$,自适应控制与模糊滑模控制同时起作用。引入转换函数 $m(t)$的目的是通过所设计的模糊控制使系统的状态在有界闭集 A 内变化。

下面给出模糊滑模控制器的设计。

模糊滑模控制器是模糊逻辑与一般滑模控制的结合,利用模糊控制本身所具有语言变量的特性,采用不精确推理的手段,来代替一般滑模中的非连续部分,使得控制信号平滑。

把滑模平面 s 及其模糊滑模控制 u_{fs}确定为模糊语言变量,定义它们的语言集为

$$T(s)=\{\text{NB},\text{NM},\text{ZR},\text{PM},\text{PB}\}=\{C_1,C_2,C_3,C_4,C_5\}$$

$$T(u_{fs})=\{\text{NB},\text{NM},\text{ZR},\text{PM},\text{PB}\}=\{F_1,F_2,F_3,F_4,F_5\}$$

式中,“NB”,“NM”,“ZR”,“PM”,“PB”表示模糊集,依次为“负大”,“负中”,“零”,

"正中","正大"。其模糊隶属函数如图 5-1 所示的三角模糊集。

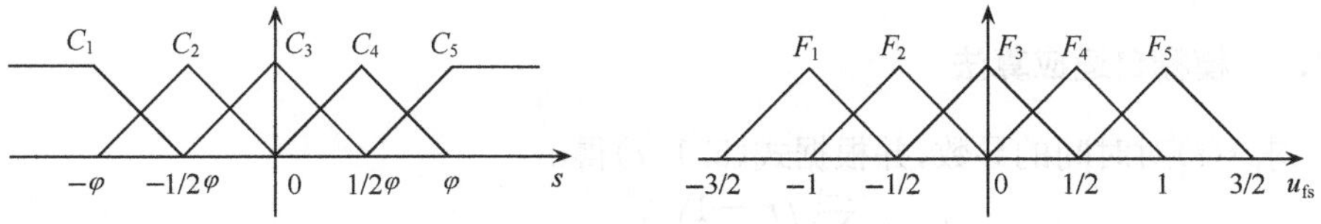

图 5-1　模糊隶属函数

由直觉推理可定义 s 与 u_{fs}之间的模糊规则

$$R^i\text{:如果 } s \text{ 是 } C_i\text{,则 } u_{fs} \text{ 是 } F_{6-i}, i=1,2,\cdots,5 \tag{5.1.19}$$

由第 i 条模糊规则得到模糊关系

$$R_i = C_i \times F_{6-i} \tag{5.1.20}$$

即

$$R_i(s,u_{fs}) = C_i(s) \wedge F_{6-i}(u_{fs}) \tag{5.1.21}$$

式中,×表示笛卡儿积;∧表示 min 运算;$C_i(s)$和 $F_{6-i}(u_{fs})$分别表示模糊集 C_i 和 F_{6-i}的隶属函数。由此可得到总的模糊规则对应的模糊关系为

$$R = \bigcup_{i=1}^{5} R_i \tag{5.1.22}$$

即

$$R(s,u_{fs}) = \bigvee_{i=1}^{5} [C_i(s) \wedge F_{6-i}(u_{fs})] \tag{5.1.23}$$

采用 max-min 推理合成规则和单点模糊化算子可推出

$$F(u_{fs}) = \bigvee_{i=1}^{5} [C_i(s) \wedge F_{6-i}(u_{fs})] \tag{5.1.24}$$

采用重心非模糊化方法可将模糊控制输出化为精确的控制量:

$$u_{fs} = \frac{\int_{-3/2}^{3/2} u_{fs} F(u_{fs}) \mathrm{d}u_{fs}}{\int_{-3/2}^{3/2} F(u_{fs}) \mathrm{d}u_{fs}} \tag{5.1.25}$$

文献[16]给出了式(5.1.25)的数学解析式:

$$u_{fs} = \begin{cases} -1, & x < -1 \\ -\dfrac{(2x+3)(3x+1)}{2(4x^2+6x+1)}, & -1 \leqslant x < -0.5 \\ -\dfrac{x(2x+3)}{2(4x^2+2x-1)}, & -0.5 \leqslant x < 0 \\ \dfrac{x(2x-3)}{2(4x^2-2x-1)}, & 0 \leqslant x < 0.5 \\ \dfrac{(2x-3)(3x-1)}{2(4x^2-6x+1)}, & 0.5 \leqslant x < 1 \\ 1, & x \geqslant 1 \end{cases} \tag{5.1.26}$$

式中，$x=\frac{s}{\varphi}$，由式(5.1.26)可知，当$|s|>\varphi$时，$u_{\mathrm{fs}}=-\operatorname{sgn}(s)$。

5.1.3 模糊自适应算法

求$s(t)$对时间的导数，并根据式(5.1.7)得

$$\begin{aligned}\dot{s}(t)&=e^{(r)}+\sum_{k=1}^{r-1}\binom{r-1}{k}\lambda^{k}e^{(r-k)}\\&=f(\boldsymbol{x})+g(\boldsymbol{x})u-y_{\mathrm{m}}^{(r)}+\sum_{k=1}^{r-1}\binom{r-1}{k}\lambda^{k}e^{(r-k)}\end{aligned}\tag{5.1.27}$$

把式(5.1.16)代入式(5.1.27)得

$$\begin{aligned}g^{-1}(\boldsymbol{x})\dot{s}(t)=&h(\boldsymbol{x})+g^{-1}(\boldsymbol{x})a_r-k_{\mathrm{d}}s_{\Delta}-\frac{1}{2}M_3\|\boldsymbol{x}\|s_{\Delta}-[1-m(t)]\\&\cdot[\hat{h}(\boldsymbol{x}\mid\hat{\boldsymbol{\theta}}_h)+\hat{g}^{-1}(\boldsymbol{x}\mid\hat{\boldsymbol{\theta}}_g)a_r+\hat{\varepsilon}_1u_{\mathrm{fs}}+\hat{\varepsilon}_2u_{\mathrm{fs}}]+m(t)k_1u_{\mathrm{fs}}+k_2u_{\mathrm{fs}}\\=&-k_{\mathrm{d}}s_{\Delta}-\frac{1}{2}M_3\|\boldsymbol{x}\|s_{\Delta}-[1-m(t)][\hat{h}(\boldsymbol{x}\mid\hat{\boldsymbol{\theta}}_g)+\hat{g}^{-1}(\boldsymbol{x}\mid\hat{\boldsymbol{\theta}}_g)a_r\\&-h(\boldsymbol{x})-g^{-1}(\boldsymbol{x})a_r+\hat{\varepsilon}_1u_{\mathrm{fs}}+\hat{\varepsilon}_2\mid a_r\mid u_{\mathrm{fs}}]\\&+m(t)[h(\boldsymbol{x})+g^{-1}(\boldsymbol{x})a_r+k_1u_{\mathrm{fs}}]+k_2u_{\mathrm{fs}}\\=&-k_{\mathrm{d}}s_{\Delta}-\frac{1}{2}M_3\|\boldsymbol{x}\|s_{\Delta}-[1-m(t)][\tilde{\boldsymbol{\theta}}_h^{\mathrm{T}}\boldsymbol{\xi}(\boldsymbol{x})+\tilde{\boldsymbol{\theta}}_g^{\mathrm{T}}\boldsymbol{\xi}(\boldsymbol{x})]\\&+[1-m(t)][\hat{h}(\boldsymbol{x}\mid\hat{\boldsymbol{\theta}}_h)-h(\boldsymbol{x})]\\&+a_r[\hat{g}^{-1}(\boldsymbol{x}\mid\hat{\boldsymbol{\theta}}_g)-g^{-1}(\boldsymbol{x})]+\hat{\varepsilon}_1u_{\mathrm{fs}}+\hat{\varepsilon}_2\mid a_r\mid u_{\mathrm{fs}}\end{aligned}\tag{5.1.28}$$

式中，$\tilde{\boldsymbol{\theta}}_h=\hat{\boldsymbol{\theta}}_h-\boldsymbol{\theta}_h$ 和 $\tilde{\boldsymbol{\theta}}_g=\hat{\boldsymbol{\theta}}_g-\boldsymbol{\theta}_g$ 为参数误差向量。

取参数的自适应调节律如下：

$$\dot{\hat{\boldsymbol{\theta}}}_h=\begin{cases}\eta_1[1-m(t)]\boldsymbol{\xi}(\boldsymbol{x})s_{\Delta}, & \|\hat{\boldsymbol{\theta}}_h\|<M_h\\ & \text{或}\ \|\hat{\boldsymbol{\theta}}_h\|=M_f\ \text{且}\ \hat{\boldsymbol{\theta}}_h^{\mathrm{T}}\boldsymbol{\xi}(\boldsymbol{x})s_{\Delta}\leqslant 0\\ P_{r1}[1-m(t)]\boldsymbol{\xi}(\boldsymbol{x})s_{\Delta}, & \|\hat{\boldsymbol{\theta}}_h\|=M_h\ \text{且}\ \hat{\boldsymbol{\theta}}_h^{\mathrm{T}}\boldsymbol{\xi}(\boldsymbol{x})s_{\Delta}>0\end{cases}\tag{5.1.29}$$

$$\dot{\hat{\boldsymbol{\theta}}}_g=\begin{cases}\eta_2[1-m(t)]a_r\boldsymbol{\xi}(\boldsymbol{x})s_{\Delta}u, & \|\hat{\boldsymbol{\theta}}_g\|<M_g\\ & \text{或}\ \|\hat{\boldsymbol{\theta}}_g\|=M_g\ \text{且}\ \hat{\boldsymbol{\theta}}_g^{\mathrm{T}}\boldsymbol{\xi}(\boldsymbol{x})a_rs_{\Delta}\leqslant 0\\ P_{r2}[1-m(t)]a_r\boldsymbol{\xi}(\boldsymbol{x})s_{\Delta}, & \|\hat{\boldsymbol{\theta}}_g\|=M_g\ \text{且}\ \hat{\boldsymbol{\theta}}_g^{\mathrm{T}}\boldsymbol{\xi}(\boldsymbol{x})a_rs_{\Delta}>0\end{cases}\tag{5.1.30}$$

$$\dot{\hat{\varepsilon}}_1=\eta_3[1-m(t)]\mid s_{\Delta}\mid\tag{5.1.31}$$

$$\dot{\hat{\varepsilon}}_2=\eta_4[1-m(t)]\mid s_{\Delta}a_r\mid\tag{5.1.32}$$

式中，$\eta_i>0$为学习率$(i=1,2,3,4)$；M_f,M_g是给定的正的常数；$P_{ri}[\cdot]$为投影算子，定义为

$$P_{r1}[\cdot]=\eta_1[1-m(t)]s_{\Delta}(t)\boldsymbol{\xi}(\boldsymbol{x})-\eta_1[1-m(t)]s_{\Delta}(t)\frac{\hat{\boldsymbol{\theta}}_h\hat{\boldsymbol{\theta}}_h^{\mathrm{T}}\boldsymbol{\xi}(\boldsymbol{x})}{\|\hat{\boldsymbol{\theta}}_h\|^2}\tag{5.1.33}$$

$$P_{r2}[\cdot]=\eta_2[1-m(t)]s_\Delta(t)\boldsymbol{\xi}(\boldsymbol{x})a_r u - \eta_2[1-m(t)]s_\Delta(t)a_r u\frac{\hat{\boldsymbol{\theta}}_g\hat{\boldsymbol{\theta}}_g^{\mathrm{T}}\boldsymbol{\xi}(\boldsymbol{x})}{\|\hat{\boldsymbol{\theta}}_g\|^2} \tag{5.1.34}$$

这种间接自适应模糊控制策略的设计步骤如下：

步骤 1　离线预处理。

(1) 给定参数 $\lambda>0$，确定滑模平面 $s(t)$。

(2) 根据实际问题，确定出设计参数 Ψ,φ,M_h,M_g。

步骤 2　构造模糊控制器。

(1) 建立模糊规则基：它是由下面的 N 条模糊推理规则构成

R^i：如果 x_1 是 F_1^i，x_2 是 F_2^i，…，x_n 是 F_n^i，则 u_c 是 B_i，$i=1,2,\cdots,N$

(2) 构造模糊基函数

$$\xi_i(x_1,\cdots,x_n)=\frac{\prod_{j=1}^{n}\mu_{F_j^i}(x_j)}{\sum_{i=1}^{N}\left[\prod_{j=1}^{n}\mu_{F_j^i}(x_j)\right]}$$

做一个 N 维向量 $\boldsymbol{\xi}(\boldsymbol{x})=[\xi_1,\cdots,\xi_N]^{\mathrm{T}}$，并构造成模糊逻辑系统：

$$\hat{h}(\boldsymbol{x}\mid\boldsymbol{\theta}_h)=\boldsymbol{\theta}_h^{\mathrm{T}}\boldsymbol{\xi}(\boldsymbol{x}),\quad \hat{g}^{-1}(\boldsymbol{x}\mid\boldsymbol{\theta}_g)=\boldsymbol{\theta}_g^{\mathrm{T}}\boldsymbol{\xi}(\boldsymbol{x})$$

步骤 3　在线自适应调节。

(1) 将反馈控制(5.1.16)作用于控制对象(5.1.1)，其中 u_{fs} 取为式(5.1.26)。

(2) 用式(5.1.29)和式(5.1.30)自适应调节参数向量 $\hat{\boldsymbol{\theta}}_h$ 和 $\hat{\boldsymbol{\theta}}_g$。

5.1.4　稳定性与收敛性分析

对控制对象作如下的假设。

假设 5.3　存在已知函数 $M_1(\boldsymbol{x})$，$M_2(\boldsymbol{x})$，$M_3(\boldsymbol{x})$，满足如下的一些不等式：

(1) $|h(\boldsymbol{x})|\leqslant M_1(\boldsymbol{x})$。

(2) $|g^{-1}(\boldsymbol{x})|\leqslant M_2(\boldsymbol{x})$。

(3) $|\dot{g}^{-1}(\boldsymbol{x})|=|\Delta\dot{g}^{-1}(\boldsymbol{x})|\leqslant M_3(\boldsymbol{x})$。

下面的定理给出了自适应模糊控制方案所具有的性质。

定理 5.1　对于系统(5.1.2)，假设 5.1、假设 5.2 和假设 5.3 成立，采用控制器为式(5.1.16)，参数自适应律为式(5.1.29)～式(5.1.32)，取 $k_1(s,t)=M_1+M_2\cdot|a_r|$，则总体控制方案保证具有下面的性质：

(1) $\|\hat{\boldsymbol{\theta}}_h\|\leqslant M_h$，$\|\hat{\boldsymbol{\theta}}_g\|\leqslant M_g$，$\boldsymbol{x},u\in L_\infty$。

(2) 跟踪误差 $e(t)$ 收敛到原点的一个邻域内。

证明　关于 $\|\hat{\boldsymbol{\theta}}_h\|\leqslant M_h$，$\|\hat{\boldsymbol{\theta}}_g\|\leqslant M_g$ 的证明可参见定理 2.1，下面证明定理的其余部分。

选择 Lyapunov 函数为

$$V(t)=\frac{1}{2}g^{-1}(\boldsymbol{x})s_{\Delta}^{2}+\frac{1}{2\eta_1}\tilde{\boldsymbol{\theta}}_h^{\mathrm{T}}\tilde{\boldsymbol{\theta}}_h+\frac{1}{2\eta_2}\tilde{\boldsymbol{\theta}}_g^{\mathrm{T}}\tilde{\boldsymbol{\theta}}_g+\frac{1}{2\eta_3}\tilde{\varepsilon}_1^{2}+\frac{1}{2\eta_4}\tilde{\varepsilon}_2^{2} \tag{5.1.35}$$

如果$|s|>\varphi$,由于 $\dot{s}_{\Delta}=\dot{s}$,则 V 对时间的导数为

$$\dot{V}(t)=\frac{1}{2}\dot{g}^{-1}(\boldsymbol{x})s_{\Delta}^{2}+s_{\Delta}g^{-1}(\boldsymbol{x})\dot{s}+\frac{1}{\eta_1}\tilde{\boldsymbol{\theta}}_h^{\mathrm{T}}\dot{\tilde{\boldsymbol{\theta}}}_h+\frac{1}{\eta_2}\tilde{\boldsymbol{\theta}}_g^{\mathrm{T}}\dot{\tilde{\boldsymbol{\theta}}}_g+\frac{1}{\eta_3}\tilde{\varepsilon}_1\dot{\tilde{\varepsilon}}_1+\frac{1}{\eta_4}\tilde{\varepsilon}_2\dot{\tilde{\varepsilon}}_2 \tag{5.1.36}$$

由式(5.1.28)得

$$\begin{aligned}\dot{V}(t)=&\frac{1}{2}\dot{g}^{-1}(\boldsymbol{x})s_{\Delta}^{2}+s_{\Delta}\Big\{-k_{\mathrm{d}}s_{\Delta}-\frac{1}{2}M_2(\boldsymbol{x})s_{\Delta}-[1-m(t)]\tilde{\boldsymbol{\theta}}_h^{\mathrm{T}}\boldsymbol{\xi}(\boldsymbol{x})+a_r\tilde{\boldsymbol{\theta}}_g^{\mathrm{T}}\boldsymbol{\xi}(\boldsymbol{x})\\&+[1-m(t)][\hat{h}(\boldsymbol{x}\mid\boldsymbol{\theta}_h)-h(\boldsymbol{x})]+[\hat{g}^{-1}(\boldsymbol{x}\mid\boldsymbol{\theta}_g)-g^{-1}(\boldsymbol{x})]a_r\\&+(\hat{\varepsilon}_1+\hat{\varepsilon}_2\mid a_r\mid)u_{\mathrm{fs}}+m(t)[h(\boldsymbol{x})+g^{-1}(\boldsymbol{x})a_r+k_1u_{\mathrm{fs}}]\Big\}\\&+\frac{1}{\eta_1}\tilde{\boldsymbol{\theta}}_h^{\mathrm{T}}\dot{\tilde{\boldsymbol{\theta}}}_h+\frac{1}{\eta_2}\tilde{\boldsymbol{\theta}}_g^{\mathrm{T}}\dot{\tilde{\boldsymbol{\theta}}}_g+\frac{1}{\eta_3}\dot{\tilde{\varepsilon}}_1\tilde{\varepsilon}_1+\frac{1}{\eta_3}\dot{\tilde{\varepsilon}}_2\tilde{\varepsilon}_2\\=&-k_{\mathrm{d}}s_{\Delta}^{2}+\frac{1}{2}s_{\Delta}[\dot{g}^{-1}(\boldsymbol{x})s_{\Delta}-M_2(\boldsymbol{x})]+[1-m(t)]s_{\Delta}\tilde{\boldsymbol{\theta}}_h^{\mathrm{T}}\boldsymbol{\xi}(\boldsymbol{x})+\frac{1}{\eta_1}\tilde{\boldsymbol{\theta}}_h^{\mathrm{T}}\tilde{\boldsymbol{\theta}}_h\\&+[1-m(t)]s_{\Delta}a_r\tilde{\boldsymbol{\theta}}_g^{\mathrm{T}}\boldsymbol{\xi}(\boldsymbol{x})+\frac{1}{\eta_2}\tilde{\boldsymbol{\theta}}_g^{\mathrm{T}}\dot{\tilde{\boldsymbol{\theta}}}_g^{\mathrm{T}}+[1-m(t)]s_{\Delta}[\hat{h}(\boldsymbol{x}\mid\boldsymbol{\theta}_h)-h(\boldsymbol{x})]\\&+s_{\Delta}a_r[\hat{g}^{-1}(\boldsymbol{x}\mid\boldsymbol{\theta}_g)-g(\boldsymbol{x})]+s_{\Delta}(\tilde{\varepsilon}_1u_{\mathrm{fs}}+\tilde{\varepsilon}_2\mid a_r\mid u_{\mathrm{fs}})\\&+\frac{1}{\eta_1}\dot{\tilde{\varepsilon}}_1\tilde{\varepsilon}_1+\frac{1}{\eta_2}\dot{\tilde{\varepsilon}}_2\tilde{\varepsilon}_2+m(t)[h(\boldsymbol{x})+g^{-1}(\boldsymbol{x})a_r+k_1u_{\mathrm{fs}}]\end{aligned} \tag{5.1.37}$$

当$|s|>\varphi$时,$u_{\mathrm{fs}}=-\mathrm{sgn}(s(t))$,根据式参数自适应律(5.1.29)~(5.1.32)可得

$$\begin{aligned}\dot{V}(t)\leqslant&\frac{1}{2}s_{\Delta}^{2}[\dot{g}^{-1}-2k_{\mathrm{d}}-M_3(\boldsymbol{x})]+m(t)[M_0+M_1\mid a_r\mid-k_1]\mid s_{\Delta}\mid\\&+I_1[1-m(t)]s_{\Delta}\frac{\tilde{\boldsymbol{\theta}}_h\hat{\boldsymbol{\theta}}_h\hat{\boldsymbol{\theta}}_h^{\mathrm{T}}\boldsymbol{\xi}(\boldsymbol{x})}{\|\hat{\boldsymbol{\theta}}_h\|^{2}}+I_2[1-m(t)]a_rs_{\Delta}\frac{\tilde{\boldsymbol{\theta}}_g\hat{\boldsymbol{\theta}}_g\hat{\boldsymbol{\theta}}_g^{\mathrm{T}}\boldsymbol{\xi}(\boldsymbol{x})}{\|\hat{\boldsymbol{\theta}}_g\|^{2}}\\&+\tilde{\varepsilon}_1[1-m(t)]+\frac{1}{\eta_3}\dot{\tilde{\varepsilon}}_1\tilde{\varepsilon}_1+\tilde{\varepsilon}_2[1-m(t)]\mid a_r\mid+\frac{1}{\eta_4}\dot{\tilde{\varepsilon}}_2\tilde{\varepsilon}_2\end{aligned} \tag{5.1.38}$$

因为$|\dot{g}^{-1}(\boldsymbol{x})|\leqslant M_3(\boldsymbol{x}),k_1=M_1+M_2|a_r|$,根据控制器(5.1.16)得

$$\begin{aligned}\dot{V}(t)\leqslant&-k_{\mathrm{d}}s_{\Delta}^{2}+I_1[1-m(t)]s_{\Delta}\frac{\tilde{\boldsymbol{\theta}}_h\hat{\boldsymbol{\theta}}_h\hat{\boldsymbol{\theta}}_h^{\mathrm{T}}\boldsymbol{\xi}(\boldsymbol{x})}{\|\hat{\boldsymbol{\theta}}_h\|^{2}}\\&+I_2[1-m(t)]a_rs_{\Delta}\frac{\tilde{\boldsymbol{\theta}}_g\hat{\boldsymbol{\theta}}_g\hat{\boldsymbol{\theta}}_g^{\mathrm{T}}\boldsymbol{\xi}(\boldsymbol{x})}{\|\hat{\boldsymbol{\theta}}_g\|^{2}}\end{aligned} \tag{5.1.39}$$

式中,I_1 和 I_2 是示性函数,分别表示当式(5.1.29)、式(5.1.30)中第一个条件成立时 $I_1=0(I_2=0)$,当式(5.1.29)、式(5.1.30)中第二个条件成立时 $I_1=1(I_2=0)$。

参照定理 2.1 的证明,可证明式(5.1.39)后两项非正,得

$$\dot{V}\leqslant-k_{\mathrm{d}}s_{\Delta}^{2} \tag{5.1.40}$$

$V(t)$是非负并且单调减少，因此 s_Δ 有界。如果 $e(0)$有界，则 $e(t)$有界。由于预先假定参考输出 $\boldsymbol{y}_m$ 有界，而 $\boldsymbol{\xi}=\boldsymbol{e}+\boldsymbol{y}_m$，所以 $\boldsymbol{\xi}$ 有界。根据假设 5.2，可知 $\boldsymbol{\eta}$ 有界。因此可推出状态 $\boldsymbol{x}$ 有界。再从式(5.1.16)可知 u 有界。下面只需证明跟踪误差收敛到零的一个邻域内即可。

令

$$V_1(t) = V(t) - \int_0^t [\dot{V}(\tau) + k_d s_\Delta^2(\tau)]d\tau \tag{5.1.41}$$

式中

$$\dot{V}(t) = -k_d s_\Delta^2 \tag{5.1.42}$$

由于 s_Δ 有界，所以 $\dot{V}(t)$一致连续。而 $V_1(t)$下方有界且 $\dot{V}_1(t)\leqslant 0$，根据 Barbalet 引理可知$\lim\limits_{t\to\infty}\dot{V}_1(t)=0$，从式(5.1.42) 可知，$\lim\limits_{t\to\infty}s_\Delta(t)=0$，因此跟踪误差渐近收敛到邻域 $B=\{e \mid |s|\leqslant\varphi\}$内。

5.1.5 仿真

例 5.1 考虑如下的非线性系统：

$$\begin{cases} \dot{x}_1 = x_2 \\ \dot{x}_2 = \dfrac{1-\exp(-x_1)}{1+\exp(-x_1)}(x_2^2 + 2x_1)\sin x_2 + [1+\exp(-x_1)]u \\ y = x_1 \end{cases} \tag{5.1.43}$$

控制任务是用本节的间接自适应模糊控制策略，使状态 x_1 和 x_2 分别跟踪给定的参考输出为 $x_m=\sin\frac{\pi}{2}t$ 和 $\dot{x}_m=\frac{\pi}{2}\cos\frac{\pi}{2}t$。定义跟踪误差为 $e_1=x_1-\sin\frac{\pi}{2}t, e_2=x_2-\frac{\pi}{2}\cos\frac{\pi}{2}t$。

定义闭集 $A_d=\left\{(x_1,x_2): \frac{x_1^2}{3}+\frac{x_2^2}{3}\leqslant 1\right\}, A=\left\{(x_1,x_2): \frac{x_1^2}{3}+\frac{x_2^2}{3}\leqslant 1+0.1\right\}$。

采取模糊推理规则为

R^i：如果 x_1 是 F_1^i 且 x_2 是 F_2^i，则 y 是 $C^i, i = 1,2,3,4,5,6,7$

定义模糊集 F_1^i 和 F_2^i 的隶属函数为

$$\mu_{F_1^i}(x_i) = 1/\{1+\exp[5(x_i+3)]\}, \quad \mu_{F_2^i}(x_i) = \exp[-(x_i+2)^2/2]$$

$$\mu_{F_3^i}(x_i) = \exp[-(x_i+1)^2/2], \quad \mu_{F_4^i}(x_i) = \exp(-x_i^2/2)$$

$$\mu_{F_5^i}(x_i) = \exp[-(x_i-1)^2/2], \quad \mu_{F_6^i}(x_i) = \exp[-(x_i+2)^2/2]$$

$$\mu_{F_7^i}(x_i) = 1/\{1+\exp[5(x_i-2)]\}$$

用单点模糊化、乘积推理和中心加权非模糊化得到如下的模糊逻辑系统：

$$y_1(\boldsymbol{x}) = \sum_{i=1}^7 \theta_{i1}\xi_i(\boldsymbol{x}), \quad y_2(\boldsymbol{x}) = \sum_{i=1}^7 \theta_{i2}\xi_i(\boldsymbol{x})$$

式中

$$\xi_i(\boldsymbol{x}) = \frac{\mu_{F_1^i}(x_1)\mu_{F_2^i}(x_2)}{\sum_{i=2}^{7}\mu_{F_1^i}(x_1)\mu_{F_2^i}(x_2)}$$

用模糊系统 $y_1(\boldsymbol{x})$ 和 $y_2(\boldsymbol{x})$ 分别逼近如下的未知函数：

$$h(x_1,x_2) = \frac{1-\exp(-x_1)+(x_2^2+2x_1)\sin x_2}{1+\exp(-x_2)}, \quad g^{-1}(x_1,x_2) = \frac{1}{1+\exp(-x_1)}$$

控制律中的有关参数取为 $k_\mathrm{d}=2, \varphi=0.5, \eta_1=0.6, \eta_2=0.9, \eta_3=0.4, \eta_4=1, \lambda=5$, $M_0(\boldsymbol{x})=1+x_2^2+2|x_1|, M_1(\boldsymbol{x})=1, M_2(\boldsymbol{x})=1$; $k_\mathrm{d}=2, \varphi=0.5, \eta_1=0.6, \eta_2=0.9$, $\eta_3=0.4, \eta_4=1, \lambda=5, M_0(\boldsymbol{x})=1+x_2^2+2|x_1|, M_1(\boldsymbol{x})=1, M_2(\boldsymbol{x})=1$；初始值取为：$x_1(0)=0, x_2(0)=0, \hat{\varepsilon}_1(0)=1.6, \hat{\varepsilon}_2(0)=1$，$\hat{\theta}_{hi}(0)$ 和 $\hat{\theta}_{gi}(0)$ 在区间[−2,2]随机选取。仿真结果如图 5-2 和图 5-3 所示。

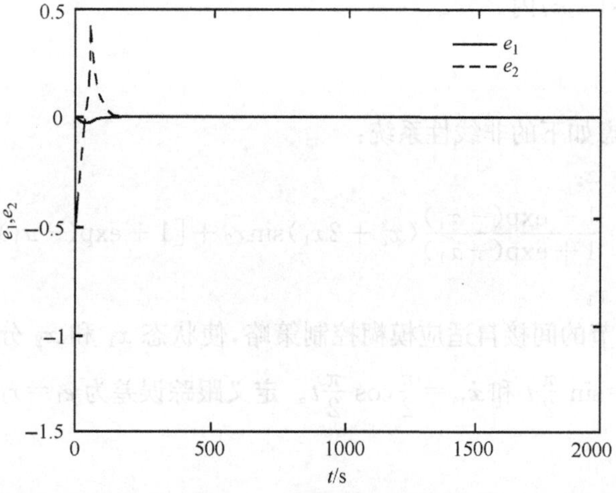

图 5-2　跟踪误差曲线

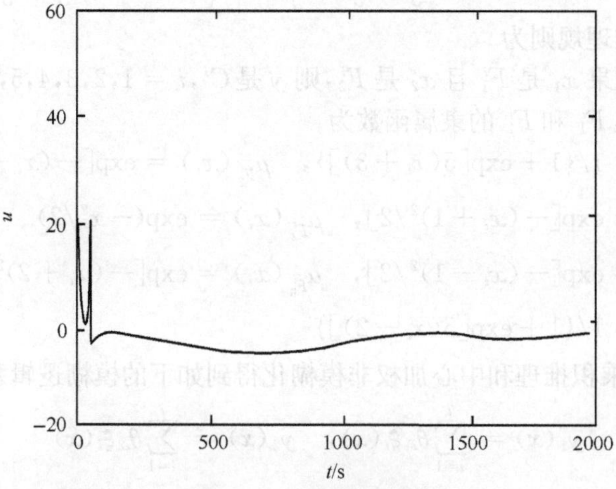

图 5-3　模糊控制曲线

5.2　基于模糊滑模的直接自适应模糊控制

本节按照 5.1 节的间接自适应模糊滑模控制设计的思路，给出一种相应的基于模糊滑模的直接自适应模糊控制方法。本节的控制对象和控制任务与 5.1 节相同。

5.2.1　模糊控制器的设计

定义滑模平面为

$$s(t)=\left(\frac{\mathrm{d}}{\mathrm{d}t}+\lambda\right)^{(r-1)}e \tag{5.2.1}$$

式中，$\frac{\mathrm{d}}{\mathrm{d}t}$为导数算子；$\lambda$ 为非负常数。求式(5.2.1)对时间的导数

$$\dot{s}(t)=e^{(r)}+\sum_{i=1}^{n-1}\lambda^i\binom{r-1}{i}e^{(r-i)} \tag{5.2.2}$$

如果 $f(\boldsymbol{x})$和 $g(\boldsymbol{x})$已知，那么可取控制器为

$$u^*=\frac{1}{g(\boldsymbol{x})}[-f(\boldsymbol{x})+\lambda s(t)+\dot{s}(t)+y_{\mathrm{m}}^{(r)}-e^{(r)}],\quad \lambda>0 \tag{5.2.3}$$

把式(5.2.3)代入式(5.2.2)得

$$\dot{s}(t)+\lambda s(t)=0 \tag{5.2.4}$$

由此可推出$\lim\limits_{t\to\infty}s(t)=0$，那么适当选取参数 λ，可使 $s(t)$是稳定的多项式，因此有$\lim\limits_{t\to\infty}e(t)=0$。然而在 $f(\boldsymbol{x})$和 $g(\boldsymbol{x})$未知的情况下，设计控制律(5.2.3)是不可能的，因此利用模糊逻辑系统 $\hat{u}(\boldsymbol{x}|\boldsymbol{\theta})$来逼近 u^*。

首先定义两个闭子集 A_{d} 和 A 如下：

$$A_{\mathrm{d}}=\{\boldsymbol{x}\mid\ \|\boldsymbol{x}-\boldsymbol{x}_0\|_{p,\pi}\leqslant 1\} \tag{5.2.5}$$

$$A=\{\boldsymbol{x}\mid\ \|\boldsymbol{x}-\boldsymbol{x}_0\|_{p,\pi}\leqslant 1+\Psi\} \tag{5.2.6}$$

式中，x_0 是 $\mathbf{R}^n$ 中一个定点；Ψ 是一个非负参数，它表示过渡区域的宽度；$\|\boldsymbol{x}\|_{p,\pi}$是一种范数，其定义为 $\|\boldsymbol{x}\|_{p,\pi}=\left\{\sum\limits_{i=1}^{r}\left(\frac{|x_i|}{\pi_i}\right)^p\right\}^{1/p}$，$\{\pi_i\}$ 是一组严格正的权。

设模糊逻辑系统为

$$\hat{u}(\boldsymbol{x}\mid\boldsymbol{\theta})=\boldsymbol{\theta}^{\mathrm{T}}\boldsymbol{\xi}(\boldsymbol{x}) \tag{5.2.7}$$

在闭集 A 上应用万能逼近定理 1.1，那么对 $\varepsilon>0$，存在形如式(5.2.7)的模糊逻辑系统，使得下面的不等式成立：

$$|u^*(\boldsymbol{x})-\hat{u}(\boldsymbol{x}\mid\boldsymbol{\theta})|\leqslant\varepsilon \tag{5.2.8}$$

设计直接自适应模糊控制器为

$$u=[1-m(t)]u_{\mathrm{ad}}-m(t)k_1(s,t)u_{\mathrm{fs}}-k_2(s,t)u_{\mathrm{fs}} \tag{5.2.9}$$

式中，$u_{ad}=u(\boldsymbol{x}|\hat{\boldsymbol{\theta}})+\hat{\varepsilon}u_{fs}$是自适应部分，当模糊逻辑系统 $u(\boldsymbol{x}|\boldsymbol{\theta})$对 u^* 有良好的逼近能力时，u_{ad}与 u^* 有等效的控制效果；$k_1(s,t)>0,k_2(s,t)>0$ 是模糊滑模控制增益；$\hat{\varepsilon}$ 是 ε 的估计值；u_{fs}是 5.1 节所设计的模糊滑模控制；$m(t)$是一种模式转换函数，其功能是实现自适应控制与模糊滑模控制之间的转换，关于 $m(t)$的定义与上节所定义的相同。可见当 $\boldsymbol{x}\in A_d$ 时，$m(t)=0$，控制器主要由自适应部分起作用。当 $\boldsymbol{x}\in A$ 时，$m(t)=1$，自适应部分关闭，控制器由模糊滑模起作用。当 $\boldsymbol{x}\in A_d\cap A$ 时，$0<m(t)<1$，自适应控制与模糊滑模控制同时起作用。引入转换函数 $m(t)$的目的是通过所设计的模糊控制，使系统的状态在有界闭集 A 内变化。

5.2.2 模糊自适应算法

把式(5.2.3)代入式(5.2.2)得

$$\begin{aligned}\dot{s}(t)+\lambda s(t)&=g(\boldsymbol{x})[u^*-u(\boldsymbol{x}\mid\boldsymbol{\theta})]\\&=[1-m(t)]g(\boldsymbol{x})[u^*-\hat{u}(\boldsymbol{x}\mid\hat{\boldsymbol{\theta}})+\hat{\varepsilon}u_{fs}]\\&\quad+m(t)g(\boldsymbol{x})[u^*+k_1(s,t)u_{fs}]+g(\boldsymbol{x})k_2(s,t)u_{fs}\\&=[1-m(t)]g(\boldsymbol{x})\tilde{\boldsymbol{\theta}}\boldsymbol{\xi}(\boldsymbol{x})+[1-m(t)]g(\boldsymbol{x})[u(\boldsymbol{x})\\&\quad-\hat{u}(\boldsymbol{x}\mid\hat{\boldsymbol{\theta}})+\hat{\varepsilon}u_{fs}]+m(t)g(\boldsymbol{x})[u^*+k_1(s,t)u_{fs}]+g(\boldsymbol{x})k_2(s,t)u_{fs}\end{aligned}\tag{5.2.10}$$

式中，$\tilde{\boldsymbol{\theta}}=\hat{\boldsymbol{\theta}}-\boldsymbol{\theta}$ 表示参数估计误差。

参数向量 $\hat{\boldsymbol{\theta}}$ 及其逼近误差的自适应律为

$$\dot{\hat{\boldsymbol{\theta}}}=\begin{cases}\eta_1[1-m(t)]\boldsymbol{\xi}(\boldsymbol{x})s_\Delta, & \|\hat{\boldsymbol{\theta}}\|<M\\ & 或\ \|\hat{\boldsymbol{\theta}}\|=M\ 且\ \hat{\boldsymbol{\theta}}^{\mathrm{T}}\boldsymbol{\xi}(\boldsymbol{x})s_\Delta\leqslant 0\\ P_r\{\eta_1[1-m(t)]\boldsymbol{\xi}(\boldsymbol{x})s_\Delta\}, & \|\hat{\boldsymbol{\theta}}\|=M\ 且\ \hat{\boldsymbol{\theta}}^{\mathrm{T}}\boldsymbol{\xi}(\boldsymbol{x})s_\Delta>0\end{cases}\tag{5.2.11}$$

$$\dot{\hat{\varepsilon}}=\eta_2[1-m(t)]\mid s_\Delta\mid\tag{5.2.12}$$

式中，$P_r[\cdot]$为投影算子，定义为

$$\begin{aligned}P_r\{\eta_1[1-m(t)]s_\Delta(t)\boldsymbol{\xi}(\boldsymbol{x})\}&=\eta_1[1-m(t)]s_\Delta(t)\boldsymbol{\xi}(\boldsymbol{x})\\&\quad-\eta_1[1-m(t)]s_\Delta(t)\frac{\hat{\boldsymbol{\theta}}\hat{\boldsymbol{\theta}}^{\mathrm{T}}\boldsymbol{\xi}(\boldsymbol{x})}{\|\hat{\boldsymbol{\theta}}\|^2}\end{aligned}\tag{5.2.13}$$

$$s_\Delta(t)=s(t)-\varphi\,\mathrm{sat}\left[\frac{s(t)}{\varphi}\right],\quad\varphi>0\tag{5.2.14}$$

这种直接自适应模糊控制策略的设计步骤如下：

步骤 1 离线预处理。

(1) 给定参数 $\lambda>0$，确定滑模平面 $s(t)$。

(2) 根据实际问题，确定出设计参数 Ψ,φ,M。

步骤 2 构造模糊控制器。

(1) 建立模糊规则基：它是由下面的 N 条模糊推理规则构成

R^i：如果 x_1 是 F_1^i，x_2 是 F_2^i，…，x_n 是 F_n^i，则 u_c 是 B_i，$i=1,2,\cdots,N$

(2) 构造模糊基函数

$$\xi_i(x_1,\cdots,x_n)=\frac{\prod_{j=1}^{n}\mu_{F_j^i}(x_j)}{\sum_{i=1}^{N}\left[\prod_{j=1}^{n}\mu_{F_j^i}(x_j)\right]}$$

做一个 N 维向量 $\boldsymbol{\xi}(\boldsymbol{x})=[\xi_1,\cdots,\xi_N]^{\mathrm{T}}$，并构造成模糊逻辑系统

$$\hat{u}(\boldsymbol{x}\mid\hat{\boldsymbol{\theta}})=\boldsymbol{\theta}^{\mathrm{T}}\boldsymbol{\xi}(\boldsymbol{x})$$

步骤 3　在线自适应调节。

(1) 将反馈控制(5.2.9)作用于控制对象(5.1.1)，其中 u_{fs} 取为式(5.1.16)。

(2) 用式(5.2.11)自适应调节参数向量 $\hat{\boldsymbol{\theta}}$。

5.2.3　稳定性与收敛性分析

假设 5.4　假定存在常数 M_1 和已知函数 $M_0(\boldsymbol{x})$，$M_2(\boldsymbol{x})$，$M_3(\boldsymbol{x})$，满足下列不等式：

$$|f(\boldsymbol{x})|\leqslant M_0(\boldsymbol{x}),\quad 0<M_1\leqslant g(\boldsymbol{x})\leqslant M_2(\boldsymbol{x}),\quad |\dot{g}^{-1}(\boldsymbol{x})|\leqslant M_3(\boldsymbol{x})$$

定理 5.2　考虑控制对象(5.1.1)，取控制器(5.2.9)，取模糊滑模控制增益分别

$$k_1(s,t)=\frac{1}{M_1}[M_0(\boldsymbol{x})+|\lambda s(t)+\dot{s}(t)-e^{(n)}|]$$

$$k_2(s,t)=\frac{M_3(\boldsymbol{x})\mid s(t)\mid}{2M_1^2}+\frac{\lambda\varphi}{M_1}$$

参数的自适应律为式(5.2.11)，如果假设 5.1，5.2 和 5.4 成立，则总体控制方案具有下面的性质：

(1) $|\boldsymbol{\theta}|\leqslant M$，$x,u\in L_\infty$。

(2) 跟踪误差 $e(t)$ 将收敛到原点的一个邻域内。

证明　关于 $|\hat{\boldsymbol{\theta}}|\leqslant M$ 的证明与定理 2.2 的证明类似，下面将给出结论(2)的证明。

选择 Lyapunov 函数为

$$V(t)=\frac{1}{2}g^{-1}(\boldsymbol{x})s_\Delta^2+\frac{1}{2\eta_1}\tilde{\boldsymbol{\theta}}^{\mathrm{T}}\tilde{\boldsymbol{\theta}}+\frac{1}{2\eta_2}\tilde{\varepsilon}^2 \tag{5.2.15}$$

求 $V(t)$ 对时间的导数

$$\dot{V}(t)=\frac{s_\Delta\dot{s}_\Delta}{g(\boldsymbol{x})}-\frac{\dot{g}(\boldsymbol{x})s_\Delta^2}{2g^2(\boldsymbol{x})}+\frac{1}{\eta_1}\tilde{\boldsymbol{\theta}}^{\mathrm{T}}\dot{\tilde{\boldsymbol{\theta}}}+\frac{1}{\eta_2}\tilde{\varepsilon}\dot{\tilde{\varepsilon}} \tag{5.2.16}$$

当 $|s|>\varphi$ 时，由于 $\dot{s}_\Delta=\dot{s}$，根据式(5.2.10)得

$$\dot{V}(t)=\frac{s_\Delta}{g(\boldsymbol{x})}\left\{-\lambda s_\Delta-\lambda\varphi\ \mathrm{sat}\left(\frac{s}{\varphi}\right)+[1-m(t)]g(\boldsymbol{x})\tilde{\boldsymbol{\theta}}\boldsymbol{\xi}(\boldsymbol{x})\right.$$

$$
\begin{aligned}
&+[1-m(t)]g(\boldsymbol{x})(u^*-\hat{u}(\boldsymbol{x}\mid\boldsymbol{\theta})+\hat{\varepsilon}u_{\text{fs}})\\
&+m(t)g(\boldsymbol{x})[u^*+k_1(s,t)u_{\text{fs}}]+g(\boldsymbol{x})k_2(s,t)u_{\text{fs}}\Big\}\\
&-\frac{\dot{g}(\boldsymbol{x})s_\Delta^2}{2g^2(\boldsymbol{x})}+\frac{1}{\eta_1}\dot{\tilde{\boldsymbol{\theta}}}^{\mathrm{T}}\tilde{\boldsymbol{\theta}}+\frac{1}{\eta_2}\dot{\tilde{\varepsilon}}\tilde{\varepsilon}\\
=&-\lambda\frac{s_\Delta^2}{g(\boldsymbol{x})}-\lambda\varphi\,\mathrm{sat}\left(\frac{s}{\varphi}\right)\frac{s_\Delta}{g(\boldsymbol{x})}-\frac{g(\boldsymbol{x})s_\Delta^2}{2g^2(\boldsymbol{x})}\\
&+s_\Delta[1-m(t)]\tilde{\boldsymbol{\theta}}^{\mathrm{T}}\boldsymbol{\xi}(\boldsymbol{x})+s_\Delta[1-m(t)][u^*-\hat{u}(\boldsymbol{x}\mid\boldsymbol{\theta})+\hat{\varepsilon}u_{\text{fs}}]\\
&+s_\Delta m(t)(u^*+k_1u_{\text{fs}})+s_\Delta k_2u_{\text{fs}}+\frac{1}{\eta_1}\tilde{\boldsymbol{\theta}}^{\mathrm{T}}\dot{\tilde{\boldsymbol{\theta}}}+\frac{1}{\eta_2}\dot{\tilde{\varepsilon}}\tilde{\varepsilon}
\end{aligned}\tag{5.2.17}
$$

由于$|f(\boldsymbol{x})|\leqslant M_0(\boldsymbol{x}),0<M_1\leqslant|g(\boldsymbol{x})|\leqslant M_2(\boldsymbol{x}),\left|\varphi\,\mathrm{sat}\left(\frac{s}{\varphi}\right)\right|\leqslant\varphi$,所以有

$$
\begin{aligned}
\dot{V}(t)\leqslant&-\lambda\frac{s_\Delta^2}{M_1}+|s_\Delta|\left[\frac{l\varphi}{M_1}+\frac{M_3^2(\boldsymbol{x})\mid s_\Delta\mid}{2M_1^2}-k_2\right]+m(t)s_\Delta(|u^*|-k_1)\\
&+s_\Delta[1-m(t)]\tilde{\boldsymbol{\theta}}^{\mathrm{T}}\boldsymbol{\xi}(\boldsymbol{x})+\frac{1}{\eta_1}\tilde{\boldsymbol{\theta}}^{\mathrm{T}}\dot{\tilde{\boldsymbol{\theta}}}+|s_\Delta|[1-m(t)]\tilde{\varepsilon}+\frac{1}{\eta_2}\dot{\tilde{\varepsilon}}\tilde{\varepsilon}
\end{aligned}\tag{5.2.18}
$$

因为$|u^*|\leqslant\frac{1}{M_1}[M_0(\boldsymbol{x})+|s(t)+\lambda s(t)+y_{\mathrm{m}}^{(r)}-e^{(r)}|]$,所以根据 k_1 和 k_2 的取法及参数的自适应律(5.2.11)和(5.2.12)得

$$
\dot{V}(t)\leqslant-\lambda\frac{s_\Delta^2}{M_1}+I[1-m(t)]\frac{\hat{\boldsymbol{\theta}}\tilde{\boldsymbol{\theta}}^{\mathrm{T}}\boldsymbol{\xi}(\boldsymbol{x})}{\|\hat{\boldsymbol{\theta}}\|^2}\tag{5.2.19}
$$

式中,I 表示示性函数,当式(5.2.11)中第一个条件成立时,则 $I=0$。当式(5.2.11)中第二个条件成立时,则 $I=1$。根据 $M=\|\hat{\boldsymbol{\theta}}\|\geqslant\|\boldsymbol{\theta}\|$ 及下面的不等式

$$
\tilde{\boldsymbol{\theta}}^{\mathrm{T}}\hat{\boldsymbol{\theta}}=\frac{1}{2}\|\boldsymbol{\theta}\|^2-\frac{1}{2}\|\hat{\boldsymbol{\theta}}\|^2-\frac{1}{2}\|\tilde{\boldsymbol{\theta}}\|^2<0\tag{5.2.20}
$$

可得

$$
\dot{V}(t)\leqslant-\lambda\frac{s_\Delta^2}{M_1}\tag{5.2.21}
$$

$V(t)$是非负并且单调减少,因此 s_Δ 有界。如果 $e(0)$有界,则 $e(t)$有界。由于预先假定参考输出 $\boldsymbol{y}_{\mathrm{m}}$ 有界,而 $\boldsymbol{\xi}=\boldsymbol{e}+\boldsymbol{y}_{\mathrm{m}}$,所以 $\boldsymbol{\xi}$ 有界。根据假设 5.2,可证明 $\boldsymbol{\eta}$ 有界。因此可推出状态 $\boldsymbol{x}$ 有界。再从式(5.2.9)可知 u 有界。下面只需证明跟踪误差收敛到零的一个邻域内即可。

令

$$
V_1(t)=V(t)-\int_0^t\left[\dot{V}(\tau)+\lambda\frac{s_\Delta^2(\tau)}{M_1(\tau)}\right]\mathrm{d}\tau\tag{5.2.22}
$$

式中

$$\dot{V}(t) = -\lambda \frac{s_{\Delta}^2}{M_1(t)} \tag{5.2.23}$$

由于 s_{Δ} 有界，所以 $\dot{V}(t)$ 一致连续。而 $V_1(t)$ 下方有界且 $\dot{V}_1(t)\leqslant 0$，根据 Barbalet 引理可知 $\lim\limits_{t\to\infty}\dot{V}_1(t)=0$，从式(5.2.21)可知 $\lim\limits_{t\to\infty}s_{\Delta}(t)=0$，即跟踪误差渐近收敛到邻域 $B=\{e \mid |s|\leqslant\varphi\}$ 内。

5.2.4 仿真

例 5.2 考虑如下的非线性系统：

$$\begin{cases} \dot{x}_1 = x_2 \\ \dot{x}_2 = -0.1x_2 - x_1^3 - 12\cos t + u + d \\ y = x_1 \end{cases} \tag{5.2.24}$$

控制任务是用本节的直接自适应模糊控制策略，使状态 $\boldsymbol{x}$ 趋近于零。

定义闭集 $A_{\mathrm{d}}=\left\{(x_1,x_2):\frac{x_1^2}{3}+\frac{x_2^2}{3}\leqslant 1\right\}$，$A=\left\{(x_1,x_2):\frac{x_1^2}{3}+\frac{x_2^2}{3}\leqslant 1+0.1\right\}$。

采取的模糊推理规则为

$$R^i:\text{如果 } \boldsymbol{x} \text{ 是 } F_i\text{，则 } y \text{ 是 } C_i\text{，} i=1,2,\cdots,7$$

定义模糊集 A_i 的隶属函数为

$$F_1(\boldsymbol{x}) = 1/\{1+\exp[5(x+3)]\},\quad F_2(\boldsymbol{x}) = \exp[-(x+2)^2/2]$$

$$F_3(\boldsymbol{x}) = \exp[-(x+1)^2/2],\quad F_4(\boldsymbol{x}) = \exp(-x/2)$$

$$F_5(\boldsymbol{x}) = \exp[-(x-1)^2/2],\quad F_6(\boldsymbol{x}) = \exp[-(x+2)^2/2]$$

$$F_7(\boldsymbol{x}) = 1/\{1+\exp[5(x-2)]\}$$

用单点模糊化、乘积推理和中心加权反模糊化得到如下的模糊逻辑系统：

$$\hat{u}(\boldsymbol{x} \mid \boldsymbol{\theta}) = \sum_{i=1}^{7}\boldsymbol{\theta}_i\xi_i(\boldsymbol{x})$$

式中

$$\xi_i(\boldsymbol{x}) = \frac{\mu_{F_1^i}(x_1)\mu_{F_2^i}(x_2)}{\sum\limits_{i=1}^{7}\mu_{F_1^i}(x_1)\mu_{F_2^i}(x_2)}$$

控制律中的有关参数取为：$k_{\mathrm{d}}=2$，$\varphi=0.5$，$\eta_1=0.6$，$\eta_2=0.9$，$\eta_3=0.4$，$\eta_4=1$，$\lambda=5$，$M_0(\boldsymbol{x})=1+x_2^2+2|x_1|$，$M_1(\boldsymbol{x})=1$，$M_2(\boldsymbol{x})=1$；初始值取为：$x_1(0)=x_2(0)=0.1$，$\hat{\varepsilon}(0)=1$；$\theta_i(0)$ 区间[−3,3]随机选取。

仿真结果如图 5-4 和图 5-5 所示。

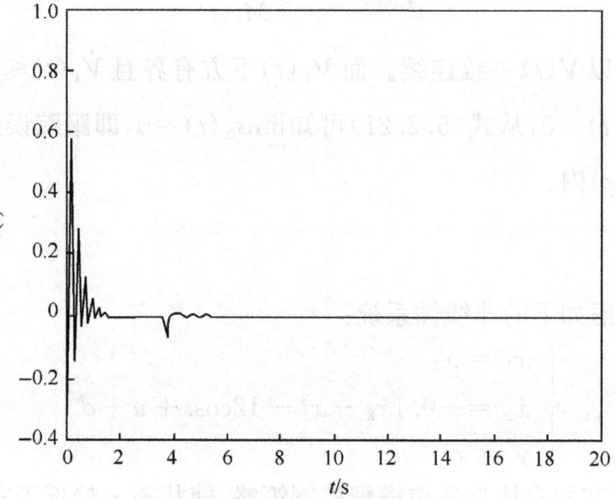

图 5-4 跟踪误差曲线

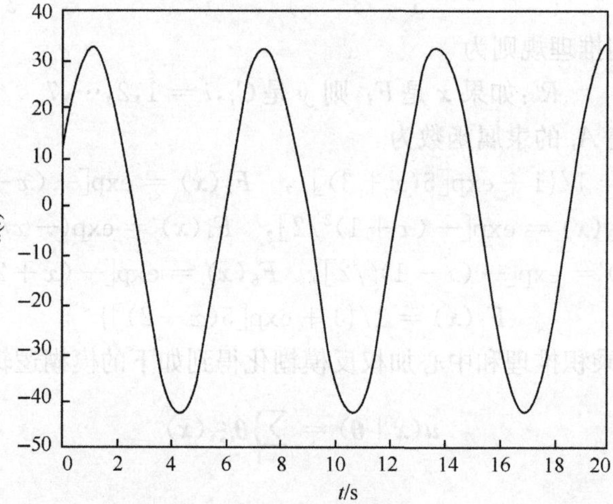

图 5-5 模糊控制曲线

第 6 章 非线性系统的自适应输出反馈模糊控制

第 2 章和第 3 章针对单输入单输出状态可测的非线性不确定系统，介绍了两套间接和直接自适应模糊状态反馈控制方法。本章在第 2 章和第 3 章的基础上，针对单输入单输出状态不可测的非线性不确定系统，相应介绍两套基于观测器的自适应输出反馈模糊控制方法和性能分析[17-21]。

6.1 间接自适应输出反馈模糊控制

本节针对一类单输入单输出状态不可测的非线性不确定系统，首先设计一种误差观测器，然后按照第 2 章的思想，设计一种自适应输出反馈模糊控制，并给出控制系统的稳定性分析。

6.1.1 被控对象模型及控制问题的描述

考虑如下的非线性系统：

$$\begin{cases} x^{(n)} = f(x,\dot{x},\cdots,x^{(n-1)}) + g(x,\dot{x},\cdots,x^{(n-1)})u \\ y = x \end{cases} \tag{6.1.1}$$

式中，f 和 g 是未知的连续函数且 $g>0$；$\boldsymbol{x}=[x,\dot{x},\cdots,x^{(n-1)}]^{\mathrm{T}}\in\mathbf{R}^n$ 是系统的状态向量，假设它不是完全可测的；$u\in\mathbf{R}$ 和 $y\in\mathbf{R}$ 分别是系统的输入和输出。

系统(6.1.1)等价于

$$\begin{cases} \dot{\boldsymbol{x}} = \boldsymbol{A}\boldsymbol{x} + \boldsymbol{B}[f(\boldsymbol{x}) + g(\boldsymbol{x})u] \\ y = \boldsymbol{C}^{\mathrm{T}}\boldsymbol{x} \end{cases} \tag{6.1.2}$$

式中

$$\boldsymbol{A} = \begin{bmatrix} 0 & 1 & 0 & \cdots & 0 \\ 0 & 0 & 1 & \cdots & 0 \\ \vdots & \vdots & \vdots & & \vdots \\ 0 & 0 & 0 & \cdots & 1 \\ 0 & 0 & 0 & \cdots & 0 \end{bmatrix}, \quad \boldsymbol{B} = \begin{bmatrix} 0 \\ 0 \\ \vdots \\ 0 \\ 1 \end{bmatrix}, \quad \boldsymbol{C} = \begin{bmatrix} 1 \\ 0 \\ \vdots \\ 0 \\ 0 \end{bmatrix}$$

假设 y_{m} 是有界的参考信号，并且具有 1 到 n 阶导数。设 $e=y_{\mathrm{m}}-y$ 是系统的跟踪误差，$\hat{\boldsymbol{x}}$ 是 $\boldsymbol{x}$ 的估计。引入记号

$$\boldsymbol{y}_{\mathrm{m}} = [y_{\mathrm{m}},\dot{y}_{\mathrm{m}},\cdots,y_{\mathrm{m}}^{(n-1)}]^{\mathrm{T}}, \quad \boldsymbol{e} = [e,\dot{e},\cdots,e^{(n-1)}]^{\mathrm{T}}, \quad \hat{\boldsymbol{e}} = [\hat{e},\dot{\hat{e}},\cdots,\hat{e}^{(n-1)}]^{\mathrm{T}}$$

控制任务 （基于模糊逻辑系统）在系统的状态不可测的条件下，利用 $e=$

$y_m - y$和误差的估计$\hat{e}$,设计间接自适应模糊输出反馈监督控制,使得闭环系统稳定,跟踪误差$e = y_m - y$尽可能小。

6.1.2　模糊控制器的设计

由于系统的状态变量$\boldsymbol{x}$不可测,所以设计模糊控制器为

$$u(\hat{\boldsymbol{x}}) = u_c(\hat{\boldsymbol{x}}) + u_s(\hat{\boldsymbol{x}}) \tag{6.1.3}$$

式中

$$u_c(\hat{\boldsymbol{x}}) = \frac{1}{\hat{g}(\hat{\boldsymbol{x}} \mid \boldsymbol{\theta}_g)}\left[-\hat{f}(\hat{\boldsymbol{x}} \mid \boldsymbol{\theta}_f) + y_m^{(n)} + \boldsymbol{K}_c^{\mathrm{T}}\hat{\boldsymbol{e}}\right] \tag{6.1.4}$$

为等价的模糊控制器,u_s是后面要设计的监督控制器,$\hat{f}(\hat{\boldsymbol{x}} \mid \boldsymbol{\theta}_f) = \boldsymbol{\theta}_f^{\mathrm{T}}\boldsymbol{\xi}(\hat{\boldsymbol{x}})$和$\hat{g}(\hat{\boldsymbol{x}} \mid \boldsymbol{\theta}_g) = \boldsymbol{\theta}_g^{\mathrm{T}}\boldsymbol{\xi}(\hat{\boldsymbol{x}})$为模糊逻辑系统。

把式(6.1.3)代入式(6.1.2),经过简单的运算得

$$\begin{aligned} x^{(n)} &= f(\boldsymbol{x}) + g(\boldsymbol{x})[u_c(\hat{\boldsymbol{x}}) + u_s(\hat{\boldsymbol{x}})] - \hat{g}(\hat{\boldsymbol{x}} \mid \boldsymbol{\theta}_g)u_c(\hat{\boldsymbol{x}}) + \hat{g}(\hat{\boldsymbol{x}} \mid \boldsymbol{\theta}_g)u_c(\hat{\boldsymbol{x}}) \\ &= y_m^{(n)} + \boldsymbol{K}_c^{\mathrm{T}}\hat{\boldsymbol{e}} + [f(\boldsymbol{x}) - \hat{f}(\hat{\boldsymbol{x}} \mid \boldsymbol{\theta}_f)] + [g(\boldsymbol{x}) - \hat{g}(\hat{\boldsymbol{x}} \mid \boldsymbol{\theta}_g)]u_c(\hat{\boldsymbol{x}}) \\ &\quad + g(\boldsymbol{x})u_s(\hat{\boldsymbol{x}}) \end{aligned} \tag{6.1.5}$$

或等价于

$$\begin{aligned} \dot{\boldsymbol{e}} &= \boldsymbol{A}\boldsymbol{e} - \boldsymbol{B}\boldsymbol{K}_c^{\mathrm{T}}\hat{\boldsymbol{e}} + \boldsymbol{B}[\hat{f}(\hat{\boldsymbol{x}} \mid \boldsymbol{\theta}_f) - f(\boldsymbol{x})] + [\hat{g}(\hat{\boldsymbol{x}} \mid \boldsymbol{\theta}_g) - g(\boldsymbol{x})]u_c(\hat{\boldsymbol{x}}) \\ &\quad - \boldsymbol{B}g(\boldsymbol{x})u_s(\hat{\boldsymbol{x}}) \\ e_0 &= \boldsymbol{C}^{\mathrm{T}}\boldsymbol{e} \end{aligned} \tag{6.1.6}$$

式中,$e_0 = e$。

为了估计系统的状态$\hat{\boldsymbol{x}}$,设计误差观测器为

$$\begin{cases} \dot{\hat{\boldsymbol{e}}} = \boldsymbol{A}\hat{\boldsymbol{e}} - \boldsymbol{B}\boldsymbol{K}_c^{\mathrm{T}}\hat{\boldsymbol{e}} + \boldsymbol{K}_0(e_0 - \hat{e}_0) \\ \hat{e}_0 = \boldsymbol{C}^{\mathrm{T}}\hat{\boldsymbol{e}} \end{cases} \tag{6.1.7}$$

式中,$\boldsymbol{K}_0^{\mathrm{T}} = [k_1^0, k_2^0, \cdots, k_n^0]$是观测器增益矩阵,选择$\boldsymbol{K}_0$使得$\boldsymbol{A} - \boldsymbol{K}_0\boldsymbol{C}^{\mathrm{T}}$是稳定的矩阵。

定义观测误差为$\tilde{\boldsymbol{e}} = \boldsymbol{e} - \hat{\boldsymbol{e}}$,由式(6.1.6)和式(6.1.7)得

$$\begin{cases} \dot{\tilde{\boldsymbol{e}}} = (\boldsymbol{A} - \boldsymbol{K}_0\boldsymbol{C}^{\mathrm{T}})\tilde{\boldsymbol{e}} + \boldsymbol{B}[\hat{f}(\hat{\boldsymbol{x}} \mid \boldsymbol{\theta}_f) - f(\boldsymbol{x})] \\ \qquad + [\hat{g}(\hat{\boldsymbol{x}} \mid \boldsymbol{\theta}_g) - g(\boldsymbol{x})]u_c(\hat{\boldsymbol{x}}) - \boldsymbol{B}g(\boldsymbol{x})u_s(\hat{\boldsymbol{x}}) \\ \tilde{e}_0 = \boldsymbol{C}^{\mathrm{T}}\tilde{\boldsymbol{e}} \end{cases} \tag{6.1.8}$$

考虑如下的 Lyapunov 函数:

$$V_1 = \frac{1}{2}\tilde{\boldsymbol{e}}^{\mathrm{T}}\boldsymbol{P}\tilde{\boldsymbol{e}} \tag{6.1.9}$$

式中,$\boldsymbol{P}$为满足 Lyapunov 方程的正定矩阵:

$$(\boldsymbol{A} - \boldsymbol{K}_0\boldsymbol{C}^{\mathrm{T}})^{\mathrm{T}}\boldsymbol{P} + \boldsymbol{P}(\boldsymbol{A} - \boldsymbol{K}_0\boldsymbol{C}^{\mathrm{T}})^{\mathrm{T}} = -\boldsymbol{Q}$$

求V_1对时间的导数,并由式(6.1.8)得

$$
\begin{aligned}
\dot{V}_1 &= \frac{1}{2}\dot{\tilde{\boldsymbol{e}}}^{\mathrm{T}}\boldsymbol{P}\tilde{\boldsymbol{e}} + \frac{1}{2}\tilde{\boldsymbol{e}}^{\mathrm{T}}\boldsymbol{P}\dot{\tilde{\boldsymbol{e}}} \\
&= -\frac{1}{2}\tilde{\boldsymbol{e}}^{\mathrm{T}}\boldsymbol{Q}\tilde{\boldsymbol{e}} + \tilde{\boldsymbol{e}}^{\mathrm{T}}\boldsymbol{PB}[\hat{f}(\hat{\boldsymbol{x}} \mid \boldsymbol{\theta}_f) - f(\boldsymbol{x})] + [\hat{g}(\hat{\boldsymbol{x}} \mid \boldsymbol{\theta}_g) - g(\boldsymbol{x})]u_{\mathrm{c}}(\hat{\boldsymbol{x}}) \\
&\quad - \tilde{\boldsymbol{e}}^{\mathrm{T}}\boldsymbol{PB}g(\boldsymbol{x})u_{\mathrm{s}}(\hat{\boldsymbol{x}}) \\
&\leqslant -\frac{1}{2}\tilde{\boldsymbol{e}}^{\mathrm{T}}\boldsymbol{Q}\tilde{\boldsymbol{e}} + |\tilde{\boldsymbol{e}}^{\mathrm{T}}\boldsymbol{PB}|[|\hat{f}(\hat{\boldsymbol{x}} \mid \boldsymbol{\theta}_f)| + |f(\boldsymbol{x})| + |\hat{g}(\hat{\boldsymbol{x}} \mid \boldsymbol{\theta}_g)u_{\mathrm{c}}(\hat{\boldsymbol{x}})| \\
&\quad + |g(\boldsymbol{x})u_{\mathrm{c}}(\hat{\boldsymbol{x}})|] - \tilde{\boldsymbol{e}}^{\mathrm{T}}\boldsymbol{PB}g(\boldsymbol{x})u_{\mathrm{s}}(\hat{\boldsymbol{x}})
\end{aligned} \tag{6.1.10}
$$

为了使监督控制器 u_{s} 保证 $\dot{V}_1 \leqslant 0$，需作如下的假设。

假设 6.1　存在函数 $f^{\mathrm{U}}(\boldsymbol{x})$，$g_{\mathrm{L}}(\boldsymbol{x})$ 和 $g^{\mathrm{U}}(\boldsymbol{x})$，使得下面的不等式成立：

$$
|f(\boldsymbol{x})| \leqslant f^{\mathrm{U}}(\boldsymbol{x}) \approx f^{\mathrm{U}}(\hat{\boldsymbol{x}}),\quad g_{\mathrm{L}}(\hat{\boldsymbol{x}}) \approx g_{\mathrm{L}}(\boldsymbol{x}) \leqslant g(\boldsymbol{x}) \leqslant g^{\mathrm{U}}(\boldsymbol{x}) \approx g^{\mathrm{U}}(\hat{\boldsymbol{x}})
$$

将监督控制器取为如下的形式：

$$
\begin{aligned}
u_{\mathrm{s}}(\hat{\boldsymbol{x}}) = I_1^{*}\operatorname{sgn}(\tilde{\boldsymbol{e}}^{\mathrm{T}}\boldsymbol{PB})\frac{1}{g_{\mathrm{L}}(\hat{\boldsymbol{x}})}&[|\hat{f}(\hat{\boldsymbol{x}} \mid \boldsymbol{\theta}_f)| + |f^{\mathrm{U}}(\hat{\boldsymbol{x}})| \\
&+ |\hat{g}(\hat{\boldsymbol{x}} \mid \boldsymbol{\theta}_g)u_{\mathrm{c}}(\hat{\boldsymbol{x}})| + |g^{\mathrm{U}}(\hat{\boldsymbol{x}})u_{\mathrm{c}}(\hat{\boldsymbol{x}})|]
\end{aligned} \tag{6.1.11}
$$

式中，如果 $V_1 \geqslant \bar{V}$，则 $I_1^{*}=1$；如果 $V_1 \leqslant \bar{V}$，则 $I_1^{*}=0$，$\bar{V}$ 是设计者给定的设计参数。

考虑 $V_1 \geqslant \bar{V}$ 的情况，有

$$
\begin{aligned}
\dot{V}_1 &\leqslant -\frac{1}{2}\tilde{\boldsymbol{e}}^{\mathrm{T}}\boldsymbol{Q}\tilde{\boldsymbol{e}} + |\tilde{\boldsymbol{e}}^{\mathrm{T}}\boldsymbol{PB}|[|\hat{f}(\hat{\boldsymbol{x}} \mid \boldsymbol{\theta}_f)| \\
&\quad + |f^{\mathrm{U}}(\hat{\boldsymbol{x}})| + |\hat{g}(\hat{\boldsymbol{x}} \mid \boldsymbol{\theta}_g)u_{\mathrm{c}}(\hat{\boldsymbol{x}})| + |g^{\mathrm{U}}(\hat{\boldsymbol{x}})u_{\mathrm{c}}(\hat{\boldsymbol{x}})|] \\
&\quad - |\tilde{\boldsymbol{e}}^{\mathrm{T}}\boldsymbol{PB}|[|\hat{f}(\hat{\boldsymbol{x}} \mid \boldsymbol{\theta}_f)| + |f^{\mathrm{U}}(\hat{\boldsymbol{x}})| + |\hat{g}(\hat{\boldsymbol{x}} \mid \boldsymbol{\theta}_g)u_{\mathrm{c}}(\hat{\boldsymbol{x}})| + |g^{\mathrm{U}}(\hat{\boldsymbol{x}})u_{\mathrm{c}}(\hat{\boldsymbol{x}})|] \\
&\leqslant -\frac{1}{2}\tilde{\boldsymbol{e}}^{\mathrm{T}}\boldsymbol{Q}\tilde{\boldsymbol{e}} \leqslant 0
\end{aligned} \tag{6.1.12}
$$

由此可见，如果使用监督控制器 $u_{\mathrm{s}}(\hat{\boldsymbol{x}})$，总能保证 $V_1 \leqslant \bar{V}$。又因为 $\boldsymbol{P}>0$，则 V_1 的有界性隐含着 $\tilde{\boldsymbol{e}}$ 的有界性。根据式(6.1.7)，$\tilde{\boldsymbol{e}}$ 的有界性隐含着 $\hat{\boldsymbol{e}}$ 的有界性，进而隐含着 $\boldsymbol{x}$ 的有界性。

6.1.3　模糊自适应算法

首先定义 $\boldsymbol{\theta}_f$ 和 $\boldsymbol{\theta}_g$ 最优参数向量 $\boldsymbol{\theta}_f^{*}$ 和 $\boldsymbol{\theta}_g^{*}$：

$$
\boldsymbol{\theta}_f^{*} = \arg\min_{\boldsymbol{\theta}_f \in \Omega_1}\{\sup_{x \in U_1, \hat{x} \in U_2} |f(\boldsymbol{x}) - \hat{f}(\hat{\boldsymbol{x}} \mid \boldsymbol{\theta}_f)|\} \tag{6.1.13}
$$

$$
\boldsymbol{\theta}_g^{*} = \arg\min_{\boldsymbol{\theta}_g \in \Omega_2}\{\sup_{x \in U_1, \hat{x} \in U_2} |g(\boldsymbol{x}) - \hat{g}(\hat{\boldsymbol{x}} \mid \boldsymbol{\theta}_g)|\} \tag{6.1.14}
$$

式中，Ω_1，Ω_2，U_1 和 U_2 是给定的有界闭集。

定义最小模糊逼近误差

$$
w = [\hat{f}(\hat{\boldsymbol{x}} \mid \boldsymbol{\theta}_f^{*}) - f(\boldsymbol{x})] + [\hat{g}(\hat{\boldsymbol{x}} \mid \boldsymbol{\theta}_g^{*}) - g(\boldsymbol{x})]u_{\mathrm{c}} \tag{6.1.15}
$$

把 w 代入式(6.1.8)得

$$\begin{cases}\dot{\tilde{\boldsymbol{e}}}=(\boldsymbol{A}-\boldsymbol{K}_0\boldsymbol{C}^{\mathrm{T}})\tilde{\boldsymbol{e}}+\boldsymbol{B}\{[\hat{f}(\hat{\boldsymbol{x}}\mid\boldsymbol{\theta}_f)-\hat{f}(\hat{\boldsymbol{x}}\mid\boldsymbol{\theta}_f^*)]\\ \qquad+[\hat{g}(\hat{\boldsymbol{x}}\mid\boldsymbol{\theta}_g)-\hat{g}(\hat{\boldsymbol{x}}\mid\boldsymbol{\theta}_g^*)]u_{\mathrm{c}}+w\}-\boldsymbol{B}g(\boldsymbol{x})u_{\mathrm{s}}\\ \tilde{e}_0=\boldsymbol{C}^{\mathrm{T}}\tilde{\boldsymbol{e}}\end{cases}\tag{6.1.16}$$

把 $\hat{f}(\hat{\boldsymbol{x}}|\boldsymbol{\theta}_f)=\boldsymbol{\theta}_f^{\mathrm{T}}\boldsymbol{\xi}(\hat{\boldsymbol{x}})$,$\hat{g}(\hat{\boldsymbol{x}}|\boldsymbol{\theta}_g)=\boldsymbol{\theta}_g^{\mathrm{T}}\boldsymbol{\xi}(\hat{\boldsymbol{x}})$代入式(6.1.16)得

$$\begin{cases}\dot{\tilde{\boldsymbol{e}}}=(\boldsymbol{A}-\boldsymbol{K}_0\boldsymbol{C}^{\mathrm{T}})\tilde{\boldsymbol{e}}+\boldsymbol{B}[\tilde{\boldsymbol{\theta}}_f^{\mathrm{T}}\boldsymbol{\xi}(\hat{\boldsymbol{x}})+\tilde{\boldsymbol{\theta}}_g^{\mathrm{T}}\boldsymbol{\xi}(\hat{\boldsymbol{x}})u_{\mathrm{c}}+w]-\boldsymbol{B}g(\boldsymbol{x})u_{\mathrm{s}}\\ \tilde{e}_0=\boldsymbol{C}^{\mathrm{T}}\tilde{\boldsymbol{e}}\end{cases}\tag{6.1.17}$$

式中,$\tilde{\boldsymbol{\theta}}_f=\boldsymbol{\theta}_f-\boldsymbol{\theta}_f^*$ 和 $\tilde{\boldsymbol{\theta}}_g=\boldsymbol{\theta}_g-\boldsymbol{\theta}_g^*$ 是参数误差向量。

假设 6.2 设 $\hat{\boldsymbol{P}}$ 和 $\boldsymbol{P}_1$ 分别满足下面的矩阵方程:

$$(\boldsymbol{A}-\boldsymbol{B}\boldsymbol{K}_{\mathrm{c}}^{\mathrm{T}})^{\mathrm{T}}\hat{\boldsymbol{P}}+\hat{\boldsymbol{P}}(\boldsymbol{A}-\boldsymbol{B}\boldsymbol{K}_{\mathrm{c}}^{\mathrm{T}})+2\hat{\boldsymbol{P}}\boldsymbol{K}_{\mathrm{c}}\boldsymbol{K}_{\mathrm{c}}^{\mathrm{T}}\hat{\boldsymbol{P}}=-\boldsymbol{Q}\tag{6.1.18}$$

$$\begin{cases}(\boldsymbol{A}-\boldsymbol{K}_0\boldsymbol{C}^{\mathrm{T}})^{\mathrm{T}}(\boldsymbol{A}-\boldsymbol{K}_0\boldsymbol{C}^{\mathrm{T}})+2\boldsymbol{C}\boldsymbol{C}^{\mathrm{T}}=-\boldsymbol{Q}_1\\ \boldsymbol{P}\boldsymbol{B}=\boldsymbol{C}\end{cases}\tag{6.1.19}$$

注意,$\tilde{\boldsymbol{e}}^{\mathrm{T}}\boldsymbol{P}\boldsymbol{B}=\boldsymbol{C}^{\mathrm{T}}\tilde{\boldsymbol{e}}=\tilde{e}_0$,$\tilde{e}_0=y_{\mathrm{m}}-y-\hat{e}_0$ 是可以利用的,而且假设矩阵方程(6.1.18)和(6.1.19)存在正定矩阵,所以,取参数向量 $\boldsymbol{\theta}_f$ 和 $\boldsymbol{\theta}_g$ 的自适应律为

$$\dot{\boldsymbol{\theta}}_f=-\gamma_1\tilde{\boldsymbol{e}}^{\mathrm{T}}\boldsymbol{P}\boldsymbol{B}\boldsymbol{\xi}(\hat{\boldsymbol{x}})=-\gamma_1\tilde{e}_0\boldsymbol{\xi}(\hat{\boldsymbol{x}})\tag{6.1.20}$$

$$\dot{\boldsymbol{\theta}}_g=-\gamma_2\tilde{\boldsymbol{e}}^{\mathrm{T}}\boldsymbol{P}\boldsymbol{B}\boldsymbol{\xi}(\hat{\boldsymbol{x}})u_{\mathrm{c}}=-\gamma_2\tilde{e}_0\boldsymbol{\xi}(\hat{\boldsymbol{x}})u_{\mathrm{c}}\tag{6.1.21}$$

为了在控制中保证参数的有界性,应用 2.1 节中的投影算法,采用如下的自适应律来调节参数 $\boldsymbol{\theta}_f$ 和 $\boldsymbol{\theta}_g$:

$$\dot{\boldsymbol{\theta}}_f=\begin{cases}-\gamma_1\tilde{\boldsymbol{e}}^{\mathrm{T}}\boldsymbol{P}\boldsymbol{B}\boldsymbol{\xi}(\hat{\boldsymbol{x}}), & \|\boldsymbol{\theta}_f\|<M_f\\ & \text{或 } \|\boldsymbol{\theta}_f\|=M_f \text{ 且 } \tilde{\boldsymbol{e}}^{\mathrm{T}}\boldsymbol{P}\boldsymbol{B}\boldsymbol{\theta}_f^{\mathrm{T}}\boldsymbol{\xi}(\hat{\boldsymbol{x}})\leqslant 0\\ P_f[-\gamma_1\tilde{\boldsymbol{e}}^{\mathrm{T}}\boldsymbol{P}\boldsymbol{B}\boldsymbol{\xi}(\hat{\boldsymbol{x}})], & \|\boldsymbol{\theta}_f\|=M_f \text{ 且 } \tilde{\boldsymbol{e}}^{\mathrm{T}}\boldsymbol{P}\boldsymbol{B}\boldsymbol{\theta}_f^{\mathrm{T}}\boldsymbol{\xi}(\hat{\boldsymbol{x}})>0\end{cases}\tag{6.1.22}$$

式中,$P_f[\cdot]$为投影算子,定义为

$$P_f[-\gamma_1\tilde{\boldsymbol{e}}^{\mathrm{T}}\boldsymbol{P}\boldsymbol{B}\boldsymbol{\xi}(\hat{\boldsymbol{x}})]=-\gamma_1\tilde{\boldsymbol{e}}^{\mathrm{T}}\boldsymbol{P}\boldsymbol{B}\boldsymbol{\xi}(\hat{\boldsymbol{x}})+\gamma_1\tilde{\boldsymbol{e}}^{\mathrm{T}}\boldsymbol{P}\boldsymbol{B}\frac{\boldsymbol{\theta}_f\boldsymbol{\theta}_f^{\mathrm{T}}\boldsymbol{\xi}(\hat{\boldsymbol{x}})}{\|\boldsymbol{\theta}_f\|^2}\tag{6.1.23}$$

$$\dot{\boldsymbol{\theta}}_g=\begin{cases}-\gamma_2\tilde{\boldsymbol{e}}^{\mathrm{T}}\boldsymbol{P}\boldsymbol{B}\boldsymbol{\xi}(\hat{\boldsymbol{x}})u_{\mathrm{c}}, & \|\boldsymbol{\theta}_g\|<M_g\\ & \text{或 } \|\boldsymbol{\theta}_g\|=M_g \text{ 且 } \tilde{\boldsymbol{e}}^{\mathrm{T}}\boldsymbol{P}\boldsymbol{B}\boldsymbol{\theta}_g^{\mathrm{T}}\boldsymbol{\xi}(\hat{\boldsymbol{x}})u_{\mathrm{c}}\leqslant 0\\ P_g[-\gamma_2\tilde{\boldsymbol{e}}^{\mathrm{T}}\boldsymbol{P}\boldsymbol{B}\boldsymbol{\xi}(\hat{\boldsymbol{x}})u_{\mathrm{c}}], & \|\boldsymbol{\theta}_g\|=M_g \text{ 且 } \tilde{\boldsymbol{e}}^{\mathrm{T}}\boldsymbol{P}\boldsymbol{B}\boldsymbol{\theta}_g^{\mathrm{T}}\boldsymbol{\xi}(\hat{\boldsymbol{x}})u_{\mathrm{c}}>0\end{cases}\tag{6.1.24}$$

$$P_g[-\gamma_2\tilde{\boldsymbol{e}}^{\mathrm{T}}\boldsymbol{P}\boldsymbol{B}\boldsymbol{\xi}(\hat{\boldsymbol{x}})u_{\mathrm{c}}]=-\gamma_2\tilde{\boldsymbol{e}}^{\mathrm{T}}\boldsymbol{P}\boldsymbol{B}\boldsymbol{\xi}(\hat{\boldsymbol{x}})u_{\mathrm{c}}+\gamma_1\tilde{\boldsymbol{e}}^{\mathrm{T}}\boldsymbol{P}\boldsymbol{B}\frac{\boldsymbol{\theta}_g\boldsymbol{\theta}_g^{\mathrm{T}}\boldsymbol{\xi}(\hat{\boldsymbol{x}})u_{\mathrm{c}}}{\|\boldsymbol{\theta}_g\|^2}\tag{6.1.25}$$

图 6-1 给出了这种间接自适应输出反馈模糊监督控制器的总体框图。

这种间接自适应输出反馈模糊监督控制器的设计步骤如下:

步骤 1 离线预处理。

(1) 确定反馈和观测增益矩阵 $\boldsymbol{K}_{\mathrm{c}}$ 和 $\boldsymbol{K}_0$ 使得矩阵 $\boldsymbol{A}-\boldsymbol{B}\boldsymbol{K}_{\mathrm{c}}^{\mathrm{T}}$ 和 $\boldsymbol{A}-\boldsymbol{K}_0\boldsymbol{C}^{\mathrm{T}}$ 的特征根都在左半开平面内。

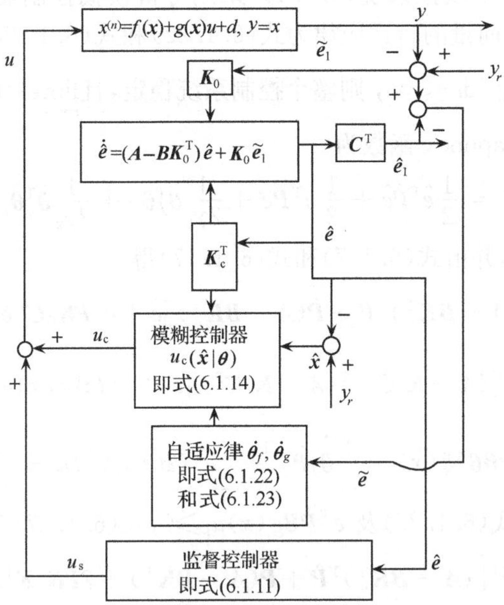

图 6-1　间接自适应输出反馈模糊监督控制的总体框图

(2) 给定正定矩阵 $\boldsymbol{Q}$ 和 $\boldsymbol{Q}_1$，解 Lyapunov 方程(6.1.18)和(6.1.19)，求出正定矩阵 $\boldsymbol{P}$ 和 $\hat{\boldsymbol{P}}$。

(3) 根据实际问题，确定出设计参数 M_f 和 M_g。

步骤 2　构造模糊控制器。

(1) 建立模糊规则基：它是由下面的 N 条模糊推理规则构成

R^i：如果 $\hat{x}_1$ 是 F_1^i，$\hat{x}_2$ 是 F_2^i，…，$\hat{x}_n$ 是 F_n^i，则 y 是 B_i，$i=1,2,\cdots,N$

(2) 构造模糊基函数

$$\xi_i(\hat{x}_1,\cdots,\hat{x}_n)=\frac{\prod_{j=1}^{n}\mu_{F_j^i}(\hat{x}_j)}{\sum_{i=1}^{M}\left[\prod_{j=1}^{n}\mu_{F_j^i}(\hat{x}_j)\right]}$$

做一个 N 维向量 $\boldsymbol{\xi}(\hat{\boldsymbol{x}})=[\xi_1,\cdots,\xi_N]^{\mathrm{T}}$，并构造成模糊逻辑系统

$$\hat{f}(\hat{\boldsymbol{x}}\mid\boldsymbol{\theta}_f)=\boldsymbol{\theta}_f^{\mathrm{T}}\boldsymbol{\xi}(\hat{\boldsymbol{x}}),\quad \hat{g}(\hat{\boldsymbol{x}}\mid\boldsymbol{\theta}_g)=\boldsymbol{\theta}_g^{\mathrm{T}}\boldsymbol{\xi}(\hat{\boldsymbol{x}})$$

步骤 3　在线自适应调节。

(1) 将反馈控制(6.1.3)作用于控制对象(6.1.1)，其中 u_{c} 取为式(6.1.4)，u_{s} 取为式(6.1.11)。

(2) 用式(6.1.22)～式(6.1.25)自适应调节参数向量 $\boldsymbol{\theta}_f$ 和 $\boldsymbol{\theta}_g$。

6.1.4　稳定性与收敛性分析

下面的定理给出这种间接自适应模糊控制方案所具有的性质：

定理 6.1 对于非线性系统(6.1.1),采用等价模糊控制器(6.1.4)和监督控制器(6.1.11),参数向量的自适应律为式(6.1.22)和式(6.1.25),假设 6.1 和 6.2 成立。如果$\int_0^{\infty}\|\boldsymbol{w}\|^2\mathrm{d}t\leqslant\infty$,则整个控制系统稳定,且$\lim\limits_{t\to\infty}\hat{\boldsymbol{e}}=\boldsymbol{0}$和$\lim\limits_{t\to\infty}\tilde{\boldsymbol{e}}=\boldsymbol{0}$。

证明 选择 Lyapunov 函数为

$$V=\frac{1}{2}\hat{\boldsymbol{e}}^{\mathrm{T}}\hat{\boldsymbol{P}}\hat{\boldsymbol{e}}+\frac{1}{2}\tilde{\boldsymbol{e}}^{\mathrm{T}}\boldsymbol{P}\tilde{\boldsymbol{e}}+\frac{1}{2\gamma_1}\tilde{\boldsymbol{\theta}}_f^{\mathrm{T}}\tilde{\boldsymbol{\theta}}_f+\frac{1}{2\gamma_2}\tilde{\boldsymbol{\theta}}_g^{\mathrm{T}}\tilde{\boldsymbol{\theta}}_g \tag{6.1.26}$$

求 V 对时间的导数,并由式(6.1.7)和式(6.1.17)得

$$\begin{aligned}\dot{V}=&\frac{1}{2}\hat{\boldsymbol{e}}^{\mathrm{T}}[(\boldsymbol{A}-\boldsymbol{B}\boldsymbol{K}_{\mathrm{c}}^{\mathrm{T}})^{\mathrm{T}}\hat{\boldsymbol{P}}+\hat{\boldsymbol{P}}(\boldsymbol{A}-\boldsymbol{B}\boldsymbol{K}_{\mathrm{c}}^{\mathrm{T}})]\hat{\boldsymbol{e}}+\hat{\boldsymbol{e}}^{\mathrm{T}}\hat{\boldsymbol{P}}\boldsymbol{K}_0\boldsymbol{C}^{\mathrm{T}}\tilde{\boldsymbol{e}}\\&+\frac{1}{2}\tilde{\boldsymbol{e}}^{\mathrm{T}}[(\boldsymbol{A}-\boldsymbol{K}_0\boldsymbol{C}^{\mathrm{T}})^{\mathrm{T}}(\boldsymbol{A}-\boldsymbol{K}_0\boldsymbol{C}^{\mathrm{T}})]\tilde{\boldsymbol{e}}-\tilde{\boldsymbol{e}}^{\mathrm{T}}\boldsymbol{P}\boldsymbol{B}g(\boldsymbol{x})u_{\mathrm{s}}+\tilde{\boldsymbol{e}}^{\mathrm{T}}\boldsymbol{P}\boldsymbol{B}\boldsymbol{w}\\&+\left[\tilde{\boldsymbol{e}}^{\mathrm{T}}\boldsymbol{P}\boldsymbol{B}\tilde{\boldsymbol{\theta}}_f^{\mathrm{T}}\boldsymbol{\xi}(\hat{\boldsymbol{x}})+\frac{1}{\gamma_1}\dot{\tilde{\boldsymbol{\theta}}}_f^{\mathrm{T}}\tilde{\boldsymbol{\theta}}_f\right]+\left[\tilde{\boldsymbol{e}}^{\mathrm{T}}\boldsymbol{P}\boldsymbol{B}\tilde{\boldsymbol{\theta}}_g^{\mathrm{T}}\boldsymbol{\xi}(\hat{\boldsymbol{x}})n_{\mathrm{c}}+\frac{1}{\gamma_2}\dot{\tilde{\boldsymbol{\theta}}}_g^{\mathrm{T}}\tilde{\boldsymbol{\theta}}_g\right]\end{aligned} \tag{6.1.27}$$

根据式(6.1.22)~式(6.1.25)及$\tilde{\boldsymbol{e}}^{\mathrm{T}}\boldsymbol{P}\boldsymbol{B}g(\boldsymbol{x})u_{\mathrm{s}}\geqslant0$,式(6.1.27)变为

$$\begin{aligned}\dot{V}\leqslant&\frac{1}{2}\hat{\boldsymbol{e}}^{\mathrm{T}}[(\boldsymbol{A}-\boldsymbol{B}\boldsymbol{K}_{\mathrm{c}}^{\mathrm{T}})^{\mathrm{T}}\hat{\boldsymbol{P}}+\hat{\boldsymbol{P}}(\boldsymbol{A}-\boldsymbol{B}\boldsymbol{K}_{\mathrm{c}}^{\mathrm{T}})+2\hat{\boldsymbol{P}}\boldsymbol{K}_0\boldsymbol{K}_0^{\mathrm{T}}\hat{\boldsymbol{P}}]\hat{\boldsymbol{e}}\\&+\frac{1}{2}\tilde{\boldsymbol{e}}^{\mathrm{T}}[(\boldsymbol{A}-\boldsymbol{K}_0\boldsymbol{C}^{\mathrm{T}})^{\mathrm{T}}(\boldsymbol{A}-\boldsymbol{K}_0\boldsymbol{C}^{\mathrm{T}})+\boldsymbol{C}\boldsymbol{C}^{\mathrm{T}}]\tilde{\boldsymbol{e}}+\tilde{\boldsymbol{e}}^{\mathrm{T}}\boldsymbol{P}\boldsymbol{B}\boldsymbol{w}\\\leqslant&-\frac{1}{2}\hat{\boldsymbol{e}}^{\mathrm{T}}\boldsymbol{Q}\hat{\boldsymbol{e}}-\frac{1}{2}\tilde{\boldsymbol{e}}^{\mathrm{T}}\boldsymbol{Q}_1\tilde{\boldsymbol{e}}+\tilde{\boldsymbol{e}}^{\mathrm{T}}\boldsymbol{P}\boldsymbol{B}\boldsymbol{w}\end{aligned} \tag{6.1.28}$$

对式(6.1.28)进行简单的数学处理得

$$\begin{aligned}\dot{V}=&-\frac{1}{2}\hat{\boldsymbol{e}}^{\mathrm{T}}\boldsymbol{Q}\hat{\boldsymbol{e}}-\frac{1}{2}\tilde{\boldsymbol{e}}^{\mathrm{T}}\boldsymbol{Q}_1\tilde{\boldsymbol{e}}+\frac{1}{2}\tilde{\boldsymbol{e}}^{\mathrm{T}}\tilde{\boldsymbol{e}}\\&-\frac{1}{2}[\tilde{\boldsymbol{e}}^{\mathrm{T}}\tilde{\boldsymbol{e}}-2\tilde{\boldsymbol{e}}^{\mathrm{T}}\boldsymbol{P}\boldsymbol{B}\boldsymbol{w}+\boldsymbol{w}^{\mathrm{T}}\boldsymbol{B}^{\mathrm{T}}\boldsymbol{P}\boldsymbol{P}\boldsymbol{B}\boldsymbol{w}]+\frac{1}{2}\boldsymbol{w}^{\mathrm{T}}\boldsymbol{B}^{\mathrm{T}}\boldsymbol{P}\boldsymbol{P}\boldsymbol{B}\boldsymbol{w}\\\leqslant&-\frac{\lambda_{\min}(\boldsymbol{Q})}{2}\|\hat{\boldsymbol{e}}\|^2+\frac{\lambda_{\min}(\boldsymbol{Q}_1)-1}{2}\|\tilde{\boldsymbol{e}}\|^2+\frac{1}{2}\|\boldsymbol{P}\boldsymbol{B}\boldsymbol{w}\|^2\end{aligned} \tag{6.1.29}$$

令$\alpha=\min\left\{\dfrac{\lambda_{\min}(\boldsymbol{Q})}{2},\dfrac{\lambda_{\min}(\boldsymbol{Q}_1)-1}{2}\right\}$,$\beta=\|\boldsymbol{P}_1\boldsymbol{B}\|$,$\boldsymbol{E}^{\mathrm{T}}=[\hat{\boldsymbol{e}}^{\mathrm{T}},\tilde{\boldsymbol{e}}^{\mathrm{T}}]$,则式(6.1.29)变成

$$\dot{V}=-\alpha\|\boldsymbol{E}\|^2+\beta\|\boldsymbol{w}\|^2 \tag{6.1.30}$$

对式(6.1.30)从 0 到 t 积分得

$$\int_0^t\|\boldsymbol{E}\|^2\mathrm{d}t\leqslant\frac{1}{\alpha}V(0)+\frac{\alpha}{\beta}\int_0^t\|\boldsymbol{w}\|^2\mathrm{d}t \tag{6.1.31}$$

如果$\boldsymbol{w}\in L_2$,则从式(6.1.31)得$\boldsymbol{E}\in L_2$,由于$\dot{\boldsymbol{E}}\in L_\infty$,根据 Barbalet 引理推出$\lim\limits_{t\to\infty}\boldsymbol{E}=\boldsymbol{0}$,进而得到$\lim\limits_{t\to\infty}\hat{\boldsymbol{e}}=\boldsymbol{0}$和$\lim\limits_{t\to\infty}\tilde{\boldsymbol{e}}=\boldsymbol{0}$。定理成立。

注意到模糊自适应输出反馈控制方案和定理 6.1 取决于矩阵方程(6.1.19)是否存在正定解 $\boldsymbol{P}$。如果系统(6.1.1)是一个严格正实系统,则正定解 $\boldsymbol{P}$ 一定存在;否则,可以通过系统变换把误差方程(6.1.17)转化变成一个正系统。具体步骤如下:

把误差方程变成

$$\tilde{e} = H(s)[\boldsymbol{\theta}_f^{\mathrm{T}}\boldsymbol{\xi}(\hat{\boldsymbol{x}}) + \tilde{\boldsymbol{\theta}}_g^{\mathrm{T}}\boldsymbol{\xi}(\hat{\boldsymbol{x}})u_{\mathrm{c}} + \boldsymbol{w} - g(\boldsymbol{x})u_{\mathrm{s}}] \tag{6.1.32}$$

式中,$H(s)$为传递函数

$$H(s) = \boldsymbol{C}^{\mathrm{T}}[s\boldsymbol{I} - (\boldsymbol{A} - \boldsymbol{K}_0\boldsymbol{C}^{\mathrm{T}})]^{-1}\boldsymbol{B}$$

令 $L(s)=s^m+b_1s^{m-1}+\cdots+b_m$(其中 $m=n-1$)是一个严格稳定的传递函数矩阵,并使得 $H(s)L(s)$是一个真的严格正实传递函数矩阵。把式(6.1.32)变成

$$\tilde{e} = H(s)L(s)[\boldsymbol{\theta}_f^{\mathrm{T}}\boldsymbol{\xi}_1(\hat{\boldsymbol{x}}) + \tilde{\boldsymbol{\theta}}_g^{\mathrm{T}}\boldsymbol{\xi}_1(\hat{\boldsymbol{x}})u_{\mathrm{c}} + w_1 - g(\boldsymbol{x})u_{\mathrm{s1}}] \tag{6.1.33}$$

式中,$\boldsymbol{\xi}_1(\hat{\boldsymbol{x}})=L^{-1}(s)\boldsymbol{\xi}(\hat{\boldsymbol{x}})$,$u_{\mathrm{s1}}=L^{-1}(s)u_{\mathrm{s}}$,$\boldsymbol{w}_1=L^{-1}(s)\boldsymbol{w}$。式(6.1.33)的状态空间实现为

$$\begin{cases} \dot{\tilde{\boldsymbol{e}}}_{\mathrm{s}} = (\boldsymbol{A} - \boldsymbol{K}_0\boldsymbol{C}^{\mathrm{T}})\tilde{\boldsymbol{e}}_{\mathrm{s}} + \boldsymbol{B}_{\mathrm{s}}[\boldsymbol{\theta}_f^{\mathrm{T}}\boldsymbol{\xi}_1(\hat{\boldsymbol{x}}) + \tilde{\boldsymbol{\theta}}_g^{\mathrm{T}}\boldsymbol{\xi}_1(\hat{\boldsymbol{x}})u_{\mathrm{c}} + w_1 - g(\boldsymbol{x})u_{\mathrm{s1}}] \\ \tilde{e} = \boldsymbol{C}^{\mathrm{T}}\tilde{\boldsymbol{e}}_{\mathrm{s}} \end{cases} \tag{6.1.34}$$

式中,$\tilde{\boldsymbol{e}}_{\mathrm{s}}=[\tilde{e},\dot{\tilde{e}},\cdots,\tilde{e}^{(n-1)}]^{\mathrm{T}}$,$\boldsymbol{B}_{\mathrm{s}}=[1,b_1,\cdots,b_m]^{\mathrm{T}}$。经过上述变换,式(6.1.34)是一个严格正实系统,矩阵方程(6.1.19)存在正定解,因此模糊自适应输出反馈控制方案可以实施,并且定理 6.1 的结论成立。

6.1.5 仿真

例 6.1 设倒立摆系统的动态方程为

$$\begin{cases} \begin{bmatrix} \dot{x}_1 \\ \dot{x}_2 \end{bmatrix} = \begin{bmatrix} 0 & 1 \\ 0 & 0 \end{bmatrix}\begin{bmatrix} x_1 \\ x_2 \end{bmatrix} + \begin{bmatrix} 0 \\ 1 \end{bmatrix}(f+gu) \\ y = \begin{bmatrix} 1 & 0 \end{bmatrix}\begin{bmatrix} x_1 \\ x_2 \end{bmatrix} \end{cases} \tag{6.1.35}$$

式中

$$f = \frac{mlx_2\sin x_1\cos x_1 - (M+m)g\sin x_1}{ml\cos^2 x_1 - \frac{4}{3}l(M+m)}$$

$$g = \frac{-\cos x_1}{ml\cos^2 x_1 - \frac{4}{3}l(M+m)}$$

$$g = 9.8\mathrm{m/s^2}, \quad m = 0.1\mathrm{kg}, \quad M = 1\mathrm{kg}, \quad l = 0.5\mathrm{m}$$

在仿真中,选取参考信号取为 $y_{\mathrm{m}}(t)=\sin(t)$。

为了将自适应模糊输出反馈监督控制器用于此系统,首先需要确定 f^{U},g^{U} 和 g_{L} 的界。首先假设$|x_1|\leqslant\frac{\pi}{6}$,$|x_2|\leqslant\frac{\pi}{6}$,则有

$$|f(x_1,x_2)| \leqslant \frac{9.8+0.025x_2^2}{2/3-0.05/1.1} = 15.78+0.0366x_2^2$$
$$\approx 15.78+0.0366\hat{x}_2^2 = f^{\mathrm{U}}(\hat{x}_1,\hat{x}_2)$$

$$|g(x_1,x_2)|\geqslant 1.12=g_{\mathrm{L}}(x_1,x_2)\approx g_{\mathrm{L}}(\hat{x}_1,\hat{x}_2)$$

$$|g(x_1,x_2)|\leqslant 1.46=g^{\mathrm{U}}(x_1,x_2)\approx g_{\mathrm{L}}(\hat{x}_1,\hat{x}_2)$$

为变量 $\hat{x}_1$ 和 $\hat{x}_2$ 定义下面的隶属函数：

$$\mu_{N_1}(\hat{x}_i)=\exp\left[-\left(\frac{\hat{x}_i+\pi/6}{\pi/24}\right)^2\right],\quad \mu_{N_2}(\hat{x}_i)=\exp\left[-\left(\frac{\hat{x}_i+\pi/12}{\pi/24}\right)^2\right]$$

$$\mu_O(x_i)=\exp\left[-\left(\frac{\hat{x}_i}{\pi/24}\right)^2\right],\quad \mu_{P_1}(\hat{x}_i)=\exp\left[-\left(\frac{\hat{x}_i-\pi/12}{\pi/24}\right)^2\right]$$

$$\mu_{P_2}(\hat{x}_i)=\exp\left[-\left(\frac{\hat{x}_i-\pi/6}{\pi/24}\right)^2\right]$$

观测器增益矩阵和反馈增益矩阵分别选为 $\boldsymbol{K}_0^{\mathrm{T}}=[40,700]$，$\boldsymbol{K}_{\mathrm{c}}^{\mathrm{T}}=[100,10]$；给定正定矩阵 $\boldsymbol{Q}=\begin{bmatrix}10 & 13\\13 & 28\end{bmatrix}$，$\boldsymbol{Q}_1=\begin{bmatrix}10 & 0\\0 & 10\end{bmatrix}$。通过解式(6.1.18)和式(6.1.19)中的第一个矩阵方程，得到正定矩阵 $\hat{\boldsymbol{P}}$ 和 $\boldsymbol{P}$。取 $\gamma_1=200$，$\gamma_2=0.5$，初始条件为 $x_1(0)=x_2(0)=2$，$\hat{x}_1(0)=\hat{x}_2(0)=1.5$，$\boldsymbol{\theta}_f(0)=\boldsymbol{0}$，$\boldsymbol{\theta}_g(0)=0.2\times\boldsymbol{I}$，$\bar{V}=1.5$。图 6-2～图 6-4 给出了使用 $u=u_{\mathrm{c}}+u_{\mathrm{s}}$ 来控制系统(6.1.32)的仿真结果。图 6-5～图 6-7 给出了仅用等价模糊控制器 u_{c} 来控制系统(6.1.32)的仿真结果。通过分别比较图 6-2～图 6-4 和图 6-5～图 6-7 可以看出，监督控制大大地改进了控制系统的稳定性及跟踪性能。

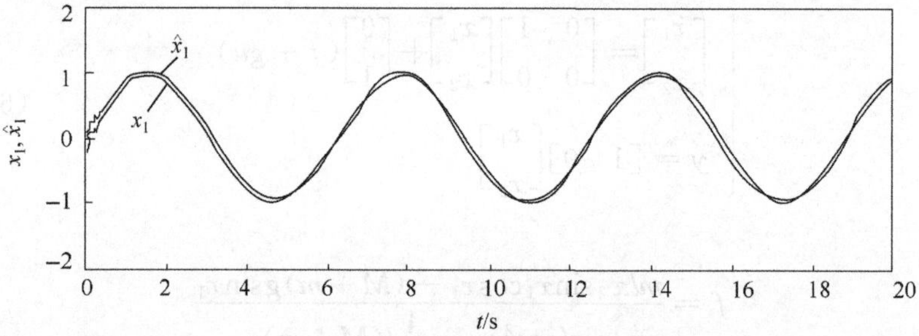

(a) x_1 和它的估计 $\hat{x}_1$

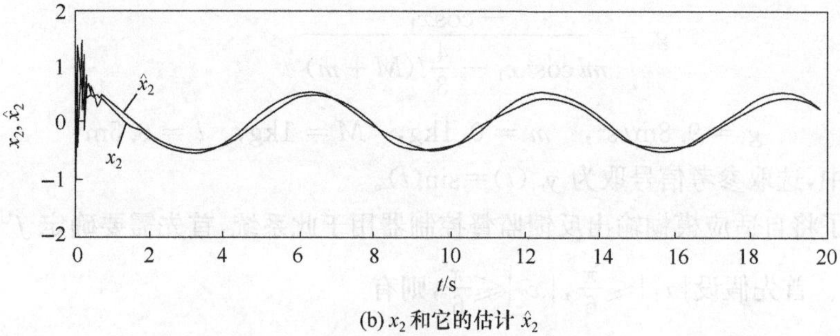

(b) x_2 和它的估计 $\hat{x}_2$

图 6-2　系统状态和相应的估计曲线

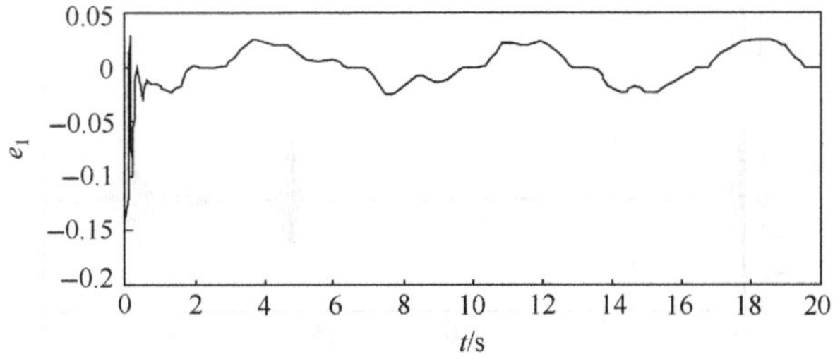

图 6-3　系统的跟踪误差曲线 $e_1=y_m-x_1$

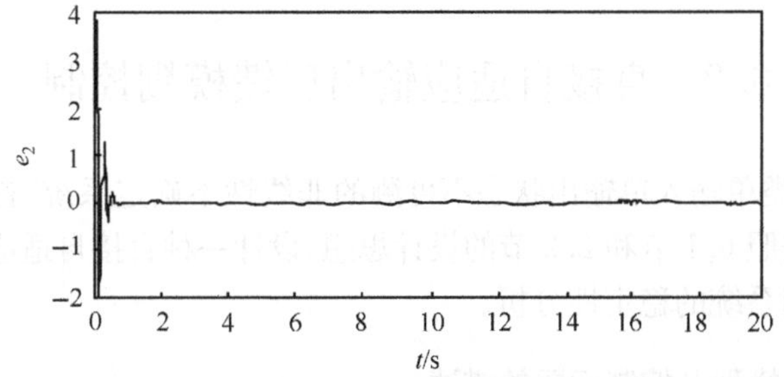

图 6-4　系统的跟踪误差曲线 $e_2=\dot{y}_m-x_2$

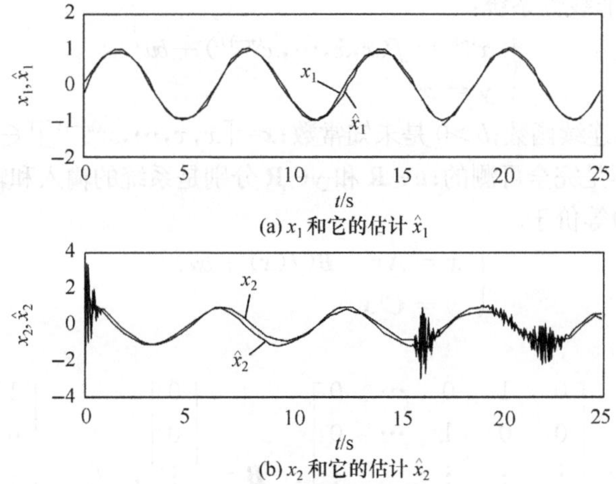

图 6-5　系统的状态和估计曲线

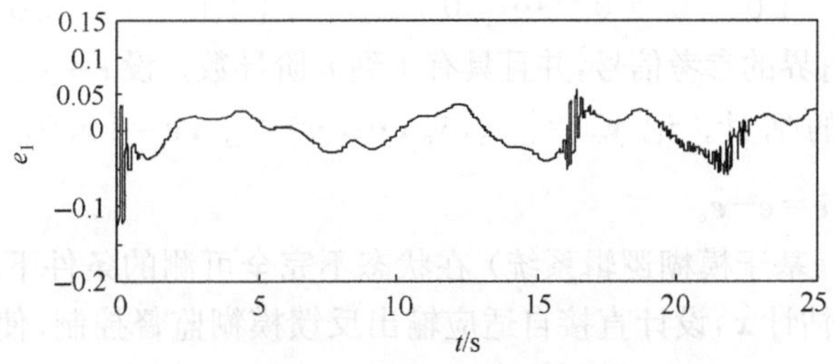

图 6-6　系统的跟踪误差曲线 $e_1=y_m-x_1$

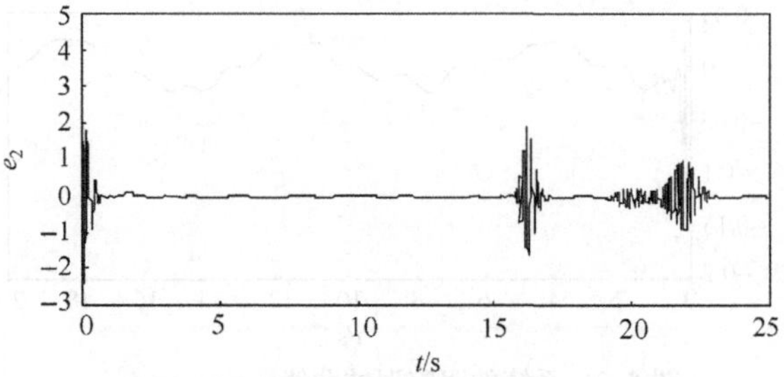

图 6-7 系统的跟踪误差曲线 $e_2=\dot{y}_m-x_2$

6.2 直接自适应输出反馈模糊控制

本节针对一类单输入单输出状态不可测的非线性不确定系统,首先设计一种误差观测器,然后按照 6.1 节和 2.2 节的设计思想,设计一种直接自适应输出反馈模糊控制,并给出控制系统的稳定性分析。

6.2.1 被控对象模型及控制问题的描述

考虑如下的非线性系统:

$$\begin{cases} x^{(n)}=f(x,\dot{x},\cdots,x^{(n-1)})+bu \\ y=x \end{cases} \tag{6.2.1}$$

式中,f 是未知的连续函数;$b>0$ 是未知常数;$\boldsymbol{x}=[x,\dot{x},\cdots,x^{(n-1)}]^{\mathrm{T}}\in\mathbf{R}^n$ 是系统的状态向量,假设它不是完全可测的;$u\in\mathbf{R}$ 和 $y\in\mathbf{R}$ 分别是系统的输入和输出。

系统(6.2.1)等价于

$$\begin{cases} \dot{\boldsymbol{x}}=\boldsymbol{A}\boldsymbol{x}+\boldsymbol{B}(f(\boldsymbol{x})+bu) \\ y=\boldsymbol{C}^{\mathrm{T}}\boldsymbol{x} \end{cases} \tag{6.2.2}$$

式中

$$\boldsymbol{A}=\begin{bmatrix} 0 & 1 & 0 & \cdots & 0 \\ 0 & 0 & 1 & \cdots & 0 \\ \vdots & \vdots & \vdots & & \vdots \\ 0 & 0 & 0 & \cdots & 1 \\ 0 & 0 & 0 & \cdots & 0 \end{bmatrix},\quad \boldsymbol{B}=\begin{bmatrix} 0 \\ 0 \\ \vdots \\ 0 \\ 1 \end{bmatrix},\quad \boldsymbol{C}=\begin{bmatrix} 1 \\ 0 \\ \vdots \\ 0 \\ 0 \end{bmatrix}$$

假设 y_m 是有界的参考信号,并且具有 1 到 n 阶导数。设 $e=y_m-y$ 是系统的跟踪误差,$\hat{\boldsymbol{x}}$ 是 $\boldsymbol{x}$ 的估计。记 $\boldsymbol{y}_m=[y_m,\dot{y}_m,\cdots,y_m^{(n-1)}]^{\mathrm{T}}$,$\boldsymbol{e}=[e,\dot{e},\cdots,e^{(n-1)}]^{\mathrm{T}}$,$\hat{\boldsymbol{e}}=[\hat{e},\dot{\hat{e}},\cdots,\hat{e}^{(n-1)}]^{\mathrm{T}}$,$\tilde{\boldsymbol{e}}=\boldsymbol{e}-\hat{\boldsymbol{e}}$。

控制任务 (基于模糊逻辑系统)在状态不完全可测的条件下,利用 $e=y_m-y$ 和状态向量的估计 $\hat{\boldsymbol{x}}$,设计直接自适应输出反馈模糊监督控制,使得闭环系统稳定,而且跟踪误差 $e=y_m-y$ 尽可能小。

6.2.2 模糊控制器的设计

如果系统(6.2.1)的状态向量 $\boldsymbol{x}$ 是完全可测的，那么由 2.2 节可知，设计直接自适应模糊状态反馈控制

$$u=\hat{u}(\boldsymbol{x}\mid\boldsymbol{\theta})+u_{\mathrm{s}}(\boldsymbol{x}) \tag{6.2.3}$$

式中，$\hat{u}(\boldsymbol{x}|\boldsymbol{\theta})=\boldsymbol{\theta}^{\mathrm{T}}\boldsymbol{\xi}(\boldsymbol{x})$ 是在线逼近下面控制器的模糊逻辑系统：

$$u^*(\boldsymbol{x})=\frac{1}{b}\left[-f(\boldsymbol{x})+y_{\mathrm{m}}^{(n)}+\boldsymbol{K}_{\mathrm{c}}^{\mathrm{T}}\boldsymbol{e}\right] \tag{6.2.4}$$

u_{s} 是一个监督控制器。如果取参数向量的自适应律为

$$\dot{\boldsymbol{\theta}}=\gamma\boldsymbol{e}^{\mathrm{T}}\boldsymbol{PB\xi}(\boldsymbol{x}) \tag{6.2.5}$$

根据定理 2.2 知道，整个模糊控制方案(6.2.3)和(6.2.5)可保证闭环系统稳定。

如果系统的状态变量 $\boldsymbol{x}$ 不可测，则设计直接自适应模糊控制器为

$$u=\hat{u}(\hat{\boldsymbol{x}}\mid\boldsymbol{\theta})+u_{\mathrm{s}}(\hat{\boldsymbol{x}}) \tag{6.2.6}$$

式中，$\hat{u}(\hat{\boldsymbol{x}}|\boldsymbol{\theta})=\boldsymbol{\theta}^{\mathrm{T}}\boldsymbol{\xi}(\hat{\boldsymbol{x}})$ 是用来逼近如下的控制器：

$$u^*(\boldsymbol{x})=\frac{1}{b}\left[-f(\boldsymbol{x})+y_{\mathrm{m}}^{(n)}+\boldsymbol{K}_{\mathrm{c}}^{\mathrm{T}}\hat{\boldsymbol{e}}\right] \tag{6.2.7}$$

$\boldsymbol{K}_{\mathrm{c}}^{\mathrm{T}}=[k_n^{\mathrm{c}},k_{n-1}^{\mathrm{c}},\cdots,k_1^{\mathrm{c}}]$ 是反馈增益，选择 $\boldsymbol{K}_{\mathrm{c}}$ 使得 $\boldsymbol{A}-\boldsymbol{BK}_{\mathrm{c}}^{\mathrm{T}}$ 是稳定的矩阵；u_{s} 是后面要给出的监督控制器。

把式(6.2.6)代入式(6.2.2)，经过简单的运算得到

$$\begin{aligned}x^{(n)}&=f(\boldsymbol{x})+b[\hat{u}(\hat{\boldsymbol{x}}\mid\boldsymbol{\theta})+u_{\mathrm{s}}(\hat{\boldsymbol{x}})]-bu^*(\boldsymbol{x})+bu^*(\boldsymbol{x})\\&=y_{\mathrm{m}}^{(n)}+\boldsymbol{K}_{\mathrm{c}}^{\mathrm{T}}\hat{\boldsymbol{e}}+bu_{\mathrm{s}}(\hat{\boldsymbol{x}})+b[\hat{u}(\hat{\boldsymbol{x}}\mid\boldsymbol{\theta})-u^*(\boldsymbol{x})]\end{aligned} \tag{6.2.8}$$

把式(6.2.7)代入式(6.2.8)得

$$\begin{cases}\dot{\boldsymbol{e}}=\boldsymbol{Ae}-\boldsymbol{BK}_{\mathrm{c}}^{\mathrm{T}}\hat{\boldsymbol{e}}+\boldsymbol{B}b[u^*(\boldsymbol{x})-\hat{u}(\hat{\boldsymbol{x}}\mid\boldsymbol{\theta})]-\boldsymbol{B}bu_{\mathrm{s}}(\hat{\boldsymbol{x}})\\e_0=\boldsymbol{C}^{\mathrm{T}}\boldsymbol{e}\end{cases} \tag{6.2.9}$$

式中，$e_0=e$。

为了估计状态 $\boldsymbol{x}$，设计跟踪误差的观测器为

$$\begin{cases}\dot{\hat{\boldsymbol{e}}}=\boldsymbol{A}\hat{\boldsymbol{e}}-\boldsymbol{BK}_{\mathrm{c}}^{\mathrm{T}}\hat{\boldsymbol{e}}+\boldsymbol{K}_0(e_0-\hat{e}_0)\\\hat{e}_0=\boldsymbol{C}^{\mathrm{T}}\hat{\boldsymbol{e}}\end{cases} \tag{6.2.10}$$

式中，$\boldsymbol{K}_0^{\mathrm{T}}=[k_1^0,k_2^0,\cdots,k_n^0]$ 是观测器增益矩阵，选择 $\boldsymbol{K}_0$ 使得 $\boldsymbol{A}-\boldsymbol{K}_0\boldsymbol{C}^{\mathrm{T}}$ 是稳定的矩阵。

由式(6.2.9)和式(6.2.10)得

$$\begin{cases}\dot{\tilde{\boldsymbol{e}}}=(\boldsymbol{A}-\boldsymbol{K}_0\boldsymbol{C}^{\mathrm{T}})\tilde{\boldsymbol{e}}+\boldsymbol{B}b[u^*(\boldsymbol{x})-\hat{u}(\hat{\boldsymbol{x}}\mid\boldsymbol{\theta})]-\boldsymbol{B}bu_{\mathrm{s}}(\hat{\boldsymbol{x}})\\\tilde{e}_0=\boldsymbol{C}^{\mathrm{T}}\tilde{\boldsymbol{e}}\end{cases} \tag{6.2.11}$$

考虑如下的 Lyapunov 函数：

$$V_1=\frac{1}{2b}\tilde{\boldsymbol{e}}^{\mathrm{T}}\boldsymbol{P}\tilde{\boldsymbol{e}} \tag{6.2.12}$$

式中，正定矩阵 $\boldsymbol{P}$ 满足如下的 Lyapunov 方程：

$$(\boldsymbol{A}-\boldsymbol{K}_0\boldsymbol{C}^{\mathrm{T}})^{\mathrm{T}}(\boldsymbol{A}-\boldsymbol{K}_0\boldsymbol{C}^{\mathrm{T}})=-\boldsymbol{Q}$$

求 V_1 对时间的导数,并由式(6.2.11)得

$$\begin{aligned}\dot{V}_1&=\frac{1}{2b}\dot{\tilde{\boldsymbol{e}}}^{\mathrm{T}}\boldsymbol{P}\tilde{\boldsymbol{e}}+\frac{1}{2b}\tilde{\boldsymbol{e}}^{\mathrm{T}}\boldsymbol{P}\dot{\tilde{\boldsymbol{e}}}\\&=-\frac{1}{2b}\tilde{\boldsymbol{e}}^{\mathrm{T}}\boldsymbol{Q}\tilde{\boldsymbol{e}}+\tilde{\boldsymbol{e}}^{\mathrm{T}}\boldsymbol{PB}[u^*(\boldsymbol{x})-\hat{u}(\hat{\boldsymbol{x}}\mid\boldsymbol{\theta})]-\tilde{\boldsymbol{e}}^{\mathrm{T}}\boldsymbol{PB}u_{\mathrm{s}}(\hat{\boldsymbol{x}})\\&\leqslant-\frac{1}{2b}\tilde{\boldsymbol{e}}^{\mathrm{T}}\boldsymbol{Q}\tilde{\boldsymbol{e}}+|\tilde{\boldsymbol{e}}^{\mathrm{T}}\boldsymbol{PB}|[|u^*(\boldsymbol{x})|+|\hat{u}(\hat{\boldsymbol{x}}\mid\boldsymbol{\theta})|]-\tilde{\boldsymbol{e}}^{\mathrm{T}}\boldsymbol{PB}u_{\mathrm{s}}(\hat{\boldsymbol{x}})\end{aligned}\tag{6.2.13}$$

为了使监督控制器 u_{s} 保证 $\dot{V}_1\leqslant 0$,需作如下的假设。

假设 6.3 存在一个函数 $f^{\mathrm{U}}(\boldsymbol{x})$ 和一个常数 b_{L},使得

$$|f(\boldsymbol{x})|\leqslant f^{\mathrm{U}}(\boldsymbol{x})\approx f^{\mathrm{U}}(\hat{\boldsymbol{x}}),\quad 0\leqslant b_{\mathrm{L}}\leqslant b$$

将监督控制器取为如下的形式:

$$u_{\mathrm{s}}(\hat{\boldsymbol{x}})=I_1^*\operatorname{sgn}(\tilde{\boldsymbol{e}}^{\mathrm{T}}\boldsymbol{PB})\left\{|\hat{u}(\hat{\boldsymbol{x}}\mid\boldsymbol{\theta})|+\frac{1}{b_{\mathrm{L}}}[|f^{\mathrm{U}}(\hat{\boldsymbol{x}})|+|y_{\mathrm{m}}^{(n)}|+|\boldsymbol{K}_{\mathrm{c}}^{\mathrm{T}}\hat{\boldsymbol{e}}|]\right\}\tag{6.2.14}$$

式中,如果 $V_1\geqslant\bar{V}$,则 $I_1^*=1$;如果 $V_1\leqslant\bar{V}$,则 $I_1^*=0$,$\bar{V}$ 是设计者给定的设计参数。

考虑 $V_1\geqslant\bar{V}$ 的情况,则有

$$\begin{aligned}V_1&\leqslant-\frac{1}{2b}\tilde{\boldsymbol{e}}^{\mathrm{T}}\boldsymbol{Q}\tilde{\boldsymbol{e}}+|\tilde{\boldsymbol{e}}^{\mathrm{T}}\boldsymbol{PB}|\Big[\frac{1}{b_{\mathrm{L}}}(|f^{\mathrm{U}}(\hat{\boldsymbol{x}})|+|y_{\mathrm{m}}^{(n)}|+|\boldsymbol{K}_{\mathrm{c}}^{\mathrm{T}}\hat{\boldsymbol{e}}|)\\&\qquad+|\hat{u}(\hat{\boldsymbol{x}}\mid\boldsymbol{\theta})|-|\hat{u}(\hat{\boldsymbol{x}}\mid\boldsymbol{\theta})|-\frac{1}{b_{\mathrm{L}}}(|f^{\mathrm{U}}(\hat{\boldsymbol{x}})|+|y_{\mathrm{m}}^{(n)}|+|\boldsymbol{K}_{\mathrm{c}}^{\mathrm{T}}\hat{\boldsymbol{e}}|)\Big]\\&\leqslant-\frac{1}{2b_{\mathrm{L}}}\tilde{\boldsymbol{e}}^{\mathrm{T}}\boldsymbol{Q}\tilde{\boldsymbol{e}}\leqslant 0\end{aligned}\tag{6.2.15}$$

由此可见,如果使用监督控制器 $u_{\mathrm{s}}(\hat{\boldsymbol{x}})$,总能保证 $V_1\leqslant\bar{V}$。又因为 $\boldsymbol{P}>0$,则 V_1 的有界性隐含着 $\tilde{\boldsymbol{e}}$ 的有界性。根据式(6.2.9),$\tilde{\boldsymbol{e}}$ 的有界性隐含着 $\hat{\boldsymbol{e}}$ 的有界性,进而隐含着 $\boldsymbol{x}$ 的有界性。

6.2.3 模糊自适应算法

首先定义参数向量 $\boldsymbol{\theta}$ 的最优参数向量 $\boldsymbol{\theta}^*$:

$$\boldsymbol{\theta}^*=\arg\min_{\boldsymbol{\theta}\in\Omega}\{\sup_{\boldsymbol{x}\in U_1,\hat{\boldsymbol{x}}\in U_2}|u^*(\boldsymbol{x})-u(\hat{\boldsymbol{x}}\mid\boldsymbol{\theta})|\}\tag{6.2.16}$$

定义模糊最小逼近误差

$$w=u^*(\boldsymbol{x})-\hat{u}(\hat{\boldsymbol{x}}\mid\boldsymbol{\theta})\tag{6.2.17}$$

把 $\hat{u}(\hat{\boldsymbol{x}}|\boldsymbol{\theta})=\boldsymbol{\theta}^{\mathrm{T}}\boldsymbol{\xi}(\hat{\boldsymbol{x}})$ 代入式(6.2.11)得

$$\begin{cases}\dot{\tilde{\boldsymbol{e}}}=(\boldsymbol{A}-\boldsymbol{K}_0\boldsymbol{C}^{\mathrm{T}})\tilde{\boldsymbol{e}}+\boldsymbol{B}b[\tilde{\boldsymbol{\theta}}^{\mathrm{T}}\boldsymbol{\xi}(\hat{\boldsymbol{x}})+w]-\boldsymbol{B}bu_{\mathrm{s}}(\hat{\boldsymbol{x}})\\\tilde{e}_0=\boldsymbol{C}^{\mathrm{T}}\tilde{\boldsymbol{e}}\end{cases}\tag{6.2.18}$$

式中,$\tilde{\boldsymbol{\theta}}=\boldsymbol{\theta}^*-\boldsymbol{\theta}$ 是参数误差向量。

假设 6.4 设 $\hat{\boldsymbol{P}}$ 和 $\boldsymbol{P}$ 是满足下面矩阵方程的正定解:

$$(\boldsymbol{A}-\boldsymbol{B}\boldsymbol{K}_c^{\mathrm{T}})^{\mathrm{T}}\hat{\boldsymbol{P}}+\hat{\boldsymbol{P}}(\boldsymbol{A}-\boldsymbol{B}\boldsymbol{K}_c^{\mathrm{T}})+2\hat{\boldsymbol{P}}\boldsymbol{K}_c\boldsymbol{K}_c^{\mathrm{T}}\hat{\boldsymbol{P}}=-\boldsymbol{Q} \tag{6.2.19}$$

$$\begin{cases}(\boldsymbol{A}-\boldsymbol{K}_0\boldsymbol{C}^{\mathrm{T}})^{\mathrm{T}}\boldsymbol{P}+\boldsymbol{P}(\boldsymbol{A}-\boldsymbol{K}_0\boldsymbol{C}^{\mathrm{T}})^{\mathrm{T}}+2\boldsymbol{C}\boldsymbol{C}^{\mathrm{T}}=-\boldsymbol{Q}_1\\ \boldsymbol{P}\boldsymbol{B}=\boldsymbol{C}\end{cases} \tag{6.2.20}$$

注意到 $\tilde{\boldsymbol{e}}^{\mathrm{T}}\boldsymbol{P}\boldsymbol{B}=\boldsymbol{C}^{\mathrm{T}}\tilde{\boldsymbol{e}}=\tilde{e}_0$，$\tilde{e}_0=y_{\mathrm{m}}-y-\hat{e}_0$ 是可以利用的，而且假设矩阵方程(6.2.19)和(6.2.20)存在正定矩阵，所以，设计监督控制器 $u_{\mathrm{s}}(\hat{\boldsymbol{x}})$ 和参数向量 $\boldsymbol{\theta}$ 的自适应律分别为

$$u=\hat{u}(\hat{\boldsymbol{x}}\mid\boldsymbol{\theta})+u_{\mathrm{s}}(\hat{\boldsymbol{x}}) \tag{6.2.21}$$

$$u_{\mathrm{s}}(\hat{\boldsymbol{x}})=I_1^*\,\mathrm{sgn}(\tilde{\boldsymbol{e}}^{\mathrm{T}}\boldsymbol{P}\boldsymbol{B})\left[\mid\hat{u}(\hat{\boldsymbol{x}}\mid\boldsymbol{\theta})\mid+\frac{1}{b_{\mathrm{L}}}(\mid f^{\mathrm{U}}(\hat{\boldsymbol{x}})\mid+\mid y_{\mathrm{m}}^{(n)}\mid+\mid\boldsymbol{K}_c^{\mathrm{T}}\hat{\boldsymbol{e}}\mid)\right] \tag{6.2.22}$$

$$\dot{\boldsymbol{\theta}}=\gamma\tilde{\boldsymbol{e}}^{\mathrm{T}}\boldsymbol{P}\boldsymbol{B}\boldsymbol{\xi}(\hat{\boldsymbol{x}})=\gamma\tilde{e}_0\boldsymbol{\xi}(\hat{\boldsymbol{x}}) \tag{6.2.23}$$

式中，$\gamma>0$ 为学习律。

为了保证 $\|\boldsymbol{\theta}\|\leqslant M$，这里 M 是设计者选择的设计参数，使用投影算法来修正自适应律(6.2.23)如下：

$$\dot{\boldsymbol{\theta}}=\begin{cases}\gamma\tilde{\boldsymbol{e}}^{\mathrm{T}}\boldsymbol{P}\boldsymbol{B}\boldsymbol{\xi}(\hat{\boldsymbol{x}}), & \|\boldsymbol{\theta}\|<M\\ & \text{或}\ \|\boldsymbol{\theta}\|=M\ \text{且}\ \tilde{\boldsymbol{e}}^{\mathrm{T}}\boldsymbol{P}\boldsymbol{B}\boldsymbol{\theta}^{\mathrm{T}}\boldsymbol{\xi}(\hat{\boldsymbol{x}})\leqslant 0\\ P_r[\gamma\tilde{\boldsymbol{e}}^{\mathrm{T}}\boldsymbol{P}\boldsymbol{B}\boldsymbol{\xi}(\hat{\boldsymbol{x}})], & \|\boldsymbol{\theta}\|=M\ \text{且}\ \gamma\tilde{\boldsymbol{e}}^{\mathrm{T}}\boldsymbol{P}\boldsymbol{B}\boldsymbol{\xi}(\hat{\boldsymbol{x}})>0\end{cases} \tag{6.2.24}$$

式中，$P_r[\cdot]$为投影算子，其定义为

$$P_r[\gamma\tilde{\boldsymbol{e}}^{\mathrm{T}}\boldsymbol{P}\boldsymbol{B}\boldsymbol{\xi}(\hat{\boldsymbol{x}})]=\gamma\tilde{\boldsymbol{e}}^{\mathrm{T}}\boldsymbol{P}\boldsymbol{B}\boldsymbol{\xi}(\hat{\boldsymbol{x}})-\gamma\tilde{\boldsymbol{e}}^{\mathrm{T}}\boldsymbol{P}\boldsymbol{B}\frac{\boldsymbol{\theta}\boldsymbol{\theta}^{\mathrm{T}}\boldsymbol{\xi}(\hat{\boldsymbol{x}})}{\|\boldsymbol{\theta}\|^2} \tag{6.2.25}$$

直接自适应输出反馈模糊控制的控制方案由图 6-8 给出。

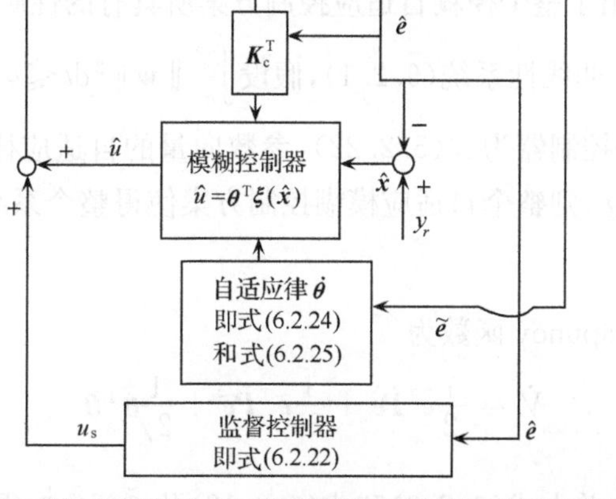

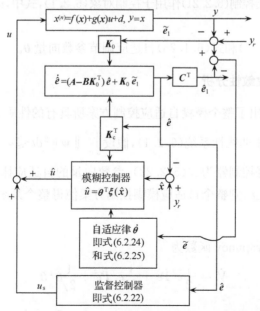

图 6-8　直接自适应输出反馈模糊控制的控制方案的总体框图

直接自适应输出反馈模糊监督控制器的设计步骤如下：

步骤 1 离线预处理。

(1) 确定反馈和观测增益矩阵 $\boldsymbol{K}_c$ 和 $\boldsymbol{K}_0$ 使得矩阵 $\boldsymbol{A}-\boldsymbol{B}\boldsymbol{K}_c^{\mathrm{T}}$ 和 $\boldsymbol{A}-\boldsymbol{K}_0\boldsymbol{C}^{\mathrm{T}}$ 的特征根都在左半开平面内。

(2) 给定正定矩阵 $\boldsymbol{Q}$ 和 $\boldsymbol{Q}_1$，解 Lyapunov 方程(6.2.19)和(6.2.20)，求出正定矩阵 $\hat{\boldsymbol{P}}$ 和 $\boldsymbol{P}$。

(3) 根据实际问题，确定出设计参数 M。

步骤 2 构造模糊控制器。

(1) 建立模糊规则基：它是由下面的 N 条模糊推理规则构成

R^i：如果 $\hat{x}_1$ 是 F_1^i，$\hat{x}_2$ 是 F_2^i，…，$\hat{x}_n$ 是 F_n^i，则 y 是 B_i，$i=1,2,\cdots,N$

(2) 构造模糊基函数

$$\xi_i(\hat{x}_1,\cdots,\hat{x}_n)=\frac{\prod_{j=1}^{n}\mu_{F_j^i}(\hat{x}_j)}{\sum_{i=1}^{N}\left[\prod_{j=1}^{n}\mu_{F_j^i}(\hat{x}_j)\right]}$$

做一个 N 维向量 $\boldsymbol{\xi}(\hat{\boldsymbol{x}})=[\xi_1,\cdots,\xi_N]^{\mathrm{T}}$，并构造成模糊逻辑系统

$$u(\hat{\boldsymbol{x}}\mid\boldsymbol{\theta})=\boldsymbol{\theta}^{\mathrm{T}}\boldsymbol{\xi}(\hat{\boldsymbol{x}})$$

(3) 利用模糊逻辑系统构造模糊控制器(6.2.21)和(6.2.22)。

步骤 3 在线自适应调节。

(1) 将输出反馈控制(6.2.21)作用于控制对象(6.2.1)，式中，u 取为式(6.2.21)，u_s 取为式(6.2.22)。

(2) 用式(6.2.24)和式(6.1.25)自适应调节参数向量 $\boldsymbol{\theta}$。

6.2.4 稳定性与收敛性分析

下面的定理给出了整个模糊自适应控制方案所具有的性质。

定理 6.2 对于非线性系统(6.2.1)，假设 $\int_0^{\infty}\|\boldsymbol{w}\|^2\mathrm{d}t\leqslant\infty$，采用模糊控制器为式(6.2.21)，监督控制器为式(5.2.22)，参数向量的自适应律为式(5.2.24)，如果假设 6.3、6.4 成立，则整个自适应模糊控制方案使得整个系统稳定，而且 $\lim_{t\to\infty}\hat{\boldsymbol{e}}=\boldsymbol{0}$，$\lim_{t\to\infty}\tilde{\boldsymbol{e}}=\boldsymbol{0}$。

证明 选择 Lyapunov 函数为

$$\dot{V}=\frac{1}{2}\hat{\boldsymbol{e}}^{\mathrm{T}}\hat{\boldsymbol{P}}\hat{\boldsymbol{e}}+\frac{1}{2b}\tilde{\boldsymbol{e}}^{\mathrm{T}}\boldsymbol{P}\tilde{\boldsymbol{e}}+\frac{1}{2\gamma}\tilde{\boldsymbol{\theta}}^{\mathrm{T}}\tilde{\boldsymbol{\theta}} \tag{6.2.26}$$

求 V 对时间的导数，并由式(6.2.9)和式(6.2.18)及 $\dot{\tilde{\boldsymbol{\theta}}}=-\dot{\boldsymbol{\theta}}$，得到

$$\begin{aligned}\dot{V}=&\frac{1}{2}\hat{\boldsymbol{e}}^{\mathrm{T}}[(\boldsymbol{A}-\boldsymbol{B}\boldsymbol{K}_{\mathrm{c}}^{\mathrm{T}})^{\mathrm{T}}\hat{\boldsymbol{P}}+\hat{\boldsymbol{P}}(\boldsymbol{A}-\boldsymbol{B}\boldsymbol{K}_{\mathrm{c}}^{\mathrm{T}})]\hat{\boldsymbol{e}}+\hat{\boldsymbol{e}}^{\mathrm{T}}\hat{\boldsymbol{P}}\boldsymbol{K}_0\boldsymbol{C}^{\mathrm{T}}\tilde{\boldsymbol{e}}\\&+\frac{1}{2b}\tilde{\boldsymbol{e}}^{\mathrm{T}}[(\boldsymbol{A}-\boldsymbol{K}_0\boldsymbol{C}^{\mathrm{T}})^{\mathrm{T}}(\boldsymbol{A}-\boldsymbol{K}_0\boldsymbol{C}^{\mathrm{T}})]\tilde{\boldsymbol{e}}\\&+\tilde{\boldsymbol{e}}^{\mathrm{T}}\boldsymbol{P}\boldsymbol{B}\boldsymbol{w}-\tilde{\boldsymbol{e}}^{\mathrm{T}}\boldsymbol{P}\boldsymbol{B}u_{\mathrm{s}}+\tilde{\boldsymbol{e}}^{\mathrm{T}}\boldsymbol{P}\boldsymbol{B}\tilde{\boldsymbol{\theta}}^{\mathrm{T}}\boldsymbol{\xi}(\hat{\boldsymbol{x}})-\frac{1}{\gamma}\dot{\boldsymbol{\theta}}^{\mathrm{T}}\tilde{\boldsymbol{\theta}}\\\leqslant&\frac{1}{2}\hat{\boldsymbol{e}}^{\mathrm{T}}[(\boldsymbol{A}-\boldsymbol{B}\boldsymbol{K}_{\mathrm{c}}^{\mathrm{T}})^{\mathrm{T}}\hat{\boldsymbol{P}}+\hat{\boldsymbol{P}}(\boldsymbol{A}-\boldsymbol{B}\boldsymbol{K}_{\mathrm{c}}^{\mathrm{T}})]\hat{\boldsymbol{e}}+\hat{\boldsymbol{e}}^{\mathrm{T}}\hat{\boldsymbol{P}}\boldsymbol{K}_0\boldsymbol{K}_0^{\mathrm{T}}\hat{\boldsymbol{P}}\hat{\boldsymbol{e}}+\tilde{\boldsymbol{e}}^{\mathrm{T}}\boldsymbol{C}\boldsymbol{C}^{\mathrm{T}}\tilde{\boldsymbol{e}}\\&+\frac{1}{2b}\tilde{\boldsymbol{e}}^{\mathrm{T}}[(\boldsymbol{A}-\boldsymbol{K}_0\boldsymbol{C}^{\mathrm{T}})^{\mathrm{T}}(\boldsymbol{A}-\boldsymbol{K}_0\boldsymbol{C}^{\mathrm{T}})]\tilde{\boldsymbol{e}}\\&+\tilde{\boldsymbol{e}}^{\mathrm{T}}\boldsymbol{P}\boldsymbol{B}\boldsymbol{w}-\tilde{\boldsymbol{e}}^{\mathrm{T}}\boldsymbol{P}\boldsymbol{B}u_{\mathrm{s}}+\tilde{\boldsymbol{e}}^{\mathrm{T}}\boldsymbol{P}\boldsymbol{B}\tilde{\boldsymbol{\theta}}^{\mathrm{T}}\boldsymbol{\xi}(\hat{\boldsymbol{x}})-\frac{1}{\gamma}\dot{\boldsymbol{\theta}}^{\mathrm{T}}\tilde{\boldsymbol{\theta}}\\=&\frac{1}{2}\hat{\boldsymbol{e}}^{\mathrm{T}}[(\boldsymbol{A}-\boldsymbol{B}\boldsymbol{K}_{\mathrm{c}}^{\mathrm{T}})^{\mathrm{T}}\hat{\boldsymbol{P}}+\hat{\boldsymbol{P}}(\boldsymbol{A}-\boldsymbol{B}\boldsymbol{K}_{\mathrm{c}}^{\mathrm{T}})+2\hat{\boldsymbol{P}}\boldsymbol{K}_0\boldsymbol{K}_0^{\mathrm{T}}\hat{\boldsymbol{P}}]\hat{\boldsymbol{e}}\\&+\frac{1}{2b}\tilde{\boldsymbol{e}}^{\mathrm{T}}[(\boldsymbol{A}-\boldsymbol{K}_0\boldsymbol{C}^{\mathrm{T}})^{\mathrm{T}}(\boldsymbol{A}-\boldsymbol{K}_0\boldsymbol{C}^{\mathrm{T}})+\boldsymbol{C}\boldsymbol{C}^{\mathrm{T}}]\tilde{\boldsymbol{e}}\\&+\tilde{\boldsymbol{e}}^{\mathrm{T}}\boldsymbol{P}\boldsymbol{B}\boldsymbol{w}-\tilde{\boldsymbol{e}}^{\mathrm{T}}\boldsymbol{P}\boldsymbol{B}u_{\mathrm{s}}+\tilde{\boldsymbol{e}}^{\mathrm{T}}\boldsymbol{P}\boldsymbol{B}\tilde{\boldsymbol{\theta}}^{\mathrm{T}}\boldsymbol{\xi}(\hat{\boldsymbol{x}})-\frac{1}{\gamma}\dot{\boldsymbol{\theta}}^{\mathrm{T}}\tilde{\boldsymbol{\theta}}\end{aligned}\tag{6.2.27}$$

由于 $\tilde{\boldsymbol{e}}^{\mathrm{T}}\boldsymbol{P}\boldsymbol{B}u_{\mathrm{s}}\geqslant 0$，把式(6.2.19)和式(6.2.20)及 $\dot{\boldsymbol{\theta}}$ 的表达式代入式(6.2.27)得

$$\dot{V}\leqslant-\frac{1}{2}\hat{\boldsymbol{e}}^{\mathrm{T}}\boldsymbol{Q}\hat{\boldsymbol{e}}-\frac{1}{2b_{\mathrm{L}}}\hat{\boldsymbol{e}}^{\mathrm{T}}\boldsymbol{Q}_1\tilde{\boldsymbol{e}}+\tilde{\boldsymbol{e}}^{\mathrm{T}}\boldsymbol{P}\boldsymbol{B}\boldsymbol{w}\tag{6.2.28}$$

对式(6.2.28)进行数学处理得

$$\begin{aligned}\dot{V}=&-\frac{1}{2}\hat{\boldsymbol{e}}^{\mathrm{T}}\boldsymbol{Q}\hat{\boldsymbol{e}}-\frac{1}{2b_{\mathrm{L}}}\tilde{\boldsymbol{e}}^{\mathrm{T}}\boldsymbol{Q}_1\tilde{\boldsymbol{e}}+\frac{1}{2}\tilde{\boldsymbol{e}}^{\mathrm{T}}\tilde{\boldsymbol{e}}\\&-\frac{1}{2}(\tilde{\boldsymbol{e}}^{\mathrm{T}}\tilde{\boldsymbol{e}}-2\tilde{\boldsymbol{e}}^{\mathrm{T}}\boldsymbol{P}\boldsymbol{B}\boldsymbol{w}+\boldsymbol{w}^{\mathrm{T}}\boldsymbol{B}^{\mathrm{T}}\boldsymbol{P}\boldsymbol{P}\boldsymbol{B}\boldsymbol{w})+\frac{1}{2}\boldsymbol{w}^{\mathrm{T}}\boldsymbol{B}^{\mathrm{T}}\boldsymbol{P}\boldsymbol{P}\boldsymbol{B}\boldsymbol{w}\\\leqslant&-\frac{\lambda_{\min}(\boldsymbol{Q})}{2}\|\tilde{\boldsymbol{e}}\|^2-\frac{\lambda_{\min}(\boldsymbol{Q}_1)^{-1}}{2b_{\mathrm{L}}}\|\tilde{\boldsymbol{e}}\|^2+\frac{1}{2}\|\boldsymbol{P}\boldsymbol{B}\boldsymbol{w}\|^2\end{aligned}\tag{6.2.29}$$

令 $\alpha=\min\left\{\frac{\lambda_{\min}(\boldsymbol{Q})}{2},\frac{\lambda_{\min}(\boldsymbol{Q})-1}{2b_{\mathrm{L}}}\right\}$，$\beta=\|\boldsymbol{P}\boldsymbol{B}\|$，$\boldsymbol{E}^{\mathrm{T}}=[\hat{\boldsymbol{e}}^{\mathrm{T}},\tilde{\boldsymbol{e}}^{\mathrm{T}}]$，则式(6.2.28)变成

$$\dot{V}=-\alpha\|\boldsymbol{E}\|^2+\beta\|\boldsymbol{w}\|^2\tag{6.2.30}$$

对上式从 0 到 t 积分得

$$\int_0^t\|\boldsymbol{E}\|^2\mathrm{d}t\leqslant\frac{1}{\alpha}V(0)+\frac{\alpha}{\beta}\int_0^t\|\boldsymbol{w}\|^2\mathrm{d}t\tag{6.2.31}$$

如果 $\boldsymbol{w}\in L_2$，则从式(6.2.31)得 $\boldsymbol{E}\in L_2$，由于 $\dot{\boldsymbol{E}}\in L_\infty$，根据 Barbalet 引理推出 $\lim\limits_{t\to\infty}\boldsymbol{E}=\boldsymbol{0}$，进而得到 $\lim\limits_{t\to\infty}\hat{\boldsymbol{e}}=\boldsymbol{0}$ 和 $\lim\limits_{t\to\infty}\tilde{\boldsymbol{e}}=\boldsymbol{0}$。定理成立。

6.2.5　仿真

例 6.2　考虑如下的非线性系统：

$$\begin{cases} \dot{x}_1 = x_2 \\ \dot{x}_2 = -0.1x_2 - x_1^3 + 12\cos t + u + d \\ y = x_1 \end{cases} \tag{6.2.32}$$

式中，$f=-0.1x_2-x_1^3+12\cos t$；$b=1$；d 为振幅为±1、周期为 2π 的方波。

如果 $u=0$，则系统是混沌的。应用 6.2 节设计的方法来控制系统(6.2.32)的两个状态分别跟踪参考信号 $y_m(t)=\sin t$，$\dot{y}_m=\cos t$。很显然，满足假设 6.3 条件的 f^U 和 b_L 为

$$f^U(x_1,x_2) = 12 + |x_1|^3 \approx 12 + |\hat{x}_1|^3 = f^U(\hat{x}_1,\hat{x}_2)$$
$$b_L = 0.6$$

为变量 $\hat{x}_1$ 和 $\hat{x}_2$ 定义下面的隶属函数：

$$\mu_{N_1}(\hat{x}_i) = 1/\{1+\exp[5(\hat{x}_i+2)]\}, \quad \mu_{N_2}(\hat{x}_i) = \exp[-(\hat{x}_i+1.5)^2]$$
$$\mu_{N_3}(\hat{x}_i) = \exp[-(\hat{x}_i+0.5)^2], \quad \mu_{P_1}(\hat{x}_i) = \exp[-(\hat{x}_i-0.5)^2]$$
$$\mu_{P_2}(\hat{x}_i) = \exp[-(\hat{x}_i-1.5)^2], \quad \mu_{P_3}(\hat{x}_i) = 1/\{1+\exp[-5(\hat{x}_i-2)]\}$$

观测器和反馈增益矩阵分别选为 $\boldsymbol{K}_0^T=[89,184]$，$\boldsymbol{K}_c^T=[1,2]$；给定正定矩阵 $\boldsymbol{Q}=\begin{bmatrix}10 & 13\\13 & 28\end{bmatrix}$，$\boldsymbol{Q}_1=\begin{bmatrix}10 & 0\\0 & 10\end{bmatrix}$。通过解矩阵方程(6.2.19)和(6.2.20)中的第一行，得到正定矩阵 $\hat{\boldsymbol{P}}$ 和 $\boldsymbol{P}$。取 $\gamma=83$，$\bar{V}=1.5$，初始条件为 $x_1(0)=x_2(0)=2$，$\hat{x}_1(0)=\hat{x}_2(0)=3.5$，$\theta(0)=0$。图 6-9 和图 6-10 给出了仿真结果。

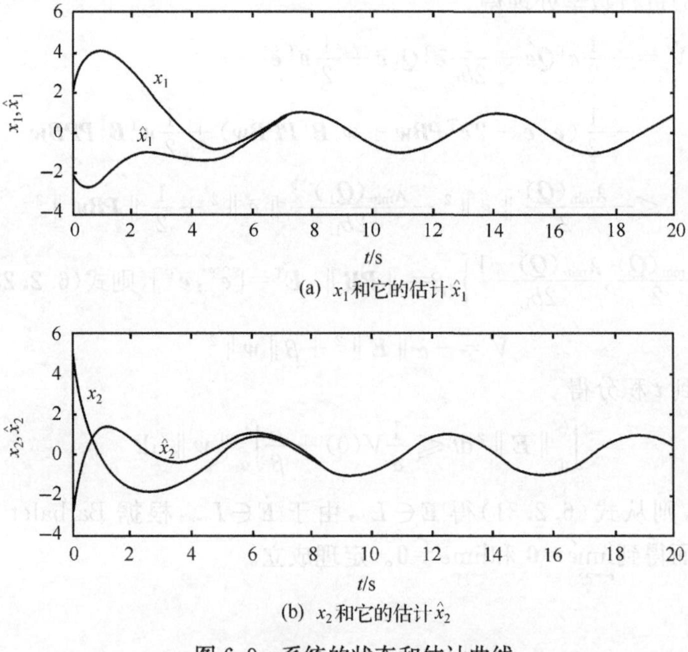

(a) x_1 和它的估计 $\hat{x}_1$

(b) x_2 和它的估计 $\hat{x}_2$

图 6-9　系统的状态和估计曲线

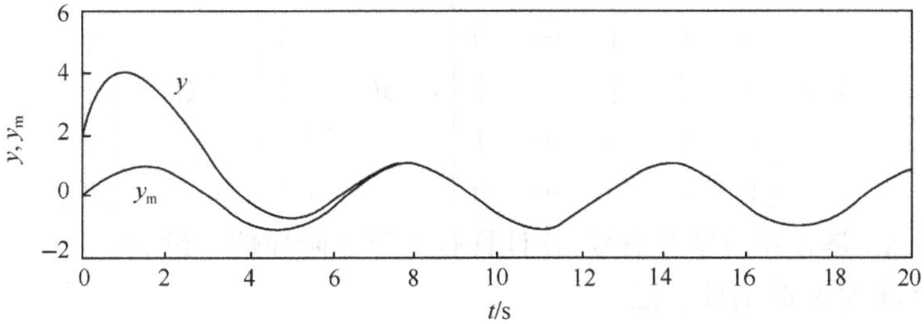

(a) 输出 y 和 y_m

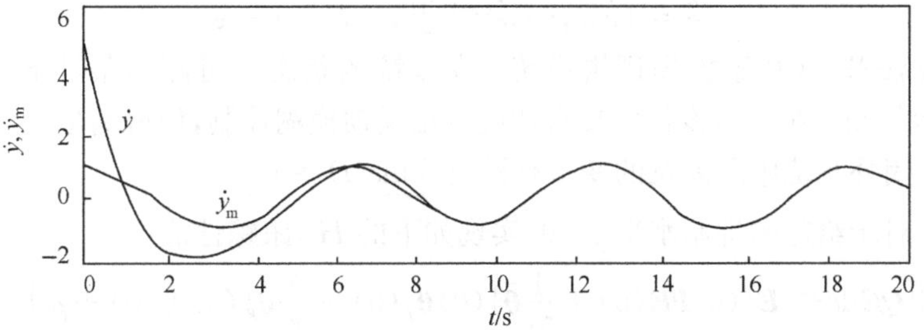

(b) $\dot{y}$ 和 $\dot{y}_m$

图 6-10 输出跟踪及其参考信号曲线

6.3 间接自适应输出反馈模糊 H_∞ 控制

本节针对一类单输入单输出状态不可测的非线性不确定系统，首先设计一种误差观测器，然后按照第 3 章的思想，设计一种基于误差观测器的间接自适应输出反馈模糊控制，并给出控制系统的稳定性分析。

6.3.1 被控对象模型及控制问题的描述

考虑如下的非线性系统：

$$\begin{cases} x^{(n)} = f(x,\dot{x},\cdots,x^{(n-1)}) + g(x,\dot{x},\cdots,x^{(n-1)})u \\ y = x \end{cases} \tag{6.3.1}$$

式中，f 和 g 是连续的未知函数；$\boldsymbol{x}=[x,\dot{x},\cdots,x^{(n-1)}]^{\mathrm{T}}\in\mathbf{R}^n$ 是系统的状态向量；$u\in\mathbf{R}$ 和 $y\in\mathbf{R}$ 分别是系统的输入和输出。假设对于 $\boldsymbol{x}\in U_x\subset\mathbf{R}$，$g(\boldsymbol{x})\neq 0$，式中，$U_x$ 是一个有界闭集。

把式(6.3.1)写成等价的形式：

$$\begin{cases} \dot{\boldsymbol{x}} = \boldsymbol{A}\boldsymbol{x} + \boldsymbol{B}[f(\boldsymbol{x}) + g(\boldsymbol{x})u] \\ y = \boldsymbol{C}^{\mathrm{T}}\boldsymbol{x} \end{cases} \tag{6.3.2}$$

式中

$$A=\begin{bmatrix}0&1&0&\cdots&0\\0&0&1&\cdots&0\\\vdots&\vdots&\vdots&&\vdots\\0&0&0&\cdots&1\\0&0&0&\cdots&0\end{bmatrix},\quad B=\begin{bmatrix}0\\0\\\vdots\\0\\1\end{bmatrix},\quad C=\begin{bmatrix}1\\0\\\vdots\\0\\0\end{bmatrix}$$

假设 y_m 是有界的参考信号,并且具有 1 至 n 阶导数。设 $e=y_m-y$ 是系统的跟踪误差,$\hat{\boldsymbol{x}}$ 是 $\boldsymbol{x}$ 的估计。记

$$\boldsymbol{y}_m=[y_m,\dot{y}_m,\cdots,y_m^{(n-1)}]^T,\quad \boldsymbol{e}=[e,\dot{e},\cdots,e^{(n-1)}]^T$$

$$\hat{\boldsymbol{e}}=[\hat{e},\dot{\hat{e}},\cdots,\hat{e}^{(n-1)}]^T,\quad \tilde{\boldsymbol{e}}=\boldsymbol{e}-\hat{\boldsymbol{e}}$$

控制任务 (基于模糊逻辑系统)在系统的状态不可测的条件下,利用 $e=y_m-y$和状态的估计 $\hat{\boldsymbol{x}}$,设计间接自适应输出反馈模糊控制,使得满足下列条件:

(1) 闭环系统中所涉及的变量有界,且$\lim\limits_{t\to\infty}e(t)=0$。

(2) 对于给定的抑制水平 $\rho>0$,实现如下的 H_∞ 跟踪性能:

$$\int_0^T \boldsymbol{E}^T\boldsymbol{Q}\boldsymbol{E}\,dt\leqslant \boldsymbol{E}^T(0)\boldsymbol{P}\boldsymbol{E}(0)+\frac{1}{\gamma_1}\tilde{\boldsymbol{\theta}}_f^T(0)\tilde{\boldsymbol{\theta}}_f(0)+\frac{1}{\gamma_2}\tilde{\boldsymbol{\theta}}_g^T(0)\boldsymbol{\theta}_g(0)+\rho^2\int_0^T w^2\,dt \tag{6.3.3}$$

式中,$\boldsymbol{Q}=\boldsymbol{Q}^T\geqslant 0,\boldsymbol{P}=\boldsymbol{P}^T\geqslant 0,\boldsymbol{E}^T=[\hat{\boldsymbol{e}}^T,\tilde{\boldsymbol{e}}^T]$。

6.3.2 模糊 H_∞ 控制器的设计

如果系统(6.3.1)的状态向量 $\boldsymbol{x}$ 是完全可测的,那么由 3.1 节知,设计间接自适应状态反馈 H_∞ 模糊控制器:

$$u=\frac{1}{\hat{g}(\boldsymbol{x}\mid\boldsymbol{\theta}_g)}\left[-\hat{f}(\boldsymbol{x}\mid\boldsymbol{\theta}_f)+y_m^{(n)}+\boldsymbol{K}_c^T\boldsymbol{e}+\frac{1}{r}\boldsymbol{B}^T\boldsymbol{P}\boldsymbol{e}^T\right] \tag{6.3.4}$$

式中,$\boldsymbol{K}_c^T=[k_n^c,k_{n-1}^c,\cdots,k_1^c]^T$ 是使得矩阵 $\boldsymbol{A}-\boldsymbol{B}\boldsymbol{K}_c^T$ 稳定的反馈增益矩阵,$r>0$。

取参数向量 $\boldsymbol{\theta}_f,\boldsymbol{\theta}_g$ 的自适应律:

$$\dot{\boldsymbol{\theta}}_f=-\gamma_1\boldsymbol{e}^T\boldsymbol{P}\boldsymbol{B}\boldsymbol{\xi}(\boldsymbol{x}) \tag{6.3.5}$$

$$\dot{\boldsymbol{\theta}}_g=-\gamma_2\boldsymbol{e}^T\boldsymbol{P}\boldsymbol{B}\boldsymbol{\xi}(\boldsymbol{x})u \tag{6.3.6}$$

式中,$\boldsymbol{P}>\boldsymbol{P}^T>0$ 满足黎卡提方程

$$(\boldsymbol{A}-\boldsymbol{B}\boldsymbol{K}_c)^T\boldsymbol{P}+\boldsymbol{P}(\boldsymbol{A}-\boldsymbol{B}\boldsymbol{K}_c)-\boldsymbol{P}\boldsymbol{B}\left(\frac{2}{r}-\frac{1}{\rho^2}\right)\boldsymbol{B}^T\boldsymbol{P}=-\boldsymbol{Q} \tag{6.3.7}$$

定理 3.1 已经证明了整个自适应模糊控制方案(6.3.4)~(6.3.6)能够实现控制任务。

如果系统的状态变量 $\boldsymbol{x}$ 不可测,则设计模糊控制器:

$$u=\frac{1}{\hat{g}(\hat{\boldsymbol{x}}\mid\boldsymbol{\theta}_g)}\left[-\hat{f}(\hat{\boldsymbol{x}}\mid\boldsymbol{\theta}_f)+y_m^{(n)}+\boldsymbol{K}_c^T\hat{\boldsymbol{e}}-u_a-u_s\right] \tag{6.3.8}$$

式中,$\hat{f}(\hat{\boldsymbol{x}}|\boldsymbol{\theta}_f)=\boldsymbol{\theta}_f^T\boldsymbol{\xi}(\hat{\boldsymbol{x}})$;$\hat{g}(\hat{\boldsymbol{x}}|\boldsymbol{\theta}_g)=\boldsymbol{\theta}_g^T\boldsymbol{\xi}(\hat{\boldsymbol{x}})$;$u_a$ 是 H_∞ 鲁棒控制项;u_s 是跟踪误差

估计反馈控制，关于 u_a 和 u_s 的表达式将在后面给出。将式(6.3.8)代入式(6.3.2)得

$$\begin{cases} \dot{\boldsymbol{e}} = \boldsymbol{A}\boldsymbol{e} - \boldsymbol{B}\boldsymbol{K}_c^{\mathrm{T}}\hat{\boldsymbol{e}} + \boldsymbol{B}u_a + \boldsymbol{B}u_s + \boldsymbol{B}\{[\hat{f}(\hat{\boldsymbol{x}} \mid \boldsymbol{\theta}_f) - f(\boldsymbol{x})] \\ \qquad + [\hat{g}(\hat{\boldsymbol{x}} \mid \boldsymbol{\theta}_g) - g(\boldsymbol{x})]u\} \\ e_0 = \boldsymbol{C}^{\mathrm{T}}\boldsymbol{e} \end{cases} \tag{6.3.9}$$

式中，$e_0 = e = y_m - y$。

为了估计状态向量，设计误差观测器：

$$\begin{cases} \dot{\hat{\boldsymbol{e}}} = \boldsymbol{A}\hat{\boldsymbol{e}} - \boldsymbol{B}\boldsymbol{K}_c^{\mathrm{T}}\hat{\boldsymbol{e}} + \boldsymbol{K}_0(e_0 - \hat{e}_0) \\ \hat{e}_0 = \boldsymbol{C}^{\mathrm{T}}\hat{\boldsymbol{e}} \end{cases} \tag{6.3.10}$$

式中，$\boldsymbol{K}_0^{\mathrm{T}} = [k_1^0, k_2^0, \cdots, k_n^0]$是观测器增益矩阵，选择 $\boldsymbol{K}_0$ 使得 $\boldsymbol{A} - \boldsymbol{K}_0\boldsymbol{C}^{\mathrm{T}}$ 是稳定的矩阵。

定义观测误差为 $\tilde{\boldsymbol{e}} = \boldsymbol{e} - \hat{\boldsymbol{e}}$，由式(6.3.9)和式(6.3.10)得

$$\begin{cases} \dot{\tilde{\boldsymbol{e}}} = (\boldsymbol{A} - \boldsymbol{K}_0\boldsymbol{C}^{\mathrm{T}})\tilde{\boldsymbol{e}} + \boldsymbol{B}u_a + \boldsymbol{B}u_s + \boldsymbol{B}\{\hat{f}(\hat{\boldsymbol{x}} \mid \boldsymbol{\theta}_f) \\ \qquad - f(\boldsymbol{x}) + [\hat{g}(\hat{\boldsymbol{x}} \mid \boldsymbol{\theta}_g) - g(\boldsymbol{x})]u\} \\ \tilde{e}_0 = \boldsymbol{C}^{\mathrm{T}}\tilde{\boldsymbol{e}} \end{cases} \tag{6.3.11}$$

6.3.3 模糊自适应算法

定义参数向量 $\boldsymbol{\theta}_f$ 和 $\boldsymbol{\theta}_g$ 的最优参数 $\boldsymbol{\theta}_f^*$ 和 $\boldsymbol{\theta}_g^*$：

$$\begin{cases} \boldsymbol{\theta}_f^* = \arg\min\limits_{\boldsymbol{\theta}_f \in \Omega_1}\{\sup\limits_{x \in U_1, \hat{x} \in U_2} | f(\boldsymbol{x}) - \hat{f}(\hat{\boldsymbol{x}} \mid \boldsymbol{\theta}_f) |\} \\ \boldsymbol{\theta}_g^* = \arg\min\limits_{\boldsymbol{\theta}_g \in \Omega_2}\{\sup\limits_{x \in U_1, \hat{x} \in U_2} | g(\boldsymbol{x}) - \hat{g}(\hat{\boldsymbol{x}} \mid \boldsymbol{\theta}_g) |\} \end{cases} \tag{6.3.12}$$

式中，U_1, U_2, Ω_1 和 Ω_2 为有界闭集，具体定义如下：

$$U_1 = \{\boldsymbol{x} \in \mathbf{R}^n : \| \boldsymbol{x} \| \leqslant M_1\}, \quad U_2 = \{\hat{\boldsymbol{x}} \in \mathbf{R}^n : \| \hat{\boldsymbol{x}} \| \leqslant M_2\}$$

$$\Omega_1 = \{\boldsymbol{\theta}_f \in \mathbf{R}^N : \| \boldsymbol{\theta}_f \| \leqslant M_f\}, \quad \Omega_2 = \{\boldsymbol{\theta}_g \in \mathbf{R}^N : \| \boldsymbol{\theta}_g \| \leqslant M_g\}$$

这里 M_1, M_2, M_f 和 M_g 是给定的设计参数。

定义模糊最小逼近误差为

$$\begin{aligned} w = & [\hat{f}(\hat{\boldsymbol{x}} \mid \boldsymbol{\theta}_f^*) - \hat{f}(\boldsymbol{x} \mid \boldsymbol{\theta}_f^*)] + [\hat{f}(\boldsymbol{x} \mid \boldsymbol{\theta}_f^*) - f(\boldsymbol{x})] \\ & + \{[\hat{g}(\hat{\boldsymbol{x}} \mid \boldsymbol{\theta}_g^*) - \hat{g}(\boldsymbol{x} \mid \boldsymbol{\theta}_g^*)] + [\hat{g}(\boldsymbol{x} \mid \boldsymbol{\theta}_g^*) - g(\boldsymbol{x})]\}u \end{aligned} \tag{6.3.13}$$

根据式(6.3.13)，式(6.3.11)可以重新写成

$$\begin{cases} \dot{\tilde{\boldsymbol{e}}} = (\boldsymbol{A} - \boldsymbol{K}_0\boldsymbol{C}^{\mathrm{T}})\tilde{\boldsymbol{e}} + \boldsymbol{B}u_a + \boldsymbol{B}u_s + \boldsymbol{B}\{[\hat{f}(\hat{\boldsymbol{x}} \mid \boldsymbol{\theta}_f) - \hat{f}(\hat{\boldsymbol{x}} \mid \boldsymbol{\theta}_f^*)] \\ \qquad + [\hat{g}(\hat{\boldsymbol{x}} \mid \boldsymbol{\theta}_g) - \hat{g}(\hat{\boldsymbol{x}} \mid \boldsymbol{\theta}_g^*)]u + w\} \\ \tilde{e}_0 = \boldsymbol{C}^{\mathrm{T}}\tilde{\boldsymbol{e}} \end{cases} \tag{6.3.14}$$

把 $\hat{f}(\hat{\boldsymbol{x}}|\boldsymbol{\theta}_f) = \boldsymbol{\theta}_f^{\mathrm{T}}\boldsymbol{\xi}(\hat{\boldsymbol{x}})$，$\hat{g}(\hat{\boldsymbol{x}}|\boldsymbol{\theta}_g) = \boldsymbol{\theta}_g^{\mathrm{T}}\boldsymbol{\xi}(\hat{\boldsymbol{x}})$代入式(6.3.14)得

$$\begin{cases} \dot{\tilde{\boldsymbol{e}}} = (\boldsymbol{A} - \boldsymbol{K}_0\boldsymbol{C}^{\mathrm{T}})\tilde{\boldsymbol{e}} + \boldsymbol{B}[\tilde{\boldsymbol{\theta}}_f^{\mathrm{T}}\boldsymbol{\xi}(\hat{\boldsymbol{x}}) + \tilde{\boldsymbol{\theta}}_g^{\mathrm{T}}\boldsymbol{\xi}(\hat{\boldsymbol{x}})u + u_a + u_s + w] \\ \tilde{e}_0 = \boldsymbol{C}^{\mathrm{T}}\tilde{\boldsymbol{e}} \end{cases} \tag{6.3.15}$$

式中,$\tilde{\boldsymbol{\theta}}_f=\boldsymbol{\theta}_f-\boldsymbol{\theta}_f^*$ 和 $\tilde{\boldsymbol{\theta}}_g=\boldsymbol{\theta}_g-\boldsymbol{\theta}_g^*$ 是参数向量误差。

假设 6.5 设 $\boldsymbol{P}_1$ 和 $\boldsymbol{P}_2$ 满足的矩阵方程的正定解

$$(\boldsymbol{A}-\boldsymbol{B}\boldsymbol{K}_c^{\mathrm{T}})^{\mathrm{T}}\boldsymbol{P}_1+\boldsymbol{P}_1(\boldsymbol{A}-\boldsymbol{B}\boldsymbol{K}_c^{\mathrm{T}})=-\boldsymbol{Q}_1 \tag{6.3.16}$$

$$\begin{cases}(\boldsymbol{A}-\boldsymbol{K}_0\boldsymbol{C}^{\mathrm{T}})^{\mathrm{T}}\boldsymbol{P}_2+\boldsymbol{P}_2(\boldsymbol{A}-\boldsymbol{K}_0\boldsymbol{C}^{\mathrm{T}})-\boldsymbol{P}_0\boldsymbol{B}\left(\dfrac{2}{r}-\dfrac{1}{\rho^2}\right)\boldsymbol{B}^{\mathrm{T}}\boldsymbol{P}_2=-\boldsymbol{Q}_2\\ \boldsymbol{P}_2\boldsymbol{B}=\boldsymbol{C}\end{cases} \tag{6.3.17}$$

式中,$\boldsymbol{Q}_1$ 和 $\boldsymbol{Q}_2$ 预先给定的半正定矩阵,$r\leqslant 2\rho^2$。

根据式(6.3.17),有 $\tilde{\boldsymbol{e}}^{\mathrm{T}}\boldsymbol{P}_2\boldsymbol{B}=\boldsymbol{C}^{\mathrm{T}}\tilde{\boldsymbol{e}}=\tilde{e}_0$,而 $\tilde{e}_0=y_{\mathrm{m}}-y-\hat{e}_0$ 是可以利用的,所以设计 u_{a},u_{s} 和参数向量 $\boldsymbol{\theta}_f$,$\boldsymbol{\theta}_g$ 的自适应律如下:

$$u_{\mathrm{a}}=-\frac{1}{r}\boldsymbol{B}^{\mathrm{T}}\boldsymbol{P}_2\tilde{\boldsymbol{e}}=-\frac{1}{r}\tilde{e}_0 \tag{6.3.18}$$

$$u_{\mathrm{s}}=-\boldsymbol{K}_0^{\mathrm{T}}\boldsymbol{P}_1\hat{\boldsymbol{e}} \tag{6.3.19}$$

$$\dot{\boldsymbol{\theta}}_f=-\gamma_1\tilde{\boldsymbol{e}}^{\mathrm{T}}\boldsymbol{P}_2\boldsymbol{B}\boldsymbol{\xi}(\hat{\boldsymbol{x}})=-\gamma_1\tilde{e}_0\boldsymbol{\xi}(\hat{\boldsymbol{x}}) \tag{6.3.20}$$

$$\dot{\boldsymbol{\theta}}_g=-\gamma_2\tilde{\boldsymbol{e}}^{\mathrm{T}}\boldsymbol{P}_2\boldsymbol{B}\boldsymbol{\xi}(\hat{\boldsymbol{x}})u=-\gamma_2\tilde{e}_0\boldsymbol{\xi}(\hat{\boldsymbol{x}})u \tag{6.3.21}$$

式中,$\gamma_1>0$,$\gamma_2>0$。

为了在控制中保证参数的有界性,应用 3.1 节中的投影算法,采用如下的自适应律来调节参数 $\boldsymbol{\theta}_f$ 和 $\boldsymbol{\theta}_g$:

$$\dot{\boldsymbol{\theta}}_f=\begin{cases}-\gamma_1\tilde{\boldsymbol{e}}^{\mathrm{T}}\boldsymbol{P}\boldsymbol{B}\boldsymbol{\xi}(\hat{\boldsymbol{x}}), & \|\boldsymbol{\theta}_f\|<M_f\\ & \text{或 } \|\boldsymbol{\theta}_f\|=M_f \text{ 且 } \tilde{\boldsymbol{e}}^{\mathrm{T}}\boldsymbol{P}\boldsymbol{B}\boldsymbol{\theta}_f^{\mathrm{T}}\boldsymbol{\xi}(\hat{\boldsymbol{x}})\leqslant 0\\ P_f[-\gamma_1\tilde{\boldsymbol{e}}^{\mathrm{T}}\boldsymbol{P}\boldsymbol{B}\boldsymbol{\xi}(\hat{\boldsymbol{x}})], & \|\boldsymbol{\theta}_f\|=M_f \text{ 且 } \tilde{\boldsymbol{e}}^{\mathrm{T}}\boldsymbol{P}\boldsymbol{B}\boldsymbol{\theta}_f^{\mathrm{T}}\boldsymbol{\xi}(\hat{\boldsymbol{x}})>0\end{cases} \tag{6.3.22}$$

$$\dot{\boldsymbol{\theta}}_g=\begin{cases}-\gamma_2\tilde{\boldsymbol{e}}^{\mathrm{T}}\boldsymbol{P}\boldsymbol{B}\boldsymbol{\xi}(\hat{\boldsymbol{x}})u, & \|\boldsymbol{\theta}_g\|<M_g\\ & \text{或 } \|\boldsymbol{\theta}_g\|=M_g \text{ 且 } \tilde{\boldsymbol{e}}^{\mathrm{T}}\boldsymbol{P}\boldsymbol{B}\boldsymbol{\theta}_g^{\mathrm{T}}\boldsymbol{\xi}(\hat{\boldsymbol{x}})u\leqslant 0\\ P_g[-\gamma_2\tilde{\boldsymbol{e}}^{\mathrm{T}}\boldsymbol{P}\boldsymbol{B}\boldsymbol{\xi}(\hat{\boldsymbol{x}})u], & \|\boldsymbol{\theta}_g\|=M_g \text{ 且 } \tilde{\boldsymbol{e}}^{\mathrm{T}}\boldsymbol{P}\boldsymbol{B}\boldsymbol{\theta}_g^{\mathrm{T}}\boldsymbol{\xi}(\hat{\boldsymbol{x}})u>0\end{cases} \tag{6.3.23}$$

式中

$$P_f[-\gamma_1\tilde{\boldsymbol{e}}^{\mathrm{T}}\boldsymbol{P}\boldsymbol{B}\boldsymbol{\xi}(\hat{\boldsymbol{x}})]=-\gamma_1\tilde{\boldsymbol{e}}^{\mathrm{T}}\boldsymbol{P}\boldsymbol{B}\boldsymbol{\xi}(\hat{\boldsymbol{x}})+\gamma_1\boldsymbol{e}^{\mathrm{T}}\boldsymbol{P}\boldsymbol{B}\frac{\boldsymbol{\theta}_f\boldsymbol{\theta}_f^{\mathrm{T}}\boldsymbol{\xi}(\hat{\boldsymbol{x}})}{\|\boldsymbol{\theta}_f\|^2} \tag{6.3.24}$$

$$P_g[-\gamma_2\tilde{\boldsymbol{e}}^{\mathrm{T}}\boldsymbol{P}\boldsymbol{B}\boldsymbol{\xi}(\hat{\boldsymbol{x}})u]=-\gamma_2\tilde{\boldsymbol{e}}^{\mathrm{T}}\boldsymbol{P}\boldsymbol{B}\boldsymbol{\xi}(\hat{\boldsymbol{x}})u+\gamma_1\tilde{\boldsymbol{e}}^{\mathrm{T}}\boldsymbol{P}\boldsymbol{B}\frac{\boldsymbol{\theta}_g\boldsymbol{\theta}_g^{\mathrm{T}}\boldsymbol{\xi}(\hat{\boldsymbol{x}})u}{\|\boldsymbol{\theta}_g\|^2} \tag{6.3.25}$$

图 6-11 给出了这种间接自适应输出反馈模糊控制器的总体框图。

这种间接自适应输出反馈模糊控制器的设计步骤如下:

步骤 1 离线预处理。

(1) 确定反馈和观测增益矩阵 $\boldsymbol{K}_c$ 和 $\boldsymbol{K}_0$ 使得矩阵 $\boldsymbol{A}-\boldsymbol{B}\boldsymbol{K}_c^{\mathrm{T}}$ 和 $\boldsymbol{A}-\boldsymbol{K}_0\boldsymbol{C}^{\mathrm{T}}$ 的特征根都在左半开平面内。

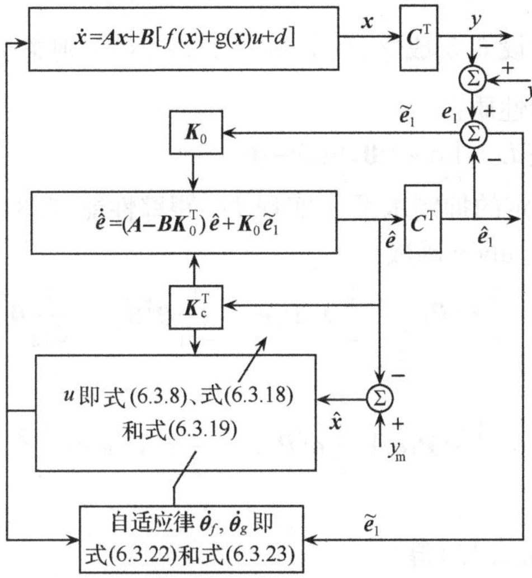

图 6-11　间接自适应输出反馈模糊控制的总体框图

(2) 给定正定矩阵 $\boldsymbol{Q}_1$ 和 $\boldsymbol{Q}_2$，解矩阵方程(6.3.16)和(6.3.17)，求出正定矩阵 $\boldsymbol{P}_1$ 和 $\boldsymbol{P}_2$。

(3) 根据实际问题，确定出设计参数 M_f 和 M_g。

步骤 2　构造模糊控制器。

(1) 建立模糊规则基：它是由下面的 N 条模糊推理规则构成

R^i：如果 $\hat{x}_1$ 是 F_1^i，$\hat{x}_2$ 是 F_2^i，…，$\hat{x}_n$ 是 F_n^i，则 y 是 B_i，$i=1,2,\cdots,N$

(2) 构造模糊基函数

$$\xi_i(\hat{x}_1,\cdots,\hat{x}_n)=\frac{\prod_{j=1}^{n}\mu_{F_j^i}(\hat{x}_j)}{\sum_{i=1}^{N}\left[\prod_{j=1}^{n}\mu_{F_j^i}(\hat{x}_j)\right]}$$

做一个 N 维向量 $\boldsymbol{\xi}(\hat{\boldsymbol{x}})=[\xi_1,\cdots,\xi_N]^T$，并构造成模糊逻辑系统

$$\hat{f}(\hat{\boldsymbol{x}}\mid\boldsymbol{\theta}_f)=\boldsymbol{\theta}_f^T\boldsymbol{\xi}(\hat{\boldsymbol{x}}),\quad \hat{g}(\hat{\boldsymbol{x}}\mid\boldsymbol{\theta}_g)=\boldsymbol{\theta}_g^T\boldsymbol{\xi}(\hat{\boldsymbol{x}})$$

步骤 3　在线自适应调节。

(1) 将反馈控制(6.3.18)作用于控制对象(6.3.2)，式中，u_a 取为式(6.3.18)，取 u_s 取为式(6.3.19)。

(2) 用式(6.3.22)～式(6.3.25)自适应调节参数向量 $\boldsymbol{\theta}_f$，$\boldsymbol{\theta}_g$。

6.3.4　稳定性与收敛性分析

下面的定理给出了整个自适应输出反馈模糊控制方案所具有的性质。

定理 6.3　考虑非线性系统(6.3.2)，模糊控制器取为式(6.3.8)，u_a 取为

式(6.3.18)，u_s 取为式(6.3.19)，参数向量的自适应律取为式(6.3.22)～式(6.3.25)。如果假设 6.5 成立，且 $\int_0^\infty w^2(t)\mathrm{d}t<\infty$，则整个自适应输出反馈模糊控制方案具有下列性质：

(1) $\hat{\boldsymbol{x}},\boldsymbol{x},\boldsymbol{e},\hat{\boldsymbol{e}},u\in L_\infty,\lim\limits_{t\to\infty}\boldsymbol{e}=\boldsymbol{0},\lim\limits_{t\to\infty}\tilde{\boldsymbol{e}}=\boldsymbol{0}$。

(2) 对于预先给定的抑制水平 ρ，实现 H_∞ 跟踪性能(6.3.4)。

证明 考虑 Lyapunov 函数

$$V=\frac{1}{2}\hat{\boldsymbol{e}}^{\mathrm{T}}\boldsymbol{P}_1\hat{\boldsymbol{e}}+\frac{1}{2}\tilde{\boldsymbol{e}}^{\mathrm{T}}\boldsymbol{P}_2\tilde{\boldsymbol{e}}+\frac{1}{2\gamma_1}\tilde{\boldsymbol{\theta}}_f^{\mathrm{T}}\tilde{\boldsymbol{\theta}}_f+\frac{1}{2\gamma_2}\tilde{\boldsymbol{\theta}}_g^{\mathrm{T}}\tilde{\boldsymbol{\theta}}_g \tag{6.3.26}$$

求 V 对时间的导数：

$$\dot{V}=\frac{1}{2}\dot{\hat{\boldsymbol{e}}}^{\mathrm{T}}\boldsymbol{P}_1\hat{\boldsymbol{e}}+\frac{1}{2}\hat{\boldsymbol{e}}^{\mathrm{T}}\boldsymbol{P}_1\dot{\hat{\boldsymbol{e}}}+\frac{1}{2}\dot{\tilde{\boldsymbol{e}}}^{\mathrm{T}}\boldsymbol{P}_2\tilde{\boldsymbol{e}}+\frac{1}{2}\tilde{\boldsymbol{e}}^{\mathrm{T}}\boldsymbol{P}_2\dot{\tilde{\boldsymbol{e}}}+\frac{1}{\gamma_1}\dot{\tilde{\boldsymbol{\theta}}}_f^{\mathrm{T}}\tilde{\boldsymbol{\theta}}_f+\frac{1}{\gamma_2}\dot{\tilde{\boldsymbol{\theta}}}_g^{\mathrm{T}}\tilde{\boldsymbol{\theta}}_g \tag{6.3.27}$$

由式(6.3.10)和式(6.3.15)得

$$\begin{aligned}\dot{V}=&\frac{1}{2}\hat{\boldsymbol{e}}^{\mathrm{T}}[(\boldsymbol{A}-\boldsymbol{B}\boldsymbol{K}_{\mathrm{c}}^{\mathrm{T}})^{\mathrm{T}}\boldsymbol{P}_1+\boldsymbol{P}_1(\boldsymbol{A}-\boldsymbol{B}\boldsymbol{K}_{\mathrm{c}}^{\mathrm{T}})]\hat{\boldsymbol{e}}+(\hat{\boldsymbol{e}}^{\mathrm{T}}\boldsymbol{P}_1\boldsymbol{K}_0\boldsymbol{C}^{\mathrm{T}}\tilde{\boldsymbol{e}}+\tilde{\boldsymbol{e}}^{\mathrm{T}}\boldsymbol{P}_2\boldsymbol{B}u_{\mathrm{s}})\\&+\frac{1}{2}\tilde{\boldsymbol{e}}^{\mathrm{T}}(\boldsymbol{A}^{\mathrm{T}}\boldsymbol{P}_2+\boldsymbol{P}_2\boldsymbol{A}^{\mathrm{T}})\tilde{\boldsymbol{e}}+\tilde{\boldsymbol{e}}^{\mathrm{T}}\boldsymbol{P}_2\boldsymbol{B}u_{\mathrm{a}}+\tilde{\boldsymbol{e}}^{\mathrm{T}}\boldsymbol{P}_2\boldsymbol{B}u_{\mathrm{s}}\\&+\left(\tilde{\boldsymbol{e}}^{\mathrm{T}}\boldsymbol{P}_2\boldsymbol{B}\tilde{\boldsymbol{\theta}}_f^{\mathrm{T}}\boldsymbol{\xi}(\hat{\boldsymbol{x}})+\frac{1}{\gamma_1}\dot{\boldsymbol{\theta}}_f^{\mathrm{T}}\tilde{\boldsymbol{\theta}}_f\right)+\left(\tilde{\boldsymbol{e}}^{\mathrm{T}}\boldsymbol{P}_2\boldsymbol{B}\tilde{\boldsymbol{\theta}}_f^{\mathrm{T}}\boldsymbol{\xi}(\hat{\boldsymbol{x}})u+\frac{1}{\gamma_2}\dot{\boldsymbol{\theta}}_g^{\mathrm{T}}\tilde{\boldsymbol{\theta}}_g\right)\end{aligned} \tag{6.3.28}$$

根据 $u_{\mathrm{s}}=-\boldsymbol{K}_0^{\mathrm{T}}\boldsymbol{P}_1\hat{\boldsymbol{e}}$ 和 $\boldsymbol{P}_2\boldsymbol{B}=\boldsymbol{C}$，得

$$\tilde{\boldsymbol{e}}^{\mathrm{T}}\boldsymbol{P}_2\boldsymbol{B}u_{\mathrm{s}}=-\tilde{\boldsymbol{e}}^{\mathrm{T}}\boldsymbol{P}_2\boldsymbol{B}\boldsymbol{K}_0^{\mathrm{T}}\boldsymbol{P}_1\hat{\boldsymbol{e}}=-\tilde{\boldsymbol{e}}^{\mathrm{T}}\boldsymbol{C}\boldsymbol{K}_0^{\mathrm{T}}\boldsymbol{P}_1\hat{\boldsymbol{e}}=-\hat{\boldsymbol{e}}^{\mathrm{T}}\boldsymbol{P}_1\boldsymbol{K}_0\boldsymbol{C}^{\mathrm{T}}\tilde{\boldsymbol{e}} \tag{6.3.29}$$

把式(6.3.16)、式(6.3.17)、式(6.3.22)和式(6.3.23)代入式(6.3.28)得

$$\begin{aligned}\dot{V}\leqslant&\frac{1}{2}\hat{\boldsymbol{e}}^{\mathrm{T}}[(\boldsymbol{A}-\boldsymbol{B}\boldsymbol{K}_{\mathrm{c}}^{\mathrm{T}})^{\mathrm{T}}\boldsymbol{P}_1+\boldsymbol{P}_1(\boldsymbol{A}-\boldsymbol{B}\boldsymbol{K}_{\mathrm{c}}^{\mathrm{T}})]\hat{\boldsymbol{e}}\\&+\frac{1}{2}\tilde{\boldsymbol{e}}^{\mathrm{T}}\left(\boldsymbol{A}^{\mathrm{T}}\boldsymbol{P}_2+\boldsymbol{P}_2\boldsymbol{A}^{\mathrm{T}}-\frac{2}{r}\boldsymbol{P}_2\boldsymbol{B}\boldsymbol{B}^{\mathrm{T}}\boldsymbol{P}_2\right)\tilde{\boldsymbol{e}}+\tilde{\boldsymbol{e}}^{\mathrm{T}}\boldsymbol{P}_2\boldsymbol{B}w\\\leqslant&-\frac{1}{2}\hat{\boldsymbol{e}}^{\mathrm{T}}\boldsymbol{Q}_1\hat{\boldsymbol{e}}-\frac{1}{2}\tilde{\boldsymbol{e}}^{\mathrm{T}}\boldsymbol{Q}_2\tilde{\boldsymbol{e}}-\frac{1}{2\rho_2}\tilde{\boldsymbol{e}}^{\mathrm{T}}\boldsymbol{P}_2\boldsymbol{B}\boldsymbol{B}^{\mathrm{T}}\boldsymbol{P}_2\tilde{\boldsymbol{e}}\\&+\frac{1}{2}(w^{\mathrm{T}}\boldsymbol{B}^{\mathrm{T}}\boldsymbol{P}\tilde{\boldsymbol{e}}+\tilde{\boldsymbol{e}}^{\mathrm{T}}\boldsymbol{P}_2\boldsymbol{B}^{\mathrm{T}}w)\\=&-\frac{1}{2}\hat{\boldsymbol{e}}^{\mathrm{T}}\boldsymbol{Q}_1\hat{\boldsymbol{e}}-\frac{1}{2}\tilde{\boldsymbol{e}}^{\mathrm{T}}\boldsymbol{Q}_2\tilde{\boldsymbol{e}}+\frac{1}{2}\rho^2w^2\\&-\frac{1}{2}\left(\frac{1}{\rho}\boldsymbol{B}^{\mathrm{T}}\boldsymbol{P}_2\tilde{\boldsymbol{e}}-\rho w\right)^{\mathrm{T}}\left(\frac{1}{\rho}\boldsymbol{B}^{\mathrm{T}}\boldsymbol{P}_2\tilde{\boldsymbol{e}}-\rho w\right)\\\leqslant&-\frac{1}{2}\hat{\boldsymbol{e}}^{\mathrm{T}}\boldsymbol{Q}_1\hat{\boldsymbol{e}}-\frac{1}{2}\tilde{\boldsymbol{e}}^{\mathrm{T}}\boldsymbol{Q}_2\tilde{\boldsymbol{e}}+\frac{1}{2}\rho^2w^2\end{aligned} \tag{6.3.30}$$

记 $\boldsymbol{Q}=\mathrm{diag}(\boldsymbol{Q}_1,\boldsymbol{Q}_2),\boldsymbol{E}^{\mathrm{T}}=[\hat{\boldsymbol{e}}^{\mathrm{T}},\tilde{\boldsymbol{e}}^{\mathrm{T}}]$，则式(6.3.30)变成

$$\dot{V}\leqslant-\frac{1}{2}\boldsymbol{E}^{\mathrm{T}}\boldsymbol{Q}\boldsymbol{E}+\frac{1}{2}\rho^2w^2 \tag{6.3.31}$$

由于 $w\in L_2$，类似于定理 2.1，能够推出 $\boldsymbol{e},\hat{\boldsymbol{e}},\hat{\boldsymbol{x}},\boldsymbol{x},u\in L_\infty$，并且有 $\lim\limits_{t\to\infty}\hat{\boldsymbol{e}}=\boldsymbol{0}$，$\lim\limits_{t\to\infty}\tilde{\boldsymbol{e}}=\boldsymbol{0}$。

对式(6.3.31)从 $t=0$ 到 $t=T$ 进行积分得

$$V(T)-V(0)\leqslant -\frac{1}{2}\int_0^T \boldsymbol{E}^{\mathrm{T}}\boldsymbol{Q}\boldsymbol{E}\,\mathrm{d}t+\frac{1}{2}\rho^2\int_0^T w^2\,\mathrm{d}t \tag{6.3.32}$$

记 $\boldsymbol{P}=\mathrm{diag}(\boldsymbol{P}_1,\boldsymbol{P}_2)$，由于 $V(T)\geqslant 0$，式(6.3.32)意味着

$$\frac{1}{2}\int_0^T \boldsymbol{E}^{\mathrm{T}}\boldsymbol{Q}\boldsymbol{E}\,\mathrm{d}t\leqslant \frac{1}{2}\boldsymbol{E}^{\mathrm{T}}(0)\boldsymbol{P}\boldsymbol{E}(0)+\frac{1}{2\gamma_1}\tilde{\boldsymbol{\theta}}_f^{\mathrm{T}}(0)\tilde{\boldsymbol{\theta}}_f(0)+\frac{1}{2\gamma_2}\tilde{\boldsymbol{\theta}}_g^{\mathrm{T}}(0)\tilde{\boldsymbol{\theta}}_g(0)+\frac{1}{2}\rho^2\int_0^T w^2\,\mathrm{d}t \tag{6.3.33}$$

因此，实现 H_∞ 跟踪性能(6.3.3)。

6.3.5 仿真

例 6.3 考虑倒立摆控制问题，其动态方程如下：

$$\begin{cases}\begin{bmatrix}\dot{x}_1\\ \dot{x}_2\end{bmatrix}=\begin{bmatrix}0 & 1\\ 0 & 0\end{bmatrix}\begin{bmatrix}x_1\\ x_2\end{bmatrix}+\begin{bmatrix}0\\ 1\end{bmatrix}[f(x_1)+g(x_1)u+d]\\ y=\begin{bmatrix}1 & 0\end{bmatrix}\begin{bmatrix}x_1\\ x_2\end{bmatrix}\end{cases} \tag{6.3.34}$$

式中

$$f(x_1)=\frac{mlx_2\sin x_1\cos x_1-(M+m)g\sin x_1}{ml\cos^2 x_1-\dfrac{4}{3}l(M+m)}$$

$$g(x_1)=\frac{-\cos x_1}{ml\cos^2 x_1-\dfrac{4}{3}l(M+m)}$$

参数取为 $g=9.8\mathrm{m/s^2}$，$m=0.1\mathrm{kg}$，$M=1\mathrm{kg}$，$l=0.5\mathrm{m}$。外界干扰是振幅为±1、周期为 π 的方波。给定参考信号为 $y_{\mathrm{m}}=\frac{\pi}{30}\sin t$。为变量 x_1,x_2 选取的隶属函数

$$\mu_{F_i^1}(x_i)=1/\{1+\exp[5(x_i+0.6)]\},\quad \mu_{F_i^2}(x_i)=\exp[-(x_i+0.4)^2]$$

$$\mu_{F_i^3}(x_i)=\exp[-(x_i+0.2)^2],\quad \mu_{F_i^4}(x_i)=\exp(-x_i^2)$$

$$\mu_{F_i^5}(x_i)=\exp[-(x_i-0.2)^2],\quad \mu_{F_i^6}(x_i)=\exp[-(x_i-0.4)^2]$$

$$\mu_{F_i^7}(x_i)=\frac{1}{1+\exp[-5(x_i-0.6)]}$$

定义模糊推理规则为

$$R^j：\text{如果 } x_1 \text{ 是 } F_1^j \text{ 且 } x_2 \text{ 是 } F_2^j\text{，则 } y \text{ 是 } G^j,\ j=1,2,\cdots,7$$

令

$$D=\sum_{j=1}^{7}\prod_{i=1}^{2}\mu_{F_i^j}(x_i),\quad \boldsymbol{\xi}(\boldsymbol{x})=\left[\frac{\mu_{F_1^1}\mu_{F_2^1}}{D},\cdots,\frac{\mu_{F_1^7}\mu_{F_2^7}}{D}\right]$$

$$\boldsymbol{\theta}_f=[\theta_{1f},\cdots,\theta_{7f}]^{\mathrm{T}},\quad \boldsymbol{\theta}_g=[\theta_{1g},\cdots,\theta_{7g}]^{\mathrm{T}}$$

从而获得模糊逻辑系统

$$\hat{f}(\hat{\boldsymbol{x}} \mid \boldsymbol{\theta}_f) = \boldsymbol{\theta}_f^{\mathrm{T}}\boldsymbol{\xi}(\hat{\boldsymbol{x}}), \quad \hat{g}(\hat{\boldsymbol{x}} \mid \boldsymbol{\theta}_g) = \boldsymbol{\theta}_g^{\mathrm{T}}\boldsymbol{\xi}(\hat{\boldsymbol{x}})$$

给定正定矩阵 $\boldsymbol{Q}_1=\boldsymbol{Q}_2=\mathrm{diag}(10,10)$,选择反馈和观测器增益矩阵为 $\boldsymbol{K}_c^{\mathrm{T}}=[100,10]$,$\boldsymbol{K}_0^{\mathrm{T}}=[40,700]$,$\rho=0.01$,解矩阵方程(6.3.16),(6.3.17)中的第一个方程得

$$\boldsymbol{P}_1=\begin{bmatrix} 51 & 0.05 \\ 0.05 & 0.504 \end{bmatrix}, \quad \boldsymbol{P}_2=\begin{bmatrix} 74 & -5 \\ -5 & 0.46 \end{bmatrix}$$

初始条件为 $x_1(0)=x_2(0)=0.2$;$\hat{x}_2(0)=\hat{x}_1(0)=1.5$;$\boldsymbol{\theta}_f(0)=\mathbf{0}$,$\boldsymbol{\theta}_g(0)=0.2\boldsymbol{I}_{7\times 1}$,学习律取为 $\gamma_1=70$,$\gamma_2=0.5$。仿真结果如图6-12～图 6-14 所示。

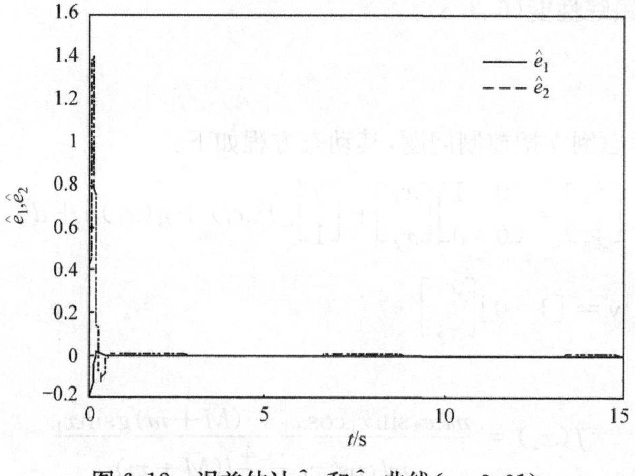

图 6-12　误差估计 $\hat{e}_1$ 和 $\hat{e}_2$ 曲线($\rho=0.01$)

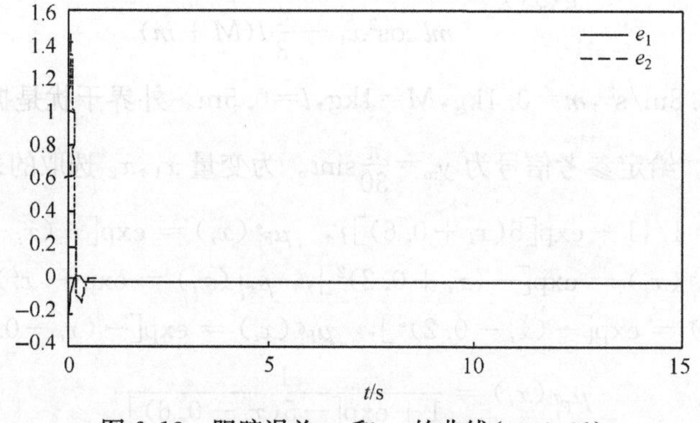

图 6-13　跟踪误差 e_1 和 e_2 的曲线($\rho=0.01$)

为了解释抑制水平 ρ 的大小对跟踪性能的影响,取 $\rho=0.05$,仿真结果如图 6-15～图 6-17 给出。从如图 6-15～图 6-17 可以看出,如果 ρ 越大,跟踪误差越小,但控制量增大。

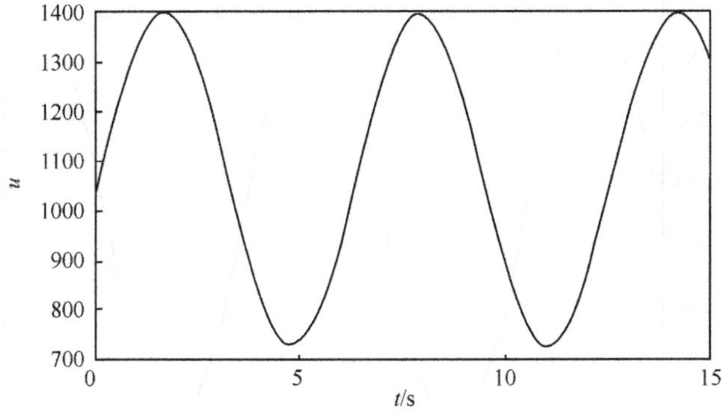

图 6-14　控制输入 u 的曲线(ρ=0.01)

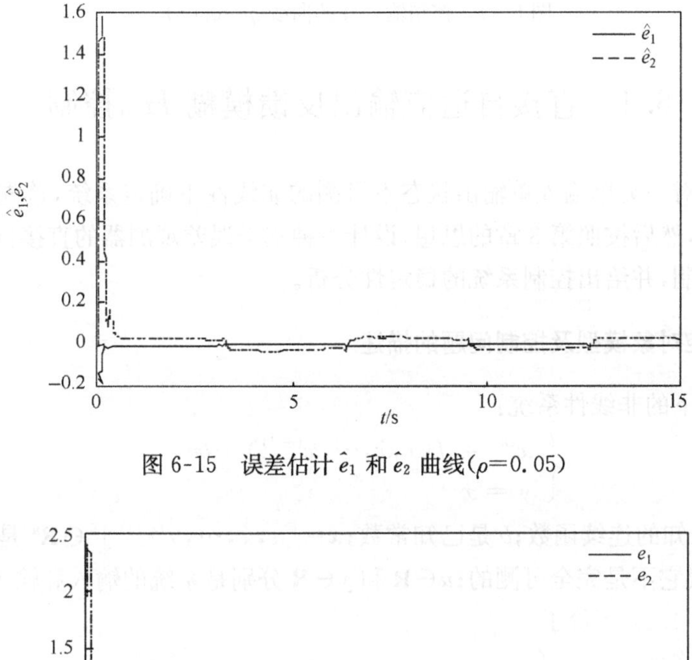

图 6-15　误差估计 $\hat{e}_1$ 和 $\hat{e}_2$ 曲线(ρ=0.05)

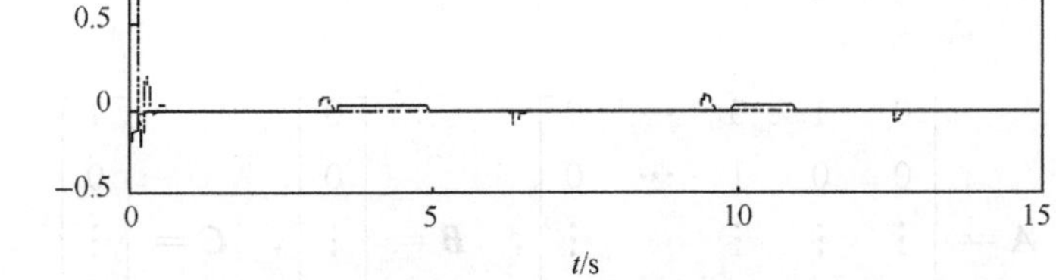

图 6-16　跟踪误差 e_1 和 e_2 的曲线(ρ=0.05)

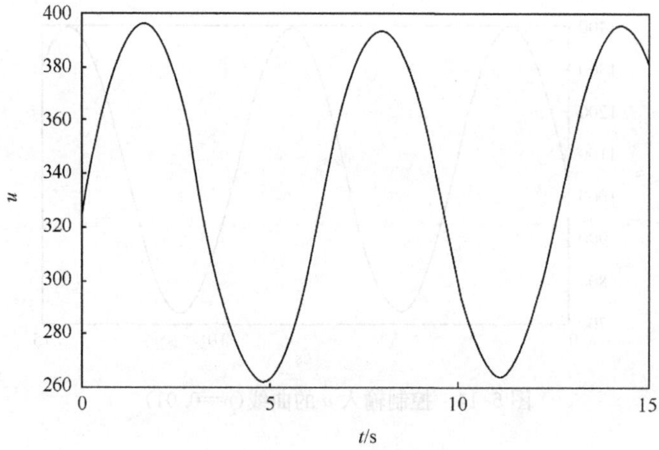

图 6-17　控制输入 u 的曲线($\rho=0.05$)

6.4　直接自适应输出反馈模糊 H_∞ 控制

本节针对一类单输入单输出状态不可测的非线性不确定系统,首先设计一种误差观测器,然后按照第 3 章的思想,设计一种基于误差观测器的直接自适应模糊输出反馈控制,并给出控制系统的稳定性分析。

6.4.1　被控对象模型及控制问题的描述

考虑如下的非线性系统:

$$\begin{cases} x^{(n)}=f(x,\dot{x},\cdots,x^{(n-1)})+bu \\ y=x \end{cases} \tag{6.4.1}$$

式中,f 是未知的连续函数;b 是已知常数;$\boldsymbol{x}=[x,\dot{x},\cdots,x^{(n-1)}]^{\mathrm{T}}\in\mathbf{R}^n$ 是系统的状态向量,假设它不是完全可测的;$u\in\mathbf{R}$ 和 $y\in\mathbf{R}$ 分别是系统的输入和输出。

系统(6.4.1) 等价于

$$\begin{cases} \dot{\boldsymbol{x}}=\boldsymbol{A}\boldsymbol{x}+\boldsymbol{B}[f(\boldsymbol{x})+g(b)u] \\ y=\boldsymbol{C}^{\mathrm{T}}\boldsymbol{x} \end{cases} \tag{6.4.2}$$

式中

$$\boldsymbol{A}=\begin{bmatrix} 0 & 1 & 0 & \cdots & 0 \\ 0 & 0 & 1 & \cdots & 0 \\ \vdots & \vdots & \vdots & & \vdots \\ 0 & 0 & 0 & \cdots & 1 \\ 0 & 0 & 0 & \cdots & 0 \end{bmatrix},\quad \boldsymbol{B}=\begin{bmatrix} 0 \\ 0 \\ \vdots \\ 0 \\ 1 \end{bmatrix},\quad \boldsymbol{C}=\begin{bmatrix} 1 \\ 0 \\ \vdots \\ 0 \\ 0 \end{bmatrix}$$

假设 y_{m} 是有界的参考信号，并且具有 1 至 n 阶导数。设 $e=y_{\mathrm{m}}-y$ 是系统的跟踪误差，$\hat{\boldsymbol{x}}$ 是 $\boldsymbol{x}$ 的估计。引入记号

$$\boldsymbol{y}_{\mathrm{m}}=[y_{\mathrm{m}},\dot{y}_{\mathrm{m}},\cdots,y_{\mathrm{m}}^{(n-1)}]^{\mathrm{T}},\quad \boldsymbol{e}=[e,\dot{e},\cdots,e^{(n-1)}]^{\mathrm{T}}$$

$$\hat{\boldsymbol{e}}=[\hat{e},\dot{\hat{e}},\cdots,\hat{e}^{(n-1)}]^{\mathrm{T}},\quad \tilde{\boldsymbol{e}}=\boldsymbol{e}-\hat{\boldsymbol{e}}$$

控制任务 （基于模糊逻辑系统）在系统的状态不可测的条件下，利用 $e=y_{\mathrm{m}}-y$和状态的估计 $\hat{\boldsymbol{x}}$，设计直接自适应输出反馈模糊控制，使得满足下列条件：

(1) 闭环系统中所涉及的变量有界。

(2) 对于给定的抑制水平 $\rho>0$，实现如下的 H_∞ 跟踪性能：

$$\int_0^T \boldsymbol{E}^{\mathrm{T}}\boldsymbol{Q}\boldsymbol{E}\,\mathrm{d}t\leqslant \boldsymbol{E}^{\mathrm{T}}(0)\boldsymbol{P}\boldsymbol{E}(0)+\frac{1}{\gamma}\tilde{\boldsymbol{\theta}}^{\mathrm{T}}(0)\tilde{\boldsymbol{\theta}}(0)+\rho^2\int_0^T w^2\,\mathrm{d}t \tag{6.4.3}$$

式中，$\boldsymbol{Q}=\boldsymbol{Q}^{\mathrm{T}}\geqslant 0$，$\boldsymbol{P}=\boldsymbol{P}^{\mathrm{T}}\geqslant 0$，$\boldsymbol{E}^{\mathrm{T}}=[\hat{\boldsymbol{e}}^{\mathrm{T}},\tilde{\boldsymbol{e}}^{\mathrm{T}}]$。

6.4.2 模糊 H_∞ 控制器的设计

如果系统(6.4.1)的状态向量 $\boldsymbol{x}$ 是完全可测的，那么根据 3.2 节，可设计直接自适应模糊状态反馈控制：

$$u=\hat{u}(\hat{\boldsymbol{x}}\mid\boldsymbol{\theta})-u_{\mathrm{s}} \tag{6.4.4}$$

式中，$\hat{u}(\boldsymbol{x}|\boldsymbol{\theta})=\boldsymbol{\theta}^{\mathrm{T}}\boldsymbol{\xi}(\boldsymbol{x})$是模糊逻辑系统，它可以用来在线逼近下面的控制器：

$$u^*(\boldsymbol{x})=\frac{1}{b}[-f(\boldsymbol{x})+y_{\mathrm{m}}^{(n)}+\boldsymbol{K}_{\mathrm{c}}^{\mathrm{T}}\boldsymbol{e}] \tag{6.4.5}$$

u_{s} 是一个 H_∞ 鲁棒控制项。取参数自适应律

$$\dot{\boldsymbol{\theta}}=\gamma\boldsymbol{e}^{\mathrm{T}}\boldsymbol{P}\boldsymbol{B}\boldsymbol{\xi}(\boldsymbol{x}) \tag{6.4.6}$$

由定理 3.2 可知，整个模糊控制方案(6.4.4)和(6.4.6)能保证闭环系统稳定。

如果系统的状态变量 $\boldsymbol{x}$ 不可测，则设计模糊控制器

$$u=\hat{u}(\hat{\boldsymbol{x}}\mid\boldsymbol{\theta})-u_{\mathrm{a}}-u_{\mathrm{s}} \tag{6.4.7}$$

式中，$\hat{u}(\hat{\boldsymbol{x}}|\boldsymbol{\theta})=\boldsymbol{\theta}^{\mathrm{T}}\boldsymbol{\xi}(\hat{\boldsymbol{x}})$，$u_{\mathrm{a}}$ 是跟踪误差估计反馈。关于 u_{a} 和 u_{s} 的表示式将在后面给出。

把式(6.4.7)代入式(6.4.2)，经过简单的运算得

$$\begin{aligned}x^{(n)}&=f(\boldsymbol{x})+b[\hat{u}(\hat{\boldsymbol{x}}\mid\boldsymbol{\theta})-u_{\mathrm{a}}-u_{\mathrm{s}}]-bu^*(\boldsymbol{x})+bu^*(\boldsymbol{x})\\&=y_{\mathrm{m}}^{(n)}+\boldsymbol{K}_{\mathrm{c}}^{\mathrm{T}}\boldsymbol{e}-bu_{\mathrm{a}}-bu_{\mathrm{s}}+b[\hat{u}(\hat{\boldsymbol{x}}\mid\boldsymbol{\theta})-u^*(\boldsymbol{x})]\end{aligned} \tag{6.4.8}$$

或等价于

$$\begin{cases}\dot{\boldsymbol{e}}=\boldsymbol{A}\boldsymbol{e}-\boldsymbol{B}\boldsymbol{K}_{\mathrm{c}}^{\mathrm{T}}\hat{\boldsymbol{e}}+\boldsymbol{B}b\{u_{\mathrm{a}}+u_{\mathrm{s}}+[u^*(\boldsymbol{x})-\hat{u}(\hat{\boldsymbol{x}}\mid\boldsymbol{\theta})]\}\\ e_0=\boldsymbol{C}^{\mathrm{T}}\boldsymbol{e}\end{cases} \tag{6.4.9}$$

式中，$e_0=e=y_{\mathrm{m}}-y$，$u^*(\boldsymbol{x})=\dfrac{1}{b}[-f(\boldsymbol{x})+y_{\mathrm{m}}^{(n)}+\boldsymbol{K}_{\mathrm{c}}^{\mathrm{T}}\hat{\boldsymbol{e}}]$。

设计误差的观测器为

$$\dot{\hat{\boldsymbol{e}}}=\boldsymbol{A}\hat{\boldsymbol{e}}-\boldsymbol{B}\boldsymbol{K}_{\mathrm{c}}^{\mathrm{T}}\hat{\boldsymbol{e}}+\boldsymbol{K}_0(e_0-\hat{e}_0)$$

$$\hat{e}_0 = \boldsymbol{C}^{\mathrm{T}}\hat{\boldsymbol{e}} \tag{6.4.10}$$

式中,$\boldsymbol{K}_0^{\mathrm{T}}=[k_1^0,k_2^0,\cdots,k_n^0]$是观测器增益矩阵,选择$\boldsymbol{K}_0$使得$\boldsymbol{A}-\boldsymbol{K}_0\boldsymbol{C}^{\mathrm{T}}$是稳定的矩阵。

定义观测误差为$\tilde{\boldsymbol{e}}=\boldsymbol{e}-\hat{\boldsymbol{e}}$,由式(6.4.9)和式(6.4.10)得

$$\begin{cases}\dot{\tilde{\boldsymbol{e}}} = (\boldsymbol{A}-\boldsymbol{K}_0\boldsymbol{C}^{\mathrm{T}})\tilde{\boldsymbol{e}} + \boldsymbol{B}b\{u_{\mathrm{a}}+u_{\mathrm{s}}+[u^*(\boldsymbol{x})-\hat{u}(\hat{\boldsymbol{x}}\mid\boldsymbol{\theta})]\}\\ \tilde{e}_0 = \boldsymbol{C}^{\mathrm{T}}\tilde{\boldsymbol{e}}\end{cases} \tag{6.4.11}$$

6.4.3 模糊自适应算法

首先定义参数向量$\boldsymbol{\theta}$的最优参数$\boldsymbol{\theta}^*$为

$$\boldsymbol{\theta}^* = \arg\min_{\boldsymbol{\theta}\in\Omega}\{\sup_{x\in U_1,\hat{x}\in U_2}|u^*(\boldsymbol{x})-u(\hat{\boldsymbol{x}}\mid\boldsymbol{\theta})|\} \tag{6.4.12}$$

式中,U_1,U_2和Ω是有界闭集,具体定义如下:

$$U_1=\{\boldsymbol{x}\in\mathbf{R}^n:\|\boldsymbol{x}\|\leqslant M_1\},U_2=\{\hat{\boldsymbol{x}}\in\mathbf{R}^n:\|\hat{\boldsymbol{x}}\|\leqslant M_2\}$$

$$\Omega=\{\boldsymbol{\theta}\in\mathbf{R}^N:\|\boldsymbol{\theta}\|\leqslant M\}$$

这里M_1,M_2和M是给定的设计参数。

定义模糊最小逼近误差

$$w = u^*(\boldsymbol{x})-\hat{u}(\hat{\boldsymbol{x}}\mid\boldsymbol{\theta}^*) \tag{6.4.13}$$

把$\hat{u}(\hat{\boldsymbol{x}}|\boldsymbol{\theta})=\boldsymbol{\theta}^{\mathrm{T}}\boldsymbol{\xi}(\hat{\boldsymbol{x}})$代入式(6.4.11)得

$$\begin{cases}\dot{\tilde{\boldsymbol{e}}} = (\boldsymbol{A}-\boldsymbol{K}_0\boldsymbol{C}^{\mathrm{T}})\tilde{\boldsymbol{e}} + \boldsymbol{B}b[\tilde{\boldsymbol{\theta}}^{\mathrm{T}}\boldsymbol{\xi}(\hat{\boldsymbol{x}})+u_{\mathrm{a}}+u_{\mathrm{s}}+w]\\ \tilde{e}_0 = \boldsymbol{C}^{\mathrm{T}}\tilde{\boldsymbol{e}}\end{cases} \tag{6.4.14}$$

式中,$\tilde{\boldsymbol{\theta}}=\boldsymbol{\theta}^*-\boldsymbol{\theta}$是参数误差向量。

假设 6.6 设$\boldsymbol{P}_1$和$\boldsymbol{P}_2$是满足的矩阵方程的正定解:

$$(\boldsymbol{A}-\boldsymbol{B}\boldsymbol{K}_{\mathrm{c}}^{\mathrm{T}})^{\mathrm{T}}\boldsymbol{P}_1+\boldsymbol{P}_1(\boldsymbol{A}-\boldsymbol{B}\boldsymbol{K}_{\mathrm{c}}^{\mathrm{T}})=-\boldsymbol{Q}_1 \tag{6.4.15}$$

$$\begin{cases}(\boldsymbol{A}-\boldsymbol{K}_0\boldsymbol{C}^{\mathrm{T}})^{\mathrm{T}}\boldsymbol{P}_2+\boldsymbol{P}_2(\boldsymbol{A}-\boldsymbol{K}_0\boldsymbol{C}^{\mathrm{T}})-\boldsymbol{P}_2\boldsymbol{B}\left(\dfrac{2}{r}-\dfrac{1}{\rho^2}\right)\boldsymbol{B}^{\mathrm{T}}\boldsymbol{P}_2=-b\boldsymbol{Q}_2\\ \boldsymbol{P}_2\boldsymbol{B}=\boldsymbol{C}\end{cases} \tag{6.4.16}$$

式中,$\boldsymbol{Q}_1$和$\boldsymbol{Q}_2$预先给定的半正定矩阵,$r\leqslant 2\rho^2$。

根据式(6.4.16),有$\tilde{\boldsymbol{e}}^{\mathrm{T}}\boldsymbol{P}_2\boldsymbol{B}=\boldsymbol{C}^{\mathrm{T}}\tilde{\boldsymbol{e}}=\tilde{e}_0$,而$\tilde{e}_0=y_{\mathrm{m}}-y-\hat{e}$是可以利用的,所以设计$u_{\mathrm{a}}$,$u_{\mathrm{s}}$和参数向量$\boldsymbol{\theta}$的自适应律分别为

$$u_{\mathrm{a}}=-\frac{1}{r}\boldsymbol{B}^{\mathrm{T}}\boldsymbol{P}_2\tilde{\boldsymbol{e}}=-\frac{1}{r}\tilde{e}_0 \tag{6.4.17}$$

$$u_{\mathrm{s}}=-\boldsymbol{K}_0^{\mathrm{T}}\boldsymbol{P}_1\hat{\boldsymbol{e}} \tag{6.4.18}$$

$$\dot{\boldsymbol{\theta}}=\gamma\tilde{\boldsymbol{e}}^{\mathrm{T}}\boldsymbol{P}_2\boldsymbol{B}\boldsymbol{\xi}(\hat{\boldsymbol{x}})=\gamma\tilde{e}\boldsymbol{\xi}(\hat{\boldsymbol{x}}) \tag{6.4.19}$$

式中,$\gamma>0$。

为了在控制中保证参数$\|\boldsymbol{\theta}\|\leqslant M$,应用2.2节中的投影算法,把参数向量$\boldsymbol{\theta}$的自适应律改进为

$$\dot{\boldsymbol{\theta}}=\begin{cases}-\gamma\widetilde{\boldsymbol{e}}^{\mathrm{T}}\boldsymbol{P}_2\boldsymbol{B}\boldsymbol{\xi}(\boldsymbol{x}), & \|\boldsymbol{\theta}\|<M \\ & \text{或 } \|\boldsymbol{\theta}\|=M \text{ 且 } \widetilde{\boldsymbol{e}}^{\mathrm{T}}\boldsymbol{P}_2\boldsymbol{B}\boldsymbol{\theta}^{\mathrm{T}}\boldsymbol{\xi}(\boldsymbol{x})\leqslant 0 \\ P_r[-\gamma\widetilde{\boldsymbol{e}}^{\mathrm{T}}\boldsymbol{P}_2\boldsymbol{B}\boldsymbol{\xi}(\hat{\boldsymbol{x}})u], & \|\boldsymbol{\theta}\|=M \text{ 且 } \widetilde{\boldsymbol{e}}^{\mathrm{T}}\boldsymbol{P}_2\boldsymbol{B}\boldsymbol{\theta}^{\mathrm{T}}\boldsymbol{\xi}(\hat{\boldsymbol{x}})>0\end{cases} \tag{6.4.20}$$

式中

$$P_r[-\gamma\widetilde{\boldsymbol{e}}^{\mathrm{T}}\boldsymbol{P}\boldsymbol{B}\boldsymbol{\xi}(\hat{\boldsymbol{x}})]=-\gamma\widetilde{\boldsymbol{e}}^{\mathrm{T}}\boldsymbol{P}\boldsymbol{B}\boldsymbol{\xi}(\hat{\boldsymbol{x}})+\gamma\widetilde{\boldsymbol{e}}^{\mathrm{T}}\boldsymbol{P}\boldsymbol{B}\frac{\boldsymbol{\theta}\boldsymbol{\theta}^{\mathrm{T}}\boldsymbol{\xi}(\hat{\boldsymbol{x}})}{\|\boldsymbol{\theta}\|^2} \tag{6.4.21}$$

图 6-18 给出了这种直接自适应输出反馈模糊控制器的总体框图。

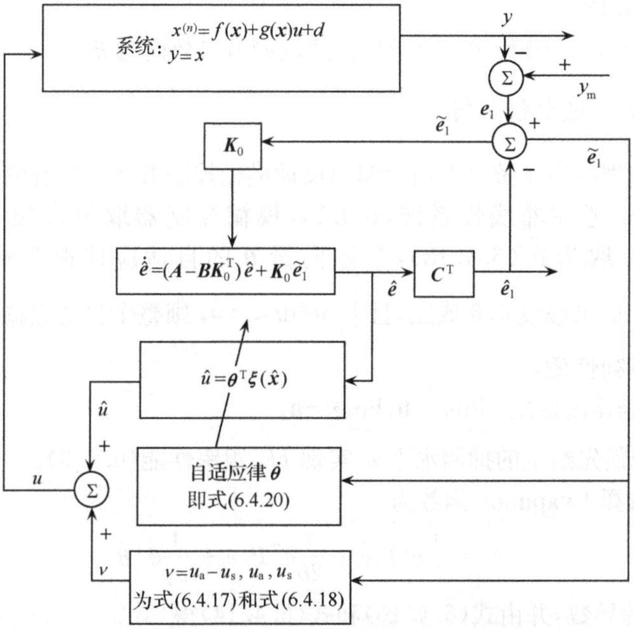

图 6-18　直接自适应输出反馈模糊控制的总体框图

这种直接自适应输出反馈模糊控制器的设计步骤如下：

步骤 1　离线预处理。

(1) 确定反馈和观测增益矩阵 $\boldsymbol{K}_c$ 和 $\boldsymbol{K}_0$ 使得矩阵 $\boldsymbol{A}-\boldsymbol{B}\boldsymbol{K}_c^{\mathrm{T}}$ 和 $\boldsymbol{A}-\boldsymbol{K}_0\boldsymbol{C}^{\mathrm{T}}$ 的特征根都在左半开平面内。

(2) 给定正定矩阵 $\boldsymbol{Q}_1$ 和 $\boldsymbol{Q}_2$，解矩阵方程(6.4.15)和(6.4.16)，求出正定矩阵 $\boldsymbol{P}_1$ 和 $\boldsymbol{P}_2$。

(3) 根据实际问题，确定出设计参数 M。

步骤 2　构造模糊控制器。

(1) 建立模糊规则基：它是由下面的 N 条模糊推理规则构成

R^i：如果 $\hat{x}_1$ 是 F_1^i，$\hat{x}_2$ 是 F_2^i，…，$\hat{x}_n$ 是 F_n^i，则 u 是 B_i，$i=1,2,\cdots,N$

(2) 构造模糊基函数

$$\xi_i(\hat{x}_1,\cdots,\hat{x}_n)=\frac{\prod_{j=1}^{n}\mu_{F_j^i}(\hat{x}_j)}{\sum_{i=1}^{N}\left[\prod_{j=1}^{n}\mu_{F_j^i}(\hat{x}_j)\right]}$$

做一个 N 维向量 $\boldsymbol{\xi}(\hat{\boldsymbol{x}})=[\xi_1,\cdots,\xi_N]^{\mathrm{T}}$,并构造成模糊逻辑系统

$$u(\hat{\boldsymbol{x}}\mid\boldsymbol{\theta})=\boldsymbol{\theta}^{\mathrm{T}}\boldsymbol{\xi}(\hat{\boldsymbol{x}})$$

步骤 3 在线自适应调节。

(1) 将反馈控制(6.4.7)作用于控制对象(6.4.2),式中,u_{a} 取为式(6.4.17),u_{s} 取为式(6.4.18)。

(2) 用式(6.4.20)和式(6.4.21)自适应调节参数向量 $\boldsymbol{\theta}$。

6.4.4 稳定性与收敛性分析

下面的定理给出了整个自适应输出反馈模糊控制方案所具有的性质。

定理 6.4 考虑非线性系统(6.4.1),模糊控制器取为式(6.4.7),u_{a} 取为式(6.4.17),u_{s} 取为式(6.4.18),参数向量 $\boldsymbol{\theta}$ 的自适应律取为式(6.4.20)和式(6.4.21)。如果假设 6.6 成立,且 $\int_0^\infty w^2\mathrm{d}t<\infty$,则整个自适应输出反馈模糊控制方案具有下列性质:

(1) $\hat{\boldsymbol{x}},\boldsymbol{x},\boldsymbol{e},\hat{\boldsymbol{e}},u\in L_\infty,\lim\limits_{t\to\infty}\boldsymbol{e}=\boldsymbol{0},\lim\limits_{t\to\infty}\tilde{\boldsymbol{e}}=\boldsymbol{0}$。

(2) 对于预先给定的抑制水平 ρ,实现 H_∞ 跟踪性能(6.4.3)。

证明 选择 Lyapunov 函数为

$$V=\frac{1}{2}\hat{\boldsymbol{e}}^{\mathrm{T}}\boldsymbol{P}_1\hat{\boldsymbol{e}}+\frac{1}{2b}\tilde{\boldsymbol{e}}^{\mathrm{T}}\boldsymbol{P}_2\tilde{\boldsymbol{e}}+\frac{1}{2\gamma}\tilde{\boldsymbol{\theta}}^{\mathrm{T}}\tilde{\boldsymbol{\theta}}\tag{6.4.22}$$

求 V 对时间的导数,并由式(6.4.10)和式(6.4.14)得

$$\begin{aligned}\dot{V}=&\frac{1}{2}\hat{\boldsymbol{e}}^{\mathrm{T}}[(\boldsymbol{A}-\boldsymbol{B}\boldsymbol{K}_{\mathrm{c}}^{\mathrm{T}})^{\mathrm{T}}\boldsymbol{P}_1+\boldsymbol{P}_1(\boldsymbol{A}-\boldsymbol{B}\boldsymbol{K}_{\mathrm{c}}^{\mathrm{T}})]\hat{\boldsymbol{e}}+\hat{\boldsymbol{e}}^{\mathrm{T}}\boldsymbol{P}_1\boldsymbol{K}_0\boldsymbol{C}^{\mathrm{T}}\tilde{\boldsymbol{e}}\\&+\frac{1}{2b}\tilde{\boldsymbol{e}}^{\mathrm{T}}[(\boldsymbol{A}-\boldsymbol{K}_0\boldsymbol{C}^{\mathrm{T}})^{\mathrm{T}}\boldsymbol{P}_2+\boldsymbol{P}_2(\boldsymbol{A}-\boldsymbol{K}_0\boldsymbol{C}^{\mathrm{T}})]\tilde{\boldsymbol{e}}+\tilde{\boldsymbol{e}}^{\mathrm{T}}\boldsymbol{P}_2\boldsymbol{B}u_{\mathrm{a}}\\&+\tilde{\boldsymbol{e}}^{\mathrm{T}}\boldsymbol{P}_2\boldsymbol{B}w+\tilde{\boldsymbol{e}}^{\mathrm{T}}\boldsymbol{P}_2\boldsymbol{B}u_{\mathrm{s}}+\tilde{\boldsymbol{e}}^{\mathrm{T}}\boldsymbol{P}_2\boldsymbol{B}\tilde{\boldsymbol{\theta}}^{\mathrm{T}}\boldsymbol{\xi}(\hat{\boldsymbol{x}})-\frac{1}{\gamma}\dot{\boldsymbol{\theta}}^{\mathrm{T}}\tilde{\boldsymbol{\theta}}\end{aligned}\tag{6.4.23}$$

把 $u_{\mathrm{a}},u_{\mathrm{s}}$ 及 $\dot{\boldsymbol{\theta}}$ 的表达式代入式(6.4.23)得

$$\begin{aligned}\dot{V}\leqslant&\frac{1}{2}\hat{\boldsymbol{e}}^{\mathrm{T}}[(\boldsymbol{A}-\boldsymbol{B}\boldsymbol{K}_{\mathrm{c}}^{\mathrm{T}})^{\mathrm{T}}\boldsymbol{P}_1+\boldsymbol{P}_1(\boldsymbol{A}-\boldsymbol{B}\boldsymbol{K}_{\mathrm{c}}^{\mathrm{T}})]\hat{\boldsymbol{e}}\\&+\frac{1}{2b}\tilde{\boldsymbol{e}}^{\mathrm{T}}[(\boldsymbol{A}-\boldsymbol{K}_0\boldsymbol{C}^{\mathrm{T}})^{\mathrm{T}}\boldsymbol{P}_2+\boldsymbol{P}_2(\boldsymbol{A}-\boldsymbol{K}_0\boldsymbol{C}^{\mathrm{T}})-\frac{2}{r}\boldsymbol{P}_2\boldsymbol{B}\boldsymbol{B}^{\mathrm{T}}\boldsymbol{P}_2]\tilde{\boldsymbol{e}}+\tilde{\boldsymbol{e}}^{\mathrm{T}}\boldsymbol{P}_2\boldsymbol{B}w\end{aligned}\tag{6.4.24}$$

根据式(6.4.15)和式(6.4.16)得

$$
\begin{aligned}
\dot{V}\leqslant & \frac{1}{2}\hat{\boldsymbol{e}}^{\mathrm{T}}[(\boldsymbol{A}-\boldsymbol{B}\boldsymbol{K}_{\mathrm{c}}^{\mathrm{T}})^{\mathrm{T}}\boldsymbol{P}_1+\boldsymbol{P}_1(\boldsymbol{A}-\boldsymbol{B}\boldsymbol{K}_{\mathrm{c}}^{\mathrm{T}})]\hat{\boldsymbol{e}} \\
& +\frac{1}{2}\tilde{\boldsymbol{e}}^{\mathrm{T}}(\boldsymbol{A}\boldsymbol{P}_2+\boldsymbol{P}_2\boldsymbol{A}^{\mathrm{T}}-\frac{2}{r}\boldsymbol{P}_2\boldsymbol{B}\boldsymbol{B}^{\mathrm{T}}\boldsymbol{P}_2)\tilde{\boldsymbol{e}}+\tilde{\boldsymbol{e}}^{\mathrm{T}}\boldsymbol{P}_2\boldsymbol{B}w \\
\leqslant & -\frac{1}{2}\hat{\boldsymbol{e}}^{\mathrm{T}}\boldsymbol{Q}_1\hat{\boldsymbol{e}}-\frac{1}{2}\tilde{\boldsymbol{e}}^{\mathrm{T}}\boldsymbol{Q}_2\tilde{\boldsymbol{e}}-\frac{1}{2\rho^2}\tilde{\boldsymbol{e}}^{\mathrm{T}}\boldsymbol{P}_2\boldsymbol{B}\boldsymbol{B}^{\mathrm{T}}\boldsymbol{P}_2\tilde{\boldsymbol{e}} \\
& +\frac{1}{2}(w^{\mathrm{T}}\boldsymbol{B}^{\mathrm{T}}\boldsymbol{P}\tilde{\boldsymbol{e}}+\tilde{\boldsymbol{e}}^{\mathrm{T}}\boldsymbol{P}_2\boldsymbol{B}^{\mathrm{T}}w) \\
= & -\frac{1}{2}\hat{\boldsymbol{e}}^{\mathrm{T}}\boldsymbol{Q}_1\hat{\boldsymbol{e}}-\frac{1}{2}\tilde{\boldsymbol{e}}^{\mathrm{T}}\boldsymbol{Q}_2\tilde{\boldsymbol{e}}+\frac{1}{2}\rho^2w^2-\frac{1}{2}\left(\frac{1}{\rho}\boldsymbol{B}^{\mathrm{T}}\boldsymbol{P}_2\tilde{\boldsymbol{e}}-\rho w\right)^{\mathrm{T}}\left(\frac{1}{\rho}\boldsymbol{B}^{\mathrm{T}}\boldsymbol{P}_2\tilde{\boldsymbol{e}}-\rho w\right) \\
\leqslant & -\frac{1}{2}\hat{\boldsymbol{e}}^{\mathrm{T}}\boldsymbol{Q}_1\hat{\boldsymbol{e}}-\frac{1}{2}\tilde{\boldsymbol{e}}^{\mathrm{T}}\boldsymbol{Q}_2\tilde{\boldsymbol{e}}+\frac{1}{2}\rho^2w^2
\end{aligned}
\tag{6.4.25}
$$

记 $\boldsymbol{Q}=\mathrm{diag}[\boldsymbol{Q}_1,\boldsymbol{Q}_2]$，$\boldsymbol{E}^{\mathrm{T}}=[\hat{\boldsymbol{e}}^{\mathrm{T}},\tilde{\boldsymbol{e}}^{\mathrm{T}}]$，则式(6.4.25)变成

$$
\dot{V}\leqslant-\frac{1}{2}\boldsymbol{E}^{\mathrm{T}}\boldsymbol{Q}\boldsymbol{E}+\frac{1}{2}\rho^2w^2 \tag{6.4.26}
$$

由于 $w\in L_2$，根据定理 2.1，能够推出 $\boldsymbol{e},\hat{\boldsymbol{e}},\hat{\boldsymbol{x}},\boldsymbol{x},u\in L_\infty$，并且有 $\lim\limits_{t\to\infty}\hat{\boldsymbol{e}}=\boldsymbol{0}$，$\lim\limits_{t\to\infty}\tilde{\boldsymbol{e}}=\boldsymbol{0}$。

对式(6.4.26)从 $t=0$ 到 $t=T$ 进行积分得

$$
V(T)-V(0)\leqslant-\frac{1}{2}\int_0^T\boldsymbol{E}^{\mathrm{T}}\boldsymbol{Q}\boldsymbol{E}\,\mathrm{d}t+\frac{1}{2}\rho^2\int_0^T w^2\,\mathrm{d}t \tag{6.4.27}
$$

记 $\boldsymbol{P}=\mathrm{diag}(\boldsymbol{P}_1,\boldsymbol{P}_2)$，由于 $V(T)\geqslant0$，式(6.4.27)意味着

$$
\int_0^T\boldsymbol{E}^{\mathrm{T}}\boldsymbol{Q}\boldsymbol{E}\,\mathrm{d}t\leqslant\boldsymbol{E}^{\mathrm{T}}(0)\boldsymbol{P}\boldsymbol{B}(0)+\frac{1}{\gamma}\tilde{\boldsymbol{\theta}}^{\mathrm{T}}(0)\tilde{\boldsymbol{\theta}}(0)+\rho^2\int_0^T w^2\,\mathrm{d}t \tag{6.4.28}
$$

因此，跟踪误差实现 H_∞ 跟踪性能(6.4.3)。

6.4.5 仿真

例 6.4 考虑非线性系统

$$
\begin{cases}
\dot{x}_1=x_2\\
\dot{x}_2=-0.1x_2-x_1^3+12\cos t+u+d\\
y=x_1
\end{cases}
\tag{6.4.29}
$$

式中，d 取振幅为±1、周期为 π 的方波。给定参考信号为 $y_{\mathrm{m}}=\sin t$。为变量 x_1,x_2 选取的隶属函数为

$$
\mu_{F_i^1}(x_i)=\frac{1}{1+\exp[5(x_i+0.6)]},\quad \mu_{F_i^2}(x_i)=\exp[-(x_i+0.4)^2]
$$

$$
\mu_{F_i^3}(x_i)=\exp[-(x_i+0.2)^2],\quad \mu_{F_i^4}(x_i)=\exp(-x_i^2)
$$

$$
\mu_{F_i^5}(x_i)=\exp[-(x_i-0.2)^2],\quad \mu_{F_i^6}(x_i)=\exp[-(x_i-0.4)^2]
$$

$$
\mu_{F_i^7}(x_i)=\frac{1}{1+\exp[-5(x_i-0.6)]}
$$

定义模糊推理规则为

$$R^j: \text{如果 } x_1 \text{ 是 } F_1^j \text{ 且 } x_2 \text{ 是 } F_2^j, \text{则 } u \text{ 是} G^j, j=1,2,\cdots,7$$

令

$$D=\sum_{j=1}^{7}\prod_{i=1}^{2}\mu_{F_i^j}(x_i),\quad \boldsymbol{\xi}(\boldsymbol{x})=\left[\frac{\mu_{F_1^1}\mu_{F_2^1}}{D},\cdots,\frac{\mu_{F_1^7}\mu_{F_2^7}}{D}\right],\quad \boldsymbol{\theta}=[\theta_1,\cdots,\theta_7]^{\mathrm{T}}$$

从而获得模糊逻辑系统

$$\hat{u}(\hat{\boldsymbol{x}}\mid\boldsymbol{\theta})=\boldsymbol{\theta}^{\mathrm{T}}\boldsymbol{\xi}(\hat{\boldsymbol{x}})$$

给定正定矩阵 $\boldsymbol{Q}_1=\boldsymbol{Q}_2=\mathrm{diag}(10,10)$，选择反馈和观测器增益矩阵为 $\boldsymbol{K}_c^{\mathrm{T}}=[2,1]$，$\boldsymbol{K}_0^{\mathrm{T}}=[40,700]$，$\rho=0.01$，解矩阵方程(6.4.15)，式(6.4.16)中的第一个方程得

$$\boldsymbol{P}_1=\begin{bmatrix}17.4 & 2.5\\ 2.5 & 7.5\end{bmatrix},\quad \boldsymbol{P}_2=\begin{bmatrix}74 & -5\\ -5 & 0.46\end{bmatrix}$$

设初始条件 $x_1(0)=x_2(0)=0.2$，$\hat{x}_1(0)=\hat{x}_2(0)=1.5$，$\theta(0)=0$，取 $\gamma=0.5$。仿真结果由图 6-19～图 6-21 给出。

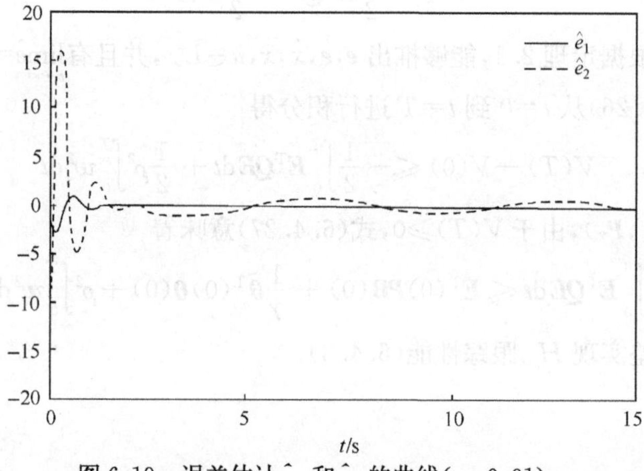

图 6-19　误差估计 $\hat{e}_1$ 和 $\hat{e}_2$ 的曲线($\rho=0.01$)

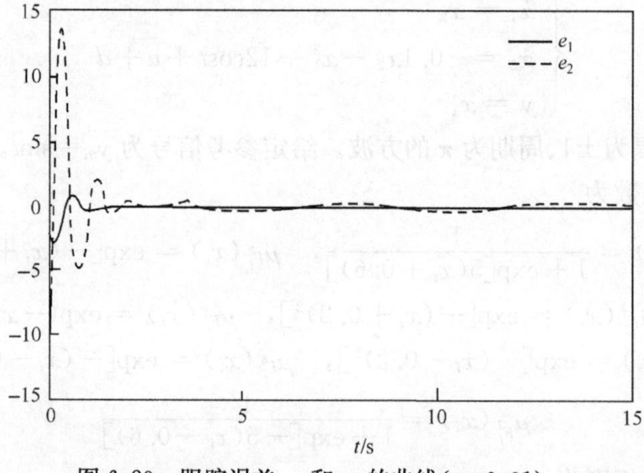

图 6-20　跟踪误差 e_1 和 e_2 的曲线($\rho=0.01$)

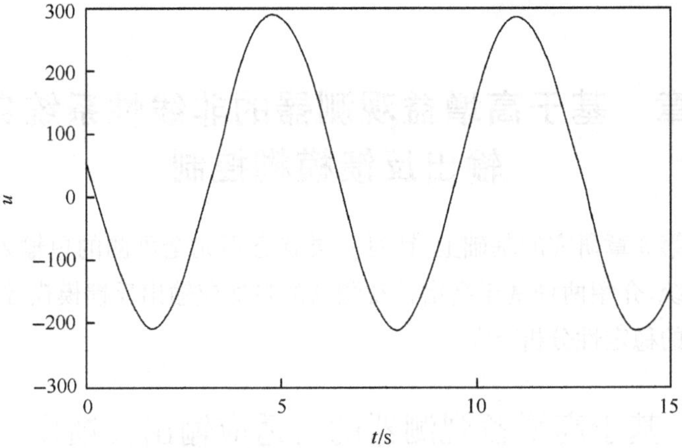

图 6-21　控制输入 u 的曲线($\rho=0.01$)

第 7 章 基于高增益观测器的非线性系统自适应输出反馈模糊控制

本章在第 3 章研究的基础上,针对一类状态不完全可测的单输入单输出非线性不确定系统,介绍两种基于高增益观测器的自适应输出反馈模糊控制方法,并给出控制系统的稳定性分析[22-24]。

7.1 基于高增益观测器的自适应输出反馈模糊控制

本节针对一类单输入单输出非线性不确定系统,首先在系统的状态可测条件下,给出一种自适应状态反馈模糊控制策略及其稳定性分析。设计一种高增益状态观测器来估计系统的状态,进而实现在系统的状态不可测条件下的自适应状态反馈模糊控制策略。

7.1.1 被控对象模型及控制问题的描述

考虑如下的非线性系统:

$$\begin{aligned} y^{(n)} = {} & f(y, y^{(1)}, \cdots, y^{(n-1)}, u, \dot{u}, \cdots, u^{(m-1)}) \\ & + g(y, y^{(1)}, \cdots, y^{(n-1)}, u, \dot{u}, \cdots, u^{(m-1)}) u^{(m)} \end{aligned} \tag{7.1.1}$$

式中,u 和 y 分别为系统的输入和输出,$y^{(i)}$ 和 $u^{(i)}$ 分别是 y 和 u 的第 i 阶导数且$m<n$,$f(\cdot)$和 $g(\cdot)$为 $D\subset \mathbf{R}^{m+n-2}$上的未知连续函数,$D$ 是定义在 $\mathbf{R}^{m+n-2}$上的一个紧集。

注意到当 $m=0$ 和 $y=x$ 时,非线性系统(7.1.1)就变成了第 3 章中所研究的非线性系统模型

$$\begin{cases} x^{(n)} = f(x, x^{(1)}, \cdots, x^{(n-1)}) + g(x, x^{(1)}, \cdots, x^{(n-1)}) u \\ y = x \end{cases} \tag{7.1.2}$$

对于给定的有界参考信号 y_{m},假设 $y_{\mathrm{m}}, y_{\mathrm{m}}^{(1)}, \cdots, y_{\mathrm{m}}^{(n)}$ 均有界,定义跟踪误差为 $e=y-y_{\mathrm{m}}$。引入记号

$$\boldsymbol{e} = [e, \dot{e}, \cdots, e^{(n-1)}]^{\mathrm{T}}, \quad \boldsymbol{y} = [y, y^{(1)}, \cdots, y^{(n-1)}]^{\mathrm{T}}$$

$$\boldsymbol{u} = [u, u^{(1)}, \cdots, u^{(m-1)}]^{\mathrm{T}}, \quad \boldsymbol{y}_{\mathrm{m}} = [y_{\mathrm{m}}, y_{\mathrm{m}}^{(1)}, \cdots, y_{\mathrm{m}}^{(n-1)}]^{\mathrm{T}}$$

对系统(7.1.1)的输入端加入 m 个积分器,取积分器的状态如下:

$$z_1 = u, z_2 = u^{(1)}, \cdots, z_{\mathrm{m}} = u^{(m-1)}$$

令 $x_1=y, x_2=y^{(1)}, \cdots, x_n=y^{(n-1)}, v=u^{(m)}$,则系统(7.1.1)可表示成状态空间模型

$$\begin{cases}\dot{x}_i = x_{i+1}, & 1 \leqslant i \leqslant n-1 \\ \dot{x}_n = f(\boldsymbol{y},\boldsymbol{z}) + g(\boldsymbol{y},\boldsymbol{z})v \\ \dot{z}_i = z_{i+1}, & 1 \leqslant i \leqslant m-1 \\ \dot{z}_m = v \\ y = x_1 \end{cases} \tag{7.1.3}$$

式中，$\boldsymbol{z}=[z_1,\cdots,z_m]^{\mathrm{T}}$；$v$ 为增广系统的控制输入。选择积分器的初始状态 $\boldsymbol{z}(0)\in Z_0\subset\mathbf{R}^m$。

对系统作如下假设。

假设 7.1　$\forall\, \boldsymbol{y}\in\mathbf{R}^n, \boldsymbol{z}\in\mathbf{R}^m, |g(\boldsymbol{y},\boldsymbol{z})|>0$。

假设 7.2　设 Z_0 是 $\mathbf{R}^m$ 中的一个有界子集，对于任意的初始状态 $\boldsymbol{z}(0)\in Z_0^m$，如果 $\boldsymbol{y}$ 有界时，则状态 $\boldsymbol{z}$ 必有界。

控制任务　(基于模糊逻辑系统)在状态不完全可测的条件下，设计模糊控器 $v=v(\boldsymbol{y},\boldsymbol{z}|\boldsymbol{\theta}_f,\boldsymbol{\theta}_g)$ 及参数向量 $\boldsymbol{\theta}_f,\boldsymbol{\theta}_g$ 的自适应律，满足：

(1) 闭环系统中所涉及的所有变量一致有界。

(2) 对于预先给定的抑制水平 $\rho>0$，输出跟踪误差实现 H_∞ 性能指标，即

$$\int_0^T \boldsymbol{e}^{\mathrm{T}}\boldsymbol{Q}\boldsymbol{e}\,\mathrm{d}t \leqslant \boldsymbol{e}^{\mathrm{T}}(0)\boldsymbol{P}\boldsymbol{e}(0) + \frac{1}{\eta_1}\tilde{\boldsymbol{\theta}}_f^{\mathrm{T}}(0)\tilde{\boldsymbol{\theta}}_f(0) + \frac{1}{\eta_2}\tilde{\boldsymbol{\theta}}_g^{\mathrm{T}}(0)\tilde{\boldsymbol{\theta}}_g(0) + \rho^2\int_0^T w^2\,\mathrm{d}t \tag{7.1.4}$$

式中，$T\in[0,\infty)$，$w\in L_2[0,T]$，$\boldsymbol{Q}=\boldsymbol{Q}^{\mathrm{T}}>0$，$\boldsymbol{P}=\boldsymbol{P}^{\mathrm{T}}>0$，$w$ 为模糊系统的逼近误差，$\tilde{\boldsymbol{\theta}}_f$ 和 $\tilde{\boldsymbol{\theta}}_g$ 为模糊系统参数的估计误差，$\eta_1,\eta_2>0$。

7.1.2　状态反馈模糊控制器的设计

由于

$$\begin{cases} e_1 = y - y_{\mathrm{m}} = x_1 - y_{\mathrm{m}} \\ e_2 = y^{(1)} - y_{\mathrm{m}}^{(1)} = x_2 - y_{\mathrm{m}}^{(1)} \\ \vdots \\ e_n = y^{(n-1)} - y_{\mathrm{m}}^{(n-1)} = x_n - y_{\mathrm{m}}^{(n-1)} \\ \boldsymbol{e} = [e_1,\cdots,e_n]^{\mathrm{T}} \end{cases} \tag{7.1.5}$$

则式(7.1.3)可表示为

$$\dot{\boldsymbol{e}} = \boldsymbol{A}\boldsymbol{e} + \boldsymbol{B}[f(\boldsymbol{e}+\boldsymbol{y}_{\mathrm{m}},\boldsymbol{z}) + g(\boldsymbol{e}+\boldsymbol{y}_{\mathrm{m}},\boldsymbol{z})v - y_{\mathrm{m}}^{(n)}] \tag{7.1.6}$$

$$\dot{\boldsymbol{z}} = \boldsymbol{A}_1\boldsymbol{z} + \boldsymbol{B}_1 v \tag{7.1.7}$$

式中，$(\boldsymbol{A},\boldsymbol{B})$和$(\boldsymbol{A}_1,\boldsymbol{B}_1)$为可控标准型，即

$$\boldsymbol{A}=\begin{bmatrix}0&1&0&\cdots&0&0\\0&0&1&\cdots&0&0\\\vdots&\vdots&\vdots&&\vdots&\vdots\\0&0&0&\cdots&1&0\\0&0&0&\cdots&0&1\\0&0&0&\cdots&0&0\end{bmatrix}_{n\times n},\quad \boldsymbol{B}=\begin{bmatrix}0\\0\\\vdots\\0\\0\\1\end{bmatrix}_{n\times 1}$$

$$\boldsymbol{A}_1=\begin{bmatrix}0&1&0&\cdots&0&0\\0&0&1&\cdots&0&0\\\vdots&\vdots&\vdots&&\vdots&\vdots\\0&0&0&\cdots&1&0\\0&0&0&\cdots&0&1\\0&0&0&\cdots&0&0\end{bmatrix}_{m\times m},\quad \boldsymbol{B}_1=\begin{bmatrix}0\\0\\\vdots\\0\\0\\1\end{bmatrix}_{m\times 1}$$

选取矩阵 $\boldsymbol{K}$ 使得 $\boldsymbol{A}_{\mathrm{m}}=\boldsymbol{A}-\boldsymbol{BK}$ 为稳定的矩阵，即它的特征值都位于左半开平面内，将式(7.1.6)化为

$$\dot{\boldsymbol{e}}=\boldsymbol{A}_{\mathrm{m}}\boldsymbol{e}+\boldsymbol{B}[\boldsymbol{Ke}+f(\boldsymbol{e}+\boldsymbol{y}_{\mathrm{m}},\boldsymbol{z})+g(\boldsymbol{e}+\boldsymbol{y}_{\mathrm{m}},\boldsymbol{z})v-y_{\mathrm{m}}^{(n)}] \tag{7.1.8}$$

设模糊逻辑系统 $\hat{f}(\boldsymbol{e}+\boldsymbol{y}_{\mathrm{m}},\boldsymbol{z}|\boldsymbol{\theta}_g)$，$\hat{g}(\boldsymbol{e}+\boldsymbol{y}_{\mathrm{m}},\boldsymbol{z}|\boldsymbol{\theta}_g)$ 的表达式如下：

$$\hat{f}(\boldsymbol{e}+\boldsymbol{y}_{\mathrm{m}},\boldsymbol{z}\mid\boldsymbol{\theta}_f)=\boldsymbol{\theta}_f^{\mathrm{T}}\boldsymbol{\Phi}(\boldsymbol{y},\boldsymbol{z}) \tag{7.1.9}$$

$$\hat{g}(\boldsymbol{e}+\boldsymbol{y}_{\mathrm{m}},\boldsymbol{z}\mid\boldsymbol{\theta}_g)=\boldsymbol{\theta}_g^{\mathrm{T}}\boldsymbol{\Phi}(\boldsymbol{y},\boldsymbol{z}) \tag{7.1.10}$$

用 $\hat{f}(\boldsymbol{e}+\boldsymbol{y}_{\mathrm{m}},\boldsymbol{z}|\boldsymbol{\theta}_f)$ 和 $\hat{g}(\boldsymbol{e}+\boldsymbol{y}_{\mathrm{m}},\boldsymbol{z}|\boldsymbol{\theta}_g)$ 分别逼近式(7.1.8)中的 $f(\cdot)$ 和 $g(\cdot)$，则式(7.1.8)可以写成

$$\begin{aligned}\dot{\boldsymbol{e}}&=\boldsymbol{A}_{\mathrm{m}}\boldsymbol{e}+\boldsymbol{B}[\boldsymbol{Ke}+\hat{f}(\boldsymbol{e}+\boldsymbol{y}_{\mathrm{m}},\boldsymbol{z}\mid\boldsymbol{\theta}_f)+\hat{g}(\boldsymbol{e}+\boldsymbol{y}_{\mathrm{m}},\boldsymbol{z}\mid\boldsymbol{\theta}_g)v\\&\quad+(f-\hat{f})+(g-\hat{g})v+y_{\mathrm{m}}^{(n)}]\\&=\boldsymbol{A}_{\mathrm{m}}\boldsymbol{e}+\boldsymbol{B}[\boldsymbol{Ke}+\boldsymbol{\theta}_f^{\mathrm{T}}\boldsymbol{\Phi}(\boldsymbol{e}+\boldsymbol{y}_{\mathrm{m}},\boldsymbol{z})+\boldsymbol{\theta}_g^{\mathrm{T}}\boldsymbol{\Phi}(\boldsymbol{e}+\boldsymbol{y}_{\mathrm{m}},\boldsymbol{z})v-y^{(n)}+w]\end{aligned} \tag{7.1.11}$$

式中，$w=(f-\hat{f})+(g-\hat{g})v$ 为模糊系统的逼近误差。

由 3.1 节知道，设计自适应模糊 H_∞ 控制器为

$$v=v_1+v_2 \tag{7.1.12}$$

式中

$$v_1=\frac{1}{\boldsymbol{\theta}_g^{\mathrm{T}}\boldsymbol{\Phi}(\cdot)}[-\boldsymbol{Ke}+y_{\mathrm{m}}^{(n)}-\boldsymbol{\theta}_f^{\mathrm{T}}\boldsymbol{\Phi}(\cdot)] \tag{7.1.13}$$

$$v_2=\frac{1}{\lambda\boldsymbol{\theta}_g^{\mathrm{T}}\boldsymbol{\Phi}(\cdot)}\boldsymbol{e}^{\mathrm{T}}\boldsymbol{PB} \tag{7.1.14}$$

$\boldsymbol{P}=\boldsymbol{P}^{\mathrm{T}}>0$ 满足下面的黎卡提方程：

$$\boldsymbol{PA}_{\mathrm{m}}+\boldsymbol{A}_{\mathrm{m}}^{\mathrm{T}}\boldsymbol{P}-\frac{2}{\lambda}\boldsymbol{PBB}^{\mathrm{T}}\boldsymbol{P}+\frac{2}{\rho^2}\boldsymbol{PBB}^{\mathrm{T}}\boldsymbol{P}=-\boldsymbol{Q} \tag{7.1.15}$$

式中，$2\rho^2>\lambda$。

7.1.3　模糊自适应算法

设参数向量 $\boldsymbol{\theta}_f$ 和 $\boldsymbol{\theta}_g$ 的最优参数向量为 $\boldsymbol{\theta}_f^*$ 和 $\boldsymbol{\theta}_g^*$：

$$\boldsymbol{\theta}_f^* = \arg \min_{\boldsymbol{\theta}_f \in \Omega_f}[\sup_{\boldsymbol{y}\in D} | \hat{f}(\boldsymbol{y},\boldsymbol{z} \mid \boldsymbol{\theta}_f) - f(\boldsymbol{y},\boldsymbol{z}) |] \tag{7.1.16}$$

$$\boldsymbol{\theta}_g^* = \arg \min_{\boldsymbol{\theta}_g \in \Omega_g}[\sup_{\boldsymbol{y}\in D} | \hat{g}(\boldsymbol{y},\boldsymbol{z} \mid \boldsymbol{\theta}_g) - g(\boldsymbol{y},\boldsymbol{z}) |] \tag{7.1.17}$$

式中，Ω_f 和 Ω_g 是适当的分别包含 $\boldsymbol{\theta}_f$ 和 $\boldsymbol{\theta}_g$ 的有界集。

定义模糊最小逼近误差

$$w = [\hat{f}(\boldsymbol{y},\boldsymbol{z} \mid \boldsymbol{\theta}) - \hat{f}(\boldsymbol{y},\boldsymbol{z} \mid \boldsymbol{\theta}_f)] + [\hat{g}(\boldsymbol{y},\boldsymbol{z} \mid \boldsymbol{\theta}) - \hat{g}(\boldsymbol{y},\boldsymbol{z} \mid \boldsymbol{\theta}_g)]v_1 \tag{7.1.18}$$

把式(7.1.18)代入式(7.1.11)得

$$\begin{aligned}\dot{\boldsymbol{e}} = {} & \boldsymbol{A}_{\mathrm{m}}\boldsymbol{e} + \boldsymbol{B}v_2 + \boldsymbol{B}[\boldsymbol{K}\boldsymbol{e} + \tilde{\boldsymbol{\theta}}_f^{\mathrm{T}}\boldsymbol{\Phi}(\boldsymbol{e} + \boldsymbol{y}_{\mathrm{m}},\boldsymbol{z}) \\ & + \tilde{\boldsymbol{\theta}}_g^{\mathrm{T}}\boldsymbol{\Phi}(\boldsymbol{e} + \boldsymbol{y}_{\mathrm{m}},\boldsymbol{z})v_1 - y_{\mathrm{m}}^{(n)} + w - \frac{1}{\lambda}\boldsymbol{e}^{\mathrm{T}}\boldsymbol{P}\boldsymbol{B}]\end{aligned} \tag{7.1.19}$$

其中 $\eta_1 > 0, \eta_2 > 0$ 是参数的学习律。

定义

$$\Omega_1 = \{\boldsymbol{\theta}_f \mid \|\boldsymbol{\theta}_f\|^2 \leqslant M_f\}, \quad \Omega_{\delta 1} = \{\boldsymbol{\theta}_f \mid \|\boldsymbol{\theta}_f\|^2 \leqslant M_f + \delta_1\}$$

$$\Omega_2 = \{\boldsymbol{\theta}_g \mid \|\boldsymbol{\theta}_g\|^2 \leqslant M_g\}, \quad \Omega_{\delta 2} = \{\boldsymbol{\theta}_g \mid \|\boldsymbol{\theta}_g\|^2 \leqslant M_g + \delta_2\}$$

式中，$M_f, M_g, \delta_i > 0$ 为设计者所决定的设计参数。

取参数向量 $\boldsymbol{\theta}_f$ 和 $\boldsymbol{\theta}_g$ 的自适应律为

$$\dot{\boldsymbol{\theta}}_f = \begin{cases} \eta_1 \boldsymbol{P}\boldsymbol{B}\boldsymbol{\Phi}(\boldsymbol{y},\boldsymbol{z}), & \boldsymbol{\theta}_f \in \Omega_1 \\ & \text{或 } \boldsymbol{\theta}_f \notin \Omega_1 \text{ 且 } \boldsymbol{e}^{\mathrm{T}}\boldsymbol{P}\boldsymbol{B}\boldsymbol{\Phi}(\boldsymbol{y},\boldsymbol{z}) \leqslant 0 \\ P_{r1}[\cdot], & \text{其他} \end{cases} \tag{7.1.20}$$

$$\dot{\boldsymbol{\theta}}_g = \begin{cases} \eta_2 \boldsymbol{P}\boldsymbol{B}\boldsymbol{\Phi}(\boldsymbol{y},\boldsymbol{z})v_1, & \boldsymbol{\theta}_g \in \Omega_2 \\ & \text{或 } \boldsymbol{\theta}_g \notin \Omega_2 \text{ 且 } \boldsymbol{e}^{\mathrm{T}}\boldsymbol{P}\boldsymbol{B}\boldsymbol{\Phi}(\boldsymbol{y},\boldsymbol{z})v_1 \leqslant 0 \\ P_{r2}[\cdot], & \text{其他} \end{cases} \tag{7.1.21}$$

投影算子 $P_{ri}[\cdot]$ 定义为

$$P_{r1}[\cdot] = \eta_1 e^{\mathrm{T}}\boldsymbol{P}\boldsymbol{B}\boldsymbol{\Phi}(\cdot) - \eta_1 \frac{(\|\boldsymbol{\theta}_f\|^2 - M_1)\boldsymbol{e}^{\mathrm{T}}\boldsymbol{P}\boldsymbol{B}\boldsymbol{\Phi}(\cdot)}{\delta_1 \|\boldsymbol{\theta}_f\|^2}\boldsymbol{\theta}_f \tag{7.1.22}$$

$$P_{r2}[\cdot] = \eta_2 \boldsymbol{e}^{\mathrm{T}}\boldsymbol{P}\boldsymbol{B}\boldsymbol{\Phi}(\cdot)v - \eta_2 \frac{(\|\boldsymbol{\theta}_g\|^2 - M_2)\boldsymbol{e}^{\mathrm{T}}\boldsymbol{P}\boldsymbol{B}\boldsymbol{\Phi}(\cdot)v}{\delta_2 \|\boldsymbol{\theta}_g\|^2}\boldsymbol{\theta}_g \tag{7.1.23}$$

这种间接自适应模糊控制策略的设计步骤如下：

步骤 1　离线预处理。

(1) 确定出一组参数 $k_1, \cdots, k_n$，使得矩阵 $\boldsymbol{A}_{\mathrm{m}} = \boldsymbol{A} - \boldsymbol{B}\boldsymbol{K}$ 的特征根都在左半开平面内。

(2) 确定抑制水平 $\rho > 0$ 及 $\lambda > 0$ 满足条件 $2\rho^2 \geqslant \lambda$。给定正定矩阵 $\boldsymbol{Q}$，解黎卡提

方程(7.1.15),求出正定矩阵 $\boldsymbol{P}$。

(3) 根据实际问题,确定出设计参数 $M_f, M_g, \delta_1, \delta_2$。

步骤 2 构造模糊控制器。

(1) 建立模糊规则基:它是由下面的 N 条模糊推理规则构成

R^i:如果 x_1 是 F_1^i,x_2 是 F_2^i,…,x_n 是 F_n^i,则 u_c 是 B_i,$i=1,2,\cdots,N$

(2) 构造模糊基函数

$$\xi_i(x_1,\cdots,x_n)=\frac{\prod_{j=1}^{n}\mu_{F_j^i}(x_j)}{\sum_{i=1}^{N}\left[\prod_{j=1}^{n}\mu_{F_j^i}(x_j)\right]}$$

做一个 N 维向量 $\boldsymbol{\Phi}(\boldsymbol{x})=[\xi_1,\cdots,\xi_N]^{\mathrm{T}}$,并构造成模糊逻辑系统

$$\hat{f}(\boldsymbol{x}\mid\boldsymbol{\theta}_f)=\boldsymbol{\theta}_f^{\mathrm{T}}\boldsymbol{\Phi}(\boldsymbol{x}),\quad \hat{g}(\boldsymbol{x}\mid\boldsymbol{\theta}_g)=\boldsymbol{\theta}_g^{\mathrm{T}}\boldsymbol{\Phi}(\boldsymbol{x})$$

步骤 3 在线自适应调节。

(1) 将反馈控制(7.1.12)作用于控制对象(7.1.1),式中,v_1 取为式(7.1.13),v_2 取为式(7.1.14)。

(2) 用式(7.1.20)~式(7.1.23)自适应调节参数向量 $\boldsymbol{\theta}_f, \boldsymbol{\theta}_g$。

由定理 3.1,可得到如下的定理。

定理 7.1 考虑非线性系统(7.1.1),控制量 v 取为式(7.1.12),v_1 取为式(7.1.13),v_2 取为式(7.1.14),参数向量 $\boldsymbol{\theta}_f$ 和 $\boldsymbol{\theta}_g$ 由自适应律(7.1.20)~(7.1.23)来调节,同时假设 7.1 和 7.2 成立,则总体控制方案保证具有如下的性能:

(1) $\|\boldsymbol{\theta}_f\|\leqslant M_f$, $\|\boldsymbol{\theta}_g\|\leqslant M_g$, $\boldsymbol{x},\boldsymbol{e},v\in L_\infty$。

(2) 对于预先给定的抑制水平 $\rho>0$,实现 H_∞ 跟踪性能指标(7.1.4)。

7.1.4 输出反馈模糊控制器的设计

本节研究如何在系统状态不可测的情况下实现系统的状态反馈控制,因此需要对控制器中所涉及的变量进行估计,由于 $\boldsymbol{z}$ 可以通过对控制 v 积分获得,而 $\boldsymbol{e}$ 只能通过估计获得,设计误差观测器为

$$\begin{cases}\dot{\hat{e}}_i=\hat{e}_{i+1}+\dfrac{\alpha_i}{\varepsilon}(e_1-\hat{e}_1), & 1\leqslant i\leqslant n-1\\ \dot{\hat{e}}_n=\dfrac{\alpha_n}{\varepsilon}(e_1-\hat{e}_1)\end{cases}\tag{7.1.24}$$

式中,$\dot{\hat{e}}_i=\dfrac{q_i}{\varepsilon^{i-1}}(1\leqslant i\leqslant n)$;$\varepsilon$ 是后面将设计的比较小的正参数,参数 $\alpha_i>0$ 是使得多项式

$$s^n+\alpha_1 s^{n-1}+\cdots+\alpha_{n-1}s+\alpha_n\tag{7.1.25}$$

为稳定的,即它所有的根在左半平面内。称式(7.1.25)为高增益观测器。定义

$$\boldsymbol{\psi}_1 = \boldsymbol{e}^{\mathrm{T}}\boldsymbol{PB\Phi}(\cdot), \quad \boldsymbol{\psi}_2 = \boldsymbol{e}^{\mathrm{T}}\boldsymbol{PB\Phi}(\cdot)v \tag{7.1.26}$$

由于高增益观测器的引入,闭环系统将出现冲击现象,为了避免这种现象,在感兴趣的范围内对控制器 v 及向量 $\boldsymbol{\psi}_i$ 进行饱和处理。具体做法如下:假定所有的初始值有界,且 $\boldsymbol{\theta}_f(0)\in\Omega_1$,$\boldsymbol{\theta}_g(0)\in\Omega_2$,$\boldsymbol{e}(0)\in E_0$,$\boldsymbol{z}(0)\in Z_0$,其中 E_0,Z_0 为紧集。

定义

$$c_1 = \max_{\boldsymbol{e}\in E_0}(\boldsymbol{e}^{\mathrm{T}}\boldsymbol{Pe}), \quad c_2 = \frac{1}{2\eta_1}\max_{\boldsymbol{\theta}_f^*\in\Omega_f,\boldsymbol{\theta}_f\in\Omega_{\delta1}}(\tilde{\boldsymbol{\theta}}_f^{\mathrm{T}}\tilde{\boldsymbol{\theta}}_f)$$

$$c_3 = \frac{1}{2\eta_2}\max_{\boldsymbol{\theta}_g^*\in\Omega_g,\boldsymbol{\theta}_g\in\Omega_{\delta2}}(\tilde{\boldsymbol{\theta}}_g^{\mathrm{T}}\tilde{\boldsymbol{\theta}}_g)$$

令

$$c_4 > c_1 + c_2 + c_3$$

则对于 $t\geqslant 0$,设 $\boldsymbol{e}(0)\in E=\{\boldsymbol{e}^{\mathrm{T}}\boldsymbol{Pe}\leqslant c_4\}$,由假设 7.2 可知,存在紧集 Z,如果 $\boldsymbol{z}(0)\in Z_0$ 且 $\boldsymbol{e}(t)\in E$,有 $\boldsymbol{z}(t)\in Z$。由于 v 及 $\boldsymbol{\psi}_i$ 是紧集 $E\times Z\times\Omega_{\delta1}\times\Omega_{\delta2}$ 上的连续函数,则它们的最大值存在,分别记为

$$S = \max|v(\boldsymbol{e},\boldsymbol{y}_{\mathrm{m}},\boldsymbol{z},\boldsymbol{\theta}_f,\boldsymbol{\theta}_g)|, \quad S_i = \max|\boldsymbol{\psi}_i(\boldsymbol{e},\boldsymbol{z},\boldsymbol{\theta}_f,\boldsymbol{\theta}_g)|\ (i=1,2)$$

定义饱和函数

$$v^s(\boldsymbol{e},\boldsymbol{y}_{\mathrm{m}},\boldsymbol{z},\boldsymbol{\theta}_f,\boldsymbol{\theta}_g) = S_i\mathrm{sat}(v/S) \tag{7.1.27}$$

$$\boldsymbol{\psi}_i^s(\boldsymbol{e},\boldsymbol{y}_{\mathrm{m}},\boldsymbol{z}) = S_i\mathrm{sat}(\boldsymbol{\psi}_i/S_i) \tag{7.1.28}$$

式中

$$\mathrm{sat}(x) = \begin{cases} -1, & x<-1 \\ x, & |x|\leqslant 1 \\ 1, & x>1 \end{cases}$$

通过引入饱和函数,对于任意的 $\boldsymbol{e}(0)\in E_0$,$\boldsymbol{z}(0)\in Z_0$,$\boldsymbol{\theta}_f(0)\in\Omega_1$,$\boldsymbol{\theta}_g(0)\in\Omega_2$,有 $|v|\leqslant S$,$\|\boldsymbol{\psi}_i\|\leqslant S_i$。为进一步消除因实现观测器而产生的峰值现象,将式(7.1.24)变为如下的奇异摄动模型:

$$\begin{cases} \varepsilon\dot{q}_i = q_{i+1} + \alpha_i(e_1 - q_1), & 1\leqslant i\leqslant n-1 \\ \varepsilon\dot{q}_n = \alpha_n(e_1 - q_1) \end{cases} \tag{7.1.29}$$

从式(7.1.24)可知,当 $\tilde{\boldsymbol{e}}$ 及初始条件是 ε 的有界函数时,式(7.1.29)可有效地避免峰值出现的发生。

以上完成了观测器的设计,基于观测器的输出反馈控制策略如下

$$\begin{cases} v = v^s(\hat{\boldsymbol{e}},\boldsymbol{y}_{\mathrm{m}},\boldsymbol{z},\boldsymbol{\theta}_f,\boldsymbol{\theta}_g) \\ \dot{z}_i = z_{i+1}, \quad 1\leqslant i\leqslant m-1 \\ \dot{z}_m = v \end{cases} \tag{7.1.30}$$

参数向量 $\boldsymbol{\theta}_f$ 和 $\boldsymbol{\theta}_g$ 的自适应调节律为

$$\dot{\boldsymbol{\theta}}_f=\begin{cases}\eta_1\boldsymbol{\psi}^s(\hat{\boldsymbol{e}},\boldsymbol{y}_{\mathrm{m}},\boldsymbol{z}), & \boldsymbol{\theta}_f\in\Omega_1\\ & \text{或 }\boldsymbol{\theta}_f\notin\Omega_1\text{ 且 }\boldsymbol{\psi}^s(\hat{\boldsymbol{e}},\boldsymbol{y},\boldsymbol{z})\boldsymbol{\theta}_f\leqslant 0\\ P_{r1}[\cdot], & \text{其他}\end{cases}\tag{7.1.31}$$

$$\dot{\boldsymbol{\theta}}_g=\begin{cases}\eta_2\boldsymbol{\psi}^s(\hat{\boldsymbol{e}},\boldsymbol{y}_{\mathrm{m}},\boldsymbol{z})v(\hat{\boldsymbol{e}},\boldsymbol{y},\boldsymbol{z},\boldsymbol{\theta}_f,\boldsymbol{\theta}_g), & \boldsymbol{\theta}_g\in\Omega_2\\ & \text{或 }\boldsymbol{\theta}_g\notin\Omega_2\text{ 且 }\boldsymbol{e}^{\mathrm{T}}\boldsymbol{PB}\boldsymbol{\psi}^s(\boldsymbol{y},\boldsymbol{z})v\leqslant 0\\ P_{r2}[\cdot], & \text{其他}\end{cases}\tag{7.1.32}$$

7.1.5　稳定性与收敛性分析

定义广义观测误差

$$\xi_i=\frac{e_i-\hat{e}_i}{\varepsilon^{i-1}},\quad 1\leqslant i\leqslant n\tag{7.1.33}$$

令$\boldsymbol{\xi}=[\xi_1,\cdots,\xi_n]^{\mathrm{T}}$,则闭环系统(7.1.11),式(7.1.7)可表示为如下的奇异摄动模型:

$$\begin{aligned}\dot{\boldsymbol{e}}=&\boldsymbol{A}_m\boldsymbol{e}+\boldsymbol{B}\{\boldsymbol{Ke}+\boldsymbol{\theta}_f^{\mathrm{T}}\boldsymbol{\Phi}(\boldsymbol{e}+\boldsymbol{y}_{\mathrm{m}},\boldsymbol{z})\\&+\boldsymbol{\theta}_g^{\mathrm{T}}\boldsymbol{\Phi}(\boldsymbol{e}+\boldsymbol{y}_{\mathrm{m}},\boldsymbol{z})v^s[\boldsymbol{e}-\boldsymbol{D}(\varepsilon)\boldsymbol{\xi},\boldsymbol{y}_{\mathrm{m}},\boldsymbol{z},\boldsymbol{\theta}_f,\boldsymbol{\theta}_g]-y_{\mathrm{m}}^{(n)}+w\}\end{aligned}\tag{7.1.34}$$

$$\dot{\boldsymbol{z}}=\boldsymbol{A}_1\boldsymbol{z}+\boldsymbol{B}_1v^s[\boldsymbol{e}-\boldsymbol{D}(\varepsilon)\boldsymbol{\xi},\boldsymbol{y}_{\mathrm{m}},\boldsymbol{z},\boldsymbol{\theta}_f,\boldsymbol{\theta}_g]\tag{7.1.35}$$

$$\begin{aligned}\varepsilon\dot{\boldsymbol{\xi}}=&(\boldsymbol{A}-\boldsymbol{HC})\boldsymbol{\xi}+\varepsilon\boldsymbol{B}\{\boldsymbol{\theta}_f^{\mathrm{T}}\boldsymbol{\Phi}(\boldsymbol{e}+\boldsymbol{y}_{\mathrm{m}},\boldsymbol{z})\\&+\boldsymbol{\theta}_g^{\mathrm{T}}\boldsymbol{\Phi}(\boldsymbol{e}+\boldsymbol{y}_{\mathrm{m}},\boldsymbol{z})v^s[\boldsymbol{e}-\boldsymbol{D}(\varepsilon)\boldsymbol{\xi},\boldsymbol{y}_{\mathrm{m}},\boldsymbol{z},\boldsymbol{\theta}_f,\boldsymbol{\theta}_g]-y_{\mathrm{m}}^{(n)}+w\}\end{aligned}\tag{7.1.36}$$

式中,$\boldsymbol{H}=[\alpha_1,\cdots,\alpha_n]^{\mathrm{T}}$;$\boldsymbol{D}(\varepsilon)$是对角阵,其对角线上第 i 个元素为 ε^{n-i}。由于矩阵 $\boldsymbol{A}-\boldsymbol{HC}$ 的特征方程恰好为式(7.1.25)的根,所以它是 Hurwitz 矩阵。从式(7.1.28)可以看出,由式(7.1.34)～式(7.1.36)组成的闭环系统的降阶方程就是状态反馈控制情况下的闭环系统。另外,由式(7.1.36)可知,$\boldsymbol{\xi}$ 的变化依赖于 ε,当 $\varepsilon\to 0$ 时,将出现冲击现象,而由于 $\boldsymbol{\xi}$ 是通过饱和函数作用进入慢变方程(7.1.34)和(7.1.35)中,所以慢变量 $\boldsymbol{e},\boldsymbol{z},\boldsymbol{\theta}_f$ 和 $\boldsymbol{\theta}_g$ 不会出现类似的冲击现象。

下面定理给出了输出反馈控制器的性质。

定理 7.2　考虑式(7.1.1)的控制对象,采用输出反馈控制(7.1.30)～(7.1.32)。如果假设 7.1 和假设 7.2 成立,且满足 $\boldsymbol{\theta}_f(0)\in\Omega_1,\boldsymbol{\theta}_g(0)\in\Omega_2,\boldsymbol{e}(0)\in E_0,\boldsymbol{z}(0)\in Z_0$,则存在 $\varepsilon^*>0$,当 $\varepsilon\in(0,\varepsilon^*]$时,整个控制方案具有如下性质:

(1) $\boldsymbol{\theta}_f\in\Omega_{\delta_1},\boldsymbol{\theta}_g\in\Omega_{\delta_2},\boldsymbol{x},\boldsymbol{z},v\in L_\infty$。

(2) 对于预先给定的抑制水平 ρ,输出跟踪误差满足

$$\frac{1}{2}\int_0^T\boldsymbol{e}^{\mathrm{T}}\boldsymbol{Qe}\,\mathrm{d}t\leqslant V(0)+\frac{1}{2}\rho^2\int_0^T w^2\,\mathrm{d}t+TK\varepsilon\tag{7.1.37}$$

下面分三步给出定理的证明。

证明　(1) 证明快变量 $\boldsymbol{\xi}$ 在有限的时间内衰减到 $O(\varepsilon)$的水平,而慢变量仍保

持在我们感兴趣的集合内，等价于证明下面的命题。

设$\overline{b_1}$是一个正常数，取 b_1 满足 $0<\overline{b_1}<b_1<c_4$，取初始值为

$$[\boldsymbol{e}(0),\boldsymbol{z}(0),\boldsymbol{\theta}_f(0),\boldsymbol{\theta}_g(0)]\in A=E\{e(t)\leqslant\overline{b_1}\}\times Z\times\Omega_{\delta1}\times\Omega_{\delta2}$$

记 T_2 表示$[\boldsymbol{e}(t),\boldsymbol{z}(t),\boldsymbol{\theta}_f(t),\boldsymbol{\theta}_g(t)]$首次离开集合 A 的时间，则 $T_2>0$。对于充分小的 $\varepsilon>0$，存在有限时间 T_1，使得对于任意 $t\in[T_1,T_2)$时，$\|\boldsymbol{\xi}\|\leqslant K\varepsilon$。

考虑 Lyapunov 函数为 $V=\boldsymbol{e}^{\mathrm{T}}\boldsymbol{P}\boldsymbol{e}$，对 V 求微分，并结合式(7.1.40)得

$$\dot{V}=-\dot{\boldsymbol{e}}^{\mathrm{T}}\boldsymbol{Q}\boldsymbol{e}+2\boldsymbol{e}^{\mathrm{T}}\boldsymbol{P}\boldsymbol{B}\{K\boldsymbol{e}-y_{\mathrm{r}}^{(n)}+\boldsymbol{\theta}_f^{\mathrm{T}}\boldsymbol{\Phi}(\cdot)+\boldsymbol{\theta}_g^{\mathrm{T}}\boldsymbol{\Phi}(\cdot)+w\}\tag{7.1.38}$$

由于 v^s，$\boldsymbol{\theta}_f^{\mathrm{T}}\boldsymbol{\Phi}(\cdot)$，$\boldsymbol{\theta}_g^{\mathrm{T}}\boldsymbol{\Phi}(\cdot)v^s$，$w$ 都是有界函数，不妨设

$$\|K\boldsymbol{e}-y_{\mathrm{r}}^{(n)}+\boldsymbol{\theta}_f^{\mathrm{T}}\boldsymbol{\Phi}(\cdot)+\boldsymbol{\theta}_g^{\mathrm{T}}\boldsymbol{\Phi}(\cdot)v^s+w\|\leqslant K_1\tag{7.1.39}$$

所以

$$\begin{aligned}\dot{V}&\leqslant-\boldsymbol{e}^{\mathrm{T}}\boldsymbol{Q}\boldsymbol{e}+2K_1\|\boldsymbol{P}\boldsymbol{B}\|\|\boldsymbol{e}\|\\&\leqslant-2\gamma_1V+2\beta_1\sqrt{V}\end{aligned}\tag{7.1.40}$$

式中，$\gamma_1=\dfrac{1}{2\lambda_{\max}(\boldsymbol{P})}$，$\beta_1=K_1\|\boldsymbol{P}\boldsymbol{B}\|/\sqrt{\lambda_{\min}(\boldsymbol{P})}$。由式(7.1.34)进一步得

$$\sqrt{V(t)}\leqslant\sqrt{V(0)}\mathrm{e}^{-\gamma_1t}+\frac{\beta_1}{\gamma_1}(1-\mathrm{e}^{-\gamma_1t})\tag{7.1.41}$$

由于 $V(0)\leqslant\overline{b_1}<b_1$，所以存在 $T_2>0$，使得对于任意 $t\in[0,T_2)$，有 $V(t)<b_1$。

下面进一步研究快变量 $\boldsymbol{\xi}$ 在区间$[0,T_2)$内的变化情况，取 Lyapunov 函数为 $W=\boldsymbol{\xi}^{\mathrm{T}}\overline{\boldsymbol{P}}\boldsymbol{\xi}$，式中，$\overline{\boldsymbol{P}}$ 满足下面方程：

$$\overline{\boldsymbol{P}}(\boldsymbol{A}_{\mathrm{m}}-\boldsymbol{H}\boldsymbol{C})+(\boldsymbol{A}_{\mathrm{m}}-\boldsymbol{H}\boldsymbol{C})^{\mathrm{T}}\overline{\boldsymbol{P}}=-\boldsymbol{I}$$

当 $t\in[0,T_2)$时，设

$$\|K\boldsymbol{e}-y_{\mathrm{r}}^{(n)}+\boldsymbol{\theta}_f^{\mathrm{T}}\boldsymbol{\Phi}(\cdot)+\boldsymbol{\theta}_g^{\mathrm{T}}\boldsymbol{\Phi}(\cdot)v^s+w\|\leqslant K_2\tag{7.1.42}$$

那么当 $t\in[0,T_2)$，对于任意的$(\boldsymbol{e},\boldsymbol{z},\boldsymbol{\theta}_f,\boldsymbol{\theta}_g)\in A$ 及 $W>\varepsilon^2\beta_2$ 时

$$\begin{aligned}\dot{W}&\leqslant-\frac{1}{\varepsilon\lambda\max(\overline{\boldsymbol{P}})}W+\frac{2\|\overline{\boldsymbol{P}}\boldsymbol{B}\|K_2}{\sqrt{\lambda\min(\overline{\boldsymbol{P}})}}\sqrt{W}\\&\leqslant-\frac{\gamma_2}{\varepsilon}W\end{aligned}\tag{7.1.43}$$

式中，$\beta_2=16\|\overline{\boldsymbol{P}}\boldsymbol{B}\|^2K_2^2\lambda_{\max}^2(\overline{\boldsymbol{P}})/\lambda_{\min}(\overline{\boldsymbol{P}})$，$\gamma_2=\dfrac{1}{2\lambda_{\max}(\overline{\boldsymbol{P}})}$。所以只要$(\boldsymbol{e},\boldsymbol{z},\boldsymbol{\theta}_f,\boldsymbol{\theta}_g)\in A$，就有

$$W(t)\leqslant W(0)\mathrm{e}^{-\gamma_3t/\varepsilon}\leqslant\frac{K_3}{\varepsilon^{2\gamma-2}\mathrm{e}^{-\gamma_3t/\varepsilon}}\tag{7.1.44}$$

设 $T_1(\varepsilon)=\varepsilon/\gamma_2\ln\left(\dfrac{K_4}{\beta_2\varepsilon^{2\gamma_2}}\right)$，$\varepsilon\in(0,\varepsilon^*)$，$\varepsilon^*$ 是充分小的正数，所以存在不依赖于 ε 的正数 T_1，对于 $0<\varepsilon<\varepsilon^*$ 时，有 $T_1\leqslant\dfrac{1}{2}T_2$。因此在区间$[T_1,T_2)$内，有 $W\leqslant\varepsilon^2\beta_2$，进而得到 $\|\boldsymbol{\xi}\|\leqslant K\varepsilon$，即 $\boldsymbol{\xi}$ 是关于 ε 的高阶无穷小。

(2) 证明当 ε 充分小时,$(\boldsymbol{e},\boldsymbol{z},\boldsymbol{\theta}_f,\boldsymbol{\theta}_g)\in A$。

设 Lyapunov 函数为

$$V=\frac{1}{2}\boldsymbol{e}^{\mathrm{T}}\boldsymbol{P}\boldsymbol{e}+\frac{1}{2\eta_1}\tilde{\boldsymbol{\theta}}_f^{\mathrm{T}}\tilde{\boldsymbol{\theta}}_f+\frac{1}{2\eta_2}\tilde{\boldsymbol{\theta}}_g^{\mathrm{T}}\tilde{\boldsymbol{\theta}}_g \tag{7.1.45}$$

求 V 对时间的导数,结合式(7.1.34)得

$$\begin{aligned}\dot{V}&\leqslant-\frac{1}{2}\boldsymbol{e}^{\mathrm{T}}\boldsymbol{Q}\boldsymbol{e}+\frac{1}{2}\rho^2w^2+K\varepsilon\\&\leqslant-\frac{c_0}{2}\boldsymbol{e}^{\mathrm{T}}\boldsymbol{P}\boldsymbol{e}+\frac{1}{2}\rho^2w^2+K\varepsilon\\&=-\frac{c_0}{2}V+\frac{c_0}{2\eta_1}\tilde{\boldsymbol{\theta}}_f^{\mathrm{T}}\boldsymbol{\theta}_f+\frac{c_0}{2\eta_2}\tilde{\boldsymbol{\theta}}_f^{\mathrm{T}}\boldsymbol{\theta}_f+\frac{1}{2}\rho^2w^2+K\varepsilon\\&\leqslant-\frac{c_0}{2}V+c_0c_1+c_0c_2+\frac{1}{2}\rho^2\,|\,\overline{w}\,|^2+K\varepsilon\end{aligned} \tag{7.1.46}$$

由式(7.1.46)可知,当 $V>c_1+c_2+\dfrac{\rho^2|\overline{w}|^2+2K\varepsilon}{c_0}$ 时,有 $\dot{V}<0$,因此取 ε 足够小,那么集合 $\{V<c_4\}\times\Omega_{\delta1}\times\Omega_{\delta2}$ 为正的不变集。对于任意时间 t,当 $\boldsymbol{e}\in E,\boldsymbol{z}\in Z$ 时,有 $(\boldsymbol{e},\boldsymbol{z},\boldsymbol{\theta}_f,\boldsymbol{\theta}_g)\in A=E\times Z\times\Omega_{\delta1}\times\Omega_{\delta2}$,因此 $T_2=\infty$,即$(\boldsymbol{e},\boldsymbol{z},\boldsymbol{\theta}_f,\boldsymbol{\theta}_g)$一直不离开集合 $A=E\times Z\times\Omega_{\delta1}\times\Omega_{\delta2}$。即定理 7.2 中的结论 1 成立。

(3) 证明当 $\varepsilon\to0$ 时,跟踪误差满足式(7.1.37)。

由以上证明可知

$$\dot{V}\leqslant-\frac{1}{2}\boldsymbol{e}^{\mathrm{T}}\boldsymbol{Q}\boldsymbol{e}+\frac{1}{2}\rho^2w^2+K\varepsilon \tag{7.1.47}$$

对式(7.1.47)从 $t=0$ 到 $t=T$ 积分

$$V(T)-V(0)\leqslant-\frac{1}{2}\int_0^T\boldsymbol{e}^{\mathrm{T}}\boldsymbol{Q}\boldsymbol{e}\,\mathrm{d}t\leqslant+\frac{1}{2}\rho^2\int_0^Tw^2\,\mathrm{d}t+TK\varepsilon \tag{7.1.48}$$

由于 $V(T)\geqslant0$,所以根据式(7.1.48)得

$$\frac{1}{2}\int_0^T\boldsymbol{e}^{\mathrm{T}}\boldsymbol{Q}\boldsymbol{e}\,\mathrm{d}t\leqslant V(0)+\frac{1}{2}\rho^2\int_0^Tw^2\,\mathrm{d}t+TK\varepsilon \tag{7.1.49}$$

即当 $\varepsilon\to0$ 时,输出反馈控制恢复状态反馈性能指标(7.1.4),因此,实现 H_∞ 跟踪性能。

7.1.6 仿真

例 7.1 将本节的自适应输出反馈控制方法用于倒摆系统中。倒摆系统动态方程为例 2.1 中所给出的。把倒摆系统可描述为如下的输入输出模型:

$$\begin{cases}\dot{x}_1=x_2\\[2mm]\dot{x}_2=\dfrac{g\sin y-\dfrac{ml\dot{y}^2\cos y\sin y}{m_{\mathrm{c}}+m}}{l\left(\dfrac{4}{3}-\dfrac{m\cos^2y}{m_{\mathrm{c}}+m}\right)}+\dfrac{\dfrac{\cos y}{m_{\mathrm{c}}+m}}{l\left(\dfrac{4}{3}-\dfrac{m\cos^2y}{m_{\mathrm{c}}+m}\right)}u\\[2mm]y=x_1\end{cases} \tag{7.1.50}$$

有关方程的参数的选取与例 2.1 相同。

定义模糊推理规则为

R^l：如果 x_1 是 F_1^j，则 y 是 G_1^j，$j=1,\cdots,7;l=1,\cdots,7$

R^l：如果 x_2 是 F_2^j，则 y 是 G_2^j，$j=1,\cdots,7;l=8,\cdots,14$

选择模糊隶属函数为

$$\mu_{F_i^1}(x_i)=\frac{1}{1+\exp[-5(x_i+0.6)]},\quad \mu_{F_i^2}(x_i)=\exp[-0.5(x_i+0.4)^2]$$

$$\mu_{F_i^3}(x_i)=\exp[-0.5(x_i+0.2)^2],\quad \mu_{F_i^4}(x_i)=\exp(-0.5x_i^2)$$

$$\mu_{F_i^5}(x_i)=\exp[-0.5(x_i-0.2)^2],\quad \mu_{F_i^6}(x_i)=\exp[-0.5(x_i-0.4)^2]$$

$$\mu_{F_i^7}(x_i)=\frac{1}{1+\exp[-5(x_i-0.6)]},\quad i=1,2$$

令

$$\xi_i(x)=\frac{\mu_{F_i^j}(x_1)\mu_{F_2^j}(x_2)}{\sum_{j=1}^{7}\mu_{F_i^j}(x_1)\mu_{F_2^j}(x_2)}$$

$$\boldsymbol{\Phi}(x)=[\xi_1(\boldsymbol{x}),\xi_2(\boldsymbol{x}),\xi_3(\boldsymbol{x}),\xi_4(\boldsymbol{x}),\xi_5(\boldsymbol{x}),\xi_6(\boldsymbol{x}),\xi_7(\boldsymbol{x})]^{\mathrm{T}}$$

则得到模糊逻辑系统

$$\hat{f}(\boldsymbol{x}\mid\boldsymbol{\theta}_f)=\boldsymbol{\theta}_f^{\mathrm{T}}\boldsymbol{\Phi}(\boldsymbol{x}),\quad \hat{g}(\boldsymbol{x}\mid\boldsymbol{\theta}_g)=\boldsymbol{\theta}_g^{\mathrm{T}}\boldsymbol{\Phi}(\boldsymbol{x}) \tag{7.1.51}$$

设计高增益观测器为

$$\begin{cases}\hat{e}_1=q_1\\ \hat{e}_2=\dfrac{q_2}{\varepsilon}\end{cases} \tag{7.1.52}$$

式中，q_1，q_2 满足如下动态方程：

$$\begin{aligned}\varepsilon\dot{q}_1&=q_2+2(e_1-q_1)\\ \varepsilon q_2&=e_1-q_1\end{aligned} \tag{7.1.53}$$

选取 $\varepsilon=0.01$，为消除由于应用高增益观测器而产生的控制系统的冲击现象，需要对 v，ψ_i 进行饱和处理，选取 $S=60$，$S_1=50$，$S_2=75$。

给定 $\boldsymbol{Q}=\mathrm{diag}(10,10)$，$\rho=0.1,0.5$，$\lambda=0.001,0.004$，解黎卡提方程(7.1.15)得

$$\boldsymbol{P}=\begin{bmatrix}15&5\\5&5\end{bmatrix}$$

选取初始值为 $\boldsymbol{\theta}_f(0)=\boldsymbol{0}$，$\boldsymbol{\theta}_g(0)=2\boldsymbol{I}$，$y(0)=0.2$，$\dot{y}(0)=0.1$。其他参数选为 $\eta_1=0.1$，$\eta_2=0.01$，$M_f=M_g=15$，$\delta_1=\delta_2=0.5$，$k_1=2$，$k_2=1$。

选取参考信号 $y_m=\frac{\pi}{30}\sin t$。仿真结果由图 7-1～图 7-3 给出。图 7-1 给出的是倒摆转角跟踪曲线，其中实线为期望轨迹，虚线为系统输出转角；图 7-2 给出的

是倒摆转角速度的跟踪误差曲线。图 7-3 给出系统的跟踪控制曲线。

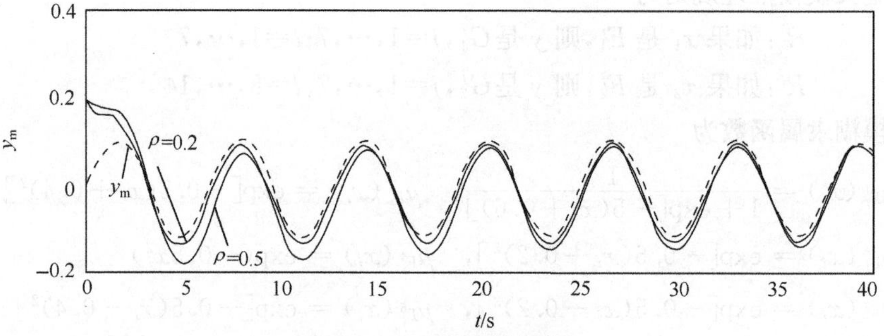

图 7-1　输出跟踪曲线

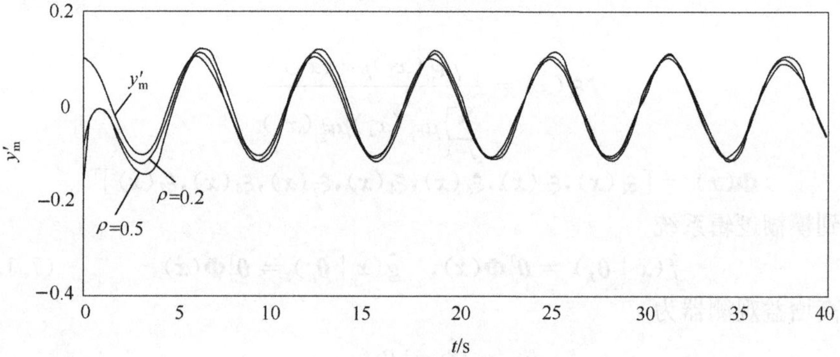

图 7-2　跟踪误差曲线

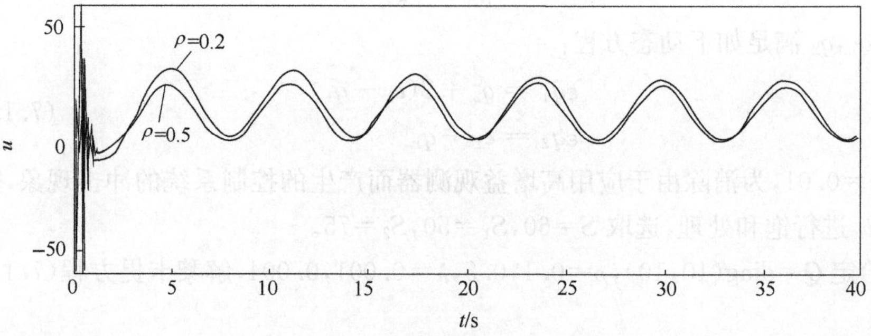

图 7-3　控制量变化曲线

7.2　基于高增益观测器的自适应输出反馈模糊滑模控制

本节针对一类单输入单输出非线性不确定系统，与 7.1 节的设计过程类似，首先在系统状态可测的条件下，给出了一种自适应状态反馈模糊滑模控制策略及其稳定性分析。设计一种高增益状态观测器来估计系统的状态，进而实现在系统状态不可测条件下的自适应状态反馈模糊控制策略。

7.2.1　被控对象模型及控制问题的描述

考虑如下的非线性系统：

$$\begin{cases} \dot{x}_1 = x_2 \\ \dot{x}_2 = x_3 \\ \vdots \\ \dot{x}_{n-1} = x_n \\ \dot{x}_n = f(\boldsymbol{x}) + g(\boldsymbol{x})u \\ y = x_1 \end{cases} \tag{7.2.1}$$

式中，$\boldsymbol{x}=(x_1,\cdots,x_n)^{\mathrm{T}}\in\mathbf{R}^n$ 为系统的状态向量，$y\in\mathbf{R}$ 为系统的输出，$u\in\mathbf{R}$ 为系统的输入。$f(\boldsymbol{x})$和 $g(\boldsymbol{x})$是未知的连续函数并假设对任意的 $\boldsymbol{x}\in\mathbf{R}^n$，$|g(\boldsymbol{x})|>0$。

设 y_{m} 是具有 n 阶导数的已知参考信号，记 $\boldsymbol{y}_{\mathrm{m}}=[y_{\mathrm{m}},\dot{y}_{\mathrm{m}},\cdots,y_{\mathrm{m}}^{(n-1)}]^{\mathrm{T}}$。定义跟踪误差及其他的 $n-1$ 阶导数为

$$e_1 = x_1 - y_{\mathrm{m}},\quad \dot{e}_1 = x_2 - \dot{y}_{\mathrm{m}},\quad \cdots,\quad e_1^{(n-1)} = x_n - y_{\mathrm{m}}^{(n-1)}$$

误差向量为

$$\boldsymbol{e} = [e_1,\dot{e}_1,\cdots,e_1^{(n-1)}]^{\mathrm{T}} = [e_1,\cdots,e_n]^{\mathrm{T}}$$

则式(7.2.1)可以写成

$$\dot{\boldsymbol{e}} = \boldsymbol{A}\boldsymbol{e} + \boldsymbol{B}[f(\boldsymbol{x}) + g(\boldsymbol{x})u - y_{\mathrm{m}}^{(n)}] \tag{7.2.2}$$

式中

$$\boldsymbol{A} = \begin{bmatrix} 0 & 1 & 0 & \cdots & 0 \\ 0 & 0 & 1 & \cdots & 0 \\ \vdots & \vdots & \vdots & & \vdots \\ 0 & 0 & 0 & \cdots & 1 \\ 0 & 0 & 0 & \cdots & 0 \end{bmatrix}_{n\times n},\quad \boldsymbol{B} = \begin{bmatrix} 0 \\ 0 \\ \vdots \\ 0 \\ 1 \end{bmatrix}_{n\times 1}$$

控制任务　(基于模糊逻辑系统)在状态不完全可测的条件下，设计模糊控制器和参数向量的自适应律，满足下列条件：

(1) 闭环系统中所涉及的所有变量一致有界。

(2) 跟踪误差 $e_1=y-y_{\mathrm{m}}$ 尽可能小。

7.2.2　状态反馈模糊控制器的设计

设模糊逻辑系统 $\hat{f}(\boldsymbol{x}|\boldsymbol{\theta}_1)$和 $\hat{g}(\boldsymbol{x}|\boldsymbol{\theta}_2)$具有如下的形式：

$$\hat{f}(\boldsymbol{x} \mid \boldsymbol{\theta}_1) = \boldsymbol{\theta}_1^{\mathrm{T}}\boldsymbol{\Phi}(\boldsymbol{x}),\quad \hat{g}(\boldsymbol{x} \mid \boldsymbol{\theta}_2) = \boldsymbol{\theta}_2^{\mathrm{T}}\boldsymbol{\Phi}(\boldsymbol{x}) \tag{7.2.3}$$

利用 $\hat{f}(\boldsymbol{x}|\boldsymbol{\theta}_1)$，$\hat{g}(\boldsymbol{x}|\boldsymbol{\theta}_2)$分别逼近未知函数 f 和 g。用 $\hat{f}(\boldsymbol{x}|\boldsymbol{\theta}_1)$和 $\hat{g}(\boldsymbol{x}|\boldsymbol{\theta}_2)$分别代

替式(7.2.2)中的 f 和 g，得

$$\dot{\boldsymbol{e}}=\boldsymbol{A}\boldsymbol{e}+\boldsymbol{B}\{\hat{f}(\boldsymbol{x}\mid\boldsymbol{\theta}_1)+\hat{g}(\boldsymbol{x}\mid\boldsymbol{\theta}_2)u-y_{\mathrm{m}}^{(n)}+f(\boldsymbol{x})-\hat{f}(\boldsymbol{x}\mid\boldsymbol{\theta}_1)+[g(\boldsymbol{x})-\hat{g}(\boldsymbol{x}\mid\boldsymbol{\theta}_2)]u\}\tag{7.2.4}$$

假设 $\boldsymbol{x}$，$\boldsymbol{\theta}_1$ 和 $\boldsymbol{\theta}_2$ 分别属于有界闭集 U，Ω_1 和 Ω_2，它们的定义如下：

$$U=\{\boldsymbol{x}\in\mathbf{R}^n:\|\boldsymbol{x}\|^2\leqslant M\},\quad \Omega_1=\{\boldsymbol{\theta}_1\in\mathbf{R}^N:\|\boldsymbol{\theta}_1\|^2\leqslant M_1\}$$

$$\Omega_2=\{\boldsymbol{\theta}_2\in\mathbf{R}^N:\|\boldsymbol{\theta}_2\|^2\leqslant M_2\}$$

式中，M，M_1 和 M_2 是设计参数，N 是模糊规则数。

定义参数向量 $\boldsymbol{\theta}_1$ 和 $\boldsymbol{\theta}_2$ 的最优参数向量为 $\boldsymbol{\theta}_1^*$ 和 $\boldsymbol{\theta}_2^*$：

$$\begin{aligned}\boldsymbol{\theta}_1^*&=\arg\min_{\boldsymbol{\theta}_1\in\Omega_1}\{\sup_{\boldsymbol{x}\in U}|f(\boldsymbol{x})-\hat{f}(\boldsymbol{x}\mid\boldsymbol{\theta}_1)|\}\\\boldsymbol{\theta}_2^*&=\arg\min_{\boldsymbol{\theta}_2\in\Omega_2}\{\sup_{\boldsymbol{x}\in U}|g(\boldsymbol{x})-\hat{g}(\boldsymbol{x}\mid\boldsymbol{\theta}_2)|\}\end{aligned}\tag{7.2.5}$$

定义模糊最小逼近误差

$$w=[\hat{f}(\boldsymbol{x}\mid\boldsymbol{\theta})-f(\boldsymbol{x})]+[\hat{g}(\boldsymbol{x}\mid\boldsymbol{\theta}_2)-g(\boldsymbol{x})]u\tag{7.2.6}$$

则式(7.2.4)可以写成

$$\dot{\boldsymbol{e}}=\boldsymbol{A}\boldsymbol{e}+\boldsymbol{B}[\boldsymbol{\theta}_1^{\mathrm{T}}\boldsymbol{\Phi}(\boldsymbol{x})+\boldsymbol{\theta}_2^{\mathrm{T}}\boldsymbol{\Phi}(\boldsymbol{x})u-y_{\mathrm{m}}^{(n)}+\tilde{\boldsymbol{\theta}}_1^{\mathrm{T}}\boldsymbol{\Phi}(\boldsymbol{x})+\tilde{\boldsymbol{\theta}}_2^{\mathrm{T}}\boldsymbol{\Phi}(\boldsymbol{x})u+w]\tag{7.2.7}$$

式中，$\tilde{\boldsymbol{\theta}}_1=\boldsymbol{\theta}_1-\boldsymbol{\theta}_1^*$ 和 $\tilde{\boldsymbol{\theta}}_2=\boldsymbol{\theta}_2-\boldsymbol{\theta}_2^*$ 是参数误差向量。

定义滑模平面为

$$s=\sum_{j=1}^{n}a_je_j\tag{7.2.8}$$

式中，$\sum\limits_{j=1}^{n}a_j\lambda^{j-1}$ 是 Hurwitz 多项式且 $a_n=1$。

定义滑模的可达条件为

$$\dot{s}=-s-k_0\operatorname{sgn}(s),\quad k_0>0\tag{7.2.9}$$

由式(7.2.7)得 s 的导数

$$\begin{aligned}\dot{s}&=\sum_{j=1}^{n-1}a_je_{j+1}+\dot{e}_n\\&=\sum_{j=1}^{n-1}a_je_{j+1}+\boldsymbol{\theta}_1^{\mathrm{T}}\boldsymbol{\Phi}(\boldsymbol{x})+\boldsymbol{\theta}_2^{\mathrm{T}}\boldsymbol{\Phi}(\boldsymbol{x})u\\&\quad-y_{\mathrm{m}}^{(n)}+\tilde{\boldsymbol{\theta}}_1^{\mathrm{T}}\boldsymbol{\Phi}(\boldsymbol{x})+\tilde{\boldsymbol{\theta}}_2^{\mathrm{T}}\boldsymbol{\Phi}(\boldsymbol{x})u+w\end{aligned}\tag{7.2.10}$$

由式(7.2.9)和式(7.2.10)得

$$\dot{s}=-ks-k_0\operatorname{sgn}(s)+\tilde{\boldsymbol{\theta}}_1^{\mathrm{T}}\boldsymbol{\Phi}(\boldsymbol{x})+\tilde{\boldsymbol{\theta}}_2^{\mathrm{T}}\boldsymbol{\Phi}(\boldsymbol{x})u+w\tag{7.2.11}$$

设计模糊滑模控制为

$$u=\frac{1}{\hat{g}(\boldsymbol{x}\mid\boldsymbol{\theta}_2)}\Big[-\sum_{j=1}^{n-1}a_je_{j+1}+\hat{f}(\boldsymbol{x}\mid\boldsymbol{\theta}_1)+y_{\mathrm{m}}^{(n)}-ks-k_0\operatorname{sgn}(s)\Big]\tag{7.2.12}$$

假设 $\delta_1>0$,$\delta_2>0$,定义如下两个有界闭集：

$$\Omega_{10}=\{\boldsymbol{\theta}_1\in\mathbf{R}^N:\|\boldsymbol{\theta}_1\|^2\leqslant M_1+\delta_1\},\quad \Omega_{20}=\{\boldsymbol{\theta}_2\in\mathbf{R}^N:\|\boldsymbol{\theta}_2\|^2\leqslant M_2+\delta_2\}$$

取参数向量 $\boldsymbol{\theta}_1$,$\boldsymbol{\theta}_2$ 的自适应律：

$$\dot{\boldsymbol{\theta}}_1=\begin{cases}\eta_1 s\boldsymbol{\Phi}(\boldsymbol{x}), & \boldsymbol{\theta}_1\in\Omega_{10}\\ & \text{或 }\boldsymbol{\theta}_1\notin\Omega_{10}\text{ 且 }s\boldsymbol{\Phi}(x)\leqslant 0\\ P_{r1}[\eta_1 s\boldsymbol{\Phi}(\boldsymbol{x})], & \text{其他}\end{cases}\tag{7.2.13}$$

$$\dot{\boldsymbol{\theta}}_2=\begin{cases}\eta_2\eta_1 s\boldsymbol{\Phi}(\boldsymbol{x})u, & \boldsymbol{\theta}_2\in\Omega_{20}\\ & \text{或 }\boldsymbol{\theta}_2\notin\Omega_{20}\text{ 且 }s\boldsymbol{\Phi}(\boldsymbol{x})u\leqslant 0\\ P_{r2}[\eta_2\eta_1 s\boldsymbol{\Phi}(\boldsymbol{x})u], & \text{其他}\end{cases}\tag{7.2.14}$$

式中

$$P_{r1}[\eta_1 s\boldsymbol{\Phi}(\boldsymbol{x})]=\eta_1 s\boldsymbol{\Phi}(\boldsymbol{x})-\eta_1\frac{(\|\boldsymbol{\theta}_1\|^2-M_1)s\boldsymbol{\Phi}(\boldsymbol{x})}{\delta_1\|\boldsymbol{\theta}_1\|^2}\boldsymbol{\theta}_1\tag{7.2.15}$$

$$P_{r2}[\eta_2 s\boldsymbol{\Phi}(\boldsymbol{x})u]=\eta_2 s\boldsymbol{\Phi}(\boldsymbol{x})u-\eta_2\frac{(\|\boldsymbol{\theta}_2\|^2-M_2)s\boldsymbol{\Phi}(\boldsymbol{x})u}{\delta_2\|\boldsymbol{\theta}_2\|^2}\boldsymbol{\theta}_2\tag{7.2.16}$$

这里,η_1,η_2 为学习律。

上述参数向量 $\boldsymbol{\theta}_1$ 和 $\boldsymbol{\theta}_2$ 的自适应律可保证当 $\boldsymbol{\theta}_1(0)\in\Omega_{10}$ 和 $\boldsymbol{\theta}_2(0)\in\Omega_{20}$,且 $t>0$ 时,有 $\boldsymbol{\theta}_1(t)\in\Omega_{10}$,$\boldsymbol{\theta}_2(t)\in\Omega_{20}$。

把式(7.2.8)看作是坐标变换,用 s 来代替 e_n,则式(7.2.11)等价于

$$\begin{cases}\dot{\bar{\boldsymbol{e}}}=\boldsymbol{A}_1\bar{\boldsymbol{e}}+\boldsymbol{B}_{n-1}s\\ \dot{s}=-ks-k_0\operatorname{sgn}(s)+\tilde{\boldsymbol{\theta}}_1^{\mathrm{T}}\boldsymbol{\Phi}(\boldsymbol{x})+\tilde{\boldsymbol{\theta}}_2^{\mathrm{T}}\boldsymbol{\Phi}(\boldsymbol{x})u+w\end{cases}\tag{7.2.17}$$

式中

$$\bar{\boldsymbol{e}}=\begin{bmatrix}e_1\\ \vdots\\ e_{n-1}\end{bmatrix},\quad \boldsymbol{B}_{n-1}=\begin{bmatrix}0\\ \vdots\\ 0\\ 1\end{bmatrix}_{1\times(n-1)},\quad \boldsymbol{A}_1=\begin{bmatrix}0&1&0&\cdots&0\\0&0&1&\cdots&0\\ \vdots&\vdots&\vdots&&\vdots\\0&0&0&\cdots&1\\-a_1&-a_2&-a_3&\cdots&-a_{n-1}\end{bmatrix}$$

因为 $\boldsymbol{A}_1$ 是多项式 $\sum_{j=1}^{n}a_j\lambda^{j-1}$ 的伴随矩阵,且 $\sum_{j=1}^{n}a_j\lambda^{j-1}$ 是 Hurwitz 多项式,则存在一个正定的矩阵 $\boldsymbol{P}_1$ 满足矩阵方程

$$\boldsymbol{A}_1^{\mathrm{T}}\boldsymbol{P}_1+\boldsymbol{P}_1\boldsymbol{A}_1=-\boldsymbol{I}_{n-1}\tag{7.2.18}$$

7.2.3　状态反馈的稳定性与收敛性分析

假设 7.3　存在正常数 l,使得模糊最小逼近误差满足 $|w|\leqslant l$。

定理 7.3　对于非线性系统(7.2.1),采用模糊滑模控制器(7.2.12),参数向量用式(7.2.13)～式(7.2.16)来自适应调节,$k>\dfrac{\|\boldsymbol{P}_1\boldsymbol{B}_{n-1}\|^2}{\lambda}$,$k_0>l$。如果滑模

满足可达条件(7.2.9),并且假设 7.3 成立,则模糊自适应滑模控制方案可保证闭环系统是稳定,跟踪误差向量 $\boldsymbol{e}$ 收敛于零。

证明 考虑 Lyapunov 函数

$$V=\bar{\boldsymbol{e}}^{\mathrm{T}}\boldsymbol{P}_1\bar{\boldsymbol{e}}+\frac{1}{2}s^2+\frac{1}{2\eta_1}\tilde{\boldsymbol{\theta}}_1^{\mathrm{T}}\tilde{\boldsymbol{\theta}}_1+\frac{1}{2\eta_1}\tilde{\boldsymbol{\theta}}_2^{\mathrm{T}}\tilde{\boldsymbol{\theta}}_2 \tag{7.2.19}$$

求 V 对时间的导数:

$$\dot{V}=\dot{\bar{\boldsymbol{e}}}^{\mathrm{T}}\boldsymbol{P}_1\bar{\boldsymbol{e}}+\bar{\boldsymbol{e}}^{\mathrm{T}}\boldsymbol{P}_1\dot{\bar{\boldsymbol{e}}}+s\dot{s}+\frac{1}{\eta_1}\dot{\tilde{\boldsymbol{\theta}}}_1^{\mathrm{T}}\tilde{\boldsymbol{\theta}}_1+\frac{1}{\eta_1}\dot{\tilde{\boldsymbol{\theta}}}_2^{\mathrm{T}}\tilde{\boldsymbol{\theta}}_2 \tag{7.2.20}$$

根据式(7.2.17)得

$$\begin{aligned}\dot{V}=&\bar{\boldsymbol{e}}^{\mathrm{T}}[\boldsymbol{P}_1\boldsymbol{A}_1^{\mathrm{T}}+\boldsymbol{A}_1\boldsymbol{P}_1]\bar{\boldsymbol{e}}+s[-ks-k\operatorname{sgn}(s)+\tilde{\boldsymbol{\theta}}_1^{\mathrm{T}}\boldsymbol{\Phi}(\boldsymbol{x})+\tilde{\boldsymbol{\theta}}_2^{\mathrm{T}}\boldsymbol{\Phi}(\boldsymbol{x})u+w]\\&+\frac{1}{\eta_1}\dot{\tilde{\boldsymbol{\theta}}}_1^{\mathrm{T}}\tilde{\boldsymbol{\theta}}_1+\frac{1}{\eta_1}\dot{\tilde{\boldsymbol{\theta}}}_2^{\mathrm{T}}\tilde{\boldsymbol{\theta}}_2+2\boldsymbol{e}^{\mathrm{T}}\boldsymbol{P}_1\boldsymbol{B}_{n-1}s\\=&\left[s\tilde{\boldsymbol{\theta}}_1^{\mathrm{T}}\boldsymbol{\Phi}(\boldsymbol{x})+\frac{1}{\eta_1}\tilde{\boldsymbol{\theta}}_1^{\mathrm{T}}\tilde{\boldsymbol{\theta}}_1\right]+\left[s\tilde{\boldsymbol{\theta}}_2^{\mathrm{T}}\boldsymbol{\Phi}(\boldsymbol{x})+\frac{1}{\eta_1}\tilde{\boldsymbol{\theta}}_2^{\mathrm{T}}\tilde{\boldsymbol{\theta}}_2\right]\\&\times\bar{\boldsymbol{e}}^{\mathrm{T}}[\boldsymbol{P}_1\boldsymbol{A}_1^{\mathrm{T}}+\boldsymbol{A}_1\boldsymbol{P}_1]\bar{\boldsymbol{e}}+2\bar{\boldsymbol{e}}^{\mathrm{T}}\boldsymbol{P}_1\boldsymbol{B}_{n-1}s-ks^2-k|s|+sw\end{aligned} \tag{7.2.21}$$

由式(7.2.13)和式(7.2.14)可得

$$s\tilde{\boldsymbol{\theta}}_1^{\mathrm{T}}\boldsymbol{\Phi}(\boldsymbol{x})+\frac{1}{\eta_1}\tilde{\boldsymbol{\theta}}_1^{\mathrm{T}}\tilde{\boldsymbol{\theta}}_1\leqslant 0,\quad s\tilde{\boldsymbol{\theta}}_2^{\mathrm{T}}\boldsymbol{\Phi}(\boldsymbol{x})u+\frac{1}{\eta_2}\tilde{\boldsymbol{\theta}}_2^{\mathrm{T}}\tilde{\boldsymbol{\theta}}_2\leqslant 0$$

根据式(7.2.18),式(7.2.21)变为

$$\begin{aligned}\dot{V}=&-\bar{\boldsymbol{e}}^{\mathrm{T}}\bar{\boldsymbol{e}}+2\bar{\boldsymbol{e}}^{\mathrm{T}}\boldsymbol{P}_1\boldsymbol{B}_{n-1}s-ks^2-k_0|s|+sw\\\leqslant&-\|\bar{\boldsymbol{e}}\|^2+2\|\boldsymbol{P}_1\boldsymbol{B}_{n-1}\|\,\|\bar{\boldsymbol{e}}\|^{\mathrm{T}}|s|-k|s|^2-(k_0-l)|s|\\\leqslant&-\|\bar{\boldsymbol{e}}\|^2+\lambda\|\bar{\boldsymbol{e}}\|^2+\frac{\|\boldsymbol{P}_1\boldsymbol{B}_{n-1}\|^2}{\lambda}|s|^2-k|s|^2-(k_0-l)|s|\\=&-(1-\lambda)\|\bar{\boldsymbol{e}}\|^2-\left(k-\frac{\|\boldsymbol{P}_1\boldsymbol{B}_{n-1}\|^2}{\lambda}\right)|s|^2-(k_0-l)|s|\end{aligned} \tag{7.2.22}$$

这里,$0<\lambda<1$。假设 k,k_0 满足

$$k>\frac{\|\boldsymbol{P}_1\boldsymbol{B}_{n-1}\|^2}{\lambda},\quad k_0>l$$

令 $\sigma=\min\left\{1-\lambda;k-\dfrac{\|\boldsymbol{P}_1\boldsymbol{B}_{n-1}\|^2}{\lambda}\right\}$,则式(7.2.22)变为

$$\dot{V}\leqslant-\sigma(\|\bar{\boldsymbol{e}}\|^2+|s|^2) \tag{7.2.23}$$

可知闭环系统是稳定的,$\lim\limits_{t\to\infty}\bar{\boldsymbol{e}}=\boldsymbol{0}$,$\lim\limits_{t\to\infty}s=0$,因此可得$\lim\limits_{t\to\infty}e_1=0$。

7.2.4 输出反馈模糊控制器的设计

本节研究如何在系统状态不可测的情况下实现 7.2.1 节所设计的自适应状态反馈控制方案。因此首先需要对控制器中所涉及的状态变量进行估计。

设计高增益观测器

$$\begin{cases} \dot{\hat{e}}_1 = \hat{e}_2 + \dfrac{\alpha_1}{\varepsilon}(e_1 - \hat{e}_1) \\ \dot{\hat{e}}_2 = \hat{e}_3 + \dfrac{\alpha_2}{\varepsilon^2}(e_1 - \hat{e}_1) \\ \vdots \\ \dot{\hat{e}}_{n-1} = \hat{e}_n + \dfrac{\alpha_{n-1}}{\varepsilon^{n-1}}(e_1 - \hat{e}_1) \\ \dot{\hat{e}}_n = \boldsymbol{\theta}_1^{\mathrm{T}}\boldsymbol{\Phi}(\hat{\boldsymbol{x}}) + \boldsymbol{\theta}_2^{\mathrm{T}}\boldsymbol{\Phi}(\hat{\boldsymbol{x}})u - y_{\mathrm{m}}^{(n)} + \dfrac{\alpha_n}{\varepsilon^n}(e_1 - \hat{e}_1) \end{cases} \tag{7.2.24}$$

式中，$\varepsilon>0$。记 $\boldsymbol{\alpha}(\varepsilon)=\left[\dfrac{\alpha_1}{\varepsilon},\cdots,\dfrac{\alpha_n}{\varepsilon^n}\right]^{\mathrm{T}}$，式(7.2.24)可写成如下的向量形式：

$$\dot{\hat{\boldsymbol{e}}} = \boldsymbol{A}\hat{\boldsymbol{e}} + \alpha(\varepsilon)(\hat{e}_1 - e_1) + \boldsymbol{B}[\boldsymbol{\theta}_1^{\mathrm{T}}\boldsymbol{\Phi}(\hat{\boldsymbol{x}}) + \boldsymbol{\theta}_2^{\mathrm{T}}\boldsymbol{\Phi}(\hat{\boldsymbol{x}})u - y_{\mathrm{m}}^{(n)}] \tag{7.2.25}$$

由式(7.2.7)和式(7.2.25)得闭环系统

$$\dot{\boldsymbol{e}} = \boldsymbol{A}\boldsymbol{e} + \boldsymbol{B}[\boldsymbol{\theta}_1^{\mathrm{T}}\boldsymbol{\Phi}(\boldsymbol{x}) + \boldsymbol{\theta}_2^{\mathrm{T}}\boldsymbol{\Phi}(\boldsymbol{x})u - y_{\mathrm{m}}^{(n)} + \tilde{\boldsymbol{\theta}}_1^{\mathrm{T}}\boldsymbol{\Phi}(\boldsymbol{x}) + \tilde{\boldsymbol{\theta}}_2^{\mathrm{T}}\boldsymbol{\Phi}(\boldsymbol{x})u + w] \tag{7.2.26}$$

$$\dot{\hat{\boldsymbol{e}}} = \boldsymbol{A}\hat{\boldsymbol{e}} - \boldsymbol{\alpha}(\varepsilon)(\hat{e}_1 - e_1) + \boldsymbol{B}[\boldsymbol{\theta}_1^{\mathrm{T}}\boldsymbol{\Phi}(\hat{\boldsymbol{x}}) + \boldsymbol{\theta}_2^{\mathrm{T}}\boldsymbol{\Phi}(\hat{\boldsymbol{x}})u - y_{\mathrm{m}}^{(n)}] \tag{7.2.27}$$

定义观测误差

$$\tilde{\boldsymbol{e}} = \boldsymbol{e} - \hat{\boldsymbol{e}} \tag{7.2.28}$$

则式(7.2.26)和式(7.2.27)组成的闭环系统等价于

$$\dot{\bar{\boldsymbol{e}}} = \boldsymbol{A}_1\bar{\boldsymbol{e}} + \boldsymbol{B}_{n-1}s \tag{7.2.29}$$

$$\dot{\hat{s}} = -k\hat{s} - k_0\operatorname{sgn}(\hat{s}) + \tilde{\boldsymbol{\theta}}_1^{\mathrm{T}}\boldsymbol{\Phi}(\hat{\boldsymbol{x}}) + \tilde{\boldsymbol{\theta}}_2^{\mathrm{T}}\boldsymbol{\Phi}(\hat{\boldsymbol{x}})u + w \tag{7.2.30}$$

$$\begin{aligned} \dot{\tilde{\boldsymbol{e}}} = {} & \boldsymbol{A}\tilde{\boldsymbol{e}} + \boldsymbol{\alpha}(\varepsilon)\tilde{e}_1 + \boldsymbol{B}\{\boldsymbol{\theta}_1^{\mathrm{T}}[\boldsymbol{\Phi}(\boldsymbol{x}) - \boldsymbol{\Phi}(\hat{\boldsymbol{x}})] + \boldsymbol{\theta}_2^{\mathrm{T}}[\boldsymbol{\Phi}(\boldsymbol{x}) - \boldsymbol{\Phi}(\hat{\boldsymbol{x}})]u\} \\ & + \boldsymbol{B}[\tilde{\boldsymbol{\theta}}_1^{\mathrm{T}}\boldsymbol{\Phi}(\boldsymbol{x}) + \tilde{\boldsymbol{\theta}}_2^{\mathrm{T}}\boldsymbol{\Phi}(\boldsymbol{x})u + w] \end{aligned} \tag{7.2.31}$$

令

$$\varphi(\boldsymbol{\theta}_1, \boldsymbol{\theta}_2, \boldsymbol{x}, u) = \boldsymbol{\theta}_1^{\mathrm{T}}\boldsymbol{\Phi}(\boldsymbol{x}) + \boldsymbol{\theta}_2^{\mathrm{T}}\boldsymbol{\Phi}(\boldsymbol{x})u$$

$$d(\tilde{\boldsymbol{\theta}}_1, \tilde{\boldsymbol{\theta}}_2, \boldsymbol{x}, u) = \tilde{\boldsymbol{\theta}}_1^{\mathrm{T}}\boldsymbol{\xi}(\boldsymbol{x}) + \tilde{\boldsymbol{\theta}}_2^{\mathrm{T}}\boldsymbol{\xi}(\boldsymbol{x})u$$

假设 7.4　存在 $L\geqslant 0$ 及 $K\geqslant 0$，使得 $\varphi(\boldsymbol{\theta}_1, \boldsymbol{\theta}_2, \boldsymbol{x}, u)$ 和 $d(\tilde{\boldsymbol{\theta}}_1, \tilde{\boldsymbol{\theta}}_2, \boldsymbol{x}, u)$ 满足如下条件：

$$|\varphi(\boldsymbol{\theta}_1, \boldsymbol{\theta}_2, \boldsymbol{x}, u) - \varphi(\boldsymbol{\theta}_1, \boldsymbol{\theta}_2, \hat{\boldsymbol{x}}, u)| \leqslant L\|\boldsymbol{x} - \hat{\boldsymbol{x}}\|$$

$$|d(\tilde{\boldsymbol{\theta}}_1, \tilde{\boldsymbol{\theta}}_2, \boldsymbol{x}, u)| \leqslant K$$

对于状态不可测系统，滑模平面取为

$$\hat{s} = \sum_{j=1}^{n} \alpha_j \hat{e}_j \tag{7.2.32}$$

$$s - \hat{s} = \sum_{j=1}^{n} \alpha_j \tilde{e}_j \tag{7.2.33}$$

把由式(7.2.29)～式(7.2.31)组成的闭环系统改写成

$$\dot{\bar{\boldsymbol{e}}} = \boldsymbol{A}_1\bar{\boldsymbol{e}} + \boldsymbol{B}_{n-1}\left(\hat{s} + \sum_{j=1}^{n}\alpha_j\tilde{e}_j\right) \tag{7.2.34}$$

$$\dot{\hat{s}} = -k\hat{s} - k_0\,\mathrm{sgn}(\hat{s}) + \tilde{\boldsymbol{\theta}}_1^{\mathrm{T}}\boldsymbol{\Phi}(\hat{\boldsymbol{x}}) + \tilde{\boldsymbol{\theta}}_2^{\mathrm{T}}\boldsymbol{\Phi}(\hat{\boldsymbol{x}})u + w \tag{7.2.35}$$

$$\dot{\tilde{\boldsymbol{e}}} = \boldsymbol{A}\tilde{\boldsymbol{e}} + \boldsymbol{\alpha}(\varepsilon)\tilde{e}_1 + \boldsymbol{B}[\varphi(\boldsymbol{\theta}_1,\boldsymbol{\theta}_2,\boldsymbol{x},u) - \varphi(\boldsymbol{\theta}_1,\boldsymbol{\theta}_2,\hat{\boldsymbol{x}},u) + d + w] \tag{7.2.36}$$

令

$$\xi_j = \frac{1}{\varepsilon^{n-j}}\tilde{e}_j,\quad j = 1,2,\cdots,n \tag{7.2.37}$$

则式(7.2.36)可以表示为

$$\begin{aligned}&\varepsilon\dot{\boldsymbol{\xi}} = \boldsymbol{A}\boldsymbol{\xi} - \varepsilon\xi_1 + \varepsilon\boldsymbol{B}[\varphi(\boldsymbol{\theta}_1,\boldsymbol{\theta}_2,\boldsymbol{x},u) - \varphi(\boldsymbol{\theta}_1,\boldsymbol{\theta}_2,\hat{\boldsymbol{x}},u) + w + d]\\&\boldsymbol{\alpha} = [\alpha_1,\cdots,\alpha_n]^{\mathrm{T}}\end{aligned} \tag{7.2.38}$$

选取$[1,\alpha_1,\cdots,\alpha_n]^{\mathrm{T}}$并使得如下的矩阵：

$$\boldsymbol{A}(\boldsymbol{\alpha}) = \begin{bmatrix} -\alpha_1 & 1 & 0 & \cdots & 0 \\ -\alpha_2 & 0 & 1 & \cdots & 0 \\ \vdots & \vdots & \vdots & & \vdots \\ -\alpha_{n-1} & 0 & 0 & \cdots & 1 \\ -\alpha_n & 0 & 0 & \cdots & 0 \end{bmatrix}$$

是稳定的，所以存在正定矩阵$\boldsymbol{P}_2$满足下面的 Lyapunov 方程：

$$\boldsymbol{A}^{\mathrm{T}}(\boldsymbol{\alpha})\boldsymbol{P}_2 + \boldsymbol{P}_2\boldsymbol{A}(\boldsymbol{\alpha}) = -\boldsymbol{I}_n \tag{7.2.39}$$

此时，式(7.2.38)变成

$$\varepsilon\dot{\boldsymbol{\xi}} = \boldsymbol{A}(\boldsymbol{\alpha})\boldsymbol{\xi} + \varepsilon\boldsymbol{B}[\varphi(\boldsymbol{\theta}_1,\boldsymbol{\theta}_2,\boldsymbol{x},u) - \varphi(\boldsymbol{\theta}_1,\boldsymbol{\theta}_2,\hat{\boldsymbol{x}},u) + d + w] \tag{7.2.40}$$

注意到对于状态不可测系统，此时的滑模可达条件变成

$$\dot{\hat{s}} = -k\hat{s} - k_0\,\mathrm{sgn}(\hat{s})$$

由式(7.2.34)～式(7.2.36)组成的系统变为

$$\dot{\bar{\boldsymbol{e}}} = \boldsymbol{A}_1\bar{\boldsymbol{e}} + \boldsymbol{B}_{n-1}\left(\hat{s} + \sum_{j=1}^{n}\alpha_j\varepsilon^{n-j}\xi_j\right) \tag{7.2.41}$$

$$\dot{\hat{s}} = -k\hat{s} - k_0\,\mathrm{sgn}(\hat{s}) + \tilde{\boldsymbol{\theta}}_1^{\mathrm{T}}\boldsymbol{\Phi}(\hat{\boldsymbol{x}}) + \tilde{\boldsymbol{\theta}}_2^{\mathrm{T}}\boldsymbol{\Phi}(\hat{\boldsymbol{x}})u + w \tag{7.2.42}$$

$$\dot{\boldsymbol{\xi}} = \frac{1}{\varepsilon}\boldsymbol{A}(\boldsymbol{\alpha})\boldsymbol{\xi} + \boldsymbol{B}[\varphi(\boldsymbol{\theta}_1,\boldsymbol{\theta}_2,\boldsymbol{x},u) - \varphi(\boldsymbol{\theta}_1,\boldsymbol{\theta}_2,\hat{\boldsymbol{x}},u) + w + d] \tag{7.2.43}$$

基于观测器的输出反馈控制策略如下：

$$u = \frac{1}{\boldsymbol{\theta}_2^{\mathrm{T}}\boldsymbol{\Phi}(\hat{\boldsymbol{x}})}\left[-\sum_{j=1}^{n-1}\alpha_j\hat{e}_{j+1} + y_{\mathrm{m}}^{(n)} - \boldsymbol{\theta}_1^{\mathrm{T}}\boldsymbol{\Phi}(\hat{\boldsymbol{x}}) - k\hat{s} - k_0\,\mathrm{sgn}(\hat{s})\right] \tag{7.2.44}$$

$$\dot{\boldsymbol{\theta}}_1 = \begin{cases}\eta_1\hat{s}\boldsymbol{\Phi}(\hat{\boldsymbol{x}}), & \boldsymbol{\theta}_1 \in \Omega_1 \\ & \text{或 } \boldsymbol{\theta}_1 \notin \Omega_1 \text{ 且 } \hat{s}\boldsymbol{\Phi}(\hat{\boldsymbol{x}}) \leqslant 0 \\ P_{r1}[\eta_1\hat{s}\boldsymbol{\Phi}(\hat{\boldsymbol{x}})], & \text{其他}\end{cases} \tag{7.2.45}$$

$$\dot{\boldsymbol{\theta}}_2 = \begin{cases} \eta_2 \eta_1 \hat{s} \boldsymbol{\Phi}(\hat{\boldsymbol{x}}) u, & \boldsymbol{\theta}_2 \in \Omega_2 \\ & \text{或 } \boldsymbol{\theta}_2 \notin \Omega_2 \text{ 且 } \hat{s} \boldsymbol{\Phi}(\hat{\boldsymbol{x}}) u \leqslant 0 \\ P_{r2}[\eta_1 \hat{s} \boldsymbol{\Phi}(\hat{\boldsymbol{x}})], & \text{其他} \end{cases} \tag{7.2.46}$$

式中

$$P_{r1}[\eta_1 \hat{s} \boldsymbol{\Phi}(\hat{\boldsymbol{x}})] = \eta_1 \hat{s} \boldsymbol{\Phi}(\hat{\boldsymbol{x}}) - \eta_1 \frac{(\| \boldsymbol{\theta}_1 \|^2 - M_1) \hat{s} \boldsymbol{\Phi}(\hat{\boldsymbol{x}})}{\delta_1 \| \boldsymbol{\theta}_1 \|^2} \boldsymbol{\theta}_1 \tag{7.2.47}$$

$$P_{r2}[\eta_2 \hat{s} \boldsymbol{\Phi}(\hat{\boldsymbol{x}}) u] = \eta_2 \hat{s} \boldsymbol{\Phi}(\hat{\boldsymbol{x}}) u - \eta_2 \frac{(\| \boldsymbol{\theta}_2 \|^2 - M_2) \hat{s} \boldsymbol{\Phi}(\hat{\boldsymbol{x}}) u}{\delta_2 \| \boldsymbol{\theta}_2 \|^2} \boldsymbol{\theta}_2 \tag{7.2.48}$$

7.2.5　输出反馈的稳定性与收敛性分析

定理 7.4　对于非线性系统(7.2.1),模糊输出反馈控制器取为式(7.2.44),参数的自适应调节律取为式(7.2.45)～式(7.2.48),设 $k>\rho+\dfrac{a_1^2}{\lambda_1}+\dfrac{\bar{a}^2}{4}$,$k_0>l$。如果假设 7.4 和 7.5 成立,则存在一个区间$(0,\bar{\varepsilon}]$,其中 $0<\varepsilon\leqslant\bar{\varepsilon}=3/4\left(a_3+\dfrac{a_1^2}{\lambda_2}\right)$,当$\varepsilon\in(0,\bar{\varepsilon}]$,整个自适应输出反馈模糊控制方案保证闭环系统是稳定,而且跟踪误差收敛于原点的一个邻域内。

证明　选取 Lyapunov 函数为

$$V = \bar{\boldsymbol{e}}^{\mathrm{T}} \boldsymbol{P}_1 \bar{\boldsymbol{e}} + \frac{1}{2} \hat{s}^2 + \boldsymbol{\xi}^{\mathrm{T}} \boldsymbol{P}_2 \boldsymbol{\xi} + \frac{1}{2\eta_1} \tilde{\boldsymbol{\theta}}_1^{\mathrm{T}} \tilde{\boldsymbol{\theta}}_1 + \frac{1}{2\eta_2} \tilde{\boldsymbol{\theta}}_2^{\mathrm{T}} \tilde{\boldsymbol{\theta}}_2 \tag{7.2.49}$$

求 V 对时间的导数,并由式(7.2.41)～式(7.2.43)得

$$\begin{aligned} \dot{V} = {} & \bar{\boldsymbol{e}}^{\mathrm{T}} [\boldsymbol{P}_1 \boldsymbol{A}_1^{\mathrm{T}} + \boldsymbol{A}_1 \boldsymbol{P}_1] \bar{\boldsymbol{e}} + 2 \bar{\boldsymbol{e}}^{\mathrm{T}} \boldsymbol{P}_1 \boldsymbol{B}_{n-1} (\hat{s} + \sum_{j=1}^{n} \alpha_j \varepsilon^{n-j} \xi_j) \\ & + \hat{s}[-k\hat{s} - k_0 \operatorname{sgn}(\hat{s}) + \tilde{\boldsymbol{\theta}}_1^{\mathrm{T}} \boldsymbol{\Phi}(\hat{\boldsymbol{x}}) + \tilde{\boldsymbol{\theta}}_2^{\mathrm{T}} \boldsymbol{\Phi}(\hat{\boldsymbol{x}}) u + w] \\ & + \frac{1}{\varepsilon} \boldsymbol{\xi}^{\mathrm{T}} [\boldsymbol{P}_2 \boldsymbol{A}^{\mathrm{T}}(\boldsymbol{\alpha}) + \boldsymbol{A}(\boldsymbol{\alpha}) \boldsymbol{P}_2] \boldsymbol{\xi} + 2 \boldsymbol{\xi}^{\mathrm{T}} \boldsymbol{P}_2 \boldsymbol{B} [\varphi(\boldsymbol{\theta}_1, \boldsymbol{\theta}_2, \boldsymbol{x}, u) \\ & - \varphi(\boldsymbol{\theta}_1, \boldsymbol{\theta}_2, \hat{\boldsymbol{x}}, u) + w + d] + \frac{1}{\eta_1} \dot{\boldsymbol{\theta}}_1^{\mathrm{T}} \tilde{\boldsymbol{\theta}}_1 + \frac{1}{\eta_2} \dot{\boldsymbol{\theta}}_2^{\mathrm{T}} \tilde{\boldsymbol{\theta}}_2 \end{aligned} \tag{7.2.50}$$

由式(7.2.18)和式(7.2.40),式(7.2.50)变成

$$\begin{aligned} \dot{V} = {} & \bar{\boldsymbol{e}}^{\mathrm{T}} \bar{\boldsymbol{e}} + 2 \bar{\boldsymbol{e}}^{\mathrm{T}} \boldsymbol{P}_1 \boldsymbol{B}_{n-1} (\hat{s} + \sum_{j=1}^{n} a_j \varepsilon^{n-j} \xi_j) \\ & + \hat{s}[-k\hat{s} - k_0 \operatorname{sgn}(\hat{s}) + w] - \frac{1}{\varepsilon} \boldsymbol{\xi}^{\mathrm{T}} \boldsymbol{\xi} \\ & + 2 \boldsymbol{\xi}^{\mathrm{T}} \boldsymbol{P}_2 \boldsymbol{B} [\varphi(\boldsymbol{\theta}_1, \boldsymbol{\theta}_2, \boldsymbol{x}, u) - \varphi(\boldsymbol{\theta}_1, \boldsymbol{\theta}_2, \hat{\boldsymbol{x}}, u) + w + d] \\ & + \left(\hat{s} \tilde{\boldsymbol{\theta}}_1^{\mathrm{T}} \boldsymbol{\Phi}(\hat{\boldsymbol{x}}) + \frac{1}{\eta_1} \dot{\boldsymbol{\theta}}_1^{\mathrm{T}} \tilde{\boldsymbol{\theta}}_1 \right) + \left(\hat{s} \tilde{\boldsymbol{\theta}}_2^{\mathrm{T}} \boldsymbol{\Phi}(\hat{\boldsymbol{x}}) u + \frac{1}{\eta_2} \dot{\boldsymbol{\theta}}_2^{\mathrm{T}} \tilde{\boldsymbol{\theta}}_2 \right) \end{aligned} \tag{7.2.51}$$

把参数的自适应律(7.2.45)～(7.2.48)代入式(7.2.51)得

$$\dot{V}\leqslant-\bar{\boldsymbol{e}}^{\mathrm{T}}\bar{\boldsymbol{e}}+2\bar{\boldsymbol{e}}^{\mathrm{T}}\boldsymbol{P}_1\boldsymbol{B}_{n-1}(\hat{s}+\sum_{j=1}^{n}a_j\varepsilon^{n-j}\xi_j)-k\hat{s}^2-k_0\mid\hat{s}\mid$$
$$-\frac{1}{\varepsilon}\boldsymbol{\xi}^{\mathrm{T}}\boldsymbol{\xi}+2\boldsymbol{\xi}^{\mathrm{T}}\boldsymbol{P}_2\boldsymbol{B}[\varphi(\boldsymbol{\theta}_1,\boldsymbol{\theta}_2,\boldsymbol{x},u)-\varphi(\boldsymbol{\theta}_1,\boldsymbol{\theta}_2,\boldsymbol{x},u)$$
$$+w+d]+\hat{s}w \tag{7.2.52}$$

设 $\sum_{j=1}^{n}(|\alpha_j|^2)^{\frac{1}{2}}=\bar{a}$,由于 $\sum_{j=1}^{n}|\alpha_j\|\xi_j|\leqslant(\sum_{j=1}^{n}|\alpha_j|^2)^{\frac{1}{2}}(\sum_{j=1}^{n}|\xi_j|^2)^{\frac{1}{2}}=\bar{a}\|\boldsymbol{\xi}\|$,有

$$2\bar{\boldsymbol{e}}^{\mathrm{T}}\boldsymbol{P}_1\boldsymbol{B}_{n-1}(\hat{s}+\sum_{j=1}^{n}\alpha_j\varepsilon^{n-j}\xi_j)\leqslant2\|\bar{\boldsymbol{e}}\|\|\boldsymbol{P}_1\boldsymbol{B}_{n-1}\|\mid\hat{s}\mid$$
$$+2\|\bar{\boldsymbol{e}}\|\|\boldsymbol{P}_1\boldsymbol{B}_{n-1}\|\sum_{j=1}^{n}|a_j||\xi_j|$$
$$\leqslant2\|\boldsymbol{P}_1\boldsymbol{B}_{n-1}\|\|\bar{\boldsymbol{e}}\|\mid\hat{s}\mid$$
$$+2\bar{a}\|\boldsymbol{P}_1\boldsymbol{B}_{n-1}\|\|\bar{\boldsymbol{e}}\|\|\boldsymbol{\xi}\| \tag{7.2.53}$$

根据假设 7.6 和假设 7.7 可知

$$|w||\hat{s}|\leqslant l\mid\hat{s}\mid \tag{7.2.54}$$

$$\|\varphi(\boldsymbol{\theta}_1,\boldsymbol{\theta}_2,\boldsymbol{x},u)-\varphi(\boldsymbol{\theta}_1,\boldsymbol{\theta}_2,\hat{\boldsymbol{x}},u)\|\leqslant L\|\boldsymbol{x}-\hat{\boldsymbol{x}}\|=L\|\tilde{\boldsymbol{e}}\|\leqslant L\|\boldsymbol{\xi}\| \tag{7.2.55}$$

把式(7.2.53)~式(7.2.55)代入式(7.2.52),并根据$|d|\leqslant M$得

$$\dot{V}\leqslant-\|\bar{\boldsymbol{e}}\|^2+2\|\boldsymbol{P}_1\boldsymbol{B}_{n-1}\|\|\bar{\boldsymbol{e}}\|\mid\hat{s}\mid+2\bar{a}\|\boldsymbol{P}_1\boldsymbol{B}_{n-1}\|\|\bar{\boldsymbol{e}}\|\|\boldsymbol{\xi}\|-k\hat{s}^2$$
$$-\left[\frac{1}{\varepsilon}-2(L+K)\|\boldsymbol{P}_2\boldsymbol{B}\|\right]\|\boldsymbol{\xi}\|^2+2\|\boldsymbol{P}_2\boldsymbol{B}\|K\|\boldsymbol{\xi}\|+(l-k_0)\mid\hat{s}\mid \tag{7.2.56}$$

令

$$a_1=\|\boldsymbol{P}_1\boldsymbol{B}_{n-1}\|,a_2=\bar{a}\|\boldsymbol{P}_1\boldsymbol{B}_{n-1}\|,a_3=2(L+K)\|\boldsymbol{P}_2\boldsymbol{B}\|,a_4=2\|\boldsymbol{P}_2\boldsymbol{B}\|K$$

则式(7.2.56)写成

$$\dot{V}\leqslant-\|\bar{\boldsymbol{e}}\|^2+2a_1\|\bar{\boldsymbol{e}}\|\mid\hat{s}\mid+2a_2\|\bar{\boldsymbol{e}}\|\|\boldsymbol{\xi}\|-k\hat{s}^2$$
$$-\left(\frac{1}{\varepsilon}-a_3\right)\|\boldsymbol{\xi}\|^2+a_4\|\boldsymbol{\xi}\|+(l-k_0)\mid\hat{s}\mid \tag{7.2.57}$$

因为

$$a_4\|\boldsymbol{\xi}\|\leqslant\frac{\|\boldsymbol{\xi}\|^2}{4\varepsilon}+\varepsilon a_4^2,\quad 2a_1\|\bar{\boldsymbol{e}}\|\mid\hat{s}\mid\leqslant\lambda_1\|\bar{\boldsymbol{e}}\|^2+\frac{a_1^2}{\lambda_1}\mid\hat{s}\mid^2$$

$$2a_2\|\bar{\boldsymbol{e}}\|\|\boldsymbol{\xi}\|\leqslant\lambda_2\|\bar{\boldsymbol{e}}\|^2+\frac{a_2^2}{\lambda_2}\|\boldsymbol{\xi}\|^2$$

式中,$0<\lambda_1+\lambda_2<1$。所以式(7.2.57)变成

$$\dot{V}\leqslant-[1-(\lambda_1+\lambda_2)]\|\bar{\boldsymbol{e}}\|^2-\left(\frac{3}{4\varepsilon}-a_3-\frac{a_1^2}{\lambda_2}\right)\|\boldsymbol{\xi}\|^2$$
$$-\left(k-\frac{a_1^2}{\lambda_1}-\frac{\bar{a}^2}{4}\right)\mid\hat{s}\mid^2+\varepsilon a_4^2-(k_0-l)\mid\hat{s}\mid \tag{7.2.58}$$

取

$$k > \frac{a_1^2}{\lambda_1} + \frac{\bar{a}^2}{4},\quad k_0 > l,\quad 0 < \varepsilon \leqslant \bar{\varepsilon} = 3/4\left(a_3 + \frac{a_1^2}{\lambda_2}\right)$$

记

$$\sigma_0 = \min\left\{[1-(\lambda_1+\lambda_2)], \left(k - \frac{a_1^2}{\lambda_1} - \frac{\bar{a}^2}{4}\right), \left(\frac{3}{4\varepsilon} - a_3 - \frac{a_1^2}{\lambda_2}\right)\right\}$$

式(7.2.58)变成

$$\dot{V} \leqslant -\sigma_0(\|\bar{\boldsymbol{e}}\|^2 + |\hat{s}|^2 + \|\boldsymbol{\xi}\|^2) + \varepsilon a_4^2 \tag{7.2.59}$$

由于当$(\|\bar{\boldsymbol{e}}\|^2 + |\hat{s}|^2 + \|\boldsymbol{\xi}\|^2)^{1/2} \geqslant a_4\sqrt{\frac{\varepsilon}{\sigma_0}}$时，有

$$\dot{V} \leqslant 0 \tag{7.2.60}$$

所以

$$(\bar{\boldsymbol{e}}, \hat{s}, \boldsymbol{\xi}) \in \left\{(\bar{\boldsymbol{e}}, \hat{s}, \boldsymbol{\xi}):\ \|\bar{\boldsymbol{e}}\|^2 + |\hat{s}|^2 + \|\boldsymbol{\xi}\|^2 \leqslant \frac{\varepsilon}{\sigma_0}a_4^2\right\}$$

进而推出模糊系统稳定，且$|e_1| \leqslant a_4\sqrt{\frac{\varepsilon}{\sigma_0}}$。

7.2.6　仿真

例 7.2　把本节的自适应输出反馈模糊控制方法用于控制如下的倒立摆非线性系统：

$$\begin{aligned} \begin{bmatrix}\dot{x}_1\\ \dot{x}_2\end{bmatrix} &= \begin{bmatrix}0 & 1\\ 0 & 0\end{bmatrix}\begin{bmatrix}x_1\\ x_2\end{bmatrix} + \begin{bmatrix}0\\ 1\end{bmatrix}(f + gu) \\ y &= \begin{bmatrix}1 & 0\end{bmatrix}\begin{bmatrix}x_1\\ x_2\end{bmatrix} \end{aligned} \tag{7.2.61}$$

式中

$$f = \frac{mlx_2\sin x_1\cos x_1 - (M+m)g\sin x_1}{ml\cos^2 x_1 - \frac{4}{3}l(M+m)},\quad g = \frac{-\cos x_1}{ml\cos^2 x_1 - \frac{4}{3}l(M+m)}$$

$$g = 9.8\mathrm{m/s^2},\quad m = 0.1\mathrm{kg},\quad M = 1\mathrm{kg},\quad l = 0.5\mathrm{m}$$

取参考信号为

$$y_{\mathrm{m}} = \frac{\pi}{30}\sin t$$

选择模糊隶属函数为

$$\mu_{F_i^1}(x_i) = \frac{1}{1+\exp[5(x_i+0.6)]},\quad \mu_{F_i^2}(x_i) = \exp[-(x_i+0.4)^2]$$

$$\mu_{F_i^3}(x_i) = \exp[-(x_i+0.2)^2],\quad \mu_{F_i^4}(x_i) = \exp(-x_i^2)$$

$$\mu_{F_i^5}(x_i) = \exp[-(x_i-0.2)^2],\quad \mu_{F_i^6}(x_i) = \exp[-(x_i-0.4)^2]$$

$$\mu_{F_i^7}(x_i)=\frac{1}{1+\exp[-5(x_i-0.6)]}$$

定义模糊推理规则为

$$R^{(j)}: \text{如果 } x_1 \text{ 是 } F_1^j \text{ 且 } x_2 \text{ 是 } F_2^j, \text{则 } y \text{ 是 } G^j, j=1,2,\cdots,7$$

定义

$$D=\sum_{j=1}^{7}\prod_{i=1}^{2}\mu_{F_i^j}(x_i),\quad \boldsymbol{\Phi}(\boldsymbol{x})=[(\mu_{F_1^1}\mu_{F_2^1})/D,\cdots,(\mu_{F_1^7}\mu_{F_2^7})/D]^{\mathrm{T}}$$

$$\boldsymbol{\theta}_1=[\theta_{11},\cdots,\theta_{17}]^{\mathrm{T}},\quad \boldsymbol{\theta}_g=[\theta_{21},\cdots,\theta_{27}]^{\mathrm{T}}$$

则获得模糊逻辑系统 $\hat{f}(\boldsymbol{x}|\boldsymbol{\theta}_1)=\boldsymbol{\theta}_1^{\mathrm{T}}\boldsymbol{\Phi}(\boldsymbol{x})$ 及 $\hat{g}(\boldsymbol{x}|\boldsymbol{\theta}_2)=\boldsymbol{\theta}_2^{\mathrm{T}}\boldsymbol{\Phi}(\boldsymbol{x})$。

取 $U=\left\{(x_1,x_2)\,|\,x_1^2+x_2^2\leqslant\left(\frac{\pi}{6}\right)^2\right\}$,$s=e_2+2e_1$,$k_0=3$,$k=6$,$\eta_1=0.1$,$\eta_2=0.4$,$\lambda_1=0.1$,$\lambda_2=0.7$,$l=2$,$r_1=0.1$,$r_2=0.4$,$\alpha_1=2$,$\varepsilon=0.1$;初始条件为 $[x_1(0),x_2(0)]=\left(-\frac{\pi}{6},0\right)$;$\boldsymbol{\theta}_1(0)=\mathbf{0}$,$\boldsymbol{\theta}_2(0)=0.2\boldsymbol{I}_{7\times1}$,仿真结果如图 7-4～图 7-6 所示。

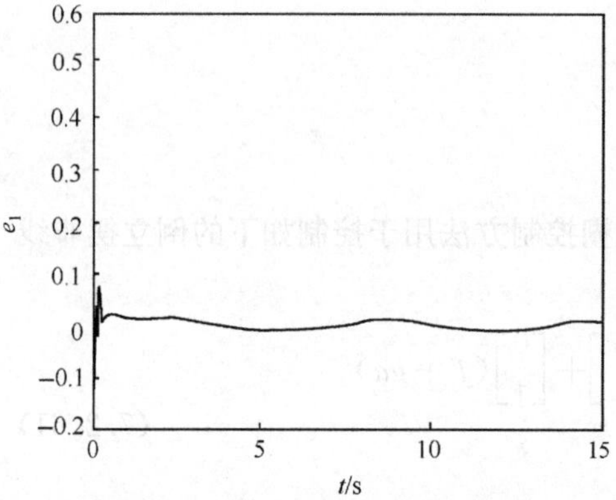

图 7-4 跟踪误差 e_1 的曲线

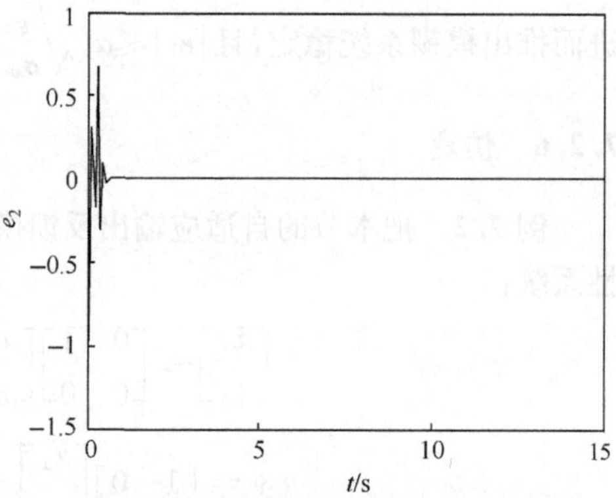

图 7-5 跟踪误差 e_2 的曲线

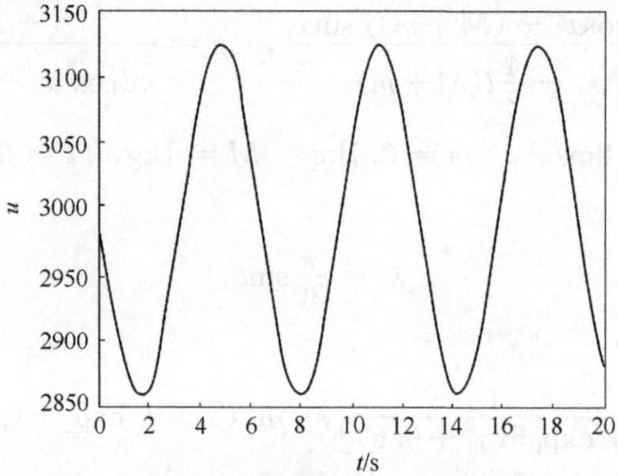

图 7-6 跟踪误差 u 的曲线

第 8 章　多变量非线性系统的自适应模糊控制

前几章针对单输入单输出非线性不确定系统，介绍了一些典型的自适应模糊控制设计方法与稳定性分析。本章针对多变量非线性不确定系统，介绍三种自适应模糊控制设计方法与稳定性分析[25-29]。

8.1　自适应状态反馈模糊 H_∞ 控制

本节对一类多输入多输出非线性不确定系统，把反馈线性化、模糊逻辑系统和 H_∞ 控制相结合，给出一种自适应状态反馈模糊控制方法，并基于 Lyapunov 函数方法，证明控制系统的稳定性。

8.1.1　被控对象模型及控制问题的描述

考虑如下的多输入多输出非线性系统：

$$\begin{cases} \dot{\boldsymbol{x}} = \boldsymbol{f}(\boldsymbol{x}) + g_1(\boldsymbol{x})u_1 + \cdots + g_p(\boldsymbol{x})u_p \\ y_1 = h_1(\boldsymbol{x}) \\ \vdots \\ y_p = h_p(\boldsymbol{x}) \end{cases} \tag{8.1.1}$$

式中，$\boldsymbol{x}\in\mathbf{R}^m$ 是系统的状态；$\boldsymbol{u}=[u_1,\cdots,u_p]^{\mathrm{T}}\in\mathbf{R}^p$ 是系统的输入；$\boldsymbol{y}=[y_1,\cdots,y_p]^{\mathrm{T}}\in\mathbf{R}^p$ 是系统的输出；$\boldsymbol{f}=[f_1,\cdots,f_m]^{\mathrm{T}}$；$\boldsymbol{h}=[h_1,\cdots,h_p]^{\mathrm{T}}$；$f_i(i=1,2,\cdots,m)$是未知的光滑函数向量；$g_i,h_i(i=1,2,\cdots,p)$是未知的光滑函数向量。假定系统(8.1.1)有相对度向量$[r_1,\cdots,r_p]^{\mathrm{T}}$，应用线性化方法把系统(8.1.1)变成

$$y_i^{(r_i)} = L_f^{r_i}h_i + \sum_{j=1}^{p} L_{g_j}(L_f^{r_i-1}h_i)u_j \tag{8.1.2}$$

符号 $L_f\boldsymbol{h}(\boldsymbol{x})$表示 $\boldsymbol{h}$ 关于 $\boldsymbol{f}$ 的 Lyapunov 导数，其定义为 $L_f\boldsymbol{h}(\boldsymbol{x})=\dfrac{\partial \boldsymbol{h}}{\partial \boldsymbol{x}}\boldsymbol{f}(\boldsymbol{x})$。设 $f_i(\boldsymbol{x})=L_f^{r_i}h_i$，$g_{ij}(\boldsymbol{x})=L_{g_j}(L_f^{r_i-1}h_i)$，函数 $f_i(\boldsymbol{x})$和 $g_{ij}(\boldsymbol{x})$表示系统的非线性未知动态。定义

$$\boldsymbol{G}(\boldsymbol{x}) = \begin{bmatrix} g_{11}(\boldsymbol{x}) & \cdots & g_{1p}(\boldsymbol{x}) \\ \vdots & & \vdots \\ g_{p1}(\boldsymbol{x}) & \cdots & g_{pp}(\boldsymbol{x}) \end{bmatrix}$$

那么式(8.1.2)变成

$$\begin{bmatrix} y_1^{(r_1)} \\ \vdots \\ y_p^{(r_p)} \end{bmatrix} = \begin{bmatrix} f_1(\boldsymbol{x}) \\ \vdots \\ f_p(\boldsymbol{x}) \end{bmatrix} + \boldsymbol{G}(\boldsymbol{x}) \begin{bmatrix} u_1 \\ \vdots \\ u_p \end{bmatrix} + \begin{bmatrix} d_1 \\ \vdots \\ d_p \end{bmatrix} \tag{8.1.3}$$

假设 8.1　在紧集 $S\subset \mathbf{R}^n$ 上,$\boldsymbol{G}(\boldsymbol{x})$非奇异,且 $\|\boldsymbol{G}(\boldsymbol{x})\|^2=\sigma(\boldsymbol{G}^{\mathrm{T}}(\boldsymbol{x})\boldsymbol{G}(\boldsymbol{x}))\geqslant b_1>0$。其中 $\sigma(\cdot)$表示矩阵的最小奇异值。

假设 8.2　系统(8.1.3)有相对度向量 $\boldsymbol{r}=[r_1,\cdots,r_p]^{\mathrm{T}}$,并且零动态具有指数吸引性质。

给定可测的参考信号为 $y_{\mathrm{m}1},\cdots,y_{\mathrm{m}p}$,定义跟踪误差

$$e_1 = y_{\mathrm{m}1} - y_1,\cdots,e_p = y_{\mathrm{m}p} - y_p$$

控制任务　(基于模糊逻辑系统)设计模糊控制及其参数向量的自适应控制律,满足以下条件:

(1) 系统中所涉及的变量有界。

(2) 跟踪误差 e_{i0} 实现 H_∞ 跟踪性能,即

$$\int_0^T \boldsymbol{e}^{\mathrm{T}}\boldsymbol{Q}\boldsymbol{e}\,\mathrm{d}t \leqslant \boldsymbol{e}^{\mathrm{T}}(0)\boldsymbol{P}\boldsymbol{e}(0) + \frac{1}{\eta}\tilde{\boldsymbol{\theta}}^{\mathrm{T}}(0)\tilde{\boldsymbol{\theta}}(0) + \rho^2\int_0^T \boldsymbol{w}^{\mathrm{T}}\boldsymbol{w}\,\mathrm{d}t \tag{8.1.4}$$

式中,$T\in[0,\infty)$,$\boldsymbol{w}\in L_2[0,T]$,$\boldsymbol{P}=\boldsymbol{P}^{\mathrm{T}}>0$,$\boldsymbol{Q}=\boldsymbol{Q}^{\mathrm{T}}>0$ 是适当维数的正定矩阵。$\tilde{\boldsymbol{\theta}}=\boldsymbol{\theta}-\boldsymbol{\theta}^*$ 是模糊系统的逼近误差向量,η是设计参数。

8.1.2　模糊控制器的设计

对于系统(8.1.3),如果 $f_i(\boldsymbol{x})$,$g_{ij}(\boldsymbol{x})$已知,并且 $d_i(\boldsymbol{x})=0$,那么取控制律

$$\begin{bmatrix} u_1 \\ \vdots \\ u_p \end{bmatrix} = \boldsymbol{G}^{-1}(x)\left(-\begin{bmatrix} f_1(\boldsymbol{x}) \\ \vdots \\ f_p(\boldsymbol{x}) \end{bmatrix} + \begin{bmatrix} v_1 \\ \vdots \\ v_p \end{bmatrix}\right) \tag{8.1.5}$$

把式(8.1.5)代入式(8.1.3)得

$$[y_1^{(r_1)},\cdots,y_p^{(r_p)}]^{\mathrm{T}} = [v_1,\cdots,v_p]^{\mathrm{T}} \tag{8.1.6}$$

令 $v_1,\cdots,v_p$ 为

$$\begin{aligned} v_1 &= y_{\mathrm{m}_1}^{(r_1)} + k_{1r_1}e_1^{(r_1-1)} + \cdots + k_{11}e_1 \\ &\vdots \\ v_p &= y_{\mathrm{m}p}^{(r_p)} + k_{pr_p}e_p^{(r_p-1)} + \cdots + k_{p1}e_p \end{aligned} \tag{8.1.7}$$

则

$$\begin{aligned} &e_1^{(r_1)} + k_{1r_1}e_1^{(r_1-1)} + \cdots + k_{11}e_1 = 0 \\ &\vdots \\ &e_p^{(r_p)} + k_{pr_p}e_p^{(r_p-1)} + \cdots + k_{p1}e_p = 0 \end{aligned} \tag{8.1.8}$$

显然,如果选取参数 k_{ij} 使得式(8.1.8)中各式所对应的多项式稳定,则有$\lim\limits_{t\to\infty}e_i(t)=0$。然而在 $f_i(\boldsymbol{x})$,$g_{ij}(\boldsymbol{x})$未知和 $d_i(\boldsymbol{x})\neq 0$ 的情况下,获得理想的控制器(8.1.5)是不

可能的。为此，构造模糊逻辑系统 $\hat{f}_i(\boldsymbol{x}|\boldsymbol{\theta}_i)$ 和 $\hat{g}_{ij}(\boldsymbol{x}|\boldsymbol{\theta}_{ij})$ 来逼近 $f_i(\boldsymbol{x})$ 和 $g_{ij}(\boldsymbol{x})$。

设模糊逻辑系统为

$$\hat{f}_i(\boldsymbol{x} \mid \boldsymbol{\theta}_i) = \boldsymbol{\theta}_i^{\mathrm{T}}\boldsymbol{\xi}(\boldsymbol{x}), \quad \hat{g}_{ij}(\boldsymbol{x} \mid \boldsymbol{\theta}_{ij}) = \boldsymbol{\theta}_{ij}^{\mathrm{T}}\boldsymbol{\xi}(\boldsymbol{x}) \tag{8.1.9}$$

设计模糊控制为

$$\begin{aligned}\begin{bmatrix} u_1 \\ \vdots \\ u_p \end{bmatrix} &= \begin{bmatrix} \hat{g}_{11}(\boldsymbol{x}) & \cdots & \hat{g}_{1p}(\boldsymbol{x}) \\ \vdots & & \vdots \\ \hat{g}_{1p}(\boldsymbol{x}) & \cdots & \hat{g}_{pp}(\boldsymbol{x}) \end{bmatrix}^{-1} \left(-\begin{bmatrix} \hat{f}_1(\boldsymbol{x} \mid \boldsymbol{\theta}_1) \\ \vdots \\ \hat{f}_p(\boldsymbol{x} \mid \boldsymbol{\theta}_p) \end{bmatrix} + \begin{bmatrix} v_1 \\ \vdots \\ v_p \end{bmatrix} - \begin{bmatrix} u_{f1} \\ \vdots \\ u_{fp} \end{bmatrix} \right) \\ &= \hat{\boldsymbol{G}}^{-1}(\boldsymbol{x}) \left(-\begin{bmatrix} \hat{f}_1(\boldsymbol{x} \mid \boldsymbol{\theta}_1) \\ \vdots \\ \hat{f}_p(\boldsymbol{x} \mid \boldsymbol{\theta}_p) \end{bmatrix} + \begin{bmatrix} v_1 \\ \vdots \\ v_p \end{bmatrix} - \begin{bmatrix} u_{f1} \\ \vdots \\ u_{fp} \end{bmatrix} \right)\end{aligned} \tag{8.1.10}$$

式中，$u_{fi} = -\dfrac{1}{\lambda_i}\boldsymbol{B}_i^{\mathrm{T}}\boldsymbol{P}_i\boldsymbol{e}_i$ 为 H_∞ 补偿器。参数 λ_i 及矩阵 $\boldsymbol{P}_i$ 满足下面的黎卡提方程：

$$\boldsymbol{P}_i\boldsymbol{A}_i + \boldsymbol{A}_i^{\mathrm{T}}\boldsymbol{P}_i + \boldsymbol{Q}_i - \left(\frac{2}{\lambda_i} - \frac{1}{\rho^2}\right)\boldsymbol{P}_i\boldsymbol{B}_i\boldsymbol{B}_i^{\mathrm{T}}\boldsymbol{P}_i = \boldsymbol{0} \tag{8.1.11}$$

由式(8.1.3)和式(8.1.10)得

$$\begin{aligned}\begin{bmatrix} y^{(r_1)} \\ \vdots \\ y_p^{(r_p)} \end{bmatrix} &= \begin{bmatrix} f_1(\boldsymbol{x}) \\ \vdots \\ f_p(\boldsymbol{x}) \end{bmatrix} + [\boldsymbol{G}(\boldsymbol{x}) + \hat{\boldsymbol{G}}(\boldsymbol{x}) - \hat{\boldsymbol{G}}(\boldsymbol{x})\hat{\boldsymbol{G}}(\boldsymbol{x})]\hat{\boldsymbol{G}}^{-1}(\boldsymbol{x}) \left(-\begin{bmatrix} \hat{f}_1(\boldsymbol{x} \mid \boldsymbol{\theta}_1) \\ \vdots \\ \hat{f}_p(\boldsymbol{x} \mid \boldsymbol{\theta}_p) \end{bmatrix} \right. \\ &\quad \left. + \begin{bmatrix} v_1 \\ \vdots \\ v_p \end{bmatrix} - \begin{bmatrix} u_{f1} \\ \vdots \\ u_{fp} \end{bmatrix} \right) + \begin{bmatrix} d_1 \\ \vdots \\ d_p \end{bmatrix} \\ &= \begin{bmatrix} f_1(\boldsymbol{x}) \\ \vdots \\ f_p(\boldsymbol{x}) \end{bmatrix} + [\boldsymbol{G}(\boldsymbol{x}) - \hat{\boldsymbol{G}}(\boldsymbol{x})]\hat{\boldsymbol{G}}^{-1}(\boldsymbol{x}) \left(-\begin{bmatrix} \hat{f}_1(\boldsymbol{x} \mid \boldsymbol{\theta}_1) \\ \vdots \\ \hat{f}_p(\boldsymbol{x} \mid \boldsymbol{\theta}_p) \end{bmatrix} + \begin{bmatrix} r_1 \\ \vdots \\ r_p \end{bmatrix} - \begin{bmatrix} u_{f1} \\ \vdots \\ u_{fp} \end{bmatrix} \right) \\ &\quad + [\hat{\boldsymbol{G}}(\boldsymbol{x})\hat{\boldsymbol{G}}^{-1}(\boldsymbol{x})] \left[\begin{bmatrix} \hat{f}_1(\boldsymbol{x} \mid \boldsymbol{\theta}_1) \\ \vdots \\ \hat{f}_p(\boldsymbol{x} \mid \boldsymbol{\theta}_p) \end{bmatrix} + \begin{bmatrix} v_1 \\ \vdots \\ v_p \end{bmatrix} - \begin{bmatrix} u_{f1} \\ \vdots \\ u_{fp} \end{bmatrix} \right] + \begin{bmatrix} d_1 \\ \vdots \\ d_p \end{bmatrix} \\ &= \begin{bmatrix} f_1(\boldsymbol{x}) - \hat{f}_1(\boldsymbol{x} \mid \boldsymbol{\theta}_1) \\ \vdots \\ f_p(\boldsymbol{x}) - \hat{f}_p(\boldsymbol{x} \mid \boldsymbol{\theta}_p) \end{bmatrix} + [\boldsymbol{G}(\boldsymbol{x}) - \hat{\boldsymbol{G}}(\boldsymbol{x})] \begin{bmatrix} u_1 \\ \vdots \\ u_p \end{bmatrix} + \begin{bmatrix} v_1 \\ \vdots \\ v_p \end{bmatrix} - \begin{bmatrix} u_{f1} \\ \vdots \\ u_{fp} \end{bmatrix} + \begin{bmatrix} d_1 \\ \vdots \\ d_p \end{bmatrix}\end{aligned} \tag{8.1.12}$$

由式(8.1.3)，式(8.1.6)及式(8.1.12)得

$$\begin{aligned}\dot{\boldsymbol{e}}_i = \boldsymbol{A}_i\boldsymbol{e}_i + \boldsymbol{B}_i u_{fi} + \boldsymbol{B}_i\{[\hat{f}_i(\boldsymbol{x} \mid \boldsymbol{\theta}_i) - f_i(\boldsymbol{x})] \\ + \sum_{j=1}^{p}[g_{ij}(\boldsymbol{x}) - \hat{g}_{ij}(\boldsymbol{x} \mid \boldsymbol{\theta}_{ij})]u_j\} - \boldsymbol{B}_i d_i\end{aligned} \tag{8.1.13}$$

式中

$$\boldsymbol{A}_i=\begin{bmatrix}0 & 1 & 0 & \cdots & 0\\ 0 & 0 & 1 & \cdots & 0\\ \vdots & \vdots & \vdots & & \vdots\\ -k_{ir_i} & -k_{i(r_i-1)} & -k_{i(r_i-2)} & \cdots & -k_{i1}\end{bmatrix},\quad \boldsymbol{B}_i=\begin{bmatrix}0\\0\\ \vdots\\1\end{bmatrix},\quad \boldsymbol{e}_i=\begin{bmatrix}e_i\\ \dot{e}_i\\ \vdots\\ e_i^{(r_i-1)}\end{bmatrix}$$

8.1.3　模糊自适应算法

首先定义参数向量 $\boldsymbol{\theta}_i,\boldsymbol{\theta}_{ij}$ 的最优参数估计：

$$\begin{cases}\boldsymbol{\theta}_i^*=\arg\min\limits_{\boldsymbol{\theta}_i\in\Omega_{1i}}\left[\sup\limits_{\boldsymbol{x}\in S}\left|\hat{f}_i(\boldsymbol{x}\mid\boldsymbol{\theta}_i)-f_i(\boldsymbol{x})\right|\right]\\ \boldsymbol{\theta}_{ij}^*=\arg\min\limits_{\boldsymbol{\theta}_{ij}\in\Omega_{2ij}}\left[\sup\limits_{\boldsymbol{x}\in S}\left|\hat{g}_{ij}(\boldsymbol{x}\mid\boldsymbol{\theta}_{ij})-g_{ij}(\boldsymbol{x})\right|\right]\end{cases}\tag{8.1.14}$$

式中

$$\Omega_{1i}=\{\boldsymbol{\theta}_i\mid\|\boldsymbol{\theta}_i\|\leqslant M_i\},\quad \Omega_{2ij}=\{\boldsymbol{\theta}_{ij}\mid\|\boldsymbol{\theta}_{ij}\|\leqslant M_{ij}\}$$

这里 M_i,M_{ij} 为设计者设计的参数。

定义模糊最小逼近误差分别为

$$w_{i1}=[\hat{f}_i(\boldsymbol{x}\mid\boldsymbol{\theta})-f_i(\boldsymbol{x})]+\sum_{j=1}^{p}[\hat{g}_{ij}(\boldsymbol{x}\mid\boldsymbol{\theta})-g_{ij}(\boldsymbol{x})]u_j\tag{8.1.15}$$

则误差方程(8.1.13)写为

$$\begin{aligned}\dot{\boldsymbol{e}}_i&=\boldsymbol{A}_i\boldsymbol{e}_i+\boldsymbol{B}_iu_{fi}+\boldsymbol{B}_i\{[\hat{f}_i(\boldsymbol{x}\mid\boldsymbol{\theta}_i)-\hat{f}_i(\boldsymbol{x}\mid\boldsymbol{\theta})]\\&\quad+\sum_{j=1}^{p}[\hat{g}_{ij}(\boldsymbol{x}\mid\boldsymbol{\theta}_{ij})-g_{ij}(\boldsymbol{x}\mid\boldsymbol{\theta})]u_j\}-\boldsymbol{B}_iw_i\\&=\boldsymbol{A}_i\boldsymbol{e}_i+\boldsymbol{B}_iu_{fi}+\boldsymbol{B}_i\tilde{\boldsymbol{\theta}}_i^{\mathrm{T}}\boldsymbol{\xi}(\boldsymbol{x})+\sum_{j=1}^{p}\tilde{\boldsymbol{\theta}}_{ij}^{\mathrm{T}}\boldsymbol{\xi}(\boldsymbol{x})u_j-\boldsymbol{B}_jw_j\end{aligned}\tag{8.1.16}$$

式中，$\tilde{\boldsymbol{\theta}}_i=\boldsymbol{\theta}_i-\boldsymbol{\theta}_i^*$，$\tilde{\boldsymbol{\theta}}_{ij}=\boldsymbol{\theta}_{ij}-\boldsymbol{\theta}_{ij}^*$，$w_i=w_{i1}-d_i$。

参数向量的自适应调节律为

$$\dot{\boldsymbol{\theta}}_i=\begin{cases}-\eta_i\boldsymbol{e}_i^{\mathrm{T}}\boldsymbol{P}_i\boldsymbol{B}_i\boldsymbol{\xi}(\boldsymbol{x}), & \|\boldsymbol{\theta}_i\|\leqslant M_i\\ & \text{或 }\|\boldsymbol{\theta}_i\|=M_i\text{ 且 }\boldsymbol{e}_i^{\mathrm{T}}\boldsymbol{P}_i\boldsymbol{B}_i\boldsymbol{\theta}_i\boldsymbol{\xi}(\boldsymbol{x})>0\\ P_r[-\eta_i\boldsymbol{e}_i^{\mathrm{T}}\boldsymbol{P}_i\boldsymbol{B}_i\boldsymbol{\xi}(\boldsymbol{x})], & \|\boldsymbol{\theta}_i\|>M_i\\ & \text{且 }\boldsymbol{e}_i^{\mathrm{T}}\boldsymbol{P}_i\boldsymbol{B}_i\boldsymbol{\theta}_i\boldsymbol{\xi}(\boldsymbol{x})\leqslant 0\end{cases}\tag{8.1.17}$$

$$\dot{\boldsymbol{\theta}}_{ij}=\begin{cases}-\eta_{ij}\boldsymbol{e}_i^{\mathrm{T}}\boldsymbol{P}_i\boldsymbol{B}_i\boldsymbol{\xi}(\boldsymbol{x})u_i, & \|\boldsymbol{\theta}_{ij}\|\leqslant M_{ij}\\ & \text{或 }\|\boldsymbol{\theta}_{ij}\|=M_{ij}\text{ 且 }\boldsymbol{e}_i^{\mathrm{T}}\boldsymbol{P}_i\boldsymbol{B}_i\boldsymbol{\theta}_{ij}\boldsymbol{\xi}(\boldsymbol{x})u_i>0\\ P_r[-\eta_{ij}\boldsymbol{e}_i^{\mathrm{T}}\boldsymbol{P}_i\boldsymbol{B}_i\boldsymbol{\xi}(\boldsymbol{x})u_i], & \|\boldsymbol{\theta}_{ij}\|>M_{ij}\\ & \text{且 }\boldsymbol{e}_i^{\mathrm{T}}\boldsymbol{P}_i\boldsymbol{B}_i\boldsymbol{\theta}_{ij}\boldsymbol{\xi}(\boldsymbol{x})u_i\leqslant 0\end{cases}\tag{8.1.18}$$

式中，$P_r[\cdot]$定义为

$$P_r[-\eta_i \boldsymbol{e}_i^{\mathrm{T}} \boldsymbol{P}_i \boldsymbol{B}_i \boldsymbol{\xi}(\boldsymbol{x})] = -\eta_i \boldsymbol{e}_i^{\mathrm{T}} \boldsymbol{P}_i \boldsymbol{B}_i \boldsymbol{\xi}(\boldsymbol{x}) + \eta_i \frac{\boldsymbol{e}_i^{\mathrm{T}} \boldsymbol{P}_i \boldsymbol{B}_i \boldsymbol{\xi}(\boldsymbol{x}) \boldsymbol{\theta}_i \boldsymbol{\theta}_i^{\mathrm{T}}}{\|\boldsymbol{\theta}_i\|^2} \tag{8.1.19}$$

$$P_r[-\eta_{ij} \boldsymbol{e}_i^{\mathrm{T}} \boldsymbol{P}_i \boldsymbol{B}_i \boldsymbol{\xi}(\boldsymbol{x}) u_i] = -\eta_{ij} \boldsymbol{e}_i^{\mathrm{T}} \boldsymbol{P}_i \boldsymbol{B}_i \boldsymbol{\xi}(\boldsymbol{x}) u_i + \eta_{ij} \frac{\boldsymbol{e}_i^{\mathrm{T}} \boldsymbol{P}_i \boldsymbol{B}_i \boldsymbol{\xi}(\boldsymbol{x}) u_i \boldsymbol{\theta}_{ij} \boldsymbol{\theta}_{ij}^{\mathrm{T}}}{\|\boldsymbol{\theta}_{ij}\|^2} \tag{8.1.20}$$

这种间接自适应模糊控制策略的设计步骤如下：

步骤 1　离线预处理。

(1) 确定出一组参数 $k_{ir_1},\cdots,k_{ir_p}$，使得矩阵 $\boldsymbol{A}_i$ 的特征根都在左半开平面内。

(2) 确定抑制水平 $\rho>0$ 及 $\lambda_i>0$ 满足条件 $2\rho^2\geqslant\lambda_i$。给定正定矩阵 $\boldsymbol{Q}_i$，解黎卡提方程(8.1.11)，求出正定矩阵 $\boldsymbol{P}_i$。

(3) 根据实际问题，确定出设计参数 M_i, M_{ij}。

步骤 2　构造模糊控制器。

(1) 建立模糊规则基：它是由下面的 N 条模糊推理规则构成

R^i：如果 x_1 是 F_1^i，x_2 是 F_2^i，…，x_n 是 F_n^i，则 u_{c} 是 $\boldsymbol{B}_i$，$i=1,2,\cdots,N$

(2) 构造模糊基函数：

$$\xi_i(x_1,\cdots,x_n) = \frac{\prod_{j=1}^{n} \mu_{F_j^i}(x_j)}{\sum_{i=1}^{N}\left[\prod_{j=1}^{n} \mu_{F_j^i}(x_j)\right]}$$

做一个 N 维向量 $\boldsymbol{\xi}(\boldsymbol{x})=[\xi_1,\cdots,\xi_N]^{\mathrm{T}}$，并构造成模糊逻辑系统

$$\hat{f}_i(\boldsymbol{x} \mid \boldsymbol{\theta}_i) = \boldsymbol{\theta}_i^{\mathrm{T}} \boldsymbol{\xi}(\boldsymbol{x}), \quad \hat{g}_{ij}(\boldsymbol{x} \mid \boldsymbol{\theta}_{ij}) = \boldsymbol{\theta}_{ij}^{\mathrm{T}} \boldsymbol{\xi}(\boldsymbol{x})$$

步骤 3　在线自适应调节。

(1) 将反馈控制(8.1.10)作用于控制对象(8.1.1)，其中 u, v_i 取为式(8.1.5)。

(2) 用式(8.1.17)～式(8.1.20)自适应调节参数向量 $\boldsymbol{\theta}_i, \boldsymbol{\theta}_{ij}$。

8.1.4　稳定性与收敛性分析

定理 8.1　对于由式(8.1.1)给出的控制对象，采用控制器为式(8.1.10)，参数向量的自适应律为式(8.1.17)～式(8.1.20)，如果假设 8.1 和假设 8.2 成立，则总体自适应模糊控制方案保证具有下面的性能：

(1) $\|\boldsymbol{\theta}_i\|\leqslant M_i$，$\|\boldsymbol{\theta}_{ij}\|\leqslant M_{ij}$，$\boldsymbol{x}, u_i\in L_\infty$。

(2) 对于给定的减弱水平 $\rho>0$，跟踪误差实现 H_∞ 跟踪性能指标(8.1.4)。

证明　仅证 $\boldsymbol{x}, u_i\in L_\infty$ 和结论(2)。设 Lyapunov 函数为

$$V = V_1 + \cdots + V_p \tag{8.1.21}$$

$$V_i = \frac{1}{2}\boldsymbol{e}_i^{\mathrm{T}} \boldsymbol{P}_i \boldsymbol{e}_i + \frac{1}{2\eta_i} \tilde{\boldsymbol{\theta}}_i^{\mathrm{T}} \tilde{\boldsymbol{\theta}}_i + \frac{1}{2}\sum_{j=1}^{p} \frac{1}{\eta_{ij}} \tilde{\boldsymbol{\theta}}_{ij}^{\mathrm{T}} \tilde{\boldsymbol{\theta}}_{ij} \tag{8.1.22}$$

求 V_i 对时间的导数

$$\dot{V}=\frac{1}{2}\dot{\boldsymbol{e}}_i^{\mathrm{T}}\boldsymbol{P}\boldsymbol{e}_i+\frac{1}{2}\boldsymbol{e}_i^{\mathrm{T}}\boldsymbol{P}\dot{\boldsymbol{e}}_i+\frac{1}{\eta_i}\dot{\tilde{\boldsymbol{\theta}}}_i^{\mathrm{T}}\tilde{\boldsymbol{\theta}}_i+\sum_{i=1}^{p}\frac{1}{\eta_{ij}}\dot{\tilde{\boldsymbol{\theta}}}_{ij}^{\mathrm{T}}\tilde{\boldsymbol{\theta}}_{ij} \tag{8.1.23}$$

由式(8.1.16)得

$$\begin{aligned}\dot{V}=&\frac{1}{2}[\boldsymbol{e}_i^{\mathrm{T}}\boldsymbol{A}_i^{\mathrm{T}}\boldsymbol{P}_i\boldsymbol{e}_i-\frac{1}{\lambda_i}\boldsymbol{e}_i^{\mathrm{T}}\boldsymbol{P}_i\boldsymbol{B}_i\boldsymbol{B}_i^{\mathrm{T}}\boldsymbol{P}_i\boldsymbol{e}_i+\boldsymbol{\xi}^{\mathrm{T}}(\boldsymbol{x})\tilde{\boldsymbol{\theta}}_i\boldsymbol{B}_i^{\mathrm{T}}\boldsymbol{P}_i\boldsymbol{e}_i+\sum_{j=1}^{p}\tilde{\boldsymbol{\theta}}_{ij}^{\mathrm{T}}\boldsymbol{\xi}(\boldsymbol{x})\boldsymbol{B}_j^{\mathrm{T}}\boldsymbol{P}_i\boldsymbol{e}_iu_j\\&+\boldsymbol{w}_i^{\mathrm{T}}\boldsymbol{B}_i^{\mathrm{T}}\boldsymbol{P}_i\boldsymbol{e}_i+\boldsymbol{e}_i^{\mathrm{T}}\boldsymbol{P}_i\boldsymbol{A}_i\boldsymbol{e}_i-\frac{1}{\lambda_i}\boldsymbol{e}_i^{\mathrm{T}}\boldsymbol{P}_i\boldsymbol{B}_i\boldsymbol{B}_i^{\mathrm{T}}\boldsymbol{P}_i\boldsymbol{e}_i+\boldsymbol{e}_i^{\mathrm{T}}\boldsymbol{P}_i\boldsymbol{B}_i\tilde{\boldsymbol{\theta}}_i^{\mathrm{T}}\boldsymbol{\xi}(\boldsymbol{x})\\&+\sum_{j=1}^{p}\boldsymbol{e}_i^{\mathrm{T}}\boldsymbol{P}_i\boldsymbol{B}_i\tilde{\boldsymbol{\theta}}_{ij}^{\mathrm{T}}\boldsymbol{\xi}(\boldsymbol{x})u_i+\boldsymbol{e}_i^{\mathrm{T}}\boldsymbol{P}_i\boldsymbol{B}_i\boldsymbol{w}_i]+\frac{1}{\eta_i}\dot{\tilde{\boldsymbol{\theta}}}_i^{\mathrm{T}}\tilde{\boldsymbol{\theta}}_i+\sum_{j=1}^{p}\frac{1}{\eta_{ij}}\dot{\tilde{\boldsymbol{\theta}}}_{ij}^{\mathrm{T}}\tilde{\boldsymbol{\theta}}_{ij}\\=&\frac{1}{2}\boldsymbol{e}_i^{\mathrm{T}}\left(\boldsymbol{P}_i\boldsymbol{A}_i+\boldsymbol{A}_i^{\mathrm{T}}\boldsymbol{P}_i-\frac{2}{\lambda_i}\boldsymbol{P}_i\boldsymbol{B}_i\boldsymbol{B}_i^{\mathrm{T}}\boldsymbol{P}_i\right)\boldsymbol{e}_i+\frac{1}{2}(\boldsymbol{w}_i^{\mathrm{T}}\boldsymbol{B}_i^{\mathrm{T}}\boldsymbol{P}_i\boldsymbol{e}_i+\boldsymbol{e}_i^{\mathrm{T}}\boldsymbol{P}_i\boldsymbol{B}_i\boldsymbol{w}_i)\\&+\frac{1}{\eta_i}[\eta_i\boldsymbol{e}_i^{\mathrm{T}}\boldsymbol{P}_i\boldsymbol{B}_i\boldsymbol{\xi}^{\mathrm{T}}(\boldsymbol{x})+\dot{\boldsymbol{\theta}}_i^{\mathrm{T}}]\tilde{\boldsymbol{\theta}}_i+\sum_{j=1}^{p}\frac{1}{\eta_{ij}}[\eta_{ij}\boldsymbol{e}_i^{\mathrm{T}}\boldsymbol{P}_i\boldsymbol{B}_i\boldsymbol{\xi}^{\mathrm{T}}(\boldsymbol{x})u_i+\dot{\boldsymbol{\theta}}_{ij}^{\mathrm{T}}]\tilde{\boldsymbol{\theta}}_{ij}\end{aligned} \tag{8.1.24}$$

由参数向量 $\boldsymbol{\theta}_i,\boldsymbol{\theta}_{ij}$ 的自适应律得

$$\begin{aligned}\dot{V}_i\leqslant&-\frac{1}{2}\boldsymbol{e}_i^{\mathrm{T}}\boldsymbol{Q}_i\boldsymbol{e}_i-\frac{1}{2\rho^2}\boldsymbol{e}_i^{\mathrm{T}}\boldsymbol{P}_i\boldsymbol{B}_i\boldsymbol{B}_i^{\mathrm{T}}\boldsymbol{P}_i\boldsymbol{e}_i+\frac{1}{2}(\boldsymbol{w}_i^{\mathrm{T}}\boldsymbol{B}\boldsymbol{P}_i\boldsymbol{e}_i+\boldsymbol{e}_i^{\mathrm{T}}\boldsymbol{P}_i\boldsymbol{B}_i\boldsymbol{w}_i)\\=&-\frac{1}{2}\boldsymbol{e}_i^{\mathrm{T}}\boldsymbol{Q}_i\boldsymbol{e}_i-\frac{1}{2}\left(\frac{1}{\rho}\boldsymbol{e}_i^{\mathrm{T}}\boldsymbol{P}_i\boldsymbol{B}_i-\rho w_i\right)^2+\frac{1}{2}\rho^2\|\boldsymbol{w}_i\|^2\\\leqslant&-\frac{1}{2}\boldsymbol{e}_i^{\mathrm{T}}\boldsymbol{Q}_i\boldsymbol{e}_i-\frac{1}{2}\rho^2\|\boldsymbol{w}_i\|^2\end{aligned} \tag{8.1.25}$$

设

$$c_i=\min\left\{\lambda_v,\frac{1}{\eta_i},\frac{1}{\eta_{ij}}\right\},\quad \lambda_v=\min\frac{\inf\lambda_{\min}(\boldsymbol{Q}_i)}{\sup\lambda_{\max}(\boldsymbol{Q}_i)}$$

$$\mu_i=\frac{M_i^2}{2\eta_i}+\frac{1}{2\eta_{ij}}\sum_{i=1}^{p}M_{ij}^2+\frac{1}{2}\rho^2\|\bar{\boldsymbol{w}}_i\|^2$$

式中，$\lambda_{\min}(\boldsymbol{Q}_i)$，$\lambda_{\max}(\boldsymbol{Q}_i)$分别表示矩阵 $\boldsymbol{Q}_i$ 的最小及最大特征值；$\bar{w}_i=\sup\|\boldsymbol{w}_i\|$ 为模糊系统逼近误差的上界。

对式(8.1.25)进行整理得

$$\dot{V}_i\leqslant-c_iV_i+\mu_i \tag{8.1.26}$$

由式(8.1.21)得

$$\dot{V}\leqslant-cV+\mu \tag{8.1.27}$$

式中

$$c=\min\{c_i\},\quad \mu=p\max\{\mu_i\}$$

从式(8.1.27)及假设 8.2，可推得 $\boldsymbol{e}_i,\boldsymbol{x},u_i\in L_\infty$。对式(8.1.25)从 $t=0$ 到 $t=T$ 积分得

$$\frac{1}{2}\int_0^T\boldsymbol{e}_i^{\mathrm{T}}\boldsymbol{Q}_i\boldsymbol{e}_i\mathrm{d}t\leqslant V_i(0)+\frac{1}{2}\rho^2\int_0^T\|\boldsymbol{w}_i\|^2\mathrm{d}t$$

$$= \frac{1}{2}\boldsymbol{e}_i^{\mathrm{T}}(0)\boldsymbol{P}\boldsymbol{e}_i(0) + \frac{1}{2\eta_i}\tilde{\boldsymbol{\theta}}_i^{\mathrm{T}}(0)\tilde{\boldsymbol{\theta}}_i(0) + \sum_{j=1}^{p}\frac{1}{2\eta_{ij}}\tilde{\boldsymbol{\theta}}_{ij}^{\mathrm{T}}(0)\tilde{\boldsymbol{\theta}}_{ij}(0) + \frac{1}{2}\rho^2\int_0^T \|\boldsymbol{w}_i\|^2\mathrm{d}t \tag{8.1.28}$$

设 $\eta_1 = \cdots = \eta_p = \eta_{11} = \cdots = \eta_{pp}, \boldsymbol{Q} = \mathrm{diag}(Q_1, \cdots, Q_p), P = \mathrm{diag}(\boldsymbol{P}_1, \cdots, \boldsymbol{P}_p)$

$$\tilde{\boldsymbol{\theta}}_f = \left[\frac{1}{\eta_1}\tilde{\boldsymbol{\theta}}_1^{\mathrm{T}}, \cdots, \frac{1}{\eta_p}\tilde{\boldsymbol{\theta}}_p^{\mathrm{T}}\right]^{\mathrm{T}}, \quad \tilde{\boldsymbol{\theta}}_g = \left[\frac{1}{\eta_{11}}\tilde{\boldsymbol{\theta}}_{11}^{\mathrm{T}}, \cdots, \frac{1}{\eta_{pp}}\tilde{\boldsymbol{\theta}}_{pp}^{\mathrm{T}}\right]$$

$$\boldsymbol{e} = [\boldsymbol{e}_1^{\mathrm{T}}, \cdots, \boldsymbol{e}_p^{\mathrm{T}}], \quad \boldsymbol{w} = [w_1, \cdots, w_p]^{\mathrm{T}}, \quad \tilde{\boldsymbol{\theta}} = [\tilde{\boldsymbol{\theta}}_f^{\mathrm{T}}, \tilde{\boldsymbol{\theta}}_g^{\mathrm{T}}]^{\mathrm{T}}$$

则式(8.1.28)变成

$$\frac{1}{2}\int_0^T \boldsymbol{e}^{\mathrm{T}}\boldsymbol{Q}\boldsymbol{e}\,\mathrm{d}t \leqslant \frac{1}{2}\boldsymbol{e}^{\mathrm{T}}(0)\boldsymbol{P}\boldsymbol{e}(0) + \frac{1}{2}\tilde{\boldsymbol{\theta}}^{\mathrm{T}}(0)\tilde{\boldsymbol{\theta}}(0) + \frac{1}{2}\rho^2\int_0^T \boldsymbol{w}^{\mathrm{T}}\boldsymbol{w}\,\mathrm{d}t \tag{8.1.29}$$

即跟踪误差实现 H_∞ 控制指标。

8.1.5　仿真

例 8.1　把所提出的模糊自适应控制方法用于控制二自由度机械臂,其动态方程为

$$\begin{bmatrix}\ddot{q}_1\\ \ddot{q}_2\end{bmatrix} = \begin{bmatrix}H_{11} & H_{12}\\ H_{21} & H_{22}\end{bmatrix}^{-1}\left(\begin{bmatrix}h\dot{q}_2 & -h\dot{q}_2 - h\dot{q}_1\\ -h\dot{q}_1 & 0\end{bmatrix}\begin{bmatrix}\dot{q}_1\\ \dot{q}_2\end{bmatrix} + \begin{bmatrix}\tau_1\\ \tau_2\end{bmatrix}\right) \tag{8.1.30}$$

式中,$H_{11} = a_1 + 2a_3\cos(q_2) + 2a_4\sin(q_2)$,$H_{12} = H_{21} = a_2 + a_3\cos(q_2) + a_4\sin(q_2)$,$H_{22} = a_2$,$h = a_3\sin(q_2) - a_4\sin(q_2)$,$a_1 = I_1 + m_1 l_{c1}^2 + I_e + m_e l_{ce}^2 + m_e l_1^2$,$a_2 = I_e + m_e l_{ce}^2$,$a_3 = m_e l_1 l_{ce}\cos(\delta_e)$,$a_4 = m_e l_1 l_{ce}\sin(\delta_e)$,$m = 1.0$,$I = 0.12$,$I_{ce} = 0.6$,$\delta_e = 0.6$,$m_e = 2.0$,$I_e = 0.25$。

由于 $\boldsymbol{H} = [H_{ij}]$是一个正定矩阵,所以式(8.1.30)可以写成

$$\begin{bmatrix}\ddot{q}_1\\ \ddot{q}_2\end{bmatrix} = \begin{bmatrix}H_{11} & H_{12}\\ H_{21} & H_{22}\end{bmatrix}^{-1}\left(\begin{bmatrix}h\dot{q}_2 & h\dot{q}_2\\ -h\dot{q}_1 & 0\end{bmatrix}\begin{bmatrix}\dot{q}_1\\ \dot{q}_2\end{bmatrix} + \begin{bmatrix}\tau_1\\ \tau_2\end{bmatrix}\right) \tag{8.1.31}$$

设

$$x_1 = q_1, \quad x_2 = \dot{q}_1, \quad x_3 = q_2, \quad x_4 = \dot{q}_2, \quad y_1 = x_1, \quad y_2 = x_3$$

$$\boldsymbol{G}(\boldsymbol{x}) = \boldsymbol{H}^{-1}, \quad \begin{bmatrix}f_1\\ f_2\end{bmatrix} = \boldsymbol{H}^{-1}\begin{bmatrix}-h\dot{q}_2 & -h\dot{q}_1 - h\dot{q}_2\\ h\dot{q}_1 & 0\end{bmatrix}\begin{bmatrix}q_1\\ q_2\end{bmatrix}$$

则式(8.1.31)表示成输入输出的形式:

$$\begin{bmatrix}\ddot{y}_1\\ \ddot{y}_2\end{bmatrix} = \begin{bmatrix}f_1\\ f_2\end{bmatrix} + \boldsymbol{G}(\boldsymbol{x})\begin{bmatrix}\tau_1\\ \tau_2\end{bmatrix} \tag{8.1.32}$$

给定跟踪曲线

$$y_{m1} = \sin\frac{\pi}{4}, \quad y_{m2} = \sin\frac{\pi}{6}$$

定义模糊推理规则为

$$R^j:\text{如果 } x_1 \text{ 是 } F_1^j, x_2 \text{ 是 } F_2^j, x_3 \text{ 是 } F_3^j, x_4 \text{ 是 } F_4^j, \text{则 } y_i \text{ 是 } C^j$$

选择模糊隶属函数如下：

$$\mu_{F_i^1}(x_i)=\frac{1}{1+\exp[-5(x+0.6)]},\quad \mu_{F_i^2}(x_i)=\exp[-0.5(x_i+0.4)^2]$$

$$\mu_{F_i^3}(x_i)=\exp[-0.5(x_i+0.2)^2],\quad \mu_{F_i^4}(x_i)=\exp(-0.5x_i^2)$$

$$\mu_{F_i^5}(x_i)=\exp[-0.5(x_i-0.2)^2],\quad \mu_{F_i^6}(x_i)=\exp[-0.5(x_i-0.4)^2]$$

$$\mu_{F_i^7}(x_i)=\frac{1}{1+\exp[-5(x_i-0.6)]},\quad i=1,2,3,4$$

模糊基函数为

$$\xi_i(\boldsymbol{x})=\frac{\mu_{F_1^j}(x_1)\mu_{F_2^j}(x_2)\mu_{F_3^j}(x_3)\mu_{F_4^j}(x_4)}{\sum_{j=1}^{7}\mu_{F_1^j}(x_1)\mu_{F_2^j}(x_2)\mu_{F_3^j}(x_3)\mu_{F_4^j}(x_4)}$$

令

$$\boldsymbol{\xi}(\boldsymbol{x})=[\xi_1(\boldsymbol{x}),\xi_2(\boldsymbol{x}),\xi_3(\boldsymbol{x}),\xi_4(\boldsymbol{x}),\xi_5(\boldsymbol{x}),\xi_6(\boldsymbol{x}),\xi_7(\boldsymbol{x})]^{\mathrm{T}}$$

得到模糊逻辑系统

$$y_i(\boldsymbol{x})=\sum_{j=1}^{7}\theta_{ij}\xi_i(\boldsymbol{x})$$

应用模糊逻辑系统分别逼近未知函数 f_1, f_2, g_{11} 和 g_{22}(这里假设 g_{12}, g_{21} 是已知的)。

给定 $\boldsymbol{Q}_i=\mathrm{diag}(10.10)$,$\rho=0.5$,$\lambda=0.05$,解黎卡提方程(8.1.11)得

$$\boldsymbol{P}_i=\begin{bmatrix}15 & 5\\ 5 & 5\end{bmatrix}$$

选初始值 $x_1(0)=x_2(0)=x_3(0)=x_4(0)=0.5$,$\theta_{ij}(0)$在区间$[-2,2]$内随机选取。

选取参数 $k_{11}=k_{12}=1, k_{21}=k_{22}=2, \eta_1=\eta_2=0.1, \eta_{11}=\eta_{22}=0.01$。图 8-1～图 8-6 给出了仿真结果。

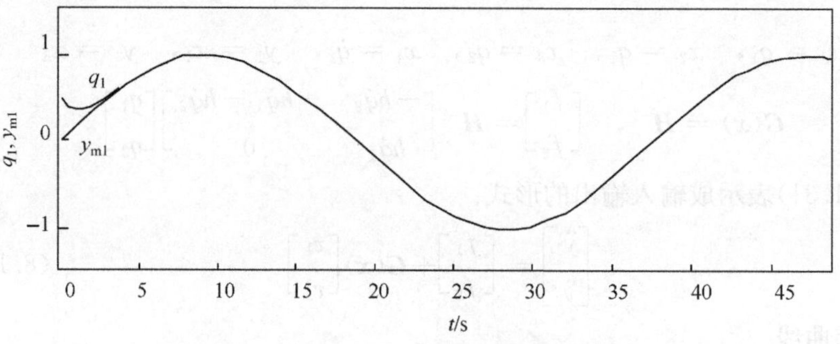

图 8-1 q_1 的跟踪曲线

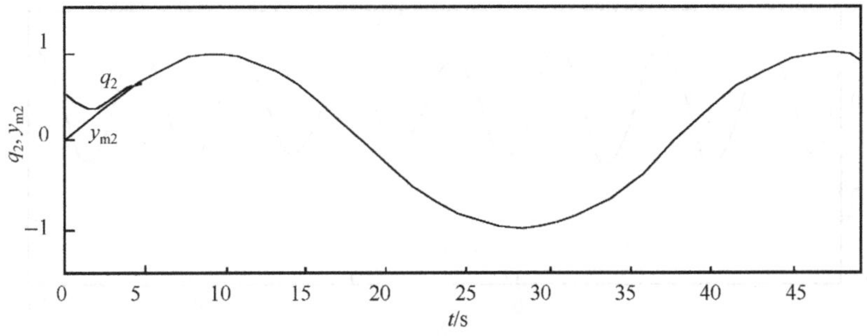

图 8-2 q_2 的跟踪曲线

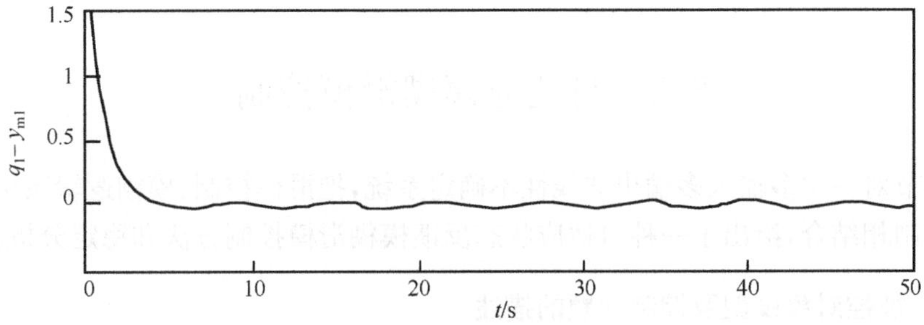

图 8-3 q_1 的误差曲线

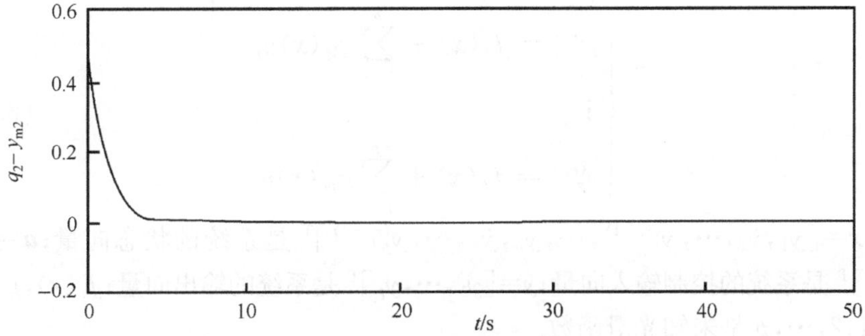

图 8-4 q_2 的误差曲线

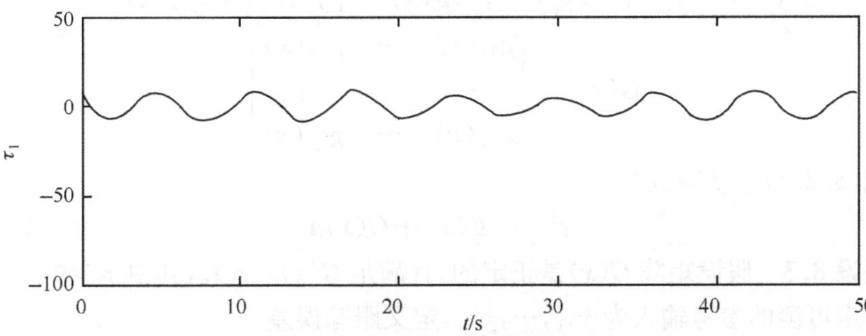

图 8-5 q_1 的控制曲线

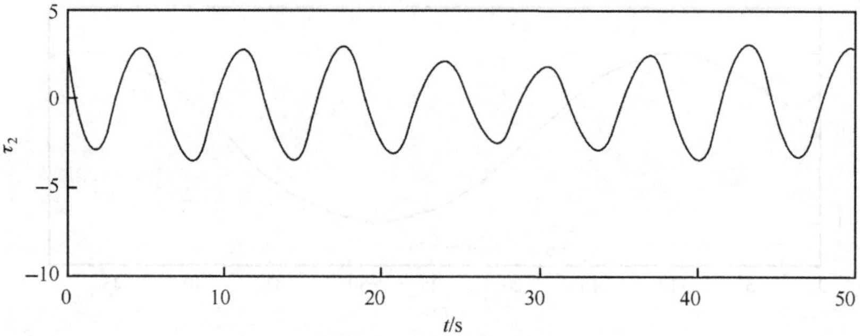

图 8-6　q_2 的控制曲线

8.2　自适应模糊滑模控制

本节对一类多输入多输出非线性不确定系统,把滑模控制、模糊逻辑系统和自适应控制相结合,给出了一种自适应状态反馈模糊滑模控制方法和稳定分析。

8.2.1　被控对象模型及控制问题的描述

考虑如下的非线性系统:

$$\begin{cases} y_1^{(r_1)} = f_1(\boldsymbol{x}) + \sum_{j=1}^{p} g_{1j}(\boldsymbol{x})u_j \\ \vdots \\ y_p^{(r_p)} = f_p(\boldsymbol{x}) + \sum_{j=1}^{p} g_{pj}(\boldsymbol{x})u_j \end{cases} \tag{8.2.1}$$

式中,$\boldsymbol{x}=[y_1,\dot{y}_1,\cdots,y_1^{(r_1-1)},\cdots,y_p,\dot{y}_p,\cdots,y_p^{(r_p-1)}]^{\mathrm{T}}$ 是系统的状态向量;$\boldsymbol{u}=[u_1,\cdots,u_p]^{\mathrm{T}}$ 是系统的控制输入向量;$\boldsymbol{y}=[y_1,\cdots,y_p]^{\mathrm{T}}$ 是系统的输出向量;$f_i(\boldsymbol{x}),g_{ij}(\boldsymbol{x})$,$i,j=1,2,\cdots,p$ 是未知光滑函数。

记

$$\boldsymbol{y}^{(r)} = [y_1^{(r_1)},\cdots,y_p^{(r_p)}]^{\mathrm{T}}, \quad \boldsymbol{F}(\boldsymbol{x}) = [f_1(\boldsymbol{x}),\cdots,f_p(\boldsymbol{x})]^{\mathrm{T}}$$

$$\boldsymbol{G}(\boldsymbol{x}) = \begin{bmatrix} g_{11}(\boldsymbol{x}) & \cdots & g_{1p}(\boldsymbol{x}) \\ \vdots & & \vdots \\ g_{p1}(\boldsymbol{x}) & \cdots & g_{pp}(\boldsymbol{x}) \end{bmatrix}$$

则系统(8.2.1)重新写成

$$\boldsymbol{y}^{(r)} = \boldsymbol{F}(\boldsymbol{x}) + \boldsymbol{G}(\boldsymbol{x})\boldsymbol{u} \tag{8.2.2}$$

假设 8.3　假设矩阵 $\boldsymbol{G}(\boldsymbol{x})$ 是正定的,且满足 $\boldsymbol{G}(\boldsymbol{x}) \geqslant \sigma_0 \boldsymbol{I}_p$,其中 $\sigma_0>0$。

给定可测的参考输入为 $y_{\mathrm{m}1},\cdots,y_{\mathrm{m}p}$,定义跟踪误差

$$e_1 = y_{\mathrm{m}1} - y_1,\cdots,e_p = y_{\mathrm{m}p} - y_p$$

控制任务　(基于模糊逻辑系统)设计模糊控制及其参数向量的自适应控制律,使得闭环系统中所涉及的变量有界,且跟踪误差 e_i 尽可能小。

8.2.2　模糊控制器的设计

设跟踪误差滤波为

$$s_i(t)=\left(\frac{\mathrm{d}}{\mathrm{d}t}+\lambda_i\right)^{r_i}e_i(t) \tag{8.2.3}$$

式中,$\lambda_i>0, i=1,2,\cdots,p$。

求 $s_i(t)$ 对时间的导数

$$\begin{cases}\dot{s}_1(t)=v_1-f_1(\boldsymbol{x})-\sum\limits_{j=1}^{p}g_{1j}(\boldsymbol{x})u_j\\ \vdots\\ \dot{s}_1(t)=v_p-f_p(\boldsymbol{x})-\sum\limits_{j=1}^{p}g_{pj}(\boldsymbol{x})u_j\end{cases} \tag{8.2.4}$$

式中

$$\begin{cases}v_1=y_{\mathrm{m}_1}^{(r_1)}+k_{1r_1-1}e_1^{(r_1-1)}+\cdots+k_{11}e_1\\ \vdots\\ v_p=y_{\mathrm{m}_p}^{(r_p)}+k_{pr_p-1}e_p^{(r_p-1)}+\cdots+k_{p1}e_p\end{cases} \tag{8.2.5}$$

这里

$$k_{ij}=\frac{(r_i-1)!}{(r_i-j)!(j-1)!},\quad i=1,2,\cdots,p;j=1,2,\cdots,r_i-1$$

记

$$\boldsymbol{s}(t)=[s_1(t),\cdots,s_p(t)]^{\mathrm{T}},\quad \boldsymbol{v}(t)=[v_1(t),\cdots,v_p(t)]^{\mathrm{T}}$$

则式(8.2.4)可以写成

$$\dot{\boldsymbol{s}}(t)=\boldsymbol{v}(t)-\boldsymbol{F}(\boldsymbol{x})-\boldsymbol{G}(\boldsymbol{x})\boldsymbol{u} \tag{8.2.6}$$

如果 $\boldsymbol{F}(\boldsymbol{x})$ 和 $\boldsymbol{G}(\boldsymbol{x})$ 已知,取控制器为

$$\boldsymbol{u}=\boldsymbol{G}^{-1}(\boldsymbol{x})[-\boldsymbol{F}(\boldsymbol{x})+\boldsymbol{v}(t)+\boldsymbol{K}_0\boldsymbol{s}(t)] \tag{8.2.7}$$

式中,$\boldsymbol{K}_0=\mathrm{diag}(k_{01},\cdots,k_{0p}), k_{0i}>0, i=1,2,\cdots,p$。

把式(8.2.7)代入式(8.2.6)得

$$\dot{\boldsymbol{s}}(t)=-\boldsymbol{K}_0\boldsymbol{s}(t) \tag{8.2.8}$$

或等价于

$$\dot{s}_i(t)=-k_{0i}s_i(t),\quad i=1,2,\cdots,p \tag{8.2.9}$$

可得到 $\lim\limits_{t\to\infty}s_i(t)=0$,从而推出 $\lim\limits_{t\to\infty}e_i(t)=0$。

在 $\boldsymbol{F}(\boldsymbol{x})$ 和 $\boldsymbol{G}(\boldsymbol{x})$ 未知的情况下,用模糊逻辑系统 $\hat{f}_i(\boldsymbol{x}|\boldsymbol{\theta}_i)=\boldsymbol{\theta}_i^{\mathrm{T}}\boldsymbol{\xi}(\boldsymbol{x})$,$\hat{g}_{ij}(\boldsymbol{x}|\boldsymbol{\theta}_{ij})=\boldsymbol{\theta}_{ij}^{\mathrm{T}}\boldsymbol{\xi}(\boldsymbol{x})$ 来分别逼近 $f_i(\boldsymbol{x})$ 和 $g_{ij}(\boldsymbol{x})$。

记

$$\hat{\boldsymbol{F}}(\boldsymbol{x} \mid \boldsymbol{\theta}_f) = [\hat{f}_1(\boldsymbol{x} \mid \boldsymbol{\theta}_1), \cdots, \hat{f}_p(\boldsymbol{x} \mid \boldsymbol{\theta}_p)]^{\mathrm{T}}$$

$$\hat{\boldsymbol{G}}(\boldsymbol{x} \mid \boldsymbol{\theta}_g) = \begin{bmatrix} \hat{g}_{11}(\boldsymbol{x} \mid \boldsymbol{\theta}_{11}) & \cdots & \hat{g}_{1p}(\boldsymbol{x} \mid \boldsymbol{\theta}_{1p}) \\ \vdots & & \vdots \\ \hat{g}_{p1}(\boldsymbol{x} \mid \boldsymbol{\theta}_{p1}) & \cdots & \hat{g}_{pp}(\boldsymbol{x} \mid \boldsymbol{\theta}_{pp}) \end{bmatrix}$$

设计模糊控制为

$$\boldsymbol{u}_{\mathrm{c}} = \boldsymbol{G}^{-1}(\boldsymbol{x} \mid \boldsymbol{\theta}_g)[-\hat{\boldsymbol{F}}(\boldsymbol{x} \mid \boldsymbol{\theta}_f) + \boldsymbol{v} + \boldsymbol{K}_0 \boldsymbol{s}] \tag{8.2.10}$$

注意到,当估计矩阵$\hat{\boldsymbol{G}}(\boldsymbol{x}|\boldsymbol{\theta}_g)$奇异时,模糊控制(8.2.10)是难以实施的,为了克服这种弊端,把模糊控制(8.2.10)改进为

$$\boldsymbol{u}_{\mathrm{c}} = \hat{\boldsymbol{G}}^{+}(\boldsymbol{x} \mid \boldsymbol{\theta}_g)[-\hat{\boldsymbol{F}}(\boldsymbol{x} \mid \boldsymbol{\theta}_f) + \boldsymbol{v} + \boldsymbol{K}_0 \boldsymbol{s}] \tag{8.2.11}$$

式中,$\hat{\boldsymbol{G}}^{+}(\boldsymbol{x}|\boldsymbol{\theta}_g)$是矩阵$\hat{\boldsymbol{G}}(\boldsymbol{x}|\boldsymbol{\theta}_g)$的广义逆,定义为

$$\hat{\boldsymbol{G}}^{+}(\boldsymbol{x} \mid \boldsymbol{\theta}_g) = \hat{\boldsymbol{G}}^{\mathrm{T}}(\boldsymbol{x} \mid \boldsymbol{\theta}_g)[\varepsilon_0 \boldsymbol{I}_p + \hat{\boldsymbol{G}}(\boldsymbol{x} \mid \boldsymbol{\theta}_g)\hat{\boldsymbol{G}}^{\mathrm{T}}(\boldsymbol{x} \mid \boldsymbol{\theta}_g)]^{-1} \tag{8.2.12}$$

式中,$\varepsilon_0 > 0$是一个小的正数。

为了保证闭环系统的稳定性,整个模糊控制设计成

$$\boldsymbol{u} = \boldsymbol{u}_{\mathrm{c}} + \boldsymbol{u}_{\mathrm{r}} \tag{8.2.13}$$

式中,$\boldsymbol{u}_{\mathrm{r}}$是一个鲁棒控制项,其具体定义在后面给出。

把式(8.2.13)和式(8.2.11)代入式(8.2.6)得

$$\begin{aligned} \dot{\boldsymbol{s}}(t) &= \boldsymbol{v}(t) - \boldsymbol{F}(\boldsymbol{x}) - [\boldsymbol{G}(\boldsymbol{x}) - \hat{\boldsymbol{G}}(\boldsymbol{x} \mid \boldsymbol{\theta}_g)]\boldsymbol{u}_{\mathrm{c}} - \hat{\boldsymbol{G}}(\boldsymbol{x} \mid \boldsymbol{\theta}_g)\boldsymbol{u}_{\mathrm{c}} - \boldsymbol{G}(\boldsymbol{x})\boldsymbol{u}_{\mathrm{r}} \\ &= -\boldsymbol{K}_0 \boldsymbol{s} - [\boldsymbol{F}(\boldsymbol{x}) - \hat{\boldsymbol{F}}(\boldsymbol{x} \mid \boldsymbol{\theta}_{\mathrm{r}})] - [\boldsymbol{G}(\boldsymbol{x}) - \hat{\boldsymbol{G}}(\boldsymbol{x} \mid \boldsymbol{\theta}_g)]\boldsymbol{u}_{\mathrm{c}} + \boldsymbol{u}_0 - \boldsymbol{G}(\boldsymbol{x})\boldsymbol{u}_{\mathrm{r}} \\ &= -\boldsymbol{K}_0 \boldsymbol{s} - [\hat{\boldsymbol{F}}(\boldsymbol{x} \mid \boldsymbol{\theta}) - \hat{\boldsymbol{F}}(\boldsymbol{x} \mid \boldsymbol{\theta}_f)] - [\hat{\boldsymbol{G}}(\boldsymbol{x} \mid \boldsymbol{\theta}) - \hat{\boldsymbol{G}}(\boldsymbol{x} \mid \boldsymbol{\theta}_g)]\boldsymbol{u}_{\mathrm{c}} - \boldsymbol{G}(\boldsymbol{x})\boldsymbol{u}_{\mathrm{r}} \\ &\quad + \boldsymbol{u}_0 - \boldsymbol{\varepsilon}_f(\boldsymbol{x}) - \boldsymbol{\varepsilon}_g(\boldsymbol{x})\boldsymbol{u}_{\mathrm{c}} \end{aligned} \tag{8.2.14}$$

式中

$$\boldsymbol{u}_0 = \varepsilon_0[\varepsilon_0 \boldsymbol{I}_p + \hat{\boldsymbol{G}}(\boldsymbol{x} \mid \boldsymbol{\theta}_g)\hat{\boldsymbol{G}}^{\mathrm{T}}(\boldsymbol{x} \mid \boldsymbol{\theta}_g)]^{-1}[-\hat{\boldsymbol{F}}(\boldsymbol{x} \mid \boldsymbol{\theta}_f) + \boldsymbol{v} + \boldsymbol{K}_0 \boldsymbol{s}] \tag{8.2.15}$$

定义鲁棒控制项$\boldsymbol{u}_{\mathrm{r}}$如下:

$$\boldsymbol{u}_{\mathrm{r}} = \frac{\boldsymbol{s}\|\boldsymbol{s}\|(\bar{\boldsymbol{\varepsilon}}_f + \bar{\boldsymbol{\varepsilon}}_g\|\boldsymbol{u}_{\mathrm{c}}\| + \|\boldsymbol{u}_0\|)}{\sigma_0\|\boldsymbol{s}\|^2 + \delta} \tag{8.2.16}$$

式中,δ是一个非负未知参数。

8.2.3 模糊自适应算法

首先定义参数向量$\boldsymbol{\theta}_i$和$\boldsymbol{\theta}_{ij}$的最优参数估计$\boldsymbol{\theta}_i^*$和$\boldsymbol{\theta}_{ij}^*$:

$$\begin{aligned} \boldsymbol{\theta}_i^* &= \arg\min_{\boldsymbol{\theta}_i \in \Omega_{1i}}[\sup_{x \in S}|\hat{f}_i(\boldsymbol{x} \mid \boldsymbol{\theta}_i) - f_i(\boldsymbol{x})|] \\ \boldsymbol{\theta}_{ij}^* &= \arg\min_{\boldsymbol{\theta}_{ij} \in \Omega_{2ij}}[\sup_{x \in S}|\hat{g}_{ij}(\boldsymbol{x} \mid \boldsymbol{\theta}_{ij}) - g_{ij}(\boldsymbol{x})|] \end{aligned} \tag{8.2.17}$$

式中

$$\Omega_{1i} = \{\boldsymbol{\theta}_i \mid \|\boldsymbol{\theta}_i\| \leqslant M_i\}, \quad \Omega_{2ij} = \{\boldsymbol{\theta}_{ij} \mid \|\boldsymbol{\theta}_{ij}\| \leqslant M_{ij}\}$$

$M_i, M_{ij}, \delta_i, \delta_{ij}$为设计者设计的参数。

定义模糊最小逼近误差分别为

$$\varepsilon_i(\boldsymbol{x}) = f(\boldsymbol{x}) - \hat{f}_i(\boldsymbol{x} \mid \boldsymbol{\theta}), \quad \varepsilon_{ij}(\boldsymbol{x}) = g_{ij}(\boldsymbol{x}) - \hat{g}_{ij}(\boldsymbol{x} \mid \boldsymbol{\theta}) \tag{8.2.18}$$

假设 8.4　假设存在常数 $\bar{\varepsilon}_i$ 和 $\bar{\varepsilon}_{ij}$，满足

$$|\varepsilon_i(\boldsymbol{x})| \leqslant \bar{\varepsilon}_i, \quad |\varepsilon_{ij}(\boldsymbol{x})| \leqslant \bar{\varepsilon}_{ij}$$

记

$$\boldsymbol{\varepsilon}_f(\boldsymbol{x}) = [\varepsilon_1(\boldsymbol{x}), \cdots, \varepsilon_p(\boldsymbol{x})]^{\mathrm{T}}, \quad \bar{\boldsymbol{\varepsilon}}_f = [\bar{\varepsilon}_1, \cdots, \bar{\varepsilon}_p]^{\mathrm{T}}$$

$$\boldsymbol{\varepsilon}_g(\boldsymbol{x}) = \begin{bmatrix} \varepsilon_{11}(\boldsymbol{x}) & \cdots & \varepsilon_{1p}(\boldsymbol{x}) \\ \vdots & & \vdots \\ \varepsilon_{p1}(\boldsymbol{x}) & \cdots & \varepsilon_{pp}(\boldsymbol{x}) \end{bmatrix}, \quad \bar{\boldsymbol{\varepsilon}}_g = \begin{bmatrix} \bar{\varepsilon}_{11} & \cdots & \bar{\varepsilon}_{1p} \\ \vdots & & \vdots \\ \bar{\varepsilon}_{p1} & \cdots & \bar{\varepsilon}_{pp} \end{bmatrix}$$

参数向量的自适应调节律为

$$\dot{\boldsymbol{\theta}}_i = \begin{cases} -\eta_i s_i(t)\boldsymbol{\xi}(\boldsymbol{x}), & \|\boldsymbol{\theta}_i\| \leqslant M_i \\ & \text{或 } \|\boldsymbol{\theta}_i\| = M_i \text{ 且 } s_i(t)\boldsymbol{\theta}_i^{\mathrm{T}}\boldsymbol{\xi}(\boldsymbol{x}) > 0 \\ P_{r1}[-\eta_1 s_i(t)\boldsymbol{\xi}(\boldsymbol{x})], & \|\boldsymbol{\theta}_i\| = M_{ii} \text{ 且 } s_i(t)\boldsymbol{\theta}_i^{\mathrm{T}}\boldsymbol{\xi}(\boldsymbol{x}) \leqslant 0 \end{cases} \tag{8.2.19}$$

$$\dot{\boldsymbol{\theta}}_{ij} = \begin{cases} -\eta_{ij} s_i(t)\boldsymbol{\xi}(\boldsymbol{x})u_{ci}, & \|\boldsymbol{\theta}_{ij}\| \leqslant M_{ij} \\ & \text{或 } \|\boldsymbol{\theta}_{ij}\| = M_{ij} \text{ 且 } s_i(t)\boldsymbol{\theta}_{ij}^{\mathrm{T}}\boldsymbol{\xi}(\boldsymbol{x})u_{ci} > 0 \\ P_{r2}[-\eta_{ij} s_i(t)\boldsymbol{\xi}(\boldsymbol{x})u_{ci}], & \|\boldsymbol{\theta}_{ij}\| \leqslant M_{ij} \text{ 且 } s_i(t)\boldsymbol{\theta}_{ij}^{\mathrm{T}}\boldsymbol{\xi}(\boldsymbol{x})u_{ci} \leqslant 0 \end{cases} \tag{8.2.20}$$

式中，$P_r[\cdot]$为

$$P_{r1}[-\eta_i s_i(t)\boldsymbol{\xi}(\boldsymbol{x})] = -\eta_i s_i(t)\boldsymbol{\xi}(\boldsymbol{x}) + \eta_i \frac{s_i(t)\boldsymbol{\xi}(\boldsymbol{x})\boldsymbol{\theta}_i\boldsymbol{\theta}_i^{\mathrm{T}}}{\|\boldsymbol{\theta}_i\|^2} \tag{8.2.21}$$

$$P_{r2}[-\eta_{ij} s_i(t)\boldsymbol{\xi}(\boldsymbol{x})u_i] = -\eta_{ij} s_i(t)\boldsymbol{\xi}(\boldsymbol{x})u_{ci} + \eta_{ij} \frac{s_i(t)\boldsymbol{\xi}(\boldsymbol{x})u_{ci}\boldsymbol{\theta}_{ij}\boldsymbol{\theta}_{ij}^{\mathrm{T}}}{\|\boldsymbol{\theta}_{ij}\|^2} \tag{8.2.22}$$

$$\dot{\delta} = -\eta_0 \frac{\|\boldsymbol{s}\|(\bar{\boldsymbol{\varepsilon}}_f + \bar{\boldsymbol{\varepsilon}}_g\|\boldsymbol{u}_c\| + \|\boldsymbol{u}_0\|)}{\sigma_0\|\boldsymbol{s}\|^2 + \delta} \tag{8.2.23}$$

这种间接自适应模糊控制策略的设计步骤如下：

步骤 1　离线预处理。

(1) 确定出一组参数 $\lambda_i, i=1,2,\cdots,p$，作滑模平面 $s_i(t), i=1,2,\cdots,p$。

(2) 根据实际问题，确定出设计参数 $\varepsilon_0, \delta, \bar{\varepsilon}_i, \bar{\varepsilon}_{ij}, M_i, M_{ij}$。

步骤 2　构造模糊控制器。

(1) 建立模糊规则基：它是由下面的 N 条模糊推理规则构成

R^i：如果 x_1 是 F_1^i，x_2 是 F_2^i，…，x_n 是 F_n^i，则 $\boldsymbol{u}_c$ 是 $\boldsymbol{B}_i$，$i=1,2,\cdots,N$

(2) 构造模糊基函数

$$\xi_i(x_1,\cdots,x_n)=\frac{\prod_{j=1}^{n}\mu_{F_j^i}(x_j)}{\sum_{i=1}^{N}\left[\prod_{j=1}^{n}\mu_{F_j^i}(x_j)\right]}$$

做一个 N 维向量 $\boldsymbol{\xi}(\boldsymbol{x})=[\xi_1,\cdots,\xi_N]^{\mathrm{T}}$，并构造成模糊逻辑系统

$$\hat{f}_i(\boldsymbol{x}\mid\boldsymbol{\theta}_i)=\boldsymbol{\theta}_i^{\mathrm{T}}\boldsymbol{\xi}(\boldsymbol{x}),\quad \hat{g}_{ij}(\boldsymbol{x}\mid\boldsymbol{\theta}_{ij})=\boldsymbol{\theta}_{ij}^{\mathrm{T}}\boldsymbol{\xi}(\boldsymbol{x})$$

步骤 3 在线自适应调节。

(1) 将反馈控制(8.2.13)作用于控制对象(8.2.1)，式中，$\boldsymbol{u}_{\mathrm{c}}$ 取为式(8.2.10)，$\boldsymbol{u}_{\mathrm{r}}$ 取为式(8.2.16)。

(2) 用式(8.2.19)～式(8.2.23)自适应调节参数向量 $\boldsymbol{\theta}_f,\boldsymbol{\theta}_g$ 和参数 δ。

8.2.4 稳定性与收敛性分析

下面定理给出了整个自适应模糊控制方案所具有的性质。

定理 8.2 对于由式(8.2.1)给出的控制对象，采用控制器为式(8.2.13)，$\boldsymbol{u}_{\mathrm{c}}$ 取为式(8.2.10)，$\boldsymbol{u}_{\mathrm{r}}$ 取为式(8.2.16)，参数向量的自适应律为式(8.2.19)～式(8.2.22)，δ 的自适应律为式(8.2.23)，如果假设 8.3 和假设 8.4 成立，则总体自适应模糊控制方案保证具有下面的性能：

(1) $\|\boldsymbol{\theta}_i\|\leqslant M_i$，$\|\boldsymbol{\theta}_{ij}\|\leqslant M_{ij}$。

(2) 闭环系统中所涉及的变量有界，且 $\lim\limits_{t\to\infty}e_i(t)=0,i=1,2,\cdots,p$。

证明 仅证明结论(2)。选取 Lyapunov 函数为

$$V=\frac{1}{2}\boldsymbol{s}^{\mathrm{T}}\boldsymbol{s}+\frac{1}{2}\sum_{i=1}^{p}\frac{1}{\eta_i}\tilde{\boldsymbol{\theta}}_i^{\mathrm{T}}\tilde{\boldsymbol{\theta}}_i+\frac{1}{2}\sum_{i=1}^{p}\sum_{j=1}^{p}\frac{1}{\eta_{ij}}\tilde{\boldsymbol{\theta}}_{ij}^{\mathrm{T}}\tilde{\boldsymbol{\theta}}_{ij}+\frac{1}{2\eta_0}\delta^2 \tag{8.2.24}$$

求 V 对时间的导数得

$$\dot{V}=\boldsymbol{s}^{\mathrm{T}}\dot{\boldsymbol{s}}-\sum_{i=1}^{p}\frac{1}{\eta_i}\tilde{\boldsymbol{\theta}}_i^{\mathrm{T}}\dot{\tilde{\boldsymbol{\theta}}}_i-\sum_{i=1}^{p}\sum_{j=1}^{p}\frac{1}{\eta_{ij}}\tilde{\boldsymbol{\theta}}_{ij}^{\mathrm{T}}\dot{\tilde{\boldsymbol{\theta}}}_{ij}+\frac{1}{\eta_0}\delta\dot{\delta} \tag{8.2.25}$$

由式(8.2.14)得

$$\begin{aligned}\dot{V}=&\ \boldsymbol{s}^{\mathrm{T}}\boldsymbol{K}_0\boldsymbol{s}-\sum_{i=1}^{p}\tilde{\boldsymbol{\theta}}_i^{\mathrm{T}}\left[\boldsymbol{\xi}(\boldsymbol{x})s_i+\frac{1}{\eta_i}\dot{\tilde{\boldsymbol{\theta}}}_i\right]-\sum_{i=1}^{p}\sum_{j=1}^{p}\tilde{\boldsymbol{\theta}}_{ij}^{\mathrm{T}}\left(\tilde{\boldsymbol{\theta}}_{ij}^{\mathrm{T}}s_iu_{\mathrm{c}i}+\frac{1}{\eta_{ij}}\dot{\tilde{\boldsymbol{\theta}}}_{ij}\right)+\frac{1}{\eta_0}\delta\dot{\delta}\\&-\boldsymbol{s}^{\mathrm{T}}\boldsymbol{G}(\boldsymbol{x})\boldsymbol{u}_{\mathrm{r}}+\boldsymbol{s}^{\mathrm{T}}\boldsymbol{u}_0-\boldsymbol{s}^{\mathrm{T}}\boldsymbol{\varepsilon}_f(\boldsymbol{x})-\boldsymbol{s}^{\mathrm{T}}\boldsymbol{\varepsilon}_g(\boldsymbol{x})\boldsymbol{u}_{\mathrm{c}}\end{aligned} \tag{8.2.26}$$

由参数的自适应律(8.2.19)～(8.2.22)得

$$\dot{V}\leqslant\boldsymbol{s}^{\mathrm{T}}\boldsymbol{K}_0\boldsymbol{s}-\boldsymbol{s}^{\mathrm{T}}\boldsymbol{G}(\boldsymbol{x})\boldsymbol{u}_{\mathrm{r}}+\boldsymbol{s}^{\mathrm{T}}\boldsymbol{u}_0-\boldsymbol{s}^{\mathrm{T}}\boldsymbol{\varepsilon}_f(\boldsymbol{x})-\boldsymbol{s}^{\mathrm{T}}\boldsymbol{\varepsilon}_g(\boldsymbol{x})\boldsymbol{u}_{\mathrm{c}}+\frac{1}{\eta_0}\delta\dot{\delta} \tag{8.2.27}$$

根据式(8.2.16)及 $\boldsymbol{s}^{\mathrm{T}}\boldsymbol{G}(\boldsymbol{x})\boldsymbol{s}\geqslant\sigma_0\|\boldsymbol{s}\|^2$，则

$$\boldsymbol{s}^{\mathrm{T}}\boldsymbol{G}(\boldsymbol{x})\boldsymbol{u}_{\mathrm{r}}\geqslant\|\boldsymbol{s}^{\mathrm{T}}\|(\bar{\boldsymbol{\varepsilon}}_f+\bar{\boldsymbol{\varepsilon}}_g\|\boldsymbol{u}_{\mathrm{c}}\|+\|\boldsymbol{u}_0\|)-\frac{\delta\|\boldsymbol{s}\|(\bar{\boldsymbol{\varepsilon}}_f+\bar{\boldsymbol{\varepsilon}}_g\|\boldsymbol{u}_{\mathrm{c}}\|+\|\boldsymbol{u}_0\|)}{\sigma_0\|\boldsymbol{s}\|^2+\delta} \tag{8.2.28}$$

把式(8.2.28)代入式(8.2.27)得

$$\dot{V}\leqslant -\boldsymbol{s}^{\mathrm{T}}\boldsymbol{K}_0\boldsymbol{s}-\|\boldsymbol{s}^{\mathrm{T}}\|\boldsymbol{G}(\boldsymbol{x})\boldsymbol{u}_{\mathrm{r}}+\|\boldsymbol{s}^{\mathrm{T}}\|(\|\boldsymbol{u}_0\|^{\mathrm{T}}+\bar{\boldsymbol{\varepsilon}}_f+\boldsymbol{\varepsilon}_g\|\boldsymbol{u}_{\mathrm{c}}\|)+\frac{1}{\eta_0}\delta\dot{\delta}$$

$$\leqslant -\boldsymbol{s}^{\mathrm{T}}\boldsymbol{K}_0\boldsymbol{s}-\frac{\delta\|\boldsymbol{s}\|(\bar{\boldsymbol{\varepsilon}}_f+\bar{\boldsymbol{\varepsilon}}_g\|\boldsymbol{u}_{\mathrm{c}}\|+\|\boldsymbol{u}_0\|)}{\sigma_0\|\boldsymbol{s}\|^2+\delta}+\frac{1}{\eta_0}\delta\dot{\delta} \tag{8.2.29}$$

由式(8.2.23)得

$$\dot{V}\leqslant -\boldsymbol{s}^{\mathrm{T}}\boldsymbol{K}_0\boldsymbol{s}=-\sum_{i=1}^{p}k_{0i}s_i^2 \tag{8.2.30}$$

从式(8.2.30)知,$\dot{V}$ 是负定的,且 $V\in L_\infty$,所以,$s_i(t)$,$\tilde{\boldsymbol{\theta}}_i$ 和 $\tilde{\boldsymbol{\theta}}_{ij}$ 有界,进而有 $\boldsymbol{\theta}_i$,$\boldsymbol{\theta}_{ij}$,$\boldsymbol{x}$,$\boldsymbol{u}$ 和 $\dot{s}_i(t)$ 有界。因为 $V(t)$ 是单调减少且下方有界,所以,$\lim\limits_{t\to\infty}V(t)=V(\infty)$ 存在。对式(8.2.30)从 $t=0$ 到 $t=\infty$ 积分得

$$\int_0^\infty\sum_{i=1}^{p}k_{0i}s_i^2\,\mathrm{d}t\leqslant V(0)-V(\infty)<\infty \tag{8.2.31}$$

由式(8.2.31)得 $s_i(t)\in L_2$。由于 $s_i(t)\in L_2\cap L_\infty$ 且 $\dot{s}_i(t)\in L_\infty$,根据 Barbalet 引理,可得 $\lim\limits_{t\to\infty}s_i(t)=0$,因此得到 $\lim\limits_{t\to\infty}e_i(t)=0$。

8.2.5 仿真

例 8.2 把所提出的多变量模糊自适应控制方法用于二自由度机械手的仿真。机械手的动态模型为

$$\begin{bmatrix}\ddot{q}_1\\ \ddot{q}_2\end{bmatrix}=\begin{bmatrix}H_{11} & H_{12}\\ H_{21} & H_{22}\end{bmatrix}^{-1}\left(\begin{bmatrix}h\dot{q}_2 & -h\dot{q}_2-h\dot{q}_1\\ -h\dot{q}_1 & 0\end{bmatrix}\begin{bmatrix}\dot{q}_1\\ \dot{q}_2\end{bmatrix}+\begin{bmatrix}\tau_1\\ \tau_2\end{bmatrix}\right) \tag{8.2.32}$$

式中,$H_{11}=a_1+2a_3\cos(q_2)+2a_4\sin(q_2)$,$H_{12}=H_{21}=a_2+a_3\cos(q_2)+a_4\sin(q_2)$,$H_{22}=a_2$,$h=a_3\sin(q_2)-a_4\sin(q_2)$,$a_1=I_1+m_1l_{c1}^2+I_e+m_el_{ce}^2+m_el_1^2$,$a_2=I_e+m_el_{ce}^2$,$a_3=m_el_1l_{ce}\cos(\delta_e)$,$a_4=m_el_1l_{ce}\sin(\delta_e)$,$m=1.0$,$I=0.12$,$I_{ce}=0.6$,$\delta_e=0.6$,$m_e=2.0$,$I_e=0.25$。

由于 $\boldsymbol{H}$ 是一个正定矩阵,所以式(8.1.32)可以写成

$$\begin{bmatrix}\ddot{q}_1\\ \ddot{q}_2\end{bmatrix}=\begin{bmatrix}H_{11} & H_{12}\\ H_{21} & H_{22}\end{bmatrix}^{-1}\left(\begin{bmatrix}h\dot{q}_2 & h\dot{q}_2\\ -h\dot{q}_1 & 0\end{bmatrix}\begin{bmatrix}\dot{q}_1\\ \dot{q}_2\end{bmatrix}+\begin{bmatrix}\tau_1\\ \tau_2\end{bmatrix}\right) \tag{8.2.33}$$

设

$$x_1=q_1,\quad x_2=\dot{q}_1,\quad x_3=q_2,\quad x_4=\dot{q}_2,\quad y_1=x_1,\quad y_2=x_3$$

$$\boldsymbol{G}(\boldsymbol{x})=\boldsymbol{H}^{-1},\quad \begin{bmatrix}f_1\\ f_2\end{bmatrix}=\boldsymbol{H}^{-1}\begin{bmatrix}-h\dot{q}_2 & -h\dot{q}_1-h\dot{q}_2\\ h\dot{q}_1 & 0\end{bmatrix}\begin{bmatrix}q_1\\ q_2\end{bmatrix}$$

则式(8.2.33)表示成输入输出的形式:

$$\begin{bmatrix}\ddot{y}_1\\ \ddot{y}_2\end{bmatrix}=\begin{bmatrix}f_1\\ f_2\end{bmatrix}+\boldsymbol{G}(\boldsymbol{x})\begin{bmatrix}\tau_1\\ \tau_2\end{bmatrix} \tag{8.2.34}$$

给定跟踪曲线

$$y_{m1}=\sin x,\quad y_{m2}=\sin t$$

定义模糊推理规则为

$$R^j:\text{如果 } x_1 \text{ 是 } F_1^j, x_2 \text{ 是 } F_2^j, x_3 \text{ 是 } F_3^j, x_4 \text{ 是 } F_4^j, \text{则 } y_i \text{ 是 } C^j$$

选择模糊隶属函数如下：

$$\mu_{F_i^1}(x_i)=\frac{1}{1+\exp[-5(x+0.6)]},\quad \mu_{F_i^2}(x_i)=\exp[-0.5(x_i+0.4)^2]$$

$$\mu_{F_i^3}(x_i)=\exp[-0.5(x_i+0.2)^2],\quad \mu_{F_i^4}(x_i)=\exp(-0.5x_i^2)$$

$$\mu_{F_i^5}(x_i)=\exp[-0.5(x_i-0.2)^2],\quad \mu_{F_i^6}(x_i)=\exp[-0.5(x_i-0.4)^2]$$

$$\mu_{F_i^7}(x_i)=\frac{1}{1+\exp[-5(x_i-0.6)]},\quad i=1,2,3,4$$

模糊基函数为

$$\xi_i(\boldsymbol{x})=\frac{\mu_{F_i^j}(x_1)\mu_{F_2^j}(x_2)\mu_{F_3^j}(x_3)\mu_{F_4^j}(x_4)}{\sum_{j=1}^{7}\mu_{F_i^j}(x_1)\mu_{F_2^j}(x_2)\mu_{F_3^j}(x_3)\mu_{F_4^j}(x_4)}$$

令

$$\boldsymbol{\xi}(\boldsymbol{x})=[\xi_1(\boldsymbol{x}),\xi_2(\boldsymbol{x}),\xi_3(x),\xi_4(\boldsymbol{x}),\xi_5(\boldsymbol{x}),\xi_6(\boldsymbol{x}),\xi_7(\boldsymbol{x})]^{\mathrm{T}}$$

得到模糊逻辑系统

$$y_i(\boldsymbol{x})=\sum_{j=1}^{7}\theta_{ij}\xi_i(\boldsymbol{x})$$

应用模糊逻辑系统分别逼近未知函数 $f_i(\boldsymbol{x})$ 和 $g_{ij}(\boldsymbol{x})$。取参数 $\lambda_1=20,\lambda_2=20$，$K_0=5I_2,k_1=20,\varepsilon_0=0.1,\eta_i=0.5,\eta_{ij}=0.5,\eta_0=0.001,\delta(0)=1$。初始条件 $x_1(0)=0.5,x_2(0)=0,x_3(0)=0.25,x_1(0)=0$。$\theta_f(0)=0,\theta_{ij}(0)$ 在区间 $[-2,2]$ 内随机选取。图 8-7～图 8-9 给出了仿真结果。

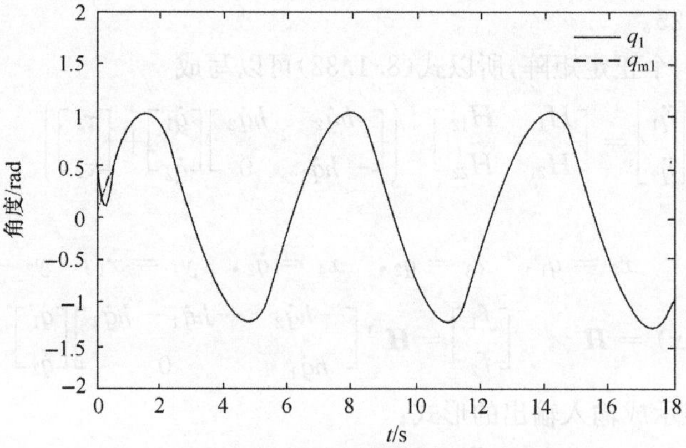

图 8-7　q_1 跟踪曲线

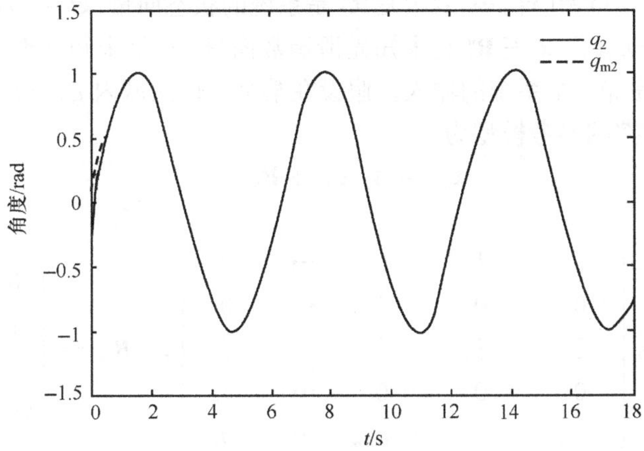

图 8-8　q_2 跟踪曲线

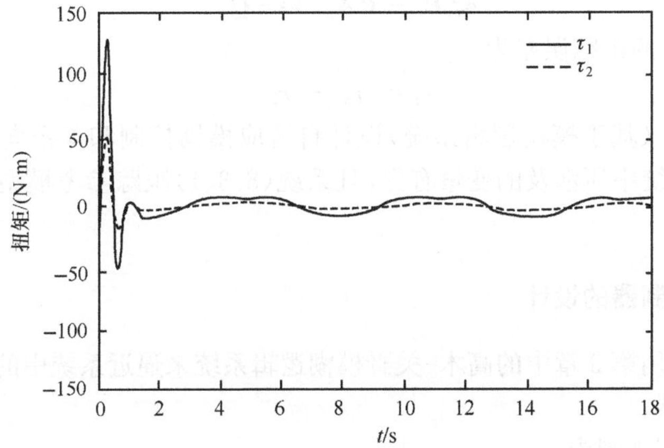

图 8-9　控制曲线

8.3　模型参考自适应模糊控制

本节针对一类多变量非线性不确定系统，给出了一种模型参考自适应模糊控制方法，并基于 Lyapunov 函数方法给出了控制系统的稳定性分析。

8.3.1　被控对象模型及控制问题的描述

考虑非线性系统

$$\begin{cases}\dot{x}_{1i}=x_{2i}\\ \vdots\\ \dot{x}_{(n-1)i}=x_{ni}\\ \dot{x}_{ni}=f_i(\boldsymbol{x})\boldsymbol{x}+\sum_{j=1}^{p}g_{ij}(\boldsymbol{x})u_j+\eta_i(t)\end{cases}\tag{8.3.1}$$

式中,$i=1,2,\cdots,p$;$\boldsymbol{x}=[\boldsymbol{x}_1^{\mathrm{T}},\cdots,\boldsymbol{x}_p^{\mathrm{T}}]^{\mathrm{T}}\in\mathbf{R}^n$ 是系统的状态向量;$\boldsymbol{x}_i^{\mathrm{T}}=[x_{1_i},\cdots,x_{n_i}]\in\mathbf{R}^{n_i}$;$n=n_1+\cdots+n_p$;$f_i(\boldsymbol{x})\in\mathbf{R}^n$ 是未知光滑函数向量;g_{ij} 是未知光滑函数;η_i 是未知有界干扰;u_i 是第 i 个系统的输入。假设在某个工作区域内 $g_{ii}(x)>0$。

给定稳定可控的参考模型为

$$\dot{\boldsymbol{x}}_{mi}=\boldsymbol{A}_{mi}\boldsymbol{x}_{mi}+\boldsymbol{B}_{mi}r_i \tag{8.3.2}$$

式中

$$\boldsymbol{A}_{mi}=\begin{bmatrix}0&1&0&\cdots&0\\0&0&1&\cdots&0\\\vdots&\vdots&\vdots&&\vdots\\0&0&0&\cdots&1\\-a_{1im}&-a_{2im}&-a_{3im}&\cdots&-a_{nim}\end{bmatrix},\quad \boldsymbol{B}_{mi}=\begin{bmatrix}0\\\vdots\\0\\b_{n_im}\end{bmatrix}$$

由于矩阵 $\boldsymbol{A}_{mi}$ 是稳定的,所以对于给定的半正定矩阵 $\boldsymbol{Q}_i$,存在正定矩阵 $\boldsymbol{P}_i$ 满足

$$\boldsymbol{A}_{mi}^{\mathrm{T}}\boldsymbol{P}_i+\boldsymbol{P}_i\boldsymbol{A}_{mi}=-\boldsymbol{Q}_i \tag{8.3.3}$$

定义第 i 个系统的跟踪误差为

$$e_i=x_{mi}-x_i$$

控制任务 (基于模糊逻辑系统)设计自适应模糊控制和参数向量的自适应律,使得闭环系统中所涉及的变量有界,且系统(8.3.1)跟踪参考模型(8.3.2),即 $\lim\limits_{t\to\infty}e_i=0$。

8.3.2 模糊控制器的设计

本节中,使用第 3 章中的高木-关野模糊逻辑系统来逼近系统中的未知函数和设计模糊控制器。

设模糊推理规则为

$$R_i^k:\text{如果 } x_1 \text{ 是 } F_{k1}^i,x_2 \text{ 是 } F_{k2}^i,\cdots,x_n \text{ 是 } F_{kn}^i,\text{则 } y_i=g_{ki}(\boldsymbol{x}) \tag{8.3.4}$$

式中,$g_{ki}(\boldsymbol{x})=\theta_{k1}^i x_1+\cdots+\theta_{kn}^i x_n+\theta_{kn+1}^i r_i$,$k=1,\cdots,m_i$。

由单点模糊化、乘积推理和中心加权反模糊化得模糊逻辑系统

$$y_i=\xi_i(\boldsymbol{x})\boldsymbol{\Theta}_i\boldsymbol{z}_i \tag{8.3.5}$$

式中

$$\boldsymbol{z}_i^{\mathrm{T}}=[\boldsymbol{x}^{\mathrm{T}},r_i],\quad \boldsymbol{\Theta}_i=\begin{bmatrix}\theta_{11}^i&\theta_{12}^i&\cdots&\theta_{1n+1}^i\\\theta_{21}^i&\theta_{22}^i&\cdots&\theta_{2n+1}^i\\\vdots&\vdots&&\vdots\\\theta_{m_i1}^i&\theta_{m_i2}^i&\cdots&\theta_{m_in+1}^i\end{bmatrix}$$

$\xi_i(\boldsymbol{x})=\dfrac{1}{\sum\limits_{k=1}^{m_i}\prod\limits_{j=1}^{n}\mu_{F_{jk}^i}(x_j)}[\mu_{F_{11}^i}(x_1),\cdots,\mu_{F_{m_in}^i}(x_n)]$ 为模糊基函数。

由式(8.3.1)和式(8.3.2)，得跟踪误差的动态方程

$$\dot{\boldsymbol{e}}_i=\boldsymbol{A}_{mi}\boldsymbol{e}_i-\boldsymbol{B}_i\Big[f_i(\boldsymbol{x})\boldsymbol{x}+a_{m_i}x_i-b_{n_im}r_i+g_{ii}(\boldsymbol{x})u_i+\sum_{j=1,j\neq i}^{p}g_{ij}(\boldsymbol{x})u_j+\eta_i(t)\Big]$$

$$=\boldsymbol{A}_{mi}\boldsymbol{e}_i-\boldsymbol{B}_i\Big[-f_{1i}(\boldsymbol{x})\boldsymbol{z}_i+g_{ii}(\boldsymbol{x})u_i+\sum_{j=1,j\neq i}^{p}g_{ij}(\boldsymbol{x})u_j+\eta_i(t)\Big] \tag{8.3.6}$$

式中，$\boldsymbol{B}_i=[0,\cdots,0,1]^{\mathrm{T}}$，$f_{1i}=[-f_i(\boldsymbol{x})+a_{m_i},b_{n_im}]$。

设计模糊控制器为

$$u_i=u_{ci}+u_{si} \tag{8.3.7}$$

式中，u_{ci}取为形如式(8.3.5)的模糊逻辑系统，并设为

$$u_{ci}=\boldsymbol{\xi}_i\boldsymbol{\Theta}_i\boldsymbol{z}_i \tag{8.3.8}$$

u_{si}是一个滑模控制项。

把式(8.3.7)代入式(8.3.6)得

$$\dot{\boldsymbol{e}}_i=\boldsymbol{A}_{mi}\boldsymbol{e}_i-\boldsymbol{B}_i\Big[-f_{1i}(\boldsymbol{x})\boldsymbol{z}_i+\boldsymbol{\xi}_i\boldsymbol{\Theta}_i\boldsymbol{z}_i+g_{ii}(\boldsymbol{x})u_{si}+\sum_{j=1,j\neq i}^{p}g_{ij}(\boldsymbol{x})u_j+\eta_i(t)\Big] \tag{8.3.9}$$

设控制器中的参数 $\boldsymbol{\Theta}_i$ 分别用比例和积分项来调节，即

$$\boldsymbol{\Theta}_i=\boldsymbol{\psi}_i+\boldsymbol{\phi}_i \tag{8.3.10}$$

式中

$$\boldsymbol{\psi}_i=\gamma_{i1}\boldsymbol{B}_i^{\mathrm{T}}\boldsymbol{P}_i\boldsymbol{e}_i\boldsymbol{\xi}_i^{\mathrm{T}}\boldsymbol{z}_i^{\mathrm{T}} \tag{8.3.11}$$

$$\dot{\boldsymbol{\phi}}_i=\gamma_{i2}\boldsymbol{B}_i\boldsymbol{P}_i\boldsymbol{e}_i\boldsymbol{\xi}_i^{\mathrm{T}}\boldsymbol{z}_i^{\mathrm{T}} \tag{8.3.12}$$

由式(8.3.9)～式(8.3.12)得

$$\dot{\boldsymbol{e}}_i=\boldsymbol{A}_{mi}\boldsymbol{e}_i-\boldsymbol{B}_ig_{ii}(\boldsymbol{x})\Big[-\frac{f_{1i}(\boldsymbol{x})}{g_{ii}(\boldsymbol{x})}\boldsymbol{z}_i+\boldsymbol{\xi}_i\boldsymbol{\phi}_i\boldsymbol{z}_i+\boldsymbol{\xi}_i\boldsymbol{\psi}_i\boldsymbol{z}_i$$

$$+u_{si}+\frac{1}{g_{ii}(\boldsymbol{x})}\sum_{j=1,j\neq i}^{p}g_{ij}(\boldsymbol{x})u_j+\eta_i(t)\Big] \tag{8.3.13}$$

由于$\dfrac{f_{1i}(\boldsymbol{x})}{g_{ii}(\boldsymbol{x})}z_i$ 是未知函数，用模糊逻辑系统逼近此函数，并设

$$\frac{f_{1i}(\boldsymbol{x})}{g_{ii}(\boldsymbol{x})}\boldsymbol{z}_i=\boldsymbol{\xi}_i\boldsymbol{\phi}_i^*\boldsymbol{z}_i+w_i \tag{8.3.14}$$

式中，$\boldsymbol{\phi}^*$ 是参数 $\boldsymbol{\phi}$ 的最优估计参数，w_i 是模糊逼近误差。

设 $\tilde{\boldsymbol{\phi}}_i=\boldsymbol{\phi}_i^*-\boldsymbol{\phi}_i$，则式(8.3.14)变成

$$\frac{f_{1i}(\boldsymbol{x})}{g_{ii}(\boldsymbol{x})}\boldsymbol{z}_i=\boldsymbol{\xi}_i\boldsymbol{\phi}_i\boldsymbol{z}_i+\boldsymbol{\xi}_i\tilde{\boldsymbol{\phi}}_i\boldsymbol{z}_i+w_i \tag{8.3.15}$$

把式(8.3.15)代入式(8.3.13)得

$$\dot{\boldsymbol{e}}_i=\boldsymbol{A}_{mi}\boldsymbol{e}_i-\boldsymbol{B}_i g_{ii}(\boldsymbol{x})\left[-\boldsymbol{\xi}_i\widetilde{\boldsymbol{\phi}}_i\boldsymbol{z}_i+\boldsymbol{\xi}_i\boldsymbol{\psi}_i\boldsymbol{z}_i+u_{si}+\frac{1}{g_{ii}(\boldsymbol{x})}\sum_{j=1,j\neq i}^{p}g_{ij}(\boldsymbol{x})u_j+d_i\right] \tag{8.3.16}$$

式中

$$d_i=[\eta_i(t)/g_{ii}(\boldsymbol{x})]-w_i$$

假设 8.5 假设存在 $\underline{g}_{ii}$,$\bar{g}_{ii}$,$\beta_{ii}(\boldsymbol{x})$和 $\bar{\eta}_i$,使得

$$\underline{g}_{ii}\leqslant g_{ii}(\boldsymbol{x})\leqslant\bar{g}_{ii},\quad |\dot{g}_{ii}(\boldsymbol{x})|\leqslant\beta_{ii}(\boldsymbol{x}),\quad |\eta_i(t)|\leqslant\bar{\eta}_i$$

假设 8.6 假设模糊逼近误差满足$|w_i(t)|\leqslant\bar{w}_i$。

设计滑模控制项 u_{si}为

$$u_{si}=\left(\frac{1}{\underline{g}_{ii}}\sum_{j=1,j\neq i}^{p}\bar{g}_{ij}\ |u_j|+\bar{d}_i\right)\mathrm{sgn}(\boldsymbol{e}_i^{\mathrm{T}}\boldsymbol{P}_i\boldsymbol{B}_i)+\frac{\beta_{ii}(\boldsymbol{x})}{2\underline{g}_{ii}^2}\boldsymbol{e}_i^{\mathrm{T}}\boldsymbol{P}_i\boldsymbol{e}_i \tag{8.3.17}$$

式中

$$\bar{d}_i=(\bar{\eta}_i/\underline{g}_{ii})+\bar{w}_i$$

8.3.3 稳定性与收敛性分析

下面定理给出了这种自适应模糊控制方案所具有的性质。

定理 8.3 对于非线性系统(8.3.1),参考模型为式(8.3.2),采用模糊控制器为式(8.3.7),u_{ci} 取为式(8.3.8),u_{si} 取为式(8.3.17),参数向量自适应律取为式(8.3.10)～式(8.3.12)。如果假设 8.5 和假设 8.6 成立,则整个自适应模糊控制方案保证闭环系统稳定,且跟踪误差$\lim\limits_{t\to\infty}\boldsymbol{e}_i(t)=\boldsymbol{0}$。

证明 选择 Lyapunov 函数为

$$V=\sum_{i=1}^{p}V_i \tag{8.3.18}$$

式中

$$V_i=\frac{\gamma_{i2}}{2g_{ii}(\boldsymbol{x})}\boldsymbol{e}_i^{\mathrm{T}}\boldsymbol{P}_i\boldsymbol{e}_i+\frac{1}{2}\mathrm{tr}(\widetilde{\boldsymbol{\phi}}_i^{\mathrm{T}}\widetilde{\boldsymbol{\phi}}_i) \tag{8.3.19}$$

求 V_i 对时间的导数,并由式(8.3.16)得

$$\begin{aligned}\dot{V}_i=&-\frac{\gamma_{i2}}{2g_{ii}(\boldsymbol{x})}\boldsymbol{e}_i^{\mathrm{T}}\boldsymbol{Q}_i\boldsymbol{e}_i+\frac{\gamma_{i2}\dot{g}_{ii}(\boldsymbol{x})}{2g_{ii}(\boldsymbol{x})^2}\boldsymbol{e}_i^{\mathrm{T}}\boldsymbol{P}_i\boldsymbol{e}_i+\mathrm{tr}(\widetilde{\boldsymbol{\phi}}_i^{\mathrm{T}}\dot{\widetilde{\boldsymbol{\phi}}}_i)\\&-\gamma_{i2}\boldsymbol{e}_i^{\mathrm{T}}\boldsymbol{P}_i\boldsymbol{B}_i\left[-\boldsymbol{\xi}_i\widetilde{\boldsymbol{\phi}}_i\boldsymbol{z}_i+\boldsymbol{\xi}_i\boldsymbol{\psi}_i\boldsymbol{z}_i+u_{si}+\frac{1}{g_{ii}(\boldsymbol{x})}\sum_{j=1,j\neq i}^{p}g_{ii}(\boldsymbol{x})u_j+d_i\right]\\=&-\frac{\gamma_{i2}}{2g_{ii}(\boldsymbol{x})}\boldsymbol{e}_i^{\mathrm{T}}\boldsymbol{Q}_i\boldsymbol{e}_i-\frac{\gamma_{i2}\dot{g}_{ii}(\boldsymbol{x})}{2g_{ii}^2(\boldsymbol{x})}\boldsymbol{e}_i^{\mathrm{T}}\boldsymbol{P}_i\boldsymbol{e}_i+\mathrm{tr}[\widetilde{\boldsymbol{\phi}}_i^{\mathrm{T}}(\dot{\widetilde{\boldsymbol{\phi}}}_i+\gamma_{i2}\boldsymbol{B}_i^{\mathrm{T}}\boldsymbol{P}_i\boldsymbol{e}_i\boldsymbol{\xi}_i^{\mathrm{T}}\boldsymbol{z}_i^{\mathrm{T}})]\\&-\gamma_{i2}\boldsymbol{e}_i^{\mathrm{T}}\boldsymbol{P}_i\boldsymbol{B}_i\boldsymbol{\xi}_i\boldsymbol{\psi}_i\boldsymbol{z}_i-\gamma_{i2}\boldsymbol{e}_i^{\mathrm{T}}\boldsymbol{P}_i\boldsymbol{B}_i\left[u_{si}+\frac{1}{g_{ii}(\boldsymbol{x})}\sum_{j=1,j\neq i}^{p}g_{ij}(\boldsymbol{x})u_j+d_i\right]\end{aligned} \tag{8.3.20}$$

由式(8.3.9)得

$$\gamma_{i2}\boldsymbol{e}_i^{\mathrm{T}}\boldsymbol{P}_i\boldsymbol{B}_i\boldsymbol{\xi}_i\boldsymbol{\psi}_i\boldsymbol{z}_i=\frac{\gamma_{i2}}{\gamma_{i1}}\mathrm{tr}(\boldsymbol{\psi}_i^{\mathrm{T}}\boldsymbol{\psi}_i) \tag{8.3.21}$$

把式(8.3.10)和式(8.3.21)代入式(8.3.20)得

$$\begin{aligned}\dot{V}_i\leqslant&-\frac{\gamma_{i2}}{2\overline{g}_{ii}}\boldsymbol{e}_i^{\mathrm{T}}\boldsymbol{Q}_i\boldsymbol{e}_i+\frac{\gamma_{i2}\beta_{ii}(\boldsymbol{x})}{2\underline{g}_{ii}^2(\boldsymbol{x})}\boldsymbol{e}_i^{\mathrm{T}}\boldsymbol{P}_i\boldsymbol{e}_i\\&-\gamma_{i2}\boldsymbol{e}_i^{\mathrm{T}}\boldsymbol{P}_i\boldsymbol{B}_i\left[u_{si}+\frac{1}{g_{ii}(\boldsymbol{x})}\sum_{j=1,j\neq i}^{p}g_{ij}(\boldsymbol{x})u_j+d_i\right]\end{aligned} \tag{8.3.22}$$

把式(8.3.17)代入式(8.8.22)得

$$\dot{V}_i\leqslant-\frac{\gamma_{i2}}{2\overline{g}_{ii}}\boldsymbol{e}_i^{\mathrm{T}}\boldsymbol{Q}_i\boldsymbol{e}_i \tag{8.3.23}$$

由式(8.3.18)得

$$\dot{V}\leqslant-\sum_{i=1}^{p}\frac{\gamma_{i2}}{2\overline{g}_{ii}}\boldsymbol{e}_i^{\mathrm{T}}\boldsymbol{Q}_i\boldsymbol{e}_i<0 \tag{8.3.24}$$

从式(8.3.23)可得 $V_i\in L_\infty$,所以有 $\boldsymbol{e}_i,\tilde{\boldsymbol{\phi}}_i\in L_\infty$。从式(8.3.16)右边可以看出,所有变量是有界的,所以 $\dot{\boldsymbol{e}}_i\in L_\infty$。对式(8.3.23)从 $t=0$ 到 $t=\infty$ 积分得

$$\sum_{i=1}^{p}\int_0^\infty\|\boldsymbol{e}_i\|^2\mathrm{d}t\leqslant\sum_{i=1}^{p}\frac{2\overline{g}_{ii}}{\gamma_{i2}\lambda_{\min}(\boldsymbol{Q}_i)}V_i(0) \tag{8.3.25}$$

式中,$\lambda_{\min}(\boldsymbol{Q}_i)$表示 $\boldsymbol{Q}_i$ 的最小特征值。

从式(8.3.25)得到,$\boldsymbol{e}_i\in L_2$。根据 Barbalet 引理,推出$\lim\limits_{t\to\infty}\boldsymbol{e}_i(t)=\mathbf{0}$。

注意到,在一些情况下,为了减小控制量,可以略掉滑模补偿项(8.3.17)的第二项,即设计 u_{si}为

$$u_{si}=\left(\frac{1}{\underline{g}_{ii}}\sum_{j=1,j\neq i}^{p}\overline{g}_{ij}\mid u_j\mid+\overline{d}_i\right)\mathrm{sgn}(\boldsymbol{e}_i^{\mathrm{T}}\boldsymbol{P}_i\boldsymbol{B}_i) \tag{8.3.26}$$

则整个自适应模糊控制方案仍然保持系统稳定。为了说明这个事实。用式(8.3.26)代替式(8.3.21)中的 u_{si},得

$$\dot{V}_i\leqslant-\frac{\gamma_{i2}}{2g_{ii}(\boldsymbol{x})}\boldsymbol{e}_i^{\mathrm{T}}\boldsymbol{Q}_i\boldsymbol{e}_i-\frac{\gamma_{i2}\dot{g}_{ii}(\boldsymbol{x})}{2g_{ii}^2(\boldsymbol{x})}\boldsymbol{e}_i^{\mathrm{T}}\boldsymbol{P}_i\boldsymbol{e}_i \tag{8.3.27}$$

或等价于

$$\begin{aligned}\dot{V}_i&\leqslant\frac{\gamma_{i2}}{2g_{ii}^2(\boldsymbol{x})}[-g_{ii}(\boldsymbol{x})\boldsymbol{e}_i^{\mathrm{T}}\boldsymbol{Q}_i\boldsymbol{e}_i-\dot{g}_{ii}(\boldsymbol{x})\boldsymbol{e}_i^{\mathrm{T}}\boldsymbol{P}_i\boldsymbol{e}_i]\\&\leqslant\frac{\gamma_{i2}}{2g_{ii}^2(\boldsymbol{x})}[-g_{ii}\lambda_{\min}(\boldsymbol{Q}_i)\|\boldsymbol{e}_i\|^2+\beta_{ii}(\boldsymbol{x})\lambda_{\max}(\boldsymbol{P}_i)\|\boldsymbol{e}_i\|^2]\end{aligned} \tag{8.3.28}$$

式中,$\lambda_{\max}(\boldsymbol{P}_i)$表示矩阵 $\boldsymbol{P}_i$ 的最大特征值。如果$\forall\boldsymbol{x}$,有 $g_{ii}\lambda_{\min}(\boldsymbol{Q}_i)\geqslant\beta_{ii}(\boldsymbol{x})\lambda_{\max}(\boldsymbol{P}_i)$成立,则$\dot{V}_i<0$。因此闭环系统稳定。

另外,由于滑模控制具有不连续性的特性,在控制过程中会出现抖动现象,为了克服这种问题,可把滑模补偿项(8.3.17)进行平滑,改进为

$$u_{si}=\left(\frac{1}{g_{ii}}\sum_{j=1,j\neq i}^{p}\bar{g}_{ij}\mid u_j\mid+\bar{d}_i\right)\left(1+\frac{\sigma_i}{\beta_i}\right)\frac{e_i^{\mathrm{T}}P_iB_i}{\mid e_i^{\mathrm{T}}P_iB_i\mid+\sigma_i}+\frac{\beta_{ii}(x)}{2g_{ii}^2}e_i^{\mathrm{T}}P_ie_i \tag{8.3.29}$$

式中,σ_i 和 β_i 是正的常数。

应用模糊控制 u_{ci} 和改进的滑模控制项 u_{si},其控制性能由下面的推论给出。

推论 8.1 对于非线性系统(8.3.1),参考模型为式(8.3.2),采用模糊控制器为式(8.3.7),u_{ci} 取为式(8.3.8),u_{si} 取为式(8.3.29),参数向量自适应律取为式(8.3.10)~式(8.3.12)。如果假设 8.5 和假设 8.6 成立,则整个自适应模糊控制方案保证闭环系统稳定,且跟踪误差 $e_i(t)$ 趋近于零的一个邻域内。

证明 把式(8.3.29)代入式(8.3.21)中得

$$\begin{aligned}\dot{V}_i\leqslant&-\frac{\gamma_{i2}}{2g_{ii}(x)}e_i^{\mathrm{T}}Q_ie_i-\gamma_{i2}e_i^{\mathrm{T}}P_iB_i\left(\frac{1}{g_{ii}}\sum_{j=1,j\neq i}^{p}\bar{g}_{ij}\mid u_j\mid+\bar{d}_i\right)\\&\times\left(1+\frac{\sigma_i}{\beta_i}\right)\frac{e_i^{\mathrm{T}}P_iB_i}{\mid e_i^{\mathrm{T}}P_iB_i\mid+\sigma_i}+\left(\frac{1}{g_{ii}(x)}\sum_{j=1,j\neq i}^{p}g_{ij}(x)u_j+d_i\right)\end{aligned} \tag{8.3.30}$$

或等价于

$$\begin{aligned}\dot{V}_i\leqslant&-\frac{\gamma_{i2}}{2g_{ii}(x)}e_i^{\mathrm{T}}Q_ie_i-\gamma_{i2}\mid e_i^{\mathrm{T}}P_iB_i\mid\left[\left(\frac{1}{g_{ii}}\sum_{j=1,j\neq i}^{p}\bar{g}_{ij}\mid u_j\mid+\bar{d}_i\right)\right.\\&\left.\times\left(1+\frac{\sigma_i}{\beta_i}\right)\frac{\mid e_i^{\mathrm{T}}P_iB_i\mid}{\mid e_i^{\mathrm{T}}P_iB_i\mid+\sigma_i}+\left(\frac{1}{g_{ii}(x)}\sum_{j=1,j\neq i}^{p}g_{ij}(x)u_j+d_i\right)\mathrm{sgn}(e_i^{\mathrm{T}}P_iB_i)\right]\end{aligned} \tag{8.3.31}$$

如果$|e_i^{\mathrm{T}}P_iB_i|\geqslant\beta_i$,则有 $\dot{V}_i\leqslant 0$。如果$|e_i^{\mathrm{T}}P_iB_i|<\beta_i$,则

$$\dot{V}_i\leqslant-\frac{\gamma_{i2}}{2g_{ii}(x)}e_i^{\mathrm{T}}Q_ie_i+\gamma_{i2}\sigma_i\left|\frac{1}{g_{ii}(x)}\sum_{j=1,j\neq i}^{p}g_{ij}(x)u_j+d_i\right| \tag{8.3.32}$$

因此,跟踪误差收敛于有界邻域

$$\Omega(e_i)=\left\{e_i\,\middle|\,\|e\|\leqslant\left(\frac{2u_0\sigma_i}{\lambda_{\min}(Q_i)}\right)^{1/2}\right\} \tag{8.3.33}$$

8.3.4 仿真

例 8.3 把本节的自适应模糊控制方法用于控制如下非线性系统:

$$D(q)\ddot{q}+C(q,\dot{q})\dot{q}+G(q)+F_v(\dot{q})+F_c(\dot{q})=u \tag{8.3.34}$$

式中

$$D(q)=\begin{bmatrix}\frac{1}{3}m_1l_1+\frac{4}{3}m_2l^2+m_2l^2\cos q_2 & \frac{1}{3}m_2l^2+m_2l^2\cos q_2\\ \frac{1}{3}m_2l^2+m_2l^2\cos q_2 & \frac{1}{3}m_2l^2\end{bmatrix}$$

$$C(q,\dot{q})=\begin{bmatrix}-m_2l^2\sin(q_2)\dot{q}_2 & -\frac{1}{2}m_2l^2\sin(q_2)\dot{q}_2\\ \frac{1}{2}m_2l^2\sin(q_2)\dot{q}_1 & 0\end{bmatrix}$$

$$G(q)=\begin{bmatrix}\frac{1}{2}m_1gl\cos(q_1)+\frac{1}{2}m_2gl\cos(q_1+q_2)+\frac{1}{2}m_2gl\cos(q_1)\\ \frac{1}{2}m_2gl\cos(q_1+q_2)\end{bmatrix}$$

$$\boldsymbol{F}_v=\begin{bmatrix}k_{v1} & \dot{q}_1\\ k_{v2} & \dot{q}_2\end{bmatrix},\quad \boldsymbol{F}_c=\begin{bmatrix}k_{v1} & \sin(\dot{q}_1)\\ k_{v2} & \sin(\dot{q}_2)\end{bmatrix}$$

方程(8.3.34)中的参数设为：$l=1,m_1=m_2=1,g=9.41,k_{v2}=k_{c2}=0.5,k_{v1}=0.3,k_{c1}=0.2$。

设

$$\boldsymbol{x}^{\mathrm{T}}=[\boldsymbol{x}_1^{\mathrm{T}},\boldsymbol{x}_2^{\mathrm{T}}],\quad \boldsymbol{x}_1^{\mathrm{T}}=[q_1,\dot{q}_1],\quad \boldsymbol{x}_2^{\mathrm{T}}=[q_2,\dot{q}_2]$$

$$\begin{bmatrix}f_1(\boldsymbol{x})\\ f_2(\boldsymbol{x})\end{bmatrix}=\boldsymbol{D}^{-1}(-\boldsymbol{C}\dot{q}-\boldsymbol{G}-\boldsymbol{F}_v),\quad \begin{bmatrix}g_{11}(x) & g_{12}(x)\\ g_{21}(x) & g_{22}(x)\end{bmatrix}=\boldsymbol{D}^{-1},\quad \begin{bmatrix}\boldsymbol{\eta}_1\\ \boldsymbol{\eta}_2\end{bmatrix}=\boldsymbol{D}^{-1}\boldsymbol{F}_c$$

参考模型为

$$\boldsymbol{A}_{m_{1,2}}=\begin{bmatrix}0 & 1\\ -16 & -8\end{bmatrix},\quad \boldsymbol{B}_{m_{1,2}}=\begin{bmatrix}0\\ 16\end{bmatrix}$$

给定 $\boldsymbol{Q}_{1,2}=\mathrm{diag}(15,5)$，解矩阵方程(8.3.3)得

$$\boldsymbol{P}_{1,2}=\begin{bmatrix}9.7 & 0.47\\ 0.47 & 0.37\end{bmatrix}$$

定义模糊推理规则为

R_k^1：如果 x_1 是 F_k^1，则 $u_{c1}=\theta_{k1}^1x_1+\theta_{k2}^1x_2+\theta_{k3}^1x_2+\theta_{k4}^1x_3+\theta_{k5}^1r_1$

R_k^2：如果 x_1 是 F_k^2，则 $u_{c2}=\theta_{k1}^2x_1+\theta_{k2}^2x_2+\theta_{k3}^2x_2+\theta_{k4}^2x_3+\theta_{k5}^2r_2$

式中，F_k^1 和 F_k^2 是模糊集，$k=1,2,3$，它们的隶属函数由图 8-10 给出。

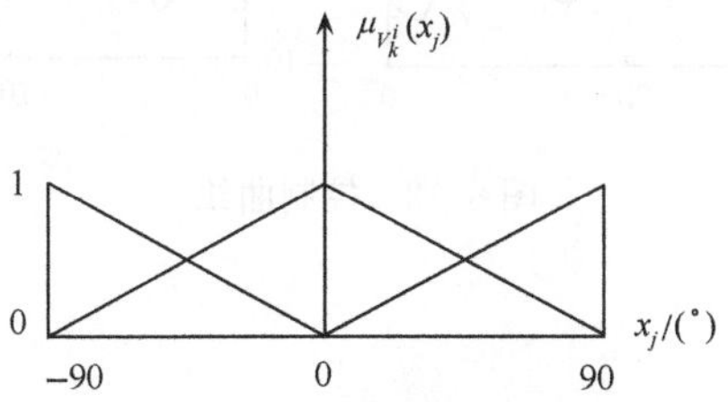

图 8-10　模糊隶属函数

模糊控制器的输出为

$$u_{c1}=\boldsymbol{\xi}_1\boldsymbol{\Theta}_1\boldsymbol{z}_1,\quad u_{c2}=\boldsymbol{\xi}_2\boldsymbol{\Theta}_2\boldsymbol{z}_2 \tag{8.3.35}$$

式中，$\xi_1(\xi_2)$是模糊基函数，$\boldsymbol{\Theta}_1(\boldsymbol{\Theta}_2)$是 3×5 参数矩阵，$\boldsymbol{z}_1=[\boldsymbol{x}^{\mathrm{T}},r_1]^{\mathrm{T}}$，$\boldsymbol{z}_2=[\boldsymbol{x}^{\mathrm{T}},r_2]^{\mathrm{T}}$。仿真中，使用整个控制方案(8.3.7)，$u_{ci}$取为式(8.3.8)，$u_{si}$取为式(8.3.29)，

参数向量自适应律取为式(8.3.10)～式(8.3.12)，其参数选为 $\gamma_{11}=\gamma_{12}=7$，$\gamma_{21}=\gamma_{22}=300$，$\delta_1=\delta_2=0.1$。

设 q_2 在$[-\pi/2,\pi/2]$上变化，确定函数 $g_{ij}(\boldsymbol{x})$和 $\dot{g}_{ij}(\boldsymbol{x})$的界如下：$g_{11}=0.75$，$g_{22}=2$，$\bar{g}_{11}=1.72$，$\bar{g}_{22}=4.3$，$\bar{g}_{12}=\bar{g}_{21}=1.3$，$\beta_{11}=0.8|x_4|$，$\beta_{22}=6.5|x_4|$。设模糊逼近误差及外界干扰的界分别为 $\bar{w}_1=\bar{w}_2=0.9$；$\eta_1=0.78$，$\eta_2=3.13$；$\bar{d}_1=0.36$，$\bar{d}_2=2.46$。仿真结果如图 8-11 和图 8-12 所示。

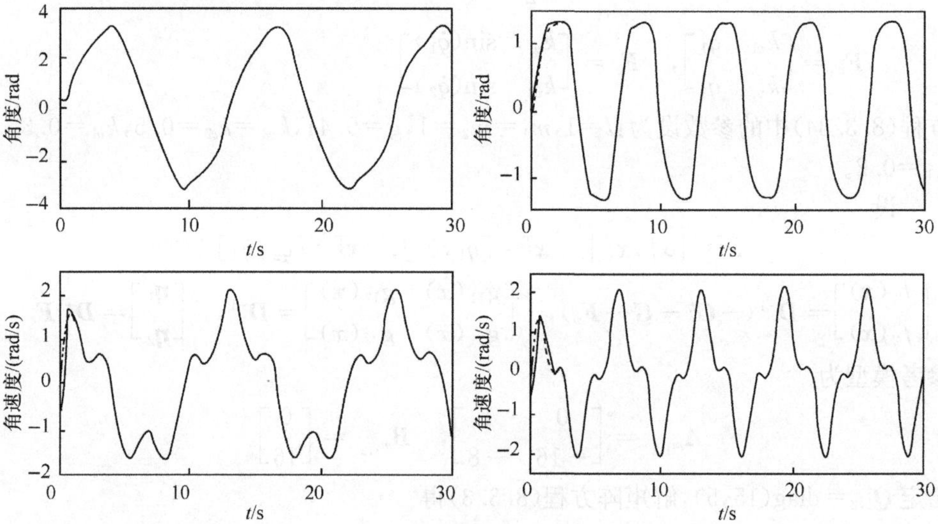

图 8-11　跟踪曲线

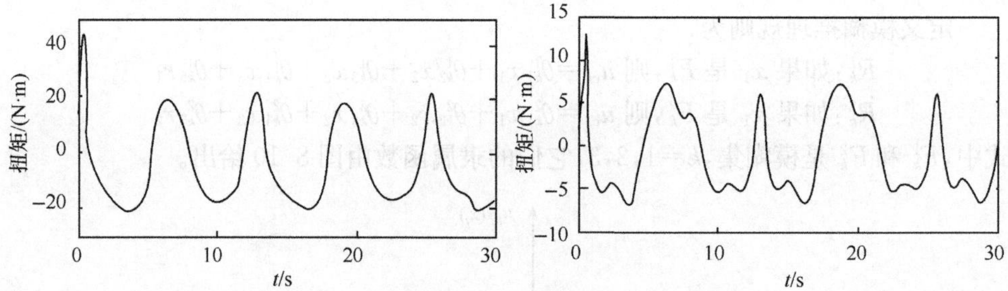

图 8-12　控制曲线

第 9 章　多变量非线性系统的自适应输出反馈模糊控制

第 8 章针对状态可测的多变量非线性系统，介绍了自适应状态反馈模糊控制方法和稳定性分析，本章在第 8 章的基础上，针对状态不可测的多变量非线性系统，介绍基于观测器的自适应输出反馈模糊控制方法，并基于 Lyapunov 函数方法和滑模控制原理，给出了闭环系统的稳定性分析[30-34]。

9.1　基于误差观测器的自适应输出反馈模糊控制

本节对一类状态不可测的多变量非线性不确定系统，设计一种误差观测器，然后给出一种基于观测器的自适应输出反馈模糊控制方法和稳定性分析。

9.1.1　被控对象模型及控制问题的描述

考虑多变量非线性系统

$$\begin{cases} \dot{x}_{r_1 1} = x_{r_1 2} \\ \vdots \\ \dot{x}_{r_1(r_1-1)} = x_{r_1 r_1} \\ \dot{x}_{r_1 r_1} = f_1(\boldsymbol{x}) + g_{11}(\boldsymbol{x})u_1 + \cdots + g_{1p}(\boldsymbol{x})u_p \\ \vdots \\ \dot{x}_{r_p 1} = x_{r_p 2} \\ \vdots \\ \dot{x}_{r_p(r_p-1)} = x_{r_p r_p} \\ \dot{x}_{r_p r_p} = f_p(\boldsymbol{x}) + g_{p1}(\boldsymbol{x})u_1 + \cdots + g_{pp}(\boldsymbol{x})u_p \\ y_1 = x_{r_1 1} \\ \vdots \\ y_p = x_{r_p 1} \end{cases} \tag{9.1.1}$$

式中，$\boldsymbol{x}=[x_{r_1 1},\cdots,x_{r_1 r_1},\cdots,x_{r_p 1},\cdots,x_{r_p r_p}]^{\mathrm{T}}\in\mathbf{R}^n$ 是系统的状态向量；令 $\boldsymbol{u}=[u_1,\cdots,u_p]^{\mathrm{T}}\in\mathbf{R}^p$ 和 $\boldsymbol{y}=[y_1,\cdots,y_p]^{\mathrm{T}}\in\mathbf{R}^p$ 分别是系统的输入和输出向量；令 $\boldsymbol{r}=[r_1,\cdots,r_p]^{\mathrm{T}}$ 是系统的相对度向量，并假设 $r_1+\cdots+r_p=n$；$f_i(\boldsymbol{x})$ 和 $g_{ij}(\boldsymbol{x})$ 是未知光滑函数，$i,j=1,2,\cdots,p$。

由于系统(9.1.1)的相对度为 $\boldsymbol{r}=[r_1,\cdots,r_p]^{\mathrm{T}}$，所以式(9.1.1)可以写成如下

的形式

$$y_i^{(r_i)} = f_i(\boldsymbol{x}) + \sum_{j=1}^{p} g_{ij}(\boldsymbol{x})u_j, \quad i = 1,2,\cdots,p \tag{9.1.2}$$

记

$$\boldsymbol{F}(\boldsymbol{x}) = [f_1(\boldsymbol{x}),\cdots,f_p(\boldsymbol{x})]^{\mathrm{T}}, \quad \boldsymbol{G}(\boldsymbol{x}) = [G_1(\boldsymbol{x}),\cdots,G_p(\boldsymbol{x})]$$
$$\boldsymbol{G}_i(\boldsymbol{x}) = [g_{1i}(\boldsymbol{x}),\cdots,g_{pi}(\boldsymbol{x})]^{\mathrm{T}}, \quad \boldsymbol{A} = \mathrm{diag}(\boldsymbol{A}_1,\cdots,\boldsymbol{A}_p)$$
$$\boldsymbol{B} = \mathrm{diag}(\boldsymbol{B}_1,\cdots,\boldsymbol{B}_p), \quad \boldsymbol{C}^{\mathrm{T}} = \mathrm{diag}(\boldsymbol{C}_1,\cdots,\boldsymbol{C}_p)$$

式中

$$\boldsymbol{A}_i = \begin{bmatrix} 0 & 1 & 0 & \cdots & 0 \\ 0 & 0 & 1 & \cdots & 0 \\ \vdots & \vdots & \vdots & & \vdots \\ 0 & 0 & 0 & \cdots & 0 \end{bmatrix}_{r_i\times r_i}, \quad \boldsymbol{B}_i = \begin{bmatrix} 0 \\ 0 \\ \cdots \\ 1 \end{bmatrix}_{r_i\times 1}, \quad \boldsymbol{C}_i^{\mathrm{T}} = [1 \quad 0 \quad \cdots \quad 0]_{1\times r_i}$$

则式(9.1.2)可以写成等价的形式：

$$\begin{cases} \dot{\boldsymbol{x}} = \boldsymbol{A}\boldsymbol{x} + \boldsymbol{B}[\boldsymbol{F}(\boldsymbol{x}) + \boldsymbol{G}(\boldsymbol{x})u] \\ \boldsymbol{y} = \boldsymbol{C}^{\mathrm{T}}\boldsymbol{x} \end{cases} \tag{9.1.3}$$

假设 9.1 设 $G(\boldsymbol{x})$在有界闭集 $U_x \subset \mathbf{R}^n$ 上存在可逆矩阵。

给定参考函数 $y_{\mathrm{m}1}, y_{\mathrm{m}2},\cdots,y_{\mathrm{m}p}$，定义跟踪误差为 $e_i = y_i - y_{\mathrm{m}i}(i=1,2,\cdots,p)$。记 $\boldsymbol{y}_{\mathrm{m}} = [y_{\mathrm{m}1},\cdots,y_{\mathrm{m}p}]^{\mathrm{T}}, \boldsymbol{y}_{\mathrm{m}}^{(r)} = [y_{1\mathrm{m}}^{(r_1)},\cdots,y_{p\mathrm{m}}^{(r_p)}]^{\mathrm{T}}, \boldsymbol{Y}_{\mathrm{m}} = [y_{\mathrm{m}1},\cdots,y_{\mathrm{m}1}^{(r_1)},\cdots,y_{\mathrm{m}p},\cdots,y_{\mathrm{m}p}^{(r_p)}]^{\mathrm{T}}, \boldsymbol{e} = \boldsymbol{Y}_{\mathrm{m}} - \boldsymbol{x} = [e_1,\cdots,e_1^{(r_1)},\cdots,e_p,\cdots,e_p^{(r_p)}]^{\mathrm{T}}$。

控制任务 (基于模糊逻辑系统)在系统状态不完全可测的情况下，设计基于误差观测器的输出反馈模糊控制及其参数向量的自适应控制律，满足以下条件：

(1) 闭环系统中所涉及的变量有界。

(2) 对于给定的抑制水平 $\rho>0, \boldsymbol{E} = [\hat{\boldsymbol{e}}^{\mathrm{T}}, \tilde{\boldsymbol{e}}^{\mathrm{T}}]^{\mathrm{T}}$ 实现 H_∞ 跟踪性能，即

$$\int_0^{\mathrm{T}} \boldsymbol{E}^{\mathrm{T}}\boldsymbol{Q}\boldsymbol{E}\,\mathrm{d}t \leqslant \boldsymbol{E}^{\mathrm{T}}(0)\boldsymbol{P}\boldsymbol{E}(0) + \frac{1}{\gamma}\tilde{\boldsymbol{\Theta}}^{\mathrm{T}}(0)\tilde{\boldsymbol{\Theta}}(0) + \rho^2\int_0^{\mathrm{T}} \boldsymbol{w}^{\mathrm{T}}\boldsymbol{w}\mathrm{d}t \tag{9.1.4}$$

式中，$T\in[0,\infty), \boldsymbol{w}\in L_2[0,T], \boldsymbol{P}=\boldsymbol{P}^{\mathrm{T}}>0, \boldsymbol{Q}=\boldsymbol{Q}^{\mathrm{T}}>0$，正定矩阵，$\tilde{\boldsymbol{\Theta}} = \boldsymbol{\Theta} - \boldsymbol{\Theta}^*$ 是模糊系统的逼近误差向量。

9.1.2 输出反馈模糊控制器的设计

设模糊逻辑系统 $\hat{f}_i(\boldsymbol{x}|\boldsymbol{\theta}_{fi})$和 $\hat{g}_{ij}(\boldsymbol{x}|\boldsymbol{\theta}_{gij})$如下：

$$\hat{f}_i(\boldsymbol{x} \mid \boldsymbol{\theta}_{fi}) = \boldsymbol{\theta}_{fi}^{\mathrm{T}}\boldsymbol{\xi}(\boldsymbol{x}), \quad i = 1,2,\cdots,p$$
$$\hat{g}_{ij}(\boldsymbol{x} \mid \boldsymbol{\theta}_{gij}) = \boldsymbol{\theta}_{gij}^{\mathrm{T}}\boldsymbol{\xi}(\boldsymbol{x}), \quad i,j = 1,2,\cdots,p$$

定义

$$\begin{aligned} \hat{\boldsymbol{F}}(\boldsymbol{x} \mid \boldsymbol{\Theta}_1) &= [\hat{f}_1(\boldsymbol{x} \mid \boldsymbol{\theta}_{f1}),\cdots,\hat{f}_1(\boldsymbol{x} \mid \boldsymbol{\theta}_{fp})]^{\mathrm{T}} \\ &= [\boldsymbol{\theta}_{f1},\cdots,\boldsymbol{\theta}_{fp}]^{\mathrm{T}}\boldsymbol{\xi}(x) \\ &= \boldsymbol{\Theta}_1^{\mathrm{T}}\boldsymbol{\xi}(\boldsymbol{x}) \end{aligned} \tag{9.1.5}$$

$$\hat{G}(x \mid \Theta_2)=\begin{bmatrix}\hat{g}_{11}(x \mid \theta_{g11}) & \cdots & \hat{g}_{11}(x \mid \theta_{g1p}) \\ \vdots & & \vdots \\ \hat{g}_{11}(x \mid \theta_{gp1}) & \cdots & \hat{g}_{11}(x \mid \theta_{gpp})\end{bmatrix}$$

$$=\begin{bmatrix}\theta_{g11} & \cdots & \theta_{g1p} \\ \vdots & & \vdots \\ \theta_{gp1} & \cdots & \theta_{gpp}\end{bmatrix}\operatorname{diag}[\xi(x),\cdots,\xi(x)]_{pN\times pN}$$

$$=\Theta_2^{\mathrm{T}}\Phi(x) \tag{9.1.6}$$

设计模糊控制器为

$$u=\hat{G}(\hat{x} \mid \Theta_2)^{-1}[-\hat{F}(\hat{x} \mid \Theta_1)+y_{\mathrm{m}}^{(r)}+K_{\mathrm{c}}^{\mathrm{T}}\hat{e}-u_{\mathrm{a}}-u_{\mathrm{b}}] \tag{9.1.7}$$

式中，K_{c} 是一个反馈增益矩阵，选取 K_{c} 使得矩阵 $A-BK_{\mathrm{c}}^{\mathrm{T}}$ 稳定，u_{a} 是一个 H_∞ 控制项，u_{b} 是误差估计向量的反馈，关于它们的设计在后面给出。

把式(9.1.7)代入式(9.1.3)，并根据 $\dot{Y}_{\mathrm{m}}-AY_{\mathrm{m}}-By_{\mathrm{m}}^{(r)}=0$，得

$$\begin{aligned}\dot{e}&=(A-BK_{\mathrm{c}}^{\mathrm{T}})\hat{e}+B\{[\hat{F}(\hat{x} \mid \Theta_1)-F(x)]\\&\quad+[\hat{G}(\hat{x} \mid \Theta_2)-G(x)]u+u_{\mathrm{a}}+u_{\mathrm{b}}\}\\E_1&=C^{\mathrm{T}}e\end{aligned} \tag{9.1.8}$$

为了估计系统的状态，设计误差观测器为

$$\begin{cases}\dot{\hat{e}}=A\hat{e}-BK_{\mathrm{c}}^{\mathrm{T}}\hat{e}+K_0C^{\mathrm{T}}(E_1-\hat{E}_1)\\\hat{E}_1=C^{\mathrm{T}}\hat{e}\end{cases} \tag{9.1.9}$$

式中，K_0 是一个观测增益矩阵，选取 K_0 使得矩阵 $A-K_0C^{\mathrm{T}}$ 是稳定的。

定义观测误差为 $\tilde{e}=e-\hat{e}$，$\tilde{E}_1=E_1-\hat{E}_1$，则由式(9.1.8)和式(9.1.9)得

$$\begin{aligned}\dot{\tilde{e}}&=(A-K_0C^{\mathrm{T}})\tilde{e}+B\{[F(\hat{x} \mid \Theta_1)-F(x)]+[\hat{G}(\hat{x} \mid \Theta_2)-G(x)]u+u_{\mathrm{a}}+u_{\mathrm{b}}\}\\\tilde{E}_1&=C^{\mathrm{T}}\tilde{e}\end{aligned} \tag{9.1.10}$$

9.1.3　模糊自适应算法

首先定义参数向量 Θ_1 和 Θ_2 的最优参数估计 Θ_1^* 和 Θ_2^*：

$$\begin{aligned}\Theta_1^*&=\arg\min_{\Theta_1\in\Omega_1}[\sup_{x\in U_1,\hat{x}\in U_2}\|\hat{F}(\hat{x} \mid \Theta_1)-F(x)\|]\\\Theta_2^*&=\arg\min_{\Theta_2\in\Omega_2}[\sup_{x\in U_1,\hat{x}\in U_2}\|\hat{G}(\hat{x} \mid \Theta_2)-G(x)\|]\end{aligned} \tag{9.1.11}$$

式中

$$U_1=\{x\in\mathbf{R}^n:\|x\|\leqslant M_1<\infty\},\quad U_2=\{\hat{x}\in\mathbf{R}^n:\|\hat{x}\|\leqslant M_2<\infty\}$$

$$\Omega_1=\{\Theta_1 \mid \|\Theta_1\|\leqslant M_3\},\quad \Omega_2=\{\Theta_2 \mid \|\Theta_2\|\leqslant M_4\}$$

$M_i(i=1,2,3,4)$为设计者设计的参数。

定义模糊最小逼近误差分别为

$$w=[F(x)-\hat{F}(\hat{x} \mid \Theta_1^*)]+[G(x)-\hat{G}(\hat{x} \mid \Theta_2^*)]u$$

$$= [\hat{\boldsymbol{F}}(\hat{\boldsymbol{x}} \mid \boldsymbol{\Theta}_1) - \hat{\boldsymbol{F}}(\hat{\boldsymbol{x}} \mid \boldsymbol{\Theta}_1^*)] + [\boldsymbol{F}(\boldsymbol{x}) - \hat{\boldsymbol{F}}(\hat{\boldsymbol{x}} \mid \boldsymbol{\Theta}_1)] + [\hat{\boldsymbol{G}}(\hat{\boldsymbol{x}} \mid \boldsymbol{\Theta}_2) - \hat{\boldsymbol{G}}(\hat{\boldsymbol{x}} \mid \boldsymbol{\Theta}_2^*)]u + [\boldsymbol{G}(\boldsymbol{x}) - \hat{\boldsymbol{G}}(\hat{\boldsymbol{x}} \mid \boldsymbol{\Theta}_2)]\boldsymbol{u} \tag{9.1.12}$$

根据式(9.1.12),式(9.1.10)可以重新写成

$$\dot{\tilde{\boldsymbol{e}}} = (\boldsymbol{A} - \boldsymbol{K}_0\boldsymbol{C}^{\mathrm{T}})\tilde{\boldsymbol{e}} + \boldsymbol{B}[\boldsymbol{u}_{\mathrm{a}} + \boldsymbol{u}_{\mathrm{b}}] + \boldsymbol{B}\{[\boldsymbol{F}(\hat{\boldsymbol{x}} \mid \boldsymbol{\Theta}_1) - \boldsymbol{F}(\hat{\boldsymbol{x}} \mid \boldsymbol{\Theta}_1^*)] + [\hat{\boldsymbol{G}}(\hat{\boldsymbol{x}} \mid \boldsymbol{\Theta}_2) - \hat{\boldsymbol{G}}(\hat{\boldsymbol{x}} \mid \boldsymbol{\Theta}_2^*)]u + w\} \tag{9.1.13}$$

$$\tilde{\boldsymbol{E}}_1 = \boldsymbol{C}^{\mathrm{T}}\tilde{\boldsymbol{e}}$$

把式(9.1.5)和式(9.1.6)代入式(9.1.13)得

$$\begin{aligned} \dot{\tilde{\boldsymbol{e}}} &= (\boldsymbol{A} - \boldsymbol{K}_0\boldsymbol{C}^{\mathrm{T}})\tilde{\boldsymbol{e}} + \boldsymbol{B}[\boldsymbol{u}_{\mathrm{a}} + \boldsymbol{u}_{\mathrm{b}}] + \boldsymbol{B}[\tilde{\boldsymbol{\Theta}}_1^{\mathrm{T}}\boldsymbol{\xi}(\hat{\boldsymbol{x}}) + \tilde{\boldsymbol{\Theta}}_2^{\mathrm{T}}\boldsymbol{\Phi}(\hat{\boldsymbol{x}})u + w] \\ \tilde{\boldsymbol{E}}_1 &= \boldsymbol{C}^{\mathrm{T}}\tilde{\boldsymbol{e}} \end{aligned} \tag{9.1.14}$$

式中,$\tilde{\boldsymbol{\Theta}}_1 = \boldsymbol{\Theta}_1^* - \boldsymbol{\Theta}_1$,$\tilde{\boldsymbol{\Theta}}_2 = \boldsymbol{\Theta}_2^* - \boldsymbol{\Theta}_2$。

假设 9.2 对于给定半正定矩阵 $\boldsymbol{Q}_1$ 和 $\boldsymbol{Q}_2$,存在正定矩阵 $\boldsymbol{P}_1$ 和 $\boldsymbol{P}_2$,分别满足下面的矩阵方程:

$$(\boldsymbol{A} - \boldsymbol{B}\boldsymbol{K}_{\mathrm{c}}^{\mathrm{T}})^{\mathrm{T}}\boldsymbol{P}_1 + \boldsymbol{P}_1(\boldsymbol{A} - \boldsymbol{B}\boldsymbol{K}_{\mathrm{c}}^{\mathrm{T}}) = -\boldsymbol{Q}_1 \tag{9.1.15}$$

$$\begin{cases} (\boldsymbol{A} - \boldsymbol{K}_0\boldsymbol{C}^{\mathrm{T}})^{\mathrm{T}}\boldsymbol{P}_2 + \boldsymbol{P}_2(\boldsymbol{A} - \boldsymbol{K}_0\boldsymbol{C}^{\mathrm{T}}) - \boldsymbol{P}_2\boldsymbol{B}\left(\dfrac{2}{\lambda} - \dfrac{1}{\rho^2}\right)\boldsymbol{B}^{\mathrm{T}}\boldsymbol{P}_2 = -\boldsymbol{Q}_2 \\ \boldsymbol{P}_2\boldsymbol{B} = \boldsymbol{C} \end{cases} \tag{9.1.16}$$

式中,$\lambda \leqslant 2\rho^2$。

假设 9.3 模糊最小逼近误差平方可积,即 $\int_0^\infty w^{\mathrm{T}}w\mathrm{d}t < \infty$。

设 $\boldsymbol{u}_{\mathrm{a}}$ 和 $\boldsymbol{u}_{\mathrm{b}}$ 分别为

$$\boldsymbol{u}_{\mathrm{a}} = -\frac{1}{2\lambda}\boldsymbol{B}^{\mathrm{T}}\boldsymbol{P}_2\tilde{\boldsymbol{e}} \tag{9.1.17}$$

$$\boldsymbol{u}_{\mathrm{b}} = -\boldsymbol{K}_0^{\mathrm{T}}\boldsymbol{P}_1\hat{\boldsymbol{e}} \tag{9.1.18}$$

参数向量的自适应律为

$$\dot{\boldsymbol{\Theta}}_1 = -\gamma_1\boldsymbol{\xi}(\hat{\boldsymbol{x}})\boldsymbol{B}^{\mathrm{T}}\boldsymbol{P}_2\boldsymbol{e} = -\gamma_1\boldsymbol{\xi}(\hat{\boldsymbol{x}})\tilde{\boldsymbol{y}} \tag{9.1.19}$$

$$\dot{\boldsymbol{\Theta}}_2 = -\gamma_2\boldsymbol{\Phi}(\hat{x})\boldsymbol{B}^{\mathrm{T}}\boldsymbol{P}_2\boldsymbol{e}u = -\gamma_2\boldsymbol{\Phi}(\hat{\boldsymbol{x}})\tilde{\boldsymbol{y}}\boldsymbol{u} \tag{9.1.20}$$

式中,$\gamma_1 > 0$,$\gamma_2 > 0$。

这种自适应模糊控制策略的设计步骤如下:

步骤 1 离线预处理。

(1) 确定出反馈和观测器增益矩阵 $\boldsymbol{K}_{\mathrm{c}}$ 和 $\boldsymbol{K}_0$,使得矩阵 $\boldsymbol{A} - \boldsymbol{B}\boldsymbol{K}_{\mathrm{c}}^{\mathrm{T}}$ 和 $\boldsymbol{A} - \boldsymbol{K}_0\boldsymbol{C}^{\mathrm{T}}$ 稳定。

(2) 根据实际问题,确定出设计参数 $\boldsymbol{M}_i$,$i=1,2,3,4$。

步骤 2 构造模糊控制器。

(1) 建立模糊规则基:它是由下面的 N 条模糊推理规则构成

R^i:如果 x_1 是 F_1^i,x_2 是 F_2^i,…,x_n 是 F_n^i,则 u_{c} 是 B_i,$i=1,2,\cdots,N$

(2) 构造模糊基函数

$$\xi_i(x_1,\cdots,x_n)=\frac{\prod_{j=1}^{n}\mu_{F_j^i}(x_j)}{\sum_{i=1}^{N}\left[\prod_{j=1}^{n}\mu_{F_j^i}(x_j)\right]}$$

(3) 构造模糊逻辑系统 $\hat{f}_i(\hat{\boldsymbol{x}}|\boldsymbol{\theta}_i)=\boldsymbol{\theta}_i^{\mathrm{T}}\boldsymbol{\xi}(\hat{\boldsymbol{x}})$，$\hat{g}_{ij}(\hat{\boldsymbol{x}}|\boldsymbol{\theta}_{ij})=\boldsymbol{\theta}_{ij}^{\mathrm{T}}\xi(\hat{\boldsymbol{x}})$，于是有

$$\hat{F}(\hat{\boldsymbol{x}}\mid\boldsymbol{\Theta}_1)=\boldsymbol{\Theta}_1^{\mathrm{T}}\boldsymbol{\xi}(\hat{\boldsymbol{x}}),\quad \hat{\boldsymbol{G}}(\hat{\boldsymbol{x}}\mid\boldsymbol{\Theta}_2)=\boldsymbol{\Theta}_2^{\mathrm{T}}\boldsymbol{\Phi}(\hat{\boldsymbol{x}})$$

步骤3　在线自适应调节。

(1) 将输出反馈控制(9.1.7)作用于控制对象(9.1.1)，式中，$\boldsymbol{u}_{\mathrm{a}}$ 取为式(9.1.17)，$\boldsymbol{u}_{\mathrm{b}}$ 取为式(9.1.18)。

(2) 用式(9.1.19)和式(9.1.20)自适应调节参数向量 $\boldsymbol{\Theta}_1$，$\boldsymbol{\Theta}_2$。

9.1.4　稳定性与收敛性分析

下面的定理给出了这种基于观测器模糊自适应控制所具有的性质。

定理9.1　对于由式(9.1.1)给出的控制对象，采用控制器为式(9.1.7)，$\boldsymbol{u}_{\mathrm{a}}$ 取为式(9.1.17)，$\boldsymbol{u}_{\mathrm{b}}$ 取为式(9.1.18)；参数向量的自适应律为式(9.1.19)和式(9.1.20)。如果假设9.1～假设9.3成立且 $\hat{\boldsymbol{G}}(\hat{\boldsymbol{x}}|\boldsymbol{\Theta}_2)^{-1}$ 存在，则总体自适应模糊控制方案保证具有下面的性能：

(1) 整个闭环系统稳定，即 $\boldsymbol{x},\hat{\boldsymbol{x}},\boldsymbol{e},\hat{\boldsymbol{e}},\boldsymbol{u}\in L_\infty$，$\lim\limits_{t\to\infty}\boldsymbol{e}=\lim\limits_{t\to\infty}\hat{\boldsymbol{e}}=\boldsymbol{0}$。

(2) 实现跟踪性能指标(9.1.4)。

证明　选取Lyapunov函数为

$$V=\frac{1}{2}\hat{\boldsymbol{e}}^{\mathrm{T}}\boldsymbol{P}_1\hat{\boldsymbol{e}}+\frac{1}{2}\tilde{\boldsymbol{e}}^{\mathrm{T}}\boldsymbol{P}_2\tilde{\boldsymbol{e}}+\frac{1}{2\gamma_1}\tilde{\boldsymbol{\Theta}}_1^{\mathrm{T}}\tilde{\boldsymbol{\Theta}}_1+\frac{1}{2\gamma_2}\mathrm{tr}(\tilde{\boldsymbol{\Theta}}_2^{\mathrm{T}}\tilde{\boldsymbol{\Theta}}_2)\tag{9.1.21}$$

求 V 对时间的导数

$$\begin{aligned}\dot{V}=&\frac{1}{2}\dot{\hat{\boldsymbol{e}}}^{\mathrm{T}}\boldsymbol{P}_1\hat{\boldsymbol{e}}+\frac{1}{2}\hat{\boldsymbol{e}}^{\mathrm{T}}\boldsymbol{P}_1\dot{\hat{\boldsymbol{e}}}+\frac{1}{2}\dot{\tilde{\boldsymbol{e}}}^{\mathrm{T}}\boldsymbol{P}_2\tilde{\boldsymbol{e}}\\&+\frac{1}{2}\tilde{\boldsymbol{e}}^{\mathrm{T}}\boldsymbol{P}_2\dot{\tilde{\boldsymbol{e}}}+\frac{1}{\gamma_1}\tilde{\boldsymbol{\Theta}}_1^{\mathrm{T}}\dot{\tilde{\boldsymbol{\Theta}}}_1+\frac{1}{\gamma_2}\mathrm{tr}(\tilde{\boldsymbol{\Theta}}_2^{\mathrm{T}}\dot{\tilde{\boldsymbol{\Theta}}}_2)\end{aligned}\tag{9.1.22}$$

把式(9.1.9)和式(9.1.14)代入式(9.1.22)得

$$\begin{aligned}\dot{V}=&\frac{1}{2}\hat{\boldsymbol{e}}^{\mathrm{T}}[(\boldsymbol{A}-\boldsymbol{B}\boldsymbol{K}_{\mathrm{c}})^{\mathrm{T}}\boldsymbol{P}_1+\boldsymbol{P}_1(\boldsymbol{A}-\boldsymbol{B}\boldsymbol{K}_{\mathrm{c}})]\hat{\boldsymbol{e}}-\hat{\boldsymbol{e}}^{\mathrm{T}}\boldsymbol{P}_1\boldsymbol{K}_0\boldsymbol{C}^{\mathrm{T}}\tilde{\boldsymbol{e}}\\&+\tilde{\boldsymbol{e}}^{\mathrm{T}}\boldsymbol{P}_2\boldsymbol{B}\boldsymbol{u}_{\mathrm{b}}+\frac{1}{2}\tilde{\boldsymbol{e}}^{\mathrm{T}}[(\boldsymbol{A}-\boldsymbol{K}_0\boldsymbol{C}^{\mathrm{T}})^{\mathrm{T}}\boldsymbol{P}_2+\boldsymbol{P}_2(\boldsymbol{A}-\boldsymbol{K}_0\boldsymbol{C}^{\mathrm{T}})]\tilde{\boldsymbol{e}}\\&+\tilde{\boldsymbol{e}}^{\mathrm{T}}\boldsymbol{P}_2\boldsymbol{B}\boldsymbol{\Theta}_1^{\mathrm{T}}\boldsymbol{\xi}(\hat{\boldsymbol{x}})+\tilde{\boldsymbol{e}}^{\mathrm{T}}\boldsymbol{P}_2\boldsymbol{B}\tilde{\boldsymbol{\Theta}}_2^{\mathrm{T}}\boldsymbol{\Phi}(\hat{\boldsymbol{x}})\boldsymbol{u}+\tilde{\boldsymbol{e}}^{\mathrm{T}}\boldsymbol{P}_2\boldsymbol{B}\boldsymbol{u}_{\mathrm{a}}\\&+\tilde{\boldsymbol{e}}^{\mathrm{T}}\boldsymbol{P}_2\boldsymbol{B}\boldsymbol{w}+\frac{1}{\gamma_1}\dot{\boldsymbol{\Theta}}_1^{\mathrm{T}}\tilde{\boldsymbol{\Theta}}_1+\frac{1}{\gamma_2}\mathrm{tr}(\dot{\boldsymbol{\Theta}}_2^{\mathrm{T}}\tilde{\boldsymbol{\Theta}}_2)\end{aligned}\tag{9.1.23}$$

由参数的自适应律(9.1.19)和(9.1.20)，并根据 $\boldsymbol{e}^{\mathrm{T}}\boldsymbol{P}_2\boldsymbol{B}\boldsymbol{u}_{\mathrm{b}}=\boldsymbol{e}^{\mathrm{T}}\boldsymbol{P}_2\boldsymbol{B}\boldsymbol{K}_0^{\mathrm{T}}\boldsymbol{P}_1\hat{\boldsymbol{e}}=$

$\hat{e}^{\mathrm{T}}\boldsymbol{P}_1\boldsymbol{K}_0\boldsymbol{C}^{\mathrm{T}}\boldsymbol{e}$,则式(9.1.23)变成

$$\begin{aligned}\dot{V}=&\frac{1}{2}\hat{\boldsymbol{e}}^{\mathrm{T}}[(\boldsymbol{A}-\boldsymbol{B}\boldsymbol{K}_{\mathrm{c}})^{\mathrm{T}}\boldsymbol{P}_1+\boldsymbol{P}_1(\boldsymbol{A}-\boldsymbol{B}\boldsymbol{K}_{\mathrm{c}})]\hat{\boldsymbol{e}}\\&+\frac{1}{2}\tilde{\boldsymbol{e}}^{\mathrm{T}}[(\boldsymbol{A}-\boldsymbol{K}_0\boldsymbol{C}^{\mathrm{T}})^{\mathrm{T}}\boldsymbol{P}_2+\boldsymbol{P}_2(\boldsymbol{A}-\boldsymbol{K}_0\boldsymbol{C}^{\mathrm{T}})]\tilde{\boldsymbol{e}}\\&+\tilde{\boldsymbol{e}}^{\mathrm{T}}\boldsymbol{P}_2\boldsymbol{B}\boldsymbol{w}+\tilde{\boldsymbol{e}}^{\mathrm{T}}\boldsymbol{P}_2\boldsymbol{B}\boldsymbol{u}_{\mathrm{a}}\end{aligned}\tag{9.1.24}$$

把式(9.1.15)和式(9.1.16)和 $\boldsymbol{u}_{\mathrm{a}}$ 代入式(9.1.24)得

$$\begin{aligned}\dot{V}=&-\frac{1}{2}\hat{\boldsymbol{e}}^{\mathrm{T}}\boldsymbol{Q}_1\hat{\boldsymbol{e}}-\frac{1}{2}\tilde{\boldsymbol{e}}^{\mathrm{T}}\boldsymbol{Q}_2\tilde{\boldsymbol{e}}-\frac{1}{2\rho^2}\tilde{\boldsymbol{e}}^{\mathrm{T}}\boldsymbol{P}_2\boldsymbol{B}\boldsymbol{B}^{\mathrm{T}}\boldsymbol{P}_2\tilde{\boldsymbol{e}}+\tilde{\boldsymbol{e}}^{\mathrm{T}}\boldsymbol{P}_2\boldsymbol{B}\boldsymbol{w}\\\leqslant&-\frac{1}{2}\hat{\boldsymbol{e}}^{\mathrm{T}}\boldsymbol{Q}_1\hat{\boldsymbol{e}}-\frac{1}{2}\tilde{\boldsymbol{e}}^{\mathrm{T}}\boldsymbol{Q}_2\tilde{\boldsymbol{e}}+\frac{1}{2}\rho^2\boldsymbol{w}^{\mathrm{T}}\boldsymbol{w}\end{aligned}\tag{9.1.25}$$

记 $\boldsymbol{Q}=\mathrm{diag}(\boldsymbol{Q}_1,\boldsymbol{Q}_2)$,$\boldsymbol{E}^{\mathrm{T}}=[\hat{\boldsymbol{e}}^{\mathrm{T}},\tilde{\boldsymbol{e}}^{\mathrm{T}}]$,则式(9.1.25)变成

$$\dot{V}\leqslant-\frac{1}{2}\boldsymbol{E}^{\mathrm{T}}\boldsymbol{Q}\boldsymbol{E}+\frac{1}{2}\rho^2\boldsymbol{w}^{\mathrm{T}}\boldsymbol{w}\tag{9.1.26}$$

对式(9.1.26)从 $t=0$ 到 $t=\infty$ 积分得

$$\frac{1}{2}\int_0^{\infty}\boldsymbol{E}^{\mathrm{T}}\boldsymbol{Q}\boldsymbol{E}\,\mathrm{d}t\leqslant V(0)+\frac{1}{2}\rho^2\int_0^{\infty}\boldsymbol{w}^{\mathrm{T}}\boldsymbol{w}\,\mathrm{d}t\tag{9.1.27}$$

类似于定理 8.1,可以证明 $\boldsymbol{x},\hat{\boldsymbol{x}},\boldsymbol{e},\hat{\boldsymbol{e}},\boldsymbol{u}\in L_{\infty}$,$\lim\limits_{t\to\infty}\boldsymbol{e}=\lim\limits_{t\to\infty}\hat{\boldsymbol{e}}=\boldsymbol{0}$,并且跟踪误差实现 H_{∞} 性能指标(9.1.4)。

注意到模糊自适应输出反馈控制方案和定理 9.1 取决于系统(9.1.1)是否为严格正实系统,即矩阵方程(9.1.16)是否存在正定解 $\boldsymbol{P}_2$。如果系统(9.1.1)是严格正实系统,则一定存在正定解,否则可以通过系统变换把它转化变成一个严格正实系统。具体步骤如下:把误差方程变成

$$\tilde{\boldsymbol{E}}_1=H(s)[\tilde{\boldsymbol{\Theta}}_1^{\mathrm{T}}\boldsymbol{\xi}(\hat{\boldsymbol{x}})+\tilde{\boldsymbol{\Theta}}_2^{\mathrm{T}}\boldsymbol{\Phi}(\hat{\boldsymbol{x}})\boldsymbol{u}+\boldsymbol{u}_{\mathrm{a}}+\boldsymbol{u}_{\mathrm{b}}+\boldsymbol{w}]\tag{9.1.28}$$

式中,$H(s)$为传递函数

$$H(s)=\boldsymbol{C}^{\mathrm{T}}[s\boldsymbol{I}-(\boldsymbol{A}-\boldsymbol{K}_0\boldsymbol{C}^{\mathrm{T}})]^{-1}\boldsymbol{B}$$

令 $\boldsymbol{L}(s)=\mathrm{diag}[L_1(s),\cdots,L_p(s)]$是一个严格稳定的传递函数矩阵,并使得 $H(s)\boldsymbol{L}(s)$ 是一个真的严格正实传递函数矩阵,式中,$L_i(s)=s^{m_i}+b_{i1}s^{m_i-1}+\cdots+b_{m_1}\ (m_i<r_i)$。

把式(9.1.28)变成

$$\tilde{\boldsymbol{E}}_1=H(s)\boldsymbol{L}(s)\{\boldsymbol{L}^{-1}(s)[\tilde{\boldsymbol{\Theta}}_1^{\mathrm{T}}\xi(\hat{\boldsymbol{x}})+\tilde{\boldsymbol{\Theta}}_2^{\mathrm{T}}\boldsymbol{\Phi}(\hat{\boldsymbol{x}})\boldsymbol{u}+\boldsymbol{u}_{\mathrm{a}}+\boldsymbol{u}_{\mathrm{b}}+\boldsymbol{w}]\}\tag{9.1.29}$$

则式(9.1.29)的状态空间实现为

$$\begin{cases}\dot{\tilde{\boldsymbol{e}}}_{\mathrm{c}}=(\boldsymbol{A}-\boldsymbol{K}_0\boldsymbol{C}^{\mathrm{T}})\tilde{\boldsymbol{e}}_{\mathrm{c}}+\boldsymbol{B}_{\mathrm{c}}[\tilde{\boldsymbol{\Theta}}_1^{\mathrm{T}}\xi_1(\hat{\boldsymbol{x}})+\tilde{\boldsymbol{\Theta}}_2^{\mathrm{T}}\boldsymbol{\Phi}_1(\hat{\boldsymbol{x}})\boldsymbol{u}+\boldsymbol{u}_{\mathrm{a1}}+\boldsymbol{u}_{\mathrm{b1}}+\boldsymbol{w}_1]\\\hat{\boldsymbol{E}}_1=\boldsymbol{C}^{\mathrm{T}}\hat{\boldsymbol{e}}_{\mathrm{c}}\end{cases}\tag{9.1.30}$$

式中,$\boldsymbol{B}_{\mathrm{c}}=\mathrm{diag}(\boldsymbol{B}_{\mathrm{c}1},\cdots,\boldsymbol{B}_{\mathrm{c}p})$,$\boldsymbol{B}_{\mathrm{c}i}=[0,0,\cdots,b_{i1},\cdots,b_{im_i}]^{\mathrm{T}}$,$i=1,2,\cdots,p$;$[\boldsymbol{\xi}_1,\boldsymbol{\Phi}_1,\boldsymbol{u}_{\mathrm{a1}},\boldsymbol{u}_{\mathrm{b1}},\boldsymbol{w}_1]=\boldsymbol{L}^{-1}(s)[\boldsymbol{\xi},\boldsymbol{\Phi},\boldsymbol{u}_{\mathrm{a}},\boldsymbol{u}_{\mathrm{b}},\boldsymbol{w}]$。经过上述变换,系统(9.1.30)变成一个严格正实系统,矩阵方程(9.1.16)存在正定解,因此模糊自适应输出反馈控制方案可以实施,并且定理 9.1 的结论成立。

9.1.5 仿真

例 9.1 考虑多变量非线性系统

$$\begin{bmatrix}\dot{x}_1\\ \dot{x}_2\\ \dot{x}_3\end{bmatrix}=\begin{bmatrix}x_2\\ x_1+x_2^2+x_3\\ x_1+2x_2+3x_3x_1\end{bmatrix}+\begin{bmatrix}0\\ 3u_1+u_2\\ u_1+2[2+0.5\sin(x_1)]u_1\end{bmatrix}+\begin{bmatrix}0\\ 0.5\mathrm{e}^{-t}\sin(t)\\ 0.5\mathrm{e}^{-t}\sin(t)\end{bmatrix}$$

$$y_1=x_1 \tag{9.1.31}$$

$$y_2=x_3$$

把式(9.1.31)重新写成

$$\begin{bmatrix}\dot{x}_1\\ \dot{x}_2\\ \dot{x}_3\end{bmatrix}=\begin{bmatrix}0&1&0\\0&0&0\\0&0&0\end{bmatrix}\begin{bmatrix}x_1\\ x_2\\ x_3\end{bmatrix}+\begin{bmatrix}0&0\\1&0\\0&1\end{bmatrix}\left\{\begin{bmatrix}x_1+x_2^2+x_3\\ x_1+2x_2+3x_3x_1\end{bmatrix}\right.$$

$$\left.+\begin{bmatrix}0&0\\3&1\\1&4+\sin x_1\end{bmatrix}\begin{bmatrix}u_1\\ u_2\end{bmatrix}+\begin{bmatrix}0\\ 0.5\mathrm{e}^{-t}\sin(t)\\ 0.5\mathrm{e}^{-t}\sin(t)\end{bmatrix}\right\}$$

系统(9.1.1)的相对度为$[r_1\quad r_2]=[2\quad 1]$，$\boldsymbol{A}_1=\begin{bmatrix}0&1\\0&0\end{bmatrix}$，$\boldsymbol{B}_1=\begin{bmatrix}0\\1\end{bmatrix}$，$\boldsymbol{C}_1=[1\quad 0]$；$A_2=0$，$B_2=C_2=1$。

令

$$\boldsymbol{F}(\boldsymbol{x})=\begin{bmatrix}x_1+x_2^2+x_3\\ x_1+2x_2+3x_3x_1\end{bmatrix},\quad \boldsymbol{G}(\boldsymbol{x})=\begin{bmatrix}0&0\\3&1\\1&4+\sin x_1\end{bmatrix}$$

$$\boldsymbol{d}(t)=\begin{bmatrix}0\\ 0.5\mathrm{e}^{-t}\sin(t)\\ 0.5\mathrm{e}^{-t}\sin(t)\end{bmatrix}$$

选择反馈和观测器增益矩阵分别为

$$\boldsymbol{K}_\mathrm{c}=\begin{bmatrix}1&1&0\\0&0&1\end{bmatrix},\quad \boldsymbol{K}_0^\mathrm{T}=\begin{bmatrix}60&900&0\\0&0&10\end{bmatrix}$$

取$\rho=0.1$，$\lambda=51$，分别解矩阵方程(9.1.15)和(9.1.16)，得正定矩阵

$$\boldsymbol{P}_1=\begin{bmatrix}12.5&2.5&0\\2.5&3.75&0\\0&0&5\end{bmatrix},\quad \boldsymbol{P}_2=\begin{bmatrix}75&-5&0\\-5&0.46&0\\0&0&0.5\end{bmatrix}$$

给定跟踪曲线

$$y_{\mathrm{m}1}=\sin\frac{\pi}{30},\quad y_{\mathrm{m}2}=\sin\frac{\pi}{30}$$

定义模糊推理规则为

R^j：如果 x_1 是 F_1^j，x_2 是 F_2^j，x_3 是 F_3^j，x_4 是 F_4^j，则 y_i 是 C^j

选择模糊隶属函数如下：

$$\mu_{F_i^1}(x_i)=\frac{1}{1+\exp[-5(x_i+0.6)]},\quad \mu_{F_i^2}(x_i)=\exp[-0.5(x_i+0.4)^2]$$

$$\mu_{F_i^3}(x_i)=\exp[-0.5(x_i+0.2)^2],\quad \mu_{F_i^4}(x_i)=\exp(-0.5x_i^2)$$

$$\mu_{F_i^5}(x_i)=\exp[-0.5(x_i-0.2)^2],\quad \mu_{F_i^6}(x_i)=\exp[-0.5(x_i-0.4)^2]$$

$$\mu_{F_i^7}(x_i)=\frac{1}{1+\exp[-5(x_i-0.6)]},\quad i=1,2,3,4$$

模糊基函数为

$$\xi_i(\boldsymbol{x})=\frac{\mu_{F_i^j}(x_1)\mu_{F_2^j}(x_2)\mu_{F_3^j}(x_3)\mu_{F_4^j}(x_4)}{\sum_{j=1}^{7}\mu_{F_i^j}(x_1)\mu_{F_2^j}(x_2)\mu_{F_3^j}(x_3)\mu_{F_4^j}(x_4)}$$

令

$$\xi(\boldsymbol{x})=[\xi_1(\boldsymbol{x}),\xi_2(\boldsymbol{x}),\xi_3(\boldsymbol{x}),\xi_4(\boldsymbol{x}),\xi_5(\boldsymbol{x}),\xi_6(\boldsymbol{x}),\xi_7(\boldsymbol{x})]^{\mathrm{T}}$$

得到模糊逻辑系统

$$y_i(\boldsymbol{x})=\sum_{j=1}^{7}\theta_{ij}\xi_i(\boldsymbol{x})$$

应用模糊逻辑系统分别逼近未知函数 f_{i1}, g_{ij}。

选初始值取为 $x_1(0)=x_2(0)=x_3(0)=0.1$；$\hat{x}_1(0)=\hat{x}_2(0)=\hat{x}_3(0)=0.01$；$\Theta_1(0)=0$，$\Theta_2(0)=0.1I_{21\times 1}$，$\gamma_1=0.2$，$\gamma_2=10$。仿真结果如图 9-1 和图 9-2 所示。

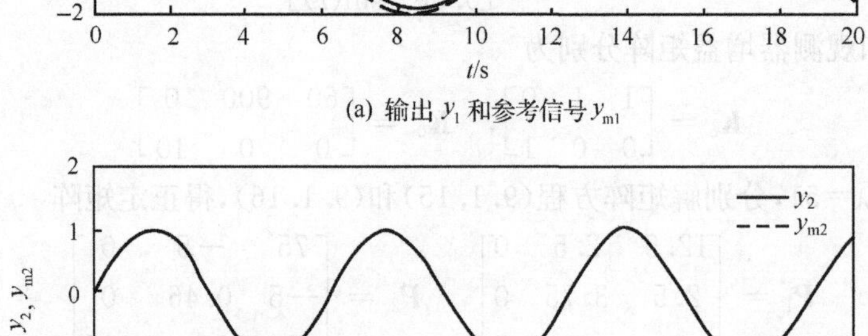

(a) 输出 y_1 和参考信号 y_{m1}

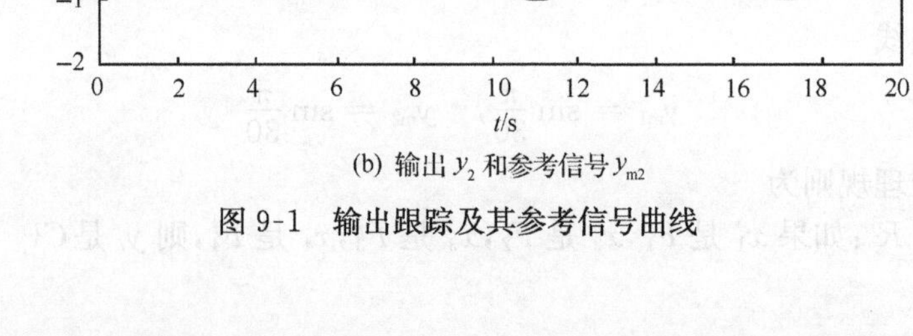

(b) 输出 y_2 和参考信号 y_{m2}

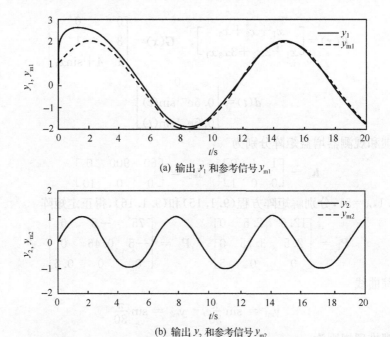

图 9-1　输出跟踪及其参考信号曲线

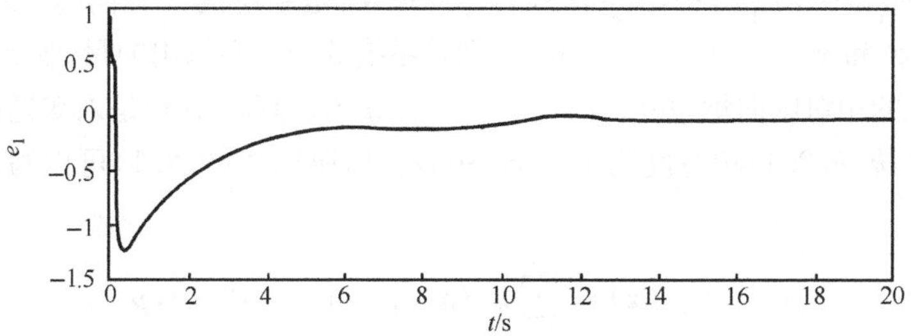

(a) e_1

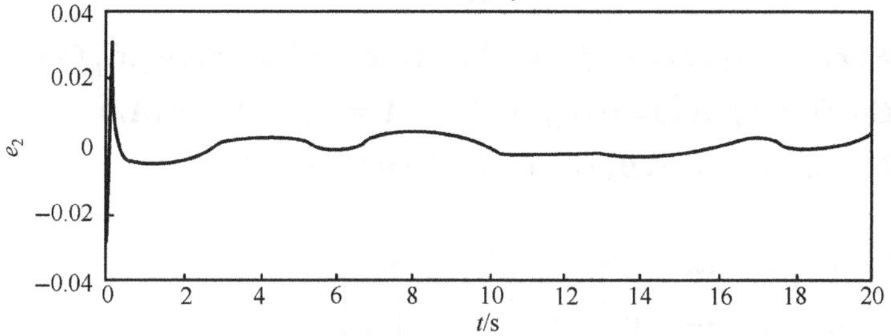

(b) e_2

图 9-2　估计误差曲线

9.2　基于状态观测器的自适应输出反馈模糊控制

本节对一类状态不可测的多变量非线性系统，设计一种状态观测器，然后基于状态观测器设计一种自适应输出反馈模糊控制，并给出了控制系统的稳定性分析。

9.2.1　被控对象模型及控制问题的描述

考虑多变量非线性系统

$$\begin{cases} \dot{x}_{r_1 1} = x_{r_1 2} \\ \vdots \\ \dot{x}_{r_1 (r_1-1)} = x_{r_1 r_1} \\ \dot{x}_{r_1 r_1} = f_1(\boldsymbol{x}) + g_{11}(\boldsymbol{x})u_1 + \cdots + g_{1p}(\boldsymbol{x})u_p \\ \vdots \\ \dot{x}_{r_p 1} = x_{r_p 2} \\ \vdots \\ \dot{x}_{r_p (r_p-1)} = x_{r_p r_p} \\ \dot{x}_{r_p r_p} = f_p(\boldsymbol{x}) + g_{p1}(\boldsymbol{x})u_1 + \cdots + g_{pp}(\boldsymbol{x})u_p \\ y_1 = x_{r_1 1} \\ \vdots \\ y_p = x_{r_p 1} \end{cases} \tag{9.2.1}$$

式中,$\boldsymbol{x}=[x_{r_1 1},\cdots,x_{r_1 r_1},\cdots,x_{r_p 1},\cdots,x_{r_p r_p}]^{\mathrm{T}}\in\mathbf{R}^n$ 是系统的状态向量;令 $\boldsymbol{u}=[u_1,\cdots,u_p]^{\mathrm{T}}\in\mathbf{R}^p$ 和 $\boldsymbol{y}=[y_1,\cdots,y_p]^{\mathrm{T}}\in\mathbf{R}^p$ 分别是系统的输入和输出向量;令 $\boldsymbol{r}=[r_1,\cdots,r_p]^{\mathrm{T}}$ 是系统的相对度向量,并假设 $r_1+\cdots+r_p=n$;$f_i(\boldsymbol{x})$和 $g_{ij}(\boldsymbol{x})$是未知光滑函数。

由于系统(9.2.1)相对度为 $\boldsymbol{r}=[r_1,\cdots,r_p]^{\mathrm{T}}$,所以式(9.2.1)可以写成如下的形式:

$$y_i^{(r_i)}=f_i(\boldsymbol{x})+\sum_{j=1}^{p}g_{ij}(\boldsymbol{x})u_j,\quad i=1,2,\cdots,p \tag{9.2.2}$$

记

$$\boldsymbol{F}(\boldsymbol{x})=[f_1(\boldsymbol{x}),\cdots,f_p(\boldsymbol{x})]^{\mathrm{T}},\quad \boldsymbol{G}(\boldsymbol{x})=[\boldsymbol{G}_1(\boldsymbol{x}),\cdots,\boldsymbol{G}_p(\boldsymbol{x})]$$
$$\boldsymbol{G}_i(\boldsymbol{x})=[g_{1i}(\boldsymbol{x}),\cdots,g_{pi}(\boldsymbol{x})]^{\mathrm{T}},\quad \boldsymbol{A}=\mathrm{diag}(\boldsymbol{A}_1,\cdots,\boldsymbol{A}_p)$$
$$\boldsymbol{B}=\mathrm{diag}(\boldsymbol{B}_1,\cdots,\boldsymbol{B}_p),\quad \boldsymbol{C}^{\mathrm{T}}=\mathrm{diag}(\boldsymbol{C}_1,\cdots,\boldsymbol{C}_p)$$

式中

$$\boldsymbol{A}_i=\begin{bmatrix}0&1&0&\cdots&0\\0&0&1&\cdots&0\\\vdots&\vdots&\vdots&&\vdots\\0&0&0&\cdots&0\end{bmatrix}_{r_i\times r_i},\quad \boldsymbol{B}_i=\begin{bmatrix}0\\0\\\vdots\\1\end{bmatrix}_{r_i\times 1},\quad \boldsymbol{C}_i^{\mathrm{T}}=[1\quad 0\quad\cdots\quad 0]_{1\times r_i}$$

则式(9.2.1)可以写成等价的形式:

$$\begin{cases}\dot{\boldsymbol{x}}=\boldsymbol{A}\boldsymbol{x}+\boldsymbol{B}[\boldsymbol{F}(\boldsymbol{x})+\boldsymbol{G}(\boldsymbol{x})\boldsymbol{u}]\\ \boldsymbol{y}=\boldsymbol{C}^{\mathrm{T}}\boldsymbol{x}\end{cases} \tag{9.2.3}$$

假设 9.4 设在一个有界闭集 $U_x\subset\mathbf{R}^n$ 上,$\boldsymbol{G}(\boldsymbol{x})$是正定矩阵,并且满足 $\boldsymbol{G}(\boldsymbol{x})\geqslant\sigma_0\boldsymbol{I}$。这里,$\sigma_0$ 是一个正的常数。

给定参考函数 $y_{\mathrm{m}1},y_{\mathrm{m}2},\cdots,y_{\mathrm{m}p}$,定义跟踪误差为 $e_i=y_i-y_{\mathrm{m}i}(i=1,2,\cdots,p)$。记

$$\boldsymbol{y}_{\mathrm{m}}=[y_{\mathrm{m}1},\cdots,y_{\mathrm{m}p}]^{\mathrm{T}},\quad \boldsymbol{y}_{\mathrm{m}}^{(r)}=[y_{\mathrm{m}1}^{(r_1)},\cdots,y_{\mathrm{m}p}^{(r_p)}]^{\mathrm{T}}$$
$$\boldsymbol{Y}_{\mathrm{m}}=[y_{\mathrm{m}1},\cdots,y_{\mathrm{m}1}^{(r_1)},\cdots,y_{\mathrm{m}p},\cdots,y_{\mathrm{m}p}^{(r_p)}]^{\mathrm{T}}$$
$$\boldsymbol{e}=\boldsymbol{Y}_{\mathrm{m}}-\boldsymbol{x}=[e_1,\cdots,e_1^{(r_1)},\cdots,e_p,\cdots,e_p^{(r_p)}]^{\mathrm{T}}$$
$$\hat{\boldsymbol{e}}=\boldsymbol{Y}_{\mathrm{m}}-\hat{\boldsymbol{x}}=[e_1,\cdots,e_1^{(r_1)},\cdots,e_p,\cdots,e_p^{(r_p)}]^{\mathrm{T}}$$

控制任务 (基于模糊逻辑系统)在系统状态不完全可测的情况下,设计基于状态观测器的模糊控制器及其参数向量的自适应律,使得闭环系统中所涉及的变量有界,且跟踪误差 e_i 尽可能小。

9.2.2 输出反馈模糊控制器的设计

首先设 $\hat{\boldsymbol{F}}(\boldsymbol{x}|\boldsymbol{\Theta}_1)$和 $\hat{\boldsymbol{G}}(\hat{\boldsymbol{x}}|\boldsymbol{\Theta}_2)$的表示式为式(9.1.5)和式(9.1.6),即

$$\hat{\boldsymbol{F}}(\boldsymbol{x}\mid\boldsymbol{\Theta}_1)=\boldsymbol{\Theta}_1^{\mathrm{T}}\boldsymbol{\xi}(\boldsymbol{x}),\quad \hat{\boldsymbol{G}}(\boldsymbol{x}\mid\boldsymbol{\Theta}_2)=\boldsymbol{\Theta}_2^{\mathrm{T}}\boldsymbol{\Phi}(\boldsymbol{x})$$

设计状态观测器为

$$\begin{cases} \dot{\hat{\boldsymbol{x}}} = \boldsymbol{A}\hat{\boldsymbol{x}} + \boldsymbol{B}[\hat{\boldsymbol{F}}(\hat{\boldsymbol{x}} \mid \boldsymbol{\Theta}_1) + \hat{\boldsymbol{G}}(\hat{\boldsymbol{x}} \mid \boldsymbol{\Theta}_2)\boldsymbol{u} - \boldsymbol{u}_{\mathrm{a}} - \boldsymbol{u}_{\mathrm{s}}] \\ \qquad + \boldsymbol{K}_0(\boldsymbol{y} - \boldsymbol{C}^{\mathrm{T}}\hat{\boldsymbol{x}}) \\ \hat{\boldsymbol{y}} = \boldsymbol{C}^{\mathrm{T}}\hat{\boldsymbol{x}} \end{cases} \tag{9.2.4}$$

式中，$\boldsymbol{K}_0$ 是一个观测增益矩阵，选取 $\boldsymbol{K}_0$ 使得矩阵 $\boldsymbol{A}-\boldsymbol{K}_0\boldsymbol{C}^{\mathrm{T}}$ 稳定；$\boldsymbol{u}_{\mathrm{a}}$ 和 $\boldsymbol{u}_{\mathrm{s}}$ 是辅助补偿项，它们的表示式在后面给出。

设观测误差为 $\boldsymbol{e}=\boldsymbol{x}-\hat{\boldsymbol{x}}$，$\tilde{\boldsymbol{y}}=\boldsymbol{y}-\hat{\boldsymbol{y}}$，则由式(9.2.3)和式(9.2.4)得

$$\begin{cases} \dot{\boldsymbol{e}} = (\boldsymbol{A} - \boldsymbol{K}_0\boldsymbol{C}^{\mathrm{T}})\boldsymbol{e} + \boldsymbol{B}\{[\boldsymbol{F}(\boldsymbol{x}) - \boldsymbol{F}(\hat{\boldsymbol{x}} \mid \boldsymbol{\Theta}_1)] \\ \qquad + [\boldsymbol{G}(\boldsymbol{x}) - \hat{\boldsymbol{G}}(\hat{\boldsymbol{x}} \mid \boldsymbol{\Theta}_2)]\boldsymbol{u} + \boldsymbol{u}_{\mathrm{a}} + \boldsymbol{u}_{\mathrm{s}}\} \\ \tilde{\boldsymbol{y}} = \boldsymbol{C}^{\mathrm{T}}\boldsymbol{e} \end{cases} \tag{9.2.5}$$

定义参数向量 $\boldsymbol{\Theta}_1$ 和 $\boldsymbol{\Theta}_2$ 的最优参数估计为 $\boldsymbol{\Theta}_1^*$ 和 $\boldsymbol{\Theta}_2^*$：

$$\boldsymbol{\Theta}_1^* = \arg\min_{\boldsymbol{\Theta}_1 \in \Omega_1}\left[\sup_{x \in U_1, \hat{x} \in U_1} \| \hat{\boldsymbol{F}}(\hat{\boldsymbol{x}} \mid \boldsymbol{\Theta}_1) - \boldsymbol{F}(\boldsymbol{x}) \|\right] \tag{9.2.6}$$

$$\boldsymbol{\Theta}_2^* = \arg\min_{\boldsymbol{\Theta}_2 \in \Omega_2}\left[\sup_{x \in U_1, \hat{x} \in U_2} \| \hat{\boldsymbol{G}}(\hat{\boldsymbol{x}} \mid \boldsymbol{\Theta}_2) - \boldsymbol{G}(\boldsymbol{x}) \|\right] \tag{9.2.7}$$

式中

$$U_1 = \{\boldsymbol{x} \in \mathbf{R}^n : \|\boldsymbol{x}\| \leqslant M_1 < \infty\}, \quad U_2 = \{\hat{\boldsymbol{x}} \in \mathbf{R}^n : \|\hat{\boldsymbol{x}}\| \leqslant M_2 < \infty\}$$

$$\Omega_1 = \{\boldsymbol{\Theta}_1 \mid \|\boldsymbol{\Theta}_1\| \leqslant M_3\}, \quad \Omega_2 = \{\boldsymbol{\Theta}_2 \mid \|\boldsymbol{\Theta}_2\| \leqslant M_4\}$$

定义模糊最小逼近误差分别为

$$\boldsymbol{w} = [\boldsymbol{F}(\boldsymbol{x}) - \hat{\boldsymbol{F}}(\hat{\boldsymbol{x}} \mid \boldsymbol{\Theta}_1^*)] + [\boldsymbol{G}(\boldsymbol{x}) - \hat{\boldsymbol{G}}(\hat{\boldsymbol{x}} \mid \boldsymbol{\Theta}_2^*)]\boldsymbol{u} \tag{9.2.8}$$

根据式(9.2.8)，式(9.2.5)可以改写成

$$\begin{aligned} \dot{\boldsymbol{e}} &= (\boldsymbol{A} - \boldsymbol{K}_0\boldsymbol{C}^{\mathrm{T}})\boldsymbol{e} + \boldsymbol{B}\{\hat{\boldsymbol{F}}(\hat{\boldsymbol{x}} \mid \boldsymbol{\Theta}_1^*) - \hat{\boldsymbol{F}}(\hat{\boldsymbol{x}} \mid \boldsymbol{\Theta}_1) + [\hat{\boldsymbol{G}}(\hat{\boldsymbol{x}} \mid \boldsymbol{\Theta}_2^*) - \hat{\boldsymbol{G}}(\hat{\boldsymbol{x}} \mid \boldsymbol{\Theta}_2)]\boldsymbol{u}\} \\ &\quad + \boldsymbol{B}\{\boldsymbol{F}(\boldsymbol{x}) - \hat{\boldsymbol{F}}(\hat{\boldsymbol{x}} \mid \boldsymbol{\Theta}_1^*) + [\boldsymbol{G}(\boldsymbol{x}) - \hat{\boldsymbol{G}}(\hat{\boldsymbol{x}} \mid \boldsymbol{\Theta}_2^*)]\boldsymbol{u}\} \\ &= (\boldsymbol{A} - \boldsymbol{K}_0\boldsymbol{C}^{\mathrm{T}})\boldsymbol{e} + \boldsymbol{B}[\tilde{\boldsymbol{\Theta}}_1^{\mathrm{T}}\xi(\hat{\boldsymbol{x}}) + \tilde{\boldsymbol{\Theta}}_2^{\mathrm{T}}\boldsymbol{\Phi}(\hat{\boldsymbol{x}})\boldsymbol{u}] + \boldsymbol{B}(\boldsymbol{u}_{\mathrm{a}} + \boldsymbol{u}_{\mathrm{s}}) + \boldsymbol{B}\boldsymbol{w} \end{aligned} \tag{9.2.9}$$

式中，$\tilde{\boldsymbol{\Theta}}_1=\boldsymbol{\Theta}_1^*-\boldsymbol{\Theta}_1$，$\tilde{\boldsymbol{\Theta}}_2=\boldsymbol{\Theta}_2^*-\boldsymbol{\Theta}_2$。

假设 9.5　对于给定半正定矩阵 $\boldsymbol{Q}_1$ 和 $\boldsymbol{Q}_2$，存在正定矩阵 $\boldsymbol{P}_1$ 和 $\boldsymbol{P}_2$，分别满足下面的矩阵方程

$$(\boldsymbol{A} - \boldsymbol{B}\boldsymbol{K}_{\mathrm{c}}^{\mathrm{T}})^{\mathrm{T}}\boldsymbol{P}_1 + \boldsymbol{P}_1(\boldsymbol{A} - \boldsymbol{B}\boldsymbol{K}_{\mathrm{c}}^{\mathrm{T}}) = -\boldsymbol{Q}_1 \tag{9.2.10}$$

$$\begin{cases} (\boldsymbol{A} - \boldsymbol{K}_0\boldsymbol{C}^{\mathrm{T}})^{\mathrm{T}}\boldsymbol{P}_2 + \boldsymbol{P}_2(\boldsymbol{A} - \boldsymbol{K}_0\boldsymbol{C}^{\mathrm{T}}) = -\boldsymbol{Q}_2 \\ \boldsymbol{P}_2\boldsymbol{B} = \boldsymbol{C} \end{cases} \tag{9.2.11}$$

假设 9.6　模糊最小逼近误差有界，即 $\|\boldsymbol{w}\| \leqslant M$。

设计整个模糊控制为

$$\boldsymbol{u} = \hat{\boldsymbol{G}}(\hat{\boldsymbol{x}} \mid \boldsymbol{\Theta}_2)^{-1}[-\hat{\boldsymbol{F}}(\hat{\boldsymbol{x}} \mid \boldsymbol{\Theta}_1) + \boldsymbol{y}_{\mathrm{m}}^{(r)} + \boldsymbol{K}_{\mathrm{c}}^{\mathrm{T}}\hat{\boldsymbol{e}} + \boldsymbol{u}_{\mathrm{a}} + \boldsymbol{u}_{\mathrm{s}}] \tag{9.2.12}$$

$$\boldsymbol{u}_{\mathrm{a}} = \boldsymbol{K}_0^{\mathrm{T}}\boldsymbol{P}_1\hat{\boldsymbol{e}} \tag{9.2.13}$$

$$\boldsymbol{u}_{\mathrm{s}} = -k\,\mathrm{sgn}(\boldsymbol{e}^{\mathrm{T}}\boldsymbol{P}_2\boldsymbol{B}), \quad k \geqslant M \tag{9.2.14}$$

式中，$\mathrm{sgn}(\boldsymbol{e}^{\mathrm{T}}\boldsymbol{P}_2\boldsymbol{B})=\{\mathrm{sgn}[(\boldsymbol{e}^{\mathrm{T}}\boldsymbol{P}_2\boldsymbol{B})_1],\cdots,\mathrm{sgn}[(\boldsymbol{e}^{\mathrm{T}}\boldsymbol{P}_2\boldsymbol{B})_p]\}^{\mathrm{T}}$；$(\boldsymbol{e}^{\mathrm{T}}\boldsymbol{P}_2\boldsymbol{B})_i$ 表示矩阵的第 i 列。

参数向量的自适应律为

$$\dot{\boldsymbol{\Theta}}_1 = -\gamma_1 \boldsymbol{\xi}(\hat{\boldsymbol{x}}) \boldsymbol{B}^{\mathrm{T}} \boldsymbol{P}_2 \boldsymbol{e} = -\gamma_1 \boldsymbol{\xi}(\hat{\boldsymbol{x}}) \tilde{\boldsymbol{y}} \tag{9.2.15}$$

$$\dot{\boldsymbol{\Theta}}_2 = -\gamma_2 \boldsymbol{\Phi}(\hat{\boldsymbol{x}}) \boldsymbol{B}^{\mathrm{T}} \boldsymbol{P}_2 \boldsymbol{e} u = -\gamma_2 \boldsymbol{\Phi}(\hat{\boldsymbol{x}}) \tilde{\boldsymbol{y}} \boldsymbol{u} \tag{9.2.16}$$

式中,$\gamma_1>0,\gamma_2>0$。

把式(9.2.12)代入式(9.2.4)得

$$\begin{aligned} \dot{\hat{\boldsymbol{x}}} &= \boldsymbol{A}\hat{\boldsymbol{x}} + \boldsymbol{B}\boldsymbol{K}_0^{\mathrm{T}}\hat{\boldsymbol{e}} + \boldsymbol{B}\boldsymbol{y}_{\mathrm{m}}^{(r)} + \boldsymbol{K}_0\boldsymbol{C}^{\mathrm{T}}\boldsymbol{e} \\ &= \boldsymbol{A}(\boldsymbol{Y}_{\mathrm{m}} - \hat{\boldsymbol{e}}) + \boldsymbol{B}\boldsymbol{K}_0^{\mathrm{T}}\hat{\boldsymbol{e}} + \boldsymbol{B}\boldsymbol{y}_{\mathrm{m}}^{(r)} + \boldsymbol{K}_0\boldsymbol{C}^{\mathrm{T}}\boldsymbol{e} \\ &= (\boldsymbol{B}\boldsymbol{K}_0^{\mathrm{T}} - \boldsymbol{A})\hat{\boldsymbol{e}} + \boldsymbol{K}_0\boldsymbol{C}^{\mathrm{T}}\boldsymbol{e} + \boldsymbol{A}\boldsymbol{Y}_{\mathrm{m}} + \boldsymbol{B}\boldsymbol{y}_{\mathrm{m}}^{(r)} \end{aligned} \tag{9.2.17}$$

由于 $\dot{\hat{\boldsymbol{x}}} - \boldsymbol{A}\boldsymbol{Y}_{\mathrm{m}} - \boldsymbol{B}\boldsymbol{y}_{\mathrm{m}}^{(r)} = -\dot{\hat{\boldsymbol{e}}}$,所以有

$$\dot{\hat{\boldsymbol{e}}} = (\boldsymbol{A} - \boldsymbol{B}\boldsymbol{K}_{\mathrm{c}})\hat{\boldsymbol{e}} - \boldsymbol{K}_0\boldsymbol{C}^{\mathrm{T}}\boldsymbol{e} \tag{9.2.18}$$

这种自适应模糊控制策略的设计步骤如下:

步骤 1 离线预处理。

(1) 确定出反馈和观测器增益矩阵 $\boldsymbol{K}_{\mathrm{c}}$ 和 $\boldsymbol{K}_0$,使得矩阵 $\boldsymbol{A}-\boldsymbol{B}\boldsymbol{K}_{\mathrm{c}}^{\mathrm{T}}$ 和 $\boldsymbol{A}-\boldsymbol{K}_0\boldsymbol{C}^{\mathrm{T}}$ 稳定。

(2) 根据实际问题,确定出设计参数 M_i,$i=1,2,3,4$。

步骤 2 构造模糊控制器。

(1) 建立模糊规则基:它是由下面的 N 条模糊推理规则构成

R^i:如果 x_1 是 F_1^i,x_2 是 F_2^i,…,x_n 是 F_n^i,则 u_{c} 是 B_i,$i=1,2,\cdots,N$

(2) 构造模糊基函数

$$\xi_i(x_1,\cdots,x_n) = \frac{\prod_{j=1}^{n} \mu_{F_j^i}(x_j)}{\sum_{i=1}^{N}\left[\prod_{j=1}^{n} \mu_{F_j^i}(x_j)\right]}$$

(3) 构造模糊逻辑系统 $\hat{f}_i(\hat{\boldsymbol{x}}|\boldsymbol{\theta}_i)=\boldsymbol{\theta}_i^{\mathrm{T}}\boldsymbol{\xi}(\hat{\boldsymbol{x}})$,$\hat{g}_{ij}(\hat{\boldsymbol{x}}|\boldsymbol{\theta}_{ij})=\boldsymbol{\theta}_{ij}^{\mathrm{T}}\boldsymbol{\xi}(\hat{\boldsymbol{x}})$,于是有

$$\hat{\boldsymbol{F}}(\hat{\boldsymbol{x}} \mid \boldsymbol{\Theta}_1) = \boldsymbol{\Theta}_1^{\mathrm{T}}\boldsymbol{\xi}(\hat{\boldsymbol{x}}), \quad \hat{\boldsymbol{G}}(\hat{\boldsymbol{x}} \mid \boldsymbol{\Theta}_2) = \boldsymbol{\Theta}_2^{\mathrm{T}}\boldsymbol{\Phi}(\hat{\boldsymbol{x}})$$

步骤 3 在线自适应调节。

(1) 将输出反馈控制(9.2.12)作用于控制对象(9.1.1),式中,$\boldsymbol{u}_{\mathrm{a}}$ 取为式(9.2.13),$\boldsymbol{u}_{\mathrm{s}}$ 取为式(9.2.14)。

(2) 用式(9.2.15)和式(9.2.16)自适应调节参数向量 $\boldsymbol{\Theta}_1$,$\boldsymbol{\Theta}_2$。

9.2.3 稳定性与收敛性分析

下面的定理给出了这种基于观测器自适应模糊控制所具有的性质。

定理 9.2 对于由式(9.2.1)给出的控制对象,采用控制器为式(9.2.12),$\boldsymbol{u}_{\mathrm{a}}$ 取为式(9.2.13),$\boldsymbol{u}_{\mathrm{s}}$ 取为式(9.2.14);参数向量的自适应律为式(9.2.15)和式(9.2.16)。如果假设 9.4~假设 9.6 成立且 $\hat{\boldsymbol{G}}(\hat{\boldsymbol{x}}|\boldsymbol{\Theta}_2)^{-1}$ 存在,则总体自适应模糊控制方案保证整个闭环系统稳定,即 $\boldsymbol{x},\hat{\boldsymbol{x}},\boldsymbol{e},\hat{\boldsymbol{e}},\boldsymbol{u}\in L_\infty$,而且 $\lim\limits_{t\to\infty}\boldsymbol{e}=\lim\limits_{t\to\infty}\hat{\boldsymbol{e}}=\boldsymbol{0}$。

证明　选取 Lyapunov 函数为

$$V=\frac{1}{2}\hat{\boldsymbol{e}}^{\mathrm{T}}\boldsymbol{P}_1\hat{\boldsymbol{e}}+\frac{1}{2}\boldsymbol{e}^{\mathrm{T}}\boldsymbol{P}_2\boldsymbol{e}+\frac{1}{2\gamma_1}\tilde{\boldsymbol{\Theta}}_1^{\mathrm{T}}\tilde{\boldsymbol{\Theta}}_1+\frac{1}{2\gamma_2}\mathrm{tr}(\tilde{\boldsymbol{\Theta}}_2^{\mathrm{T}}\tilde{\boldsymbol{\Theta}}_2) \tag{9.2.19}$$

求 V 对时间的导数

$$\begin{aligned}\dot{V}=&\frac{1}{2}\dot{\hat{\boldsymbol{e}}}^{\mathrm{T}}\boldsymbol{P}_1\hat{\boldsymbol{e}}+\frac{1}{2}\hat{\boldsymbol{e}}^{\mathrm{T}}\boldsymbol{P}_1\dot{\hat{\boldsymbol{e}}}+\frac{1}{2}\dot{\boldsymbol{e}}^{\mathrm{T}}\boldsymbol{P}_2\boldsymbol{e}+\frac{1}{2}\boldsymbol{e}^{\mathrm{T}}\boldsymbol{P}_2\dot{\boldsymbol{e}}\\&+\frac{1}{\gamma_1}\tilde{\boldsymbol{\Theta}}_1^{\mathrm{T}}\dot{\tilde{\boldsymbol{\Theta}}}_1+\frac{1}{\gamma_2}\mathrm{tr}(\tilde{\boldsymbol{\Theta}}_2^{\mathrm{T}}\dot{\tilde{\boldsymbol{\Theta}}}_2)\end{aligned} \tag{9.2.20}$$

把式(9.2.18)和式(9.2.19)代入式(9.2.20)得

$$\begin{aligned}\dot{V}=&\frac{1}{2}\hat{\boldsymbol{e}}^{\mathrm{T}}[(\boldsymbol{A}-\boldsymbol{B}\boldsymbol{K}_{\mathrm{c}})^{\mathrm{T}}P_1+P_1(\boldsymbol{A}-\boldsymbol{B}\boldsymbol{K}_{\mathrm{c}})]\hat{\boldsymbol{e}}-\hat{\boldsymbol{e}}^{\mathrm{T}}\boldsymbol{P}_1\boldsymbol{K}_0\boldsymbol{C}^{\mathrm{T}}\tilde{\boldsymbol{e}}\\&+\boldsymbol{e}^{\mathrm{T}}\boldsymbol{P}_2\boldsymbol{B}\boldsymbol{u}_{\mathrm{b}}+\frac{1}{2}\tilde{\boldsymbol{e}}^{\mathrm{T}}[(\boldsymbol{A}-\boldsymbol{K}_0\boldsymbol{C}^{\mathrm{T}})^{\mathrm{T}}\boldsymbol{P}_2+\boldsymbol{P}_2(\boldsymbol{A}-\boldsymbol{K}_0\boldsymbol{C}^{\mathrm{T}})]\boldsymbol{e}\\&+\boldsymbol{e}^{\mathrm{T}}\boldsymbol{P}_2\boldsymbol{B}\boldsymbol{\Theta}_1^{\mathrm{T}}\boldsymbol{\xi}(\hat{\boldsymbol{x}})+\boldsymbol{e}^{\mathrm{T}}\boldsymbol{P}_2\boldsymbol{B}\tilde{\boldsymbol{\Theta}}_2^{\mathrm{T}}\Phi(\hat{\boldsymbol{x}})\boldsymbol{u}+\boldsymbol{e}^{\mathrm{T}}\boldsymbol{P}_2\boldsymbol{B}\boldsymbol{u}_{\mathrm{b}}\\&+\boldsymbol{e}^{\mathrm{T}}\boldsymbol{P}_2\boldsymbol{B}\boldsymbol{w}+\frac{1}{\gamma_1}\dot{\boldsymbol{\Theta}}_1^{\mathrm{T}}\tilde{\boldsymbol{\Theta}}_1+\frac{1}{\gamma_2}\mathrm{tr}(\dot{\boldsymbol{\Theta}}_2^{\mathrm{T}}\tilde{\boldsymbol{\Theta}}_2)\end{aligned} \tag{9.2.21}$$

由参数的自适应律(9.2.15)和(9.2.16)，并根据 $\boldsymbol{e}^{\mathrm{T}}\boldsymbol{P}_2\boldsymbol{B}\boldsymbol{u}_{\mathrm{a}}=\boldsymbol{e}^{\mathrm{T}}\boldsymbol{P}_2\boldsymbol{B}\boldsymbol{K}_0^{\mathrm{T}}\boldsymbol{P}_1\hat{\boldsymbol{e}}=\hat{\boldsymbol{e}}^{\mathrm{T}}\boldsymbol{P}_1\boldsymbol{K}_0\boldsymbol{C}^{\mathrm{T}}\boldsymbol{e}$，则式(9.2.21)变成

$$\begin{aligned}\dot{V}=&\frac{1}{2}\hat{\boldsymbol{e}}^{\mathrm{T}}[(\boldsymbol{A}-\boldsymbol{B}\boldsymbol{K}_{\mathrm{c}})^{\mathrm{T}}\boldsymbol{P}_1+\boldsymbol{P}_1(\boldsymbol{A}-\boldsymbol{B}\boldsymbol{K}_{\mathrm{c}})]\hat{\boldsymbol{e}}\\&+\frac{1}{2}\boldsymbol{e}^{\mathrm{T}}[(\boldsymbol{A}-\boldsymbol{K}_0\boldsymbol{C}^{\mathrm{T}})^{\mathrm{T}}\boldsymbol{P}_2+\boldsymbol{P}_2(\boldsymbol{A}-\boldsymbol{K}_0\boldsymbol{C}^{\mathrm{T}})]\boldsymbol{e}\\&+\boldsymbol{e}^{\mathrm{T}}\boldsymbol{P}_2\boldsymbol{B}\boldsymbol{w}+\boldsymbol{e}^{\mathrm{T}}\boldsymbol{P}_2\boldsymbol{B}\boldsymbol{u}_{\mathrm{s}}\end{aligned} \tag{9.2.22}$$

把式(9.2.14)代入式(9.2.22)得

$$\begin{aligned}\dot{V}=&-\frac{1}{2}\hat{\boldsymbol{e}}^{\mathrm{T}}\boldsymbol{Q}_1\hat{\boldsymbol{e}}-\frac{1}{2}\boldsymbol{e}^{\mathrm{T}}\boldsymbol{Q}_2\boldsymbol{e}+\boldsymbol{e}^{\mathrm{T}}\boldsymbol{P}_2\boldsymbol{B}\boldsymbol{w}-k\boldsymbol{e}^{\mathrm{T}}\boldsymbol{P}_2\boldsymbol{B}\mathrm{sgn}(\boldsymbol{e}^{\mathrm{T}}\boldsymbol{P}_2\boldsymbol{B})\\ \leqslant&-\frac{1}{2}\hat{\boldsymbol{e}}^{\mathrm{T}}\boldsymbol{Q}_1\hat{\boldsymbol{e}}-\frac{1}{2}\boldsymbol{e}^{\mathrm{T}}\boldsymbol{Q}_2\boldsymbol{e}+(\|\boldsymbol{w}\|-k)\sum_{i=1}^{m}|(\boldsymbol{e}^{\mathrm{T}}\boldsymbol{P}_2\boldsymbol{B})_i|\\ \leqslant&-\frac{1}{2}\hat{\boldsymbol{e}}^{\mathrm{T}}\boldsymbol{Q}_1\hat{\boldsymbol{e}}-\frac{1}{2}\boldsymbol{e}^{\mathrm{T}}\boldsymbol{Q}_2\boldsymbol{e}+(M-k)\sum_{i=1}^{m}|(\boldsymbol{e}^{\mathrm{T}}\boldsymbol{P}_2\boldsymbol{B})_i|\end{aligned} \tag{9.2.23}$$

记 $\boldsymbol{Q}=\mathrm{diag}(\boldsymbol{Q}_1,\boldsymbol{Q}_2)$，$\boldsymbol{E}^{\mathrm{T}}=[\hat{\boldsymbol{e}}^{\mathrm{T}},\tilde{\boldsymbol{e}}^{\mathrm{T}}]$，则式(9.2.23)变成

$$\dot{V}\leqslant-\frac{1}{2}\boldsymbol{E}^{\mathrm{T}}\boldsymbol{Q}\boldsymbol{E} \tag{9.2.24}$$

因此，可以证明 $\boldsymbol{x},\hat{\boldsymbol{x}},\boldsymbol{e},\hat{\boldsymbol{e}},\boldsymbol{u}\in L_\infty$，并且 $\lim\limits_{t\to\infty}\boldsymbol{e}=\lim\limits_{t\to\infty}\hat{\boldsymbol{e}}=\boldsymbol{0}$。

注意到输出反馈控制(9.2.12)和定理 9.2 成立的条件是 $\hat{\boldsymbol{G}}^{-1}(\hat{\boldsymbol{x}}|\boldsymbol{\Theta}_2)$ 存在，如果在某些工作点处 $\hat{\boldsymbol{G}}^{-1}(\hat{\boldsymbol{x}}|\boldsymbol{\Theta}_2)$ 不存在，比如 $\hat{\boldsymbol{G}}(\hat{\boldsymbol{x}}|\boldsymbol{\Theta}_2)$ 半正定时，则输出反馈控制(9.2.12)不能实施。为了克服这一缺陷，把输出反馈控制(9.2.12)～(9.2.14)改进成为

$$\boldsymbol{u}=\boldsymbol{u}_{\mathrm{c}}+\boldsymbol{u}_{\mathrm{r}} \tag{9.2.25}$$

式中

$$\boldsymbol{u}_{\mathrm{c}}=\hat{\boldsymbol{G}}(\hat{\boldsymbol{x}}\mid\boldsymbol{\Theta}_2)+[-\hat{\boldsymbol{F}}(\hat{\boldsymbol{x}}\mid\boldsymbol{\Theta}_1)+\boldsymbol{y}_{\mathrm{m}}^{(r)}+\boldsymbol{K}_{\mathrm{c}}^{\mathrm{T}}\hat{\boldsymbol{e}}+\boldsymbol{u}_{\mathrm{a}}+\boldsymbol{u}_{\mathrm{s}}]+\boldsymbol{u}_{\mathrm{r}} \tag{9.2.26}$$

$$\boldsymbol{u}_{\mathrm{a}}=\boldsymbol{K}_0^{\mathrm{T}}\boldsymbol{P}_1\hat{\boldsymbol{e}} \tag{9.2.27}$$

$$\boldsymbol{u}_{\mathrm{s}}=-k\operatorname{sgn}(\boldsymbol{e}^{\mathrm{T}}\boldsymbol{P}_2\boldsymbol{B}),\quad k\geqslant M \tag{9.2.28}$$

$$\boldsymbol{u}_{\mathrm{r}}=\frac{(\hat{\boldsymbol{e}}^{\mathrm{T}}\boldsymbol{P}_1\boldsymbol{B})^{\mathrm{T}}\mid\hat{\boldsymbol{e}}^{\mathrm{T}}\boldsymbol{P}_1\boldsymbol{B}\mid\mid\boldsymbol{u}_0\mid}{\boldsymbol{\sigma}_0\mid\hat{\boldsymbol{e}}^{\mathrm{T}}\boldsymbol{P}_1\boldsymbol{B}\mid^2+\delta} \tag{9.2.29}$$

$$\dot{\delta}=\frac{\mid\hat{\boldsymbol{e}}^{\mathrm{T}}\boldsymbol{P}_1\boldsymbol{B}\mid\mid\boldsymbol{u}_0\mid}{\sigma_0\mid\hat{\boldsymbol{e}}^{\mathrm{T}}\boldsymbol{P}_1\boldsymbol{B}\mid^2+\delta} \tag{9.2.30}$$

这里$\hat{\boldsymbol{G}}(\hat{\boldsymbol{x}}|\boldsymbol{\Theta}_2)^{+}$是矩阵$\hat{\boldsymbol{G}}(\hat{\boldsymbol{x}}|\boldsymbol{\Theta}_2)$的广义逆,具体定义为

$$\hat{\boldsymbol{G}}(\hat{\boldsymbol{x}}\mid\boldsymbol{\Theta}_2)^{+}=\hat{\boldsymbol{G}}^{\mathrm{T}}(\hat{\boldsymbol{x}}\mid\boldsymbol{\Theta}_2)[\varepsilon_0\boldsymbol{I}+\hat{\boldsymbol{G}}(\hat{\boldsymbol{x}}\mid\boldsymbol{\Theta}_2)\hat{\boldsymbol{G}}^{\mathrm{T}}(\hat{\boldsymbol{x}}\mid\boldsymbol{\Theta}_2)]^{-1} \tag{9.2.31}$$

式中,$\varepsilon_0>0$。

记

$$\begin{aligned}\boldsymbol{u}_0=\varepsilon_0&[\varepsilon_0\boldsymbol{I}+\hat{\boldsymbol{G}}(\hat{\boldsymbol{x}}\mid\boldsymbol{\Theta}_2)\hat{\boldsymbol{G}}^{\mathrm{T}}(\hat{\boldsymbol{x}}\mid\boldsymbol{\Theta}_2)]^{-1}\\&\cdot[-\hat{\boldsymbol{F}}(\hat{\boldsymbol{x}}\mid\boldsymbol{\Theta}_1)+\boldsymbol{y}_{\mathrm{m}}^{(r)}+\boldsymbol{K}_{\mathrm{c}}^{\mathrm{T}}\hat{\boldsymbol{e}}+\boldsymbol{u}_{\mathrm{a}}+\boldsymbol{u}_{\mathrm{s}}]\end{aligned} \tag{9.2.32}$$

由于

$$\begin{aligned}&\hat{\boldsymbol{G}}(\hat{\boldsymbol{x}}\mid\boldsymbol{\Theta}_2)\hat{\boldsymbol{G}}^{\mathrm{T}}(\hat{\boldsymbol{x}}\mid\boldsymbol{\Theta}_2)[\boldsymbol{\varepsilon}_0\boldsymbol{I}+\hat{\boldsymbol{G}}(\hat{\boldsymbol{x}}\mid\boldsymbol{\Theta}_2)\hat{\boldsymbol{G}}^{\mathrm{T}}(\hat{\boldsymbol{x}}\mid\boldsymbol{\Theta}_2)]^{-1}\\&=\boldsymbol{I}-\varepsilon_0[\varepsilon_0\boldsymbol{I}+\hat{\boldsymbol{G}}(\hat{\boldsymbol{x}}\mid\boldsymbol{\Theta}_2)\hat{\boldsymbol{G}}^{\mathrm{T}}(\hat{\boldsymbol{x}}\mid\boldsymbol{\Theta}_2)]^{-1}\end{aligned} \tag{9.2.33}$$

所以把式(9.2.25)代入式(9.2.4)得

$$\begin{aligned}\dot{\hat{\boldsymbol{x}}}&=\boldsymbol{A}\hat{\boldsymbol{x}}+\boldsymbol{B}\boldsymbol{K}_0^{\mathrm{T}}\hat{\boldsymbol{e}}+\boldsymbol{B}\boldsymbol{y}_{\mathrm{m}}^{(r)}+\boldsymbol{K}_0\boldsymbol{C}^{\mathrm{T}}\boldsymbol{e}+\boldsymbol{B}\hat{\boldsymbol{G}}(\hat{\boldsymbol{x}}\mid\boldsymbol{\Theta}_2)\boldsymbol{u}_{\mathrm{r}}+\boldsymbol{B}\boldsymbol{u}_0\\&=\boldsymbol{A}(\boldsymbol{Y}_{\mathrm{m}}-\hat{\boldsymbol{e}})+\boldsymbol{B}\boldsymbol{K}_0^{\mathrm{T}}\hat{\boldsymbol{e}}+\boldsymbol{B}\boldsymbol{y}_{\mathrm{m}}^{(r)}+\boldsymbol{K}_0\boldsymbol{C}^{\mathrm{T}}\boldsymbol{e}+\boldsymbol{B}\hat{\boldsymbol{G}}(\hat{\boldsymbol{x}}\mid\boldsymbol{\Theta}_2)\boldsymbol{u}_{\mathrm{r}}+\boldsymbol{B}\boldsymbol{u}_0\\&=(\boldsymbol{B}\boldsymbol{K}_0^{\mathrm{T}}-\boldsymbol{A})\hat{\boldsymbol{e}}+\boldsymbol{K}_0\boldsymbol{C}^{\mathrm{T}}\boldsymbol{e}+\boldsymbol{A}\boldsymbol{Y}_{\mathrm{m}}+\boldsymbol{B}\boldsymbol{y}_{\mathrm{m}}^{(r)}+\boldsymbol{B}\hat{\boldsymbol{G}}(\hat{\boldsymbol{x}}\mid\boldsymbol{\Theta}_2)\boldsymbol{u}_{\mathrm{r}}+\boldsymbol{B}\boldsymbol{u}_0\end{aligned} \tag{9.2.34}$$

由于$\dot{\hat{\boldsymbol{x}}}-\boldsymbol{A}\boldsymbol{Y}_{\mathrm{m}}-\boldsymbol{B}\boldsymbol{y}_{\mathrm{m}}^{(r)}=-\dot{\hat{\boldsymbol{e}}}$,所以有

$$\dot{\hat{\boldsymbol{e}}}=(\boldsymbol{A}-\boldsymbol{B}\boldsymbol{K}_{\mathrm{c}})\hat{\boldsymbol{e}}-\boldsymbol{K}_0\boldsymbol{C}^{\mathrm{T}}\boldsymbol{e}-\boldsymbol{B}\hat{\boldsymbol{G}}(\hat{\boldsymbol{x}}\mid\boldsymbol{\Theta}_2)\boldsymbol{u}_{\mathrm{r}}-\boldsymbol{B}\boldsymbol{u}_0 \tag{9.2.35}$$

改进的控制方案具有如下性质:

定理 9.3　对于由式(9.2.1)给出的控制对象,采用控制器为式(9.2.25)～式(9.2.30),参数向量的自适应律为式(9.2.15)和式(9.2.16),δ的自适应律为式(9.2.30)。如果假设 9.4～9.6 成立,则总体自适应模糊控制方案保证整个闭环系统稳定,即$\boldsymbol{x},\hat{\boldsymbol{x}},\boldsymbol{e},\hat{\boldsymbol{e}},\boldsymbol{u}\in L_\infty$,而且$\lim\limits_{t\to\infty}\boldsymbol{e}=\lim\limits_{t\to\infty}\hat{\boldsymbol{e}}=\boldsymbol{0}$。

证明　考虑 Lyapunov 函数

$$V=\frac{1}{2}\hat{e}^{\mathrm{T}}P_1\hat{e}+\frac{1}{2}e^{\mathrm{T}}P_2e+\frac{1}{2\gamma_1}\widetilde{\boldsymbol{\Theta}}_1^{\mathrm{T}}\widetilde{\boldsymbol{\Theta}}_1+\frac{1}{2\gamma_2}\operatorname{tr}(\widetilde{\boldsymbol{\Theta}}_2^{\mathrm{T}}\widetilde{\boldsymbol{\Theta}}_2)+\frac{1}{2\eta_0}\delta^2 \tag{9.2.36}$$

与定理 9.2 的证明的过程相类似,通过假设$\hat{\boldsymbol{G}}(\hat{\boldsymbol{x}}|\boldsymbol{\Theta}_2)\approx\boldsymbol{G}(\boldsymbol{x})$,得

$$\dot{V} \leqslant -\frac{1}{2}\hat{\boldsymbol{e}}^{\mathrm{T}}\boldsymbol{Q}_1\hat{\boldsymbol{e}} - \frac{1}{2}\boldsymbol{e}^{\mathrm{T}}\boldsymbol{Q}_2\boldsymbol{e} + |\hat{\boldsymbol{e}}^{\mathrm{T}}\boldsymbol{P}_1\boldsymbol{B}||\boldsymbol{u}_0| - \hat{\boldsymbol{e}}^{\mathrm{T}}\boldsymbol{P}_1\boldsymbol{B}\hat{\boldsymbol{G}}(\hat{\boldsymbol{x}}\mid\boldsymbol{\Theta}_2)\boldsymbol{u}_{\mathrm{r}}$$

$$= -\frac{1}{2}\hat{\boldsymbol{e}}^{\mathrm{T}}\boldsymbol{Q}_1\hat{\boldsymbol{e}} - \frac{1}{2}\boldsymbol{e}^{\mathrm{T}}\boldsymbol{Q}_2\boldsymbol{e} + |\hat{\boldsymbol{e}}^{\mathrm{T}}\boldsymbol{P}_1\boldsymbol{B}||\boldsymbol{u}_0| - \hat{\boldsymbol{e}}^{\mathrm{T}}\boldsymbol{P}_1\boldsymbol{B}\boldsymbol{G}(\boldsymbol{x})\boldsymbol{u}_{\mathrm{r}} \tag{9.2.37}$$

由于 $\boldsymbol{G}(\boldsymbol{x}) \geqslant \sigma_0\boldsymbol{I}$，所以有

$$\hat{\boldsymbol{e}}^{\mathrm{T}}\boldsymbol{P}_1\boldsymbol{B}\boldsymbol{G}(\boldsymbol{x})\boldsymbol{u}_{\mathrm{r}} = (\hat{\boldsymbol{e}}^{\mathrm{T}}\boldsymbol{P}_1\boldsymbol{B})\boldsymbol{G}(\boldsymbol{x})(\hat{\boldsymbol{e}}^{\mathrm{T}}\boldsymbol{P}_1\boldsymbol{B})^{\mathrm{T}}\frac{|\hat{\boldsymbol{e}}^{\mathrm{T}}\boldsymbol{P}_1\boldsymbol{B}||\boldsymbol{u}_0|}{\sigma_0|\hat{\boldsymbol{e}}^{\mathrm{T}}\boldsymbol{P}_1\boldsymbol{B}|^2+\delta}$$

$$\geqslant \sigma_0|\hat{\boldsymbol{e}}^{\mathrm{T}}\boldsymbol{P}_1\boldsymbol{B}|^2\frac{|\hat{\boldsymbol{e}}^{\mathrm{T}}\boldsymbol{P}_1\boldsymbol{B}||\boldsymbol{u}_0|}{\sigma_0|\hat{\boldsymbol{e}}^{\mathrm{T}}\boldsymbol{P}_1\boldsymbol{B}|^2+\delta}$$

$$= |\hat{\boldsymbol{e}}^{\mathrm{T}}\boldsymbol{P}_1\boldsymbol{B}||\boldsymbol{u}_0| - \frac{\delta|\hat{\boldsymbol{e}}^{\mathrm{T}}\boldsymbol{P}_1\boldsymbol{B}||\boldsymbol{u}_0|}{\sigma_0|\hat{\boldsymbol{e}}^{\mathrm{T}}\boldsymbol{P}_1\boldsymbol{B}|^2+\delta} \tag{9.2.38}$$

把式(9.2.38)代入式(9.2.37)得

$$\dot{V} \leqslant -\frac{1}{2}\hat{\boldsymbol{e}}^{\mathrm{T}}\boldsymbol{Q}_1\hat{\boldsymbol{e}} - \frac{1}{2}\boldsymbol{e}^{\mathrm{T}}\boldsymbol{Q}_2\boldsymbol{e} + \frac{\delta|\hat{\boldsymbol{e}}^{\mathrm{T}}\boldsymbol{P}_1\boldsymbol{B}||\boldsymbol{u}_0|}{\sigma_0|\hat{\boldsymbol{e}}^{\mathrm{T}}\boldsymbol{P}_1\boldsymbol{B}|^2+\delta} + \frac{1}{\eta_0}\delta\dot{\delta} \tag{9.2.39}$$

根据式(9.2.30)，有

$$\dot{V} \leqslant -\frac{1}{2}\hat{\boldsymbol{e}}^{\mathrm{T}}\boldsymbol{Q}_1\hat{\boldsymbol{e}} - \frac{1}{2}\boldsymbol{e}^{\mathrm{T}}\boldsymbol{Q}_2\boldsymbol{e} \tag{9.2.40}$$

因此，定理 9.3 的结论成立。

9.2.4 仿真

例 9.2 应用本节中的改进模糊自适应输出反馈方法控制例 8.1 的机械臂系统，其方程为

$$\begin{bmatrix}\ddot{q}_1\\ \ddot{q}_2\end{bmatrix} = \begin{bmatrix}M_{11} & M_{12}\\ M_{21} & M_{22}\end{bmatrix}^{-1}\left\{\begin{bmatrix}u_1\\ u_2\end{bmatrix} - \begin{bmatrix}-h\dot{q}_2 & -h(\dot{q}_1+\dot{q}_2)\\ h\dot{q}_1 & 0\end{bmatrix}\begin{bmatrix}\dot{q}_1\\ \dot{q}_2\end{bmatrix}\right\} \tag{9.2.41}$$

式中

$$\begin{aligned}
M_{11} &= a_1 + 2a_3\cos(q_2) + 2a_4\sin(q_2)\\
M_{22} &= a_2\\
M_{21} &= M_{12} = a_2 + a_3\cos(q_2) + a_4\sin(q_2)\\
h &= a_3\sin(q_2) - a_4\cos(q_2)\\
a_1 &= I_1 + m_1 l_{c1}^2 + I_e + m_e l_{ce}^2 + m_e l_1^2\\
a_2 &= I_e + m_e l_{ce}^2\\
a_3 &= m_e l_1 l_{ce}\cos\delta_e\\
a_4 &= m_e l_1 l_{ce}\sin\delta_e
\end{aligned}$$

仿真中，上述等式中所涉及的参数取为 $m_1=1, m_e=2, l_1=1, l_{c1}=0.5, l_{ce}=0.6, I_1=0.12, I_e=0.25, \delta_e=30$。

令

$$\boldsymbol{y} = [q_1 \quad q_2]^{\mathrm{T}},\quad \boldsymbol{u} = [u_1 \quad u_2]^{\mathrm{T}},\quad \boldsymbol{x} = [q_1 \quad \dot{q}_1 \quad q_2 \quad \dot{q}_2]^{\mathrm{T}}$$

$$\boldsymbol{F}(\boldsymbol{x})=\begin{bmatrix}f_1(\boldsymbol{x})\\f_2(\boldsymbol{x})\end{bmatrix}=\boldsymbol{M}^{-1}\begin{bmatrix}-h\dot{q}_2 & -h(\dot{q}_1+\dot{q}_2)\\h\dot{q}_1 & 0\end{bmatrix}\begin{bmatrix}\dot{q}_1\\\dot{q}_2\end{bmatrix}$$

$$\boldsymbol{G}(\boldsymbol{x})=\begin{bmatrix}g_{11} & g_{12}\\g_{21} & g_{22}\end{bmatrix}=\boldsymbol{M}^{-1}=\begin{bmatrix}M_{11} & M_{12}\\M_{21} & M_{22}\end{bmatrix}$$

则式(9.2.41)可以写成

$$\begin{cases}\dot{x}_1=x_2\\\dot{x}_2=f_1(\boldsymbol{x})+g_{11}(\boldsymbol{x})u_1+g_{12}(\boldsymbol{x})u_2+d_1\\\dot{x}_3=x_4\\\dot{x}_4=f_2(\boldsymbol{x})+g_{21}(\boldsymbol{x})u_1+g_{22}(\boldsymbol{x})u_2+d_2\\y_1=x_1\\y_2=x_3\end{cases}\tag{9.2.42}$$

给定参考函数为 $y_{m1}=\sin(t)$, $y_{m2}=\sin(t)$。假设变量 x_1 和 x_3 是可测的模糊推理规则为

规则 1:如果 x_1 是 F_1^1 且 x_3 是 F_1^3,则 y 是 G_1

规则 2:如果 x_1 是 F_2^1 且 x_3 是 F_2^3,则 y 是 G_2

规则 3:如果 x_1 是 F_3^1 且 x_3 是 F_3^3,则 y 是 G_3

规则 4:如果 x_1 是 F_4^1 且 x_3 是 F_4^3,则 y 是 G_4

规则 5:如果 x_1 是 F_5^1 且 x_3 是 F_5^3,则 y 是 G_5

规则 6:如果 x_1 是 F_6^1 且 x_3 是 F_6^3,则 y 是 G_6

规则 7:如果 x_1 是 F_7^1 且 x_3 是 F_7^3,则 y 是 G_7

上述规则中,模糊集的隶属函数选为

$$\mu_{F_i^1}(x_i)=\frac{1}{1+\exp[5(x_i+2)]},\quad \mu_{F_i^2}(x_i)=\exp[-(x_i+1.5)^2]$$

$$\mu_{F_i^3}(x_i)=\exp[-(x_i+0.5)]^2,\quad \mu_{F_i^4}(x_i)=\exp(-x_i^2)$$

$$\mu_{F_i^4}(x_i)=\exp[-(x_i-0.5)]^2,\quad \mu_{F_i^5}(x_i)=\exp[-(x_i+1.5)^2]$$

$$\mu_{F_i^7}(x_i)=\frac{1}{1+\exp[5(x_i-2)]}$$

令
$$\xi_i(x_1,x_3)=\frac{\mu_{F_i^1}(x_1)\mu_{F_i^3}(x_3)}{\sum_{i=1}^{7}\mu_{F_i^1}(x_1)\mu_{F_i^3}(x_3)}$$

$$\boldsymbol{\xi}(x_1,x_3)=[\xi_1(x_1,x_3),\cdots,\xi_7(x_1,x_3)]^{\mathrm{T}}$$

则有模糊逻辑系统

$$f_i(\boldsymbol{x}\mid\boldsymbol{\theta}_{fi})=\boldsymbol{\theta}_{fi}^{\mathrm{T}}\boldsymbol{\xi}(\boldsymbol{x}),\quad i=1,2;\quad g_{ij}(\boldsymbol{x}\mid\boldsymbol{\theta}_{gij})=\boldsymbol{\theta}_{gij}^{\mathrm{T}}\boldsymbol{\xi}(\boldsymbol{x}),\quad i,j=1,2$$

给定 $\boldsymbol{K}_c=\begin{bmatrix}0 & 20\\0 & 20\\5 & 0\\5 & 0\end{bmatrix}$, $\boldsymbol{K}_0=\begin{bmatrix}80 & 800 & 0 & 0\\0 & 0 & 80 & 800\end{bmatrix}$, $\boldsymbol{Q}_1=\boldsymbol{Q}_2=\mathrm{diag}(10,10)$,解矩阵方

程(9.2.9)和(9.2.10)，求得正定矩阵 $\boldsymbol{P}_1$ 和 $\boldsymbol{P}_2$。

取初始条件 $\boldsymbol{x}(0)=[0.5\quad 0.5\quad -0.3\quad -0.3]^{\mathrm{T}}$，$\hat{\boldsymbol{x}}(0)=[0.5\quad 0.5\quad 0.5\quad 0]^{\mathrm{T}}$，$\boldsymbol{\theta}_1=\boldsymbol{\theta}_2=[-8,-6,-1,3,8,1]^{\mathrm{T}}$，$\boldsymbol{\theta}_{11}=\boldsymbol{\theta}_{12}=\boldsymbol{\theta}_{21}=\boldsymbol{\theta}_{22}=[1,2,2,0,-1,1]^{\mathrm{T}}$；其他参数为 $\gamma_1=\gamma_2=5.5\times10^{-3}$，$M=1.2$，$\eta_0=0.001$，$\delta(0)=1$，仿真结果如图 9-3～图 9-8 所示。

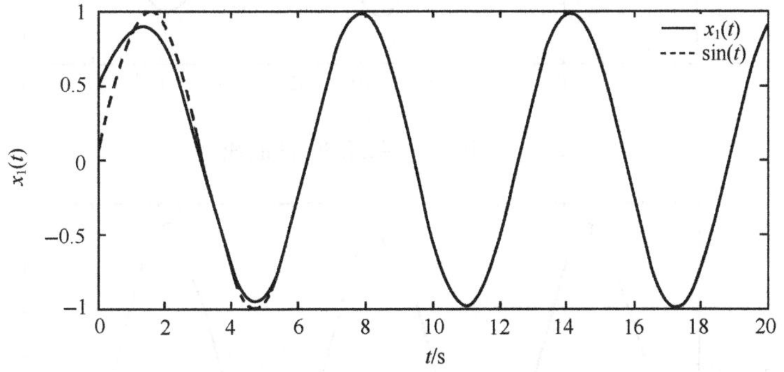

图 9-3　状态 x_1 跟踪 y_{m1} 的曲线

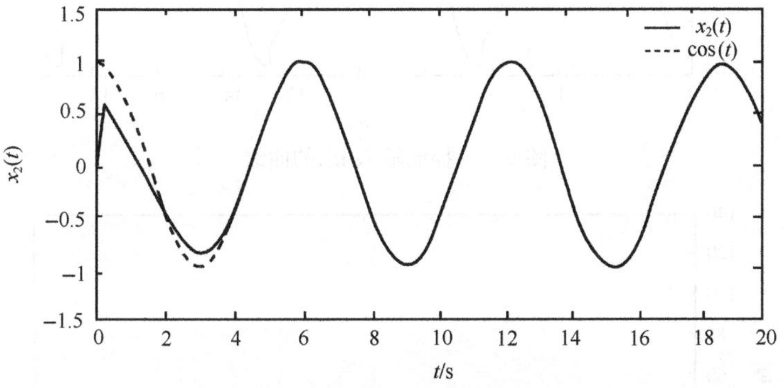

图 9-4　状态 x_2 跟踪 $\dot{y}_{m1}$ 的曲线

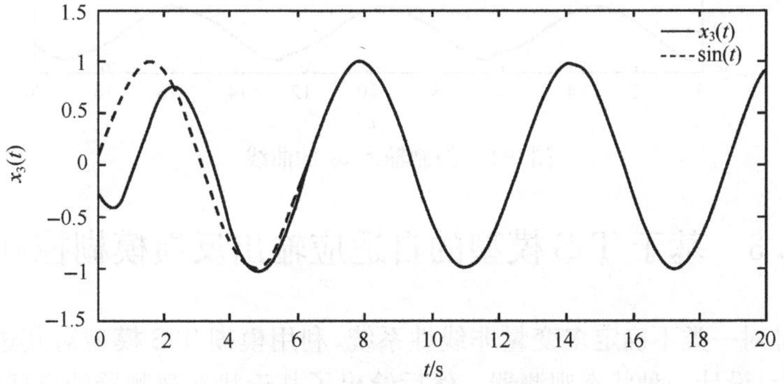

图 9-5　状态 x_3 跟踪 y_{m2} 的曲线

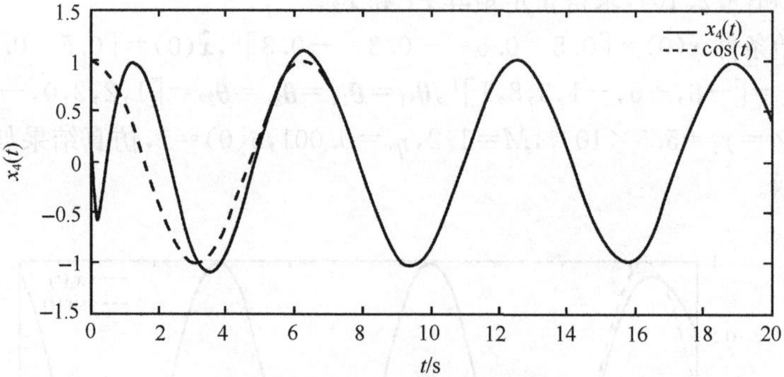

图 9-6 状态 x_4 跟踪 $\dot{y}_{m2}$的曲线

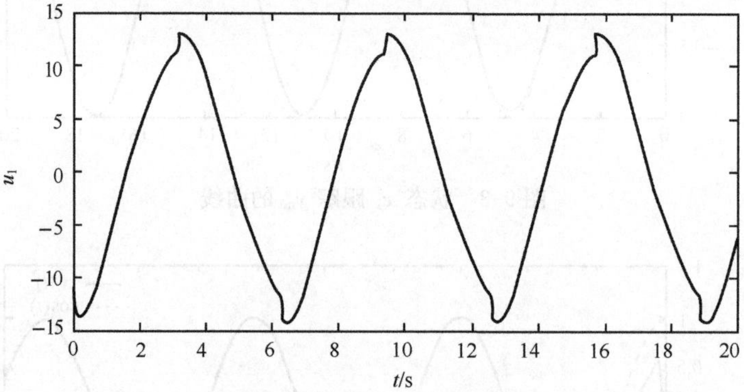

图 9-7 控制输入 u_1 的曲线

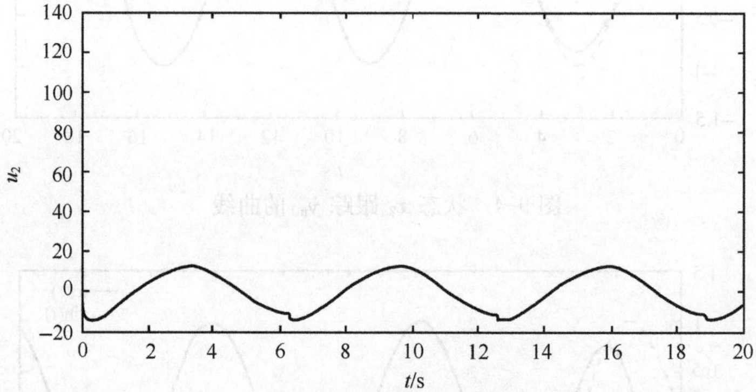

图 9-8 控制输入 u_2 的曲线

9.3 基于 T-S 模型的自适应输出反馈模糊控制

本节针对一类不确定多变量非线性系统,利用模糊 T-S 模型对其进行建模,在此基础上,设计一种状态观测器。然后给出了基于状态观测器的自适应输出反馈模糊控制的设计及其稳定性分析。

9.3.1　被控对象模型及控制问题的描述

考虑如下的多变量非线性系统：

$$\begin{cases} \dot{\boldsymbol{x}}_i = \boldsymbol{A}_i \boldsymbol{x}_i + \boldsymbol{B}_i [f_i(\boldsymbol{x},\boldsymbol{u}) + d_i] \\ y_i = \boldsymbol{C}_i^{\mathrm{T}} \boldsymbol{x}_i \end{cases} \tag{9.3.1}$$

式中，$i=1,2,\cdots,p$；$\boldsymbol{x}=[\boldsymbol{x}_1^{\mathrm{T}},\cdots,\boldsymbol{x}_p^{\mathrm{T}}]^{\mathrm{T}}\in\mathbf{R}^n$ 是系统的状态向量，$n=n_1+\cdots+n_p$；$\boldsymbol{x}_i^{\mathrm{T}}=[x_{1_i},\cdots,x_{n_i}]\in\mathbf{R}^{n_i}$；$\boldsymbol{u}^{\mathrm{T}}=[u_1,\cdots,u_p]\in\mathbf{R}^p$ 是系统的控制输入向量；y_i 是第 i 个系统的可测输出；$f_i(\boldsymbol{x},\boldsymbol{u})$是未知光滑函数；$d_i$ 是未知有界干扰；

$$\boldsymbol{A}_i = \begin{bmatrix} 0 & 1 & 0 & \cdots & 0 \\ 0 & 0 & 1 & \cdots & 0 \\ \vdots & \vdots & \vdots & & \vdots \\ 0 & 0 & 0 & \cdots & 0 \end{bmatrix}_{n_i\times n_i},\quad \boldsymbol{B}_i = \begin{bmatrix} 0 \\ 0 \\ \vdots \\ 1 \end{bmatrix}_{n_i\times 1},\quad \boldsymbol{C}_i^{\mathrm{T}} = \begin{bmatrix} 1 & 0 & \cdots & 0 \end{bmatrix}_{1\times n_i}$$

假设在某个控制区域内，$\dfrac{\partial f_i}{\partial u_i}>0$，即假设了输入增益的符号是正的。

由于系统(9.3.1)中的 $f_i(\boldsymbol{x},\boldsymbol{u})$是未知函数，所以本节用模糊 T-S 模型对 $f_i(\boldsymbol{x},\boldsymbol{u})$进行模糊建模如下。

定义模糊推理规则为

$$R_i^k:\text{如果 } \boldsymbol{z}_i \text{ 是 } Z_k^i\text{，则 } \hat{f}_i(\boldsymbol{x},\boldsymbol{u}) = a_k^i\boldsymbol{x} + b_k^i\boldsymbol{u} \tag{9.3.2}$$

式中，$k=1,2,\cdots,m_i$ 是模糊规则数，$\boldsymbol{z}_i=[z_{1_i},\cdots,z_{i_{m_i}}]$是模糊推理的前件变量，$Z_k^i$ 是前件变量 $\boldsymbol{z}_i$ 所取的模糊集合。

由单点模糊化、乘积推理和平均加权反模糊化，得

$$\hat{f}_i(\boldsymbol{x},\boldsymbol{u}) = \frac{\sum_{k=1}^{m_i} \mu_k^i(\boldsymbol{z}_i)(a_k^i\boldsymbol{x} + b_k^i\boldsymbol{u})}{\sum_{k=1}^{m_i} \mu_k^i(\boldsymbol{z}_i)} \tag{9.3.3}$$

式中，$\mu_k^i(\boldsymbol{z}_i)$是 $\boldsymbol{z}_i$ 相对于模糊集合 Z_k^i 的隶属函数。

把式(9.3.3)写成如下的形式：

$$\hat{f}_i(\boldsymbol{x},\boldsymbol{u}) = \boldsymbol{\phi}_i(\boldsymbol{\Psi}_i\boldsymbol{x} + \boldsymbol{\Theta}_i\boldsymbol{u}) \tag{9.3.4}$$

式中

$$\boldsymbol{\Psi}_i = \begin{bmatrix} \boldsymbol{a}_1^i \\ \boldsymbol{a}_2^i \\ \vdots \\ \boldsymbol{a}_{m_i}^i \end{bmatrix}_{m_i\times n_i},\quad \boldsymbol{\Theta}_i = \begin{bmatrix} b_1^i \\ b_2^i \\ \vdots \\ b_{m_i}^i \end{bmatrix}_{m_i\times p},\quad \boldsymbol{\phi}_i = \frac{1}{\sum_{k=1}^{m_i}\mu_k^i}[\mu_1^i(\boldsymbol{z}_i),\mu_2^i(\boldsymbol{z}_i),\cdots,\mu_{m_i}^i(\boldsymbol{z}_i)]$$

给定稳定可控的参考模型为

$$\dot{\boldsymbol{x}}_{m_i} = \boldsymbol{A}_{m_i}\boldsymbol{x}_{m_i} + \boldsymbol{B}_{m_i}r_i \tag{9.3.5}$$

式中，$i=1,2,\cdots,p$。

$$A_{m_i}=\begin{bmatrix}0 & 1 & 0 & \cdots & 0\\ 0 & 0 & 1 & \cdots & 0\\ \vdots & \vdots & \vdots & & \vdots\\ 0 & 0 & 0 & \cdots & 1\\ -a_{1im} & -a_{2im} & -a_{3im} & \cdots & -a_{nim}\end{bmatrix},\quad B_{m_i}=\begin{bmatrix}0\\ \vdots\\ 0\\ b_{n_im}\end{bmatrix}$$

定义第 i 个系统的跟踪误差为

$$e_i=x_{m_i}-x_i$$

控制任务　(基于 T-S 模糊模型)在系统(9.3.1)的状态不完全可测的情况下,设计自适应输出反馈模糊控制和参数向量的自适应律,使得闭环系统中所涉及的变量有界,且系统(9.3.1)跟踪参考模型(9.3.5),即$\lim\limits_{t\to\infty}e_i=0$。

9.3.2　输出反馈模糊控制器的设计

定义参数向量 $\boldsymbol{\Psi}_i$ 和 $\boldsymbol{\Theta}_i$ 的最优参数 $\boldsymbol{\Psi}_i^*$ 和 $\boldsymbol{\Theta}_i^*$,使得

$$\sup_{\boldsymbol{x},\boldsymbol{u}\in X_c}|f_i(\boldsymbol{x},\boldsymbol{u})-\hat{f}_i(\boldsymbol{x},\boldsymbol{u},\boldsymbol{\Psi}_i^*,\boldsymbol{\Theta}_i^*)|<\varepsilon_i \tag{9.3.6}$$

式中,ε_i 是一个任意小的正数;X_c 是状态空间中的一个紧集。

由式(9.3.4),系统(9.3.1)可以写成

$$\dot{\boldsymbol{x}}_i=\boldsymbol{A}_i\boldsymbol{x}_i+\boldsymbol{B}_i[\boldsymbol{\phi}_i(\boldsymbol{\Psi}_i^*\boldsymbol{x}+\boldsymbol{\Theta}_i^*\boldsymbol{u})+d_i+w_i] \tag{9.3.7}$$

式中,w_i 是最小模糊逼近误差。

令 $\eta_i=d_i+w_i$,$\widetilde{\boldsymbol{\Psi}}_i=\boldsymbol{\Psi}_i^*-\boldsymbol{\Psi}_i$,$\widetilde{\boldsymbol{\Theta}}_i=\boldsymbol{\Theta}_i^*-\boldsymbol{\Theta}_i$,把式(9.3.7)变成

$$\dot{\boldsymbol{x}}_i=\boldsymbol{A}_i\boldsymbol{x}_i+\boldsymbol{B}_i[\boldsymbol{\phi}_i(\boldsymbol{\Psi}_i\boldsymbol{x}+\boldsymbol{\Theta}_i\boldsymbol{u})+\boldsymbol{\phi}_i(\widetilde{\boldsymbol{\Psi}}_i\boldsymbol{x}+\widetilde{\boldsymbol{\Theta}}_i\boldsymbol{u})+\eta_i] \tag{9.3.8}$$

为了估计系统的状态,设计状态观测器为

$$\begin{cases}\dot{\hat{\boldsymbol{x}}}_i=\boldsymbol{A}_i\hat{\boldsymbol{x}}_i+\boldsymbol{B}_i[\boldsymbol{\phi}_i(\boldsymbol{\Psi}_i\hat{\boldsymbol{x}}+\boldsymbol{\Theta}_iu)+u_{s_i}]+\boldsymbol{L}_i\tilde{y}_i\\ \hat{y}_i=\boldsymbol{C}_i^{\mathrm{T}}\hat{\boldsymbol{x}}_i\end{cases} \tag{9.3.9}$$

式中,$\tilde{y}_i=y_i-\hat{y}_i$;$\boldsymbol{L}_i$ 是观测增益矩阵,选择 $\boldsymbol{L}_i$ 使得矩阵 $\boldsymbol{A}_i-\boldsymbol{L}_i\boldsymbol{C}_i^{\mathrm{T}}$ 为稳定的。

定义状态观测误差为 $\tilde{\boldsymbol{x}}_i=\boldsymbol{x}_i-\hat{\boldsymbol{x}}_i$,由式(9.3.8)减去式(9.3.9)得

$$\begin{cases}\dot{\tilde{\boldsymbol{x}}}_i=[\boldsymbol{A}_i-\boldsymbol{L}_i\boldsymbol{C}_i^{\mathrm{T}}]\tilde{\boldsymbol{x}}_i+\boldsymbol{B}_i[\boldsymbol{\phi}_i\boldsymbol{\Psi}_i\tilde{\boldsymbol{x}}+\boldsymbol{\phi}_i(\boldsymbol{\psi}_i\boldsymbol{x}+\widetilde{\boldsymbol{\Theta}}_i\boldsymbol{u})-u_{s_i}+\eta_i]\\ \tilde{y}_i=\boldsymbol{C}_i^{\mathrm{T}}\tilde{\boldsymbol{x}}_i\end{cases} \tag{9.3.10}$$

因为

$$\widetilde{\boldsymbol{\Psi}}_i\boldsymbol{x}=\widetilde{\boldsymbol{\Psi}}_i\hat{\boldsymbol{x}}+\boldsymbol{\Psi}_i^*\tilde{\boldsymbol{x}}-\boldsymbol{\Psi}_i\tilde{\boldsymbol{x}} \tag{9.3.11}$$

利用式(9.3.11),把式(9.3.10)写成

$$\begin{cases}\dot{\tilde{\boldsymbol{x}}}_i=[\boldsymbol{A}_i-\boldsymbol{L}_i\boldsymbol{C}_i^{\mathrm{T}}]\tilde{\boldsymbol{x}}_i+\boldsymbol{B}_i[\boldsymbol{\phi}_i\boldsymbol{\Psi}_i^*\tilde{\boldsymbol{x}}+\boldsymbol{\phi}_i(\widetilde{\boldsymbol{\Psi}}_i\hat{\boldsymbol{x}}+\widetilde{\boldsymbol{\Theta}}_i\boldsymbol{u})-u_{s_i}+\eta_i]\\ \tilde{y}_i=\boldsymbol{C}_i^{\mathrm{T}}\tilde{\boldsymbol{x}}_i\end{cases} \tag{9.3.12}$$

求式(9.3.12)的传递函数得

$$\tilde{y}_i = \boldsymbol{C}_i^{\mathrm{T}}[sI_{n_i} - A_{0i}]^{-1}\boldsymbol{B}_i[\boldsymbol{\phi}_i\boldsymbol{\Psi}_i^*\tilde{\boldsymbol{x}} + \boldsymbol{\phi}_i(\boldsymbol{\Psi}_i\tilde{\boldsymbol{x}} + \tilde{\boldsymbol{\Theta}}_i\boldsymbol{u}) - u_{s_i} + \eta_i] \tag{9.3.13}$$

式中，$\boldsymbol{A}_{0i} = \boldsymbol{A}_i - \boldsymbol{L}_i\boldsymbol{C}_i^{\mathrm{T}}$。

定义一个多项式 $H_i(s) = s^{n_i - 1} + \lambda_2 s^{n_i - 2} + \cdots + \lambda_{n_i - 1}s + \lambda_{n_i}$，使得 $H_i^{-1}(s)$是一个真的稳定的传递函数。

用 $H_i(s)$和 $H_i^{-1}(s)$乘以式(9.3.13)得

$$\tilde{y}_i = \boldsymbol{G}_i(s)[\boldsymbol{\phi}_i^f\boldsymbol{\Psi}_i^*\tilde{\boldsymbol{x}} + \boldsymbol{\phi}_{1i}(\tilde{\boldsymbol{\Psi}}_i\hat{\boldsymbol{x}} + \tilde{\boldsymbol{\Theta}}_i\boldsymbol{u}) - u_{1s_i} + \eta_{1i}] \tag{9.3.14}$$

式中，$\boldsymbol{G}_i(s) = H_i(s)\boldsymbol{C}_i^{\mathrm{T}}[sI_{n_i} - A_{0i}]^{-1}\boldsymbol{B}_i$，$\boldsymbol{\phi}_{1i} = H_i^{-1}(s)\boldsymbol{\phi}_i$，$u_{1s_i} = H_i^{-1}(s)u_{s_i}$，$\eta_{1i} = H_i^{-1}(s)\eta_i$。

因此，式(9.3.14)可以写成为

$$\begin{cases} \dot{\tilde{\boldsymbol{x}}}_i = \boldsymbol{A}_{0i}\tilde{\boldsymbol{x}}_i + \boldsymbol{B}_{0i}[\boldsymbol{\phi}_{1i}\boldsymbol{\Psi}_i^*\tilde{\boldsymbol{x}} + \boldsymbol{\phi}_{1i}(\tilde{\boldsymbol{\Psi}}_i\hat{\boldsymbol{x}} + \tilde{\boldsymbol{\Theta}}_i\boldsymbol{u}) - u_{1s_i} + \eta_{1i}] \\ \tilde{y}_i = \boldsymbol{C}_i^{\mathrm{T}}\tilde{\boldsymbol{x}}_i \end{cases} \tag{9.3.15}$$

式中，$\boldsymbol{B}_{0i}^{\mathrm{T}} = [0, \cdots, 0, 1, \lambda_2, \cdots, \lambda_{n_i}] \in \mathbf{R}^{n_i}$。

由于$(\boldsymbol{A}_{0i}, \boldsymbol{B}_{0i})$和$(\boldsymbol{A}_{0i}, \boldsymbol{C}_{0i})$都是可控制的，所以一定存在正定矩阵 $\boldsymbol{P}_i$ 满足矩阵不等式

$$\begin{cases} \boldsymbol{P}_i\boldsymbol{A}_{0i} + \boldsymbol{A}_{0i}^{\mathrm{T}}\boldsymbol{P}_i = -\boldsymbol{Q}_i \\ \boldsymbol{B}_{0i}^{\mathrm{T}}\boldsymbol{P}_i = \boldsymbol{C}_{0i}^{\mathrm{T}} \end{cases} \tag{9.3.16}$$

定义跟踪误差的估计为 $\hat{\boldsymbol{e}}_i = x_{m_i} - \hat{\boldsymbol{x}}_i$，则由式(9.3.5)和式(9.3.9)得

$$\dot{\hat{\boldsymbol{e}}}_i = \boldsymbol{A}_{m_i}\hat{\boldsymbol{e}}_i - \boldsymbol{B}_i[\boldsymbol{\phi}_i(\boldsymbol{\Psi}_i\hat{\boldsymbol{x}} + \boldsymbol{\Theta}_i\boldsymbol{u}) + a_{m_i}\hat{\boldsymbol{x}}_i - b_{n_i m}r_i + u_{s_i}] - L_i\boldsymbol{C}_i^{\mathrm{T}}\tilde{\boldsymbol{x}}_i \tag{9.3.17}$$

假设 9.7　存在常数 $\bar{d}_i$ 和 $\bar{w}_i$，使得$|d_i| \leqslant \bar{d}_i$，$|w_i| \leqslant \bar{w}_i$。

假设 9.8　参数向量 $\boldsymbol{\Psi}_i^*$ 有上界，即 $\mathrm{tr}[\boldsymbol{\Psi}_i^*\boldsymbol{\Psi}_i^{*\mathrm{T}}] \leqslant M_i$。

设计模糊控制器为

$$u_i = \sum_{j=1}^{p}\beta_{ij}[b_{n_j m}r_j - \boldsymbol{\phi}_j\boldsymbol{\Psi}_j\hat{x} - a_{m_j}\hat{x}_j - u_{s_j}], \quad i = 1, 2, \cdots, p \tag{9.3.18}$$

式中，$[\beta_{ij}] = \begin{bmatrix} b_{11} & \cdots & b_{1p} \\ \vdots & & \vdots \\ b_{p1} & \cdots & b_{pp} \end{bmatrix}^{-1}$，$b_{ij} = \boldsymbol{\phi}_i\boldsymbol{\theta}_j^i$，式中，$\boldsymbol{\theta}_j^i$ 是 $\boldsymbol{\Theta}_i$ 的第 j 列。

$$u_{s_i} = k_i\,\mathrm{sgn}(\tilde{y}_i), \quad k_i = \bar{w}_i + \bar{d}_i \tag{9.3.19}$$

参数向量的自适应律为

$$\dot{\boldsymbol{\Psi}}_i = \gamma_{1i}\boldsymbol{\phi}_{1i}^{\mathrm{T}}\hat{\boldsymbol{x}}\tilde{y}_i \tag{9.3.20}$$

$$\dot{\boldsymbol{\Theta}}_i = \gamma_{2i}\boldsymbol{\phi}_{1i}^{\mathrm{T}}\boldsymbol{u}^{\mathrm{T}}\tilde{y}_i \tag{9.3.21}$$

把式(9.3.18)代入式(9.3.17)得

$$\dot{\hat{\boldsymbol{e}}}_i = A_{m_i}\hat{\boldsymbol{e}}_i - \boldsymbol{L}_i\boldsymbol{C}_i^{\mathrm{T}}\tilde{\boldsymbol{x}}_i \tag{9.3.22}$$

9.3.3 稳定性与收敛性分析

下面的定理给出了这种自适应输出反馈模糊控制方案所具有的性质。

定理 9.4 对于由式(9.3.1)给出的控制对象,采用模糊控制器为式(9.3.18),u_{si}取为式(9.3.19),参数向量的自适应律为式(9.3.20)和式(9.3.21)。如果假设9.7～假设9.8成立,则总体自适应模糊控制方案保证整个闭环系统稳定,而且$\lim\limits_{t\to\infty}\boldsymbol{e}=\boldsymbol{0}$,$\lim\limits_{t\to\infty}\hat{\boldsymbol{e}}=\boldsymbol{0}$。

证明 考虑 Lyapunov 函数为

$$V=\sum_{i=1}^{p}V_i \tag{9.3.23}$$

式中

$$V_i=\frac{1}{2}\tilde{\boldsymbol{x}}_i^{\mathrm{T}}\boldsymbol{P}_i\tilde{\boldsymbol{x}}_i+\frac{1}{2\gamma_{1i}}\mathrm{tr}[\tilde{\boldsymbol{\Psi}}_i\tilde{\boldsymbol{\Psi}}_i^{\mathrm{T}}]+\frac{1}{2\gamma_{2i}}\mathrm{tr}[\tilde{\boldsymbol{\Theta}}_i\tilde{\boldsymbol{\Theta}}_i^{\mathrm{T}}] \tag{9.3.24}$$

求V对时间的导数

$$\dot{V}_i=\frac{1}{2}\dot{\tilde{\boldsymbol{x}}}_i^{\mathrm{T}}\boldsymbol{P}_i\tilde{\boldsymbol{x}}_i+\frac{1}{2}\tilde{\boldsymbol{x}}_i^{\mathrm{T}}\boldsymbol{P}_i\dot{\tilde{\boldsymbol{x}}}_i+\frac{1}{\gamma_{1i}}\mathrm{tr}[\dot{\tilde{\boldsymbol{\Psi}}}_i\tilde{\boldsymbol{\Psi}}_i^{\mathrm{T}}]+\frac{1}{\gamma_{2i}}\mathrm{tr}[\dot{\tilde{\boldsymbol{\Theta}}}_i\tilde{\boldsymbol{\Theta}}_i^{\mathrm{T}}] \tag{9.3.25}$$

把式(9.3.15)和式(9.3.16)代入式(9.3.25)得

$$\begin{aligned}\dot{V}_i=&-\frac{1}{2}\tilde{\boldsymbol{x}}_i^{\mathrm{T}}\boldsymbol{Q}_i\tilde{\boldsymbol{x}}_i+\frac{1}{\gamma_{1i}}\mathrm{tr}[\dot{\tilde{\boldsymbol{\Psi}}}_i\tilde{\boldsymbol{\Psi}}_i^{\mathrm{T}}]+\frac{1}{\gamma_{2i}}\mathrm{tr}[\dot{\tilde{\boldsymbol{\Theta}}}_i\tilde{\boldsymbol{\Theta}}_i^{\mathrm{T}}]\\&+\tilde{\boldsymbol{x}}_i^{\mathrm{T}}\boldsymbol{P}_i\boldsymbol{B}_{0i}[\boldsymbol{\phi}_{1i}\boldsymbol{\Psi}_i^*\tilde{\boldsymbol{x}}+\boldsymbol{\phi}_{1i}(\tilde{\boldsymbol{\Psi}}_i\tilde{\boldsymbol{x}}+\tilde{\boldsymbol{\Theta}}_iu-u_{1si}+\eta_{1i})]\end{aligned} \tag{9.3.26}$$

根据$\boldsymbol{B}_{0i}^{\mathrm{T}}\boldsymbol{P}_i=\boldsymbol{C}_i^{\mathrm{T}}$和$y_i=\boldsymbol{C}_i^{\mathrm{T}}\boldsymbol{x}_i$则式(9.3.26)变成

$$\begin{aligned}\dot{V}_i=&-\frac{1}{2}\tilde{\boldsymbol{x}}_i^{\mathrm{T}}\boldsymbol{Q}_i\tilde{\boldsymbol{x}}_i+\tilde{\boldsymbol{x}}_i^{\mathrm{T}}\boldsymbol{C}_i\boldsymbol{\phi}_{1i}\boldsymbol{\Psi}_i^*\tilde{\boldsymbol{x}}-\tilde{y}_i(u_{1s_i}-\eta_{1i})\\&+\frac{1}{\gamma_{1i}}\mathrm{tr}[\tilde{\boldsymbol{\Psi}}_i(\dot{\tilde{\boldsymbol{\Psi}}}_i^{\mathrm{T}}+\gamma_{1i}\hat{\boldsymbol{x}}\boldsymbol{\phi}_{1i}\tilde{y}_i)]+\frac{1}{\gamma_{2i}}\mathrm{tr}[\tilde{\boldsymbol{\Theta}}_i(\dot{\tilde{\boldsymbol{\Theta}}}_i^{\mathrm{T}}+\gamma_{2i}\boldsymbol{\phi}_{1i}u\tilde{y}_i)]\end{aligned} \tag{9.3.27}$$

把参数向量的自适应律(9.3.20)和式(9.3.21)代入式(9.3.27),得

$$\dot{V}_i=-\frac{1}{2}\tilde{\boldsymbol{x}}_i^{\mathrm{T}}\boldsymbol{Q}_i\tilde{\boldsymbol{x}}_i+\tilde{\boldsymbol{x}}_i^{\mathrm{T}}C_i\boldsymbol{\phi}_{1i}\boldsymbol{\Psi}_i^*\hat{\boldsymbol{x}}_i-\tilde{y}_i(u_{1s_i}-\eta_{1i}) \tag{9.3.28}$$

由式(9.3.19),得

$$\dot{V}_i\leqslant-\frac{1}{2}\tilde{\boldsymbol{x}}_i^{\mathrm{T}}\boldsymbol{Q}_i\tilde{\boldsymbol{x}}_i+\tilde{\boldsymbol{x}}_i^{\mathrm{T}}\boldsymbol{C}_i\boldsymbol{\phi}_{1i}\boldsymbol{\Psi}_i^*\hat{\boldsymbol{x}}_i \tag{9.3.29}$$

对式(9.3.29)求和得

$$\dot{V}\leqslant-\frac{1}{2}\sum_{i=1}^{p}\tilde{\boldsymbol{x}}_i^{\mathrm{T}}\boldsymbol{Q}_i\tilde{\boldsymbol{x}}_i+\sum_{i=1}^{p}\tilde{\boldsymbol{x}}_i^{\mathrm{T}}\boldsymbol{C}_i\boldsymbol{\phi}_{1i}\boldsymbol{\Psi}_i^*\tilde{\boldsymbol{x}} \tag{9.3.30}$$

令$\boldsymbol{Q}=\mathrm{diag}(\boldsymbol{Q}_1,\cdots,\boldsymbol{Q}_p)$,$\boldsymbol{\Phi}=\mathrm{diag}(\boldsymbol{\phi}_{11},\cdots,\boldsymbol{\phi}_{1p})$和$\boldsymbol{\Psi}^*=[\boldsymbol{\Psi}_1^*,\cdots,\boldsymbol{\Psi}_p^*]^{\mathrm{T}}$,则式(9.3.30)写成

$$\dot{V} \leqslant -\frac{1}{2}\tilde{\boldsymbol{x}}^{\mathrm{T}}\boldsymbol{Q}\tilde{\boldsymbol{x}} + \tilde{\boldsymbol{x}}^{\mathrm{T}}\boldsymbol{C}\boldsymbol{\Phi}\boldsymbol{\Psi}^{*}\tilde{\boldsymbol{x}} \tag{9.3.31}$$

因为 $\| C \| = 1$，$\| \Phi \| \leqslant 1$，$\lambda_{\min}(\boldsymbol{Q}) = \min\limits_{i}\{\lambda_{\min}(\boldsymbol{Q}_i)\}$ 和 $M = \sum\limits_{i=1}^{p} M_i$，所以有

$$\dot{V} \leqslant -\frac{1}{2}\lambda_{\min}(\boldsymbol{Q}) \| \tilde{\boldsymbol{x}} \|^2 + M \| \tilde{\boldsymbol{x}} \|^2 \tag{9.3.32}$$

如果选择 $\boldsymbol{Q}_i$ 满足 $\lambda_{\min}(\boldsymbol{Q}) - 2M \geqslant \rho > 0$，则有

$$\dot{V} \leqslant -\frac{1}{2}\rho \| \tilde{\boldsymbol{x}} \|^2 \tag{9.3.33}$$

于是可得出定理 9.4 成立。

9.3.4　仿真

例 9.3　把本节的自适应输出反馈模糊控制应用于两机械臂系统的控制，设系统的方程为

$$\boldsymbol{D}(\boldsymbol{q})\ddot{\boldsymbol{q}} + \boldsymbol{C}(\boldsymbol{q},\dot{\boldsymbol{q}})\dot{\boldsymbol{q}} + \boldsymbol{G}(\boldsymbol{q}) = \boldsymbol{u} \tag{9.3.34}$$

式中

$$\boldsymbol{D}(\boldsymbol{q}) = \begin{bmatrix} \frac{1}{3}m_1 l^2 + \frac{4}{3}m_2 l^2 + m_2 l^2 \cos q_2 & \frac{1}{3}m_2 l^2 + m_2 l^2 \cos q_2 \\ \frac{1}{3}m_2 l^2 + m_2 l^2 \cos q_2 & \frac{1}{3}m_2 l^2 \end{bmatrix}$$

$$\boldsymbol{C}(\boldsymbol{q},\dot{\boldsymbol{q}}) = \begin{bmatrix} -m_2 l^2 \sin(q_2)\dot{q}_2 & -\frac{1}{2}m_2 l^2 \sin(q_2)\dot{q}_2 \\ \frac{1}{2}m_2 l^2 \sin(q_2)\dot{q}_1 & 0 \end{bmatrix}$$

$$\boldsymbol{G}(\boldsymbol{q}) = \begin{bmatrix} \frac{1}{2}m_1 g l \cos(q_1) + \frac{1}{2}m_2 g l \cos(q_1 + q_2) + \frac{1}{2}m_2 g l \cos(q_1) \\ \frac{1}{2}m_2 g l \cos(q_1 + q_2) \end{bmatrix}$$

设方程(9.3.34)中的参数为：$l=1$，$m_1=m_2=1$，$g=9.81$。

令 $\boldsymbol{x}^{\mathrm{T}}=[\boldsymbol{x}_1^{\mathrm{T}},\boldsymbol{x}_2^{\mathrm{T}}]$，$\boldsymbol{x}_1^{\mathrm{T}}=[q_1,\dot{q}_1]$，$\boldsymbol{x}_2^{\mathrm{T}}=[q_2,\dot{q}_2]$

$$\begin{bmatrix} f_1(\boldsymbol{x},u) \\ f_2(\boldsymbol{x},u) \end{bmatrix} = M^{-1}\left(-\boldsymbol{C}\begin{bmatrix} \boldsymbol{x}_2 \\ \boldsymbol{x}_4 \end{bmatrix} - \boldsymbol{G} + u\right)$$

假设 $\boldsymbol{x}_1$ 和 $\boldsymbol{x}_2$ 是可测变量，构造模糊 T-S 模型逼近函数 $f_i(x,u)$，$i=1,2$：

$$\begin{cases} \text{如果 } \boldsymbol{z}_1 \text{ 是 } Z_k^1，\text{则 } \hat{f}_1 = a_k^1\hat{\boldsymbol{x}} + b_k^1 u \\ \text{如果 } \boldsymbol{z}_2 \text{ 是 } Z_k^2，\text{则 } \hat{f}_2 = a_k^2\hat{\boldsymbol{x}} + b_k^2 u \end{cases},\quad k=1,\cdots,9 \tag{9.3.35}$$

式中，$\boldsymbol{z}_1=\boldsymbol{z}_2=[\boldsymbol{x}_1,\boldsymbol{x}_3]$，$Z_k^1$ 和 Z_k^2 是模糊集合，它们的隶属函数由图 9-9 给出。

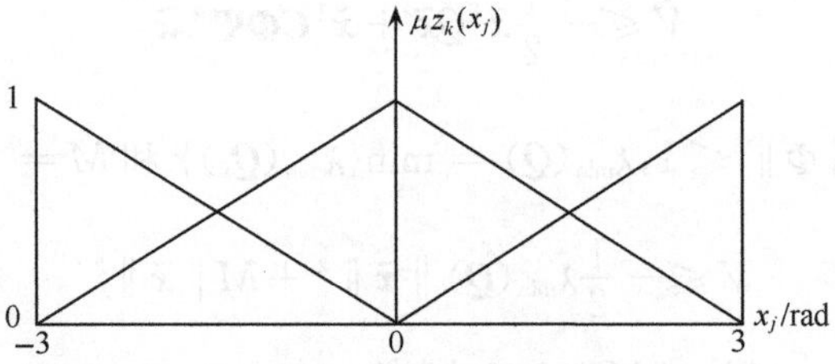

图 9-9　模糊集 Z_k^i 的隶属函数

式(9.3.35)的输出为

$$\hat{f}_1 = \boldsymbol{\phi}_1(\boldsymbol{\Psi}_1\hat{\boldsymbol{x}} + \Theta_1 u),\quad \hat{f}_2 = \boldsymbol{\phi}_2(\boldsymbol{\Psi}_2\hat{\boldsymbol{x}} + \Theta_2 u) \tag{9.3.36}$$

参考模型为

$$\boldsymbol{A}_{m_{1,2}} = \begin{bmatrix} 0 & 1 \\ -2 & 1 \end{bmatrix},\quad \boldsymbol{B}_{m_{1,2}} = \begin{bmatrix} 0 \\ 1 \end{bmatrix}$$

取 $H_1(s)=H_2(s)=(s+4)$，观测器增益为 $\boldsymbol{L}_1^{\mathrm{T}}=\boldsymbol{L}_2^{\mathrm{T}}=[20,100]$，其他参数为 $\gamma_{11}=\gamma_{22}=50,\gamma_{12}=\gamma_{21}=5,\bar{w}_1=\bar{w}_2=1$。

初始条件为：$\boldsymbol{\Psi}_1(0)=\boldsymbol{\Psi}_2(0)=\boldsymbol{0},\theta_1^1(0)=0.2,\theta_2^2(0)=0.8,\theta_2^1(0)=\theta_1^2(0)=0$，$\hat{\boldsymbol{x}}(0)=\boldsymbol{x}_{\mathrm{m}}(0)=\boldsymbol{0},\boldsymbol{x}(0)=[1,2,0.5,-1]$，其仿真结果由图 9-10～图 9-13 给出。

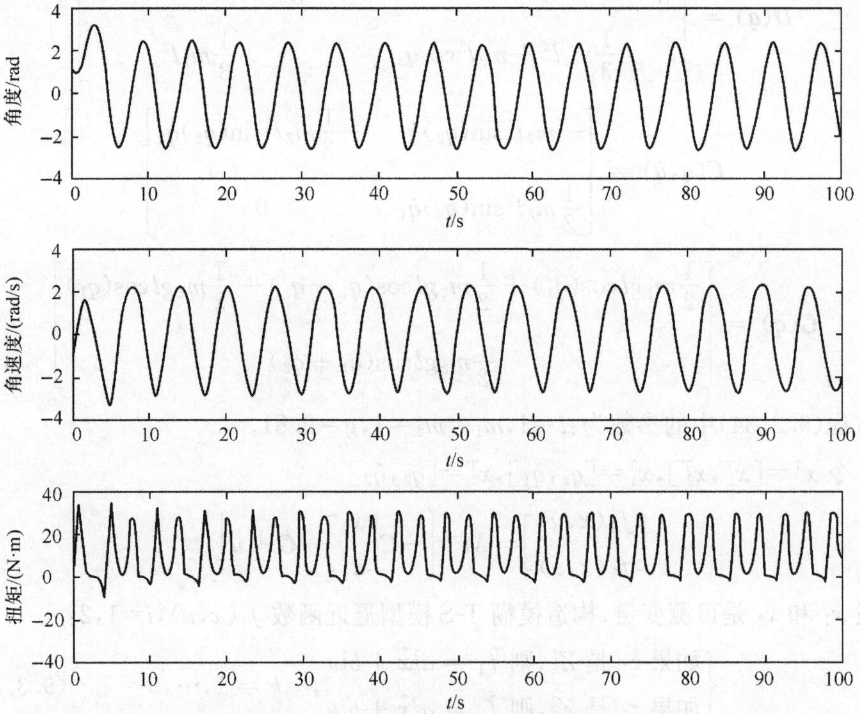

图 9-10　跟踪性能曲线(连接 1)

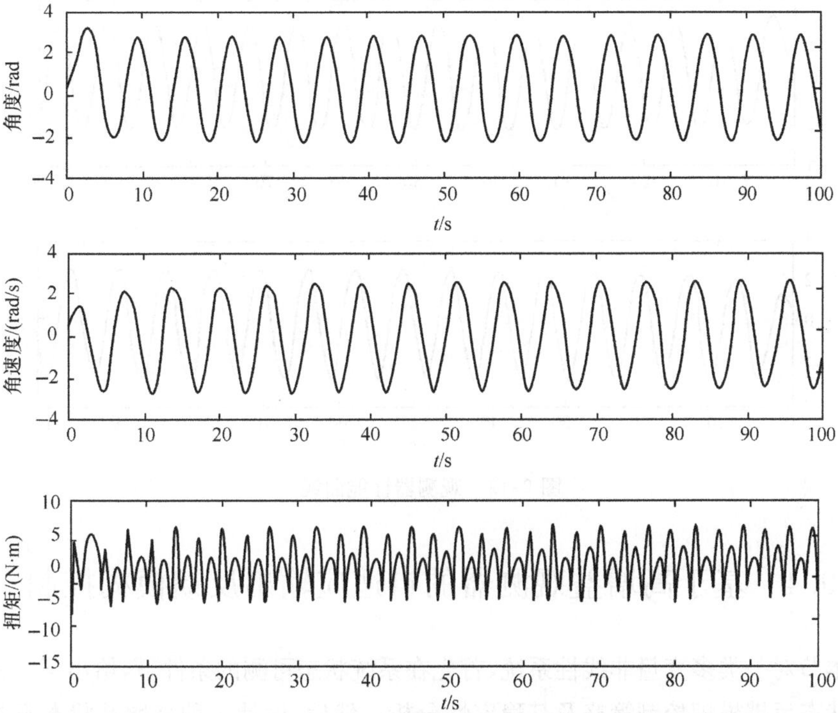

图 9-11　跟踪性能曲线(连接 2)

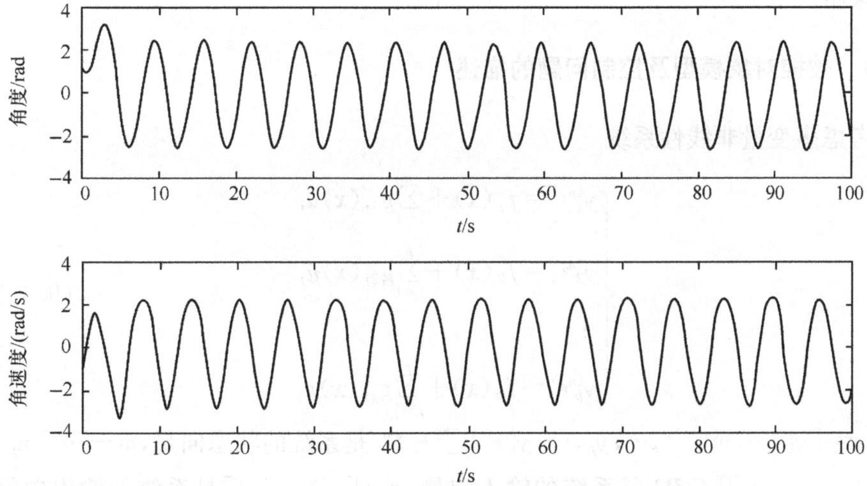

图 9-12　观测器性能曲线

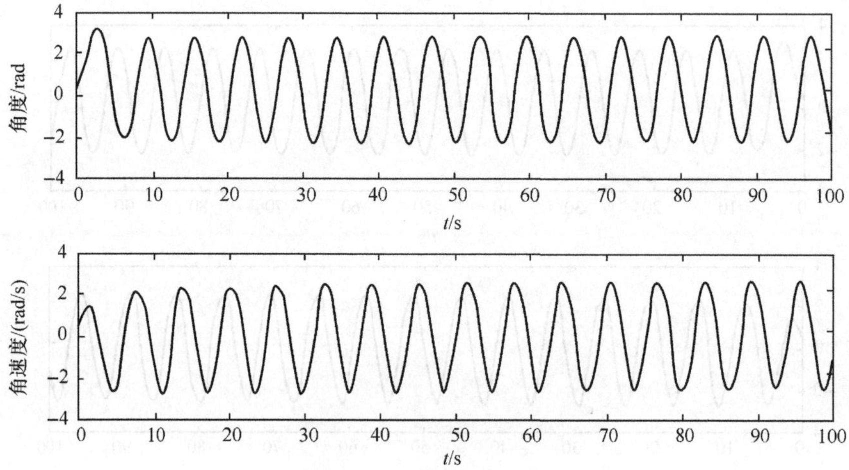

图 9-13 观测器性能曲线

9.4 基于高增益观测器的自适应输出反馈模糊控制

本节对一类多变量非线性系统，首先在系统状态可测的条件下，给出了一种自适应状态反馈模糊控制策略及其稳定性分析。然后，设计一种高增益状态观测器来估计系统的状态，进而实现在系统的状态不可测条件下的自适应状态反馈模糊控制策略。

9.4.1 被控对象模型及控制问题的描述

考虑多变量非线性系统

$$\begin{cases} y_1^{(n_1)} = f_1(\boldsymbol{x}) + \sum_{j=1}^{p} g_{1j}(\boldsymbol{x}) u_j \\ y_2^{(n_2)} = f_2(\boldsymbol{x}) + \sum_{j=1}^{p} g_{2j}(\boldsymbol{x}) u_j \\ \vdots \\ y_p^{(n_p)} = f_p(\boldsymbol{x}) + \sum_{j=1}^{p} g_{pj}(\boldsymbol{x}) u_j \end{cases} \tag{9.4.1}$$

式中，$\boldsymbol{x}=[y_1,\cdots,y_1^{(n_1-1)},\cdots,y_p,\cdots,y_p^{(n_p-1)}]^{\mathrm{T}}\in\mathbf{R}^n$ 是系统的状态向量，$n_1+\cdots+n_p=n$；$\boldsymbol{u}=[u_1,\cdots,u_p]^{\mathrm{T}}\in\mathbf{R}^p$ 是系统的输入向量；$\boldsymbol{y}=[y_1,\cdots,y_p]$是系统的输出向量；$f_i(\boldsymbol{x})$和 $g_{ij}(\boldsymbol{x})$是未知的光滑函数。

给定参考信号 $y_{\mathrm{m}1},\cdots,y_{\mathrm{m}p}$，定义跟踪误差及其导数为

$$e_{11}=y_1-y_{\mathrm{m}1},\quad e_{12}=\dot{y}_1-\dot{y}_{\mathrm{m}1},\quad \cdots,\quad e_{1n_1}=y_1^{(n_1-1)}-y_{\mathrm{m}1}^{(n_1-1)}$$

$$e_{21}=y_2-y_{m2},\quad e_{22}=\dot{y}_2-\dot{y}_{m2},\quad \cdots,\quad e_{2n_2}=y_2^{(n_2-1)}-y_{m2}^{(n_2-1)}$$
$$\vdots$$
$$e_{p1}=y_p-y_{mp},\quad e_p=\dot{y}_p-\dot{y}_{mp},\quad \cdots,\quad e_{pn_p}=y_p^{(n_p-1)}-y_{mp}^{(n_p-1)}$$

记

$$\boldsymbol{E}_i=[e_{i1},\cdots,e_{in_i}]^{\mathrm{T}},\quad \boldsymbol{y}_{\mathrm{m}}^{(n)}=[y_{\mathrm{m}1}^{(n_1)},\cdots,y_{\mathrm{m}p}^{(n_p)}]^{\mathrm{T}}$$
$$\boldsymbol{Y}_{\mathrm{m}}=[y_{\mathrm{m}1},\cdots,y_{\mathrm{m}1}^{(n_1-1)},\cdots,y_{\mathrm{m}p},\cdots,y_{\mathrm{m}p}^{(n_p-1)}]^{\mathrm{T}},\quad \boldsymbol{E}=\boldsymbol{x}-Y_{\mathrm{m}}=[E_1,\cdots,E_p]^{\mathrm{T}}$$

第 i 个系统的误差方程为

$$\dot{\boldsymbol{E}}_i=\boldsymbol{A}_i\boldsymbol{E}_i+\boldsymbol{B}_i\Big[f_i(\boldsymbol{x})+\sum_{j=1}^{p}g_{ij}(\boldsymbol{x})u_j-y_{\mathrm{m}i}^{(n_i)}\Big],\quad i=1,2,\cdots,p \tag{9.4.2}$$

式中

$$\boldsymbol{A}_i=\begin{bmatrix}0&1&\cdots&0\\0&0&\cdots&0\\\vdots&\vdots&&\vdots\\0&0&\cdots&1\\0&0&\cdots&0\end{bmatrix}_{n_i\times n_i},\quad \boldsymbol{B}_i=\begin{bmatrix}0\\0\\\vdots\\0\\1\end{bmatrix}_{n_i\times 1}$$

系统(9.4.2)等价于

$$\dot{\boldsymbol{E}}=\boldsymbol{A}\boldsymbol{E}+\boldsymbol{B}[\boldsymbol{F}(\boldsymbol{x})+\boldsymbol{G}(\boldsymbol{x})u-\boldsymbol{y}_{\mathrm{m}}^{(n)}] \tag{9.4.3}$$

式中

$$\boldsymbol{F}(\boldsymbol{x})_{p\times 1}=[f_1(\boldsymbol{x}),\cdots,f_p(\boldsymbol{x})]^{\mathrm{T}},\quad \boldsymbol{G}(\boldsymbol{x})_{p\times p}=[G_1(\boldsymbol{x}),\cdots,G_p(\boldsymbol{x})]$$
$$\boldsymbol{G}_i(\boldsymbol{x})_{p\times 1}=[g_{1i}(\boldsymbol{x}),\cdots,g_{pi}(\boldsymbol{x})]^{\mathrm{T}},\quad i=1,2,\cdots,p$$
$$\boldsymbol{A}_{n\times n}=\mathrm{diag}(\boldsymbol{A}_1,\cdots,\boldsymbol{A}_p),\quad \boldsymbol{B}_{n\times p}=\mathrm{diag}(\boldsymbol{B}_1,\cdots,\boldsymbol{B}_p)$$

假设 9.9　假设在相关的控制区域内，$\boldsymbol{G}^{-1}(x)$存在。

设模糊逻辑系统 $\hat{\boldsymbol{F}}(\boldsymbol{x}|\boldsymbol{\Theta}_1)$和 $\hat{\boldsymbol{G}}(\boldsymbol{x}|\boldsymbol{\Theta}_2)$采用 9.1 节的形式，即

$$\hat{\boldsymbol{F}}(\boldsymbol{x}\mid\boldsymbol{\Theta}_1)=\boldsymbol{\Theta}_1^{\mathrm{T}}\boldsymbol{\xi}(\boldsymbol{x}),\quad \hat{\boldsymbol{G}}(\boldsymbol{x}\mid\boldsymbol{\Theta}_2)=\boldsymbol{\Theta}_2^{\mathrm{T}}\boldsymbol{\Phi}(\boldsymbol{x}) \tag{9.4.4}$$

控制任务　(基于模糊逻辑系统) 在状态变量不可测的情况下，设计基于观测器的自适应输出反馈模糊控制器和参数向量的自适应律，使得闭环系统稳定，而且跟踪误差 e_{i1}收敛于零。

9.4.2　状态反馈模糊控制器的设计与稳定性分析

首先假设系统的状态可测的情况下，设计自适应状态反馈模糊控制及其参数向量的自适应律，保证控制任务的实现。

利用 $\hat{\boldsymbol{F}}(\boldsymbol{x}|\Theta_1)$和 $\hat{\boldsymbol{G}}(\boldsymbol{x}|\Theta_2)$分别逼近式(9.4.3)中的未知函数 $F(\boldsymbol{x})$和 $G(\boldsymbol{x})$，则式(9.4.3)可以写成

$$\begin{aligned}\dot{\boldsymbol{E}}=&\boldsymbol{A}\boldsymbol{E}+\boldsymbol{B}\{\hat{\boldsymbol{F}}(x\mid\boldsymbol{\Theta}_1)+\hat{\boldsymbol{G}}(\boldsymbol{x}\mid\boldsymbol{\Theta}_2)u-\boldsymbol{y}_{\mathrm{m}}^{(n)}\\&+\boldsymbol{F}(\boldsymbol{x})-\hat{\boldsymbol{F}}(x\mid\boldsymbol{\Theta}_1)+[\boldsymbol{G}(\boldsymbol{x})-\hat{\boldsymbol{G}}(\boldsymbol{x}\mid\boldsymbol{\Theta}_2)]\boldsymbol{u}\}\end{aligned} \tag{9.4.5}$$

假设 U,Ω_1 和 Ω_2 是如下的有界闭集：

$$U=\{\boldsymbol{x}\in\mathbf{R}^n:\|\boldsymbol{x}\|\leqslant M_1\},\quad \Omega_1=\{\boldsymbol{\Theta}_1\in\mathbf{R}^{pN\times p}:\|\boldsymbol{\Theta}_1\|\leqslant M_2\}$$

$$\Omega_2=\{\boldsymbol{\Theta}_2\in\mathbf{R}^{pN\times 2p}:\|\boldsymbol{\Theta}_2\|\leqslant M_3\}$$

式中，M_1,M_2 和 M_3 是设计的参数；N 是模糊推理的规则数。

定义参数向量 $\boldsymbol{\Theta}_1$ 和 $\boldsymbol{\Theta}_2$ 的最优参数向量 $\boldsymbol{\Theta}_1^*$ 和 $\boldsymbol{\Theta}_2^*$ 为

$$\boldsymbol{\Theta}_1^*=\arg\min_{\boldsymbol{\Theta}_1\in\Omega_1}\{\sup_{x\in U}|\boldsymbol{F}(\boldsymbol{x})-\hat{\boldsymbol{F}}(\boldsymbol{x}\mid\boldsymbol{\Theta}_1)|\}$$

$$\boldsymbol{\Theta}_2^*=\arg\min_{\boldsymbol{\Theta}_2\in\Omega_2}\{\sup_{x\in U}|\boldsymbol{G}(\boldsymbol{x})-\hat{\boldsymbol{G}}(\boldsymbol{x}\mid\boldsymbol{\Theta}_2)|\}$$

模糊最小逼近误差为

$$\boldsymbol{w}=\hat{\boldsymbol{F}}(\boldsymbol{x}\mid\boldsymbol{\Theta}_1^*)-\boldsymbol{F}(\boldsymbol{x})+[\hat{\boldsymbol{G}}(\boldsymbol{x}\mid\boldsymbol{\Theta}_2^*)-\boldsymbol{G}(\boldsymbol{x})]u \tag{9.4.6}$$

把式(9.4.6)代入式(9.4.5)得

$$\begin{aligned}\dot{\boldsymbol{E}}&=\boldsymbol{AE}+\boldsymbol{B}\{\hat{\boldsymbol{F}}(x\mid\boldsymbol{\Theta}_1)+\hat{\boldsymbol{G}}(\boldsymbol{x}\mid\boldsymbol{\Theta}_2)\boldsymbol{u}-\boldsymbol{y}_{\mathrm{m}}^{(n)}\\&\quad+[\hat{\boldsymbol{F}}(\boldsymbol{x}\mid\boldsymbol{\Theta}_1)-\hat{\boldsymbol{F}}(\boldsymbol{x}\mid\boldsymbol{\Theta}_1^*)]+[\hat{\boldsymbol{G}}(\boldsymbol{x}\mid\boldsymbol{\Theta}_2)-\hat{\boldsymbol{G}}(\boldsymbol{x}\mid\boldsymbol{\Theta}_2^*)]\boldsymbol{u}\}\\&=\boldsymbol{AE}+\boldsymbol{B}[\boldsymbol{\Theta}_1^{\mathrm{T}}\boldsymbol{\xi}(\boldsymbol{x})+\boldsymbol{\Theta}_2^{\mathrm{T}}\boldsymbol{\Phi}(\boldsymbol{x})\boldsymbol{u}-\boldsymbol{y}_{\mathrm{m}}^{(n)}\\&\quad+\tilde{\boldsymbol{\Theta}}_1^{\mathrm{T}}\boldsymbol{\xi}(\boldsymbol{x})+\tilde{\boldsymbol{\Theta}}_2^{\mathrm{T}}\boldsymbol{\Phi}(\boldsymbol{x})\boldsymbol{u}+\boldsymbol{w}]\end{aligned} \tag{9.4.7}$$

设计滑模平面为

$$s_i=\sum_{j=1}^{n_i}a_{ij}e_{ij},\quad i=1,2,\cdots,p \tag{9.4.8}$$

式中，$\sum_{j=1}^{n_i}a_{ij}\lambda^{j-1}$ 是一个稳定的多项式，且 $a_{in_i}=1$。令

$$\boldsymbol{s}=[s_1,\cdots,s_p]^{\mathrm{T}} \tag{9.4.9}$$

定义滑模可达条件为

$$\dot{\boldsymbol{s}}=-\boldsymbol{Ks}-\boldsymbol{K}_0\operatorname{sgn}(\boldsymbol{s}) \tag{9.4.10}$$

式中，$\boldsymbol{K}=[k_{ij}]$是一个正定矩阵；$\boldsymbol{K}_0=\operatorname{diag}(k_{01},\cdots,k_{0p})>0$；$\operatorname{sgn}(\boldsymbol{s})=[\operatorname{sgn}(s_1),\cdots,\operatorname{sgn}(s_p)]^{\mathrm{T}}$。

求 $\boldsymbol{s}$ 对时间的导数，并由式(9.4.7)得

$$\begin{aligned}\dot{\boldsymbol{s}}&=\boldsymbol{\Xi}+\boldsymbol{\Theta}_1^{\mathrm{T}}\boldsymbol{\xi}(\boldsymbol{x})+\boldsymbol{\Theta}_2^{\mathrm{T}}\boldsymbol{\Phi}(\boldsymbol{x})\boldsymbol{u}-\boldsymbol{y}_{\mathrm{m}}^{(n)}\\&\quad+\tilde{\boldsymbol{\Theta}}_1^{\mathrm{T}}\boldsymbol{\xi}(\boldsymbol{x})+\tilde{\boldsymbol{\Theta}}_2^{\mathrm{T}}\boldsymbol{\Phi}(\boldsymbol{x})\boldsymbol{u}+\boldsymbol{w}\end{aligned} \tag{9.4.11}$$

式中，$\boldsymbol{\Xi}=[\sum_{j=1}^{n_1-1}a_{1j}e_{1(j+1)},\cdots,\sum_{j=1}^{n_p-1}a_{pj}e_{p(j+1)}]^{\mathrm{T}}$。

假设 9.10　对于 $\boldsymbol{x}\in U,\boldsymbol{\Theta}_2\in\Omega_2,\hat{\boldsymbol{G}}^{-1}(\boldsymbol{x}|\boldsymbol{\Theta}_2)=[\boldsymbol{\Theta}_2^{\mathrm{T}}\boldsymbol{\Phi}(\boldsymbol{x})]^{-1}$存在。

令

$$\begin{aligned}\dot{\boldsymbol{s}}&=\boldsymbol{\Xi}+\boldsymbol{\Theta}_1^{\mathrm{T}}\boldsymbol{\xi}(\boldsymbol{x})+\boldsymbol{\Theta}_2^{\mathrm{T}}\boldsymbol{\Phi}(\boldsymbol{x})\boldsymbol{u}-\boldsymbol{y}_{\mathrm{m}}^{(n)}\\&=-\boldsymbol{Ks}-\boldsymbol{K}_0\operatorname{sgn}(\boldsymbol{s})\end{aligned} \tag{9.4.12}$$

设计自适应模糊状态反馈控制器为

$$\boldsymbol{u}=[\boldsymbol{\Theta}_2^{\mathrm{T}}\boldsymbol{\Phi}(\boldsymbol{x})]^{-1}[-\boldsymbol{\Xi}-\boldsymbol{\Theta}_1^{\mathrm{T}}\boldsymbol{\xi}(\boldsymbol{x})+\boldsymbol{y}_{\mathrm{m}}^{(n)}-\boldsymbol{K}\boldsymbol{s}-\boldsymbol{K}_0\operatorname{sgn}(\boldsymbol{s})] \tag{9.4.13}$$

式中，$\lambda_{\min}(K)>\dfrac{\|P_1B_{n-1}\|}{4\lambda}$，$k_0=\min\limits_{1\leqslant i\leqslant p}\{k_{0i}\}>l_0/p$。

把式(9.4.13)代入式(9.4.11)得

$$\boldsymbol{s}=-\boldsymbol{K}\boldsymbol{s}-\boldsymbol{K}_0\operatorname{sgn}(\boldsymbol{s})+\widetilde{\boldsymbol{\Theta}}_1^{\mathrm{T}}\boldsymbol{\xi}(\boldsymbol{x})+\widetilde{\boldsymbol{\Theta}}_2^{\mathrm{T}}\boldsymbol{\Phi}(\boldsymbol{x})\boldsymbol{u}+\boldsymbol{w} \tag{9.4.14}$$

设 $\delta_1>0,\delta_2>0$，定义如下两个有界闭集：

$$\Omega_{10}=\{\boldsymbol{\Theta}_1:\|\boldsymbol{\Theta}_1\|^2\leqslant M_1+\delta_1\},\quad \Omega_{20}=\{\boldsymbol{\Theta}_2:\|\boldsymbol{\Theta}_2\|^2\leqslant M_2+\delta_2\}$$

取参数向量的自适应律为

$$\dot{\boldsymbol{\Theta}}_1=-\eta_1\operatorname{Proj}[\boldsymbol{\Theta}_1,\boldsymbol{\xi}(\boldsymbol{x})\boldsymbol{s}] \tag{9.4.15}$$

$$\dot{\boldsymbol{\Theta}}_2=-\eta_2\operatorname{Proj}[\boldsymbol{\Theta}_2,\boldsymbol{\Phi}(\boldsymbol{x})\boldsymbol{s}\boldsymbol{u}] \tag{9.4.16}$$

式中

$$\operatorname{Proj}[\boldsymbol{\Theta}_1,\boldsymbol{\xi}(\boldsymbol{x})\boldsymbol{s}]=\begin{cases}\boldsymbol{\xi}(\boldsymbol{x})\boldsymbol{s}-\dfrac{(\|\boldsymbol{\Theta}_1\|^2-M_1)\boldsymbol{s}^{\mathrm{T}}\boldsymbol{\Theta}_1^{\mathrm{T}}\boldsymbol{\xi}(\boldsymbol{x})}{\delta_1\|\boldsymbol{\Theta}_1\|^2}\boldsymbol{\Theta}_1, & \|\boldsymbol{\Theta}_1\|^2=M_1 \\ & \text{且 } \boldsymbol{s}^{\mathrm{T}}\boldsymbol{\Theta}_1^{\mathrm{T}}\boldsymbol{\xi}(\boldsymbol{x})>0 \\ \boldsymbol{\xi}(\boldsymbol{x})\boldsymbol{s}, & \text{其他}\end{cases} \tag{9.4.17}$$

$$\operatorname{Proj}[\boldsymbol{\Theta}_2,\boldsymbol{\Phi}(\boldsymbol{x})\boldsymbol{s}]=\begin{cases}\boldsymbol{\Phi}(\boldsymbol{x})\boldsymbol{s}-\dfrac{(\|\boldsymbol{\Theta}_2\|^2-M_2)\boldsymbol{s}^{\mathrm{T}}\boldsymbol{\Theta}_2^{\mathrm{T}}\boldsymbol{\Phi}(\boldsymbol{x})\boldsymbol{u}}{\delta_2\|\boldsymbol{\Theta}_2\|^2}\boldsymbol{\Theta}_2, & \|\boldsymbol{\Theta}_2\|^2=M_2 \\ & \text{且 } \boldsymbol{s}^{\mathrm{T}}\boldsymbol{\Theta}_2^{\mathrm{T}}\boldsymbol{\Phi}_2(\boldsymbol{x})\boldsymbol{u}>0 \\ \boldsymbol{\Phi}(\boldsymbol{x})\boldsymbol{s}, & \text{其他}\end{cases} \tag{9.4.18}$$

参数自适应律(9.4.15)和(9.4.16)能够保证 $\hat{\boldsymbol{G}}^{-1}(\boldsymbol{x}|\boldsymbol{\Theta}_2)$存在，而且如果 $\boldsymbol{\Theta}_1(0)\in\Omega_{20}(\boldsymbol{\Theta}_2(0)\in\Omega_{20})$，则 $\boldsymbol{\Theta}_1\in\Omega_{10}(\boldsymbol{\Theta}_2\in\Omega_{20})$。

假设 9.11　假设模糊逼近误差有界，即存在 $l_0>0$ 使得 $\|\boldsymbol{w}\|\leqslant l_0$。

定理 9.5　考虑被控系统(9.4.1)，采用模糊控制器为式(9.4.13)，参数向量采用式(9.4.15)和式(9.4.16)，如果假设 9.9～假设 9.11 成立，则整个闭环系统稳定，跟踪误差 $e_i(i=1,2,\cdots,p)$收敛于零。

9.4.3　输出反馈模糊控制器的设计与稳定性分析

在系统(9.4.1)的状态可测的情况下，给出了自适应模糊控制的设计及其系统的稳定性和收敛性分析，如果系统的状态不可测，则首先要估计系统的状态，然后实施自适应状态反馈模糊控制策略。

设计高增益观测器为

$$\begin{cases}\dot{\hat{e}}_{i1}=\hat{e}_{i2}+\dfrac{\alpha_{i1}}{\varepsilon}(e_{i1}-\hat{e}_{i1})\\ \dot{\hat{e}}_{i2}=\hat{e}_{i3}+\dfrac{\alpha_{i2}}{\varepsilon^2}(e_{i1}-\hat{e}_{i1})\\ \vdots\\ \dot{\hat{e}}_{i(n_i-1)}=\hat{e}_{in_i}+\dfrac{\alpha_{i(n_i-1)}}{\varepsilon^{n_i-1}}(e_{i1}-\hat{e}_{i1})\\ \dot{\hat{e}}_{in_i}=[\boldsymbol{\Theta}_1^{\mathrm{T}}\boldsymbol{\Phi}_1(\hat{x})]_i+[\boldsymbol{\Theta}_2^{\mathrm{T}}\boldsymbol{\Phi}_2(\hat{x})]_i\boldsymbol{u}-y_{\mathrm{m}i}^{(n_i)}+\dfrac{\alpha_{in_i}}{\varepsilon^{n_i}}(e_{i1}-\hat{e}_{i1})\end{cases}\tag{9.4.19}$$

式中，$\varepsilon>0$，$[\boldsymbol{\Theta}_1^{\mathrm{T}}\boldsymbol{\Phi}_1(\hat{x})]_i$ 和$[\boldsymbol{\Theta}_2^{\mathrm{T}}\boldsymbol{\Phi}_2(\hat{x})]_i$ 分别表示矩阵 $\boldsymbol{\Theta}_1^{\mathrm{T}}\boldsymbol{\Phi}_1(\hat{x})$和 $\boldsymbol{\Theta}_2^{\mathrm{T}}\boldsymbol{\Phi}_2(\hat{x})$的第 i 行，$i=1,2,\cdots,p$。

把式(9.4.19)缩写成

$$\dot{\hat{\boldsymbol{E}}}=\boldsymbol{A}\hat{\boldsymbol{E}}+\boldsymbol{\alpha}(\varepsilon)(\boldsymbol{E}_{11}-\hat{\boldsymbol{E}}_{11})+\boldsymbol{B}[\boldsymbol{\Theta}_1^{\mathrm{T}}\boldsymbol{\xi}(\hat{x})+\boldsymbol{\Theta}_2^{\mathrm{T}}\boldsymbol{\Phi}(\hat{x})\boldsymbol{u}-\boldsymbol{y}_{\mathrm{m}}^{(n)}]\tag{9.4.20}$$

式中

$$\boldsymbol{E}_{11}=[e_{11},\cdots,e_{p1}]^{\mathrm{T}},\quad \hat{\boldsymbol{E}}_{11}=[\hat{e}_{11},\cdots,\hat{e}_{p1}]^{\mathrm{T}}$$

$$\boldsymbol{\alpha}(\varepsilon)=\mathrm{diag}[\alpha_1(\varepsilon),\cdots,\alpha_p(\varepsilon)],\quad \boldsymbol{\alpha}_i(\varepsilon)=\left[\frac{\alpha_{i1}}{\varepsilon},\cdots,\frac{\alpha_{in_i}}{\varepsilon^{n_i}}\right]^{\mathrm{T}}$$

定义观测误差为$\widetilde{\boldsymbol{E}}=\boldsymbol{E}-\hat{\boldsymbol{E}}$，则从式(9.4.7)和式(9.4.20)得

$$\begin{aligned}\dot{\widetilde{\boldsymbol{E}}}=&\boldsymbol{A}\widetilde{\boldsymbol{E}}-\boldsymbol{\alpha}(\boldsymbol{\varepsilon})\widetilde{\boldsymbol{E}}_{11}+\boldsymbol{B}\{\boldsymbol{\Theta}_1^{\mathrm{T}}[\boldsymbol{\xi}(\boldsymbol{x})-\boldsymbol{\xi}(\hat{\boldsymbol{x}})]+\boldsymbol{\Theta}_2^{\mathrm{T}}[\boldsymbol{\Phi}(\boldsymbol{x})-\boldsymbol{\Phi}(\hat{\boldsymbol{x}})]\boldsymbol{u}\}\\&+\boldsymbol{B}[\widetilde{\boldsymbol{\Theta}}_1^{\mathrm{T}}\boldsymbol{\xi}(\boldsymbol{x})+\widetilde{\boldsymbol{\Theta}}_2^{\mathrm{T}}\boldsymbol{\Phi}(\boldsymbol{x})\boldsymbol{u}+\boldsymbol{w}]\end{aligned}\tag{9.4.21}$$

设

$$\varphi(\boldsymbol{\Theta}_1,\boldsymbol{\Theta}_2,\boldsymbol{x},\boldsymbol{u})=\boldsymbol{\Theta}_1^{\mathrm{T}}\boldsymbol{\xi}(\boldsymbol{x})+\boldsymbol{\Theta}_2^{\mathrm{T}}\boldsymbol{\Phi}(\boldsymbol{x})\boldsymbol{u}$$

$$d(\boldsymbol{\Theta}_1,\boldsymbol{\Theta}_2,\boldsymbol{x},\boldsymbol{u})=\widetilde{\boldsymbol{\Theta}}_1^{\mathrm{T}}\boldsymbol{\xi}(\boldsymbol{x})+\widetilde{\boldsymbol{\Theta}}_2^{\mathrm{T}}\boldsymbol{\Phi}(\boldsymbol{x})\boldsymbol{u}$$

则式(9.4.21)可以写成

$$\begin{aligned}\dot{\widetilde{\boldsymbol{E}}}=&\boldsymbol{A}\widetilde{\boldsymbol{E}}-\boldsymbol{\alpha}(\varepsilon)\widetilde{\boldsymbol{E}}_1+\boldsymbol{B}[\varphi(\boldsymbol{\Theta}_1,\boldsymbol{\Theta}_2,\boldsymbol{x},\boldsymbol{u})\\&-\varphi(\boldsymbol{\Theta}_1,\boldsymbol{\Theta}_2,\hat{\boldsymbol{x}},\boldsymbol{u})+d(\boldsymbol{\Theta}_1,\boldsymbol{\Theta}_2,\boldsymbol{x},\boldsymbol{u})+\boldsymbol{w}]\end{aligned}\tag{9.4.22}$$

令

$$\xi_{ij}=\frac{1}{\varepsilon^{n_i-j}}\widetilde{\boldsymbol{E}}_{ij},\quad j=1,2,\cdots,n_i;i=1,2,\cdots,p\tag{9.4.23}$$

则式(9.4.22)写成

$$\varepsilon\dot{\boldsymbol{\xi}}=\boldsymbol{A}\boldsymbol{\xi}-\alpha\boldsymbol{\xi}_1+\varepsilon\boldsymbol{B}[\varphi(\boldsymbol{\Theta}_1,\boldsymbol{\Theta}_2,\boldsymbol{x},\boldsymbol{u})-\varphi(\boldsymbol{\Theta}_1,\boldsymbol{\Theta}_2,\hat{\boldsymbol{x}},\boldsymbol{u})+d]\tag{9.4.24}$$

式中

$$\boldsymbol{\alpha}=[\alpha_1,\cdots,\alpha_n]^{\mathrm{T}},\quad \boldsymbol{\alpha}_i=[\alpha_{i1},\cdots,\alpha_{in_i}]^{\mathrm{T}},\quad i=1,2,\cdots,p$$

$$\boldsymbol{\xi}_1=[\xi_{11},\cdots,\xi_{p1}]^{\mathrm{T}},\quad \boldsymbol{\xi}=[\xi_{11},\cdots,\xi_{1n_1},\cdots,\xi_{p1},\cdots,\xi_{pn_p}]^{\mathrm{T}}$$

参数向量$[1,\alpha_{i1},\cdots,\alpha_{in}]^{\mathrm{T}}$是使得$\sum_{j=1}^{n_i}\alpha_{ij}\lambda^{n_i-j}$为稳定的多项式，而且$\alpha_0^{(i)}=1$。

设$\boldsymbol{A}(\boldsymbol{\alpha})=\mathrm{diag}[\boldsymbol{A}_1(\boldsymbol{\alpha}),\cdots,\boldsymbol{A}_p(\boldsymbol{\alpha})]$，式中，$\boldsymbol{A}_i(\boldsymbol{\alpha})$为

$$\boldsymbol{A}_i(\boldsymbol{\alpha})=\begin{bmatrix}-\alpha_{i1} & 1 & 0 & \cdots & 0\\ -\alpha_{i2} & 0 & 1 & \cdots & 0\\ \vdots & \vdots & \vdots & & \vdots\\ -\alpha_{i(n_i-1)} & 0 & 0 & \cdots & 1\\ -\alpha_{in_i} & 0 & 0 & \cdots & 0\end{bmatrix}$$

由于矩阵$\boldsymbol{A}(\boldsymbol{\alpha})$是稳定的，所以存在正定矩阵$\boldsymbol{P}_1$满足矩阵方程

$$\boldsymbol{A}(\boldsymbol{\alpha})^{\mathrm{T}}\boldsymbol{P}_1+\boldsymbol{P}_1\boldsymbol{A}(\boldsymbol{\alpha})=-\boldsymbol{I}_n \tag{9.4.25}$$

把式(9.4.22)写成

$$\varepsilon\dot{\boldsymbol{\xi}}=\boldsymbol{A}(\boldsymbol{\alpha})\boldsymbol{\xi}+\varepsilon\boldsymbol{B}[\varphi(\boldsymbol{\Theta}_1,\boldsymbol{\Theta}_2,\boldsymbol{x},\boldsymbol{u})-\varphi(\boldsymbol{\Theta}_1,\boldsymbol{\Theta}_2,\hat{\boldsymbol{x}},\boldsymbol{u})+d+\boldsymbol{w}] \tag{9.4.26}$$

现在把式(9.4.8)看成是一个坐标变换，并用s_i替换e_{in_i}，则式(9.4.7)可以写成

$$\dot{\overline{\boldsymbol{E}}}=\overline{\boldsymbol{A}}\overline{\boldsymbol{E}}+\overline{\boldsymbol{B}}\boldsymbol{s} \tag{9.4.27}$$

$$\dot{\boldsymbol{s}}=-\boldsymbol{K}\boldsymbol{s}-K_0\,\mathrm{sgn}(\boldsymbol{s})+\widetilde{\boldsymbol{\Theta}}_1^{\mathrm{T}}\boldsymbol{\Phi}_1(\boldsymbol{x})+\widetilde{\boldsymbol{\Theta}}_2^{\mathrm{T}}\boldsymbol{\Phi}_2(\boldsymbol{x})\boldsymbol{u}+\boldsymbol{w} \tag{9.4.28}$$

式中

$$\overline{\boldsymbol{E}}=[e_1,\cdots,e_{1(n_1-1)},\cdots,e_p,\cdots,e_{p(n_p-1)}]^{\mathrm{T}}$$

$$\overline{\boldsymbol{A}}=\mathrm{diag}(\overline{\boldsymbol{A}}_1,\cdots,\overline{\boldsymbol{A}}_p),\quad \overline{\boldsymbol{B}}=\mathrm{diag}(\overline{\boldsymbol{B}}_1,\cdots,\overline{\boldsymbol{B}}_p)$$

$$\overline{\boldsymbol{A}}_i=\begin{bmatrix}0 & 1 & 0 & \cdots & 0\\ 0 & 0 & 1 & \cdots & 0\\ \vdots & \vdots & \vdots & & \vdots\\ 0 & 0 & 0 & \cdots & 1\\ -a_{i1} & -a_{i2} & -a_{i3} & \cdots & -a_{i(n_i-1)}\end{bmatrix},\quad \overline{\boldsymbol{B}}_i=\begin{bmatrix}0\\ \vdots\\ 0\\ 1\end{bmatrix}_{(n_i-1)\times 1}$$

由于$\overline{\boldsymbol{A}}_i$是多项式$\sum_{j=1}^{n_i-1}a_{ij}\lambda^{j-1}$的伴随矩阵，所以$\overline{\boldsymbol{A}}_i$是稳定的，存在正定矩阵$\boldsymbol{P}_2$满足

$$\overline{\boldsymbol{A}}^{\mathrm{T}}\boldsymbol{P}_2+\boldsymbol{P}_2\overline{\boldsymbol{A}}=-\boldsymbol{I}_{n-p} \tag{9.4.29}$$

考虑

$$\hat{s}_i=\sum_{j=1}^{n_i}a_{ij}\hat{e}_{ij} \tag{9.4.30}$$

$$s_i-\hat{s}_i=\sum_{j=1}^{n_i}a_{ij}\tilde{e}_{ij} \tag{9.4.31}$$

在状态不可测的条件下，滑模的可达条件变成

$$\hat{\boldsymbol{s}}=-\boldsymbol{K}\hat{\boldsymbol{s}}-\boldsymbol{K}_0\,\mathrm{sgn}(\hat{\boldsymbol{s}}) \tag{9.4.32}$$

用 $\hat{s}$ 替换式(9.4.28)中的 s,则有

$$\dot{\hat{s}} = -K\hat{s} - K_0\,\mathrm{sgn}(\hat{s}) + \tilde{\Theta}_1^{\mathrm{T}}\xi(\hat{x}) + \tilde{\Theta}_2^{\mathrm{T}}\Phi(\hat{x})u + w \tag{9.4.33}$$

令

$$z_1 = \Big[\sum_{j=1}^{n_1} a_{1j}\varepsilon^{n_1-j}\xi_{1j}, \sum_{j=1}^{n_{2i}} a_{2j}\varepsilon^{n_2-j}\xi_{2j}, \cdots, \sum_{j=1}^{n_p} a_{pj}\varepsilon^{n_p-j}\xi_{pj}\Big]^{\mathrm{T}}$$

则式(9.4.27),式(9.4.28)和式(9.4.33)形成闭环系统

$$\dot{\bar{E}} = \bar{A}\bar{E} + \bar{B}(\hat{s} + z_1) \tag{9.4.34}$$

$$\dot{\hat{s}} = -K\hat{s} - K_0\,\mathrm{sgn}(\hat{s}) + \tilde{\Theta}_1^{\mathrm{T}}\xi(\hat{x}) + \tilde{\Theta}_2^{\mathrm{T}}\Phi(\hat{x})u + w \tag{9.4.35}$$

$$\dot{\xi} = \frac{1}{\varepsilon}A(\alpha)\xi + B[\varphi(\Theta_1, \Theta_2, x, u) - \varphi(\Theta_1, \Theta_2, \hat{x}, u) + d] \tag{9.4.36}$$

假设 9.12　假设存在常数 $L \geqslant 0, M \geqslant 0$,对于 $x, \hat{x} \in U, \Theta_1 \in \Omega_1, \Theta_2 \in \Omega_2, u \in \Sigma \subset \mathbf{R}^p$ 使得

$$|\varphi(\Theta_1, \Theta_2, x, u) - \varphi(\Theta_1, \Theta_2, \hat{x}, u)| \leqslant L\|x - \hat{x}\|$$

$$|d(\Theta_1, \Theta_2, x, u)| \leqslant M$$

这里,Σ 是一个有界闭集。

设输出反馈控制为

$$u = [\Theta_2^{\mathrm{T}}\Phi(\hat{x})]^{-1}[-\hat{\Xi} - \Theta_1^{\mathrm{T}}\xi(\hat{x}) + y_{\mathrm{m}}^{(n)} - K\hat{s} - K_0\,\mathrm{sgn}(\hat{s})] \tag{9.4.37}$$

式中

$$\hat{\Xi} = \Big[\sum_{j=1}^{n_1-1} a_{1j}\hat{e}_{1(j+1)}, \cdots, \sum_{j=1}^{n_p-1} a_{pj}\hat{e}_{p(j+1)}\Big]^{\mathrm{T}}$$

$$\lambda_{\min}(K) > \frac{a_1^2}{\lambda_1}, \quad k_0 > l_0/p$$

参数向量的自适应律为

$$\dot{\Theta}_1 = -\eta_1\,\mathrm{Proj}[\Theta_1, \xi(\hat{x})\hat{s}] \tag{9.4.38}$$

$$\dot{\Theta}_2 = -\eta_2\,\mathrm{Proj}[\Theta_2, \Phi(\hat{x})\hat{s}u] \tag{9.4.39}$$

整个自适应输出反馈模糊控制方案具有如下的性质。

定理 9.6　考虑被控制对象(9.4.1),采用输出反馈控制器为式(9.4.37),参数自适应律为式(9.4.38)和式(9.4.39),如果假设 9.9～假设 9.12 成立,则存在正数 $\bar{\varepsilon} = \min\left\{\dfrac{3\lambda_2}{4(a_3\lambda_2 + a_1^2)}, 1\right\}$,当 $\varepsilon \in (0, \bar{\varepsilon}]$ 时,整个自适应输出反馈模糊控制方案保证模糊控制系统稳定,而且跟踪误差收敛于零的一个邻域内。

证明　考虑 Lyapunov 函数

$$V = \bar{E}^{\mathrm{T}}P_2\bar{E} + \frac{1}{2}\hat{s}^{\mathrm{T}}\hat{s} + \xi^{\mathrm{T}}P_1\xi + \frac{1}{2\eta_1}\tilde{\Theta}_1^{\mathrm{T}}\tilde{\Theta}_1 + \frac{1}{2\eta_2}\mathrm{tr}(\tilde{\Theta}_2^{\mathrm{T}}\tilde{\Theta}_2) \tag{9.4.40}$$

求 V 对时间的导数

$$\dot{V}=\dot{\overline{\boldsymbol{E}}}^{\mathrm{T}}\boldsymbol{P}_2\overline{\boldsymbol{E}}+\overline{\boldsymbol{E}}^{\mathrm{T}}\boldsymbol{P}_2\dot{\overline{\boldsymbol{E}}}+\dot{\hat{\boldsymbol{s}}}^{\mathrm{T}}\hat{\boldsymbol{s}}+\dot{\boldsymbol{\xi}}^{\mathrm{T}}\boldsymbol{P}_1\boldsymbol{\xi}+\boldsymbol{\xi}^{\mathrm{T}}\boldsymbol{P}_1\dot{\boldsymbol{\xi}}+\frac{1}{\eta_1}\widetilde{\boldsymbol{\Theta}}_1^{\mathrm{T}}\dot{\widetilde{\boldsymbol{\Theta}}}_2+\frac{1}{\eta_2}\mathrm{tr}(\widetilde{\boldsymbol{\Theta}}_2^{\mathrm{T}}\dot{\widetilde{\boldsymbol{\Theta}}}_2) \tag{9.4.41}$$

根据式(9.4.34)～式(9.4.36)得

$$\begin{aligned}\dot{V}=&\overline{\boldsymbol{E}}^{\mathrm{T}}[\boldsymbol{P}_2\boldsymbol{A}_1^{\mathrm{T}}+\boldsymbol{A}_1\boldsymbol{P}_2]\overline{\boldsymbol{E}}+2\overline{\boldsymbol{E}}^{\mathrm{T}}\boldsymbol{P}_2\boldsymbol{B}_{n-1}(\hat{\boldsymbol{s}}+\boldsymbol{z}_1)\\&+\hat{\boldsymbol{s}}^{\mathrm{T}}[-\boldsymbol{K}\hat{\boldsymbol{s}}-\boldsymbol{K}_0\mathrm{sgn}(\hat{\boldsymbol{s}})+\widetilde{\boldsymbol{\Theta}}_1^{\mathrm{T}}\boldsymbol{\xi}(\hat{\boldsymbol{x}})+\widetilde{\boldsymbol{\Theta}}_2^{\mathrm{T}}\boldsymbol{\Phi}(\hat{\boldsymbol{x}})\boldsymbol{u}+\boldsymbol{w}]\\&+\frac{1}{\varepsilon}\boldsymbol{\xi}^{\mathrm{T}}[\boldsymbol{P}_1\boldsymbol{A}^{\mathrm{T}}(\boldsymbol{\alpha})+\boldsymbol{A}(\boldsymbol{\alpha})\boldsymbol{P}_1]\boldsymbol{\xi}+2\boldsymbol{\xi}^{\mathrm{T}}\boldsymbol{P}_1\boldsymbol{B}[\varphi(\boldsymbol{\Theta}_1,\boldsymbol{\Theta}_2,\boldsymbol{x},\boldsymbol{u})\\&-\varphi(\boldsymbol{\Theta}_1,\boldsymbol{\Theta}_2,\hat{\boldsymbol{x}},\boldsymbol{u})+d]+\frac{1}{\eta_1}\dot{\boldsymbol{\Theta}}_1^{\mathrm{T}}\widetilde{\boldsymbol{\Theta}}_1+\frac{1}{\eta_2}\mathrm{tr}(\dot{\boldsymbol{\Theta}}_2^{\mathrm{T}}\widetilde{\boldsymbol{\Theta}}_2)\end{aligned} \tag{9.4.42}$$

把式(9.4.25)和式(9.4.29)，参数向量的自适应律式(9.4.38)和式(9.4.39)代入式(9.4.42)得

$$\begin{aligned}\dot{V}\leqslant&-\overline{\boldsymbol{E}}^{\mathrm{T}}\overline{\boldsymbol{E}}+2\overline{\boldsymbol{E}}^{\mathrm{T}}\boldsymbol{P}_2\boldsymbol{B}_{n-1}(\hat{\boldsymbol{s}}+\boldsymbol{z}_1)-\hat{\boldsymbol{s}}^{\mathrm{T}}\boldsymbol{K}\hat{\boldsymbol{s}}-\sum_{i=1}^{p}k_{0i}\|\hat{\boldsymbol{s}}\|\\&-\frac{1}{\varepsilon}\boldsymbol{\xi}^{\mathrm{T}}\boldsymbol{\xi}+2\boldsymbol{\xi}^{\mathrm{T}}\boldsymbol{P}_1\boldsymbol{B}[\varphi(\boldsymbol{\Theta}_1,\boldsymbol{\Theta}_2,\boldsymbol{x},\boldsymbol{u})-\varphi(\boldsymbol{\Theta}_1,\boldsymbol{\Theta}_2,\hat{\boldsymbol{x}},\boldsymbol{u})+d]+\hat{\boldsymbol{s}}^{\mathrm{T}}\boldsymbol{w}\end{aligned} \tag{9.4.43}$$

由于 $\varepsilon>0$，根据 $\boldsymbol{z}_1$ 的定义，存在正数 $\bar{a}$ 使得

$$\|\boldsymbol{z}_1\|\leqslant\bar{a}\|\boldsymbol{\xi}\|$$

令 $a_1=\|\boldsymbol{P}_2\boldsymbol{B}_{n-1}\|$，$a_2=\bar{a}\|\boldsymbol{P}_2\boldsymbol{B}_{n-1}\|$，$a_3=L\|\boldsymbol{P}_1\boldsymbol{B}\|$ 和 $a_4=2\|\boldsymbol{P}_1\boldsymbol{B}\|M$，则

$$\begin{aligned}2\overline{\boldsymbol{E}}^{\mathrm{T}}\boldsymbol{P}_2\boldsymbol{B}_{n-1}(\hat{\boldsymbol{s}}+\boldsymbol{z}_1)&\leqslant2a_1\|\hat{\boldsymbol{s}}\|\|\overline{\boldsymbol{E}}\|+2a_1\|\boldsymbol{z}_1\|\|\overline{\boldsymbol{E}}\|\\&\leqslant2a_1\|\hat{\boldsymbol{s}}\|\|\overline{\boldsymbol{E}}\|+2a_2\|\overline{\boldsymbol{E}}\|\|\boldsymbol{\xi}\|\end{aligned} \tag{9.4.44}$$

根据假设 9.12，有

$$\begin{aligned}\|\varphi(\boldsymbol{\Theta}_1,\boldsymbol{\Theta}_2,\boldsymbol{x},\boldsymbol{u})-\varphi(\boldsymbol{\Theta}_1,\boldsymbol{\Theta}_2,\hat{\boldsymbol{x}},\boldsymbol{u})\|&\leqslant L\|\boldsymbol{x}-\hat{\boldsymbol{x}}\|\\&=L\|\widetilde{\boldsymbol{E}}\|\leqslant L\|\boldsymbol{\xi}\|\end{aligned} \tag{9.4.45}$$

把式(9.4.44)和式(9.4.45)代入式(9.4.43)，并根据 $\|\boldsymbol{d}\|\leqslant M$ 和 $\|\boldsymbol{w}\|\leqslant l_0$，得

$$\begin{aligned}\dot{V}\leqslant&-\|\overline{\boldsymbol{E}}\|^2+2a_1\|\hat{\boldsymbol{s}}\|\|\overline{\boldsymbol{E}}\|+2a_2\|\boldsymbol{\xi}\|\|\overline{\boldsymbol{E}}\|-\lambda_{\min}(\boldsymbol{K})\|\hat{\boldsymbol{s}}\|^2\\&-\left(\frac{1}{\varepsilon}-a_3\right)\|\boldsymbol{\xi}\|^2+a_4\|\boldsymbol{\xi}\|+(l_0-pk_0)\|\hat{\boldsymbol{s}}\|\end{aligned} \tag{9.4.46}$$

取 $k_0\geqslant l_0/p$，则式(9.4.46)变成为

$$\begin{aligned}\dot{V}\leqslant&-\|\overline{\boldsymbol{E}}\|^2+2a_1\|\hat{\boldsymbol{s}}\|\|\overline{\boldsymbol{E}}\|+2a_2\|\boldsymbol{\xi}\|\|\overline{\boldsymbol{E}}\|\\&-\lambda_{\min}(\boldsymbol{K})\|\hat{\boldsymbol{s}}\|^2-\left(\frac{3}{4\varepsilon}-a_3\right)\|\boldsymbol{\xi}\|^2+2a_4\|\boldsymbol{\xi}\|\end{aligned} \tag{9.4.47}$$

由于

$$a_4\|\boldsymbol{\xi}\|\leqslant\varepsilon a_4^2+\frac{\|\boldsymbol{\xi}\|^2}{4\varepsilon},\quad 2a_1\|\hat{\boldsymbol{s}}\|\|\overline{\boldsymbol{E}}\|\leqslant\lambda_1\|\overline{\boldsymbol{E}}\|^2+\frac{a_1^2}{\lambda_1}\|\hat{\boldsymbol{s}}\|^2$$

$$2a_2\|\boldsymbol{\xi}\|\ \|\overline{\boldsymbol{E}}\|\leqslant\lambda_2\|\overline{\boldsymbol{E}}\|^2+\frac{a_2^2}{\lambda_2}\|\boldsymbol{\xi}\|^2$$

式中，λ_1 和 λ_2 是两个满足 $\lambda_1+\lambda_2<1$ 的正数。

把上面的不等式代入式(9.4.47)得

$$\begin{aligned}\dot{V}\leqslant&-[1-(\lambda_1+\lambda_2)]\|\overline{\boldsymbol{E}}\|^2-\left(\frac{3}{4\varepsilon}-a_3-\frac{a_1^2}{\lambda_2}\right)\|\boldsymbol{\xi}\|^2\\&-\left(\lambda_{\min}(\boldsymbol{K})-\frac{a_1^2}{\lambda_1}\right)\|\hat{\boldsymbol{s}}\|^2+\varepsilon a_4^2\end{aligned}\tag{9.4.48}$$

选择 $\lambda_{\min}(\boldsymbol{K})>\dfrac{a_1^2}{\lambda_1}$，$\bar{\varepsilon}=\min\left\{\dfrac{3\lambda_2}{4(a_3\lambda_2+a_1^2)},1\right\}$，则式(9.4.48)变成

$$\dot{V}\leqslant-\sigma_0(\|\overline{\boldsymbol{E}}\|^2+\|\hat{\boldsymbol{s}}\|^2+\|\boldsymbol{\xi}\|^2)+\varepsilon a_4^2\tag{9.4.49}$$

式中

$$\sigma=\min\left\{[1-(\lambda_1+\lambda_2)],\left[\lambda_{\min}(\boldsymbol{K})-\frac{a_1^2}{\lambda_1}\right],\left(\frac{3}{4\varepsilon}-a_3-\frac{a_1^2}{\lambda_2}\right)\right\}$$

所以当 $(\|\overline{\boldsymbol{E}}\|^2+|\hat{\boldsymbol{s}}|^2+\|\boldsymbol{\xi}\|^2)^{1/2}\geqslant a_4\sqrt{\dfrac{\varepsilon}{\sigma_0}}$ 时，有 $\dot{V}\leqslant0$，因此获得

$$(\overline{\boldsymbol{E}},\hat{\boldsymbol{s}},\boldsymbol{\xi})\in\left\{(\overline{\boldsymbol{E}},\hat{\boldsymbol{s}},\boldsymbol{\xi}):\|\overline{\boldsymbol{E}}\|^2+\|\hat{\boldsymbol{s}}\|^2+\|\boldsymbol{\xi}\|^2\leqslant\frac{\varepsilon}{\sigma_0}a_4^2\right\}\tag{9.4.50}$$

从式(9.4.50)便得 $|e_{i1}|\leqslant\sqrt{\dfrac{\varepsilon}{\sigma_0}}a_4$，$i=1,2,\cdots,p$。

9.4.4 仿真

例 9.4 利用本节的自适应输出反馈控制方法控制如下的多变量非线性系统：

$$\begin{aligned}&\begin{bmatrix}\dot{x}_1\\\dot{x}_2\\\dot{x}_3\end{bmatrix}=\begin{bmatrix}x_2\\x_1+x_2^2+x_3\\x_1+2x_2+3x_3x_1\end{bmatrix}+\begin{bmatrix}0\\3u_1+u_2\\u_1+2[2+0.5\sin(x_1)]u_2\end{bmatrix}\\&y_1=x_1\\&y_2=x_2\end{aligned}\tag{9.4.51}$$

把式(9.4.52)写成

$$\begin{aligned}\begin{bmatrix}\dot{x}_1\\\dot{x}_2\\\dot{x}_3\end{bmatrix}=&\begin{pmatrix}0&1&0\\0&0&0\\0&0&0\end{pmatrix}\begin{bmatrix}x_1\\x_2\\x_3\end{bmatrix}+\begin{bmatrix}0&0\\1&0\\0&1\end{bmatrix}\left(\begin{bmatrix}x_1+x_2^2+x_3\\x_1+2x_2+3x_3x_1\end{bmatrix}\right.\\&\left.+\begin{bmatrix}3&1\\1&4+\sin(x_1)\end{bmatrix}\begin{bmatrix}u_1\\u_2\end{bmatrix}\right)\end{aligned}\tag{9.4.52}$$

式中

$$\boldsymbol{A}=\operatorname{diag}(\boldsymbol{A}_1,A_2),\quad\boldsymbol{B}=\operatorname{diag}(\boldsymbol{B}_1,B_2)$$

$$\boldsymbol{A}_1=\begin{bmatrix}0&1\\0&0\end{bmatrix},\quad \boldsymbol{B}_1=\begin{bmatrix}0\\1\end{bmatrix},\quad A_2=0,\quad B_2=1$$

$$\boldsymbol{F}(\boldsymbol{x})=\begin{bmatrix}x_1+x_2^2+x_3\\x_1+2x_2+3x_3x_1\end{bmatrix},\quad \boldsymbol{G}(\boldsymbol{x})=\begin{bmatrix}3&1\\1&4+\sin(x_1)\end{bmatrix}$$

跟踪参考信号取为

$$y_{\mathrm{m1}}=\frac{\pi}{30}\sin t,\quad y_{\mathrm{m2}}=\frac{\pi}{30}\cos t$$

选择模糊集隶属函数为

$$\mu_{F_i^1}(x_i)=\frac{1}{1+\exp[5(x_i+0.8)]},\quad \mu_{F_i^2}(x_i)=\exp[-(x_i+0.6)^2]$$

$$\mu_{F_i^3}(x_i)=\exp[-(x_i+0.4)^2],\quad \mu_{F_i^4}(x_i)=\exp(-x_i^2)$$

$$\mu_{F_i^5}(x_i)=\exp[-(x_i-0.4)^2],\quad \mu_{F_i^6}(x_i)=\exp[-(x_i-0.6)^2]$$

$$\mu_{F_i^7}(x_i)=\frac{1}{1+\exp[-5(x_i-0.8)]},\quad i=1,2,3$$

定义 7 条模糊推理规则

$R^{(j)}$：如果 x_1 是 F_1^j，x_2 是 F_2^j，x_3 是 F_3^j，则 y 是 G^j，$j=1,2,\cdots,7$

记

$$D=\sum_{j=1}^{7}\prod_{i=1}^{3}\mu_{F_i^j}(x_i),\quad \xi(\boldsymbol{x})=[(\prod_{i=1}^{3}\mu_{F_i^1})/D,\cdots,(\prod_{i=1}^{3}\mu_{F_i^7})/D]^{\mathrm{T}}$$

$$\boldsymbol{\theta}=[\theta_{1i},\cdots,\theta_{7i}]^{\mathrm{T}}$$

得到模糊逻辑系统

$$y_i(\boldsymbol{x})=\boldsymbol{\theta}_i^{\mathrm{T}}\xi(\boldsymbol{x}) \tag{9.4.53}$$

由式(9.4.53)得到 $\hat{\boldsymbol{F}}(\boldsymbol{x}|\boldsymbol{\Theta}_1)$ 和 $\hat{\boldsymbol{G}}(\boldsymbol{x}|\boldsymbol{\Theta}_2)$。

仿真中，定义 $U=\{(x_1,x_2,x_3)|x_1^2+x_2^2+x_3^2\leqslant 4\}$，$\hat{\boldsymbol{s}}_1=2\hat{e}_{11}+\hat{e}_{12}$，$\hat{\boldsymbol{s}}_2=\hat{e}_{21}$，$\alpha_{11}=2$，$\alpha_{12}=1$，$\alpha_{21}=1$；假设 $\|\boldsymbol{w}\|\leqslant 2$，$L=4$，选择 $\boldsymbol{K}=\begin{bmatrix}2&1\\1&2\end{bmatrix}$，$\boldsymbol{K}_0=\begin{bmatrix}5&0\\0&5\end{bmatrix}$，$\eta_1=0.2$ 和 $\eta_2=0.1$。初始条件为 $x_1(0)=0.5$，$x_2(0)=0.8$，$x_3(0)=-0.6$；$\hat{x}_1(0)=\hat{x}_2(0)=\hat{x}_3(0)=0$；$\boldsymbol{\Theta}_1(0)=\boldsymbol{0}$，$\boldsymbol{\Theta}_2(0)=0.1\boldsymbol{I}_{21\times 1}$，考虑 $\lambda_1=\lambda_2=0.4$，$\varepsilon=0.1$ 进行仿真，其结果由图 9-14～图 9-16 表示。

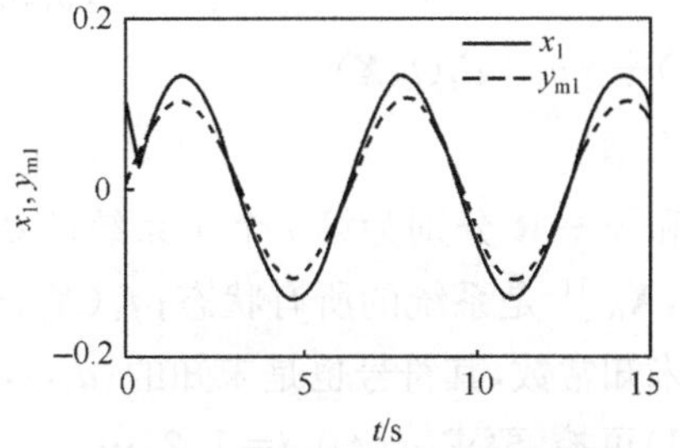

(a) 状态 x_1 和参考信号 y_{m1} 的曲线

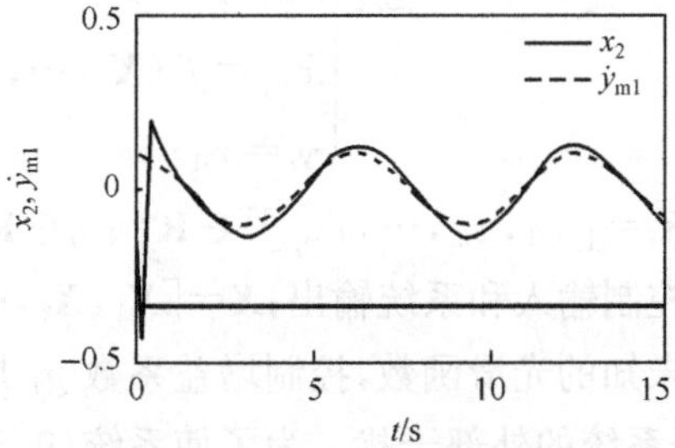

(b) 状态 x_2 和参考信号 $\dot{y}_{\mathrm{m1}}$ 的导数的曲线

图 9-14　状态和参考信号的曲线

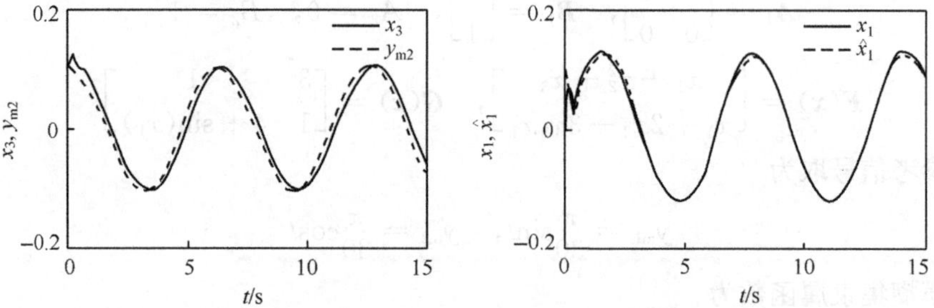

(a) 状态 x_3 和参考信号 y_{m2} 的曲线 (b) 状态 x_1 和它的估计 $\hat{x}_1$ 的曲线

图 9-15 状态 x_3 和参考信号以及状态 x_1 和估计的曲线

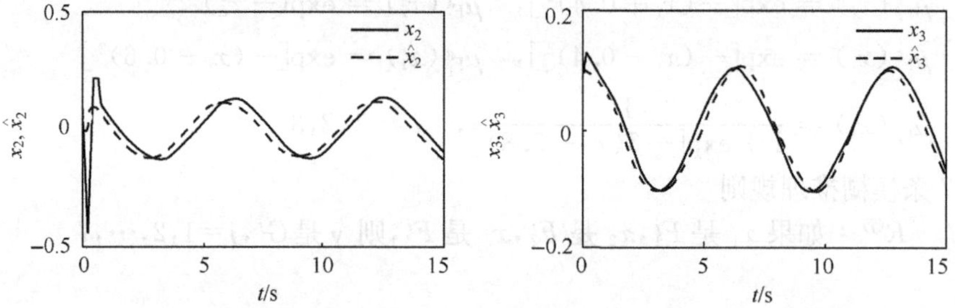

(a) 状态 x_2 和它的估计 $\hat{x}_2$ 的曲线 (b) 状态 x_3 和它的估计 $\hat{x}_3$ 的曲线

图 9-16 状态和估计的曲线

9.5 自适应模糊输出反馈控制

9.5.1 系统描述

考虑一类由 N 个子系统组成的不确定多输入多输出非线性系统，每个子系统 Σ_i 描述为

$$\Sigma_i:\begin{cases}\dot{x}_{i1}=x_{i2}\\ \vdots\\ \dot{x}_{im_i-1}=x_{im_i}\\ \dot{x}_{im_i}=f_i(\boldsymbol{X}_1,\cdots,\boldsymbol{X}_i)+g_iu_i+d_i(t,\boldsymbol{X})\\ y_i=x_{i1}\end{cases} \tag{9.5.1}$$

式中，$\boldsymbol{X}_i=[x_{i1},x_{i2},\cdots,x_{im_i}]^{\mathrm{T}}\in\mathbf{R}^{m_i}$；$u_i\in\mathbf{R}$ 和 $y_i\in\mathbf{R}$ 分别为第 i 个子系统的状态变量、控制输入和系统输出；$\boldsymbol{X}=[\boldsymbol{X}_1,\boldsymbol{X}_2,\cdots,\boldsymbol{X}_N]^{\mathrm{T}}$ 是系统的所有状态；$f_i(\boldsymbol{X}_1,\cdots,\boldsymbol{X}_i)$是未知的光滑函数，控制增益系数 g_i 是未知常数，其符号也是未知的；$d_i(t,\boldsymbol{X})$ 表示子系统的外部干扰。为了使系统(9.5.1)可控，要求 $g_i\neq0,i=1,2,\cdots,N$。假设状态向量 $\boldsymbol{X}_i$ 是不可测的，仅要求系统输出 $y_i=x_{i1}$是可测的。

控制任务　系统输出 $y_1, \cdots, y_N$ 能跟踪参考信号 $y_{r1}(t), \cdots, y_{rN}(t)$ 到一个有界紧集，且闭环系统中的所有信号都是有界的，其中，假设 $y_{ri}(t), \cdots, y_{ri}^{(m_i)}(t)$，$i=1, 2, \cdots, N$ 是连续有界的。

为方便起见，用 f_i 和 d_i 分别表示 $f_i(\boldsymbol{X}_1, \cdots, \boldsymbol{X}_i)$ 和 $d_i(t, \boldsymbol{X})$。对于不确定非线性多输入多输出系统(9.5.1)，做如下假设。

假设 9.13　存在一个正常数 $d_i^*>0$ 使得外部干扰是有界的，即 $|d_i| \leqslant d_i^*$，$i=1, 2, \cdots, N$。

为了处理未知控制方向问题，将引入如下 Nussbaum 增益函数。

定义 9.1[52]　如果函数 $N(\zeta)$ 满足如下等式：

$$\lim_{k\to\infty} \sup \frac{1}{k}\int_0^k N(\zeta)\mathrm{d}\zeta = +\infty \tag{9.5.2}$$

$$\lim_{k\to\infty} \inf \frac{1}{k}\int_0^k N(\zeta)\mathrm{d}\zeta = -\infty \tag{9.5.3}$$

则称 $N(\zeta)$ 为 Nussbaum 类型函数。

常用的 Nussbaum 函数有 $\zeta^2\cos(\zeta)$、$\zeta^2\sin(\zeta)$ 和 $\exp(\zeta^2)\cos((\pi/2)\zeta)$。这里，选用 Nussbaum 函数为 $N(\zeta)=\zeta^2\cos(\zeta)$。

引理 9.1[53]　设 $V(t)$，$\zeta(t)$ 定义在区间 $[0, t_f)$ 和 $V(t)>0$，$\forall t\in[0, t_f)$ 上的光滑函数，$N(\zeta)$ 是光滑偶函数形式的 Nussbaum 型函数。如果以下不等式成立：

$$V(t) \leqslant c_0 + \mathrm{e}^{-c_1 t}\int_0^t g(x(\tau))N(\zeta)\dot{\zeta}\mathrm{e}^{c_1\tau}\mathrm{d}\tau + \mathrm{e}^{-c_1 t}\int_0^t \dot{\zeta}\mathrm{e}^{c_1\tau}\mathrm{d}\tau \tag{9.5.4}$$

式中，c_0 是常数，c_1 是正常数，$g(x(\tau))$ 是时变的，在闭区间 $I := [l^-, l^+]$ 上取值，$0 \notin I$ 中的值，那么 $V(t)$，$\zeta(t)$，$\int_0^t g(x(\tau))N(\zeta)\dot{\zeta}\mathrm{d}\tau$ 一定在 $[0, t_f)$ 上有界。

定义参考信号向量 $\underline{\boldsymbol{y}}_{ri}$ 和跟踪误差向量 $\underline{\boldsymbol{e}}_i$：

$$\underline{\boldsymbol{y}}_{ri} = [y_{ri}(t), \dot{y}_{ri}(t), \cdots, y_{ri}^{(m_i-1)}(t)]^{\mathrm{T}}, \quad \underline{\boldsymbol{e}}_i = \boldsymbol{X}_i - \underline{\boldsymbol{y}}_{ri} = [e_i, \dot{e}_i, \cdots, e_i^{(m_i-1)}]^{\mathrm{T}}$$

当 f_i、g_i 和 d_i 已知且 X_i 可测时，基于确定性等价方法，理想控制器可以选择为

$$u_i^* = \frac{1}{g_i}[-f_i + y_{ri}^{(m_i)} - \underline{\boldsymbol{k}}_{ic}^{\mathrm{T}}\underline{\boldsymbol{e}}_i - d_i]$$

式中，$\underline{\boldsymbol{k}}_{ic} = [k_{ic}^1, k_{ic}^2, \cdots, k_{ic}^{m_i}]^{\mathrm{T}} \in \mathbf{R}^{m_i}$ 是反馈增益向量，使得 $\boldsymbol{A}_i - \boldsymbol{B}_i\underline{\boldsymbol{k}}_{ic}^{\mathrm{T}}$ 的特征多项式为严格赫尔维茨(Hurwitz)的。因此，$\dot{\underline{\boldsymbol{e}}}_i$ 的表达式可写为

$$\dot{\underline{\boldsymbol{e}}}_i = \dot{\mathrm{X}}_i - \dot{\underline{\boldsymbol{y}}}_{ri} = \boldsymbol{A}_i\underline{\boldsymbol{e}}_i + \boldsymbol{B}_i[f_i + g_i u_i - y_{ri}^{(m_i)} + d_i] \tag{9.5.5}$$

式中

$$\boldsymbol{A}_i = \begin{bmatrix} 0 & 1 & 0 & \cdots & 0 \\ 0 & 0 & 1 & \cdots & 0 \\ \vdots & \vdots & \vdots & & \vdots \\ 0 & 0 & 0 & 0 & 1 \\ 0 & 0 & 0 & 0 & 0 \end{bmatrix}_{m_i\times m_i}, \quad \boldsymbol{B}_i = \begin{bmatrix} 0 \\ 0 \\ \vdots \\ 0 \\ 1 \end{bmatrix}_{m_i\times 1}, \quad \boldsymbol{C}_i = \begin{bmatrix} 1 \\ 0 \\ \vdots \\ 0 \\ 0 \end{bmatrix}_{m_i\times 1}$$

将 $u_i=u_i^*$ 代入式(9.5.5),Lyapunov 函数 $V(t)=(1/2)\underline{e}_i^{\mathrm{T}}\underline{e}_i$ 的导数可以写成

$$\dot{V}(t)=\underline{e}_i^{\mathrm{T}}(\boldsymbol{A}_i-\boldsymbol{B}_i\underline{k}_{ic}^{\mathrm{T}})\underline{e}_i$$

由于 $\boldsymbol{A}_i-\boldsymbol{B}_i\underline{k}_{ic}^{\mathrm{T}}$ 是严格赫尔维茨矩阵,可以得到 $\lim\limits_{t\to\infty}e_i(t)=0$。然而,$f_i$、$g_i$ 和 d_i 是未知的,且不是所有状态 $\boldsymbol{X}_i$ 都可测,理想的控制器 u_i^* 是不能利用的。拟采用的方法是利用模糊逻辑系统逼近未知函数,并设计一个观测器估计不可测的状态向量 $\boldsymbol{X}_i$。

9.5.2 状态观测器与自适应模糊控制器设计

下面需要解决当 f_i, g_i 和 d_i 未知且 $\boldsymbol{X}_i$ 不可测时如何确定控制器 u_i 的问题。将式(9.5.1)重新写为状态空间表达式:

$$\begin{cases}\dot{\boldsymbol{X}}_i=\boldsymbol{A}_i\boldsymbol{X}_i+\boldsymbol{B}_i[f_i+g_iu_i+d_i]\\ y_i=\boldsymbol{C}_i^{\mathrm{T}}\boldsymbol{X}_i\end{cases}\tag{9.5.6}$$

在系统(9.5.1)中,$\boldsymbol{X}_i$ 是不可测的,不能用于控制器设计。下面,$\hat{\boldsymbol{X}}_i$ 将用于估计 $\boldsymbol{X}_i$,其观测器设计为

$$\begin{cases}\dot{\hat{\boldsymbol{X}}}_i=(\boldsymbol{A}_i-\boldsymbol{B}_i\underline{k}_{ic}^{\mathrm{T}})\hat{\boldsymbol{X}}_i+\boldsymbol{B}_i(\underline{k}_{ic}^{\mathrm{T}}\underline{\boldsymbol{y}}_{ri}+y_{ri}^{(m_i)})+\underline{k}_{i0}(y_i-\boldsymbol{C}_i^{\mathrm{T}}\hat{\boldsymbol{X}}_i)\\ \hat{y}_i=\boldsymbol{C}_i^{\mathrm{T}}\hat{\boldsymbol{X}}_i=\hat{x}_{i1}\end{cases}\tag{9.5.7}$$

式中,$\underline{k}_{i0}=[k_{i0}^1,k_{i0}^2,\cdots,k_{i0}^{m_i}]^{\mathrm{T}}$ 是观测器增益向量,使得 $\boldsymbol{A}_i-\underline{k}_{i0}\boldsymbol{C}_i^{\mathrm{T}}$ 的特征多项式严格赫尔维茨的。定义 $\hat{\underline{e}}_i=\hat{\boldsymbol{X}}_i-\underline{\boldsymbol{y}}_{ri}$,式(9.5.7)可以表示为

$$\begin{cases}\dot{\hat{\underline{e}}}_i=(\boldsymbol{A}_i-\boldsymbol{B}_i\underline{k}_{ic}^{\mathrm{T}})\hat{\underline{e}}_i+\underline{k}_{i0}(y_i-\boldsymbol{C}_i^{\mathrm{T}}\hat{\boldsymbol{X}}_i)\\ \hat{\underline{e}}_i=\boldsymbol{C}_i^{\mathrm{T}}\hat{\underline{e}}_i\end{cases}\tag{9.5.8}$$

利用模糊逻辑系统估计未知函数 f_i,定义估计误差:

$$\varepsilon_{f_i}^*(\hat{\bar{\boldsymbol{X}}}_i)=f_i-\hat{f}_i(\hat{\bar{\boldsymbol{X}}}_i|\boldsymbol{\theta}_{f_i}^*)\tag{9.5.9}$$

式中,$\hat{\bar{\boldsymbol{X}}}_i=[\hat{\boldsymbol{X}}_1^{\mathrm{T}},\cdots,\hat{\boldsymbol{X}}_i^{\mathrm{T}}]^{\mathrm{T}}$;$\hat{f}_i(\hat{\bar{\boldsymbol{X}}}_i|\boldsymbol{\theta}_f^*)=\boldsymbol{\xi}_{f_i}^{\mathrm{T}}(\hat{\bar{X}}_i)\boldsymbol{\theta}_{f_i}^*$;$\boldsymbol{\theta}_{f_i}^*$ 是最优模糊参数向量;$\xi_{f_i}(\hat{\bar{\boldsymbol{X}}}_i)$ 是模糊基函数向量。根据万能逼近定理,$\boldsymbol{\theta}_{f_i}^*$ 是有界量。让 $\|\boldsymbol{\theta}_{f_i}^*\|=\varphi_i$ 和 $\hat{\varphi}_i>0$ 表示 φ_i 和 $\tilde{\varphi}_i=\hat{\varphi}_i-\varphi_i$ 的估计,显然,φ_i 是一个正常数。假设 $\|\varepsilon_{f_i}^*(\hat{\bar{\boldsymbol{X}}}_i)\|\leqslant\varepsilon_{f_i}$。

通过式(9.5.9),式(9.5.5)可变成

$$\begin{cases}\dot{\underline{e}}_i=\boldsymbol{A}_i\underline{e}_i+\boldsymbol{B}_i[\boldsymbol{\xi}_{f_i}^{\mathrm{T}}(\hat{\bar{\boldsymbol{X}}}_i)\boldsymbol{\theta}_{f_i}^*+g_iu_i-y_{ri}^{(m_i)}+\varepsilon_{f_i}^*(\hat{\bar{\boldsymbol{X}}}_i)+d_i]\\ e_i=\boldsymbol{C}_i^{\mathrm{T}}\underline{e}_i\end{cases}\tag{9.5.10}$$

定义观测误差为 $\tilde{\underline{e}}_i=\underline{e}_i-\hat{\underline{e}}_i=\boldsymbol{X}_i-\hat{\boldsymbol{X}}_i$,将式(9.5.10)减去式(9.5.8),可得

$$\begin{cases}\dot{\underline{\hat{e}}}_i=(A_i-\underline{k}_{i0}C_i^{\mathrm{T}})\underline{\hat{e}}_i+B_i[\underline{k}_{ic}^{\mathrm{T}}\underline{\hat{e}}_i-y_{ri}^{(m_i)}+\xi_{f_i}^{\mathrm{T}}(\hat{\bar{X}}_i)\theta_{f_i}^*+\varepsilon_{f_i}^*(\hat{\bar{X}}_i)+g_iu_i+d_i]\\ \underline{\tilde{e}}_i=C_i^{\mathrm{T}}\underline{\tilde{e}}_i\end{cases}\tag{9.5.11}$$

由于输出 $\tilde{e}_i=e_i-\hat{e}_i=x_{i1}-\hat{x}_{i1}=y_i-\hat{x}_{i1}$ 是可用的，可使用严格正实 Lyapunov 设计方法来分析闭环系统的稳定性。式(9.5.11)的输出误差表示为

$$\tilde{e}_i=H_i(s)[\underline{k}_{ic}^{\mathrm{T}}\underline{\hat{e}}_i-y_{ri}^{(m_i)}+\xi_{f_i}^{\mathrm{T}}(\hat{\bar{X}}_i)\theta_{f_i}^*+\varepsilon_{f_i}^*(\hat{\bar{X}}_i)+g_iu_i+d_i]\tag{9.5.12}$$

式中，s 是拉普拉斯变量；$H_i(s)=C_i^{\mathrm{T}}(sI-(A_i-\underline{k}_{i0}C_i^{\mathrm{T}}))^{-1}B_i$ 是式(9.5.11)的稳定传递函数。为了能够使用严格正实条件，做如下假设。

假设 9.14　严格正实滤波器 $L_i^{-1}(s)$ 选择为 $L_i^{-1}(s)[u_i]=u_{\mathrm{L}i}\approx u_i$。

基于假设 9.14，式(9.5.12)可以重新写为

$$\tilde{e}_i=H_i(s)L_i(s)[L_i^{-1}(s)(\underline{k}_{ic}^{\mathrm{T}}\underline{\hat{e}}_i-y_{ri}^{(m_i)})+\xi_{\mathrm{L}f_i}^{\mathrm{T}}(\hat{\bar{X}}_i)\theta_{f_i}^*+g_iu_i+\omega_i]\tag{9.5.13}$$

选择 $\xi_{\mathrm{L}f_i}(\hat{\bar{X}}_i)=L_i^{-1}(s)\xi_{f_i}(\hat{\bar{X}}_i)$，$\omega_i=L_i^{-1}(s)(d_i+\varepsilon_{f_i}^*(\hat{\bar{X}}_i))$ 和 $L_i(s)$，使得 $L_i^{-1}(s)$ 是稳定传递函数，则 $H_i(s)L_i(s)$ 是严格正实传递函数。假设 $L_i(s)=s^{m_i}+b_{i1}s^{m_i-1}+\cdots+b_{im_i-1}s+b_{im_i}$，则 $H_i(s)L_i(s)$ 是一个严格正实传递函数，式(9.5.13)的状态空间表达式为

$$\begin{cases}\dot{\underline{\tilde{e}}}_i=A_{ic}\underline{\tilde{e}}_i+B_{ic}[L_i^{-1}(s)(\underline{k}_{ic}^{\mathrm{T}}\underline{\hat{e}}_i-y_{ri}^{(m_i)})+\xi_{\mathrm{L}f_i}^{\mathrm{T}}(\hat{\bar{X}}_i)\theta_{f_i}^*+g_iu_i+\omega_i]\\ \tilde{e}_i=C_{ic}\underline{\tilde{e}}_i\end{cases}\tag{9.5.14}$$

式中，$A_{ic}=A_i-\underline{k}_{i0}C_i^{\mathrm{T}}$，$B_{ic}=[1,b_{i1},b_{i2},\cdots,b_{im_i}]^{\mathrm{T}}$，$C_{ic}=[1\quad 0\quad\cdots\quad 0]^{\mathrm{T}}$。

假设 9.15　假设 ω_i 满足

$$|\omega_i|\leqslant a_i\tag{9.5.15}$$

式中，a_i 是正常数。

因为 $H_i(s)L_i(s)$ 是严格正实的，所以一定存在 $P_i=P_i^{\mathrm{T}}>0_i$ 和 $Q_i=Q_i^{\mathrm{T}}>0$ 使得

$$A_{ic}^{\mathrm{T}}P_i+P_iA_{ic}+C_{ic}C_{ic}^{\mathrm{T}}=-Q_i\tag{9.5.16}$$

$$P_iB_{ic}=C_{ic}\tag{9.5.17}$$

根据式(9.5.17)，可得

$$\underline{\tilde{e}}_i^{\mathrm{T}}P_iB_{ic}=\underline{\tilde{e}}_i^{\mathrm{T}}C_{ic}=\tilde{e}_i\tag{9.5.18}$$

构造以下控制器：

$$u_i=N(\zeta_i)\left[L_i^{-1}(s)(\underline{k}_{ic}^{\mathrm{T}}\underline{\hat{e}}_i-y_{ri}^{(m_i)})+\frac{\hat{\varphi}_i^2\tilde{e}_i\bar{\xi}_{\mathrm{L}f_i}^{\mathrm{T}}(\hat{\bar{X}}_i)\bar{\xi}_{\mathrm{L}f_i}(\hat{\bar{X}}_i)}{\hat{\varphi}_i|\tilde{e}_i|\,\|\bar{\xi}_{\mathrm{L}f_i}(\hat{\bar{X}}_i)\|+\tau_i}\right]\tag{9.5.19}$$

$$\dot{\zeta}_i=\tilde{e}_i\left[L_i^{-1}(s)(\underline{k}_{ic}^{\mathrm{T}}\underline{\hat{e}}_i-y_{ri}^{(m_i)})+\frac{\hat{\varphi}_i^2\tilde{e}_i\bar{\xi}_{\mathrm{L}f_i}^{\mathrm{T}}(\hat{\bar{X}}_i)\bar{\xi}_{\mathrm{L}f_i}(\hat{\bar{X}}_i)}{\hat{\varphi}_i|\tilde{e}_i|\,\|\bar{\xi}_{\mathrm{L}f_i}(\hat{\bar{X}}_i)\|+\tau_i}\right]\tag{9.5.20}$$

并选择自适应律

$$\dot{\hat{\varphi}}_i=-\gamma_i\hat{\varphi}_i+\gamma_i|\tilde{e}_i|\,\|\bar{\boldsymbol{\xi}}_{\mathrm{L}f_i}(\hat{\boldsymbol{X}}_i)\| \tag{9.5.21}$$

式中，$\tau_i>0$ 和 $\gamma_i>0$ 是设计参数。

考虑如下 Lyapunov 函数：

$$V_i=\frac{1}{2}\underline{\tilde{\boldsymbol{e}}}_i^{\mathrm{T}}\boldsymbol{P}_i\,\underline{\tilde{\boldsymbol{e}}}_i+\frac{1}{2\gamma_i}\tilde{\varphi}_i^2 \tag{9.5.22}$$

其导数为

$$\dot{V}_i=\frac{1}{2}\dot{\underline{\tilde{\boldsymbol{e}}}}_i^{\mathrm{T}}P_i\,\underline{\tilde{\boldsymbol{e}}}_i+\frac{1}{2}\underline{\tilde{\boldsymbol{e}}}_i^{\mathrm{T}}P_i\,\dot{\underline{\tilde{\boldsymbol{e}}}}_i+\frac{1}{\gamma_i}\tilde{\varphi}_i\dot{\hat{\varphi}}_i$$

将式(9.5.14)代入上述方程，可得

$$\begin{aligned}\dot{V}_i=&\frac{1}{2}\underline{\tilde{\boldsymbol{e}}}_i^{\mathrm{T}}(\boldsymbol{A}_{\mathrm{ic}}^{\mathrm{T}}\boldsymbol{P}_i+\boldsymbol{P}_i\boldsymbol{A}_{\mathrm{ic}})\underline{\tilde{\boldsymbol{e}}}_i+\frac{1}{\gamma_i}\tilde{\varphi}_i\dot{\hat{\varphi}}_i\\&+\underline{\tilde{\boldsymbol{e}}}_i^{\mathrm{T}}\boldsymbol{P}_i\boldsymbol{B}_{\mathrm{ic}}L_i^{-1}(s)(\underline{\boldsymbol{k}}_{\mathrm{ic}}^{\mathrm{T}}\underline{\hat{\boldsymbol{e}}}_i-\boldsymbol{y}_{\mathrm{r}i}^{(m_i)})+\underline{\tilde{\boldsymbol{e}}}_i^{\mathrm{T}}\boldsymbol{P}_i\boldsymbol{B}_{\mathrm{ic}}\omega_i\\&+\underline{\tilde{\boldsymbol{e}}}_i^{\mathrm{T}}\boldsymbol{P}_i\boldsymbol{B}_{\mathrm{ic}}\bar{\xi}_{\mathrm{L}f_i}^{\mathrm{T}}(\hat{\boldsymbol{X}}_i)\boldsymbol{\theta}_{f_i}^*+\underline{\tilde{\boldsymbol{e}}}_i^{\mathrm{T}}\boldsymbol{P}_i\boldsymbol{B}_{\mathrm{ic}}g_iu_i\end{aligned} \tag{9.5.23}$$

使用式(9.5.16)和式(9.5.18)，式(9.5.23)可以进一步表示为

$$\begin{aligned}\dot{V}_i=&-\frac{1}{2}\underline{\tilde{\boldsymbol{e}}}_i^{\mathrm{T}}\boldsymbol{Q}_i\,\underline{\tilde{\boldsymbol{e}}}_i-\frac{1}{2}\underline{\tilde{\boldsymbol{e}}}_i^{\mathrm{T}}\boldsymbol{C}_{\mathrm{ic}}\boldsymbol{C}_{\mathrm{ic}}^{\mathrm{T}}\underline{\tilde{\boldsymbol{e}}}_i+\tilde{e}_iL_i^{-1}(s)(\underline{\boldsymbol{k}}_{\mathrm{ic}}^{\mathrm{T}}\underline{\hat{\boldsymbol{e}}}_i-\boldsymbol{y}_{\mathrm{r}i}^{(m_i)})+\frac{1}{\gamma_i}\tilde{\varphi}_i\dot{\hat{\varphi}}_i\\&+\tilde{e}_i\omega_i+\tilde{e}_i\bar{\boldsymbol{\xi}}_{\mathrm{L}f_i}^{\mathrm{T}}(\hat{\boldsymbol{X}}_i)\theta_{f_i}^*+g_i\tilde{e}_iu_i\end{aligned}$$

将式(9.5.19)和式(9.5.20)代入上述方程，可得

$$\begin{aligned}\dot{V}_i=&-\frac{1}{2}\underline{\tilde{\boldsymbol{e}}}_i^{\mathrm{T}}\boldsymbol{Q}_i\underline{\tilde{\boldsymbol{e}}}_i-\frac{1}{2}\underline{\tilde{\boldsymbol{e}}}_i^{\mathrm{T}}\boldsymbol{C}_{\mathrm{ic}}\boldsymbol{C}_{\mathrm{ic}}^{\mathrm{T}}\underline{\tilde{\boldsymbol{e}}}_i+[g_iN(\zeta_i)+1]\dot{\zeta}_i+\tilde{e}_i\omega_i\\&+\tilde{e}_i\bar{\boldsymbol{\xi}}_{\mathrm{L}f_i}^{\mathrm{T}}(\hat{\boldsymbol{X}}_i)\theta_{f_i}^*-\frac{\hat{\varphi}_i^2\tilde{e}_i^2\bar{\boldsymbol{\xi}}_{\mathrm{L}f_i}^{\mathrm{T}}(\hat{\boldsymbol{X}}_i)\bar{\boldsymbol{\xi}}_{\mathrm{L}f_i}(\hat{\boldsymbol{X}}_i)}{\hat{\varphi}_i|\tilde{e}_i|\,\|\bar{\boldsymbol{\xi}}_{\mathrm{L}f_i}(\hat{\boldsymbol{X}}_i)\|+\tau_i}+\frac{1}{\gamma_i}\tilde{\varphi}_i\dot{\hat{\varphi}}_i\end{aligned} \tag{9.5.24}$$

基于式(9.5.21)，有

$$\begin{aligned}&\tilde{e}_i\bar{\boldsymbol{\xi}}_{\mathrm{L}f_i}^{\mathrm{T}}(\hat{\boldsymbol{X}}_i)\theta_{f_i}^*-\frac{\hat{\varphi}_i^2\tilde{e}_i^2\bar{\boldsymbol{\xi}}_{\mathrm{L}f_i}^{\mathrm{T}}(\hat{\boldsymbol{X}}_i)\bar{\boldsymbol{\xi}}_{\mathrm{L}f_i}(\hat{\boldsymbol{X}}_i)}{\hat{\varphi}_i|\tilde{e}_i|\,\|\bar{\boldsymbol{\xi}}_{\mathrm{L}f_i}(\hat{\boldsymbol{X}}_i)\|+\tau_i}+\frac{1}{\gamma_i}\tilde{\varphi}_i\dot{\hat{\varphi}}_i\\\leqslant&\varphi_i|\tilde{e}_i|\,\|\bar{\boldsymbol{\xi}}_{\mathrm{L}f_i}(\hat{\boldsymbol{X}}_i)\|-\frac{\hat{\varphi}_i^2\tilde{e}_i^2\bar{\boldsymbol{\xi}}_{\mathrm{L}f_i}^{\mathrm{T}}(\hat{\boldsymbol{X}}_i)\bar{\boldsymbol{\xi}}_{\mathrm{L}f_i}(\hat{\boldsymbol{X}}_i)}{\hat{\varphi}_i|\tilde{e}_i|\,\|\bar{\boldsymbol{\xi}}_{\mathrm{L}f_i}(\hat{\boldsymbol{X}}_i)\|+\tau_i}+\frac{1}{\gamma_i}\tilde{\varphi}_i\dot{\hat{\varphi}}_i\\\leqslant&\varphi_i|\tilde{e}_i|\,\|\bar{\boldsymbol{\xi}}_{\mathrm{L}f_i}(\hat{\boldsymbol{X}}_i)\|-\frac{\hat{\varphi}_i^2\tilde{e}_i^2\bar{\boldsymbol{\xi}}_{\mathrm{L}f_i}^{\mathrm{T}}(\hat{\boldsymbol{X}}_i)\bar{\boldsymbol{\xi}}_{\mathrm{L}f_i}(\hat{\boldsymbol{X}}_i)}{\hat{\varphi}_i|\tilde{e}_i|\,\|\bar{\boldsymbol{\xi}}_{\mathrm{L}f_i}(\hat{\boldsymbol{X}}_i)\|+\tau_i}+\frac{1}{\gamma_i}\tilde{\varphi}_i[\dot{\hat{\varphi}}_i-\gamma_i|\tilde{e}_i|\,\|\bar{\boldsymbol{\xi}}_{\mathrm{L}f_i}(\hat{\boldsymbol{X}}_i)\|]\\\leqslant&\tau_i-\tilde{\varphi}_i\hat{\varphi}_i=\tau_i-\tilde{\varphi}_i^2-\tilde{\varphi}_i\varphi_i\\\leqslant&\tau_i-\frac{1}{2}\tilde{\varphi}_i^2+\frac{1}{2}\varphi_i^2\end{aligned} \tag{9.5.25}$$

根据假设 9.15，有

$$\tilde{e}_i\omega_i \leqslant \frac{1}{2}\underline{\tilde{e}}_i^{\mathrm{T}}\boldsymbol{C}_{ic}\boldsymbol{C}_{ic}^{\mathrm{T}}\underline{\tilde{e}}_i + \frac{1}{2}a_i^2 \tag{9.5.26}$$

将式(9.5.25)和式(9.5.25)代入式(9.5.24),可得

$$\dot{V}_i \leqslant -\frac{1}{2}\underline{\tilde{e}}_i^{\mathrm{T}}\boldsymbol{Q}_i\underline{\tilde{e}}_i - \frac{1}{2}\tilde{\varphi}_i^2 + [g_iN(\zeta_i)+1]\dot{\zeta}_i + \tau_i + \frac{1}{2}\varphi_i^2 + \frac{1}{2}a_i^2 \tag{9.5.27}$$

令 $\alpha_i=\min\{\lambda_{\min}(\boldsymbol{Q}_i\boldsymbol{P}_i^{-1}),\gamma_i\}$,$\beta_i=\tau_i+\frac{1}{2}\varphi_i^2+\frac{1}{2}a_i^2$,式(9.5.27)变成

$$\dot{V}_i \leqslant -\alpha_iV_i + \beta_i + [g_iN(\zeta_i)+1]\dot{\zeta}_i \tag{9.5.28}$$

根据上述讨论,给出以下定理来解释闭环系统的控制性能。

定理 9.17　考虑式(9.5.1)描述的非线性系统。在假设 9.13~假设 9.15 下,构造自适应模糊控制器(9.5.19)和(9.5.20),自适应律为(9.5.21),闭环系统中的所有信号都是有界的,且跟踪误差 e_i 保持在有界紧集 Ω_{e_i} 中,$\Omega_{e_i}:=\{e_i\,|\,|e_i|\leqslant\mu_i\}$,其中 $\mu_i>0$ 是常数。

证明　两边同乘以 e^{α_it},式(9.5.28)可以表示为

$$\frac{\mathrm{d}}{\mathrm{d}t}(V_i(t)\mathrm{e}^{\alpha_it}) \leqslant \beta_i\mathrm{e}^{\alpha_it} + \mathrm{e}^{\alpha_it}[g_iN(\zeta_i)+1]\dot{\zeta}_i \tag{9.5.29}$$

在$[0,t]$上对式(9.5.29)积分,则有

$$0 \leqslant V_i(t) \leqslant \frac{\beta_i}{\alpha_i} + \left[V_i(0) - \frac{\beta_i}{\alpha_i}\right]\mathrm{e}^{\alpha_it} + \mathrm{e}^{\alpha_it}\int_0^t[g_iN(\zeta_i)+1]\mathrm{e}^{\alpha_it}\dot{\zeta}_i\mathrm{d}\tau \tag{9.5.30}$$

注意到 $0<\mathrm{e}^{-\alpha_it}<1$ 和$\frac{\beta_i}{\alpha_i}\mathrm{e}^{-\alpha_it}>0$,有$\left[V_i(0)-\frac{\beta_i}{\alpha_i}\right]\mathrm{e}^{-\alpha_it}\leqslant V_i(0)$。式(9.5.30)变为

$$0 \leqslant V_i(t) \leqslant \eta_i + \mathrm{e}^{-\alpha_it}\int_0^t[g_iN(\zeta_i)+1]\mathrm{e}^{\alpha_i\tau}\dot{\zeta}_i\mathrm{d}\tau \tag{9.5.31}$$

式中,$\eta_i=\frac{\beta_i}{\alpha_i}+V_i(0)$。

根据引理 9.1,由式(9.5.31)可以得出 $V_i(t)$,$\zeta_i(t)$ 和$\int_0^t[g_iN(\zeta_i)+1]\dot{\zeta}_i\mathrm{d}\tau$ 是有界的,即$\underline{\tilde{e}}_i$,$\tilde{\varphi}_i$,$\zeta_i(t)$ 和$\int_0^t[g_iN(\zeta_i)+1]\dot{\zeta}_i\mathrm{d}\tau$ 是有界的。因为 $\underline{\boldsymbol{k}}_{ic}$ 是反馈增益向量,所以$\boldsymbol{A}_i-\boldsymbol{B}_i\underline{\boldsymbol{k}}_{ic}^{\mathrm{T}}$ 的特征多项式是严格赫尔维茨的,从式(9.5.12)可以得到$\underline{\hat{\boldsymbol{e}}}_i$ 是有界的。根据定义 $\underline{\boldsymbol{e}}_i=\underline{\tilde{\boldsymbol{e}}}_i+\underline{\hat{\boldsymbol{e}}}_i$,$\underline{\boldsymbol{e}}_i$ 也是有界的。从式(9.5.19)可以确定 u_i 也是有界的。

令$\left|\int_0^t[g_iN(\zeta_i)+1]\mathrm{e}^{\alpha_i\tau}\dot{\zeta}_i\mathrm{d}\tau\right|\leqslant\nu_i$ 和 $\|\underline{\hat{\boldsymbol{e}}}_i\|\leqslant\upsilon_i$,利用式(9.5.22)和式(9.5.30),有

$$\|\underline{\tilde{\boldsymbol{e}}}_i\| \leqslant \sqrt{\frac{2}{\lambda_{\min}(\boldsymbol{P}_i)}}\sqrt{\frac{\beta_i}{\alpha_i}+\left[V_i(0)-\left(\frac{\beta_i}{\alpha_i}-\nu_i\right)\right]\mathrm{e}^{-\alpha_it}} \tag{9.5.32}$$

显然,下面的不等式是正确的:

$$|e_i\leqslant \| \underline{e}_i \| \leqslant \| \tilde{\underline{e}}_i \| + \| \hat{\underline{e}}_i \| \leqslant \sqrt{\frac{2}{\lambda_{\min}(\boldsymbol{P}_i)}}\sqrt{\frac{\beta_i}{\alpha_i}+\left[V_i(0)-\left(\frac{\beta_i}{\alpha_i}-\nu_i\right)\right]\mathrm{e}^{-\alpha_i t}}+\upsilon_i \tag{9.5.33}$$

如果 $V_i(0)=\dfrac{\beta_i}{\alpha_i}-\nu_i$，那么取 $\mu_i=\sqrt{\dfrac{2}{\lambda_{\min}(\boldsymbol{P}_i)}}\sqrt{\dfrac{\beta_i}{\alpha_i}}+\upsilon_i$，得到 $|e_i|\leqslant\mu_i$；如果 $V_i(0)\neq\dfrac{\beta_i}{\alpha_i}-\nu_i$，那么必存在 T 使得对于任何 $t>T$，有 $\lim\limits_{t\to T}\mathrm{e}^{-\alpha_i t}=0$，即 $|e_i|\leqslant\mu_i=\sqrt{\dfrac{2}{\lambda_{\min}(\boldsymbol{P}_i)}}\sqrt{\dfrac{\beta_i}{\alpha_i}}+\upsilon_i$。证毕。

这种自适应模糊控制策略的设计步骤如下：

步骤 1　选取反馈观测器增益向量 $\underline{\boldsymbol{k}}_{ic}$ 和观测器增益向量 $\underline{\boldsymbol{k}}_{i0}$，使得 $\boldsymbol{A}_i-\boldsymbol{B}_i\underline{\boldsymbol{k}}_{ic}^{\mathrm{T}}$ 和 $\boldsymbol{A}_i-\underline{\boldsymbol{k}}_{i0}\boldsymbol{C}_i^{\mathrm{T}}$ 的特征多项式均为严格赫尔维茨的。

步骤 2　选择设计参数 γ_i 和 τ_i 为正常数，初始化 $\boldsymbol{X}_i$，$\hat{\boldsymbol{X}}_i$ 和 $\hat{\varphi}_i$。

步骤 3　求解式(9.5.7)中的状态观测器。

步骤 4　构造 $\hat{\boldsymbol{X}}_i$ 的关系函数。使用式(9.5.5)计算模糊基函数向量 $\xi_{f_i}(\hat{\boldsymbol{X}}_i)$。

步骤 5　选择 $L_i(s)$，使 $L_i^{-1}(s)$ 是稳定传递函数，$H_i(s)L_i(s)$ 是严格正实传递函数。

步骤 6　构造模糊控制器(9.5.19)和(9.5.20)以及自适应律(9.5.21)，其中，Nussbaum 函数被选为 $N(\zeta_i)=\zeta_i^2\cos(\zeta_i)$。

9.5.3　仿真

例 9.5　考虑两个倒立摆，由安装在两个推车上的活动弹簧连接。假设运动弹簧的枢轴位置是时间的函数，它可以沿着钟摆的长度 l 变化。每个摆锤的输入是施加在枢轴点的扭矩 u_i，$i=1,2$。反向双摆的动力学方程可以描述为

$$\begin{cases}\ddot{\vartheta}_1=\dfrac{g}{cl}\vartheta_1+\dfrac{1}{cml^2}u_1+\left\{\dfrac{k[a(t)-cl]}{cml^2}[-a(t)\vartheta_1+a(t)\vartheta_2-x_1+x_2]\right\}\\ \qquad -(m/M)\dot{\vartheta}_1^2\sin(\vartheta_1)\\ \ddot{\vartheta}_2=\dfrac{g}{cl}\vartheta_2+\dfrac{1}{cml^2}u_2+\left\{\dfrac{k[a(t)-cl]}{cml^2}[-a(t)\vartheta_2+a(t)\vartheta_1+x_1-x_2]\right\}\\ \qquad -(m/M)\dot{\vartheta}_2^2\sin(\vartheta_2)\end{cases} \tag{9.5.34}$$

式中，ϑ_i 和 $\dot{\vartheta}_i$ 分别是摆的角度和角速度(相对于垂直轴)；u_1 和 u_2 是施加在摆上的控制力矩；$c=m/(M+m)$；k 和 g 分别是弹簧常数和重力加速度；$a(t)\in[0,l]$ 是时间函数，是中间变量，为 $m/(M+m)$；x_1 和 x_2 分别表示两个推车在时刻 t 的运动轨迹。在这个仿真中，选择 $g=1\mathrm{N}$，$l=1\mathrm{m}$，$k=1\mathrm{N/m}$，$M=m=10\mathrm{kg}$，$c=1/2$，

$a(t)=\sin(\omega t)$，$x_1=\sin(\omega_1 t)$，$x_2=\sin(\omega_2 t)+L$，其中 L 是弹簧的自然长度，$L=2\mathrm{m}$，$\omega_1=2$，$\omega_2=3$，$\omega=5$。

令 $\boldsymbol{X}_1=[x_{11},x_{12}]^{\mathrm{T}}=[\vartheta_1,\dot{\vartheta}_1]^{\mathrm{T}}$，$\boldsymbol{X}_2=[x_{21},x_{22}]^{\mathrm{T}}=[\vartheta_2,\dot{\vartheta}_2]^{\mathrm{T}}$。倒立摆的动力学方程(9.5.34)可以写为

$$\begin{cases}\dot{x}_{11}=x_{12}\\ \dot{x}_{12}=\dfrac{g}{cl}x_{11}-(m/M)x_{12}^2\sin(x_{11})+\dfrac{1}{cml^2}u_1\\ \qquad+\dfrac{k[a(t)-cl]}{cml^2}[-a(t)x_{11}+a(t)x_{21}-x_1+x_2]\\ y_1=x_{11}\\ \dot{x}_{21}=x_{22}\\ \dot{x}_{22}=\dfrac{g}{cl}x_{21}-(m/M)x_{22}^2\sin(x_{21})+\dfrac{1}{cml^2}u_2\\ \qquad+\dfrac{k[a(t)-cl]}{cml^2}[-a(t)x_{21}+a(t)x_{11}+x_1-x_2]\\ y_2=x_{21}\end{cases} \tag{9.5.35}$$

所提出自适应控制器的目标是使每个摆跟踪自己期望的参考信号。这里假设期望的参考信号是 $y_{r1}=y_{r2}=0$，即每个钟摆相对于其自身的推车进行垂直运动。

根据上述步骤，将应用于系统(9.5.35)的控制方法总结为以下步骤。

步骤 1　选择观测器和反馈增益向量分别为 $\underline{\boldsymbol{k}}_{1c}=\underline{\boldsymbol{k}}_{2c}=[145,25]^{\mathrm{T}}$，$\underline{\boldsymbol{k}}_{10}=\underline{\boldsymbol{k}}_{20}=[60,900]^{\mathrm{T}}$。

步骤 2　设计参数选择为 $\gamma_1=\gamma_2=15$，$\tau_1=\tau_2=0.1$。初始化 $\boldsymbol{X}_i$，$\hat{\boldsymbol{X}}_i$ 和 $\hat{\varphi}_i$，即 $x_{1,1}(0)=0.5$，$x_{1,2}(0)=0.5$，$x_{2,1}(0)=-1$，$x_{2,2}(0)=2$，$\hat{x}_{1,1}(0)=0.5$，$\hat{x}_{1,2}(0)=0.5$，$\hat{x}_{2,1}(0)=-1$，$\hat{x}_{2,2}(0)=2$，$\hat{\varphi}_1(0)=\hat{\varphi}_2(0)=0.1$，$\zeta_1(0)=\zeta_2(0)=1$。

步骤 3　构造如下观测器：

$$\begin{cases}\dot{\hat{\boldsymbol{X}}}_i=(\boldsymbol{A}_i-\boldsymbol{B}_i\underline{\boldsymbol{k}}_{ic}^{\mathrm{T}})\hat{\boldsymbol{X}}_i+\boldsymbol{B}_i(\underline{\boldsymbol{k}}_{ic}^{\mathrm{T}}\underline{\boldsymbol{y}}_{ri}+\boldsymbol{y}_{ri}'')+\underline{\boldsymbol{k}}_{i0}(y_i-\boldsymbol{C}_i^{\mathrm{T}}\hat{\boldsymbol{X}}_i)\\ \hat{y}_i=\boldsymbol{C}_i^{\mathrm{T}}\hat{\boldsymbol{X}}_i=\hat{x}_{i1}\end{cases} \tag{9.5.36}$$

注意，$\underline{\boldsymbol{y}}_{ri}=0$ 和 $y_{ri}''=0$。

步骤 4　定义如下隶属度函数：

$$\mu_{F_{im_i}^1}(\hat{x}_{im_i})=\exp[-0.05(\hat{x}_{im_i}+20)^2],\quad \mu_{F_{im_i}^2}(\hat{x}_{im_i})=\exp[-0.05(\hat{x}_{im_i}+10)^2],$$

$$\mu_{F_{im_i}^3}(\hat{x}_{im_i})=\exp[-0.05(\hat{x}_{im_i})^2],\quad \mu_{F_{im_i}^4}(\hat{x}_{im_i})=\exp[-0.05(\hat{x}_{im_i}-10)^2],$$

$$\mu_{F_{im_i}^5}(\hat{x}_{im_i})=\exp[-0.05(\hat{x}_{im_i}-20)^2],\quad i=1,2,m_i=1,2$$

步骤 5　选择 $L_i(s)$ 使得 $L_i^{-1}(s)$ 是稳定的传递函数，$H_i(s)L_i(s)$ 是严格正实传递函数。在仿真中，$L_1^{-1}(s)=L_2^{-1}(s)=1/(s+2)$，$\boldsymbol{B}_i=[1,2]^{\mathrm{T}}$ 和 $\boldsymbol{C}_i=[1,0]^{\mathrm{T}}$。一

定存在对称正定矩阵 $\boldsymbol{P}_i$ 使得 $\boldsymbol{P}_i\boldsymbol{B}_i=\boldsymbol{C}_i$，其中 $\boldsymbol{P}_i=\begin{bmatrix}P_{i1},P_{i2}\\P_{i2},P_{i3}\end{bmatrix}$。那么，有 $\begin{bmatrix}P_{i1},P_{i2}\\P_{i2},P_{i3}\end{bmatrix}\begin{bmatrix}1\\2\end{bmatrix}=\begin{bmatrix}1\\0\end{bmatrix}$。进一步，可得 $\begin{cases}P_{i1}+2P_{i2}=1\\P_{i2}+2P_{i3}=0\end{cases}$ 或 $P_{i1}=1-2P_{i2}, P_{i3}=-\dfrac{1}{2}P_{i2}$。通过选择 $P_{i1}>0$ 和 $P_{i2}<0$，可得 $\det\boldsymbol{P}_i=-\dfrac{1}{2}P_{i2}>0$。很容易知道，$\boldsymbol{P}_i$ 是对称正定矩阵。因此，一定存在 $\boldsymbol{P}_i=\boldsymbol{P}_i^{\mathrm{T}}>0$ 使 $\boldsymbol{P}_i\boldsymbol{B}_i=\boldsymbol{C}_i$。

步骤 6 构造如下自适应模糊控制器：

$$u_i=N(\zeta_i)\left[L_i^{-1}(s)\underline{\boldsymbol{k}}_{ic}^{\mathrm{T}}\underline{\hat{\boldsymbol{e}}}_i+\frac{\hat{\varphi}_i^2\tilde{e}_i\bar{\boldsymbol{\xi}}_{\mathrm{L}f_i}^{\mathrm{T}}(\hat{\bar{\boldsymbol{X}}}_i)\bar{\boldsymbol{\xi}}_{\mathrm{L}fi}(\hat{\bar{\boldsymbol{X}}}_i)}{\hat{\varphi}_i|\tilde{e}_i|\,\|\bar{\boldsymbol{\xi}}_{\mathrm{L}f_i}(\hat{\bar{\boldsymbol{X}}}_i)\|+0.1}\right] \tag{9.5.37}$$

$$\dot{\zeta}_i=\tilde{e}_iL_i^{-1}(s)\underline{\boldsymbol{k}}_{ic}^{\mathrm{T}}\underline{\hat{\boldsymbol{e}}}_i+\frac{\hat{\varphi}_i^2\tilde{e}_i\bar{\boldsymbol{\xi}}_{\mathrm{L}f_i}^{\mathrm{T}}(\hat{\bar{\boldsymbol{X}}}_i)\bar{\boldsymbol{\xi}}_{\mathrm{L}f_i}(\hat{\bar{\boldsymbol{X}}}_i)}{\hat{\varphi}_i|\tilde{e}_i|\,\|\bar{\boldsymbol{\xi}}_{\mathrm{L}f_i}(\hat{\bar{\boldsymbol{X}}}_i)\|+0.1} \tag{9.5.38}$$

并选择自适应律

$$\dot{\hat{\varphi}}_i=-15\hat{\varphi}_i+15|\tilde{e}_i|\,\|\bar{\boldsymbol{\xi}}_{\mathrm{L}f_i}(\hat{\bar{\boldsymbol{X}}}_i)\| \tag{9.5.39}$$

式中，$\tilde{e}_i=y_i-\hat{x}_{i1}$，$\hat{\boldsymbol{e}}_i=\hat{X}_i-\boldsymbol{y}_{ri}$，Nussbaum 函数选择为 $N(\zeta_i)=\zeta_i^2\cos(\zeta_i)$，$i=1,2$。

将设计算法应用于系统(9.5.35)，得到如图 9-17～图 9-22 所示的仿真图。系统输出 $y_1=x_{11}$ 和 $y_2=x_{21}$ 的轨迹如图 9-17 和图 9-18 所示，可见系统输出收敛到零附近的一个小邻域，即对于参考信号 $y_{r1}=y_{r2}=0$ 可以实现良好的跟踪性能。

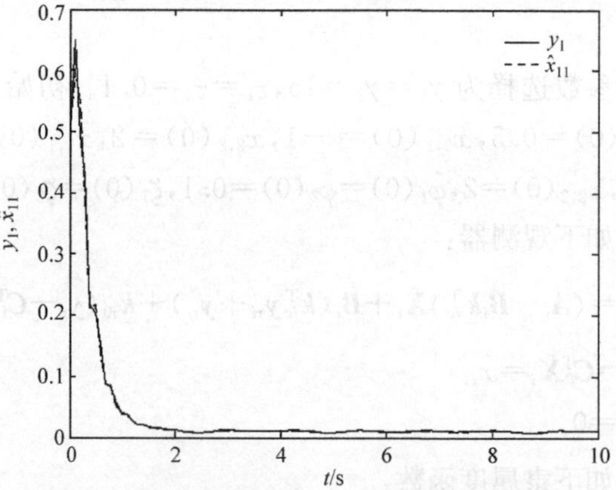

图 9-17 系统状态 $y_1=x_{11}$ 和观测器状态 $\hat{x}_{11}$

为了验证所设计观测器的有效性，图 9-17～图 9-20 描述了系统状态 x_{11}，x_{21}，x_{12}，x_{22} 和观测器状态 $\hat{x}_{11}$，$\hat{x}_{21}$，$\hat{x}_{12}$，$\hat{x}_{22}$ 的轨迹，可见所设计的观测器对于估计不可测状态是非常有效的。

图 9-21 给出了控制器 u_1 和 u_2 的有界性轨迹。图 9-22 给出了自适应参数 $\hat{\varphi}_1$ 和 $\hat{\varphi}_2$ 的轨迹。显然，它们也是有界的。

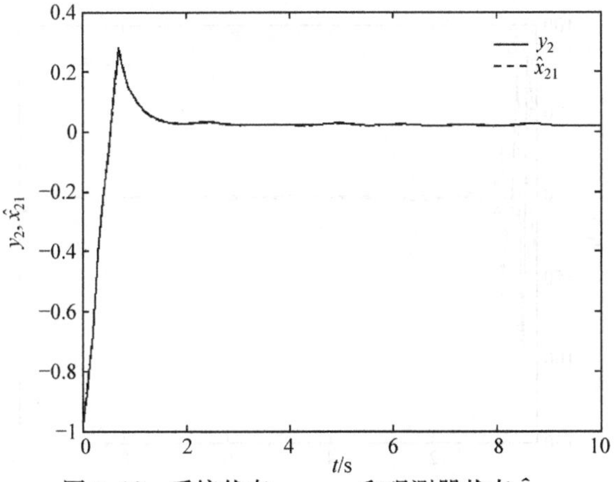

图 9-18　系统状态 $y_2=x_{21}$ 和观测器状态 $\hat{x}_{21}$

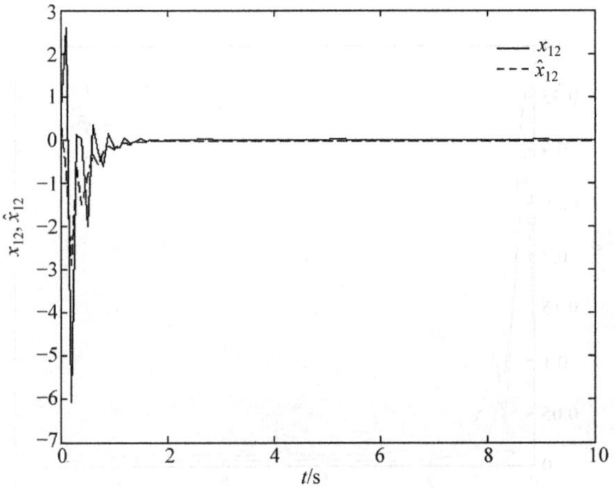

图 9-19　系统状态 x_{12} 和观测器状态 $\hat{x}_{12}$

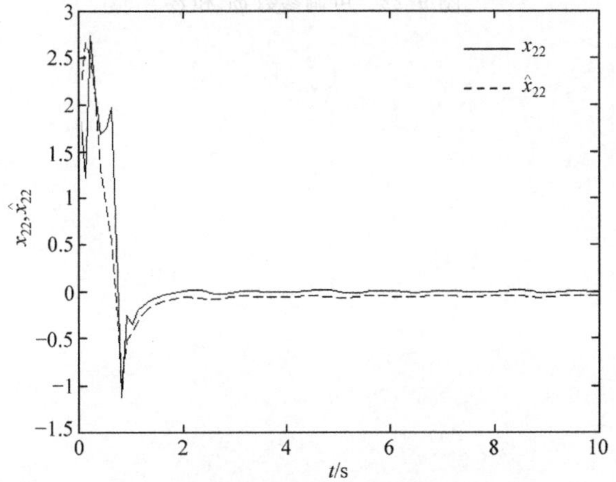

图 9-20　系统状态 x_{22} 和观测器状态 $\hat{x}_{22}$

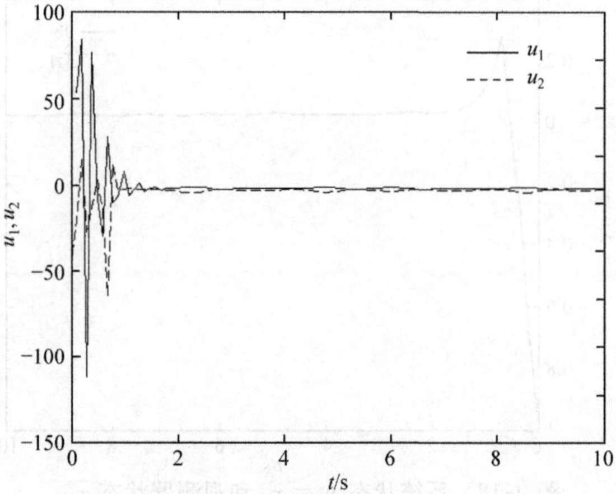

图 9-21　控制器 u_1 和 u_2

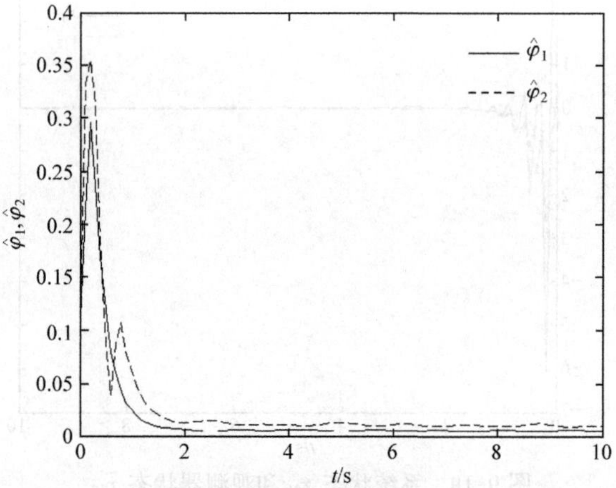

图 9-22　可调参数 $\hat{\varphi}_1$ 和 $\hat{\varphi}_2$

第 10 章　非线性大系统的自适应分散模糊控制

一般来说，控制由多个相互关联的子系统组成的大系统，关键的问题是如何处理各子系统之间的关联项，最有效的方法是利用局部信息对各子系统进行分散控制。目前已经存在很多种关于大系统的分散控制方法，但这些方法一般处理线性或带有非线性关联项的子系统，而且建模部分模型要求完全已知，所以它们不适用于模型不确定的非线性大系统的分散控制问题。因此，把模糊自适应控制和现有的分散控制方法相结合，是解决非线性不确定大系统的一个有效途径之一。本章介绍了间接和直接自适应分散模糊控制的设计方法[34-43]。

10.1　间接自适应分散模糊控制

本节针对一类非线性不确定大系统，利用模糊逻辑系统进行建模，然后给出了一种间接自适应分散模糊控制方法和控制系统的稳定性分析。

10.1.1　被控对象模型及控制问题的描述

考虑由 m 个子系统组成的大系统

$$\Sigma_i:\begin{cases}\dot{\boldsymbol{X}}_i=f_i(t,\boldsymbol{X}_1,\cdots,\boldsymbol{X}_m)+g_i(\boldsymbol{X}_i)u_i\\ y_i=h_i(t,\boldsymbol{X}_1,\cdots,\boldsymbol{X}_m)\end{cases}\tag{10.1.1}$$

式中，$\boldsymbol{X}_i\in\mathbf{R}^{n_i}$ 是第 i 个子系统 Σ_i 的状态向量；u_i 是输入；y_i 是输出；$f_i,g_i\in\mathbf{R}^{n_i}$，$h_i\in\mathbf{R}$ 是未知光滑的向量函数；$i=1,2,\cdots,m$。假设子系统 Σ_i 有强相对度 r_i，即能用非线性线性化方法，把式(10.1.1)化成下面的形式：

$$\begin{cases}\dot{\xi}_{1i}=\xi_{2i}=L_{f_i}h_i(t,\boldsymbol{X}_1,\cdots,\boldsymbol{X}_m)\\ \vdots\\ \dot{\xi}_{(r_i-1)i}=\xi_{r_i}=L_{f_i}^{r_i-1}h_i(t,\boldsymbol{X}_1,\cdots,\boldsymbol{X}_m)\\ \dot{\xi}_{(r_i)i}=L_{f_i}^{r_i}h_i(t,\boldsymbol{X}_1,\cdots,\boldsymbol{X}_m)+L_{g_i}L_{f_i}^{r_i-1}h_i(t,\boldsymbol{X}_1,\cdots,\boldsymbol{X}_m)u_i\\ \qquad+\Delta_i(t,\boldsymbol{X}_1,\cdots,\boldsymbol{X}_m)+d_i(t)\\ y_i=\xi_{1i}\end{cases}\tag{10.1.2}$$

式中，$d_i(t)$看作外界干扰。

把式(10.1.2)写成输出输入的形式：

$$y_i^{(r_i)}=[a_{ki}(t)+a_i(\boldsymbol{X}_i)]+[b_{ki}(t)+b_i(\boldsymbol{X}_i)]u_i$$

$$+\Delta_i(t,\boldsymbol{X}_1,\cdots,\boldsymbol{X}_m)+d_i(t) \tag{10.1.3}$$

式中,$a_{ki}(t)$和$b_{ki}(t)$为子系统Σ_i的已知动态;$a_i(\boldsymbol{X}_i)$和$b_i(\boldsymbol{X}_i)$为Σ_i的未知动态;Δ_i表示各系统之间的关联项。

假设 10.1　系统(10.1.3)的零动态具有指数吸引性质。

控制任务　利用局部信息设计自适应分散模糊控制$u_i(\boldsymbol{X}_i|\boldsymbol{\theta}_i)$,在各子系统之间的相互作用及外部干扰存在的情况下,满足:

(1) 分散控制系统全局稳定,即系统中所涉及的变量一致有界。

(2) 各子系统的跟踪误差e_{i0}渐近收敛于零。

10.1.2　模糊分散控制器的设计

对系统(10.1.1)作如下的假设条件。

假设 10.2　存在常数b_{i0},使得对于任意的$\boldsymbol{X}_i\in\mathbf{R}^{r_i}$有$0<b_{i0}\leqslant b_{ki}(t)+b_i(\boldsymbol{X}_i)$。

假设 10.3　$|\Delta_i|\leqslant\sum\limits_{j=1}^{m}r_{ij}\|\boldsymbol{X}_j\|_2$,$|d_i(t)|\leqslant c_i^*$,$r_{ij}$表示子系统间的未知连接强度,$c_i^*$是未知有界常数,$\|\cdot\|_2$表示欧几里得范数。

对于给定的参考输出y_{mi},假设$y_{mi},\dot{y}_{mi},\cdots,y_{mi}^{(r_i)}$均为有界可测的。定义第$i$个子系统$\Sigma_i$的跟踪误差为$e_{i0}=y_{mi}-y_i$。设$\boldsymbol{e}_i=[e_{i0},\dot{e}_{i0},\cdots,e_{i0}^{(r_i-1)}]^{\mathrm{T}}$,$\boldsymbol{K}_i=[k_{i(r_i-1)},\cdots,k_{i0}]^{\mathrm{T}}$,$\boldsymbol{K}_i$的选取使得$\hat{L}_i(s)=s^{r_i}+k_{i(r_i-1)}s^{r_i-1}+\cdots+k_{i0}$是稳定的多项式,即它的特征值都在左半开平面内。

如果$a_i(\boldsymbol{X}_i)$,$b_i(\boldsymbol{X}_i)$为已知,且$d_i=\Delta_i=0$,则可取如下的分散控制:

$$u_i^*=\frac{1}{b_{ki}(t)+b_i(\boldsymbol{X}_i)}\{-[a_{ki}(t)+a_i(\boldsymbol{X}_i)]+\boldsymbol{K}_i^{\mathrm{T}}\boldsymbol{e}_i+y_{mi}^{(r_i)}\} \tag{10.1.4}$$

把式(10.1.4)代入式(10.1.3)得

$$e_{i0}^{(r_i)}+k_{i(r_i-1)}e_{i0}^{(r_i-1)}+\cdots+k_{i0}e_{i0}=0 \tag{10.1.5}$$

由于$\hat{L}_i(s)=s^{r_i}+k_{i(r_i-1)}s^{r_i-1}+\cdots+k_{i0}$为稳定的多项式,于是有$\lim\limits_{t\to\infty}e_{i0}=0$。但是,在$a_i(X_i)$和$b_i(X_i)$未知,$d_i\neq\Delta_i\neq0$的情况下,分散控制(10.1.4)是不能实施,而且现有传统的分散控制方法都不能利用。为此利用模糊逻辑系统$\hat{a}_i(\boldsymbol{X}_i|\boldsymbol{\theta}_{1i})$和$\hat{b}_i(\boldsymbol{X}_i|\boldsymbol{\theta}_{2i})$来分别逼近未知函数$a_i(\boldsymbol{X}_i)$和$b_i(\boldsymbol{X}_i)$。

设模糊逻辑系统为

$$\hat{a}_i(\boldsymbol{X}_i\mid\boldsymbol{\theta}_{1i})=\sum_{j=1}^{N}\boldsymbol{\theta}_{1ij}\xi_{ij}(\boldsymbol{X}_i)=\boldsymbol{\theta}_{1i}^{\mathrm{T}}\xi_i(\boldsymbol{X}_i) \tag{10.1.6}$$

$$\hat{b}_i(\boldsymbol{X}_i\mid\boldsymbol{\theta}_{2i})=\sum_{j=1}^{N}\boldsymbol{\theta}_{2ij}\xi_{ij}(\boldsymbol{X}_i)=\boldsymbol{\theta}_{2i}^{\mathrm{T}}\xi_i(\boldsymbol{X}_i) \tag{10.1.7}$$

把$\hat{a}_i(\boldsymbol{X}_i|\boldsymbol{\theta}_{1i})$和$\hat{b}_i(\boldsymbol{X}_i|\boldsymbol{\theta}_{2i})$代入式(10.1.4)中,得到一种等价控制器:

$$u_i=\frac{1}{b_{ki}(t)+\hat{b}_i(\boldsymbol{X}_i\mid\boldsymbol{\theta}_{2i})}\{-[a_{ki}(t)+\hat{a}_i(\boldsymbol{X}_i\mid\boldsymbol{\theta}_{1i})]+\boldsymbol{K}_i^{\mathrm{T}}\boldsymbol{e}_i+y_{mi}^{(r_i)}\} \tag{10.1.8}$$

由于建模误差、外部干扰的存在及其各子系统之间的相互作用,式(10.1.8)所表示

的控制器不能完成控制任务，所以，设计的间接自适应分散模糊控制器为

$$u_i=\frac{1}{b_{ki}(t)+\hat{b}_i(\boldsymbol{X}_i\mid\boldsymbol{\theta}_{2i})}\{-[a_{ki}(t)+\hat{a}_i(\boldsymbol{X}_i\mid\boldsymbol{\theta}_{1i})]+\boldsymbol{K}_i^{\mathrm{T}}\boldsymbol{e}_i$$
$$+y_{mi}^{(r_i)}+(c_i+\sum_{j=1}^{m}r_{ij}\|\boldsymbol{X}_{jm}\|_2)\mathrm{sgn}(s_i)+\frac{1}{2}\eta_i s_i\}-k_i\mathrm{sgn}(s_i)\qquad(10.1.9)$$

式中，$c_i\mathrm{sgn}(s_i)$用来抵消外部干扰；$\frac{\eta_i}{2}s_i$ 用来反馈镇定；$\left(\sum_{j=1}^{m}r_{ij}\|\boldsymbol{X}_{jm}\|_2\right)\mathrm{sgn}(s_i)$ 用于补偿子系统之间的相互作用；$k_i\mathrm{sgn}(s_i)$用来抵消模糊逼近误差；$\boldsymbol{X}_{jm}=[y_{jm},\dot{y}_{jm},\cdots,y_{jm}^{(r_j-1)}]$；$c_i$ 和 η_i 是自适应控制增益；s_i 是子系统的误差及前 r_i-1 阶导数的线性组合，即 $s_i=\boldsymbol{e}_i^{\mathrm{T}}\boldsymbol{P}_i\boldsymbol{B}_i$。

将式(10.1.9)代入式(10.1.3)，得误差方程

$$\boldsymbol{e}_{i0}^{(r_i)}=-\boldsymbol{K}_i^{\mathrm{T}}\boldsymbol{e}_i+[\hat{a}_i(\boldsymbol{X}_i\mid\boldsymbol{\theta}_{1i})-a_i(\boldsymbol{X}_i)]+[\hat{b}_i(\boldsymbol{X}_i\mid\boldsymbol{\theta}_{2i})-b_i(\boldsymbol{X}_i)]u_{ci}$$
$$-d_i(t)-\Delta_i-\left(c_i+\sum_{j=1}^{m}r_{ij}\|\boldsymbol{X}_{jm}\|_2\right)\mathrm{sgn}(s_i)-\frac{\eta_i}{2}s_i$$
$$+[b_{ki}(t)+b_i(\boldsymbol{X}_i)]k_i\mathrm{sgn}(s_i)\qquad(10.1.10)$$

式(10.1.10)等价于

$$\dot{e}_i=\boldsymbol{A}_i\boldsymbol{e}_i+\boldsymbol{B}_i\{[\hat{a}_i(\boldsymbol{X}_i\mid\boldsymbol{\theta}_{1i})-a_i(\boldsymbol{X}_i)]+[\hat{b}_i(\boldsymbol{X}_i\mid\boldsymbol{\theta}_{2i})-b_i(\boldsymbol{X}_i)]u_{ci}\}$$
$$+\boldsymbol{B}_i[-d_i-\Delta_i-\left(c_i+\sum_{j=1}^{m}r_{ij}\|\boldsymbol{X}_j\|\right)\mathrm{sgn}(s_i)-\frac{\eta_i}{2}s_i]$$
$$+\boldsymbol{B}_i[b_{ki}(t)-b_i(\boldsymbol{X}_i)]k_i\mathrm{sgn}(s_i)\qquad(10.1.11)$$

式中

$$u_{ci}=\frac{1}{b_{ki}(t)+\hat{b}_i(\boldsymbol{X}_i\mid\boldsymbol{\theta}_{2i})}\{-[a_{ki}(t)+\hat{a}_i(\boldsymbol{X}_i\mid\boldsymbol{\theta}_{1i})]+\boldsymbol{K}_i^{\mathrm{T}}\boldsymbol{e}_i$$
$$+y_{mi}^{(r_i)}+\left(c_i+\sum_{j=1}^{m}r_{ij}\|\boldsymbol{X}_j\|_2\right)\mathrm{sgn}(s_i)\}$$

$$\boldsymbol{A}_i=\begin{bmatrix}0&1&0&\cdots&0\\0&0&1&\cdots&0\\\vdots&\vdots&\vdots&&\vdots\\-k_{i(r_i-1)}&-k_{i(r_i-2)}&-k_{i(r_i-3)}&\cdots&-k_{i0}\end{bmatrix},\quad\boldsymbol{B}_i=\begin{bmatrix}0\\0\\\vdots\\1\end{bmatrix}$$

10.1.3　模糊自适应算法

设 $\boldsymbol{\theta}_{1i}$和 $\boldsymbol{\theta}_{2i}$的最优估计参数为 $\boldsymbol{\theta}_{1i}^*$和 $\boldsymbol{\theta}_{2i}^*$，定义如下：

$$\boldsymbol{\theta}_{1i}^*=\arg\min_{\boldsymbol{\theta}_{1i}\in\Omega_{1i}}[\sup_{\boldsymbol{X}_i\in U_i}|\hat{a}_i(\boldsymbol{X}_i\mid\boldsymbol{\theta}_{1i})-a(\boldsymbol{X}_i)|]\qquad(10.1.12)$$

$$\boldsymbol{\theta}_{2i}^*=\arg\min_{\boldsymbol{\theta}_{2i}\in\Omega_{2i}}[\sup_{\boldsymbol{X}_i\in U_i}|\hat{b}_i(\boldsymbol{X}_i\mid\boldsymbol{\theta}_{2i})-b(\boldsymbol{X}_i)|]\qquad(10.1.13)$$

式中，Ω_{1i}和Ω_{2i}分别是$\boldsymbol{\theta}_{1i}$和$\boldsymbol{\theta}_{2i}$的可行域；U_i是$\mathbf{R}^{r_i}$的子空间。

定义第 i 个系统的模糊最小逼近误差为

$$w_i=\hat{a}_i(\boldsymbol{X}_i\mid\boldsymbol{\theta})-a_i(\boldsymbol{X}_i)+[\hat{b}_i(\boldsymbol{X}_i\mid\boldsymbol{\theta}_{2i})-b_i(\boldsymbol{X}_i)]u_{ci} \tag{10.1.14}$$

假设 10.4　设存在已知函数 $H_i(\boldsymbol{X}_i)$和 $G_i(\boldsymbol{X}_i)$，满足下列不等式：

$$|a_i(\boldsymbol{X}_i)-\hat{a}_i(\boldsymbol{X}_i\mid\boldsymbol{\theta}_{1i})|\leqslant H_i(\boldsymbol{X}_i),\ |b_i(\boldsymbol{X}_i)-\hat{b}_i(\boldsymbol{X}_i\mid\boldsymbol{\theta}_{1i})|\leqslant G_i(\boldsymbol{X}_i)$$

把式(10.1.11)重新写成

$$\begin{aligned}
\dot{\boldsymbol{e}}_i=&\boldsymbol{A}_i\boldsymbol{e}_i+\boldsymbol{B}_i\{[\hat{a}_i(\boldsymbol{X}_i\mid\boldsymbol{\theta}_{1i})-\hat{a}_i(\boldsymbol{X}_i\mid\boldsymbol{\theta}_{1i}^*)]+[\hat{b}_i(\boldsymbol{X}_i\mid\boldsymbol{\theta}_{2i})-\hat{b}_i(\boldsymbol{X}_i\mid\boldsymbol{\theta}_{2i}^*)]u_{ci}\}\\
&+\boldsymbol{B}_i\Big[-d_i(t)-\Delta_i+\big(c_i^*-\sum_{j=1}^m r_{ij}^*\,\|\boldsymbol{X}_{jm}\|_2\big)\mathrm{sgn}(s_i)-\frac{\eta_i}{2}s_i\Big]\\
&+\boldsymbol{B}_i(c_i^*-c_i)\mathrm{sgn}(s_i)-\boldsymbol{B}_i\Big[\sum_{j=1}^m(r_{ij}^*-r_{ij})\,\|\boldsymbol{X}_{jm}\|_2\Big]\mathrm{sgn}(s_i)\\
&+\boldsymbol{B}_i\Big(\frac{\eta_i^*-\eta_i}{2}\Big)s_i+\boldsymbol{B}_i\{[\hat{a}_i(\boldsymbol{X}_i\mid\boldsymbol{\theta}_{1i}^*)-\boldsymbol{a}_i(\boldsymbol{X}_i)]\\
&+[\hat{b}_i(\boldsymbol{X}_i\mid\boldsymbol{\theta}_{2i}^*)-b_i(\boldsymbol{X}_i)]u_{ci}\}-\boldsymbol{B}_i[b_{ki}(t)+b_i(\boldsymbol{X}_i)]k_i\mathrm{sgn}(s_i)\\
=&\boldsymbol{A}_i\boldsymbol{e}_i+\boldsymbol{B}_i\boldsymbol{\Phi}_{1i}^{\mathrm{T}}\boldsymbol{\xi}_i(\boldsymbol{X}_i)+\boldsymbol{B}_i\boldsymbol{\Phi}_{2i}^{\mathrm{T}}\boldsymbol{\xi}_i(\boldsymbol{X}_i)u_{ci}+\boldsymbol{B}_i\phi_{c_i}\,\mathrm{sgn}(s_i)+\frac{B_i\phi_{\eta_i}s_i}{2}\\
&+\boldsymbol{B}_i\sum_{j=1}^m\tilde{r}_{ij}\,\|\boldsymbol{X}_{jm}\|_2\mathrm{sgn}(s_i)+\boldsymbol{B}_i\Big[-d_i(t)-\Delta_i\\
&+\big(c_i^*+\sum_{j=1}^m r_{ij}^*\,\|\boldsymbol{X}_{jm}\|_2\big)\mathrm{sgn}(s_i)-\frac{\eta_i^*}{2}s_i\Big]\\
&+\boldsymbol{B}_i\{w_i+k_i[b_{ki}(t)-b_i(\boldsymbol{X}_i)]\mathrm{sgn}(s_i)\}
\end{aligned}\tag{10.1.15}$$

式中，$\boldsymbol{\Phi}_{1i}=\boldsymbol{\theta}_{1i}-\boldsymbol{\theta}_{1i}^*$，$\boldsymbol{\Phi}_{2i}=\boldsymbol{\theta}_{2i}-\boldsymbol{\theta}_{2i}^*$为参数误差向量；$\phi_{ci}=c_i^*-c_i$，$\phi_{\eta_i}=\eta_i^*-\eta_i$；$\tilde{r}_{ij}=r_{ij}^*-r_{ij}$为控制增益误差；$\eta_i^*$ 为期望的控制增益；r_{ij}^*是r_{ij}的最小上界。

设参数向量及控制增益的自适应律为

$$\dot{\boldsymbol{\theta}}_{1i}=-\gamma_{i1}\boldsymbol{e}_i^{\mathrm{T}}\boldsymbol{P}_i\boldsymbol{B}_i\boldsymbol{\xi}_i(\boldsymbol{X}_i) \tag{10.1.16}$$

$$\dot{\boldsymbol{\theta}}_{2i}=-\gamma_{i2}\boldsymbol{e}_i^{\mathrm{T}}\boldsymbol{P}_i\boldsymbol{B}_i\boldsymbol{\xi}_i(\boldsymbol{X}_i)u_{ci} \tag{10.1.17}$$

$$\dot{c}_i=\gamma_{i3}\,|\boldsymbol{e}_i^{\mathrm{T}}\boldsymbol{P}_i\boldsymbol{B}_i| \tag{10.1.18}$$

$$\dot{\eta}_i=\frac{\gamma_{i4}}{2}(\boldsymbol{e}_i^{\mathrm{T}}\boldsymbol{P}_i\boldsymbol{B}_i)^2 \tag{10.1.19}$$

$$\dot{r}_{ij}=\gamma_{i5}\,|\boldsymbol{e}_i^{\mathrm{T}}\boldsymbol{P}_i\boldsymbol{B}_i|\,\|\boldsymbol{X}_{im}\| \tag{10.1.20}$$

式中，$\boldsymbol{P}_i$ 是满足下面 Lyapunov 方程的正定解：

$$\boldsymbol{P}_i\boldsymbol{A}_i+\boldsymbol{A}_i^{\mathrm{T}}\boldsymbol{P}_i=-\boldsymbol{Q}_i \tag{10.1.21}$$

这里 Q_i 是任意给定的正定矩阵。

这种间接自适应分散模糊控制的设计步骤如下：

步骤 1　离线预处理。

(1) 确定出参数 $k_{i(r_1-1)},\cdots,k_{i0}$，使得 $s^{r_i}+k_{i(r_i-1)}s^{r_i-1}+\cdots+k_{i0}=0$ 的所有根均位于左半平面。

(2) 确定出正定矩阵 $\boldsymbol{Q}_i$，解矩阵方程(10.1.21)，获得正定矩阵 $\boldsymbol{P}_i$。

(3) 根据实际问题，确定出函数 $H_i(\boldsymbol{X}_i)$ 和 $G_i(\boldsymbol{X}_i)$。

步骤 2　构造模糊控制器。

(1) 建立模糊规则基：它是由下面的 N 条模糊推理规则构成

R^i：如果 x_{i1} 是 F_1^i，x_{i2} 是 F_2^i，…，x_{in} 是 F_n^i，则 y 是 B_i，$i=1,2,\cdots,N$

(2) 构造模糊基函数

$$\xi_i(\boldsymbol{X}_i)=\frac{\prod_{j=1}^{n}\mu_{F_j^i}(x_j)}{\sum_{i=1}^{N}\left[\prod_{j=1}^{n}\mu_{F_j^i}(x_j)\right]}$$

做一个 N 维向量 $\boldsymbol{\xi}_i(\boldsymbol{X}_i)=[\xi_{i1},\cdots,\xi_{iN}]^{\mathrm{T}}$，并构造成模糊逻辑系统

$$\hat{a}_i(\boldsymbol{X}_i\mid\boldsymbol{\theta}_{1i})=\boldsymbol{\theta}_{1i}^{\mathrm{T}}\boldsymbol{\xi}_i(\boldsymbol{X}_i),\quad \hat{b}_i(\boldsymbol{X}_i\mid\boldsymbol{\theta}_{2i})=\boldsymbol{\theta}_{2i}^{\mathrm{T}}\boldsymbol{\xi}_i(\boldsymbol{X}_i)$$

步骤 3　在线自适应调节。

(1) 将反馈控制(10.1.9)作用于控制对象(10.1.1)。

(2) 式(10.1.16)～式(10.1.20)自适应调节参数向量 $\boldsymbol{\theta}_{1i}$，$\boldsymbol{\theta}_{2i}$，参数 η_i，c_i 和 r_{ij}。

10.1.4　稳定性与收敛性分析

下面的定理给出 10.1.3 节自适应分散模糊控制方案所具有的性质。

定理 10.1　对于非线性系统(10.1.1)，满足假设 10.1～假设 10.4，若采用控制律(10.1.9)，参数及控制增益的自适应调节律为式(10.1.16)～式(10.1.20)，并且取 $k_i=[H_i(\boldsymbol{X}_i)+G_i(\boldsymbol{X}_i)|u_{ci}|]/b_{i0}$，则总体控制方案具有下面的性质：

(1) 大系统是全局渐近稳定的。

(2) 各子系统的跟踪误差收敛于零。

证明　取 Lyapunov 函数为

$$V=\sum_{i=1}^{m}l_i\left[\boldsymbol{e}_i^{\mathrm{T}}\boldsymbol{P}_i\boldsymbol{e}_i+\frac{1}{\gamma_{i1}}\boldsymbol{\Phi}_{1i}^{\mathrm{T}}\boldsymbol{\Phi}_{1i}+\frac{1}{\gamma_{i2}}\boldsymbol{\Phi}_{2i}^{\mathrm{T}}\boldsymbol{\Phi}_{2i}+\frac{1}{\gamma_{i3}}\phi_{ci}^2+\frac{1}{\gamma_{i4}}\phi_{\eta i}^2+\frac{1}{\gamma_{i5}}\sum_{j=1}^{m}\tilde{r}_{ij}^2\right],\quad l_i>0 \tag{10.1.22}$$

求 V 对时间的导数，由式(10.1.15)得

$$\begin{aligned}\dot{V}=&\sum_{i=1}^{m}l_i\Big(\dot{\boldsymbol{e}}_i^{\mathrm{T}}\boldsymbol{P}_i\boldsymbol{e}_i+\boldsymbol{e}_i^{\mathrm{T}}\boldsymbol{P}_i\dot{\boldsymbol{e}}_i+\frac{2}{\gamma_{i1}}\dot{\boldsymbol{\Phi}}_{1i}^{\mathrm{T}}\boldsymbol{\Phi}_{1i}+\frac{2}{\gamma_{i2}}\dot{\boldsymbol{\Phi}}_{2i}^{\mathrm{T}}\boldsymbol{\Phi}_{2i}\\&+\frac{2}{\gamma_{i3}}\dot{\phi}_{ci}\phi_{ci}+\frac{2}{\gamma_{i4}}\dot{\phi}_{\eta i}\phi_{\eta i}+\frac{2}{\gamma_{i5}}\sum_{j=1}^{m}\dot{\tilde{r}}_{ij}\tilde{r}_{ij}\Big)\\=&\sum_{i=1}^{m}l_i\Big\{-\boldsymbol{e}_i^{\mathrm{T}}\boldsymbol{Q}_i\boldsymbol{e}_i+2\boldsymbol{e}_i^{\mathrm{T}}\boldsymbol{P}_i\boldsymbol{B}_i[\boldsymbol{\Phi}_{1i}^{\mathrm{T}}\boldsymbol{\xi}_i(\boldsymbol{X}_i)+\boldsymbol{\Phi}_{2i}^{\mathrm{T}}\boldsymbol{\xi}_i(\boldsymbol{X}_i)u_{ci}+\phi_{ci}\,\mathrm{sgn}(s_i)\end{aligned}$$

$$+s_i\phi_{\eta i}/2+\sum_{j=1}^{m}\tilde{r}_{ij}\parallel \boldsymbol{X}_{jm}\parallel_2\mathrm{sgn}(s_i)\Big]+2\boldsymbol{e}_i^{\mathrm{T}}\boldsymbol{P}_i\boldsymbol{B}_i$$

$$\cdot\left[-d_i-\Delta_i-\Big(c_i^*+\sum_{J=1}^{M}r_{ij}^*\parallel \boldsymbol{X}_{im}\parallel_2\Big)\mathrm{sgn}(s_i)-\frac{\eta_i^*}{2}s_i\right]+2\boldsymbol{e}_i^{\mathrm{T}}\boldsymbol{P}_i\boldsymbol{B}_i$$

$$\cdot\{w_i-[b_{ki}(t)+b_i(\boldsymbol{X}_i)]k_i\mathrm{sgn}(s_i)\}$$

$$+\frac{2}{\gamma_{i1}}\dot{\boldsymbol{\Phi}}_{1i}^{\mathrm{T}}\boldsymbol{\Phi}_{1i}+\frac{2}{\gamma_{i2}}\dot{\boldsymbol{\Phi}}_{2i}^{\mathrm{T}}\boldsymbol{\Phi}_{2i}+\frac{2}{\gamma_{i3}}\dot{\phi}_{ci}\phi_{ci}+\frac{2}{\gamma_{i4}}\dot{\phi}_{\eta}\phi_{\eta}+\frac{2}{\gamma_{i5}}\sum_{j=1}^{m}\dot{\tilde{r}}_{ij}\tilde{r}_{ij}\Bigg\}\quad(10.1.23)$$

因为$\dot{\boldsymbol{\Phi}}_{1i}=\dot{\boldsymbol{\theta}}_{1i}$，$\dot{\boldsymbol{\Phi}}_{2i}=\dot{\boldsymbol{\theta}}_{2i}$，$\dot{\phi}_{ci}=-\dot{c}_i$，$\dot{\phi}_{\eta_i}=-\dot{\eta}_i$，$\dot{\tilde{r}}_{ij}=-\dot{\tilde{r}}_{ij}$，$s_i=\boldsymbol{e}_i^{\mathrm{T}}\boldsymbol{P}_i\boldsymbol{B}_i$，$s_i\mathrm{sgn}(s_i)=|s_i|$，根据参数的自适应律(10.1.16)～(10.1.20)，得

$$\begin{aligned}\dot{V}\leqslant\sum_{i=1}^{m}l_i\Bigg\{&-\boldsymbol{e}_i^{\mathrm{T}}\boldsymbol{Q}_i\boldsymbol{e}_i+2\boldsymbol{e}_i^{\mathrm{T}}\boldsymbol{P}_i\boldsymbol{B}_i\sum_{j=1}^{m}r_{ij}\parallel\boldsymbol{e}_j\parallel_2\mathrm{sgn}(s_i)-\eta_i^*(\boldsymbol{e}_i^{\mathrm{T}}\boldsymbol{P}_i\boldsymbol{B}_i)^2\\&-2\mid\boldsymbol{e}_i^{\mathrm{T}}\boldsymbol{P}_i\boldsymbol{B}_i\mid(c_i^*-\mid d_i\mid)+2\mid\boldsymbol{e}_i^{\mathrm{T}}\boldsymbol{P}_i\boldsymbol{B}_i\mid\{\mid w_i\mid-[b_{ki}(t)+b_i(\boldsymbol{X}_i)]k_i\}\\&+2\boldsymbol{e}_i^{\mathrm{T}}\boldsymbol{P}_i\boldsymbol{B}_i\Big(-\Delta_i-\sum_{j=1}^{m}r_{ij}\parallel\boldsymbol{e}_j\parallel_2\mathrm{sgn}(s_i)-\sum_{j=1}^{m}r_{ij}^*\parallel\boldsymbol{X}_{jm}\parallel_2\mathrm{sgn}(s_i)\Big)\Bigg\}\end{aligned}\quad(10.1.24)$$

因为

$$\mid d_i(t)\mid\leqslant c_i^*,\ \mid w\mid\leqslant H_i(\boldsymbol{X}_i)+G_i(\boldsymbol{X}_i)\mid u_{ci}\mid,\quad k_i=\frac{H_i(\boldsymbol{X}_i)+G(\boldsymbol{X}_i)\mid u_{ci}\mid}{b_{i0}}$$

所以

$$\begin{aligned}\dot{V}&\leqslant\sum_{i=1}^{m}l_i\Big\{\Big[-\boldsymbol{e}_i^{\mathrm{T}}\boldsymbol{Q}_i\boldsymbol{e}_i+2\mid\boldsymbol{e}_i^{\mathrm{T}}\boldsymbol{P}_i\boldsymbol{B}_i\mid\sum_{j=1}^{m}r_{ij}\parallel\boldsymbol{e}_j\parallel_2-\eta_i^*(\boldsymbol{e}_i^{\mathrm{T}}\boldsymbol{P}_i\boldsymbol{B}_i)^2\Big]\\&\quad+2\mid\boldsymbol{e}_i^{\mathrm{T}}\boldsymbol{P}_i\boldsymbol{B}_i\mid\Big(\mid\Delta_i\mid-\sum_{j=1}^{m}r_{ij}\parallel\boldsymbol{e}_j\parallel_2-\sum_{j=1}^{m}r_{ij}^*\parallel\boldsymbol{X}_{jm}\parallel_2\Big)\Big\}\\&\leqslant\sum_{i=1}^{m}l_i\Bigg[\Bigg(-\boldsymbol{e}_i^{\mathrm{T}}\boldsymbol{Q}_i\boldsymbol{e}_i+\frac{1}{\eta_i^*}\Big(\sum_{j=1}^{m}r_{ij}\parallel\boldsymbol{e}_j\parallel_2\Big)^2-\eta_i^*\Big(\mid\boldsymbol{e}_i^{\mathrm{T}}\boldsymbol{P}_i\boldsymbol{B}_i\mid-\frac{1}{\eta_i^*}\sum_{j=1}^{m}r_{ij}\parallel\boldsymbol{e}_j\parallel_2\Big)^2\\&\quad+2\mid\boldsymbol{e}_i^{\mathrm{T}}\boldsymbol{P}_i\boldsymbol{B}_i\mid\Big(\sum_{j=1}^{m}r_{ij}\parallel\boldsymbol{e}_j\parallel_2-\sum_{j=1}^{m}r_{ij}\parallel\boldsymbol{e}_j\parallel_2+\sum_{j=1}^{m}r_{ij}\parallel\boldsymbol{X}_{jm}\parallel_2-\sum_{j=1}^{m}r_{ij}^*\parallel\boldsymbol{X}_{jm}\parallel_2\Big)\Bigg]\\&\leqslant\sum_{i=1}^{m}l_i\Big[-\boldsymbol{e}_i^{\mathrm{T}}\boldsymbol{Q}_i\boldsymbol{e}_i+\frac{1}{\eta_i^*}\Big(\sum_{j=1}^{m}r_{ij}\parallel\boldsymbol{e}_i\parallel_2\Big)^2\Big]\end{aligned}\quad(10.1.25)$$

设λ_i是$\boldsymbol{Q}_i$的最小特征根，$\boldsymbol{\Gamma}_i=[r_{i1},\cdots,r_{im}]^{\mathrm{T}}$，$\boldsymbol{\Theta}=[\parallel\boldsymbol{e}_1\parallel_2,\cdots,\parallel\boldsymbol{e}_n\parallel_2]^{\mathrm{T}}$，$\sum_{i=1}^{m}r_{ij}\parallel\boldsymbol{e}_i\parallel_2=\boldsymbol{\Theta}^{\mathrm{T}}\boldsymbol{\Gamma}_i$，那么式(10.1.25)可以写成

$$\dot{V}\leqslant\sum_{i=1}^{m}l_i\Big(-\lambda_i\parallel e_i\parallel_2^2+\frac{1}{\eta_i^*}\boldsymbol{\Theta}^{\mathrm{T}}\boldsymbol{\Gamma}_i\boldsymbol{\Gamma}_i^{\mathrm{T}}\boldsymbol{\Theta}\Big)\quad(10.1.26)$$

记$H^*=[\eta_1^*,\cdots,\eta_m^*]$，$\boldsymbol{D}=\mathrm{diag}(l_1\lambda_1,\cdots,l_m\lambda_m)$，$M=\sum_{i=1}^{m}l_i\boldsymbol{\Gamma}_i\boldsymbol{\Gamma}_i^{\mathrm{T}}$，$\eta=\eta_i^*$，则式(10.1.26)进一步表示成

$$\dot{V}\leqslant-\boldsymbol{\Theta}^{\mathrm{T}}\boldsymbol{A}\boldsymbol{\Theta} \tag{10.1.27}$$

式中，$\boldsymbol{A}=\boldsymbol{D}-\frac{1}{\eta}\boldsymbol{M}$。

如果能找到 $\boldsymbol{H}^*$ 使得式(10.1.27)右边为负，则得到定理的结论。由于 $\boldsymbol{D}$ 是正定矩阵，$\boldsymbol{M}$ 是非负定矩阵，所以只要 η 充分大，就可保证 $\boldsymbol{A}$ 正定。

定义 $\boldsymbol{H}^*=[\eta_1^*,\cdots,\eta_m^*]$为

$$\boldsymbol{H}^*=\underset{\boldsymbol{H}^*\in\mathbf{R}^m}{\arg}\ \underset{\eta_i^*>0}{\min}\left\{\boldsymbol{H}^{*\mathrm{T}}\boldsymbol{H}^*:\boldsymbol{A}^*=\boldsymbol{D}-\sum_{i=1}^{m}l_i\boldsymbol{\Gamma}_i\boldsymbol{\Gamma}_i^{\mathrm{T}}/(\eta_i^*-\varepsilon)\ \text{正定},\varepsilon>0\right\} \tag{10.1.28}$$

那么式(10.1.28)仍然成立。从式(10.1.28)可得 $V\in L_\infty$，进而得 $\boldsymbol{\Theta}\in L_\infty^m$。

对式(10.1.27)两边积分得

$$\int_0^\infty\boldsymbol{\Theta}^{\mathrm{T}}\boldsymbol{A}^*\boldsymbol{\Theta}\mathrm{d}t\leqslant V(0)-V(\infty) \tag{10.1.29}$$

由式(10.1.29)得 $\boldsymbol{\Theta}\in L_2$。因为 $\dot{\boldsymbol{e}}_i\in L_\infty$，$\frac{\mathrm{d}}{\mathrm{d}t}\|\boldsymbol{e}_i\|_2^2=\frac{\boldsymbol{e}_i^{\mathrm{T}}\dot{\boldsymbol{e}}_i}{\|\boldsymbol{e}_i\|_2}\leqslant\|\dot{\boldsymbol{e}}_i\|\in L_\infty$，所以根据 Barbalet 引理有 $\lim\limits_{t\to\infty}\boldsymbol{\Theta}=\mathbf{0}$，即 $\lim\limits_{t\to\infty}\boldsymbol{e}_i=\mathbf{0}$。再根据假设 10.1 可知，系统的所有状态有界。

10.1.5　仿真

例 10.1　把上面的自适应分散模糊控制方法应用到两个互联的倒立摆系统中去，互联倒立摆系统如图 10-1 所示。

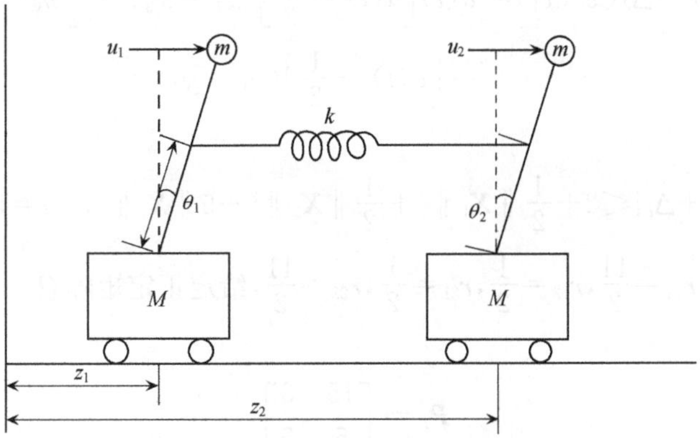

图 10-1　两个关联的倒立摆系统

设 $x_1=\theta_1, x_2=\dot{\theta}_1, x_3=\theta_2, x_4=\dot{\theta}_2$，则动态方程为

$$S_1:\begin{cases}\dot{x}_1=x_2\\ \dot{x}_2=f_1x_1+f_3u_1+f_2x_3-(\beta_2x_2^2+f_4)\end{cases} \tag{10.1.30}$$

$$S_2:\begin{cases}\dot{x}_3=x_4\\ \dot{x}_4=f_1x_3+f_3u_2+f_2x_1-(\beta_2x_4^2-f_4)\end{cases} \tag{10.1.31}$$

式中

$$f_1 = g/(c \cdot L) - f_2, \quad f_2 = k \cdot a(t) \cdot [a(t) - c \cdot L] \cdot f_3$$

$$f_3 = 1/(c \cdot m \cdot L^2), \quad f_4 = k \cdot [a(t) - c \cdot l] \cdot (z_1 - z_2) \cdot f_3$$

$$\beta_1 = m/[M \cdot \sin(x_1)], \quad \beta_2 = m/[m \cdot \sin(x_3)]$$

这里 g 为重力常数;M 为小车的质量;m 为摆的质量;L 为弹簧的自然长度;l 为摆的长度;z_1,z_2 分别为第一、二个小车离开原点的距离。选取 $a(t)=\sin(5t)$,$z_1=\sin(2t)$,$z_2=L+\sin(3t)$,$k=1$;$c=0.5$,$M=m=10$,$l=1$,$L=2$,$g=1$。

给定的跟踪参考输出为

$$y_{m1} = \sin 2t, \quad y_{m2} = 2 + \sin 3t$$

令第一、二子系统的输出分别为 $y_1=x_1$,$y_2=x_3$,则把式(10.1.30)、式(10.1.31)写成输出输入的形式如下:

$$\begin{cases} \ddot{y}_1 = x_1 + \dfrac{1}{2}u_1 + d_1(t) + \Delta_1 \\ \ddot{y}_2 = x_3 + \dfrac{1}{2}u_2 + d_2(t) + \Delta_2 \end{cases} \tag{10.1.32}$$

式中

$$a_{ki}(t) = b_{ik}(t) = 0 (i = 1,2)$$

$$d_1(t) + \Delta_1(x_1,x_2) = a(t)\left[a(t) - \frac{1}{2}\right](-x_1 + x_3) - \frac{1}{2}m\beta_1 x_2^2 - \left[a(t) - \frac{1}{2}\right](y_1 - y_2)$$

$$d_2(t) + \Delta_2(x_3,x_4) = a(t)\left[a(t) - \frac{1}{2}\right](x_1 - x_3) - \frac{1}{2}m\beta_1 x_4^2 - \left[a(t) - \frac{1}{2}\right](y_1 - y_2)$$

所以

$$|d_i+\Delta_i| \leqslant 2+\frac{1}{2}\|\boldsymbol{X}_1\|^2+\frac{1}{2}\|\boldsymbol{X}_2\|^2+5\|\boldsymbol{X}_i\|^2, \quad i=1,2$$

令 $c_i^*=2$,$r_{11}=\dfrac{11}{2}$,$r_{12}=\dfrac{1}{2}$,$r_{21}=\dfrac{1}{2}$,$r_{22}=\dfrac{11}{2}$,给定正定矩阵 $\boldsymbol{Q}_i=\mathrm{diag}(10,10)$,解得

$$\boldsymbol{P}_i = \begin{bmatrix} 15 & 5 \\ 5 & 5 \end{bmatrix}$$

取 $\eta_1=\eta_2=100$,$s_1=\dot{e}_1+5e_1$,$s_2=\dot{e}_2+5e_2$。

定义模糊规则为

R^j:如果 x_1 是 F_1^j 且 x_2 是 F_2^j,则 y 是 B^j,$j=1,2,\cdots,7$

R^j:如果 x_3 是 F_1^j 且 x_4 是 F_2^j,则 y 是 B^j,$j=1,2,\cdots,7$

式中,模糊隶属函数为

$$F_i^1(x_i) = \{1 + \exp[5 \times (x_i + 0.6)]\}^{-1}, \quad F_i^2(x_i) = \exp[-(x_i + 0.4)^2]$$

$$F_i^3(x_i)=\exp[-(x_i+0.2)^2],\quad F_i^4(x_i)=\exp[-(x_i)^2]$$
$$F_i^5(x_i)=\exp[-(x_i-0.2)^2],\quad F_i^6(x_i)=\exp[-(x_i-0.4)^2]$$
$$F_i^7(x_i)=\{1+\exp[5\times(x_i-0.6)]\}^{-1}$$

由此得到模糊逻辑系统

$$y_i(\boldsymbol{X}_i)=\sum_{j=1}^{7}\theta_{ij}\xi_{ij}(\boldsymbol{X}_i)$$

式中

$$\xi_{ij}(\boldsymbol{X}_1)=\frac{F_i^j(x_1)F_i^j(x_2)}{\sum\limits_{j=1}^{7}[F_i^j(x_1)F_i^j(x_2)]},\quad \xi_{ij}(\boldsymbol{X}_2)=\frac{F_i^j(x_3)F_i^j(x_4)}{\sum\limits_{j=1}^{7}[F_i^j(x_3)F_i^j(x_4)]}$$

用它来逼近未知函数 $a_1(\boldsymbol{X}_1)=x_1, a_2(\boldsymbol{X}_2)=x_3, b_1(\boldsymbol{X}_1)=b_2(\boldsymbol{X}_2)=\frac{1}{2}$看作已知。

得到控制器为

$$\begin{aligned}u_1=&2[-\boldsymbol{\theta}_{11}\boldsymbol{\xi}(x_1,x_2)+\dot{\boldsymbol{e}}_1-2u_{fs1}+50s_1]\\&+[0.01-|-\boldsymbol{\theta}_{11}\boldsymbol{\xi}_1(x_1,x_2)+\dot{\boldsymbol{e}}_1+2\boldsymbol{e}_1|]u_{fs1}\end{aligned}\tag{10.1.33}$$

$$\begin{aligned}u_2=&2[-\boldsymbol{\theta}_{21}\boldsymbol{\xi}_2(x_3,x_4)+\dot{\boldsymbol{e}}_2-2u_{fs2}+50s_2]\\&+[0.01-|-\boldsymbol{\theta}_{21}\boldsymbol{\xi}_2(x_3,x_4)+\dot{\boldsymbol{e}}_2+2\boldsymbol{e}_2|]u_{fs2}\end{aligned}\tag{10.1.34}$$

参数的自适应律为

$$\begin{cases}\dot{\boldsymbol{\theta}}_{11}=-0.5(\dot{\boldsymbol{e}}_1+\boldsymbol{e}_1)\boldsymbol{\xi}_1(x_1,x_2)\\\dot{\boldsymbol{\theta}}_{21}=-0.5(\dot{\boldsymbol{e}}_2+\boldsymbol{e}_2)\boldsymbol{\xi}_2(x_3,x_4)\end{cases}\tag{10.1.35}$$

$$\begin{cases}\dot{r}_{21}=0.01|s_1|[\sin^2 2t+4\cos^2 2t]\\\dot{r}_{22}=0.01|s_2|[(2+\sin 3t)^2+6\cos^2 3t]\end{cases}\tag{10.1.36}$$

取初始值为 $x_1(0)=0.5, x_2(0)=0, x_3(0)=-0.5, x_4(0)=0, r_{21}(0)=r_{22}(0)=0$

$$\boldsymbol{\theta}_{11}(0)=[-0.1,-0,1,-0.1,0,0.1,0.1,0.1]^{\mathrm{T}}$$
$$\boldsymbol{\theta}_{21}(0)=[0.1,0.1,0.1,0,-0.1,-0.1,-0.1]^{\mathrm{T}}$$

用 MATLAB 进行仿真，并且取采样周期为 $T=0.04\mathrm{s}$，仿真结果如图 10-2～图 10-6 所示。

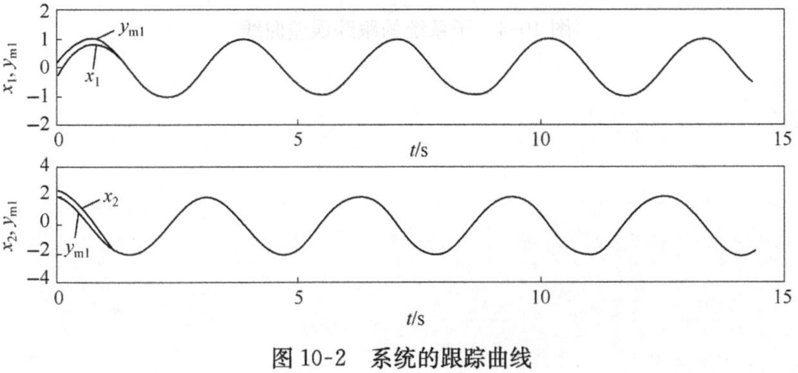

图 10-2　系统的跟踪曲线

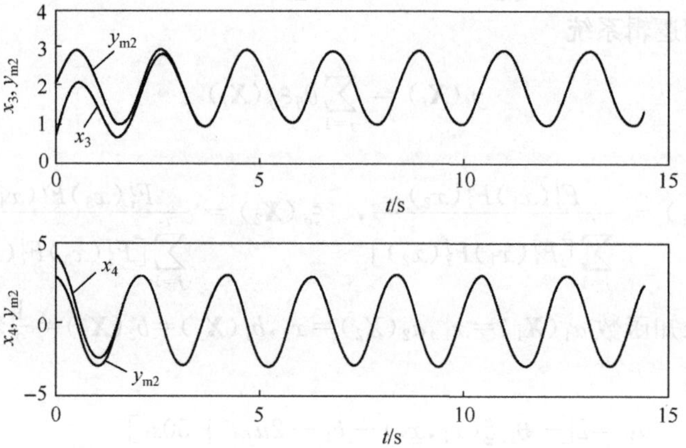

图 10-3　系统的跟踪曲线

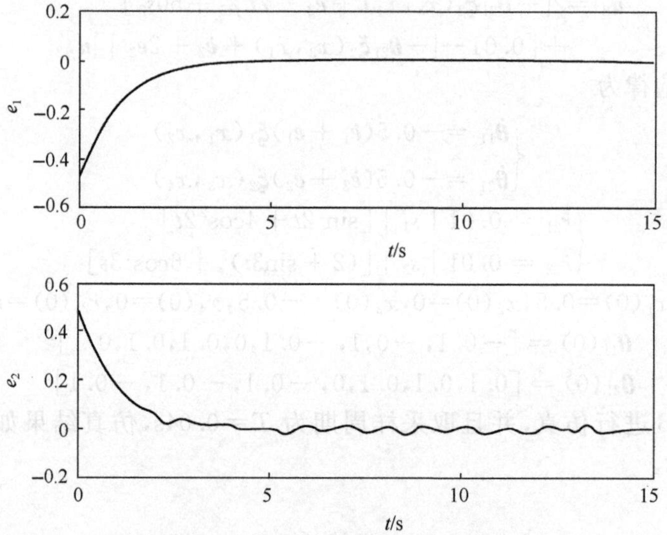

图 10-4　子系统的跟踪误差曲线

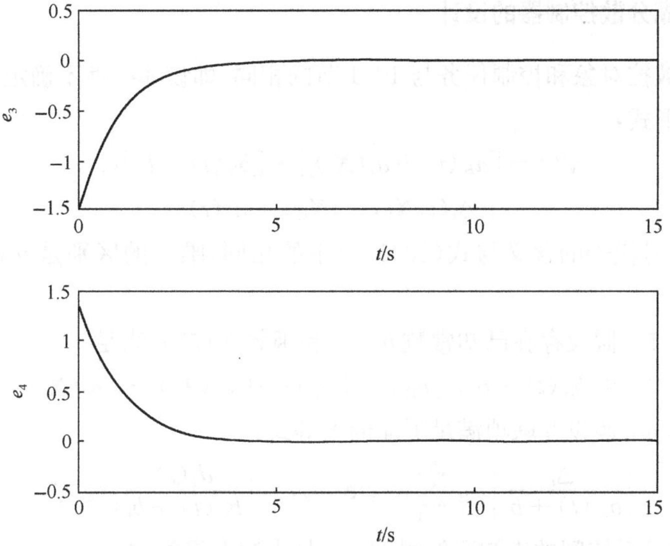

图 10-5　子系统跟踪误差变化率的曲线

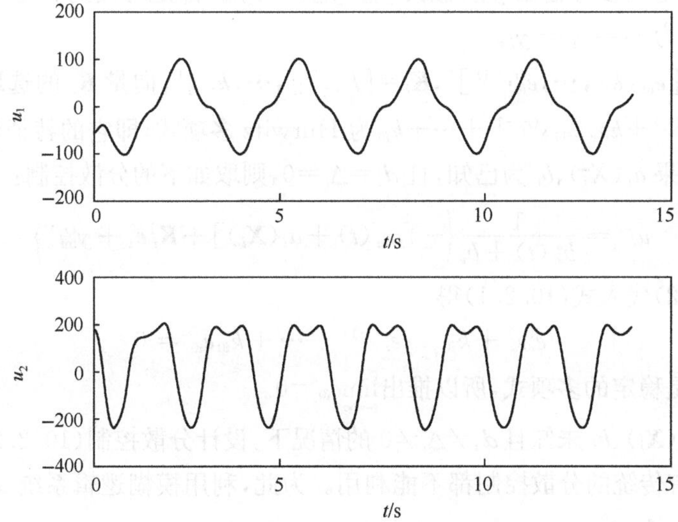

图 10-6　闭环系统的控制

10.2　直接自适应分散模糊控制

本节针对 10.1 节中的控制对象和间接自适应分散模糊控制的设计方法，给出相对应的直接自适应分散模糊控制方法及其稳定性分析。

10.2.1　模糊分散控制器的设计

本节的被控对象和控制任务与10.1节的相同,即设非线性不确定大系统有如下输入输出形式:

$$y_i^{(r_i)}=[a_{ki}(t)+a_i(\boldsymbol{X}_i)]+[b_{ki}(t)+b_i]u_i+\Delta_i(t,\boldsymbol{X}_1,\cdots,\boldsymbol{X}_m)+d_i(t) \tag{10.2.1}$$

式中,各个符号代表的含义与式(10.1.3)中的相同,唯一的区别是 $b_i(\boldsymbol{X}_i)=b_i$ 为常数。

假设 10.5　假设存在已知常数 b_{i0}、b_{i1} 和函数 $h_i(\boldsymbol{X}_i)$,满足

$$b_{i0}\leqslant b_{ki}(t)+b_i\leqslant b_{i1},\quad |a_{ki}(t)+a_i(\boldsymbol{X}_i)|\leqslant h_i(\boldsymbol{X}_i)$$

假设 10.6　假设互联项满足下面的不等式:

$$\left|\frac{\Delta_i}{b_{ki}(t)+b_i}\right|\leqslant\sum_{j=1}^{m}r_{ij}\|\boldsymbol{e}_i\|_2,\quad\left|\frac{d_i(t)}{b_{ki}(t)+b_i}\right|\leqslant c_i^*$$

式中,r_{ij} 表示子系统间的未知联结强度;c_i^* 是未知有界常数。

对于给定的参考输出 y_{mi},假设 $y_{mi},\dot{y}_{mi},\cdots,y_{mi}^{(r_i)}$ 都是可测的。定义子系统 Σ_i 的跟踪误差为 $e_{i0}=y_{mi}-y_i$。

设 $\boldsymbol{e}_i=[e_{i0},\dot{e}_{i0},\cdots,e_{i0}^{(r_i-1)}]^{\mathrm{T}}$,$\boldsymbol{K}_i=[k_{i(r_i-1)},\cdots,k_{i0}]^{\mathrm{T}}$,向量 $\boldsymbol{K}_i$ 的选取使得多项式 $\hat{L}_i(s)=s^{(r_i)}+k_{i(r_i-1)}s^{(r_i-1)}+\cdots+k_{i0}$ 为 Hurwitz 多项式,即它的特征值都在左半开平面。如果 $a_i(X_i)$、b_i 为已知,且 $d_i=\Delta_i=0$,则取如下的分散控制:

$$u_i^*=\frac{1}{b_{ki}(t)+b_i}\left\{-[a_{ki}(t)+a_i(\boldsymbol{X}_i)]+\boldsymbol{K}_i^{\mathrm{T}}\boldsymbol{e}_i+y_{mi}^{(r_i)}\right\} \tag{10.2.2}$$

把式(10.2.2)代入式(10.2.1)得

$$e_{i0}^{(r_i)}+k_{i(r_i-1)}e_i^{(r_i-1)}+\cdots+k_{i0}e_{i0}=0 \tag{10.2.3}$$

由于 $\hat{L}_i(s)$ 是稳定的多项式,所以推出 $\lim\limits_{t\to\infty}e_{i0}=0$。

但在 $a_i(\boldsymbol{X}_i)$、b_i 未知且 $d_i\neq\Delta_i\neq0$ 的情况下,设计分散控制(10.2.2)是不可能的,而且现有传统的分散控制都不能利用。为此,利用模糊逻辑系统 $u_i(\boldsymbol{X}_i|\boldsymbol{\theta}_i)$ 逼近分散控制 u_i^*。

设模糊逻辑系统为

$$u_i(\boldsymbol{X}_i\mid\boldsymbol{\theta}_i)=\sum_{j=1}^{N}\theta_{ij}\xi_{ij}(\boldsymbol{X}_i)=\boldsymbol{\theta}_i^{\mathrm{T}}\boldsymbol{\xi}_i(\boldsymbol{X}_i) \tag{10.2.4}$$

设计直接模糊控制器为

$$u_i=u_i(\boldsymbol{X}_i\mid\boldsymbol{\theta}_i)+c_i\operatorname{sgn}(s_i)+\frac{1}{2}\eta_i s_i+k_i\operatorname{sgn}(s_i) \tag{10.2.5}$$

式中,$c_i\operatorname{sgn}(s_i)$ 用来抵消外部干扰;$\frac{\eta_i}{2}s_i$ 用来反馈镇定和补偿系统之间的相互作

用;$k_i\operatorname{sgn}(s_i)$用来抵消模糊逼近误差;$c_i,\eta_i$ 是自适应控制增益;s_i 是第 i 个子系统误差及前 r_i-1 阶导数的线性组合,即 $s_i=\boldsymbol{e}_i^{\mathrm{T}}\boldsymbol{P}_i\boldsymbol{B}_i$。

在以下讨论中,不妨设 $a_{ki}(t)=0,b_{ki}(t)=0$。把式(10.2.5)代入式(10.2.1)式,得误差方程

$$\dot{\boldsymbol{e}}_i=\boldsymbol{A}_i\boldsymbol{e}_i+\boldsymbol{B}_i\{[u_i^*-u_i(\boldsymbol{X}_i\mid\boldsymbol{\theta}_i)]-c_i\operatorname{sgn}(s_i)-\frac{\eta_i}{2}s_i-k_i\operatorname{sgn}(s_i)\}$$
$$+\boldsymbol{B}_i(-d_i-\Delta_i)\tag{10.2.6}$$

式中

$$\boldsymbol{A}_i=\begin{bmatrix}0&1&0&\cdots&0\\0&0&1&\cdots&0\\\vdots&\vdots&\vdots&&\vdots\\0&0&0&\cdots&1\\-k_{i(r_i-1)}&-k_{i(r_i-2)}&-k_{i(r_i-3)}&\cdots&-k_{i0}\end{bmatrix},\quad\boldsymbol{B}_i=\begin{bmatrix}0\\0\\\vdots\\1\end{bmatrix}$$

10.2.2　模糊自适应算法

设 $\boldsymbol{\theta}_i$ 的最优估计参数为 $\boldsymbol{\theta}_i^*$,其定义为

$$\boldsymbol{\theta}_i^*=\arg\min_{\boldsymbol{\theta}_i\in\Omega_i}[\sup_{\boldsymbol{X}_i\in M_i}\mid u_i(\boldsymbol{X}_i\mid\boldsymbol{\theta}_i)-u_i^*(\boldsymbol{X}_i)\mid]\tag{10.2.7}$$

这里 Ω_i 是 $\boldsymbol{\theta}_i$ 的可行域,U_i 是 $\mathbf{R}^{r_i}$ 的子空间。设

$$w_i=u_i^*-u_i(\boldsymbol{X}_i\mid\boldsymbol{\theta}_i^*)\tag{10.2.8}$$

则称 w_i 为第 i 个模糊逻辑系统的最小逼近误差。

式(10.2.6)可改写成

$$\dot{\boldsymbol{e}}_i=\boldsymbol{A}_i\boldsymbol{e}_i+\boldsymbol{B}_ib_i[u_i(\boldsymbol{X}_i\mid\boldsymbol{\theta}_i^*)-u_i(\boldsymbol{X}_i\mid\boldsymbol{\theta}_i)]+\boldsymbol{B}_ib_i\Big\{[u_i^*-u_i(\boldsymbol{X}_i\mid\boldsymbol{\theta}_i)]$$
$$-c_i\operatorname{sgn}(s_i)-\frac{\eta_i}{2}s_i-k_i\operatorname{sgn}(s_i)\Big\}+\boldsymbol{B}_i[-d_i(t)-\Delta_i]\tag{10.2.9}$$

设 $\boldsymbol{\Phi}_i=\boldsymbol{\theta}_i-\boldsymbol{\theta}_i^*$ 为参数的匹配误差,$\phi_{ci}=c_i^*-c_i,\phi_{\eta i}=\eta_i^*-\eta_i$ 为控制增益误差,η_i^* 是所期望的控制增益。

式(10.2.9)等价于

$$\dot{\boldsymbol{e}}_i=\boldsymbol{A}_i\boldsymbol{e}_i+\boldsymbol{B}_ib_i\boldsymbol{\Phi}_i^{\mathrm{T}}\boldsymbol{\xi}_i(\boldsymbol{X}_i)+\boldsymbol{B}_i\phi_{ci}+\boldsymbol{B}_i\phi_{\eta i}+\boldsymbol{B}_ib_i[w_i-k_i\operatorname{sgn}(s_i)]$$
$$+\boldsymbol{B}_ib_i\Big[d_i(t)/b_i-\Delta_i/b_i+c_j^*\operatorname{sgn}(s)-\frac{\eta_j^*}{2}s_i\Big]\tag{10.2.10}$$

取参数及控制增益的自适应律为

$$\dot{\theta}_i=\gamma_{i1}\boldsymbol{e}_i^{\mathrm{T}}\boldsymbol{P}_i\boldsymbol{B}_i\boldsymbol{\xi}_i(\boldsymbol{X}_i)\tag{10.2.11}$$

$$\dot{c}_i=\gamma_{i2}\mid\boldsymbol{e}_i^{\mathrm{T}}\boldsymbol{P}_i\boldsymbol{B}_i\mid\tag{10.2.12}$$

$$\dot{\eta}_i = \frac{\gamma_{i3}}{2}(\boldsymbol{e}_i^{\mathrm{T}}\boldsymbol{P}_i\boldsymbol{B}_i)^2 \tag{10.2.13}$$

式中,$\boldsymbol{P}_i$ 为满足下面 Lyapunov 方程的正定矩阵:

$$\boldsymbol{P}_i\boldsymbol{A}_i + \boldsymbol{A}_i^{\mathrm{T}}\boldsymbol{P}_i = -\boldsymbol{Q}_i \tag{10.2.14}$$

这里 $\boldsymbol{Q}_i$ 是任给的正定矩阵。

这种直接自适应分散模糊控制的设计步骤如下:

步骤 1 离线预处理。

(1) 确定出参数 $k_{i(r_1-1)},\cdots,k_{i0}$,使得 $s^{r_i}+k_{i(r_i-1)}s^{r_i-1}+\cdots+k_{i0}=0$ 的所有根均位于左半平面。

(2) 确定出正定矩阵 $\boldsymbol{Q}_i$,解矩阵方程(10.2.14),获得正定矩阵 $\boldsymbol{P}_i$。

(3) 根据实际问题,确定出函数 $H_i(\boldsymbol{X}_i)$。

步骤 2 构造模糊控制器。

(1) 建立模糊规则基:它是由下面的 N 条模糊推理规则构成

R^i:如果 x_{i1} 是 F_1^i,x_{i2} 是 $F_2^i,\cdots,x_{in}$ 是 F_n^i,则 $\boldsymbol{u}_{\mathrm{c}}$ 是 $\boldsymbol{B}_i$,$i=1,2,\cdots,N$

(2) 构造模糊基函数

$$\xi_{ij}(\boldsymbol{X}_i) = \frac{\prod_{j=1}^{n}\mu_{F_j^i}(x_{ij})}{\sum_{i=1}^{N}\left[\prod_{j=1}^{n}\mu_{F_j^i}(x_{ij})\right]}$$

做一个 N 维向量 $\boldsymbol{\xi}_i(\boldsymbol{X}_i)=[\xi_{i1},\cdots,\xi_{iN}]^{\mathrm{T}}$,并构造成模糊逻辑系统

$$\hat{u}_i(\boldsymbol{X}_i \mid \boldsymbol{\theta}_i) = \boldsymbol{\theta}_i^{\mathrm{T}}\boldsymbol{\xi}_i(\boldsymbol{X}_i)$$

步骤 3 在线自适应调节。

(1) 将反馈控制(10.2.5)作用于控制对象(10.1.1)。

(2) 用式(10.2.11)~式(10.2.13)自适应调节参数向量 $\boldsymbol{\theta}_i$,参数 η_i 和 c_i。

10.2.3 稳定性与收敛性分析

下面的定理给出了这种直接自适应分散模糊控制所具有的性质。

定理 10.2 对于系统(10.2.1),假设 10.1~假设 10.2 和假设 10.5~假设 10.6 成立,若采用控制律(10.2.5),参数及控制增益的自适应调节律(10.2.11)和(10.2.12),$k_i=|u_i(\boldsymbol{X}_i|\boldsymbol{\theta}_i)|+\frac{1}{b_{i0}}[H_i(\boldsymbol{X}_i)+|y_{mi}^{(r_i)}|+\boldsymbol{K}_i^{\mathrm{T}}\boldsymbol{e}_i|]$,则总体控制方案具有下面的性质:

(1) 组合大系统是全局稳定。

(2) 各子系统的跟踪误差渐近收敛于零。

证明 取 Lyapunov 函数为

$$V=\sum_{i=1}^{m}l_i\left(e_i^{\mathrm{T}}\boldsymbol{P}_i e/b_i+\frac{1}{2\gamma_{i1}}\boldsymbol{\Phi}_i^{\mathrm{T}}\boldsymbol{\Phi}_i+\frac{1}{2\gamma_{i2}}\phi_{ci}^2+\frac{1}{2\gamma_{i3}}\phi_{\eta i}^2\right),\quad l_i>0 \tag{10.2.15}$$

求 V 对时间的导数

$$\dot{V}=\sum_{i=1}^{m}l_i\left(2e_i^{\mathrm{T}}\boldsymbol{P}_i\dot{e}/b_i+\frac{1}{\gamma_{i1}}\boldsymbol{\Phi}_i^{\mathrm{T}}\dot{\boldsymbol{\Phi}}_i+\frac{1}{\gamma_{i2}}\dot{\phi}_{ci}\phi_{ci}+\frac{1}{\gamma_{i3}}\dot{\phi}_{\eta i}\phi_{\eta i}\right)$$

由式(10.2.10)和式(10.2.14)，$\dot{\boldsymbol{\Phi}}_i=-\boldsymbol{\theta}_i$，$\dot{\phi}_{ci}=-c_i$，$\dot{\phi}_{\eta i}=-\dot{\eta}_i$ 及其参数的自适应律(10.2.11)～(10.2.14)得

$$\begin{aligned}\dot{V}\leqslant\sum_{i=1}^{m}l_i\{&-e_i^{\mathrm{T}}\boldsymbol{Q}_i e_i b_i^{-1}-2e_i^{\mathrm{T}}\boldsymbol{P}_i\boldsymbol{B}_i\Delta_i b_i^{-1}-\eta_i^*(e_i^{\mathrm{T}}\boldsymbol{P}_i\boldsymbol{B}_i)^2\\&-|e_i^{\mathrm{T}}\boldsymbol{P}_i\boldsymbol{B}_i|[c_i^*-|d_i/b_i^{-1}(\boldsymbol{X}_i)|]+(|w_i|-k_i)|e_i^{\mathrm{T}}\boldsymbol{P}_i\boldsymbol{B}_i|\}\end{aligned} \tag{10.2.16}$$

如果取

$$k_i=|u_i(\boldsymbol{X}|\boldsymbol{\theta}_i)|+\frac{1}{b_{i0}}[H_i(\boldsymbol{X}_i)+|y_{mi}^{(r_i)}+\boldsymbol{K}_i^{\mathrm{T}}e_i|]$$

则根据假设 10.5 和假设 10.6 得

$$\begin{aligned}\dot{V}&\leqslant\sum_{i=1}^{m}l_i[-e_i^{\mathrm{T}}\boldsymbol{Q}_i e_i b_i^{-1}-2e_i^{\mathrm{T}}\boldsymbol{P}_i\boldsymbol{B}_i\Delta_i b_i^{-1}-\eta_i^*(e_i^{\mathrm{T}}\boldsymbol{P}_i\boldsymbol{B}_i)^2]\\&\leqslant\sum_{i=1}^{m}l_i\left[-e_i^{\mathrm{T}}\boldsymbol{Q}_i b_i^{-1}e_i+\frac{1}{\eta_i^*}\left(\sum_{j=1}^{m}r_{ij}\|e_i\|_2\right)^2\right]\end{aligned} \tag{10.2.17}$$

设 λ_i 是 $\boldsymbol{Q}^{-1}$ 的最小特征根并记 $\boldsymbol{\Gamma}_i=[r_{i1},\cdots,r_{im}]^{\mathrm{T}}$，$\boldsymbol{\Theta}=[\|e_1\|_2,\cdots,\|e_n\|_2]^{\mathrm{T}}$，$\sum_{i=1}^{m}r_{ij}\|e_i\|_2=\boldsymbol{\Theta}^{\mathrm{T}}\boldsymbol{\Gamma}_i$，那么式(10.2.17)可以写成

$$\dot{V}\leqslant\sum_{i=1}^{m}l_i[-\lambda_i\|e_i\|_2^2+\frac{1}{\eta_i^*}\boldsymbol{\Theta}^{\mathrm{T}}\boldsymbol{\Gamma}_i\boldsymbol{\Gamma}_i^{\mathrm{T}}\boldsymbol{\Theta}] \tag{10.2.18}$$

如下的证明与定理 10.1 相同，得到

$$\dot{V}\leqslant-\boldsymbol{\Theta}^{\mathrm{T}}\boldsymbol{A}\boldsymbol{\Theta} \tag{10.2.19}$$

式中，$\boldsymbol{A}=\boldsymbol{D}-\frac{1}{\eta}\boldsymbol{M}$ 为正定矩阵。

对式(10.2.19)两边积分得

$$\int_0^{\infty}\boldsymbol{\Theta}^{\mathrm{T}}\boldsymbol{A}\boldsymbol{\Theta}\,\mathrm{d}t\leqslant V(0)-V(\infty) \tag{10.2.20}$$

由式(10.2.20)得 $\boldsymbol{\Theta}\in L_2$。因为 $\dot{e}_i\in L_\infty$，$\frac{\mathrm{d}}{\mathrm{d}t}\|e_i\|_2^2=\frac{e_i^{\mathrm{T}}\dot{e}_i}{\|e_i\|_2}\leqslant\|\dot{e}_i\|\in L_\infty$，所以根据 Barbalet 引理有 $\lim\limits_{t\to\infty}\boldsymbol{\Theta}=\mathbf{0}$，即 $\lim\limits_{t\to\infty}e_i=0$。再根据假设 10.1 可知，系统的所有状态有界。

10.2.4　仿真

例 10.2　直接自适应分散模糊控制方法控制例 10.1 的两个互联的倒立摆系

统,有关系统的方程及其方程中的参数选取与例 10.1 相同。参考信号取为 $x_{1d}=\sin 2t$,$x_{2d}=2+\sin 3t$。

令 $c_i^*=2$,$r_{11}=\dfrac{11}{2}$,$r_{12}=\dfrac{1}{2}$,$r_{21}=\dfrac{1}{2}$,$r_{22}=\dfrac{11}{2}$,给定正定矩阵 $\boldsymbol{Q}_i=\mathrm{diag}(10,10)$,解矩阵方程(10.2.14),得

$$\boldsymbol{P}_i=\begin{bmatrix}15 & 5\\ 5 & 5\end{bmatrix}$$

取 $\eta_1=\eta_2=100$,可满足定理 10.2 的稳定条件。选取 $s_1=\dot{e}_1+5e_1$,$s_2=\dot{e}_2+5e_2$。

定义模糊规则为

$$R^j\text{:如果 } x_1 \text{ 是 } F_1^j \text{ 且 } x_2 \text{ 是 } F_2^j\text{,则 } u_1 \text{ 是 } B^j,\ j=1,2,\cdots,7$$

$$R^j\text{:如果 } x_3 \text{ 是 } F_1^j \text{ 且 } x_4 \text{ 是 } F_2^j\text{,则 } u_2 \text{ 是 } B^j,\ j=1,2,\cdots,7$$

式中,模糊隶属函数为

$$F_i^1(x_i)=\{1+\exp[5(x_i+0.6)]\}^{-1},\quad F_i^2(x_i)=\exp[-(x_i+0.4)^2]$$

$$F_i^3(x_i)=\exp[-(x_i+0.2)^2],\quad F_i^4(x_i)=\exp[-(x_i)^2]$$

$$F_i^5(x_i)=\exp[-(x_i-0.2)^2],\quad F_i^6(x_i)=\exp[-(x_i-0.4)^2]$$

$$F_i^7(x_i)=\{1+\exp[5(x_i-0.6)]\}^{-1}$$

由此得到模糊逻辑系统

$$u_i(\boldsymbol{X}_i\mid\boldsymbol{\theta}_i)=\sum_{j=1}^{7}\theta_{ij}\xi_{ij}(\boldsymbol{X}_i)\tag{10.2.21}$$

式中

$$\xi_{ij}(\boldsymbol{X}_1)=\frac{F_i^j(x_1)F_i^j(x_2)}{\sum_{j=1}^{7}[F_i^j(x_1)F_i^j(x_2)]},\quad \xi_{ij}(\boldsymbol{X}_2)=\frac{F_i^j(x_3)F_i^j(x_4)}{\sum_{j=1}^{7}[F_i^j(x_3)F_i^j(x_4)]}$$

用 $u_1(\boldsymbol{X}_1|\boldsymbol{\theta}_1)$ 和 $u_2(\boldsymbol{X}_2|\boldsymbol{\theta}_2)$ 逼近控制器 u_1^* 和 u_2^*。

取初始值为

$$x_1(0)=0.5,\quad x_2(0)=0,\quad x_3(0)=-0.5,\quad x_4(0)=0,\quad r_{21}(0)=r_{22}(0)=0$$

$$\boldsymbol{\theta}_{11}(0)=[-0.1,-0,1,-0.1,0.1,0.1,0.1,0.1]^{\mathrm{T}}$$

$$\boldsymbol{\theta}_{11}(0)=[0.1,0.1,0.1,0.1,-0.1,-0.1,-0.1]^{\mathrm{T}},\quad \eta_{11}=\eta_{21}=0.05$$

用 MATLAB 进行仿真,并且取采样周期为 $T=0.04\mathrm{s}$,仿真结果如图 10-7 和图 10-8 所示。

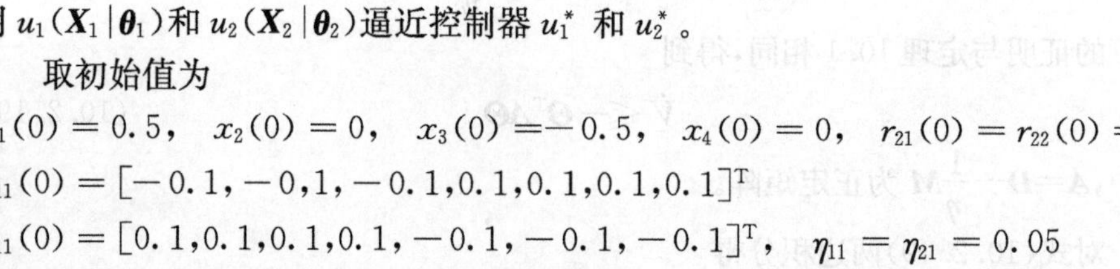

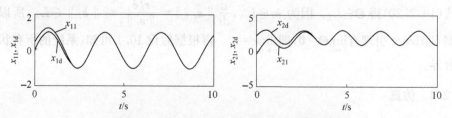

图 10-7　第一和第二个子系统的跟踪误差曲线

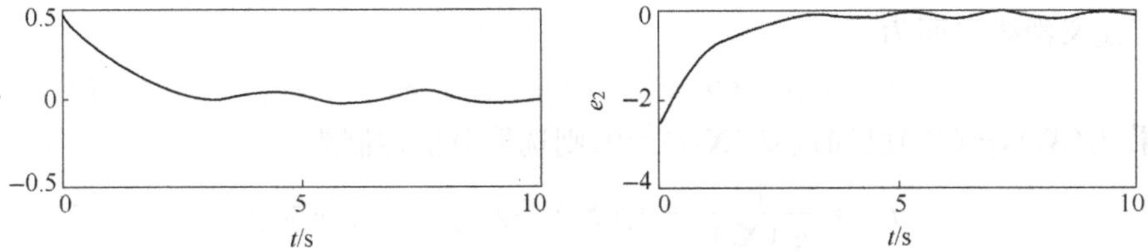

图 10-8　第一和第二个子系统的误差曲线

10.3　间接自适应分散模糊滑模控制

本节在第 4 章和第 5 章间接自适应模糊滑模控制设计的基础上，针对一类非线性不确定大系统，给出了一种间接自适应分散模糊滑模控制方法。

10.3.1　被控对象模型及控制问题的描述

考虑由 N 个互联子系统组成的非线性大系统：

$$\Sigma_i:\begin{cases}\dot{x}_{i1}=x_{i2}\\ \vdots\\ \dot{x}_{im_i}=f_i(\boldsymbol{X}_i)+g_i(\boldsymbol{X}_i)u_i+d_i(\boldsymbol{X},t)\end{cases}\tag{10.3.1}$$

式中，$\boldsymbol{X}_i=[x_{i1},\cdots,x_{im_i}]$是第 i 个子系统Σ_i 的状态向量；$f_i(\boldsymbol{X}_i)$和 $g_i(\boldsymbol{X}_i)$是第 i 个子系统Σ_i 的未知连续函数；$d_i(\boldsymbol{X},t)$是各子系统之间的相互作用和外界干扰。$\boldsymbol{X}=[\boldsymbol{X}_1,\cdots,\boldsymbol{X}_N]$是组合大系统的状态。

对于给定的参考信号 y_{mi}，假设 $y_{mi},\dot{y}_{mi},\cdots,y_{mi}^{(m_i)}$是有界可测的，令 $e_{i0}=x_{i1}-y_{mi}$。

控制任务　利用局部信息设计自适应分散模糊控制，在子系统之间的相互作用及外部干扰存在的情况下，满足：

(1) 分散控制系统全局稳定，即系统中所涉及的变量一致有界。

(2) 各子系统的跟踪误差渐近收敛于零或零的邻域内。

假设 10.7　对于未知函数 $f_i(\boldsymbol{X}_i)$，$g_i(\boldsymbol{X}_i)$和 $d_i(\boldsymbol{X},t)$，假设分别满足下面的条件：

$$|f_i(\boldsymbol{X}_i)|\leqslant M_{i0}(\boldsymbol{X}_i),\quad 0<M_{i1}\leqslant g_i(\boldsymbol{X}_i)\leqslant M_{i2}(\boldsymbol{X}_i)$$

$$|\dot{g}_i^{-1}(\boldsymbol{X}_i)|=|\Delta g_i^{-1}(\boldsymbol{X}_i)\dot{\boldsymbol{X}}_i|\leqslant M_{i3}(\boldsymbol{X}_i),\qquad |d_i(\boldsymbol{X},t)|\leqslant\sum_{k=0}^{p}\sum_{j=1}^{N}a_{ijk}\|\boldsymbol{X}_j\|^k$$

式中，$M_{i0}(\boldsymbol{X}_i)$，$M_{i2}(\boldsymbol{X}_i)$和 $M_{i3}(\boldsymbol{X}_i)$是已知函数，M_{i1}和 a_{ijk}是非负的已知常数。

10.3.2　模糊分散控制器的设计

设 $\boldsymbol{e}_i=[e_{i0},\dot{e}_{i0},\cdots,e_{i0}^{(m_i-1)}]^{\mathrm{T}}$，$\boldsymbol{K}_i=[k_{i(m_i-1)},\cdots,k_{i0}]^{\mathrm{T}}$，选择向量 $\boldsymbol{K}_i$ 使得多项式

$L_i(s)=s^{r_i}+k_{i(m_i-1)}s^{r_i-1}+\cdots+k_{i0}$为稳定多项式,即它的特征值在左半开平面内。

定义滑模平面为

$$s_i(t)=k_{i1}e_{i0}+k_{i2}\dot{e}_{i0}+\cdots+k_{i(m_i-1)}e_{i0}^{(m_i-2)}+e_{i0}^{(m_i-1)} \tag{10.3.2}$$

如果 $f_i(\boldsymbol{X}_i)$, $g_i(\boldsymbol{X}_i)$已知且 $d_i(\boldsymbol{X},t)=0$,则选取分散控制为

$$u_i^*=\frac{1}{g_i(\boldsymbol{X}_i)}\left[-f_i(\boldsymbol{X}_i)+\lambda_i s_{i\Delta}+\dot{s}_i+y_{mi}^{(m_i)}\right] \tag{10.3.3}$$

式中

$$s_{i\Delta}=s_i(t)-\varphi_i\operatorname{sat}[s_i(t)/\varphi_i],\quad \varphi_i>0$$

把式(10.3.3)代入式(10.3.1)得

$$\dot{s}_i(t)+\lambda_i s_{i\Delta}(t)=0 \tag{10.3.4}$$

由式(10.3.4)可得 $e_i(t)$将趋近零的一个小邻域内。

如果 $f_i(\boldsymbol{X}_i)$和 $g_i(\boldsymbol{X}_i)$未知,$d_i(\boldsymbol{X},t)\neq 0$,利用模糊逻辑系统 $\hat{f}_i(\boldsymbol{X}_i|\boldsymbol{\theta}_{i1})$和 $\hat{g}_i(\boldsymbol{X}_i|\boldsymbol{\theta}_{i2})$来逼近未知函数$f_i(\boldsymbol{X}_i)$和 $g_i(\boldsymbol{X}_i)$。设模糊逻辑系统为如下的形式:

$$\hat{f}_i(\boldsymbol{X}_i\mid\boldsymbol{\theta}_{i1})=\sum_{j=1}^{N}\theta_{ij1}\xi_{ij}(\boldsymbol{X}_i)=\boldsymbol{\theta}_{i1}^{\mathrm{T}}\boldsymbol{\xi}_i(\boldsymbol{X}_i) \tag{10.3.5}$$

$$\hat{g}_i(\boldsymbol{X}_i\mid\boldsymbol{\theta}_{i2})=\sum_{j=1}^{N}\theta_{ij2}\xi_{ij}(\boldsymbol{X}_i)=\boldsymbol{\theta}_{i2}^{\mathrm{T}}\boldsymbol{\xi}_i(\boldsymbol{X}_i) \tag{10.3.6}$$

设计的分散模糊控制器为

$$u_i=u_{ci}+u_{bi}+k_i u_{fsi} \tag{10.3.7}$$

式中

$$u_{ci}=\frac{1}{\hat{g}_i(\boldsymbol{X}_i\mid\boldsymbol{\theta}_{i2})}\left[-\hat{f}_i(\boldsymbol{X}_i\mid\boldsymbol{\theta}_{i1})+\lambda_i s_{i\Delta}+\dot{s}_i+y_{mi}^{(m_i)}\right] \tag{10.3.8}$$

是等价控制器。u_{bi}是有界控制器,u_{fsi}是第 5 章的模糊滑模控制器,$k_i>0$ 是模糊滑模控制增益。

下面分别给出模糊滑模控制器和有界控制器的设计。

1. 模糊滑模控制器的设计

定义 s_i, u_{fsi}的语言集分别为

$$\mathrm{T}(s_i)=\{\mathrm{NB},\mathrm{NM},\mathrm{ZR},\mathrm{PM},\mathrm{PB}\}=\{C_{i1},C_{i2},C_{i3},C_{i4},C_{i5}\} \tag{10.3.9}$$

$$T(u_{fsi})=\{\mathrm{NB},\mathrm{NM},\mathrm{ZR},\mathrm{PM},\mathrm{PB}\}=\{F_{i1},F_{i2},F_{i3},F_{i4},F_{i5}\} \tag{10.3.10}$$

式中,“NB”,“NM”,“ZR”,“PM”,“PB”分别表示模糊集“负大”,“负中”,“零”,“正中”,“正大”。它们的模糊隶属函数如图 10-9 所示。

由直觉推理建立跟踪误差 e_{i0}与模糊控制 u_{fsi}的模糊关系为

$$R_{ji}:\text{若 } e_{i0} \text{ 是 } C_{ji},\text{则 } u_{fsi} \text{ 是 } F_{(6-j)i},\ j=1,2,\cdots,5 \tag{10.3.11}$$

输入 e_{i0} 是 C_i,输出 u_{fsi} 是 F_i

由第 j 条规则得到的模糊关系

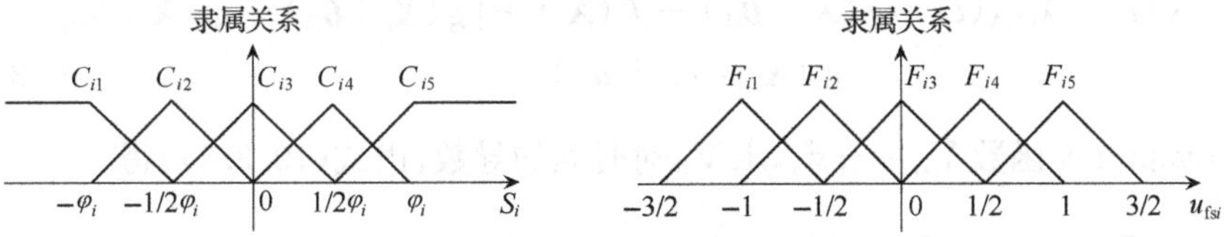

图 10-9　模糊隶属函数

$$R_{ji}=C_{ji}\times F_{(6-j)i}$$

即

$$R_{ji}(e_{i0},u_{fsi})=C_{ji}(e_{i0})\wedge F_{(6-j)i}(u_{fsi}) \tag{10.3.12}$$

总的模糊关系为

$$R_i=\bigcup_{j=1}^{5}R_{ji}$$

即

$$R_i(e_{i0},u_{fsi})=\bigvee_{j=1}^{5}\left[C_{ji}(e_{i0})\wedge F_{(6-j)i}(u_{fsi})\right] \tag{10.3.13}$$

采用乘积推理规则和单点模糊化方法易得

$$F_i(u_{fsi})=\bigvee_{j=1}^{5}\left[C_{ji}(e_{i0})\wedge F_{(6-j)i}(u_{fsi})\right] \tag{10.3.14}$$

应用重心化非模糊化方法进一步得到精确的控制：

$$u_{fsi}=\frac{\int_{-3/2}^{3/2}u_{fsi}F_i(u_{fsi})\mathrm{d}u_{fsi}}{\int_{-3/2}^{3/2}F_i(u_{fsi})\mathrm{d}u_{fsi}} \tag{10.3.15}$$

式(10.3.15)的数学解析式如下：

$$u_{fsi}=\begin{cases}-1, & x_i<-1\\ -\dfrac{(2x_i+3)(3x_i+1)}{2(4x_i^2+6x_i+1)}, & -1\leqslant x_i<-0.5\\ -\dfrac{x_i(2x_i+1)}{2(4x_i^2+2x_i-1)}, & -0.5\leqslant x_i<0\\ \dfrac{x_i(2x_i-3)}{2(4x_i^2-2x_i-1)}, & 0\leqslant x_i<0.5\\ \dfrac{(2x_i-3)(3x_i-1)}{2(4x_i^2-6x_i+1)}, & 0.5\leqslant x_i<1\\ 1, & x_i\geqslant 1\end{cases} \tag{10.3.16}$$

式中，$x_i=\dfrac{s_i}{\varphi_i}$，而且当$|s_i|>\varphi_i$ 时，$u_{fsi}=-\mathrm{sgn}(s_i(t))$。

2. 有界控制器的设计

把式(10.3.7)代入式(10.3.1)得

$$\dot{s}_i(t)+\lambda_i s_{i\Delta}(t)=\hat{f}(\boldsymbol{X}_i\mid\boldsymbol{\theta}_{i1})-f_i(\boldsymbol{X}_i)+[\hat{g}(\boldsymbol{X}_i\mid\boldsymbol{\theta}_{i2})-g_i(\boldsymbol{X}_i)]u_{ci}-g_i(\boldsymbol{X}_i)(u_{fsi}+u_{bi}) \tag{10.3.17}$$

考虑 Lyapunov 函数 $V_{i1}=\frac{1}{2}s_{i\Delta}^2$,求 V_{i1}对时间的导数,由式(10.3.17)得

$$\begin{aligned}\dot{V}_{i1}&=s_{i\Delta}[-\lambda_i s_{i\Delta}+(\hat{f}_i-f_i)+(\hat{g}_i-g_i)u_{ci}+g_i u_{fsi}]-s_{i\Delta}g_i(u_{fsi}+u_{bi})-s_{i\Delta}d_i\\&\leqslant-\lambda_i s_{i\Delta}^2+|s_{i\Delta}|\Big[|\hat{f}_i|+M_{i0}+(|\hat{g}_i|+M_{i2})|u_{ci}|+\sum_{k=0}^{P}\sum_{j=1}^{N}\hat{a}_{ijk}\|\boldsymbol{X}\|^k\Big]\\&\quad+|s_{i\Delta}||g_i|-g_i s_{i\Delta}u_{bi}\end{aligned} \tag{10.3.18}$$

选取有界控制如下:

$$u_{bi}=I_i^*\operatorname{sgn}[s_i(t)]\Big[\frac{|\hat{f}_i|+M_{i0}+(|\hat{g}_i|+M_{i2})|u_{ci}|}{\beta_i}+\sum_{k=0}^{P}\sum_{j=1}^{N}\hat{a}_{ijk}\|\boldsymbol{X}\|^k\Big]+|u_{fsi}| \tag{10.3.19}$$

式中

$$I_i^*=\begin{cases}1, & |s_i|\geqslant\varphi_i\\0, & |s_i|<\varphi_i\end{cases}$$

把式(10.3.19)代入式(10.3.18)中得

$$\dot{V}_{i1}\leqslant-\lambda_i s_{i\Delta}^2(|s_i|>\varphi_i) \tag{10.3.20}$$

这意味着 $s_{i\Delta}$有界,因此 $\boldsymbol{X}_i$ 有界,$i=1,2,\cdots,N$。

10.3.3 模糊自适应算法

设 $\boldsymbol{\theta}_{i1}^*$ 和 $\boldsymbol{\theta}_{i2}^*$ 分别是参数向量 $\boldsymbol{\theta}_{i1}$ 和 $\boldsymbol{\theta}_{i2}$ 的最优参数,具体定义为

$$\boldsymbol{\theta}_{i1}^*=\arg_{\boldsymbol{\theta}_{i1}\in\Omega_{i1}}\Big[\sup_{\boldsymbol{X}\in U_i}|f_i(\boldsymbol{X}_i)-\hat{f}_i(\boldsymbol{X}_i\mid\boldsymbol{\theta}_{i1})|\Big] \tag{10.3.21}$$

$$\boldsymbol{\theta}_{i2}^*=\arg_{\boldsymbol{\theta}_{i2}\in\Omega_{i2}}\Big[\sup_{\boldsymbol{X}\in U_i}|g_i(\boldsymbol{X}_i)-\hat{g}_i(\boldsymbol{X}_i\mid\boldsymbol{\theta}_{i2})|\Big] \tag{10.3.22}$$

式中,$\Omega_{i1}=\{\boldsymbol{\theta}_{i1}\mid\|\boldsymbol{\theta}_{i1}\|\leqslant M_i^1\}$,$\Omega_{i2}=\{\boldsymbol{\theta}_{i2}\mid\|\boldsymbol{\theta}_{i2}\|\leqslant M_i^2\}$;$M_i^1$ 和 M_i^2 是两个设计参数。

假设 10.8　假设存在已知函数 $D_{i1}(\boldsymbol{X}_i)$和 $D_{i2}(\boldsymbol{X}_i)$,满足

$$|f_i(\boldsymbol{X}_i)-\hat{f}_i(\boldsymbol{X}_i\mid\boldsymbol{\theta}_{i1}^*)|\leqslant D_{i1}(\boldsymbol{X}_i),\quad |g_i(\boldsymbol{X}_i)-\hat{g}_i(\boldsymbol{X}_i\mid\boldsymbol{\theta}_{i2}^*)|\leqslant D_{i2}(\boldsymbol{X}_i)$$

则总的控制律为

$$u_i=u_{ci}+u_{bi}+k_i u_{fsi} \tag{10.3.23}$$

式中

$$u_{ci}=\frac{1}{\hat{g}_i(\boldsymbol{X}_i\mid\boldsymbol{\theta}_{i2})}\{[-\hat{f}_i(\boldsymbol{X}_i\mid\boldsymbol{\theta}_{i1})]+\lambda_i s_{i\Delta}+\dot{s}_i+y_{mi}^{(m_i)}\}$$

$$u_{bi}=I_i^*\operatorname{sgn}(s_i(t))\Big[\frac{|\hat{f}_i|+M_{i0}+(|\hat{g}_i|+M_{i2})|u_{ci}|}{M_{i1}}+\sum_{k=0}^{P}\sum_{j=1}^{N}\hat{a}_{ijk}\|\boldsymbol{X}\|^k\Big]$$

$$k_i=\frac{1}{M_{i1}}\sum_{k=0}^{p}\sum_{j=1}^{N}\hat{a}_{ijk}\|\boldsymbol{X}_i\|^k+D_{i1}(\boldsymbol{X}_i)+D_{i2}(\boldsymbol{X}_i)|u_{ci}|$$

参数向量 $\boldsymbol{\theta}_{i1}$、$\boldsymbol{\theta}_{i2}$ 的自适应调节律为

$$\dot{\boldsymbol{\theta}}_{i1}=\begin{cases}-\eta_{i1}s_{i\Delta}\boldsymbol{\xi}(\boldsymbol{X}_i), & \|\boldsymbol{\theta}_{i1}\|\leqslant M_i^1\\ & \text{或 } \|\boldsymbol{\theta}_{i1}\|=M_i^1 \text{ 且 } s_{i\Delta}\boldsymbol{\theta}_{i1}^{\mathrm{T}}\boldsymbol{\xi}(\boldsymbol{X}_i)\leqslant 0\\ P[-\eta_{i1}s_{i\Delta}\boldsymbol{\xi}(\boldsymbol{X}_i)], & \|\boldsymbol{\theta}_{i1}\|=M_i^1 \text{ 且 } s_{i\Delta}\boldsymbol{\theta}_{i1}^{\mathrm{T}}\boldsymbol{\xi}(\boldsymbol{X}_i)>0\end{cases}\tag{10.3.24}$$

$$\dot{\boldsymbol{\theta}}_{i2}=\begin{cases}-\eta_{i2}s_{i\Delta}\boldsymbol{\xi}(\boldsymbol{X}_i)u_{ci}, & \|\boldsymbol{\theta}_{i2}\|\leqslant M_i^2\\ & \text{或 } \|\boldsymbol{\theta}_{i2}\|=M_i^2 \text{ 且 } s_{i\Delta}\boldsymbol{\theta}_{i2}^{\mathrm{T}}\boldsymbol{\xi}(\boldsymbol{X}_i)u_{ci}\leqslant 0\\ P[-\eta_{i2}s_{i\Delta}\boldsymbol{\xi}(\boldsymbol{X}_i)]u_{ci}, & \|\boldsymbol{\theta}_{i2}\|=M_i^2 \text{ 且 } s_{i\Delta}\boldsymbol{\theta}_{i2}^{\mathrm{T}}\boldsymbol{\xi}(\boldsymbol{X}_i)u_{ci}>0\end{cases}\tag{10.3.25}$$

$$\dot{a}_{ijk}=-\eta_i\,|\,s_{i\Delta}\,|\,\|\boldsymbol{X}_i\|^k\tag{10.3.26}$$

式中，$\eta_{i1}>0$，$\eta_{i2}>0$ 为学习率，$P[\cdot]$为投影算子，定义为

$$P[-\eta_{i1}s_{i\Delta}\boldsymbol{\xi}(\boldsymbol{X}_i)]=-\eta_{i1}s_{\Delta}(t)\boldsymbol{\xi}(\boldsymbol{X}_i)+\eta_{i1}s_{i\Delta}(t)\frac{\boldsymbol{\theta}_{i1}\boldsymbol{\theta}_{i1}^{\mathrm{T}}\boldsymbol{\xi}(\boldsymbol{X}_i)}{\boldsymbol{\theta}_{i1}^{\mathrm{T}}\boldsymbol{\theta}_{i1}}\tag{10.3.27}$$

$$P[-\eta_{i2}s_{i\Delta}\boldsymbol{\xi}(\boldsymbol{X}_i)u_{ci}]=-\eta_{i2}s_{\Delta}(t)\boldsymbol{\xi}(\boldsymbol{X}_i)u_{ci}+\eta_{i2}s_{i\Delta}(t)\frac{\boldsymbol{\theta}_{i2}\boldsymbol{\theta}_{i2}^{\mathrm{T}}\boldsymbol{\xi}(\boldsymbol{X}_i)}{\boldsymbol{\theta}_{i2}^{\mathrm{T}}\boldsymbol{\theta}_{i2}}\tag{10.3.28}$$

这种间接自适应模糊分散控制的设计步骤如下：

步骤 1　离线预处理。

(1) 确定出参数 $k_{i(r_1-1)},\cdots,k_{i0}$，使得 $s^{r_i}+k_{i(r_i-1)}s^{r_i-1}+\cdots+k_{i0}=0$ 的所有根均位于左半平面。

(2) 根据实际问题，确定出设计参数 M_i^1，M_i^2 和 φ_i。

步骤 2　构造模糊控制器。

(1) 建立模糊规则基：它是由下面的 N 条模糊推理规则构成

R^i：如果 x_{i1} 是 F_1^i，x_{i2} 是 F_2^i，$\cdots$，x_{in} 是 F_n^i，则 y 是 B_i，$i=1,2,\cdots,N$

(2) 模糊基函数为

$$\xi_i(\boldsymbol{X}_i)=\frac{\prod_{j=1}^{n}\mu_{F_j^i}(x_j)}{\sum_{i=1}^{N}\left[\prod_{j=1}^{n}\mu_{F_j^i}(x_j)\right]}$$

做一个 N 维向量 $\boldsymbol{\xi}(\boldsymbol{X}_i)=[\xi_1,\cdots,\xi_N]^{\mathrm{T}}$，并构造成模糊逻辑系统

$$\hat{f}_i(\boldsymbol{X}_i\mid\boldsymbol{\theta}_{i1})=\boldsymbol{\theta}_{i1}^{\mathrm{T}}\boldsymbol{\xi}(\boldsymbol{X}_i),\quad \hat{g}_i(\boldsymbol{X}_i\mid\boldsymbol{\theta}_{i2})=\boldsymbol{\theta}_{i2}^{\mathrm{T}}\boldsymbol{\xi}(\boldsymbol{X}_i)$$

步骤 3　在线自适应调节。

(1) 将反馈控制(10.2.23)作用于控制对象(10.1.1)。

(2) 式(10.3.24)和式(10.3.25)自适应调节参数向量 $\boldsymbol{\theta}_{i1}$ 和 $\boldsymbol{\theta}_{i2}$。

10.3.4 稳定性与收敛性分析

用下面的定理给出这种间接自适应分散模糊控制器所具有的性质。

定理 10.3 对于非线性系统(10.1.1),如果采取分散模糊控制(10.3.23),参数的自适应律(10.3.25)～(10.3.28),在假设 10.7、假设 10.8 成立的条件下,则总体控制方案具有下面的性质：

(1) $|\boldsymbol{\theta}_{i1}|\leqslant M_i^1, |\boldsymbol{\theta}_{i2}|\leqslant M_i^2, X_i, u_i\in L_\infty$。

(2) $e_i(t)$趋近于零的一个邻域内。

证明 第 1 个结论的证明与定理 3.1 证明相类似,下面仅证明其他结论。

选取 Lyapunov 函数为

$$V(t)=\sum_{i=1}^{N}V_i(t) \tag{10.3.29}$$

$$V_i(t)=\frac{1}{2}s_{i\Delta}^2+\frac{1}{2\eta_{i1}}\boldsymbol{\Phi}_{i1}^{\mathrm{T}}\boldsymbol{\Phi}_{i1}+\frac{1}{2\eta_{i2}}\boldsymbol{\Phi}_{i2}^{\mathrm{T}}\boldsymbol{\Phi}_{i2}+\frac{1}{2\eta}\sum_{k=0}^{p}\sum_{j=0}^{N}\tilde{a}_{ijk}^2,\quad i=1,2,\cdots,N \tag{10.3.30}$$

式中,$\boldsymbol{\Phi}_{i1}=\boldsymbol{\theta}_{i1}^*-\boldsymbol{\theta}_{i1}$,$\boldsymbol{\Phi}_{i2}=\boldsymbol{\theta}_{i2}^*-\boldsymbol{\theta}_{i2}$。

求 $V_i(t)$对时间的导数：

$$\dot{V}_i(t)=s_{i\Delta}\dot{s}_{i\Delta}+\frac{1}{\eta_{1i}}\boldsymbol{\Phi}_{i1}^{\mathrm{T}}\dot{\boldsymbol{\Phi}}_{i1}+\frac{1}{\eta_{i2}}\boldsymbol{\Phi}_{i2}^{\mathrm{T}}\dot{\boldsymbol{\Phi}}_{i2}+\frac{1}{\eta}\sum_{k=0}^{p}\sum_{j=0}^{N}\tilde{a}_{ijk}\dot{\tilde{a}}_{ijk} \tag{10.3.31}$$

如果$|s_i|>\varphi_i$,由于 $\dot{s}_{i\Delta}=\dot{s}_i$,那么根据 $u_{\mathrm{fs}i}=-\mathrm{sgn}(s_i(t))$、式(10.3.17)得

$$\begin{aligned}\dot{V}_i(t)=&-\eta_i s_{i\Delta}^2+\dot{s}_{i\Delta}+s_{i\Delta}\boldsymbol{\Phi}_{i1}^{\mathrm{T}}\boldsymbol{\xi}(\boldsymbol{X}_i)+s_{i\Delta}\boldsymbol{\Phi}_{i2}^{\mathrm{T}}\boldsymbol{\xi}(\boldsymbol{X}_i)u_{ci}\\&-s_{i\Delta}g_i(\boldsymbol{X}_i)u_{\mathrm{b}i}-s_{i\Delta}k_iu_{\mathrm{fs}i}-s_{i\Delta}d_i(\boldsymbol{X},t)\\&+s_{i\Delta}\{[\hat{f}_i(\boldsymbol{X}_i\mid\boldsymbol{\theta}_{i1}^*)-f_i(\boldsymbol{X}_i)]+[\hat{g}_i(\boldsymbol{X}_i\mid\boldsymbol{\theta}_{i2}^*)-g_i(\boldsymbol{X}_i)]u_{ci}\}\\&+\frac{1}{\eta_{1i}}\boldsymbol{\Phi}_{i1}^{\mathrm{T}}\dot{\boldsymbol{\Phi}}_{i1}+\frac{1}{\eta_{2i}}\boldsymbol{\Phi}_{i2}^{\mathrm{T}}\dot{\boldsymbol{\Phi}}_{i2}+\frac{1}{\eta}\sum_{k=0}^{p}\sum_{j=1}^{N}\tilde{a}_{ijk}\dot{\tilde{a}}_{ijk}\end{aligned} \tag{10.3.32}$$

因为 $\dot{\boldsymbol{\Phi}}_{i1}=-\dot{\boldsymbol{\theta}}_{i1}$,$\dot{\boldsymbol{\Phi}}_{i2}=-\dot{\boldsymbol{\theta}}_{i2}$,$\dot{\tilde{a}}_{ijk}=\dot{\hat{a}}_{ijk}$,由假设 10.3～10.6 及其 $s_{i\Delta}g_i(\boldsymbol{X}_i)u_{\mathrm{b}i}\geqslant 0$ 得

$$\begin{aligned}\dot{V}_i(t)=&-\eta_i s_{i\Delta}^2+\frac{1}{\eta_{i1}}\boldsymbol{\Phi}_{i1}^{\mathrm{T}}[\eta_{i1}s_{i\Delta}\boldsymbol{\xi}(\boldsymbol{X}_i)+\dot{\theta}_{i1}]+\frac{1}{\eta_{i2}}\boldsymbol{\Phi}_{i2}^{\mathrm{T}}[\eta_{i2}s_{i\Delta}\boldsymbol{\xi}(\boldsymbol{X}_i)u_{ci}+\dot{\boldsymbol{\theta}}_{i2}]\\&+\frac{1}{\eta_i}\sum_{k=0}^{p}\sum_{j=1}^{N}\tilde{a}_{ijk}(\eta_i\mid s_{i\Delta}\mid\|\boldsymbol{X}_i\|^k+\hat{a}_{ijk})+\mid s_{i\Delta}\mid[D_{i1}+D_{i2}\mid u_{ci}\mid\\&+\sum_{k=0}^{P}\sum_{j=1}^{N}\hat{a}_{ijk}-k_i]\end{aligned} \tag{10.3.33}$$

根据式(10.3.23)～式(10.3.28),式(10.3.33)可写成

$$\dot{V}_i(t) = -\lambda_i s_{i\Delta}^2 + I_{i1} s_{i\Delta}(t) \frac{\boldsymbol{\Phi}_{i1} \boldsymbol{\theta}_{i1}^{\mathrm{T}} \boldsymbol{\theta}_{i1} \boldsymbol{\xi}(\boldsymbol{X}_i)}{\boldsymbol{\theta}_{i1}^{\mathrm{T}} \boldsymbol{\theta}_{i1}} + I_{i2} s_{i\Delta}(t) \frac{\boldsymbol{\Phi}_{i2} \boldsymbol{\theta}_{i2}^{\mathrm{T}} \boldsymbol{\theta}_{i2} \boldsymbol{\xi}(\boldsymbol{X}_i) u_{ci}}{\boldsymbol{\theta}_{i2}^{\mathrm{T}} \boldsymbol{\theta}_{i2}} \tag{10.3.34}$$

式中，如果式(10.3.26)第一个条件(第二个条件)成立，则 $I_{i1}=0(1)$；如果式(10.3.26)第一个条件(第二个条件)成立，则 $I_{i2}=0(1)$。在第 2 章中已经证明了式(10.3.34)中的最后两项为负，因此有

$$\dot{V}_i(t) \leqslant -\lambda_i s_{i\Delta}^2 \tag{10.3.35}$$

由于 $\dot{V}(t) = \sum_{i=1}^{N} \dot{V}_i(t)$，所以得

$$\dot{V}(t) \leqslant -\sum_{i=1}^{N} \lambda_i s_{i\Delta}^2 < 0 \tag{10.3.36}$$

由式(10.3.36)得到 $V \in L_\infty$，从而 $\boldsymbol{\theta}_{i1}, \boldsymbol{\theta}_{i2}, \hat{a}_{ijk}, s_{i\Delta} \in L_\infty$，再由式(10.3.17)有 $e_i \in L_\infty$。因为 $x_{i1}=e_i+y_{mi}$，所以 x_{i1} 有界。根据式(10.3.36)知 V 单调减少并且下方有界，所以 $\lim\limits_{t\to\infty} V(t)=V(\infty)$ 存在。对式(10.3.36)两边积分得

$$\int_0^\infty \dot{V}(t)\mathrm{d}t = V(0) - V(\infty) < 0 \tag{10.3.37}$$

这意味着 $s_{i\Delta} \in L_2$，因为 $s_{i\Delta} \in L_\infty$，根据 Barbalet 引理得到 $\lim\limits_{t\to\infty} s_{i\Delta}(t)=0$，所以可推出 $|s_i| \leqslant \varphi_i$，即 $e_i(t)$ 渐近收敛到零的一个邻域内。再由假设 10.1 及式(10.2.17)知，$\boldsymbol{X}_i, u_i$ 有界。

10.3.5　仿真

例 10.3　把直接自适应分散模糊控制方法应用于两个互联的倒立摆系统中，其动态方程和各种参数的选择可参见 10.2 节的内容，跟踪信号取为 $y_{m1}=y_{m2}=0$。定义模糊规则为

$$R^j: \text{如果 } x_1 \text{ 是 } F_1^j \text{ 且 } x_2 \text{ 是 } F_2^j, \text{则 } y \text{ 是 } B^j, j=1,2,\cdots,7$$

$$R^j: \text{如果 } x_3 \text{ 是 } F_1^j \text{ 且 } x_4 \text{ 是 } F_2^j, \text{则 } y \text{ 是 } B^j, j=1,2,\cdots,7$$

其中模糊隶属函数为

$$F_i^1(x_i) = \{1+\exp[5(x_i+0.6)]\}^{-1}, \quad F_i^2(x_i) = \exp[-(x_i+0.4)^2]$$

$$F_i^3(x_i) = \exp[-(x_i+0.2)^2], \quad F_i^4(x_i) = \exp[-(x_i)^2]$$

$$F_i^5(x_i) = \exp[-(x_i-0.2)^2], \quad F_i^6(x_i) = \exp[-(x_i-0.4)^2]$$

$$F_i^7(x_i) = \{1+\exp[5(x_i-0.6)]\}^{-1}$$

由此得到模糊逻辑系统

$$y_i(\boldsymbol{X}_i) = \sum_{j=1}^{7} \theta_{ij} \xi_{ij}(\boldsymbol{X}_i) \tag{10.3.38}$$

式中

$$\xi_{ij}(\boldsymbol{X}_1)=\frac{F_i^j(x_1)F_i^j(x_2)}{\sum\limits_{j=1}^{7}[F_i^j(x_1)F_i^j(x_2)]},\quad \xi_{ij}(\boldsymbol{X}_2)=\frac{F_i^j(x_3)F_i^j(x_4)}{\sum\limits_{j=1}^{7}[F_i^j(x_3)F_i^j(x_4)]}$$

$$\begin{aligned}u_1^*&=2[-x_1+0.01(x_1+5\dot{x}_1)+5\dot{x}_1]\\u_2^*&=2[-x_3+0.01(x_3+5\dot{x}_3)+5\dot{x}_3]\end{aligned}\tag{10.3.39}$$

取控制律中的参数为:$\varphi_1=\varphi_2=0.01,\eta_{11}=\eta_{22}=\eta=0.01,M_{01}=|x_1|+1,M_{02}=|x_3|+1,M_{i1}=M_{i2}=3(i=1.2),M_{13}=M_{23}=0$。

取参数初始值为

$$x_1(0)=0.5,\quad x_2(0)=0,\quad x_3(0)=-0.5,\quad x_4(0)=0$$

仿真结果如图 10-10 和图 10-11 所示。

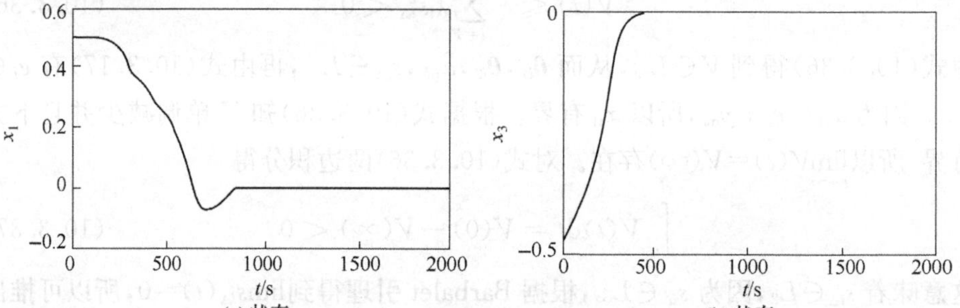

(a) 状态 x_1　　(b) 状态 x_2

图 10-10　跟踪误差曲线

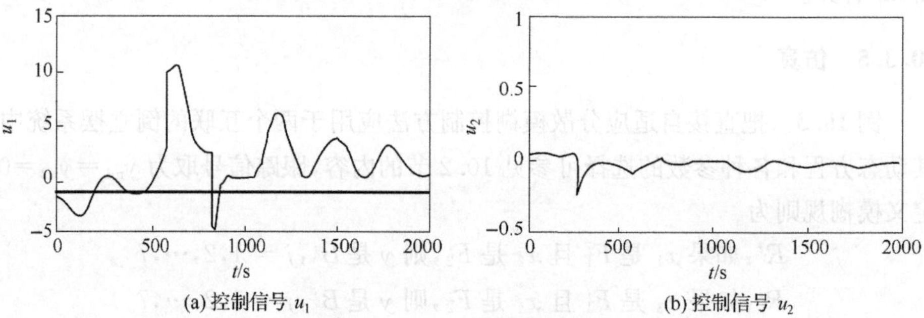

(a) 控制信号 u_1　　(b) 控制信号 u_2

图 10-11　控制曲线

10.4　直接自适应分散模糊滑模控制

本节针对 10.3 节的被控对象,在第 5 章自适应模糊滑模控制设计的基础上,给出一种直接自适应分散模糊控制方法和控制系统的稳定性分析。

10.4.1　模糊分散控制器的设计

本节的被控制对象及其控制问题与 10.3 节相同。

假设 10.9　对于未知函数 $f_i(\boldsymbol{X}_i),g_i(\boldsymbol{X}_i),d_i(\boldsymbol{X},t)$,假设分别满足下面的条件:

$$|f_i(\boldsymbol{X}_i)|\leqslant M_{i0}(\boldsymbol{X}_i),\quad 0<M_{i1}\leqslant g_i(\boldsymbol{X}_i)$$

$$|\dot{g}_i^{-1}(\boldsymbol{X}_i)|=|\Delta g_i^{-1}(\boldsymbol{X}_i)\dot{X}_i|\leqslant M_{i2}(\boldsymbol{X}_i),\qquad |d_i(\boldsymbol{X},t)|\leqslant\sum_{k=0}^{p}\sum_{j=1}^{N}a_{ijk}\|\boldsymbol{X}_j\|^k$$

式中,$M_{i0}(\boldsymbol{X}_i)$和 $M_{i2}(\boldsymbol{X}_i)$是已知函数,M_{i1}是已知常数;a_{ijk}是未知非负常数并通过自适应得到。

设 $\boldsymbol{e}_i=[e_{i0},\dot{e}_{i0},\cdots,e_{i0}^{(m_i-1)}]^{\mathrm{T}}$,$\boldsymbol{K}_i=[k_{i(m_i-1)},\cdots,k_{i0}]^{\mathrm{T}}$,选择常数 $\boldsymbol{K}_i$ 使得多项式 $\hat{L}_i(s)=s^{r_i}+k_{i(m_i-1)}s^{r_i-1}+\cdots+k_{i0}$为稳定的多项式,即它的特征值在左半开平面内。

定义滑模平面为

$$s_i(t)=k_{i1}e_{i0}+k_{i2}\dot{e}_{i0}+\cdots+k_{i(m_i-1)}e_{i0}^{(m_i-2)}+e_{i0}^{(m_i-1)}\tag{10.4.1}$$

如果 $f_i(\boldsymbol{X}_i),g_i(\boldsymbol{X}_i)$已知且 $d_i(\boldsymbol{X},t)=0$,则选取分散控制为

$$u_i^*=\frac{1}{g_i(\boldsymbol{X}_i)}[-f_i(\boldsymbol{X}_i)+\eta_i s_i+\dot{s}_i+y_{mi}^{(m_i)}]\tag{10.4.2}$$

求 $s_i(t)$的导数,并由式(10.3.1)和式(10.4.1)得

$$\dot{s}_i(t)+\eta_i s_i(t)=0\tag{10.4.3}$$

可得$\lim\limits_{t\to\infty}s_i(t)=0$,因为 $\hat{L}_i(s)$是稳定的多项式,所以有$\lim\limits_{t\to\infty}e_{i0}(t)=0$。

但是在 $f_i(\boldsymbol{X}_i),g_i(\boldsymbol{X}_i)$未知和 $d_i(\boldsymbol{X},t)\neq 0$ 的情况下,设计分散控制(10.4.2)是不可能的,而且现有传统的分散控制方法都难以利用。为此利用模糊逻辑系统来逼近分散控制 u_i^*。

定义有界闭集 A_{id}和 A_i:

$$A_{id}=\{\boldsymbol{X}_i\mid\|\boldsymbol{X}_i-\boldsymbol{X}_{i0}\|_{p,\pi}\leqslant 1\}$$

$$A_i=\{\boldsymbol{X}_i\mid\|\boldsymbol{X}_i-\boldsymbol{X}_{i0}\|_{p,\pi}\leqslant 1+\phi_i\}$$

ϕ_i 表示过渡区域的宽度,$\boldsymbol{X}_{i0}$是 $\mathbf{R}^{m_i}$ 中的一定点,$\|\boldsymbol{X}_i\|_{p,\pi}$是一种 p 范数,定义为 $\|\boldsymbol{X}_i\|_{p,\pi}=\left\{\sum\limits_{i=1}^{n}\left(\dfrac{|x_{im_i}|}{\pi_i}\right)^p\right\}^{1/p}$,$\{\pi_i\}_{i=1}^n$ 是给定的权重。

对于给定的 $\varepsilon_i>0$,根据逼近定理 1.1,存在模糊逻辑系统 $u_i(\boldsymbol{X}_i\mid\boldsymbol{\theta}_i)=\boldsymbol{\theta}_i\boldsymbol{\xi}(\boldsymbol{X}_i)$,使得$\forall\boldsymbol{X}_i\in A_i$ 有

$$|u_i^*-u_i(\boldsymbol{X}_i\mid\boldsymbol{\theta}_i)|\leqslant\varepsilon_i\tag{10.4.4}$$

设计分散模糊控制为

$$u_i=[1-m_i(t)]u_{adi}-m_i(t)k_{1i}(s_i,t)u_{fsi}-k_{2i}(s_i,t)u_{fsi}\tag{10.4.5}$$

式中,$u_{adi}=u_i(\boldsymbol{X}_i|\hat{\boldsymbol{\theta}}_i)-\hat{\varepsilon}_i u_{fsi}$是自适应部分,$u_{fsi}$是模糊滑模控制,它的设计与 10.3 节的设计相同。$k_{1i}(s,t)>0,k_{2i}(s_i,t)>0$。$m_i(t)$是一种模式转换函数 $0\leqslant m_i(t)\leqslant 1$。其定义为

$$m_i(t)=\max\left\{0,\mathrm{sat}\left(\frac{\|\boldsymbol{X}_i-\boldsymbol{X}_{i0}\|_{p,\pi}-1}{\phi_i}\right)\right\}\tag{10.4.6}$$

由式(10.3.1)、式(10.4.1)和式(10.4.5)可得

$$\begin{aligned}\dot{s}_i(t)+\eta_i s_{i\Delta}(t)&=g_i(\boldsymbol{X}_i)[u_i^*-u_i(\boldsymbol{X}_i\mid\hat{\boldsymbol{\theta}}_i)]-d_i(\boldsymbol{X},t)-\eta_i\varphi_i\mathrm{sat}(s_i/\varphi_i)\\&=g_i(\boldsymbol{X}_i)[1-m_i(t)][u_i^*-u_i(\boldsymbol{X}_i\mid\boldsymbol{\theta}_i)\\&\quad+\hat{\varepsilon}_i u_{\mathrm{fs}i}]+m_i(t)g_i(\boldsymbol{X}_i)[u_i^*+k_{1i}u_{\mathrm{fs}i}]\\&\quad+g_i(\boldsymbol{X}_i)k_{2i}(s_i,t)u_{\mathrm{fs}i}-d_i(\boldsymbol{X},t)-\eta_i\varphi_i\mathrm{sat}(s_i/\varphi_i)\\&=g_i(\boldsymbol{X}_i)[1-m_i(t)]\boldsymbol{\Phi}_i^{\mathrm{T}}\boldsymbol{\xi}(\boldsymbol{X}_i)+g_i(\boldsymbol{X}_i)[1-m_i(t)]\\&\quad\times[u_i^*-u_i(\boldsymbol{X}_i\mid\boldsymbol{\theta}_i)+\hat{\varepsilon}_i u_{\mathrm{fs}i}]+g_i(\boldsymbol{X}_i)m_i(t)[u_i^*+k_{1i}u_{\mathrm{fs}i}]\\&\quad+g_i(\boldsymbol{X}_i)k_{2i}(s_i,t)u_{\mathrm{fs}i}-d_i(\boldsymbol{X},t)-\eta_i\varphi_i\mathrm{sat}(s_i/\varphi_i)\end{aligned}\tag{10.4.7}$$

式中，$s_{i\Delta}(t)=s_i(t)-\varphi_i\mathrm{sat}[s_i(t)/\varphi_i]\ (\varphi_i>0)$，$\boldsymbol{\Phi}_i=\boldsymbol{\theta}_i-\hat{\boldsymbol{\theta}}_i$。

总结上面所设计的直接分散模糊控制律如下：

$$u_i=-[1-m_i(t)]u_{\mathrm{ad}i}-m_i(t)k_{1i}(s_i,t)u_{\mathrm{fs}i}-k_{2i}(s_i,t)u_{\mathrm{fs}i}\tag{10.4.8}$$

式中

$$k_{1i}(s_i,t)=\frac{1}{M_{i1}}[M_{i0}(\boldsymbol{X}_i)+|\eta_i s_{i\Delta}(t)+\dot{s}_i(t)-e_i^{(m_i)}+x_{i1}^{(m_i)}|]$$

$$k_{2i}(s_i,t)=\frac{1}{M_{i1}}\sum_{k=0}^{p}\sum_{j=1}^{N}\hat{a}_{ijk}\|\boldsymbol{X}_i\|^k+\frac{M_{i2}(\boldsymbol{X}_i)\mid s_{i\Delta}(t)\mid}{2M_{i1}^2}+\frac{\eta_i\varphi_i}{M_{i1}}$$

取参数向量 $\boldsymbol{\theta}_i$、a_{ijk} 和 ε_i 的自适应律为

$$\dot{\hat{\boldsymbol{\theta}}}_i=\begin{cases}\eta_{i1}[1-m(t)]s_{i\Delta}\boldsymbol{\xi}(\boldsymbol{X}_i), & \|\hat{\boldsymbol{\theta}}_i\|<M_i\\ & \text{或 }\|\hat{\boldsymbol{\theta}}_i\|=M_i\text{ 且 }s_{i\Delta}\hat{\boldsymbol{\theta}}_i^{\mathrm{T}}\boldsymbol{\xi}(\boldsymbol{X}_i)\leqslant 0\\ P\{[1-m(t)]s_{i\Delta}\boldsymbol{\xi}(\boldsymbol{X}_i)\}, & \|\hat{\boldsymbol{\theta}}_i\|=M_i\text{ 且 }s_{i\Delta}\hat{\boldsymbol{\theta}}_i^{\mathrm{T}}\boldsymbol{\xi}(\boldsymbol{X}_i)>0\end{cases}\tag{10.4.9}$$

$$\begin{aligned}P[\eta_{i1}(1-m_i(t))s_{i\Delta}(t)\boldsymbol{\xi}(\boldsymbol{X}_i)]&=\eta_{i1}[1-m_i(t)]s_{i\Delta}(t)\boldsymbol{\xi}(\boldsymbol{X}_i)\\&\quad-\eta_{i1}[1-m_i(t)]s_{i\Delta}(t)\frac{\hat{\boldsymbol{\theta}}_i\hat{\boldsymbol{\theta}}_i^{\mathrm{T}}\boldsymbol{\xi}(\boldsymbol{X}_i)}{\|\hat{\boldsymbol{\theta}}_i\|^2}\end{aligned}\tag{10.4.10}$$

$$\dot{\hat{\varepsilon}}_i=\eta_{i2}[1-m_i(t)]\mid s_{i\Delta}(t)\mid\tag{10.4.11}$$

$$\dot{\hat{a}}_{ijk}=\eta\mid s_{i\Delta}(t)\mid\|\boldsymbol{X}_i\|^k,\quad \hat{a}_{ijk}(0)\geqslant 0\tag{10.4.12}$$

步骤 1 离线预处理。

(1) 给定参数 $k_{i1},\cdots,k_{(i-1)m_i}$，确定滑模平面 $s_i(t)$。

(2) 根据实际问题，确定出设计参数 ϕ_i，φ_i 和 M_i。

步骤 2 构造模糊控制器。

(1) 建立模糊规则基：它是由下面的 N 条模糊推理规则构成

R^i：如果 x_{i1} 是 F_1^i，x_{i2} 是 F_2^i，$\cdots$，x_{in} 是 F_n^i，则 u_{ci} 是 B_i，$i=1,2,\cdots,N$

(2) 构造模糊基函数

$$\xi_i(\boldsymbol{X}_i)=\frac{\prod_{j=1}^{n}\mu_{F_j^i}(x_{ij})}{\sum_{i=1}^{N}\left[\prod_{j=1}^{n}\mu_{F_j^i}(x_{ij})\right]}$$

做一个 N 维向量 $\boldsymbol{\xi}_i(\boldsymbol{X}_i)=[\xi_{i1},\cdots,\xi_{iN}]^{\mathrm{T}}$，并构造成模糊逻辑系统

$$\hat{u}_i(\boldsymbol{X}_i\mid\boldsymbol{\theta}_i)=\boldsymbol{\theta}_i^{\mathrm{T}}\boldsymbol{\xi}_i(\boldsymbol{X}_i)$$

步骤 3　在线自适应调节。

(1) 将反馈控制(10.4.5)作用于控制对象(10.3.1)。

(2) 用式(10.4.9)自适应调节参数向量 $\boldsymbol{\theta}_i$，用式(10.4.11)和式(10.4.12)来自适应调节参数 $\hat{\varepsilon}_i$ 和 $\hat{a}_{ijk}$。

10.4.2　稳定性与收敛性分析

本节用下面的定理给出直接自适应分散模糊控制器所具有的性质。

定理 10.4　对于非线性大系统(10.3.1)，如果采取分散模糊控制为式(10.4.8)～式(10.4.12)，在假设条件 10.1、假设 10.8 成立的条件下，则总体控制方案具有如下性质：

(1) $\|\hat{\boldsymbol{\theta}}_i\|\leqslant M_i,\boldsymbol{X}_i,u_i\in L_\infty$。

(2) $e_i(t)$趋近于零的一个邻域内。

证明　仅证明其他结论(2)。取 Lyapunov 函数为

$$V(t)=\sum_{i=1}^{N}V_i(t) \tag{10.4.13}$$

$$V_i(t)=\frac{1}{2}\frac{s_{i\Delta}^2}{g_i(X_i)}+\frac{1}{2\eta_{i1}}\boldsymbol{\Phi}_i^{\mathrm{T}}\boldsymbol{\Phi}_i+\frac{1}{2\eta_{i2}}\tilde{\varepsilon}_i^2+\frac{1}{2\eta}\sum_{k=0}^{p}\sum_{j=0}^{N}\tilde{a}_{ijk}^2,\quad i=1,2,\cdots,N \tag{10.4.14}$$

求 $V_i(t)$对时间的导数：

$$\dot{V}_i(t)=\frac{s_{i\Delta}\dot{s}_{i\Delta}}{g_i(\boldsymbol{X}_i)}-\frac{\dot{g}_i(\boldsymbol{X}_i)s_{i\Delta}^2}{2g_i^2(\boldsymbol{X}_i)}+\frac{1}{\eta_{i1}}\boldsymbol{\Phi}_i^{\mathrm{T}}\dot{\boldsymbol{\Phi}}_i+\frac{1}{\eta_{i2}}\dot{\tilde{\varepsilon}}_i\tilde{\varepsilon}_i+\frac{1}{\eta}\sum_{k=0}^{p}\sum_{j=0}^{N}\tilde{a}_{ijk}\dot{\tilde{a}}_{ijk} \tag{10.4.15}$$

如果 $|s_i|>\varphi_i$，由于 $\dot{s}_{i\Delta}=\dot{s}_i$，那么根据 $u_{\mathrm{fs}i}=-\mathrm{sgn}(s_i(t))$和式(10.4.7)得

$$\begin{aligned}\dot{V}_i(t)=&-\eta_i\frac{s_{i\Delta}^2}{g_i(\boldsymbol{X}_i)}-\frac{\dot{g}_i(\boldsymbol{X}_i)s_{i\Delta}^2}{2g_i^2(\boldsymbol{X}_i)}+s_{i\Delta}[1-m_i(t)][u_i(\boldsymbol{X}_i\mid\boldsymbol{\theta}_i)-u_i^*+\hat{\varepsilon}_iu_{\mathrm{fs}i}]\\&+s_{i\Delta}m_i(t)(k_{i1}u_{\mathrm{fs}i}+u_i^*)+s_{i\Delta}(t)[1-m_i(t)]\boldsymbol{\Phi}_i^{\mathrm{T}}\boldsymbol{\xi}(\boldsymbol{X}_i)\\&+s_{i\Delta}(t)\left[k_{2i}u_{\mathrm{fs}i}-\frac{d_i}{g_i(\boldsymbol{X}_i)}-\frac{\eta_i\varphi_i\mathrm{sat}(s_i/\varphi_i)}{g_i(\boldsymbol{X}_i)}\right]\\&+\frac{1}{\eta_{1i}}\boldsymbol{\Phi}_i^{\mathrm{T}}\dot{\boldsymbol{\Phi}}_i+\frac{1}{\eta_{2i}}\tilde{\varepsilon}_i\dot{\tilde{\varepsilon}}_i+\frac{1}{\eta}\sum_{k=0}^{p}\sum_{j=1}^{N}\tilde{a}_{ijk}\dot{\tilde{a}}_{ijk}\end{aligned} \tag{10.4.16}$$

由假设 10.5，式(10.4.16)变成下面的不等式：

$$\begin{aligned}\dot{V}_i(t)\leqslant&-\eta_i\frac{s_{i\Delta}^2}{M_{i1}}+s_{i\Delta}(t)[1-m_i(t)]\boldsymbol{\Phi}_i^{\mathrm{T}}\boldsymbol{\xi}(\boldsymbol{X}_i)+\frac{1}{\eta_{1i}}\boldsymbol{\Phi}_i^{\mathrm{T}}\dot{\boldsymbol{\Phi}}_i\\&+|s_{i\Delta}(t)|[1-m_i(t)]\hat{\varepsilon}_i+\frac{1}{\eta_{2i}}\tilde{\varepsilon}_i\dot{\tilde{\varepsilon}}_i+|s_{i\Delta}(t)|m(t)(|u_i^*|-k_{1i})\\&+|s_{i\Delta}(t)|\left[\frac{M_{3i}(\boldsymbol{X}_i)|s_{i\Delta}(t)|}{2M_{1i}^2}+\frac{1}{M_{i1}}\sum_{k=0}^{p}\sum_{j=1}^{N}\hat{a}_{ijk}\|\boldsymbol{X}_i\|+\frac{\eta_i\varphi_i}{M_{i1}}-k_{2i}\right]\\&+|s_{i\Delta}(t)|\sum_{k=0}^{p}\sum_{j=1}^{N}\tilde{a}_{ijk}\|\boldsymbol{X}_i\|^k+\frac{1}{\eta}\sum_{k=0}^{p}\sum_{j=1}^{N}\tilde{a}_{ijk}\dot{\tilde{a}}_{ijk}\end{aligned}\tag{10.4.17}$$

根据式(10.4.8)～式(10.4.12),式(10.4.17)可写成

$$\dot{V}_i(t)=-\eta_i\frac{s_{i\Delta}^2}{M_{i1}}+I_is_{i\Delta}(t)[1-m_i(t)]\frac{\boldsymbol{\Phi}_i^{\mathrm{T}}\hat{\boldsymbol{\theta}}_i\hat{\boldsymbol{\theta}}_i^{\mathrm{T}}\boldsymbol{\xi}(\boldsymbol{X}_i)}{\|\hat{\boldsymbol{\theta}}_i\|^2}\tag{10.4.18}$$

在式(10.4.18)中,I_i 的定义如下:如果式(10.4.9)中的第一个条件成立,则 $I_i=0$。如果第二条件成立,则 $I_i=1$。由定理 3.2 的证明可知

$$I_is_{i\Delta}(t)[1-m_i(t)]\frac{\boldsymbol{\Phi}_i^{\mathrm{T}}\hat{\boldsymbol{\theta}}_i\hat{\boldsymbol{\theta}}_i^{\mathrm{T}}\boldsymbol{\xi}(\boldsymbol{X}_i)}{\|\hat{\boldsymbol{\theta}}_i\|^2}\leqslant 0\tag{10.4.19}$$

由此便得

$$\dot{V}_i(t)\leqslant-\eta_i\frac{s_{i\Delta}^2}{M_{i1}}<0\tag{10.4.20}$$

由于 $\dot{V}(t)=\sum_{i=1}^{N}\dot{V}_i(t)$,根据式(10.4.20)得

$$\dot{V}(t)\leqslant-\sum_{i=1}^{N}\eta_i\frac{s_{i\Delta}^2}{M_{i1}}<0\tag{10.4.21}$$

由式(10.4.21)得到 $V\in L_\infty$,从而 $\hat{a}_{ijk},\hat{\varepsilon}_i,s_{i\Delta}\in L_\infty$,再由式(10.4.18)有 $e_i\in L_\infty$。因为 $x_{i1}=e_i+y_{mi}$,所以 x_{i1} 有界。根据式(10.4.21),V 单调减少并且下方有界,所以 $\lim_{t\to\infty}V(t)=V(\infty)$ 存在。对式(10.4.21)两边积分得

$$\int_0^\infty\dot{V}(t)\mathrm{d}t=V(0)-V(\infty)<0\tag{10.4.22}$$

式(10.4.7)意味着 $s_{i\Delta}\in L_2$,因为 $\dot{s}_{i\Delta}\in L_\infty$,根据 Barbalet 引理得到 $\lim_{t\to\infty}s_{i\Delta}(t)=0$,因此可推出 $|s_i|\leqslant\varphi_i$,即 $e_i(t)$ 渐近收敛到零的一个邻域内。再由假设 10.1 及式(10.4.21)知 $\boldsymbol{X}_i$ 和 u_i 有界。

10.4.3 仿真

例 10.4 把本节的直接自适应分散模糊控制方法应用于两个互联的倒立摆系统中,其动态方程和各种参数的选择可参见 10.3 节的内容。

定义模糊规则为

R^i:如果 x_1 是 F_1^i 且 x_2 是 F_2^i,则 y 是 B^j,$j=1,2,\cdots,7$

R^i:如果 x_3 是 F_1^i 且 x_4 是 F_2^i,则 y 是 B^j,$j=1,2,\cdots,7$

其中,模糊隶属函数为

$$F_i^1(x_i) = \{1 + \exp[5(x_i + 0.6)]\}^{-1}$$
$$F_i^2(x_i) = \exp[-(x_i + 0.4)^2]$$
$$F_i^3(x_i) = \exp[-(x_i + 0.2)^2]$$
$$F_i^4(x_i) = \exp[-(x_i)^2]$$
$$F_i^5(x_i) = \exp[-(x_i - 0.2)^2]$$
$$F_i^6(x_i) = \exp[-(x_i - 0.4)^2]$$
$$F_i^7(x_i) = \{1 + \exp[5 \times (x_i - 0.6)]\}^{-1}$$

由此得到模糊逻辑系统

$$y_i(\boldsymbol{X}_i) = \sum_{j=1}^{7} \theta_{ij} \xi_{ij}(\boldsymbol{X}_i) \tag{10.4.23}$$

式中

$$\xi_{ij}(\boldsymbol{X}_1) = \frac{F_i^j(x_1) F_i^j(x_2)}{\sum_{j=1}^{7} [F_i^j(x_1) F_i^j(x_2)]}, \quad \xi_{2j}(\boldsymbol{X}_2) = \frac{F_i^j(x_3) F_i^j(x_4)}{\sum_{j=1}^{7} [F_i^j(x_3) F_i^j(x_4)]}$$

应用模糊系统(10.4.23)分别逼近如下的最优控制:

$$u_1^* = 2[-x_1 + 0.01(x_1 + 5\dot{x}_1) + 5\dot{x}_1]$$
$$u_2^* = 2[-x_3 + 0.01(x_3 + 5\dot{x}_3) + 5\dot{x}_3]$$

取控制律中的参数为:$\phi_1 = \phi_2 = 0.1$, $\varphi_1 = \varphi_2 = 0.01$, $\eta_{11} = \eta_{22} = \eta = 0.01$, $M_{01} = |x_1| + 1$, $M_{02} = |x_3| + 1$, $M_{i1} = M_{i2} = 3(i = 1, 2)$。

取参数初始值为

$$x_1(0) = 0.5, \quad x_2(0) = 0, \quad x_3(0) = -0.5, \quad x_4(0) = 0$$
$$\boldsymbol{\theta}_1(0) = [-0.1, -0.1, -0.1, 0.1, 0.1, 0.1, 0.1]^{\mathrm{T}}$$
$$\boldsymbol{\theta}_2(0) = [0.1, 0.1, 0.1, 0, -0.1, -0.1, -0.1]^{\mathrm{T}}$$
$$\hat{\varepsilon}_1(0) = \hat{\varepsilon}_2(0) = 0.5$$
$$\hat{a}_{ijk}(0) = 0.1$$

取采样周期为 $T = 0.04$s,用 MATLAB 进行仿真,仿真结果如图 10-12～图 10-15 所示。

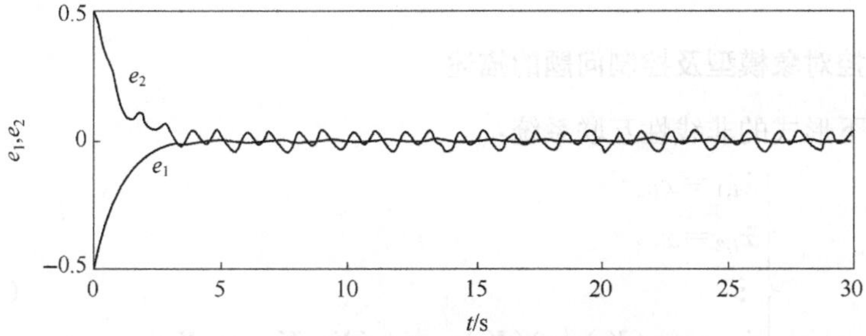

图 10-12　子系统的跟踪误差曲线

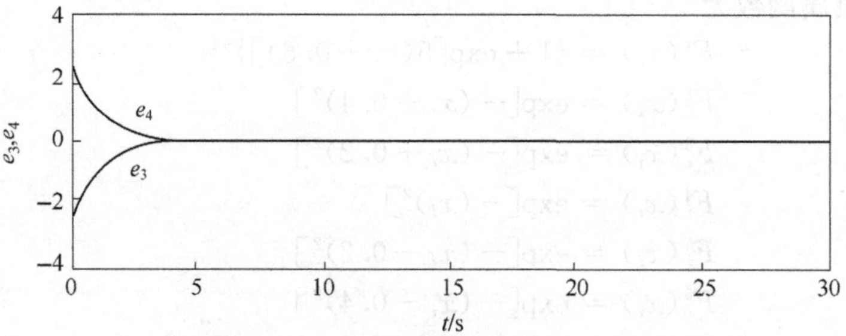

图 10-13　子系统跟踪误差变化率的曲线

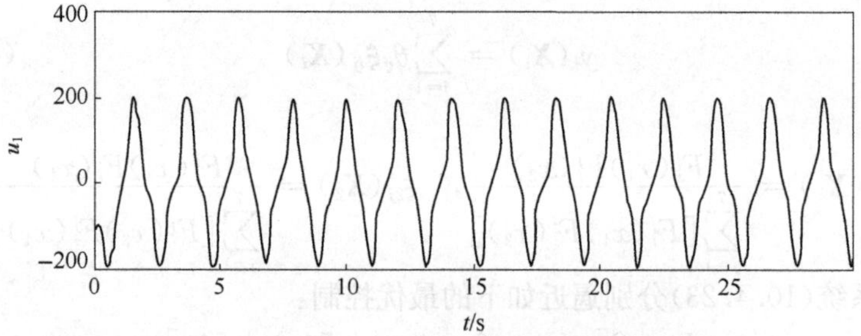

图 10-14　第一个子系统的控制量变化曲线

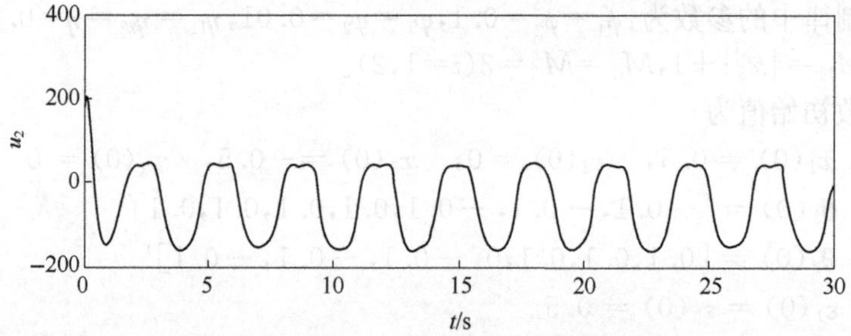

图 10-15　第二个子系统的控制量变化曲线

10.5　强互联非线性系统自适应分散模糊控制

10.5.1　被控对象模型及控制问题的描述

考虑如下形式的非线性互联系统：

$$\begin{cases}\dot{x}_{i,1}=x_{i,2}\\ \dot{x}_{i,2}=x_{i,3}\\ \vdots\\ \dot{x}_{i,n_i}=\alpha_i(\boldsymbol{X}_i)+\beta_i(\boldsymbol{X}_i)u_i+\Delta_i(\boldsymbol{X}_1,\boldsymbol{X}_2,\cdots,\boldsymbol{X}_N)\\ y_i=x_{i,1}\end{cases} \tag{10.5.1}$$

式中，$i=1,2,\cdots,N$；$\boldsymbol{X}_i$ 是系统的状态向量，$\boldsymbol{X}_i=[x_{i,1},x_{i,2},\cdots,x_{i,n_i}]^{\mathrm{T}}=[y_i,\dot{y}_i,\cdots,y_i^{(n_i-1)}]\in\mathbf{R}^{n_i}$；$\alpha_i(\boldsymbol{X}_i)$ 和 $\beta_i(\boldsymbol{X}_i)$ 是未知光滑函数；$\Delta_i(\boldsymbol{X}_1,\boldsymbol{X}_2,\cdots,\boldsymbol{X}_N)$ 是互联项；$u_i\in\mathbf{R}$ 和 $y_i\in\mathbf{R}$ 分别是第 i 个子系统的输入和输出。

由于 $\alpha_i(\boldsymbol{X}_i)$ 和 $\beta_i(\boldsymbol{X}_i)$ 是未知的函数，传统的自适应控制方法不适用于控制系统(10.5.1)。

假设 10.9　假设 $\beta_i(\boldsymbol{X}_i)$ 的符号是已知的，且存在已知的连续函数 $\bar{\beta}_i(\boldsymbol{X}_i)$，使得 $\bar{\beta}_i(\boldsymbol{X}_i)\geqslant|\beta_i(\boldsymbol{X}_i)|\geqslant\beta_{0,i}$，$i=1,2,\cdots,N$，其中常量 $\beta_{0,i}>0$。

假设 10.9 意味着函数 $\beta_i(x_i)$ 要么是正的，要么是负的。

控制任务　利用系统的局部信息设计自适应分散模糊控制器 u_i，在各个子系统之间的相互作用下，使得：

(1) 分散控制系统全局稳定，即系统中所涉及的变量一致有界。

(2) 各个子系统的输出能够跟踪给定的参考信号 $y_{\mathrm{d}i}$。

定义跟误差 $e_i(t)=y_i-y_{\mathrm{d}i}$，则有 $\dot{e}_i(t)=\dot{y}_i-\dot{y}_{\mathrm{d}i},\cdots,e_i^{(n_i-1)}=y_i^{(n_i-1)}-y_{\mathrm{d}i}^{(n_i-1)}$，$e_i^{(n_i)}=y_i^{(n_i)}-y_{\mathrm{d}i}^{(n_i)}$，并且令

$$\boldsymbol{e}_i=[e_{i,1},e_{i,2},\cdots,e_{i,n}]^{\mathrm{T}}=[e_i,\dot{e}_i,\cdots,e_i^{(n_i-1)}]^{\mathrm{T}}\tag{10.5.2}$$

则系统(10.5.1)的第 i 个子系统可写成如下形式：

$$\begin{cases}\dot{e}_{i,1}=e_{i,2}\\ \dot{e}_{i,2}=e_{i,3}\\ \vdots\\ \dot{e}_{i,n_i}=e_i^{(n_i)}=-y_{\mathrm{d}i}^{(n_i)}+\alpha_i(\boldsymbol{X}_i)+\beta_i(\boldsymbol{X}_i)u_i+\Delta_i\end{cases}\tag{10.5.3}$$

通过引入 $\boldsymbol{e}_{\mathrm{s}i}=[e_{i,1},e_{i,2},\cdots,e_{i,n_i-1}]^{\mathrm{T}}$，方程(10.5.3)可分解成以下两个方程：

$$\dot{\boldsymbol{e}}_{\mathrm{s}i}=\begin{bmatrix}0&1&0&\cdots&0\\0&0&1&\cdots&0\\\vdots&\vdots&\vdots&&\vdots\\0&0&0&\cdots&0\end{bmatrix}\boldsymbol{e}_{\mathrm{s}i}+\begin{bmatrix}0\\0\\\vdots\\1\end{bmatrix}e_{i,n_i}\tag{10.5.4}$$

$$\dot{e}_{i,n_i}=-y_{\mathrm{d}i}^{(n_i)}+\alpha_i(\boldsymbol{X}_i)+\beta_i(\boldsymbol{X}_i)u_i+\Delta_i\tag{10.5.5}$$

在 10.5.2 节将针对系统(10.5.4)和(10.5.5)设计分散控制器 u_i，使得子系统在平衡点处稳定。在设计分散控制器之前需要做如下准备工作，并给出一般性假设。

定义 $\upsilon_i=k_{i,1}e_i+k_{i,2}\dot{e}_i+\cdots+k_{i,n_i-1}e_i^{(n_i-2)}$ 并将其代入式(10.5.4)，可得

$$\dot{\boldsymbol{e}}_{\mathrm{s}i}=\boldsymbol{A}_i\boldsymbol{e}_{\mathrm{s}i}+\boldsymbol{b}_i(e_{i,n_i}+\upsilon_i)\tag{10.5.6}$$

$$\dot{e}_{i,n_i}=-y_{\mathrm{d}i}^{(n_i)}+\alpha_i(\boldsymbol{X}_i)+\beta_i(\boldsymbol{X}_i)u_i+\Delta_i\tag{10.5.7}$$

式中，

$$\boldsymbol{A}_i=\begin{bmatrix}0&1&\cdots&0\\\vdots&\vdots&&\vdots\\-k_{i,1}&-k_{i,2}&\cdots&-k_{i,n_i-1}\end{bmatrix},\quad\boldsymbol{b}_i=\begin{bmatrix}0\\\vdots\\1\end{bmatrix}\tag{10.5.8}$$

参数 $k_{i,1},k_{i,1},\cdots,k_{i,n_i-1}$ 的选取需满足多项式 $k_{i,1}+k_{i,2}s+\cdots+k_{i,n_i-1}s^{n_i-2}+s^{n_i-1}$ 是严格赫尔维茨的条件，这意味着 $\boldsymbol{A}_i$ 是一个渐近稳定的矩阵。

对于一个给定的 $\boldsymbol{Q}_i>0$，存在一个唯一的正定矩阵 $\boldsymbol{P}_i$，满足

$$\boldsymbol{A}_i^{\mathrm{T}}\boldsymbol{P}_i+\boldsymbol{P}_i\boldsymbol{A}_i=-\boldsymbol{Q}_i \tag{10.5.9}$$

假设 10.10　针对第 i 个子系统，其期望的参考跟踪向量 $\boldsymbol{X}_{\mathrm{d}i}=[y_{\mathrm{d}i},\dot{y}_{\mathrm{d}i},\cdots,y_{\mathrm{d}i}^{(n_i)}]^{\mathrm{T}}$ 是连续且已知的，且 $\boldsymbol{X}_{\mathrm{d}i}\in\Omega_{\mathrm{d}i}\subset\mathbf{R}^{n_i+1}$，$\Omega_{\mathrm{d}i}$ 是一个紧集。

假设 10.11　有界互联项 Δ_i 满足

$$|\Delta_i(\boldsymbol{X}_1,\cdots,\boldsymbol{X}_N)|\leqslant\sum_{j=1}^{N}\zeta_{ij}(\boldsymbol{X}_j) \tag{10.5.10}$$

式中，$\zeta_{ij}(\boldsymbol{X}_j)$ 是未知光滑函数，$i=1,2,\cdots,N,j=1,2,\cdots,N$。

10.5.2　模糊分散控制器的设计

本节将提出一种理想的局部控制器，该控制器不受相互独立子系统的控制奇异性影响。为了避免引起争议，首先定义 $\varpi_i=e_{i,n_i}+\upsilon_i$。根据 $\boldsymbol{X}_i=[x_{i,1},x_{i,2},\cdots,x_{i,n_i}]^{\mathrm{T}}$ 和 $e_{i,n_i}=x_{i,n_i}-y_{\mathrm{d}i}^{(n_i-1)}$，可定义 $\beta_i(\boldsymbol{X}_i)=\beta_i(\boldsymbol{\psi}_i,\varpi_i+\nu_{i1})$，其中 $\boldsymbol{\psi}_i=[x_{i,1},x_{i,2},\cdots,x_{i,n_i-1}]^{\mathrm{T}}$，$\nu_{i1}=y_{\mathrm{d}i}^{(n_i-1)}-\upsilon_i$。注意到 $\dot{\nu}_{i1}=y_{\mathrm{d}i}^{(n_i)}-k_{i,1}\dot{e}_i-k_{i,2}\ddot{e}_i-\cdots-k_{i,n_i-1}e_i^{(n_i-1)}$，令 $\nu_{i2}=-y_{\mathrm{d}i}^{(n_i)}+k_{i,1}\dot{e}_i+k_{i,2}\ddot{e}_i+\cdots+k_{i,n_i-1}e_i^{(n_i-1)}=-y_{\mathrm{d}i}^{(n_i)}+\dot{\upsilon}_i$。定义一个光滑标量函数：

$$V_{\mathrm{e}\upsilon_i}=\int_0^{\varpi_i}\frac{\sigma_i}{\beta_i(\boldsymbol{\psi}_i,\sigma_i+\nu_{i1})}\mathrm{d}\sigma_i \tag{10.5.11}$$

根据中值定理，$V_{\mathrm{e}\upsilon_i}$ 可被重新表示为 $V_{\mathrm{e}\upsilon_i}=\dfrac{\lambda_w\varpi_i^2}{\beta_i(\boldsymbol{\psi}_i,\lambda_w\varpi_i+\nu_{i1})}$，$\lambda_w\in(0,1)$，其导数为

$$\dot{V}_{\mathrm{e}\upsilon_i}=\frac{\varpi_i}{\beta_i(\boldsymbol{X}_i)}\dot{\varpi}_i-\frac{(-y_{\mathrm{d}i}^{(n_i)}+\dot{\upsilon}_i)\varpi_i}{\beta_i(\boldsymbol{X}_i)}+g_i(z_i)\varpi_i \tag{10.5.12}$$

$g_i(z_i)$ 的表达式将在后面给出。

为了设计局部控制器，首先考虑无互联项的情形，即 $\Delta_i=0$ 时 N 个子系统互相独立，则第 i 个子系统可表示为

$$\dot{\boldsymbol{e}}_{\mathrm{s}i}=\boldsymbol{A}_i\boldsymbol{e}_{\mathrm{s}i}+\boldsymbol{b}_i\varpi_i \tag{10.5.13}$$

$$\dot{e}_{i,n_i}=-y_{\mathrm{d}i}^{(n_i)}+\alpha_i(\boldsymbol{X}_i)+\beta_i(\boldsymbol{X}_i)u_i \tag{10.5.14}$$

针对无互联情形的子系统，给出下面引理。

引理 10.1　对于独立子系统(10.5.13)和(10.5.14)，如果选择如下形式的理想的局部控制器：

$$u_i^*=-k_{i,n_i}\varpi_i-2\boldsymbol{e}_{\mathrm{s}i}^{\mathrm{T}}\boldsymbol{P}_i\boldsymbol{b}_i-\frac{\alpha_i(\boldsymbol{X}_i)}{\beta_i(\boldsymbol{X}_i)}-g_i(z_i) \tag{10.5.15}$$

式中，$k_{i,n_i}>0$，$g_i(z_i)=(1/\varpi_i)\int_0^{\varpi_i}\left[\sigma_i\sum_{j=1}^{n_i-1}(\partial\beta^{-1}(\boldsymbol{\psi}_i,\sigma_i+\nu_{i1})/\partial x_{i,j})x_{i,j+1}+\nu_{12}/\beta_i(\boldsymbol{\psi}_i,\sigma_i+\nu_{i1})\right]\mathrm{d}\sigma_i$，$z_i=[x_i^{\mathrm{T}},\varpi_i,\nu_{i1},\nu_{i2}]^{\mathrm{T}}$，则子系统(10.5.13)，(10.5.14)和控制器(10.5.15)是稳定的。

根据控制器(10.5.15)，理想控制器 u_i^* 可重写为关于 z_i 的函数：

$$u_i^*(z_i)=-k_{i,n_i}\varpi_i-2\boldsymbol{e}_{si}^{\mathrm{T}}\boldsymbol{P}_i\boldsymbol{b}_i-u_{di}^*(z_i) \tag{10.5.16}$$

$u_{di}^*(z_i)=-\alpha_i(\boldsymbol{X}_i)/\beta_i(\boldsymbol{X}_i)-g_i(z_i)$，$z_i\in\Omega_{z_i}$，其中 Ω_{z_i} 为紧集，其定义为

$$\Omega_{z_i}=\{(\boldsymbol{X}_i,\varpi_i,\nu_{i1},\nu_{i2})\mid\boldsymbol{X}_i\in\Omega_{x_i},\boldsymbol{X}_{di}\in\Omega_{di}\}$$

在非线性函数 $\alpha_i(\boldsymbol{X}_i)$ 和 $\beta_i(\boldsymbol{X}_i)$ 未知的情况下，理想的局部控制器 $u_{di}^*(z_i)$ 是不可用的。为此，借鉴理想的局部控制结构(10.5.15)，针对带有未知非线性函数的互联子系统(10.5.6)和(10.5.7)，设计如下的分散模糊控制器：

$$u_i=-k_{i,n_i}\varpi_i-2\boldsymbol{e}_{si}^{\mathrm{T}}\boldsymbol{P}_i\boldsymbol{b}_i-\hat{\boldsymbol{\epsilon}}_{\boldsymbol{M}_i}\operatorname{sgn}(\varpi_i)+\hat{\boldsymbol{W}}_i^{\mathrm{T}}\boldsymbol{\Phi}_i(z_i) \tag{10.5.17}$$

式中，$k_{i,n_i}>1/2$；$\hat{\boldsymbol{W}}_i^{\mathrm{T}}\boldsymbol{\Phi}_i$ 为模糊逻辑系统，用于逼近未知非线性函数；$\hat{\boldsymbol{\epsilon}}_{\boldsymbol{M}_i}\operatorname{sgn}(\varpi_i)$ 是一种滑模，用于抵消模糊逼近误差和系统互联中的不确定性。

设计如下的自适应律：

$$\dot{\hat{\boldsymbol{W}}}_i=-\gamma_{1,i}\varpi_i\Phi_i(z_i) \tag{10.5.18}$$

$$\dot{\hat{\boldsymbol{\epsilon}}}_{\boldsymbol{M}_i}=\gamma_{2i}|\varpi_i| \tag{10.5.19}$$

式中，$\hat{\boldsymbol{W}}_i$ 和 $\hat{\boldsymbol{\epsilon}}_{\boldsymbol{M}_i}$ 分别是 $\boldsymbol{W}_i^*$ 和 $\boldsymbol{\epsilon}_{\boldsymbol{M}_i}$ 的估计；γ_{1i} 和 γ_{2i} 是正常数。

定义参数误差向量 $\widetilde{\boldsymbol{W}}_i=\hat{\boldsymbol{W}}_i-\boldsymbol{W}_i^*\in\Omega_{\widetilde{w}_i}$，$\widetilde{\boldsymbol{\epsilon}}_{\zeta\boldsymbol{M}_i}=\hat{\boldsymbol{\epsilon}}_{\zeta\boldsymbol{M}_i}-\boldsymbol{\epsilon}_{\zeta\boldsymbol{M}_i}\in\Omega_{\tilde{\epsilon}_i}$。引入两个向量 $\boldsymbol{E}_i=[\boldsymbol{e}_{si}^{\mathrm{T}},\varpi_i,\widetilde{\boldsymbol{W}}_i^{\mathrm{T}},\widetilde{\boldsymbol{\epsilon}}_{\zeta\boldsymbol{M}_i}]^{\mathrm{T}}$ 和 $\boldsymbol{E}_{0i}=[\boldsymbol{e}_{si}^{\mathrm{T}}(0),\varpi_i(0),\widetilde{\boldsymbol{W}}_i^{\mathrm{T}}(0),\widetilde{\boldsymbol{\epsilon}}_{\zeta\boldsymbol{M}_i}(0)]^{\mathrm{T}}$。注意到 $\boldsymbol{e}_{si}=F_{ei}(\boldsymbol{X}_i,\boldsymbol{X}_{di})=[e_{i,1},e_{i,2},\cdots,e_{i,n_i-1}]^{\mathrm{T}}$，其中，$F_{e_i}:\Omega_{x_i}\times\Omega_{di}\to\Omega_{e_{si}}$，$\varpi_i=F_{\varpi_i}(\boldsymbol{X}_i,\boldsymbol{X}_{di})=e_{i,n_i}+k_{i,1}e_{i,1}+\cdots+k_{i,n_i-1}e_{i,n_i-1}$，$F_{\varpi_i}:\Omega_{x_i}\times\Omega_{di}\to\Omega_{\varpi_i}$。因此，向量 $\boldsymbol{E}_i$ 可以作为变量 $\boldsymbol{X}_i,\boldsymbol{X}_{di},\widetilde{\boldsymbol{W}}_i,\widetilde{\boldsymbol{\epsilon}}_{\boldsymbol{M}_i}$ 的函数：

$$\boldsymbol{E}_i=\boldsymbol{F}_{\boldsymbol{E}_i}(\boldsymbol{X}_i,\boldsymbol{X}_{di},\widetilde{\boldsymbol{W}}_i,\widetilde{\boldsymbol{\epsilon}}_{\boldsymbol{M}_i}) \tag{10.5.20}$$

式中，$\boldsymbol{F}_{\boldsymbol{E}_i}:\Omega_{x_i}\times\Omega_{d_i}\times\Omega_{\widetilde{w}_i}\times\Omega_{\tilde{\epsilon}_i}\to\Omega_{\boldsymbol{E}_i}$。同理可得 $\boldsymbol{E}_{0i}=\boldsymbol{F}_{\boldsymbol{E}_{0i}}(\boldsymbol{X}_i(0),\boldsymbol{X}_{di}(0),\widetilde{\boldsymbol{W}}_i(0),\widetilde{\boldsymbol{\epsilon}}_{\boldsymbol{M}_i}(0))$ 和 $\boldsymbol{F}_{\boldsymbol{E}_{0i}}:\Omega_{x_{0i}}\times\Omega_{d_{0i}}\times\Omega_{\widetilde{w}_{0i}}\times\Omega_{\tilde{\epsilon}_{0i}}\to\Omega_{\boldsymbol{E}_{0i}}$。引入集合 $\Omega_{\boldsymbol{E}}=\{\boldsymbol{E}=[\boldsymbol{E}_1^{\mathrm{T}},\boldsymbol{E}_2^{\mathrm{T}},\cdots,\boldsymbol{E}_N^{\mathrm{T}}]^{\mathrm{T}}\mid\boldsymbol{E}_i\in\Omega_{\boldsymbol{E}_i}\}$ 和 $\Omega_{\boldsymbol{E}_0}=\{\boldsymbol{E}_0=[\boldsymbol{E}_{01}^{\mathrm{T}},\boldsymbol{E}_{02}^{\mathrm{T}},\cdots,\boldsymbol{E}_{0N}^{\mathrm{T}}]^{\mathrm{T}}\mid\boldsymbol{E}_{0i}\in\Omega_{\boldsymbol{E}_{0i}}\}$。引入包含于 $\Omega_{\boldsymbol{E}}$ 的最大的球：$\boldsymbol{E}_{BR}=\{\boldsymbol{E}\mid\|\boldsymbol{E}\|\leqslant R,R>0\}$，以及包含于 $\Omega_{\boldsymbol{E}_0}$ 的最大球：$\boldsymbol{E}_{0Br}=\{\boldsymbol{E}_0\mid\|\boldsymbol{E}_0\|\leqslant r,r>0\}$，其中，$R$ 和 r 分别是包含于 $\Omega_{\boldsymbol{E}}$ 和 $\Omega_{\boldsymbol{E}_0}$ 的最大球的直径。

为了推导方便，定义如下：

$$\boldsymbol{T}_{\boldsymbol{E}_i}=\operatorname{diag}[\boldsymbol{P}_i,\lambda_{w_i}/\beta_i(\boldsymbol{\psi}_i,\lambda_w\varpi_i+\nu_{i1}),1/(2\gamma_{1i}),1/(2\gamma_{22i})]$$

$$\boldsymbol{T}_{\boldsymbol{E}_{0i}}=\operatorname{diag}[\boldsymbol{P}_i,\lambda_{w_i}/\beta_{M_i},1/(2\gamma_{1i}),1/(2\gamma_{22i})]$$

$$\beta_{M_i}=\max[\beta_i(\boldsymbol{\psi}_i,\lambda_w\ \varpi_i+\upsilon_{i1}),\boldsymbol{X}_i\in\Omega_{x_i},\boldsymbol{X}_{di}\in\Omega_{di},\lambda_{w_i}\in(0,1)]$$
$$\boldsymbol{T}_{1i}=\mathrm{diag}[\boldsymbol{P}_i,\lambda_{w_i}/\beta_{0i},1/(2\gamma_{1i}),1/(2\gamma_{22i})]$$

10.5.3 稳定性与收敛性分析

定理 10.5 对于互联非线性系统(10.5.1),如果初始误差满足 $\|\boldsymbol{E}_0\|\leqslant r$ 和 $\boldsymbol{T}_{1M}r^2\leqslant\boldsymbol{T}_{0n}R^2$,其中,$\boldsymbol{T}_{1M}$ 和 $\boldsymbol{T}_{0M}$ 分别是 $\boldsymbol{T}_1=\mathrm{diag}(\boldsymbol{T}_{11},\boldsymbol{T}_{12},\cdots,\boldsymbol{T}_{1N})$ 和 $\boldsymbol{T}_0=\mathrm{diag}(\boldsymbol{T}_{01},\boldsymbol{T}_{02},\cdots,\boldsymbol{T}_{0N})$ 的最大和最小特征值,则所设计的分散模糊控制器(10.5.17)及参数自适应律(10.5.18)和(10.5.19)能够保证闭环系统的所有信号是有界的,且跟踪误差 $\boldsymbol{e}_i$ 渐近收敛到零。

证明 考虑 Lyapunov 函数 $V=\sum_{i=1}^{N}V_{si}+\sum_{i=1}^{N}V_{w_i}$,其中,$V_{si}=\boldsymbol{e}_{si}^{\mathrm{T}}\boldsymbol{P}_i\boldsymbol{e}_{si}+V_{\varpi_i}$,$V_{w_i}=1/(2\gamma_{1i})\widetilde{\boldsymbol{W}}_i^{\mathrm{T}}\widetilde{\boldsymbol{W}}_i+1/(2\gamma_{2i})\tilde{\boldsymbol{\epsilon}}_{M_i}^2$。利用控制器 u_i,跟踪误差动态(10.5.7)可以表示为

$$\dot{e}_{i,n_i}=\beta_i(\boldsymbol{X}_i)[-k_{i,n_i}\varpi_i,-2\boldsymbol{e}_{si}^{\mathrm{T}}\boldsymbol{P}_i\boldsymbol{b}_i+\hat{\boldsymbol{W}}_i^{\mathrm{T}}\boldsymbol{\Phi}_i-u_{di}^{*}-g_i(z_i)-\hat{\boldsymbol{\epsilon}}_{M_i}\mathrm{sgn}(\varpi_i)]-y_{di}^{(n_i)}+\dot{\upsilon}_i-\dot{\upsilon}_i+\Delta_i \tag{10.5.21}$$

该等式可以重新表示为

$$\frac{\dot{e}_{i,n_i}+\dot{\upsilon}_i}{\beta_i(\boldsymbol{X}_i)}=-k_{i,n_i}\varpi_i-2e_{si}^{\mathrm{T}}\boldsymbol{P}_i\boldsymbol{b}_i+\hat{\boldsymbol{W}}_i^{\mathrm{T}}\boldsymbol{\Phi}_i-u_{di}^{*}-g_i(z_i)-\hat{\boldsymbol{\epsilon}}_{M_i}\mathrm{sgn}(\varpi_i)+\frac{-y_{di}^{(n_i)}+\dot{\upsilon}_i+\Delta_i}{\beta_i(\boldsymbol{X}_i)} \tag{10.5.22}$$

利用式(10.5.6)和 Lyapunov 等式(10.5.11),V_{si} 的导数可表示成如下形式:

$$\dot{V}_{si}=-\boldsymbol{e}_{si}^{\mathrm{T}}\boldsymbol{Q}_i\boldsymbol{e}_{si}+2\boldsymbol{e}_{si}^{\mathrm{T}}\boldsymbol{P}_i\boldsymbol{b}_i\ \varpi_i+\frac{\varpi_i}{\beta_i(\boldsymbol{X}_i)}\dot{\varpi}_i+\frac{(-y_{di}^{(n_i)}+\dot{\upsilon}_i)\varpi_i}{\beta_i(\boldsymbol{X}_i)}+g_i(z_i)\varpi_i \tag{10.5.23}$$

将式(10.5.22)代入式(10.5.23),可得

$$\dot{V}_{si}\leqslant-\boldsymbol{e}_{si}^{\mathrm{T}}\boldsymbol{Q}_i\boldsymbol{e}_{si}-k_{i,n_i}\ \varpi_i^2+\hat{\boldsymbol{W}}_i^{\mathrm{T}}\boldsymbol{\Phi}_i\ \varpi_i-u_{di}^{*}\ \varpi_i-\hat{\boldsymbol{\epsilon}}_{M_i}|\varpi_i|+\frac{|\varpi_i|\sum_{j=1}^{N}\zeta_{ij}(\boldsymbol{X}_j)}{\beta_i} \tag{10.5.24}$$

根据式(10.5.2)和 $x_{j,k}$ 以及 ϖ_j 与 $\nu_{j,1}$ 的关系,有

$$\zeta_{ij}(\boldsymbol{X}_j)=\zeta_{ij}(e_{j,1}+y_{dj},e_{j,2}+\dot{y}_{dj},\cdots,\varpi_j+\nu_{j1}) \tag{10.5.25}$$

根据中值定理,$\zeta_{ij}(\boldsymbol{X}_j)$ 可写为

$$\zeta_{ij}(\boldsymbol{X}_j)=\zeta_{ij}(e_{j,1}+y_{dj},\cdots,0+\nu_{j1})+\varpi_j\bar{\zeta}_{ij}(\boldsymbol{\psi}_j,\varpi_j,\nu_{j1}) \tag{10.5.26}$$

式中,$\bar{\zeta}_{ij}(\cdot)$ 是光滑函数。

注意到式(10.5.26)右侧一项中 $\varpi_j=0$,这意味着 $e_{j,n_j}=\dot{e}_{j,n_j-1}=-\upsilon_j$。因为需要选择参数 $k_{j,1},k_{j,2},\cdots,k_{j,n_j-1}$ 使得 $k_{j,1}+k_{j,1}s+\cdots+s^{n_j-1}$ 是严格赫尔维茨稳定的,

所以有 $e_{j,1},e_{j,2},\cdots,e_{j,n_j-1}$ 是有界的。根据假设 10.10，有 $e_{j,1}+y_{dj},e_{j,2}+\dot{y}_{dj},\cdots,\nu_{j1}=y_{dj}^{n_j-1}-k_{j,1}e_{j,1}-k_{j,2}e_{j,2},\cdots,-k_{j,n_j-1}e_{j,n_j-1}$ 是有界的。因此，函数 $\zeta_{ij}(e_{j,1}+y_{dj},e_{j,2}+\dot{y}_{dj},\cdots,0+\nu_{j1})$ 是有界的，即 $|\zeta_{ij}(e_{j,1}+y_{dj},e_{j,2}+\dot{y}_{dj},\cdots,\varpi_j+\nu_{j1})|\leqslant\zeta_{M_{0ij}}$。根据式(10.5.26)、不等式 $2ab\leqslant a^2+b^2$ 和 $\left(\sum_{k=1}^{N}a_kb_k\right)^2\leqslant\sum_{k=1}^{N}a_k^2\sum_{k=1}^{N}b_k^2$，可将式(10.5.24)的最后一项变为

$$\frac{|\varpi_i|\sum_{j=1}^{N}\zeta_{ij}(\boldsymbol{X}_j)}{\beta_i}\leqslant\frac{|\varpi_i|\sum_{j=1}^{N}\zeta_{M0ij}}{\beta_{0i}}+\frac{\varpi_i^2}{2}+\frac{N\sum_{j=1}^{N}[\varpi_j\bar{\zeta}_{ij}(\boldsymbol{\psi}_j,\tilde{\omega},\nu_{j1})]^2}{2\beta_{0i}^2}\tag{10.5.27}$$

将式(10.5.27)代入式(10.5.24)，$\sum_{i=1}^{N}\dot{V}_{si}$ 可表示为

$$\sum_{i=1}^{N}\dot{V}_{si}\leqslant\sum_{i=1}^{N}\left[-\boldsymbol{e}_{si}^{\mathrm{T}}\boldsymbol{Q}_i\boldsymbol{e}_{si}-\left(k_{i,n_i}-\frac{1}{2}\right)\varpi_i^2+\hat{\boldsymbol{W}}_i^{\mathrm{T}}\boldsymbol{\Phi}_i\varpi_i\right.$$
$$\left.-d_i(z_i)\varpi_i-\hat{\boldsymbol{\epsilon}}_{\boldsymbol{M}_i}|\varpi_i|+\frac{|\varpi_i|\sum_{j=1}^{N}\zeta_{M0ij}}{\beta_{0i}}\right]\tag{10.5.28}$$

式中，$d_i(z_i)=u_{di}^*(z_i)-(N\varpi_i/2)[\bar{\zeta}_{1i}^2(\boldsymbol{\psi}_i,\varpi_i,\nu_{i1})/(2\beta_{01}^2)+\bar{\zeta}_{2i}^2(\boldsymbol{\psi}_i,\varpi_i,\nu_{i1})/(2\beta_{02}^2)+\cdots+\bar{\zeta}_{Ni}^2(\boldsymbol{\psi}_i,\varpi_i,\nu_{i1})/(2\beta_{0N}^2)]$。

注意到式(10.5.16)中 $u_{di}^*(z_i)=-\alpha_i(\boldsymbol{X}_i)/\beta_i(\boldsymbol{X}_i)-g_i(z_i)$，在 $\alpha_i(\boldsymbol{X}_i),\beta_i(\boldsymbol{X}_i),\zeta_{ji}(\boldsymbol{\psi}_i,\varpi_i,\upsilon_{i1})$ 未知的情况下，$d_i(z_i)$ 是不可用的。对于给定的正数 ϵ_{M_i}，存在一个模糊逻辑系统，使得

$$d_i(z_i)=\boldsymbol{W}_i^{*\mathrm{T}}\boldsymbol{\Phi}_i(z_i)+\varepsilon_i,\quad z_i\in\Omega_{z_i}\tag{10.5.29}$$

式中，$\boldsymbol{W}_i^*$ 是最优参数向量；$\boldsymbol{\Phi}_i(z_i)\in\mathbf{R}^{L_i}$ 是模糊基函数；对于所有的 $z_i\in\Omega_{z_i}$，$\boldsymbol{\varepsilon}_i$ 是逼近误差，且满足 $|\boldsymbol{\varepsilon}_i|\leqslant\bar{\boldsymbol{\varepsilon}}_{\boldsymbol{M}_i}$；$L_i$ 表示模糊规则数。利用模糊逻辑系统的性质，有

$$\sum_{i=1}^{N}\dot{V}_{si}\leqslant\sum_{i=1}^{N}\left[-\lambda_{\min}(\boldsymbol{Q}_i)\|\boldsymbol{e}_{si}\|^2-\left(k_{i,n_i}-\frac{1}{2}\right)\varpi_i^2+\widetilde{\boldsymbol{W}}_i^{\mathrm{T}}\boldsymbol{\Phi}_i\varpi_i-\widetilde{\boldsymbol{\epsilon}}_{\boldsymbol{M}_i}|\varpi_i|\right]\tag{10.5.30}$$

式中，$\boldsymbol{\epsilon}_{\boldsymbol{M}_i}=\sum_{i=1}^{N}\zeta_{M0ij}/\beta_{0i}+\bar{\boldsymbol{\varepsilon}}_{\boldsymbol{M}_i}$。

对于 $\dot{V}$，利用自适应律(10.5.18)和(10.5.19)，有

$$\begin{aligned}\dot{V}&=\sum_{i=1}^{N}(\dot{V}_{si}+\dot{V}_{w_i})\\&\leqslant-\sum_{i=1}^{N}\left[\lambda_{\min}(\boldsymbol{Q}_i)\|\boldsymbol{e}_{si}\|^2+\left(k_{i,n_i}-\frac{1}{2}\right)\varpi_i^2\right]\end{aligned}$$

$$=-\sum_{i=1}^{N}(\chi_i^{\mathrm{T}}\Omega_i\chi_i) \tag{10.5.31}$$

式中，$\chi_i=[\boldsymbol{e}_{si}^{\mathrm{T}},\varpi_i]^{\mathrm{T}}$，$\Omega_i=\mathrm{diag}[\lambda_{\min}(\boldsymbol{Q}_i)\boldsymbol{I}_i,k_{i,n_i}-1/2]$；$\boldsymbol{I}_i$ 是$(n_i-1)\times(n_i-1)$矩阵。

因为 $k_{i,n_i}>1/2$，可得 $\dot{V}\leqslant 0$。现在，对于任意时间点 $t\geqslant 0$，需要建立 $\boldsymbol{E}\in\Omega_{\boldsymbol{E}}$。考虑 Lyapunov 函数 $V=\boldsymbol{E}^{\mathrm{T}}\mathrm{diag}(\boldsymbol{T}_{E1},\boldsymbol{T}_{E2},\cdots,\boldsymbol{T}_{EN})\boldsymbol{E}$，其中 $\boldsymbol{E}^{\mathrm{T}}\mathrm{diag}(\boldsymbol{T}_{01},\boldsymbol{T}_{02},\cdots,\boldsymbol{T}_{0N})\boldsymbol{E}\leqslant V\leqslant\boldsymbol{E}^{\mathrm{T}}\mathrm{diag}(\boldsymbol{T}_{11},\boldsymbol{T}_{12},\cdots,\boldsymbol{T}_{1N})\boldsymbol{E}$。令 υ_m 为 Lyapunov 函数在 $\boldsymbol{E}_{\mathrm{BR}}:\upsilon_m=\min\limits_{\|\boldsymbol{E}\|=R}V=\boldsymbol{T}_mR^2$ 边缘的最小值，υ_{0M} 为 Lyapunov 函数初始值 $V(0)$ 在 $\boldsymbol{E}_{0\mathrm{B}r}:\upsilon_{0M}=\max\limits_{\|\boldsymbol{E}_0\|=r}V=\boldsymbol{T}_{0M}r^2$ 边缘的最大值。定理10.5的条件意味着 $V(0)\leqslant\boldsymbol{T}_{1M}r^2\leqslant\boldsymbol{T}_{0m}R^2$。根据 $\dot{V}\leqslant 0$，可得 $\boldsymbol{T}_{0m}\ \|\boldsymbol{E}\|^2\leqslant V(t)\leqslant V(0)\leqslant\boldsymbol{T}_{0m}R^2$，这就意味着 $\boldsymbol{E}\in\boldsymbol{E}_{\mathrm{BR}}$。因此，对于任意时间 $t\geqslant 0$，E 在 $\Omega_{\boldsymbol{E}}$ 内，即 $\boldsymbol{e}_{si},\varpi_i,\hat{\boldsymbol{W}}_i,\hat{\epsilon}_{\boldsymbol{M}_i}$ 是有界的，意味着 $\|\chi_i\|$ 是有界的，$\boldsymbol{X}_i$ 也是有界的。由于 $\Delta_i\leqslant\sum\limits_{j=1}^{N}\zeta_{ij}(\boldsymbol{X}_j)$ 和 $\boldsymbol{X}_i$ 是有界的，所以光滑函数 $\zeta_{ij}(\boldsymbol{X}_j)$，$j=1,2,\cdots,N$ 是有界的。所有信号都是有界的，由式(10.5.6) 和式(10.5.22)，可得 $\dot{\boldsymbol{e}}_{si}$ 和 $\dot{\varpi}_i$ 是有界的，即

$$\frac{\mathrm{d}}{\mathrm{d}t}\|\chi_i\|=\frac{\mathrm{d}}{\mathrm{d}t}\sqrt{\boldsymbol{e}_{si}^{\mathrm{T}}\boldsymbol{e}_{si}+\varpi_i^2}=\frac{1}{2}\,\frac{\dot{\boldsymbol{e}}_{si}^{\mathrm{T}}\boldsymbol{e}_{si}+\boldsymbol{e}_{si}^{\mathrm{T}}\dot{\boldsymbol{e}}_{si}+2\,\varpi_i\dot{\varpi}_i}{\sqrt{\boldsymbol{e}_{si}^{\mathrm{T}}\boldsymbol{e}_{si}+\varpi_i^2}} \tag{10.5.32}$$

是有界的。另外，由于 V 是正定的，且$\int_0^{\infty}\sum\limits_{i=1}^{N}\chi_i^{\mathrm{T}}\Omega_i\chi_i\leqslant\int_0^{\infty}\dot{V}\mathrm{d}t=V(0)-V(\infty)<\infty$，这意味着 $\|\chi_i\|\in L_2$。根据 Barbalat 引理，有$\lim\limits_{t\to\infty}\|\chi_i(t)\|=0$。

由于 $\|\chi_i\|=\sqrt{\boldsymbol{e}_{si}^{\mathrm{T}}\boldsymbol{e}_{si}+\varpi_i^2}$，可以得出$\lim\limits_{t\to\infty}\|\boldsymbol{e}_{si}\|=0$，进一步可知$\lim\limits_{t\to\infty}|e_i|=0$，$\lim\limits_{t\to\infty}|\dot{e}_i|=0,\cdots,\lim\limits_{t\to\infty}|e_i^{(n_i-2)}|=0,\lim\limits_{t\to\infty}|\varpi_i|=0$。

利用不等式 $|\varpi_i|\leqslant|e_{i,n_i}|+|\upsilon_i|\leqslant|e_{i,n_i}|+k_{i,1}|e_i|+k_{i,2}|\dot{e}_i|+\cdots+k_{i,n_i-1}|e_i^{(n_i-2)}|$，有

$$\begin{aligned}\lim_{t\to\infty}|\varpi_i|=0&\leqslant\lim_{t\to\infty}|e_{i,n_i}|+k_{i,1}\lim_{t\to\infty}|e_i|+k_{i,2}\lim_{t\to\infty}|\dot{e}_i|+\cdots+k_{i,n_i-1}\lim_{t\to\infty}|e_i^{(n_i-2)}|\\&=\lim_{t\to\infty}|e_{i,n_i}|\end{aligned} \tag{10.5.33}$$

由于$|e_{i,n_i}|-k_{i,1}|e_i|-k_{i,2}|\dot{e}_i|-\cdots-k_{i,n_i-1}|e_i^{(n_i-2)}|\leqslant|e_{i,n_i}|-|\upsilon_i|\leqslant|\varpi_i|$，有

$$\begin{aligned}&\lim_{t\to\infty}|e_{i,n_i}|-k_{i,1}\lim_{t\to\infty}|e_i|-k_{i,2}\lim_{t\to\infty}|\dot{e}_i|-\cdots-k_{i,n_i-1}\lim_{t\to\infty}|e_i^{(n_i-2)}|\\&=\lim_{t\to\infty}|e_{i,n_i}|\\&\leqslant\lim_{t\to\infty}|\varpi_i|=0\end{aligned}$$

由式(10.5.33)可得$\lim\limits_{t\to\infty}|e_{i,n_i}|=0$，因此有$\lim\limits_{t\to\infty}\boldsymbol{e}_i(t)=\lim\limits_{t\to\infty}|\boldsymbol{e}_{si}^{\mathrm{T}},e_{i,n_i}|^{\mathrm{T}}=\boldsymbol{0}$。

证毕。

10.6　自适应输出反馈分散模糊滑模控制

10.6.1　被控对象模型及控制问题的描述

考虑一个由 N 个互联子系统 q_i 组成的非线性大系统 Q。每个非线性子系统 $q_i(i=1,2,\cdots,N)$ 可以表示为

$$\begin{cases}\dot{x}_{i1}=x_{i2}\\ \dot{x}_{i2}=x_{i3}\\ \vdots\\ \dot{x}_{in_i}=f_i(\boldsymbol{X}_i)+z_i(\boldsymbol{X})+d_i+u_i\\ y_i=x_{i1}\end{cases}\tag{10.6.1}$$

或者向量的形式：

$$\begin{cases}\dot{\boldsymbol{X}}_i=\boldsymbol{A}\boldsymbol{X}_i+\boldsymbol{B}(f_i(\boldsymbol{X}_i)+z_i(\boldsymbol{X})+d_i+u_i)\\ y_i=\boldsymbol{C}^{\mathrm{T}}\boldsymbol{X}_i\end{cases}\tag{10.6.2}$$

式中，$\boldsymbol{A}=\begin{bmatrix}0&1&0&\cdots&0\\0&0&1&\cdots&0\\\vdots&\vdots&\vdots&&0\\0&0&0&\cdots&1\\0&0&0&\cdots&0\end{bmatrix}$，$\boldsymbol{B}=\begin{bmatrix}0\\0\\\vdots\\0\\1\end{bmatrix}$，$\boldsymbol{C}=\begin{bmatrix}1\\0\\\vdots\\0\\0\end{bmatrix}$，$\boldsymbol{X}_i=[x_{i1},\dot{x}_{i1},\cdots,x_{i1}^{(n_i-1)}]^{\mathrm{T}}=[x_{i1},x_{i2},\cdots,x_{in_i}]^{\mathrm{T}}\in\mathbf{R}^{n_i}$ 为非线性子系统 q_i 的状态向量；$\boldsymbol{X}=[\boldsymbol{X}_1^{\mathrm{T}},\boldsymbol{X}_2^{\mathrm{T}},\cdots,\boldsymbol{X}_N^{\mathrm{T}}]^{\mathrm{T}}\in\mathbf{R}^n$，$n=\sum\limits_{i=1}^{N}n_i$ 是系统 Q 的状态向量；$u_i\in\mathbf{R}$ 和 $y_i\in\mathbf{R}$ 分别是子系统 q_i 的输入和输出；$z_i(\boldsymbol{X}):\mathbf{R}^n\to\mathbf{R}$ 表示来自其他子系统的互联强度；d_i 是外部干扰；$f_i(\boldsymbol{X}_i)$ 是实连续函数。$f_i(\boldsymbol{X}_i)$ 和 $z_i(\boldsymbol{X})$ 是有界的未知函数。假设只有每个子系统的输出 y_i 是可被测量的。

控制任务　利用系统的局部信息设计自适应分散模糊控制器 u_i，在各个子系统之间的相互作用下，使得：

(1) 分散控制系统全局稳定，即系统中所涉及的变量一致有界。

(2) 各个子系统的输出能够跟踪给定的参考信号 y_{mi}。

考虑到 $f_i(\boldsymbol{X}_i)$，$z_i(\boldsymbol{X})$ 和 d_i 均是未知的，将系统(10.6.2)改写为

$$\begin{cases}\dot{\boldsymbol{X}}_i=\boldsymbol{A}\boldsymbol{X}_i+\boldsymbol{B}(F_i(\boldsymbol{X})+u_i)\\ y_i=\boldsymbol{C}^{\mathrm{T}}\boldsymbol{X}_i\end{cases}\tag{10.6.3}$$

式中，$F_i(\boldsymbol{X})=f_i(\boldsymbol{X}_i)+z_i(\boldsymbol{X})+d_i$。

定义参考向量 $\boldsymbol{Y}_{mi}$、跟踪误差向量 $\boldsymbol{E}_i$ 和估计误差向量 $\hat{\boldsymbol{E}}_i$ 如下：

$$\begin{aligned} &\boldsymbol{Y}_{mi}^{\mathrm{T}}=[y_{mi},\dot{y}_{mi},\cdots,y_{mi}^{(n_i-1)}] \\ &\boldsymbol{E}_i=\boldsymbol{Y}_{mi}-\boldsymbol{X}_i \\ &\hat{\boldsymbol{E}}_i=\boldsymbol{Y}_{mi}-\hat{\boldsymbol{X}}_i \end{aligned} \tag{10.6.4}$$

式中，$\hat{\boldsymbol{X}}_i$ 和 $\hat{\boldsymbol{E}}_i$ 分别是 $\boldsymbol{X}_i$ 和 $\boldsymbol{E}_i$ 的估计。

基于确定性等价方法，设计如下控制律：

$$u_{icc}=-\hat{F}_i(\hat{\boldsymbol{X}})+y_{mi}^{(n)}+\boldsymbol{K}_{ic}^{\mathrm{T}}\hat{\boldsymbol{E}}_i \tag{10.6.5}$$

式中，$\boldsymbol{K}_{ic}^{\mathrm{T}}=[k_{n_i}^{c},k_{n_i-1}^{c},\cdots,k_1^{c}]$是反馈增益向量，由于$(\boldsymbol{A},\boldsymbol{B})$是可控的，所以取 $\boldsymbol{A}-\boldsymbol{B}\boldsymbol{K}_{ic}^{\mathrm{T}}$ 的特征多项式是赫尔维茨稳定的；函数 $\hat{F}_i(\hat{\boldsymbol{X}})$代表未知非线性函数 $F_i(\boldsymbol{X})$的估计。

由式(10.6.5)和式(10.6.3)，有

$$\begin{aligned} &\dot{\boldsymbol{E}}_i=\boldsymbol{A}\boldsymbol{E}_i-\boldsymbol{B}\boldsymbol{K}_{ic}^{\mathrm{T}}\hat{\boldsymbol{E}}_i+\boldsymbol{B}[\hat{F}_i(\hat{\boldsymbol{X}})-F_i(\boldsymbol{X})] \\ &e_{i1}=\boldsymbol{C}^{\mathrm{T}}\boldsymbol{E}_i \end{aligned} \tag{10.6.6}$$

式中，$e_{i1}=y_{mi}-y_i$ 为输出跟踪误差。

针对系统(10.6.6)中的状态向量 $\boldsymbol{E}_i$，设计如下的观测器：

$$\begin{aligned} &\dot{\hat{\boldsymbol{E}}}_i=\boldsymbol{A}\hat{\boldsymbol{E}}_i-\boldsymbol{B}\boldsymbol{K}_{ic}^{\mathrm{T}}\hat{\boldsymbol{E}}_i+\boldsymbol{K}_{io}(e_{i1}-\hat{e}_{i1}) \\ &\hat{e}_{i1}=\boldsymbol{C}^{\mathrm{T}}\hat{\boldsymbol{E}}_i \end{aligned} \tag{10.6.7}$$

式中，$\boldsymbol{K}_{io}^{\mathrm{T}}=[k_1^{o},k_2^{o},\cdots,k_{n_i}^{o}]$是观测增益向量，由于$(\boldsymbol{C},\boldsymbol{A})$是可观的，取 $\boldsymbol{A}-\boldsymbol{K}_{io}\boldsymbol{C}^{\mathrm{T}}$ 的特征多项式是严格赫尔维茨的。

定义观测误差 $\tilde{\boldsymbol{E}}_i=\boldsymbol{E}_i-\hat{\boldsymbol{E}}_i$，由式(10.6.6)和式(10.6.7)可得

$$\dot{\tilde{\boldsymbol{E}}}_i=\boldsymbol{A}\tilde{\boldsymbol{E}}_i-\boldsymbol{K}_{io}\boldsymbol{C}^{\mathrm{T}}\tilde{\boldsymbol{E}}_i+B\Delta_i=(\boldsymbol{A}-\boldsymbol{K}_{io}\boldsymbol{C}^{\mathrm{T}})\tilde{\boldsymbol{E}}_i+\boldsymbol{B}\Delta_i \tag{10.6.8}$$

$$\Delta_i=\hat{F}_i(\hat{\boldsymbol{X}})-F_i(\boldsymbol{X}) \tag{10.6.9}$$

式中，Δ_i 是建模误差。

下面给出观测器误差动态(10.6.8)的稳定性分析。暂时考虑理想情况，其中建模误差等于零，即 $\Delta_i\equiv0$，则所得的观测器误差动态是纯线性的。由于 $\boldsymbol{A}-\boldsymbol{K}_{io}\boldsymbol{C}^{\mathrm{T}}$ 是严格赫尔维茨的，式(10.6.8)是渐近稳定的。如果忽略的建模误差 Δ_i 不为零，则对于式(10.6.8)，以下结果成立。

如果

$$当\ \|\tilde{\boldsymbol{E}}_i\|\to0\ 时，\frac{\|\Delta_i\|}{\|\tilde{\boldsymbol{E}}_i\|}\to0 \tag{10.6.10}$$

则式(10.6.8)的零平衡点是渐近稳定的。考虑到建模误差 $\Delta_i\neq0$，可能会显著地影响观察器误差动态的变化，从而导致系统不稳定。该问题可以通过适当配置系统极点(即 $\boldsymbol{A}-\boldsymbol{K}_{io}\boldsymbol{C}^{\mathrm{T}}$ 的特征值)来避免，只要 Δ_i 很小，它们就不会太接近虚轴。

只要建模误差是有界的，观测器误差动态(10.6.8)的状态就能趋近于零，因此误差状态向量的大小会随时间而减小。如果逼近器 $\hat{F}_i(\boldsymbol{X})$满足条件(10.6.10)，则

Δ_i 会变得更小。作为渐近演化过程的结果，观测器误差动态(10.6.8)的状态向量趋于零。综上，子系统(10.6.3)的状态估计可以表示为：当 $\hat{\boldsymbol{E}}_i \to \boldsymbol{E}_i$ 时，$\hat{\boldsymbol{X}}_i = \boldsymbol{Y}_{mi} + \hat{\boldsymbol{E}}_i$。

10.6.2　输出反馈模糊控制器的设计

在进行输出反馈模糊控制器设计之前，首先介绍自构式模糊神经网络。

模糊神经网络结构辨识的一个重要任务是输入-输出空间的划分，这影响了所生成模糊规则的数量。输入-输出数据的有效划分可使模糊神经网络具有更快的收敛速度和更好的性能。最直接的方法是将输入空间划分为网格类型(图 10-16)，每个网格表示一个模糊 If-Then 规则(图 10-16(b))，这种网格类型称为基于网格的分区。这种划分的主要问题是，随着输入变量或划分变量的增加，模糊规则的数量呈指数增长。为了解决这个问题，可以使用一个基于集群的分区，它能够有效减少生成规则的数量。基于聚类的算法为空间划分提供了一种更加灵活的方法，避免了模糊规则的急剧增加，从而生成具有适当规则数量的相应规则库。

自构式模糊神经网络的结构有四层，即输入层、隶属函数层、规则层和输出层(图 10-16(d))。这些层的交互如下所示。

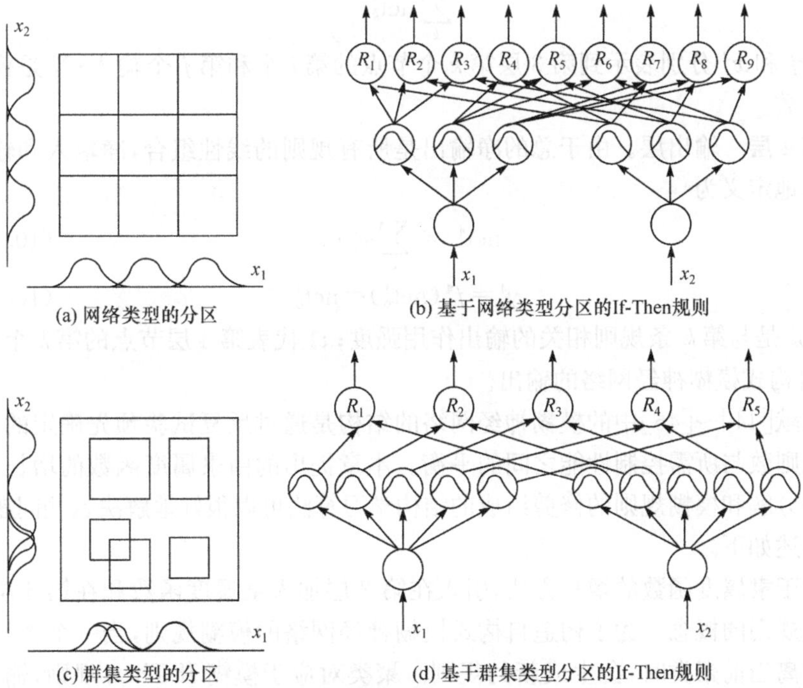

图 10-16　二维输入空间的模糊分区[30]

第 1 层　输入层。在该一层中，对于每一个节点 i，净输入和净输出可以表

示为

$$\mathrm{net}_i^1 = x_i^1 \tag{10.6.11}$$

$$y_i^1 = f_i^1(\mathrm{net}_i^1) = \mathrm{net}_i^1 \tag{10.6.12}$$

式中，x_i^1 表示第 1 层节点的第 i 个输入；L 为输入变量的总数。

第 2 层 隶属函数层。在这一层中，每个节点执行一个成员函数并充当内存单元，采用高斯函数作为隶属函数。对于第 i 个输入，第 $j(j=1,2,\cdots,M)$ 个节点对应的净输入和输出可以表示为

$$\mathrm{net}_{ij}^2 = -\frac{(x_i^2 - m_{ij}^2)^2}{(\sigma_{ij}^2)^2} \tag{10.6.13}$$

$$y_{ij}^2 = f_{ij}^2(\mathrm{net}_{ij}^2) = \exp(\mathrm{net}_{ij}^2) \tag{10.6.14}$$

式中，m_{ij}^2 是平均值；σ_{ij}^2 是方差；M 是相应输入节点的隶属函数总数。

第 3 层 规则层。该层中的链接用于进行先行匹配。选择匹配操作或模糊 AND 聚合操作作为简单的 PRODUCT 操作，而不是 MIN 操作。对于第 k 个规则节点，有

$$\mathrm{net}_{ij}^2 = x_i^3 \cdot x_j^3 \tag{10.6.15}$$

$$y_k^3 = f_k^3(\mathrm{net}_k^3) = \frac{\mathrm{net}_k^3}{\sum_k \mathrm{net}_k^3},\quad k = 1,2,\cdots,N \tag{10.6.16}$$

式中，x_i^3 和 x_j^3 分别表示到第 3 层第 k 个节点的第 i 个和第 j 个输入；N 是模糊规则的总数。

第 4 层 输出层。由于总的净输出是所有规则的线性组合，净输入和输出可以简单地定义为

$$\mathrm{net}_o^4 = \sum_k \omega_k^4 x_k^4 \tag{10.6.17}$$

$$y_o^4 = f_o^4(\mathrm{net}_o^4) = \mathrm{net}_o^4 \tag{10.6.18}$$

式中，ω_k^4 是与第 k 条规则相关的输出作用强度；x_k^4 代表第 4 层节点的第 k 个输入；y_o^4 是自构式模糊神经网络的输出。

文献[44]～[46]中的模糊神经网络的结构是通过反复试验预先确定的，很难考虑规则数与所需控制性能之间的平衡。本章提出的由隶属度函数的增长、模糊规则的分解和模糊规则的修剪组成的结构学习算法可以很好地解决这些问题。算法的描述如下。

对于隶属度函数的增长方法，引入在第 2 层加入隶属度函数和在第 3 层中关联模糊规则的概念。为了构造自构式模糊神经网络的模糊规则，当一个新的输入信号远离当前聚类时，会生成新的规则。聚类对应于模糊 If-Then 规则，输入-输出数据乘积空间中的每个聚类代表规则库中的一个规则。传入数据 x_i^1 属于群集的程度可以由规则的触发强度表示，触发强度值太小，表示输入值在触发强度范围的边缘。在这种情况下，将导致不良的输出性能。此时，应添加一个新节点(隶属

度函数)。由式(10.6.16)得到的触发强度作为测度：

$$\beta_k = y_k^3, \quad k=1,2,\cdots,N \tag{10.6.19}$$

式中,N 是现有规则的数量。

定义 β_k 中的最大测度 $\beta_{\max}$ 为

$$\beta_{\max} = \max_{k=1,2,\cdots,N} \beta_k \tag{10.6.20}$$

基于梯度学习算法,定义触发强度阈值为

$$G_{\text{th}}(n) = 1 - \frac{G_{\text{th0}}}{n/\tau_1} \tag{10.6.21}$$

式中,τ_1 是衰减常数;$G_{\text{th0}} \in (0,1)$ 和 $G_{\max} \in (0,1)$ 是预先给定的阈值。

可以看出,如果 $\beta_{\max} \leqslant \min\{G_{\text{th}}(n), G_{\max}\}$,则输入数据远离现有隶属函数范围的边缘。因此,应生成一个新的隶属函数。新隶属度函数的均值和标准差以及相应的权重选择如下：

$$\begin{cases} m_i^{\text{new}} = x_i^1 \\ \sigma_i^{\text{new}} = 1 \\ \omega^{\text{new}} = 0 \end{cases} \tag{10.6.22}$$

式中,x_i^1 是新的输入数据。

如果满足以下条件,则执行第 k 个模糊规则的分割：

$$\frac{|\dot{\omega}_k^4|}{\sum\limits_{k=1}^{N} |\dot{\omega}_k^4|} \geqslant S_{\text{th}}, \quad k = 1,2,\cdots,N \tag{10.6.23}$$

式中,S_{th}表示分割阈值;$\dot{\omega}_k^4$ 为调整律,将随后给出。

所提出的分割算法来于:如果权重值的更新相对较大,则很难获得精确的近似值。如果满足式(10.6.23),则复制一个新的神经元以分散较大的权重变化。连接第 k' 个节点的权重值为

$$\omega_{k'}^4 = (1-\varepsilon)\omega_k^4 \tag{10.6.24}$$

式中,ε 是一个正常数。

在第 2 层中,选择与第 k' 个节点连接的新隶属度函数的平均值和标准差如下：

$$\begin{cases} m_{k'} = m_k \\ \sigma_{k'} = \sigma_k \end{cases} \tag{10.6.25}$$

式中,m_k 和 σ_k 表示与第 k 个节点连接的隶属函数的平均值和标准差。

更改连接第 k 个节点的原始权重值为

$$\omega_{k'}^4 = \varepsilon \omega_k^4 \tag{10.6.26}$$

当估计参数都是训练过程中的最佳参数,即学习算法搜索最优解时,对于所有 k,调整律 $\dot{\omega}_k^4$ 将等于 0。注意,如果对于所有 k 都满足 $\dot{\omega}_k^4 = 0$,则不执行分割操作。

为了避免网络结构的不断增长和过量计算,提出了模糊规则修剪算法,用来消除不适当的模糊规则。第 r 个触发强度 β_r 小于阈值 P_{th} 或第 k 个权重 ω_k^4 相对较

小,意味着输入与第 r 或第 k 个规则之间的关系变弱。如果满足以下条件,则对第 r 个或第 k 个规则进行修剪。参考指标如下:

$$I_r=\begin{cases} I_r^{\mathrm{P}}\exp(-\tau_2), & \beta_r<P_{\mathrm{th}} \\ I_r^{\mathrm{P}}, & \beta_r\geqslant P_{\mathrm{th}} \end{cases},\quad r=1,2,\cdots,N \tag{10.6.27}$$

式中,β_r 是从式(10.6.16)中获得的第 r 个触发强度;I_r 表示第 r 条规则的参考指标,I_r 的初始值为 1;P_{th}为修剪阈值;τ_2 为衰减常数;I_r^{P} 表示当前的 I_r,有

$$\frac{|\omega_k^4|}{\sum_{k=1}^{N}|\omega_k^4|}\leqslant W_{\mathrm{th}},\quad k=1,2,\cdots,N \tag{10.6.28}$$

如果 $I_r\leqslant I_{\mathrm{th}}$或者满足式(10.6.28),则将对第 r 个或第 k 个规则进行修剪,其中 I_{th} 和 W_{th}是另一个预先给定的阈值。

首先定义滑模面如下:

$$s_i=e_{i1}^{(n_i-1)}+k_{n_i}e_{i1}^{(n_i-2)}+\cdots+k_2e_{i1}+k_1\int_0^T e_{i1}\,\mathrm{d}t \tag{10.6.29}$$

式中,$k_i(i=1,2,\cdots,n_i)$是正常数。

该系统由一个标准控制器和一个鲁棒控制器组成,即

$$u_i=u_{\mathrm{icc}}+u_{\mathrm{irc}} \tag{10.6.30}$$

式中,u_{icc}由式(10.6.5)得到,其中自构式模糊神经网络 $\hat{F}_i(\hat{\boldsymbol{X}})$用来在线辨识非线性系统中的 $F_i(\boldsymbol{X})$。

在滑模控制方法中,当满足滑模条件时,误差项随时间趋近于无穷而收敛于零。此外,s_i 的界可以直接转换为跟踪误差的界,因为滑模面是由误差项组成的。特别地,一旦系统在滑模面上,系统轨迹将停留在滑模面上,跟踪误差呈指数趋近于零。如果选择误差函数作为代价函数,那么这种变换就相当于最小化误差函数。因此,替代误差函数的滑模条件变成了代价函数。在线学习算法采用网络参数空间中的梯度下降算法,目的是使 $s_i\dot{s}_i$ 最小化,实现 s_i 的快速收敛。将式(10.6.30)代入式(10.6.3),根据式(10.6.29),可得

$$e_{i1}^{(n)}+k_{n_i}e_{i1}^{(n_i-1)}+\cdots+k_2\dot{e}_{i1}+k_1e_{i1}=\hat{F}_i(\hat{\boldsymbol{X}})-F_i(\boldsymbol{X})-u_{\mathrm{irc}}=\dot{s}_i \tag{10.6.31}$$

式(10.6.31)两边同乘以 s_i,可得

$$s_i\dot{s}_i=(\hat{F}_i(\hat{\boldsymbol{X}})-F_i(\boldsymbol{X})-u_{\mathrm{irc}})s_i \tag{10.6.32}$$

根据梯度下降算法,输出层权值的自适应律可设计为

$$\dot{\omega}_k^4=-\eta(n)\frac{\partial s_i\dot{s}_i}{\partial(\omega_k^4)}=-\eta(n)\frac{\partial s_i\dot{s}_i}{\partial\hat{F}_i}\frac{\partial\hat{F}_i}{\partial(\omega_k^4)}=-\eta(n)\cdot s_i\cdot x_k^4 \tag{10.6.33}$$

$$\eta(n)=\frac{\eta_0}{1+(n/\tau)} \tag{10.6.34}$$

式中,正常数 η_0 和 τ 分别是初始学习速率和衰减常数。

随时间变化的学习率 $\eta(n)$称为搜索一收敛设计。为了更容易地获得均值和

方差的更新律，令 ξ_k 为

$$\xi_k=\frac{\partial s_i\dot{s}_i}{\partial\hat{F}_i}\frac{\partial\hat{F}_i}{\partial(\mathrm{net}_o^4)}\frac{\partial(\mathrm{net}_o^4)}{\partial(y_k^3)}\frac{\partial(y_k^3)}{\partial(\mathrm{net}_k^3)}\frac{\partial(\mathrm{net}_k^3)}{\partial(y_{ij}^2)}\frac{\partial(y_{ij}^2)}{\partial(\mathrm{net}_{ij}^2)}=s_i\cdot\omega_k^4y_k^3 \tag{10.6.35}$$

均值和方差的更新律 $\dot{m}_{ij}^2$ 和 $\dot{\sigma}_{ij}^2$ 为

$$\dot{m}_{ij}^2=-\eta(n)\frac{\partial s_i\dot{s}_i}{\partial(m_{ij}^2)}=-\eta(n)\xi_i\frac{\partial(\mathrm{net}_{ij}^2)}{\partial(m_{ij}^2)}=-\eta(n)\xi_i\frac{2(x_i^2-m_{ij}^2)}{(\sigma_{ij}^2)^2} \tag{10.6.36}$$

$$\dot{\sigma}_{ij}^2=-\eta(n)\frac{\partial s_i\dot{s}_i}{\partial(\sigma_{ij}^2)}=-\eta(n)\xi_i\frac{\partial(\mathrm{net}_{ij}^2)}{\partial(\sigma_{ij}^2)}=-\eta(n)\xi_i\frac{2(x_i^2-m_{ij}^2)^2}{(\sigma_{ij}^2)^3} \tag{10.6.37}$$

在第 n 个时间步长，可采用梯度法对自构式模糊神经网络的参数进行调整，具体如下：

$$\begin{aligned}\omega_k^4(n+1)&=\omega_k^4(n)+\dot{\omega}_k^4(n)+\alpha[\omega_k^4(n)-\omega_k^4(n-1)]\\ m_{ij}^2(n+1)&=m_{ij}^2(n)+\dot{m}_{ij}^2(n)+\alpha[m_{ij}^2(n)-m_{ij}^2(n-1)]\\ \sigma_{ij}^2(n+1)&=\sigma_{ij}^2(n)+\dot{\sigma}_{ij}^2(n)+\alpha[\sigma_{ij}^2(n)-\sigma_{ij}^2(n-1)]\end{aligned} \tag{10.6.38}$$

式中，α 为减小学习过程中振荡的动量常数。

接下来设计鲁棒控制器。

线性逼近或非线性映射是模糊或神经网络最有用的特性之一。将式(10.6.9)代入式(10.6.31)，重写式(10.6.31)为

$$\dot{s}_i=\Delta_i-u_{\mathrm{irc}} \tag{10.6.39}$$

如果 Δ_i 存在，则使用鲁棒控制器来满足 L_2 跟踪性能：

$$\int_0^T s_i^2(t)\mathrm{d}t\leqslant s_i^2(0)+\delta^2\int_0^T\Delta_i^2(t)\mathrm{d}t \tag{10.6.40}$$

式中，δ 为指定衰减常数。

如果系统以初始条件 $s_i(0)=0$ 开始，则式(10.6.40)中的 L_2 跟踪性能可以改写为

$$\sup_{\Delta_i\in L_2[0,T]}\frac{\|s_i\|}{\|\Delta_i\|}\leqslant\delta \tag{10.6.41}$$

式中，$\|s_i\|^2=\int_0^T s_i^2(t)\mathrm{d}t$，$\|\Delta_i\|^2=\int_0^T\Delta_i^2(t)\mathrm{d}t$。

如果 $\delta=\infty$，则这是一种没有干扰衰减的最小误差跟踪控制，设计鲁棒控制器为

$$u_{\mathrm{irc}}=\frac{\delta^2+1}{2\delta^2}s_i \tag{10.6.42}$$

10.6.3　稳定性与收敛性分析

定理 10.6　针对第 i 个非线性系统(10.6.3)，设计控制器 u_i(10.6.30)，若建

模误差 $\Delta_i \in L_2[0,T]$，$\forall T\in[0,\infty)$，则可实现 $\lim\limits_{t\to\infty}|s_i(t)|=0$。

证明 定义如下 Lyapunov 函数：

$$V_i=\frac{1}{2}s_i^2 \tag{10.6.43}$$

由式(10.6.39)，Lyapunov 函数(10.6.43)关于时间的导数可表示为

$$\begin{aligned}\dot{V}_i&=s_i\dot{s}_i=s_i(\Delta_i-u_{\text{irc}})=s_i\left(\Delta_i-\frac{\delta^2+1}{2\delta^2}\right)\\&=s_i\Delta_i-\frac{1}{2}s_i^2-\frac{s_i^2}{2\delta^2}=-\frac{1}{2}s_i^2-\frac{1}{2}\left(\frac{s_i^2}{\delta^2}-2s_i\Delta_i\right)\\&=-\frac{1}{2}s_i^2-\frac{1}{2}\left(\frac{s_i^2}{\delta^2}-2s_i\Delta_i+\Delta_i^2\delta^2\right)+\frac{1}{2}\Delta_i^2\delta^2\\&=-\frac{1}{2}s_i^2-\frac{1}{2}\left(\frac{s_i}{\delta^2}-\Delta_i\delta\right)^2+\frac{1}{2}\Delta_i^2\delta^2\leqslant-\frac{1}{2}s_i^2+\frac{1}{2}\Delta_i^2\delta^2\end{aligned} \tag{10.6.44}$$

对式(10.6.44)从 $t=0$ 到 $t=T$ 积分可得

$$\dot{V}_i(T)-\dot{V}_i(0)\leqslant-\frac{1}{2}\int_0^T s_i^2\,\mathrm{d}t+\frac{1}{2}\delta^2\int_0^T\Delta_i^2\,\mathrm{d}t \tag{10.6.45}$$

因为 $V_i(0)=0$，所以式(10.6.45)可以写为如下形式：

$$\frac{1}{2}\int_0^T s_i^2\,\mathrm{d}t\leqslant V_i(0)+\frac{1}{2}\delta^2\int_0^T\Delta_i^2\,\mathrm{d}t \tag{10.6.46}$$

由于 $V_i(0)$ 是常值，且 $\Delta_i\in L_2[0,T]$，$\forall T\in[0,\infty)$，可得 $\int_0^T\Delta_i^2\,\mathrm{d}t<\infty$。同时，由于式(10.6.46)的右边是有界的(即 $s_i\in L_2$)，并由式(10.6.39)和式(10.6.42)，可得 $\dot{s}_i\in L_\infty$。根据 Barbalat 引理，可得 $\lim\limits_{t\to\infty}|s_i(t)|=0$。证毕。

定理 10.7 考虑整个互联非线性系统 Q，所设计的控制器 u_i(10.6.30)在建模误差 $\Delta_i\in L_2[0,T]$，$\forall T\in[0,\infty)$，$i=1,2,\cdots,N$ 时，可得 $\lim\limits_{t\to\infty}|s_i(t)|=0$。

证明 定义如下 Lyapunov 函数：

$$V=\sum_{i=1}^N V_i \tag{10.6.47}$$

由定理 10.6 可得

$$\dot{V}\leqslant\sum_{i=1}^N\left(-\frac{1}{2}s_i^2+\frac{1}{2}\Delta_i^2\delta^2\right) \tag{10.6.48}$$

对式(10.6.48)两边从 $t=0$ 到 $t=T$ 积分可得

$$\dot{V}(T)-\dot{V}(0)\leqslant-\frac{1}{2}\int_0^T\sum_{i=1}^N s_i^2\,\mathrm{d}t+\frac{1}{2}\delta^2\int_0^T\sum_{i=1}^N\Delta_i^2\,\mathrm{d}t \tag{10.6.49}$$

因为 $V_i(0)=0$，所以式(10.6.49)可以写为如下形式：

$$-\frac{1}{2}\int_0^T\sum_{i=1}^N s_i^2\,\mathrm{d}t\leqslant V(0)+\frac{1}{2}\delta^2\int_0^T\sum_{i=1}^N\Delta_i^2\,\mathrm{d}t \tag{10.6.50}$$

由于$V_i(0)$是常值，且$\Delta_i \in L_2[0,T]$，$\forall T \in [0,\infty)$，$i=1,2,\cdots,N$，所以$\int_0^T \sum_{i=1}^N s_i^2 \mathrm{d}t < \infty$。同时，由于式(10.6.50)的右边是有界的(即$s_i \in L_2$)，并由式(10.6.39)和式(10.6.42)，可得$\dot{s}_i \in L_\infty$。使用 Barbalat 引理，可得到$\lim\limits_{t\to\infty}|s_i(t)|=0$。证毕。

定理 10.8　针对第i个非线性子系统(10.6.3)和观测器系统(10.6.7)，所设计的控制器u_i在建模误差$\Delta_i \in L_2[0,T]$，$\forall T \in [0,\infty)$，$i=1,2,\cdots,N$时，可得$\lim\limits_{t\to\infty}|s_i(t)|=0$。

证明　定义 Lyapunov 函数如下：

$$V_{iaug}=\int_0^T \widetilde{\boldsymbol{E}}_i^{\mathrm{T}}\boldsymbol{P}\widetilde{\boldsymbol{E}}_i \mathrm{d}t+\frac{1}{2}s_i^2 \tag{10.6.51}$$

式中，$\boldsymbol{P}>0$。

根据定理 10.6，则式(10.6.51)关于时间的导数满足

$$\begin{aligned}\dot{V}_{iaug}&=\widetilde{\boldsymbol{E}}_i^{\mathrm{T}}\boldsymbol{P}\widetilde{\boldsymbol{E}}_i-\frac{1}{2}s_i^2-\frac{1}{2}\left(\frac{s_i}{\delta}-\Delta_i\delta\right)^2+\frac{1}{2}\Delta_i^2\delta^2\\&\leqslant\widetilde{\boldsymbol{E}}_i^{\mathrm{T}}\boldsymbol{P}\widetilde{\boldsymbol{E}}_i-\frac{1}{2}s_i^2+\frac{1}{2}\Delta_i^2\delta^2\end{aligned} \tag{10.6.52}$$

对式(10.6.52)从$t=0$到$t=T$积分可得

$$V_{iaug}(T)-V_{iaug}(0)\leqslant\int_0^T \widetilde{\boldsymbol{E}}_i^{\mathrm{T}}\boldsymbol{P}\widetilde{\boldsymbol{E}}_i \mathrm{d}t-\frac{1}{2}\int_0^T s_i^2 \mathrm{d}t+\frac{1}{2}\delta^2\int_0^T \Delta_i^2 \mathrm{d}t \tag{10.6.53}$$

因为$V_{iaug}(0)=0$，式(10.6.53)可以写为如下形式：

$$\begin{aligned}&\int_0^T \widetilde{\boldsymbol{E}}_i^{\mathrm{T}}\boldsymbol{P}\widetilde{\boldsymbol{E}}_i \mathrm{d}t+\frac{1}{2}s_i^2(T)+\frac{1}{2}\int_0^T s_i^2 \mathrm{d}t\leqslant V_{iaug}(0)+\int_0^T \widetilde{\boldsymbol{E}}_i^{\mathrm{T}}\boldsymbol{P}\widetilde{\boldsymbol{E}}_i \mathrm{d}t+\frac{1}{2}\delta^2\int_0^T \Delta_i^2 \mathrm{d}t\\&\Rightarrow\frac{1}{2}\int_0^T s_i^2 \mathrm{d}t\leqslant V_{iaug}(0)+\frac{1}{2}\delta^2\int_0^T \Delta_i^2 \mathrm{d}t\end{aligned} \tag{10.6.54}$$

由于$V_{iaug}(0)$是常值，且$\Delta_i \in L_2[0,T]$，$\forall T \in [0,\infty)$，可得$\int_0^T \Delta_i^2 \mathrm{d}t < \infty$。由于式(10.6.54)的右边是有界的，即$s_i \in L_2$，且由式(10.6.39)和式(10.6.42)，可得$\dot{s}_i \in L_\infty$。根据 Barbalat 引理，可得$\lim\limits_{t\to\infty}|s_i(t)|=0$。证毕。

定理 10.9　考虑整个互联非线性系统Q和观测器系统(10.6.7)，设计的控制器$u_i(i=1,2,\cdots,N)$，若建模误差$\Delta_i \in L_2[0,T]$，$\forall T \in [0,\infty)$，$i=1,2,\cdots,N$，可得$\lim\limits_{t\to\infty}|s_i(t)|=0$。

证明　与定理 2 的证明类似，唯一的区别是构造如下 Lyapunov 函数：

$$V_{aug}=\sum_{i=1}^N V_{iaug} \tag{10.6.55}$$

此处省略证明过程。

10.6.4 仿真

考虑如下关联非线性系统：

$$
q_1:\begin{cases}\dot{x}_1=x_2\\ \dot{x}_2=-0.1x_2-x_1^3+12\cos(t)+x_3+x_4+u_1\\ y_1=x_1\end{cases}
$$

$$
q_2:\begin{cases}\dot{x}_3=x_4\\ \dot{x}_4=-0.1x_4-x_3^3+12\cos(t)+x_1+x_2+u_2\\ y_1=x_3\end{cases}
\tag{10.6.56}
$$

定义状态向量 $\boldsymbol{X}=[x_1,x_2,x_3,x_4]^{\mathrm{T}}$，$\boldsymbol{X}_1=[x_1,x_2]^{\mathrm{T}}$，$\boldsymbol{X}_2=[x_3,x_4]^{\mathrm{T}}$。控制目标为当只有系统的输出 y_1 和 y_2 是可测量时，控制系统(10.6.56)的输出 y_1 和 y_2 能够跟踪给定的参考信号 $y_{\mathrm{m}}(t)=\sin t$。令跟踪误差 $e_1=y_{\mathrm{m}}-y_1$，$e_2=y_{\mathrm{m}}-y_2$。设计参数选取如下：$\eta_0=0.1$，$\alpha=0.01$，$\delta=0.5$，$\tau_1=500$，$\tau_2=0.01$，$\tau=500$，$G_{\mathrm{th0}}=0.8$，$G_{\max}=0.5$，$S_{\mathrm{th}}=0.1$，$P_{\mathrm{th}}=0.2$，$I_{\mathrm{th}}=0.1$，$W_{\mathrm{th}}=0.01$，$\varepsilon=0.7$。反馈和观测增益变量分别设为 $\boldsymbol{K}_{\mathrm{c}}^{\mathrm{T}}=[144,24]$，$\boldsymbol{K}_{\mathrm{o}}^{\mathrm{T}}=[60,900]$。自构式模糊神经网络初始参数是随机选取的：$w_1(0)=w_2(0)=[-6,6]$，$m_1(0)=m_2(0)=[-2,2]$，$\sigma_1(0)=1$，$\sigma_2(0)=1$。其中，$w_1$ 和 w_2 表示链接权重变量，m_1 和 m_2 表示高斯隶属度函数，σ_1 和 σ_2 分别表示不同高斯隶属度函数的方差。设置系统状态初始值为 $\boldsymbol{X}_1(0)=[2,-1]^{\mathrm{T}}$ 和 $\boldsymbol{X}_2(0)=[0.9,-1]^{\mathrm{T}}$，选择高斯噪声作为外部扰动。仿真结果如图 10-17～图 10-20 所示。

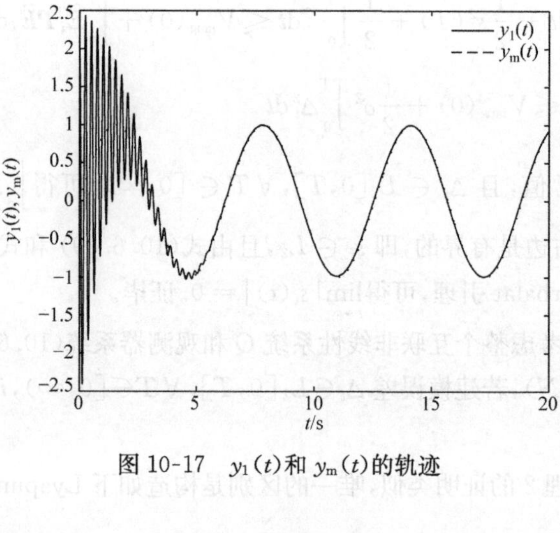

图 10-17　$y_1(t)$和 $y_{\mathrm{m}}(t)$的轨迹

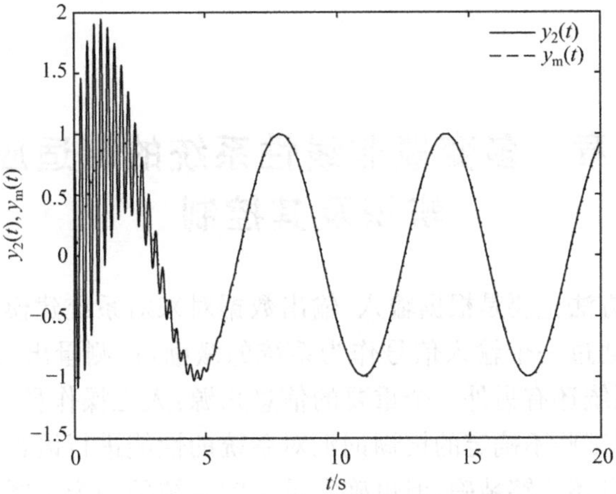

图 10-18　$y_2(t)$和 $y_m(t)$的轨迹

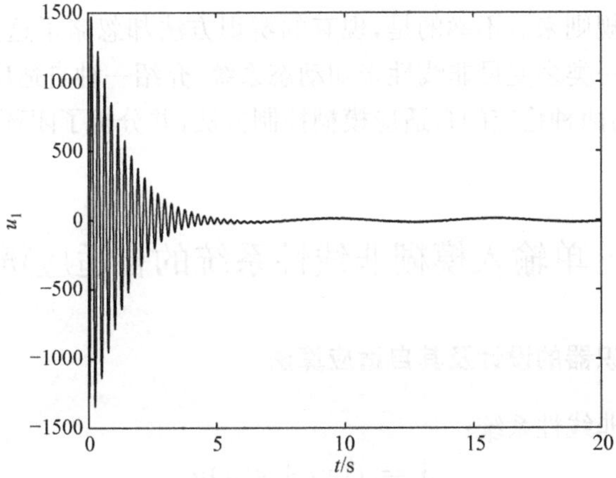

图 10-19　u_1 的轨迹

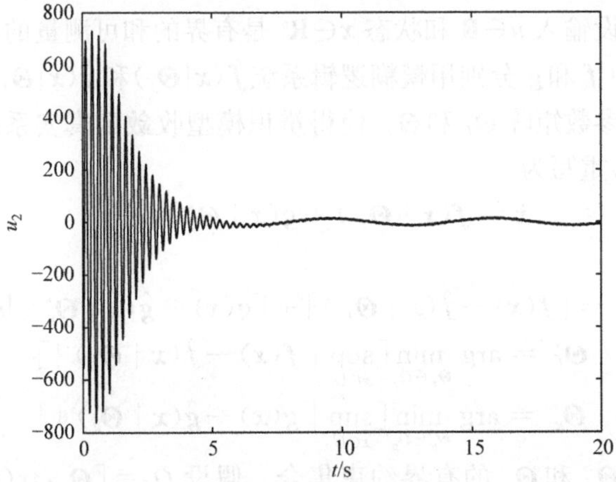

图 10-20　u_2 的轨迹

第 11 章　多变量非线性系统的自适应模糊辨识及其控制

现有的辨识方法主要是根据输入-输出数据对来对系统建模，而输入-输出数据对的采集一般通过一个输入信号作为系统的激励，再测量出相应的输出函数。然而，许多工业系统还有另外一个重要的信息来源：人工操作员，他们通常对系统非常熟悉，能够用某些不确定的模糊词汇对系统的性能进行语言性描述。虽然他们提供的这类信息还不够精确，但也确实是了解系统的一个重要信息来源。事实也是如此，在许多工业过程控制问题中，操作员能根据该过程的语言描述制定出一系列成功的控制规则来。不幸的是，现有的辨识方法却忽略了这类重要的信息来源[1]。本章针对一类多变量非线性未知动态系统，介绍一种自适应模糊辨识方法，在此基础上，给出两种稳定的自适应模糊控制方法，并分析了闭环系统的稳定性和鲁棒性[49-54]。

11.1　单输入模糊非线性系统的自适应辨识器

11.1.1　模糊辨识器的设计及其自适应算法

考虑如下的非线性系统：

$$\dot{\boldsymbol{x}} = \boldsymbol{f}(\boldsymbol{x}) + \boldsymbol{g}(\boldsymbol{x})u \tag{11.1.1}$$

式中，$\boldsymbol{f}$ 和 $\boldsymbol{g}$ 为从 $U=U_1\times\cdots\times U_n$ 到 $V=V_1\times\cdots\times V_n$ 的未知函数；$U_i, V_i\subset\mathbf{R}(i=1,2,\cdots,n)$；并假设输入 $u\in\mathbf{R}$ 和状态 $\boldsymbol{x}\in\mathbf{R}^n$ 是有界的和可测量的。任务是建立一个辨识模型，其中 $\boldsymbol{f}$ 和 $\boldsymbol{g}$ 分别用模糊逻辑系统 $\hat{\boldsymbol{f}}(\boldsymbol{x}|\boldsymbol{\Theta}_f)$ 和 $\hat{\boldsymbol{g}}(\boldsymbol{x}|\boldsymbol{\Theta}_g)$ 代替；并给出一套自适应律调整参数矩阵 $\boldsymbol{\Theta}_f$ 和 $\boldsymbol{\Theta}_g$，使得辨识模型收敛到真实系统(11.1.1)。首先，将式(11.1.1)重写为

$$\dot{\boldsymbol{x}} = \hat{\boldsymbol{f}}(\boldsymbol{x} \mid \boldsymbol{\Theta}_f^*) + \hat{\boldsymbol{g}}(\boldsymbol{x} \mid \boldsymbol{\Theta}_g^*)u + \boldsymbol{w} \tag{11.1.2}$$

式中

$$\boldsymbol{w} = [\boldsymbol{f}(\boldsymbol{x}) - \hat{\boldsymbol{f}}(\boldsymbol{x} \mid \boldsymbol{\Theta}_f^*)] + [\boldsymbol{g}(\boldsymbol{x}) - \hat{\boldsymbol{g}}(\boldsymbol{x} \mid \boldsymbol{\Theta}_g^*)]u \tag{11.1.3}$$

$$\boldsymbol{\Theta}_f^* = \arg \min_{\boldsymbol{\Theta}_f\in\Omega_f}[\sup_{\boldsymbol{x}\in U} \mid \boldsymbol{f}(\boldsymbol{x}) - \hat{\boldsymbol{f}}(\boldsymbol{x} \mid \boldsymbol{\Theta}_f) \mid] \tag{11.1.4}$$

$$\boldsymbol{\Theta}_g^* = \arg \min_{\boldsymbol{\Theta}_g\in\Omega_g}[\sup_{\boldsymbol{x}\in U} \mid \boldsymbol{g}(\boldsymbol{x}) - \hat{\boldsymbol{g}}(\boldsymbol{x} \mid \boldsymbol{\Theta}_g) \mid] \tag{11.1.5}$$

Ω_f 和 Ω_g 分别为 $\boldsymbol{\Theta}_f$ 和 $\boldsymbol{\Theta}_g$ 的有界约束集合。假设 $\Omega_f=[\boldsymbol{\Theta}_f:\mathrm{tr}(\boldsymbol{\Theta}_f\boldsymbol{\Theta}_f^{\mathrm{T}})\leqslant M_f]$ 且 $\Omega_g=[\boldsymbol{\Theta}_g:\mathrm{tr}(\boldsymbol{\Theta}_g\boldsymbol{\Theta}_g^{\mathrm{T}})\leqslant M_g]$，式中，$M_f$ 和 M_g 为给定常数。根据万能逼近定理 1.1

和 u 的有界性，$|\boldsymbol{w}|$ 可以任意小。因此，不失一般性，可以假设 $w_0=\sup_{t\geqslant 0}|\boldsymbol{w}(t)|$ 有限。采用如下的串并行辨识模型：

$$\dot{\hat{\boldsymbol{x}}}=-\alpha\hat{\boldsymbol{x}}+\alpha\boldsymbol{x}+\hat{\boldsymbol{f}}(\boldsymbol{x}\mid\boldsymbol{\Theta}_f)+\hat{\boldsymbol{g}}(\boldsymbol{x}\mid\boldsymbol{\Theta}_g)u \tag{11.1.6}$$

式中，α 为给定的正标量。总体辨识框图如图 11-1 所示。

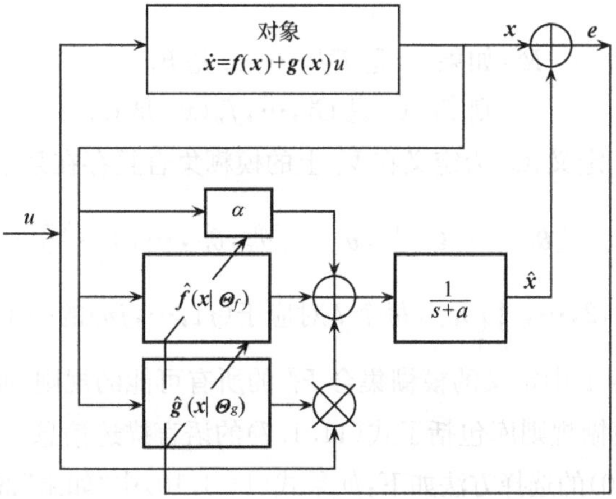

图 11-1　自适应模糊辨识器

辨识目标　确定出模糊逻辑系统 $\hat{\boldsymbol{f}}(\boldsymbol{x}|\boldsymbol{\Theta}_f)$ 和 $\hat{\boldsymbol{g}}(\boldsymbol{x}|\boldsymbol{\Theta}_g)$，并给出调节参数 $\boldsymbol{\Theta}_f$ 和 $\boldsymbol{\Theta}_g$ 的自适应律，使得：

(1) 辨识模型中所涉及的信号一致有界，即 $\hat{\boldsymbol{x}}\in L_\infty$，$\mathrm{tr}(\boldsymbol{\Theta}_f\boldsymbol{\Theta}_f^{\mathrm{T}})\leqslant M_f$ 以及 $\mathrm{tr}(\boldsymbol{\Theta}_g\boldsymbol{\Theta}_g^{\mathrm{T}})\leqslant M_g$（这里假设输入 u 和系统状态 $\boldsymbol{x}$ 是一致有界的）。

(2) 辨识误差 $\boldsymbol{e}=\boldsymbol{x}-\hat{\boldsymbol{x}}$ 应尽可能小。

为了强调模糊辨识器能够利用未知系统(11.1.1)的语言描述信息，还必须作如下的假设。

假设 11.1　设存在如下的关于未知函数 $\boldsymbol{f}(\boldsymbol{x})$ 和 $\boldsymbol{g}(\boldsymbol{x})$ 的语言描述信息：

$$\begin{aligned}R_f^r:&\text{如果 } x_1 \text{ 是 } A_1^r,\cdots,x_n \text{ 是 } A_n^r\\&\text{则 } f_1(\boldsymbol{x}) \text{ 是 } C_1^r,\cdots,f_n(\boldsymbol{x}) \text{ 是 } C_n^r\end{aligned} \tag{11.1.7}$$

和

$$\begin{aligned}R_g^s:&\text{如果 } x_1 \text{ 是 } B_1^s,\cdots,x_n \text{ 是 } B_n^s\\&\text{则 } g_1(\boldsymbol{x}) \text{ 是 } D_1^s,\cdots,g_n(\boldsymbol{x}) \text{ 是 } D_n^s\end{aligned} \tag{11.1.8}$$

式中，A_i^r 和 B_i^s 为定义在 U_i 上的模糊集合，C_i^r 和 D_i^s 为定义在 V_i 上的模糊集合，这些集合的隶属函数能在某些点上取得最大值 1，$r=1,2,\cdots,N_f$；$s=1,2,\cdots,N_g$。当不存在任何关于 $\boldsymbol{f}$ 和 $\boldsymbol{g}$ 的语言描述信息时，可设 $N_f=N_g=0$。

模糊辨识器的设计。

步骤 1　在 U_i 上定义 m_i 个模糊集合 $F_i^{j_i}$，使得对任意的 $x_i\in U_i$，至少存在一

个$\mu_{F_i^{ji}}(x_i)\neq 0$,其中 $i=1,2,\cdots,n;ji=1,2,\cdots,m_i$。同时还要求这些 F_i^{ji} 包括了式(11.1.7)的 A_i^r 和式(11.1.8)的 B_i^s。这些模糊集合被确定后,在下面步骤 4 的自适应调节过程中将不再改变。

步骤 2 构造模糊逻辑系统 $\hat{\boldsymbol{f}}(\boldsymbol{x}|\boldsymbol{\Theta}_f)$和模糊规则基,规则基中一共有下列 $\prod_{i=1}^{n} m_i$ 条规则:

$$\begin{aligned}R^l:&\text{如果 } x_1 \text{ 是 } F_1^{j1},\cdots,x_n \text{ 是 } F_n^{jn}\\ &\text{则 } \hat{f}_1(\boldsymbol{x}) \text{ 是 } G_1^l,\cdots,\hat{f}_n(\boldsymbol{x}) \text{ 是 } G_n^l\end{aligned} \tag{11.1.9}$$

式中,F_i^{ji} 按步骤 1 定义,G_i^l 为定义在 V_i 上的模糊集合且存在某个参数 $\theta_{if}^l\in V_i$,使得 $\mu_{G_i^l}(\theta_{if}^l)=1$;$\boldsymbol{\Theta}_f=[\boldsymbol{\theta}_{1f},\cdots,\boldsymbol{\theta}_{nf}]^{\mathrm{T}}$;$\boldsymbol{\theta}_{if}=[\theta_{if}^1,\theta_{if}^2,\cdots,\theta_{if}^{\prod_{i=1}^{n}m_i}]^{\mathrm{T}}$;$ji=1,2,\cdots,m_i$;$i=1,2,\cdots,n$;$l=1,2,\cdots,\prod_{i=1}^{n} m_i$,每个 l 对应于$(j1,\cdots,jn)$的一个组合。由于模糊规则基包括了步骤 1 中定义的模糊集合 F_i^{ji} 的所有可能的规则,而 F_i^{ji} 又包括所有可能的 A_i^r,所以模糊规则库包括了式(11.1.7)的语言描述信息。

初始参数 $\boldsymbol{\theta}_{if}(0)$的选择方法如下:如果式(11.1.10)中"如果"部分与式(11.1.7)中的"如果"部分相同,则选择 $\boldsymbol{\theta}_{if}(0)=\arg\sup\limits_{y_i\in V_i}[\mu_{C_i^r}(y_i)]$;否则,$\boldsymbol{\theta}_{if}^i(0)$可在 V_i 内任意选取。由此可见,语言信息在这种模糊辨识器中的用途仅限于构造初始模糊辨识器。

模糊规则库和 $\hat{\boldsymbol{g}}(\boldsymbol{x}|\boldsymbol{\Theta}_g)$的初始参数的确定方法完全与 $\hat{\boldsymbol{f}}(\boldsymbol{x}|\boldsymbol{\Theta}_f)$的相同,故在此不再赘述。

步骤 3 选模糊逻辑系统 $\hat{\boldsymbol{f}}(\boldsymbol{x}|\boldsymbol{\Theta}_f)=[\hat{f}_1(\boldsymbol{x}|\boldsymbol{\theta}_{1f}),\cdots,\hat{f}_n(\boldsymbol{x}|\boldsymbol{\theta}_{nf})]^{\mathrm{T}}$ 和 $\hat{\boldsymbol{g}}(\boldsymbol{x}|\boldsymbol{\Theta}_g)=[\hat{g}_1(\boldsymbol{x}|\boldsymbol{\theta}_{1g}),\cdots,\hat{g}_n(\boldsymbol{x}|\boldsymbol{\theta}_{ng})]^{\mathrm{T}}$为由单点模糊化,重心加权平均反模糊化和(基于步骤 2 模糊规则库的)乘积推理组成的模糊逻辑系统,即

$$\hat{f}_i(\boldsymbol{x}\mid\boldsymbol{\theta}_{if})=\frac{\sum_{j1=1}^{m_1}\cdots\sum_{jn=1}^{m_n}\theta_{if}^l[\mu_{F_1^{j1}}(x_1)\cdots\mu_{F_n^{jn}}(x_n)]}{\sum_{j1=1}^{m_1}\cdots\sum_{jn=1}^{m_n}[\mu_{F_1^{j1}}(x_1)\cdots\mu_{F_n^{jn}}(x_n)]} \tag{11.1.10}$$

$$\hat{g}_i(\boldsymbol{x}\mid\boldsymbol{\theta}_{ig})=\frac{\sum_{j1=1}^{m_1}\cdots\sum_{jn=1}^{m_n}\theta_{ig}^l[\mu_{F_1^{j1}}(x_1)\cdots\mu_{F_n^{jn}}(x_n)]}{\sum_{j1=1}^{m_1}\cdots\sum_{jn=1}^{m_n}[\mu_{F_1^{j1}}(x_1)\cdots\mu_{F_n^{jn}}(x_n)]} \tag{11.1.11}$$

式中,$i=1,2,\cdots,n$;$l=1,2,\cdots,\prod_{i=1}^{n} m_i$ 且每个 l 对应于$(j1,\cdots,jn)$的一个组合。定义如下的模糊基函数:

$$\xi^l(\boldsymbol{x})=\frac{\mu_{F_1^{j1}}(x_1)\cdots\mu_{F_n^{jn}}(x_n)}{\sum_{j1=1}^{m_1}\cdots\sum_{jn=1}^{m_n}\left[\mu_{F_1^{j1}}(x_1)\cdots\mu_{F_n^{jn}}(x_n)\right]} \tag{11.1.12}$$

式中，l 的定义与式(11.1.10)和式(11.1.11)相同。将上述模糊基函数列成一个 $\prod_{i=1}^{n}m_i\times 1$ 维的向量 $\boldsymbol{\xi}(\boldsymbol{x})$，并以与 $\boldsymbol{\xi}(\boldsymbol{x})$ 相同的顺序将 $\boldsymbol{\theta}_{if}^l$ 和 $\boldsymbol{\theta}_{ig}^l$ 分别列成两个 $\prod_{i=1}^{n}m_i\times 1$ 维的向量 $\boldsymbol{\theta}_{if}$ 和 $\boldsymbol{\theta}_{ig}$，可将式(11.1.10)和式(11.1.11)分别改写为

$$\hat{f}_i(\boldsymbol{x}\mid\boldsymbol{\theta}_{if})=\boldsymbol{\theta}_{if}^{\mathrm{T}}\boldsymbol{\xi}(\boldsymbol{x}) \tag{11.1.13}$$

和

$$\hat{g}_i(\boldsymbol{x}\mid\boldsymbol{\theta}_{ig})=\boldsymbol{\theta}_{ig}^{\mathrm{T}}\boldsymbol{\xi}(\boldsymbol{x}) \tag{11.1.14}$$

由于 $\boldsymbol{\Theta}_f=[\boldsymbol{\theta}_{1f},\cdots,\boldsymbol{\theta}_{nf}]^{\mathrm{T}}$，$\boldsymbol{\Theta}_g=[\boldsymbol{\theta}_{1g},\cdots,\boldsymbol{\theta}_{ng}]^{\mathrm{T}}$，将式(11.1.13)和式(11.1.14)代入式(11.1.16)，模糊辨识器为

$$\dot{\hat{\boldsymbol{x}}}=-\alpha\hat{\boldsymbol{x}}+\alpha\boldsymbol{x}+\boldsymbol{\Theta}_f\boldsymbol{\xi}(\boldsymbol{x})+\boldsymbol{\Theta}_g\boldsymbol{\xi}(\boldsymbol{x})u \tag{11.1.15}$$

步骤 4　采用下列的自适应律调节参数矩阵 $\boldsymbol{\Theta}_f$ 和 $\boldsymbol{\Theta}_g$：

$$\dot{\boldsymbol{\Theta}}_f=\begin{cases}\gamma_1\boldsymbol{e}\boldsymbol{\xi}^{\mathrm{T}}(\boldsymbol{x}), & \mathrm{tr}(\boldsymbol{\Theta}_f\boldsymbol{\Theta}_f^{\mathrm{T}})<M_f \\ & \text{或 } \mathrm{tr}(\boldsymbol{\Theta}_f\boldsymbol{\Theta}_f^{\mathrm{T}})=M_f \text{ 且 } \boldsymbol{e}^{\mathrm{T}}\boldsymbol{\Theta}_f\boldsymbol{\xi}(\boldsymbol{x})\leqslant 0 \\ P[\gamma_1\boldsymbol{e}\boldsymbol{\xi}^{\mathrm{T}}(\boldsymbol{x})], & \mathrm{tr}(\boldsymbol{\Theta}_f\boldsymbol{\Theta}_f^{\mathrm{T}})=M_f \text{ 且 } \boldsymbol{e}^{\mathrm{T}}\boldsymbol{\Theta}_f\boldsymbol{\xi}(\boldsymbol{x})>0\end{cases} \tag{11.1.16}$$

$$\dot{\boldsymbol{\Theta}}_g=\begin{cases}\gamma_1\boldsymbol{e}\boldsymbol{\xi}^{\mathrm{T}}(\boldsymbol{x})u, & \mathrm{tr}(\boldsymbol{\Theta}_g\boldsymbol{\Theta}_g^{\mathrm{T}})<M_g \\ & \text{或 } \mathrm{tr}(\boldsymbol{\Theta}_g\boldsymbol{\Theta}_g^{\mathrm{T}})=M_g \text{ 且 } \boldsymbol{e}^{\mathrm{T}}\boldsymbol{\Theta}_g\boldsymbol{\xi}(\boldsymbol{x})u\leqslant 0 \\ P[\gamma_1\boldsymbol{e}\boldsymbol{\xi}^{\mathrm{T}}(\boldsymbol{x})u], & \mathrm{tr}(\boldsymbol{\Theta}_g\boldsymbol{\Theta}_g^{\mathrm{T}})=M_g \text{ 且 } \boldsymbol{e}^{\mathrm{T}}\boldsymbol{\Theta}_g\boldsymbol{\xi}(\boldsymbol{x})u>0\end{cases} \tag{11.1.17}$$

式中，γ_1 和 γ_2 为正常数。$P[\cdot]$为投影算子，其定义如下：

$$P[\gamma_1\boldsymbol{e}\boldsymbol{\xi}^{\mathrm{T}}(\boldsymbol{x})]=\gamma_1\boldsymbol{e}\boldsymbol{\xi}^{\mathrm{T}}(\boldsymbol{x})-\gamma_1\frac{\boldsymbol{e}^{\mathrm{T}}\boldsymbol{\Theta}_f\boldsymbol{\xi}(\boldsymbol{x})}{\mathrm{tr}(\boldsymbol{\Theta}_f\boldsymbol{\Theta}_f^{\mathrm{T}})}\boldsymbol{\Theta}_f \tag{11.1.18}$$

$$P[\gamma_2\boldsymbol{e}\boldsymbol{\xi}^{\mathrm{T}}(\boldsymbol{x})u]=\gamma_2\boldsymbol{e}\boldsymbol{\xi}^{\mathrm{T}}(\boldsymbol{x})u-\gamma_2\frac{\boldsymbol{e}^{\mathrm{T}}\boldsymbol{\Theta}_g\boldsymbol{\xi}(\boldsymbol{x})u}{\mathrm{tr}(\boldsymbol{\Theta}_g\boldsymbol{\Theta}_g^{\mathrm{T}})}\boldsymbol{\Theta}_g \tag{11.1.19}$$

$\boldsymbol{e}=\boldsymbol{x}-\hat{\boldsymbol{x}}$，初始参数 $\boldsymbol{\Theta}_f(0)$ 和 $\boldsymbol{\Theta}_g(0)$ 的确定方法见步骤 2。

11.1.2　模糊辨识器的稳定性分析

上述模糊辨识器的性能可用如下的定理来概括。

定理 11.1　采用式(11.1.16)和式(11.1.17)自适应律的模糊辨识器(11.1.15)保证具有如下性能：

(1) $\mathrm{tr}(\boldsymbol{\Theta}_f\boldsymbol{\Theta}_f^{\mathrm{T}})\leqslant M_f$，$\mathrm{tr}(\boldsymbol{\Theta}_g\boldsymbol{\Theta}_g^{\mathrm{T}})\leqslant M_g$，且 $\hat{\boldsymbol{x}}\in L_\infty$。

(2) 存在常数 a 和 b，使得

$$\int_0^t \| e(\tau) \|^2 \mathrm{d}\tau \leqslant a + b\int_0^t \| w(\tau) \|^2 \mathrm{d}\tau \tag{11.1.20}$$

对任意的 $t\geqslant 0$ 成立,式中 $w(\tau)$ 按式(11.1.3)定义。

(3) 如果 $w\in L_2$,则 $\lim\limits_{t\to\infty}\| e(t) \|=0$。

证明　(1) 从式(11.1.16)和式(11.1.18)可知,如果 $\mathrm{tr}(\boldsymbol{\Theta}_f\boldsymbol{\Theta}_f^{\mathrm{T}})=M_f$,则如果 $\boldsymbol{e}^{\mathrm{T}}\boldsymbol{\Theta}_f\boldsymbol{\xi}(\boldsymbol{x})\leqslant 0$ 时,有

$$\begin{aligned}\frac{\mathrm{d}}{\mathrm{d}t}[\mathrm{tr}(\boldsymbol{\Theta}_f\boldsymbol{\Theta}_f^{\mathrm{T}})] &= \mathrm{tr}(\dot{\boldsymbol{\Theta}}_f\boldsymbol{\Theta}_f^{\mathrm{T}} + \boldsymbol{\Theta}_f\dot{\boldsymbol{\Theta}}_f^{\mathrm{T}})\\ &= \mathrm{tr}[\gamma_1 \boldsymbol{e}\boldsymbol{\xi}^{\mathrm{T}}(\boldsymbol{x})\boldsymbol{\Theta}_f^{\mathrm{T}} + \gamma_1\boldsymbol{\Theta}_f\boldsymbol{\xi}(\boldsymbol{x})\boldsymbol{e}^{\mathrm{T}}]\\ &= 2\gamma_1\boldsymbol{e}^{\mathrm{T}}\boldsymbol{\Theta}_f\boldsymbol{\xi}(\boldsymbol{x}) \leqslant 0\end{aligned} \tag{11.1.21}$$

这里在最后等式中利用了矩阵迹的特征;如果 $\boldsymbol{e}^{\mathrm{T}}\boldsymbol{\Theta}_f\boldsymbol{\xi}(\boldsymbol{x})>0$,有

$$\begin{aligned}\frac{\mathrm{d}}{\mathrm{d}t}[\mathrm{tr}(\boldsymbol{\Theta}_f\boldsymbol{\Theta}_f^{\mathrm{T}})] &= 2\mathrm{tr}\left[\gamma_1 \boldsymbol{e}\boldsymbol{\xi}^{\mathrm{T}}(\boldsymbol{x})\boldsymbol{\Theta}_f^{\mathrm{T}} - \gamma_1 \frac{\boldsymbol{e}^{\mathrm{T}}\boldsymbol{\Theta}_f\boldsymbol{\xi}(\boldsymbol{x})}{\mathrm{tr}(\boldsymbol{\Theta}_f\boldsymbol{\Theta}_f^{\mathrm{T}})}\boldsymbol{\Theta}_f\boldsymbol{\Theta}_f^{\mathrm{T}}\right]\\ &= 2\gamma_1\boldsymbol{e}^{\mathrm{T}}\boldsymbol{\Theta}_f\boldsymbol{\xi}(\boldsymbol{x}) - 2\gamma_1\boldsymbol{e}^{\mathrm{T}}\boldsymbol{\Theta}_f\boldsymbol{\xi}(\boldsymbol{x}) = 0\end{aligned} \tag{11.1.22}$$

因此,总可以保证 $\mathrm{tr}(\boldsymbol{\Theta}_f\boldsymbol{\Theta}_f^{\mathrm{T}})\leqslant M_f$。类似地可证明 $\mathrm{tr}(\boldsymbol{\Theta}_g\boldsymbol{\Theta}_g^{\mathrm{T}})\leqslant M_g$。为了保证 $\hat{\boldsymbol{x}}\in L_\infty$,需定义 Lyapunov 函数为

$$V = \frac{1}{2}\| \boldsymbol{e} \|^2 + 2\frac{1}{\gamma_1}\mathrm{tr}(\boldsymbol{\Phi}_f\boldsymbol{\Phi}_f^{\mathrm{T}}) + \frac{1}{2\gamma_2}\mathrm{tr}(\boldsymbol{\Phi}_g\boldsymbol{\Phi}_g^{\mathrm{T}}) \tag{11.1.23}$$

式中,$\boldsymbol{\Phi}_f=\boldsymbol{\Phi}_f^*-\boldsymbol{\Theta}_f$,$\boldsymbol{\Phi}_g=\boldsymbol{\Phi}_g^*-\boldsymbol{\Theta}_g$。用式(11.1.2)减去式(11.1.15),并利用式(11.1.13)和式(11.1.14),可得误差动态方程

$$\dot{\boldsymbol{e}} = -a\boldsymbol{e} + \boldsymbol{\Phi}_f\boldsymbol{\xi}(\boldsymbol{x}) + \boldsymbol{\Phi}_g\boldsymbol{\xi}(\boldsymbol{x})u + \boldsymbol{w} \tag{11.1.24}$$

求 V 沿着式(11.1.24)的时间导数,可得

$$\begin{aligned}\dot{V} =& -a\| \boldsymbol{e} \|^2 + \boldsymbol{e}^{\mathrm{T}}\boldsymbol{\Phi}_f\boldsymbol{\xi}(\boldsymbol{x}) + \boldsymbol{e}^{\mathrm{T}}\boldsymbol{\Phi}_g\boldsymbol{\xi}(\boldsymbol{x})u + \boldsymbol{e}^{\mathrm{T}}\boldsymbol{w}\\ &+ \frac{1}{\gamma_1}\mathrm{tr}(\dot{\boldsymbol{\Phi}}_f\boldsymbol{\Phi}_f^{\mathrm{T}}) + \frac{1}{\gamma_2}\mathrm{tr}(\dot{\boldsymbol{\Phi}}_g\boldsymbol{\Phi}_g^{\mathrm{T}})\\ =& -a\| \boldsymbol{e} \|^2 + \boldsymbol{e}^{\mathrm{T}}\boldsymbol{w} + \frac{1}{\gamma_1}\mathrm{tr}\{[\gamma_1\boldsymbol{e}\boldsymbol{\xi}^{\mathrm{T}}(\boldsymbol{x}) - \dot{\boldsymbol{\Theta}}_f]\boldsymbol{\Phi}_f^{\mathrm{T}}\}\\ &+ \frac{1}{\gamma_2}\mathrm{tr}\{[\gamma_2\boldsymbol{e}\boldsymbol{\xi}^{\mathrm{T}}(\boldsymbol{x})u - \dot{\boldsymbol{\Theta}}_g]\boldsymbol{\Phi}_g^{\mathrm{T}}\}\\ =& -a\| \boldsymbol{e} \|^2 + \boldsymbol{e}^{\mathrm{T}}\boldsymbol{w} + I_1^*\frac{\boldsymbol{e}^{\mathrm{T}}\boldsymbol{\Theta}_f\boldsymbol{\xi}(\boldsymbol{x})}{\mathrm{tr}(\boldsymbol{\Theta}_f\boldsymbol{\Phi}_f^{\mathrm{T}})}\mathrm{tr}(\boldsymbol{\Theta}_f\widetilde{\boldsymbol{\Phi}}_f^{\mathrm{T}}) + I_2^*\frac{\boldsymbol{e}^{\mathrm{T}}\boldsymbol{\Theta}_g\boldsymbol{\xi}(\boldsymbol{x})u}{\mathrm{tr}(\boldsymbol{\Theta}_g\boldsymbol{\Phi}_g^{\mathrm{T}})}\mathrm{tr}(\boldsymbol{\Theta}_g\widetilde{\boldsymbol{\Phi}}_g^{\mathrm{T}})\end{aligned} \tag{11.1.25}$$

式中,当式(11.1.16)(式(11.1.17))的第二行成立时,有 $I_1^*=1(I_2^*=1)$;当式(11.1.16)(式(11.1.17))的第一行成立时,有 $I_1^*=0(I_2^*=0)$,再利用等式 $\boldsymbol{\Phi}_f=-\boldsymbol{\Theta}_f$,可以证明 $I_1^*\dfrac{\boldsymbol{e}^{\mathrm{T}}\boldsymbol{\Theta}_f\boldsymbol{\xi}(\boldsymbol{x})}{\mathrm{tr}(\boldsymbol{\Theta}_f\boldsymbol{\Theta}_f^{\mathrm{T}})}\mathrm{tr}(\boldsymbol{\Theta}_f\boldsymbol{\Phi}_f^{\mathrm{T}})\leqslant 0$。如果 $I_1^*=0$,结论是平凡的。而对 $I_1^*=1$,意味着 $\mathrm{tr}(\boldsymbol{\Theta}_f\boldsymbol{\Phi}_f^{\mathrm{T}})=M_f$,且 $\boldsymbol{e}^{\mathrm{T}}\boldsymbol{\Theta}_f\boldsymbol{\xi}(\boldsymbol{x})>0$,此时有

$$\mathrm{tr}(\boldsymbol{\Theta}_f\boldsymbol{\Phi}_f^{\mathrm{T}})=\mathrm{tr}\left[\boldsymbol{\Theta}_f^*\boldsymbol{\Phi}_f^{\mathrm{T}}-\frac{1}{2}\boldsymbol{\Phi}_f\boldsymbol{\Phi}_f^{\mathrm{T}}-\frac{1}{2}\boldsymbol{\Phi}_f\boldsymbol{\Phi}_f^{\mathrm{T}}\right]$$
$$=\frac{1}{2}\mathrm{tr}(\boldsymbol{\Theta}_f^*\boldsymbol{\Theta}_f^{*\mathrm{T}})-\frac{1}{2}\mathrm{tr}(\boldsymbol{\Theta}_f\boldsymbol{\Theta}_f^{\mathrm{T}})-\frac{1}{2}\mathrm{tr}(\boldsymbol{\Phi}_f\boldsymbol{\Phi}_f^{\mathrm{T}})\leqslant 0 \quad (11.1.26)$$

由于 $\boldsymbol{\Theta}_f^*\boldsymbol{\Theta}_f^{*\mathrm{T}}\leqslant M_f=\mathrm{tr}(\boldsymbol{\Theta}_f\boldsymbol{\Theta}_f^{\mathrm{T}})$，同时 $\mathrm{tr}(\boldsymbol{\Phi}_f\boldsymbol{\Phi}_f^{\mathrm{T}})\geqslant 0$，所以 $I_1^*\ \dfrac{\boldsymbol{e}^{\mathrm{T}}\boldsymbol{\Theta}_f\boldsymbol{\xi}(\boldsymbol{x})}{\mathrm{tr}(\boldsymbol{\Theta}_f\boldsymbol{\Theta}_f^{\mathrm{T}})}\mathrm{tr}(\boldsymbol{\Theta}_f\boldsymbol{\Phi}_f^{\mathrm{T}})\leqslant 0$。类似地可以证明 $I_2^*\ \dfrac{\boldsymbol{e}^{\mathrm{T}}\boldsymbol{\Theta}_g\boldsymbol{\xi}(\boldsymbol{x})u}{\mathrm{tr}(\boldsymbol{\Theta}_g\boldsymbol{\Theta}_g^{\mathrm{T}})}\mathrm{tr}(\boldsymbol{\Theta}_g\boldsymbol{\Phi}_g^{\mathrm{T}})\leqslant 0$，根据式(11.1.25)可得

$$\dot{V}\leqslant -a\|\boldsymbol{e}\|^2+\boldsymbol{e}^{\mathrm{T}}\boldsymbol{w}\leqslant -a\|\boldsymbol{e}\|^2+w_0\|\boldsymbol{e}\| \quad (11.1.27)$$

式中，$w_0=\sup\limits_{t\geqslant 0}\|\boldsymbol{w}(t)\|$，$w_0$ 假设是有限的。因此，如果 $\|\boldsymbol{e}\|>\dfrac{w_0}{a}$，可得 $\dot{V}<0$，这意味着$\boldsymbol{e}\in L_\infty$。又对于 $\boldsymbol{e}=\boldsymbol{x}-\hat{\boldsymbol{x}}$ 且$\boldsymbol{x}$ 假设是有限的，有 $\hat{\boldsymbol{x}}\in L_\infty$。

(2) 从式(11.1.27)有

$$\dot{V}\leqslant -\frac{a}{2}\|\boldsymbol{e}\|^2-\frac{a}{2}\left[\|\boldsymbol{e}\|^2-\frac{2}{a}\boldsymbol{e}^{\mathrm{T}}\boldsymbol{w}+\frac{1}{a^2}\|\boldsymbol{w}\|^2-\frac{1}{a^2}\|\boldsymbol{w}\|^2\right]$$
$$\leqslant -\frac{a}{2}\|\boldsymbol{e}\|^2+\frac{1}{2a}\|\boldsymbol{w}\|^2 \quad (11.1.28)$$

对式(11.1.28)两端积分，得到

$$\int_0^t\|\boldsymbol{e}(\tau)\|^2\mathrm{d}\tau\leqslant\frac{2}{a}(|V(0)|+|V(t)|)+\frac{1}{a^2}\int_0^t\|\boldsymbol{w}(\tau)\|^2\mathrm{d}\tau \quad (11.1.29)$$

定义 $a=\dfrac{1}{a}(|V(0)|+\sup\limits_{t\geqslant 0}|V(t)|)$，$b=\dfrac{1}{a^2}$，则式(11.1.10)就变成式(11.1.20)。从定理证明中(1)部分中得知 $\boldsymbol{e}$，$\mathrm{tr}(\boldsymbol{\Theta}_f\boldsymbol{\Theta}_f^{\mathrm{T}})$和 $\mathrm{tr}(\boldsymbol{\Theta}_g\boldsymbol{\Theta}_g^{\mathrm{T}})$均有界，故 a 也是有界的，因此 $V\in L_\infty$。

(3) 如果 $\boldsymbol{w}\in L_2$，则从式(11.1.20)可得 $\boldsymbol{e}\in L_2$。因为 $\boldsymbol{e},\boldsymbol{\Phi}_f,\boldsymbol{\Phi}_g,\boldsymbol{\xi}(\boldsymbol{x}),u$ 和 w 均为有界的(从式(11.1.12)可知 $\boldsymbol{\xi}(\boldsymbol{x})$的每一个元素均不大于 1)，故 $\boldsymbol{\xi}(\boldsymbol{x})$有界，可得 $\dot{\boldsymbol{e}}\in L_\infty$。利用 Barbalet 引理(即如果 $\boldsymbol{e}\in L_2\cap L_\infty$，且 $\dot{\boldsymbol{e}}\in L_\infty$，则$\lim\limits_{t\to\infty}\|\boldsymbol{e}(t)\|=0$)，可得$\lim\limits_{t\to\infty}\|\boldsymbol{e}(t)\|=0$。

11.2　多输入非线性系统的自适应模糊辨识器

本节在 11.1 节关于单输入非线性系统的自适应模糊辨识器的基础上，给出多输入非线性系统的自适应模糊辨识器的设计及稳定性分析。

11.2.1　模糊辨识器的设计及其自适应算法

考虑如下的动态系统：

$$\dot{\boldsymbol{x}}=\boldsymbol{f}(\boldsymbol{x})+\boldsymbol{g}(\boldsymbol{x})\boldsymbol{u} \quad (11.2.1)$$

式中，$\boldsymbol{x}=[x_1,\cdots,x_n]^{\mathrm{T}}\in\mathbf{R}^n$，$\boldsymbol{u}\in U\subset\mathbf{R}^n$，$\boldsymbol{f}(\boldsymbol{x})=[f_1(\boldsymbol{x}),\cdots,f_n(\boldsymbol{x})]^{\mathrm{T}}$，$\boldsymbol{g}(\boldsymbol{x})=$

$[g_1,\cdots,g_n]$是一个 $n\times n$ 矩阵，即

$$\boldsymbol{g}(\boldsymbol{x})=\begin{bmatrix} g_{11}(\boldsymbol{x}) & \cdots & g_{1n}(\boldsymbol{x}) \\ \vdots & & \vdots \\ g_{1n}(\boldsymbol{x}) & \cdots & g_{m}(\boldsymbol{x}) \end{bmatrix}$$

对系统(11.2.1)作如下假设：

假设 11.2 $\boldsymbol{f}(\boldsymbol{x}),g_i(\boldsymbol{x})$是 $\mathbf{R}^n$ 上连续的未知函数向量并且满足 Lipschitz 条件。

假设 11.3 $\boldsymbol{g}(\boldsymbol{x})\in\mathbf{R}^{n\times n}$的可逆矩阵，且 $\sigma[\boldsymbol{g}^{\mathrm{T}}(\boldsymbol{x})g(\boldsymbol{x})]\geqslant b_1>0$，这里 $\sigma(\cdot)$表示矩阵的最小奇异值。

辨识目标 构造模糊辨识模型，提出一套参数矩阵 $\boldsymbol{\Theta}_f,\boldsymbol{\Theta}_g$ 的自适应调节律，使得辨识误差充分小。

假设 11.4 对未知函数 $\boldsymbol{f}(\boldsymbol{x}),\boldsymbol{g}(\boldsymbol{x})$有如下的语言描述：

$$\begin{aligned} R_j^r:&\text{如果 } x_1 \text{ 是 } A_1^r,\cdots,x_n \text{ 是 } A_n^r \\ &\text{则 } f_1(\boldsymbol{x}) \text{ 是 } C_1^r,\cdots,f_n(\boldsymbol{x}) \text{ 是 } C_n^r \end{aligned} \tag{11.2.2}$$

$$\begin{aligned} R_g^s:&\text{如果 } x_1 \text{ 是 } B_1^s,\cdots,x_n \text{ 是 } B_n^s \\ &\text{则 } g_{i1}(\boldsymbol{x}) \text{ 是 } D_{i1}^s,\cdots,g_{in}(\boldsymbol{x}) \text{ 是 } D_{in}^s,i=1,2,\cdots,n \end{aligned} \tag{11.2.3}$$

式中，A_i^r,B_j^s 是 $U_i\subset\mathbf{R}$ 上的模糊集，C_i^r,D_{ij}^s 是 $\mathbf{R}$ 上的正规模糊集；$r=1,2,\cdots,N_f$；$s=1,2,\cdots,N_g$。如果 $N_f=N_g=0$，则对 $\boldsymbol{f}(\boldsymbol{x}),\boldsymbol{g}(\boldsymbol{x})$没有语言描述。假设 11.4 的目的是为下面所构造的模糊逻辑系统提供初始值。

模糊逻辑系统的设计如下：

步骤 1 在 $U_i\subseteq\mathbf{R}^i$ 上定义 m_i 个模糊集 $F_i^{j_i}$，使其具有完备性，$i=1,2,\cdots,n$；$j_i=1,2,\cdots,m_i$，并且要求 $F_i^{j_i}$ 包含式(11.2.2)，式(11.2.3)中的模糊集 A_i^r,B_i^s，这些模糊集在下文的自适应中保持不变。

步骤 2 构造模糊系统 $\hat{\boldsymbol{f}}(\boldsymbol{x}\mid\boldsymbol{\Theta}_f)$ 的模糊规则基，使其由下面的 $N=\prod_{i=1}^{n}m_i$ 个模糊推理规则组成

$$\begin{aligned} R^l:&\text{如果 } x_1 \text{ 是 } F_1^{j_1},\cdots,x_n \text{ 是 } F_n^{j_n} \\ &\text{则 } \hat{f}_1(\boldsymbol{x}) \text{ 是 } G_1^l,\cdots,\hat{f}_n(\boldsymbol{x}) \text{ 是 } G_n^l \end{aligned} \tag{11.2.4}$$

式中，G_i^l 是 $\mathbf{R}$ 上的正规模糊集，$\mu_{G_i^l}(y)$在点 θ_{if}^l处取得最大值，即 $\mu_{G_i^l}(\theta_{if}^l)=1$。

记 $\boldsymbol{\Theta}_f=(\boldsymbol{\theta}_{1f},\cdots,\boldsymbol{\theta}_{nf})^{\mathrm{T}},\boldsymbol{\theta}_{if}=(\theta_{if}^l,\cdots,\theta_{if}^N)^{\mathrm{T}},j_i=1,2,\cdots,m_i,i=1,2,\cdots,n,l=1,2,\cdots,N,l$ 是$(j_1,\cdots,j_n)$的所有组合。初始值 $\theta_{if}^l(0)$规定如下：如果式(11.2.4)中的推理前件与式(11.2.2)中的相同，则取 $\theta_{if}^l(0)=\arg\sup\limits_{y\in\mathbf{R}}[\mu_{C_i^r}(y)]$，否则 $\theta_{if}^l(0)$在 $\mathbf{R}$ 上任取。

模糊逻辑系统 $\hat{\boldsymbol{g}}(\boldsymbol{x}\mid\boldsymbol{\Theta}_g)$的模糊规则基为

$$\begin{aligned} R^l:&\text{如果 } x_1 \text{ 是 } F_1^{j_1},\cdots,x_n \text{ 是 } F_n^{j_n} \\ &\text{则 } \hat{g}_{11}(\boldsymbol{x}) \text{ 是 } G_{11}^l,\cdots,\hat{g}_{1n}(\boldsymbol{x}) \text{ 是 } G_{1n}^l \end{aligned}$$

$$\vdots$$

$$\hat{g}_{n1}(\boldsymbol{x})\ 是\ G_{n1}^l,\cdots,\hat{g}_{nn}(\boldsymbol{x})\ 是\ G_{nn}^l \tag{11.2.5}$$

式中，G_{ij}^l 是 $\mathbf{R}$ 上的正规模糊集，$\mu_{G_{ij}^l}(y)$ 在点 θ_{ijg}^l 取得最大值，即 $\mu_{G_{ij}^l}(\theta_{ijg}^l)=1$。记 $\boldsymbol{\theta}_{ijg}=[\theta_{ijg}^l,\cdots,\theta_{ijg}^N]$，$\theta_{ijg}^l(0)$ 的初值与 $\theta_{if}^l(0)$ 的初值选取相同。

步骤 3　令 $\hat{\boldsymbol{f}}(\boldsymbol{x}|\boldsymbol{\Theta}_f)=[\hat{f}(\boldsymbol{x}|\boldsymbol{\theta}_{1f}),\cdots,\hat{f}(\boldsymbol{x}|\boldsymbol{\theta}_{nf})]^{\mathrm{T}}$

$$\hat{\boldsymbol{g}}(\boldsymbol{x}\mid\boldsymbol{\Theta}_g)=\begin{bmatrix}\hat{g}_{11}(\boldsymbol{x}\mid\boldsymbol{\theta}_{11g}) & \cdots & \hat{g}_{1n}(\boldsymbol{x}\mid\boldsymbol{\theta}_{1ng})\\ \vdots & & \vdots\\ \hat{g}_{n1}(\boldsymbol{x}\mid\boldsymbol{\theta}_{n1g}) & \cdots & \hat{g}_{nn}(\boldsymbol{x}\mid\boldsymbol{\theta}_{nng})\end{bmatrix} \tag{11.2.6}$$

利用单点模糊化、乘积推理规则、中心非模糊化方法把式(11.2.4)和式(11.2.5)分别化成

$$\hat{f}_i(\boldsymbol{x}\mid\boldsymbol{\theta}_{if})=\frac{\sum_{j_1=1}^{m_1}\cdots\sum_{j_n=1}^{m_n}\theta_{if}^l[\mu_{F_1^{j1}}(x_1)\cdots\mu_{F_n^{jn}}(x_n)]}{\sum_{j_1=1}^{m_1}\cdots\sum_{j_n=1}^{m_n}[\mu_{F_1^{j1}}(x_1)\cdots\mu_{F_n^{jn}}(x_n)]} \tag{11.2.7}$$

$$\hat{g}_{ij}(\boldsymbol{x}\mid\boldsymbol{\theta}_{ijg})=\frac{\sum_{j_1=1}^{m_1}\cdots\sum_{j_n=1}^{m_n}\theta_{ijg}^l[\mu_{F_1^{j1}}(x_1)\cdots\mu_{F_n^{jn}}(x_n)]}{\sum_{j_1=1}^{m_1}\cdots\sum_{j_n=1}^{m_n}[\mu_{F_1^{j1}}(x_1)\cdots\mu_{F_n^{jn}}(x_n)]} \tag{11.2.8}$$

定义

$$\xi_l(\boldsymbol{x})=\frac{\mu_{F_1^{j1}}(x_1)\cdots\mu_{F_n^{jn}}(x_n)}{\sum_{j_1=1}^{m_1}\cdots\sum_{j_n=1}^{m_n}[\mu_{F_1^{j1}}(x_1)\cdots\mu_{F_n^{jn}}(x_n)]} \tag{11.2.9}$$

则有

$$\hat{f}_i(\boldsymbol{x}\mid\boldsymbol{\theta}_{if})=\boldsymbol{\theta}_{if}^{\mathrm{T}}\boldsymbol{\xi}(\boldsymbol{x}),\quad \hat{g}_{ij}(\boldsymbol{x}\mid\boldsymbol{\theta}_{ijg})=\boldsymbol{\theta}_{ijg}^{\mathrm{T}}\boldsymbol{\xi}(\boldsymbol{x}) \tag{11.2.10}$$

于是

$$\hat{\boldsymbol{f}}(\boldsymbol{x}\mid\boldsymbol{\Theta}_f)=\boldsymbol{\Theta}_f\boldsymbol{\xi}(\boldsymbol{x}),\quad \hat{\boldsymbol{g}}(\boldsymbol{x}\mid\boldsymbol{\Theta}_g)=\boldsymbol{\Theta}_g\boldsymbol{\xi}_1(\boldsymbol{x}) \tag{11.2.11}$$

式中

$$\boldsymbol{\Theta}_f=[\boldsymbol{\theta}_{1f},\cdots,\boldsymbol{\theta}_{nf}]^{\mathrm{T}},\quad \boldsymbol{\xi}(\boldsymbol{x})=[\xi_1(\boldsymbol{x}),\cdots,\xi_N(\boldsymbol{x})]^{\mathrm{T}}$$

$$\boldsymbol{\xi}_1(\boldsymbol{x})=\begin{bmatrix}\boldsymbol{\xi}(\boldsymbol{x}) & 0 & \cdots & 0\\ 0 & \boldsymbol{\xi}(\boldsymbol{x}) & & 0\\ \vdots & \vdots & & \vdots\\ 0 & 0 & \cdots & \boldsymbol{\xi}(\boldsymbol{x})\end{bmatrix},\quad \boldsymbol{\Theta}_g=\begin{bmatrix}\boldsymbol{\theta}_{11g}^{\mathrm{T}} & \cdots & \boldsymbol{\theta}_{1ng}^{\mathrm{T}}\\ \vdots & & \vdots\\ \boldsymbol{\theta}_{n1g}^{\mathrm{T}} & \cdots & \boldsymbol{\theta}_{nng}^{\mathrm{T}}\end{bmatrix}$$

用 $\hat{\boldsymbol{f}}(\boldsymbol{x}|\boldsymbol{\Theta}_f)$ 和 $\hat{\boldsymbol{g}}(\boldsymbol{x}|\boldsymbol{\Theta}_g)$ 分别代替系统(11.2.1)中的 $\boldsymbol{f}(\boldsymbol{x})$ 和 $\boldsymbol{g}(\boldsymbol{x})$ 可得

$$\dot{\boldsymbol{x}}=\boldsymbol{f}(\boldsymbol{x}\mid\boldsymbol{\Theta}_f^*)+\boldsymbol{g}(\boldsymbol{x}\mid\boldsymbol{\Theta}_g^*)\boldsymbol{u}+[\boldsymbol{f}(\boldsymbol{x})-\boldsymbol{f}(\boldsymbol{x}\mid\boldsymbol{\Theta}_f^*)]+[\boldsymbol{g}(\boldsymbol{x})-\boldsymbol{g}(\boldsymbol{x}\mid\boldsymbol{\Theta}_g^*)]\boldsymbol{u} \tag{11.2.12}$$

式中，$\boldsymbol{\Theta}_f^*$ 和 $\boldsymbol{\Theta}_g^*$ 为最优逼近参数，定义如下：

$$\boldsymbol{\Theta}_f^* = \arg\min_{\boldsymbol{\Theta}_f \in \Omega_f} \sup_{x \in U}[\|\boldsymbol{f}(\boldsymbol{x}) - \boldsymbol{f}(\boldsymbol{x} \mid \boldsymbol{\Theta}_f)\|]$$

$$\boldsymbol{\Theta}_g^* = \arg\min_{\boldsymbol{\Theta}_g \in \Omega_g} \sup_{x \in U}[\|\boldsymbol{g}(\boldsymbol{x}) - \boldsymbol{g}(\boldsymbol{x} \mid \boldsymbol{\Theta}_g)\|]$$

式中，$\Omega_f=\{\boldsymbol{\Theta}_f \mid \mathrm{tr}(\boldsymbol{\Theta}_f^{\mathrm{T}}\boldsymbol{\Theta}_f)\leqslant M_f\}$，$\Omega_g=\{\boldsymbol{\Theta}_g \mid \mathrm{tr}(\boldsymbol{\Theta}_g^{\mathrm{T}}\boldsymbol{\Theta}_g)\leqslant M_g\}$；$M_f$ 和 M_g 为设计参数。

定义建模误差或最小逼近误差

$$\boldsymbol{w} = [\boldsymbol{f}(\boldsymbol{x}) - \boldsymbol{f}(\boldsymbol{x} \mid \boldsymbol{\Theta}_f^*)] + [\boldsymbol{g}(\boldsymbol{x}) - \boldsymbol{g}(\boldsymbol{x} \mid \boldsymbol{\Theta}_g^*)]\boldsymbol{u} \tag{11.2.13}$$

那么式(11.2.12)写成

$$\dot{\boldsymbol{x}} = \boldsymbol{\Theta}_f^*\boldsymbol{\xi}(\boldsymbol{x}) + \boldsymbol{\Theta}_g^*\boldsymbol{\xi}_1(\boldsymbol{x})\boldsymbol{u} + \boldsymbol{w} \tag{11.2.14}$$

或者

$$\dot{\boldsymbol{x}} = \boldsymbol{\Theta}_f\boldsymbol{\xi}(\boldsymbol{x}) + \boldsymbol{\Theta}_g\boldsymbol{\xi}_1(\boldsymbol{x})\boldsymbol{u} + \widetilde{\boldsymbol{\Theta}}_f\boldsymbol{\xi}(\boldsymbol{x}) + \widetilde{\boldsymbol{\Theta}}_g\boldsymbol{\xi}_1(\boldsymbol{x})\boldsymbol{u} + \boldsymbol{w} \tag{11.2.15}$$

式中，$\widetilde{\boldsymbol{\Theta}}_f=\boldsymbol{\Theta}_f^*-\boldsymbol{\Theta}_f$，$\widetilde{\boldsymbol{\Theta}}_g=\boldsymbol{\Theta}_g^*-\boldsymbol{\Theta}_g$ 为参数误差。

构造模糊辨识器为

$$\dot{\hat{\boldsymbol{x}}} = -\boldsymbol{A}\hat{\boldsymbol{x}} + \boldsymbol{A}\boldsymbol{x} + \boldsymbol{\Theta}_f\boldsymbol{\xi}(\boldsymbol{x}) + \boldsymbol{\Theta}_g\boldsymbol{\xi}_1(\boldsymbol{x})\boldsymbol{u} \tag{11.2.16}$$

式中，$\boldsymbol{A}=\alpha\boldsymbol{I}_{n\times n}$，$\alpha>0$ 是给定的正数。

定义辨识误差为

$$\boldsymbol{e} = \boldsymbol{x} - \hat{\boldsymbol{x}} \tag{11.2.17}$$

由式(11.2.15)和式(11.2.16)得到关于模糊辨识误差的动态方程

$$\dot{\boldsymbol{e}} = -\boldsymbol{A}\boldsymbol{e} + \widetilde{\boldsymbol{\Theta}}_f\boldsymbol{\xi}(\boldsymbol{x}) + \widetilde{\boldsymbol{\Theta}}_g\boldsymbol{\xi}_1(\boldsymbol{x})\boldsymbol{u} + \boldsymbol{w} \tag{11.2.18}$$

取如下的参数自适应律：

$$\dot{\boldsymbol{\Theta}}_f = \boldsymbol{e}\boldsymbol{\xi}^{\mathrm{T}}(\boldsymbol{x}) \tag{11.2.19}$$

$$\dot{\boldsymbol{\Theta}}_g = \boldsymbol{e}\boldsymbol{u}^{\mathrm{T}}\boldsymbol{\xi}_1^{\mathrm{T}}(\boldsymbol{x}) \tag{11.2.20}$$

11.2.2　模糊辨识器的稳定性分析

这种模糊辨识器具有如下性质。

定理 11.2　对于模糊辨识器(11.2.16)，如果采用参数自适应律(11.2.19)和(11.2.20)，当 $\boldsymbol{x},\boldsymbol{u}\in L_\infty$，而且最小逼近误差 $\boldsymbol{w}$ 平方可积时，则模糊辨识器具有下列性质：

(1) $\widetilde{\boldsymbol{\Theta}}_f,\widetilde{\boldsymbol{\Theta}}_g,\hat{\boldsymbol{x}}\in L_\infty$。

(2) $\lim\limits_{t\to\infty}\boldsymbol{e}=\boldsymbol{0}$。

证明　取 Lyapunov 函数为

$$V = \frac{1}{2}\boldsymbol{e}^{\mathrm{T}}\boldsymbol{e} + \frac{1}{2}\mathrm{tr}(\widetilde{\boldsymbol{\Theta}}_f\widetilde{\boldsymbol{\Theta}}T_f) + \frac{1}{2}\mathrm{tr}(\widetilde{\boldsymbol{\Theta}}_g\widetilde{\boldsymbol{\Theta}}T_g) \tag{11.2.21}$$

对式(11.2.21)求微分得

$$\dot{V} = \boldsymbol{e}^{\mathrm{T}}\dot{\boldsymbol{e}} + \mathrm{tr}(\widetilde{\boldsymbol{\Theta}}_f\widetilde{\boldsymbol{\Theta}}_f) + \mathrm{tr}(\dot{\widetilde{\boldsymbol{\Theta}}}_g\widetilde{\boldsymbol{\Theta}}_g) \tag{11.2.22}$$

由式(11.2.18)进一步得

$$\begin{aligned}\dot{V}&=-\alpha\|\boldsymbol{e}\|^2+\boldsymbol{e}^{\mathrm{T}}\boldsymbol{\Theta}_f\boldsymbol{\xi}(\boldsymbol{x})+\boldsymbol{e}^{\mathrm{T}}\boldsymbol{\Theta}_g\boldsymbol{\xi}_1(\boldsymbol{x})\boldsymbol{u}+\boldsymbol{e}^{\mathrm{T}}\boldsymbol{w}+\mathrm{tr}(\widetilde{\boldsymbol{\Theta}}T_f\dot{\boldsymbol{\Theta}}_f)+\mathrm{tr}(\widetilde{\boldsymbol{\Theta}}T_g\dot{\boldsymbol{\Theta}}_g)\\&=-\alpha\|\boldsymbol{e}\|^2+\boldsymbol{e}^{\mathrm{T}}\boldsymbol{w}+\mathrm{tr}\{[\boldsymbol{e}\boldsymbol{\xi}^{\mathrm{T}}(\boldsymbol{x})-\dot{\boldsymbol{\Theta}}_f]\widetilde{\boldsymbol{\Theta}}_f\}+\mathrm{tr}\{[\boldsymbol{e}\boldsymbol{u}^{\mathrm{T}}\boldsymbol{\xi}_1^{\mathrm{T}}(\boldsymbol{x})-\dot{\boldsymbol{\Theta}}_g]\widetilde{\boldsymbol{\Theta}}_g\}\end{aligned}\tag{11.2.23}$$

根据式(11.2.19)和式(11.2.20)得

$$\dot{V}=-\alpha\|\boldsymbol{e}\|^2+\boldsymbol{e}^{\mathrm{T}}\boldsymbol{w}\leqslant-\alpha\|\boldsymbol{e}\|^2+w_0\|\boldsymbol{e}\|\tag{11.2.24}$$

式中，$w_0=\sup\limits_{t\geqslant0}|\boldsymbol{w}|$。当 $\|\boldsymbol{e}\|>\dfrac{w_0}{\alpha}$，有 $\dot{V}<0$，因此 $\widetilde{\boldsymbol{\Theta}}_f,\widetilde{\boldsymbol{\Theta}}_g,\boldsymbol{e}\in L_\infty$，由于 $\boldsymbol{e}=\boldsymbol{x}-\hat{\boldsymbol{x}}$，从而 $\hat{\boldsymbol{x}}\in L_\infty$。对式(11.2.24)配方可得

$$\begin{aligned}\dot{V}&\leqslant-\frac{\alpha}{2}\|\boldsymbol{e}\|^2-\frac{\alpha}{2}\left(\|\boldsymbol{e}\|^2-\frac{2}{\alpha}\boldsymbol{e}^{\mathrm{T}}\boldsymbol{w}+\frac{1}{\alpha^2}\|\boldsymbol{w}\|^2\right)+\frac{1}{2\alpha}\|\boldsymbol{w}\|^2\\&\leqslant-\frac{\alpha}{2}\|\boldsymbol{e}\|^2+\frac{1}{2\alpha}\|\boldsymbol{w}\|^2\end{aligned}\tag{11.2.25}$$

对式(11.2.25)两边积分得

$$\int_0^\infty\|\boldsymbol{e}\|^2\mathrm{d}t\leqslant\frac{2}{\alpha^2}[V(0)-V(\infty)]+\frac{1}{\alpha^2}\int_0^\infty\|\boldsymbol{w}\|^2\mathrm{d}t\tag{11.2.26}$$

得到 $\boldsymbol{e}\in L_2$，从式(11.2.18)得 $\dot{\boldsymbol{e}}\in L_\infty$。因为 $\boldsymbol{e}\in L_2\cap L_\infty$ 且 $\dot{\boldsymbol{e}}\in L_\infty$，所以根据 Babarlet 引理便得到 $\lim\limits_{t\to\infty}\boldsymbol{e}=\boldsymbol{0}$。再根据式(11.2.19)和式(11.2.20)可推出 $\lim\limits_{t\to\infty}\dot{\widetilde{\boldsymbol{\Theta}}}_f=\boldsymbol{0}$，$\lim\limits_{t\to\infty}\dot{\widetilde{\boldsymbol{\Theta}}}_g=\boldsymbol{0}$。

11.2.3　模糊辨识器的鲁棒性分析

在 11.2.2 节中，假设了存在最优参数 $\boldsymbol{\Theta}_f^*$ 和 $\boldsymbol{\Theta}_g^*$，使得非线性系统可由下面的方程来描述：

$$\dot{\boldsymbol{x}}=\boldsymbol{\Theta}_f^*\boldsymbol{\xi}(\boldsymbol{x})+\boldsymbol{\Theta}_g^*\boldsymbol{\xi}_1(\boldsymbol{x})\boldsymbol{u}\tag{11.2.27}$$

由于存在未建模动态，所以方程(11.2.27)的阶要比原系统的低。应用奇异摄动理论[54,55]，把未知系统(11.2.1)表示成

$$\begin{cases}\dot{\boldsymbol{x}}=\boldsymbol{\Theta}_f^*\boldsymbol{\xi}(\boldsymbol{x})+\boldsymbol{\Theta}_g^*\boldsymbol{\xi}_1(\boldsymbol{x})\boldsymbol{u}+\boldsymbol{F}(\boldsymbol{x},\boldsymbol{\Theta}_f,\boldsymbol{\Theta}_g)\boldsymbol{A}_0^{-1}\boldsymbol{\Theta}_0\boldsymbol{u}+\boldsymbol{F}(\boldsymbol{x},\boldsymbol{\Theta}_f,\boldsymbol{\Theta}_g)\boldsymbol{z}\\\mu\dot{\boldsymbol{z}}=\boldsymbol{A}_0\boldsymbol{z}+\boldsymbol{\Theta}_0\boldsymbol{u},\quad\boldsymbol{z}\in\mathbf{R}^r\end{cases}\tag{11.2.28}$$

式中，$\boldsymbol{z}$ 是未建模动态，$\mu>0$ 是奇异摄动值，$F(\boldsymbol{x},\boldsymbol{\Theta}_f,\boldsymbol{\Theta}_g)$是对每个变量可微分的有界函数。进一步假设存在 $v>0$，使得

$$\mathrm{Re}\lambda\{\boldsymbol{A}_0\}\leqslant-v<0$$

即系统 $\mu\dot{\boldsymbol{z}}=\boldsymbol{A}_0\boldsymbol{z}+\boldsymbol{\Theta}_0\boldsymbol{u}$ 是稳定的。注意到 $\dot{\boldsymbol{z}}$ 值很大，而 μ 的值很小，因此未建模动态 $\boldsymbol{z}$ 是快变量。对于奇异摄动值从 $\mu>0$ 变到 $\mu=0$，那么有

$$\boldsymbol{z}=-\boldsymbol{A}_0^{-1}\boldsymbol{\Theta}_0\boldsymbol{u}\tag{11.2.29}$$

把快变量 $\boldsymbol{z}$ 可表示为

$$\boldsymbol{z}=\boldsymbol{h}(\boldsymbol{x},\boldsymbol{\eta})+\boldsymbol{\eta}\tag{11.2.30}$$

式中，$\boldsymbol{h}(\boldsymbol{x},\boldsymbol{\eta})$定义为 $\boldsymbol{z}$ 的拟稳状态，$\boldsymbol{\eta}$ 是快瞬态变量，并且 $\boldsymbol{h}(\boldsymbol{x},\boldsymbol{\eta})$可表示为

$$h(x,\eta) = -A_0^{-1}\Theta_0 u$$

根据式(11.2.28)和式(11.2.30),可得奇异摄动模型

$$\begin{aligned} \dot{x} &= \Theta_f^* \xi(x) + \Theta_g^* \xi_1(x) u + F(x,\Theta_f,\Theta_g)\eta \\ \mu\dot{\eta} &= A_0\eta - \mu\dot{h}(x,\Theta_f,\Theta_g,\eta,u) \end{aligned} \tag{11.2.31}$$

由式(11.2.16)和式(11.2.31)可得

$$\begin{cases} \dot{e} = Ae + \tilde{\Theta}_f \xi(x) + \tilde{\Theta}_g \xi_1(x) u - F(x,\Theta_f,\Theta_g)\eta \\ \mu\dot{\eta} = A_0\eta - \mu\dot{h}(e,\tilde{\Theta}_f,\Theta_g,\eta,u) \end{cases} \tag{11.2.32}$$

定义

$$\dot{h}(e,\tilde{\Theta}_f,\tilde{\Theta}_g,\eta) = \frac{\partial h}{\partial e}\dot{e} + \frac{\partial h}{\partial \tilde{\Theta}_f}\dot{\tilde{\Theta}}_f + \frac{\partial h}{\partial \tilde{\Theta}_g}\dot{\tilde{\Theta}}_g + \frac{\partial h}{\partial u}\dot{u} \tag{11.2.33}$$

因为 u 是 $e,\tilde{\Theta}_f,\tilde{\Theta}_g$ 的函数,所以

$$\dot{h}(e,\tilde{\Theta}_f,\tilde{\Theta}_g,\eta) = \frac{\partial h}{\partial e}\dot{e} + \frac{\partial h}{\partial \tilde{\Theta}_f}\dot{\tilde{\Theta}}_f + \frac{\partial h}{\partial \tilde{\Theta}_g}\dot{\tilde{\Theta}}_g$$

引理 11.1　如果下面的不等式成立:

$$\begin{aligned} &\| h_{\tilde{\Theta}_f}\dot{\tilde{\Theta}}_f \| / \| 1+h_\eta \| \leqslant k_0 \| e \|, \quad \| h_{\tilde{\Theta}_g}\dot{\tilde{\Theta}}_g \| / \| 1+h_\eta \| \leqslant k_1 \| e \| \\ &\| h_e\tilde{\Theta}_f\xi(x) \| / \| 1+h_\eta \| \leqslant k_2 \| e \|, \quad \| h_e\tilde{\Theta}_g\xi_1(x)u \| / \| 1+h_\eta \| \leqslant k_3 \| e \| \\ &\| h_eAe \| / \| 1+h_\eta \| \leqslant k_4 \| e \|, \quad \| A_0/\mu + F \| / \| 1+h_\eta \| \leqslant \rho_2 \end{aligned} \tag{11.2.34}$$

则函数 $\dot{h}(e,\tilde{\Theta}_f,\tilde{\Theta}_g,\eta)$ 有界,即满足下面的不等式:

$$\dot{h}(e,\tilde{\Theta}_f,\tilde{\Theta}_g,\eta,u) \leqslant \rho_1 \| e \| + \rho_2 \| \eta \| \tag{11.2.35}$$

证明　对 $h(e,\tilde{\Theta}_f,\tilde{\Theta}_g,\eta)$ 求微分,得

$$\begin{aligned} \dot{h}(e,\tilde{\Theta}_f,\tilde{\Theta}_g,\eta) &= h_e\dot{e} + h_{\tilde{\Theta}_f}\dot{\tilde{\Theta}}_f + h_{\tilde{\Theta}_g}\dot{\tilde{\Theta}}_g + h_\eta\dot{\eta} \\ &= h_e[A_m e + \dot{\tilde{\Theta}}_f\xi(x) + \tilde{\Theta}_g\xi_1(x) + \eta F] \\ &\quad + h_{\tilde{\Theta}_f}\dot{\tilde{\Theta}}_f + h_{\tilde{\Theta}_g}\dot{\tilde{\Theta}}_g + h_\eta(A_0\eta/\mu - \dot{h}) \end{aligned} \tag{11.2.36}$$

等价于

$$\begin{aligned} (1+h_\eta)\dot{h} &= h_eAe + h_e\tilde{\Theta}_f\xi(x) + h_e\tilde{\Theta}_g\xi_1(x) \\ &\quad + h_{\tilde{\Theta}_f}\dot{\tilde{\Theta}}_f + h_{\tilde{\Theta}_g}\dot{\tilde{\Theta}}_g + h_\eta(A_0\eta/\mu + \eta F) \end{aligned} \tag{11.2.37}$$

由引理 11.1 中的假设条件得

$$\begin{aligned} \| \dot{h} \| \leqslant &\| h_eAe \| / \| (1+h_\eta) \| + \| h_e\tilde{\Theta}_f\xi(x) \| / \| (1+h_\eta) \| \\ &+ \| h_e\tilde{\Theta}_g\xi_1(x)u \| / \| (1+h_\eta) \| \end{aligned}$$

$$
\begin{aligned}
&+\|h_{\tilde{\boldsymbol{\Theta}}_f}\dot{\tilde{\boldsymbol{\Theta}}}_f\|/\|(1+\boldsymbol{h}_\eta)\|+\|\boldsymbol{h}_{\tilde{\boldsymbol{\Theta}}_g}\dot{\tilde{\boldsymbol{\Theta}}}_g\|/\|(1+\boldsymbol{h}_\eta)\|\\
&+\|(\boldsymbol{A}_0/\mu+\boldsymbol{F})\boldsymbol{\eta}\|/\|(1+\boldsymbol{h}_\eta)\|\\
&\leqslant\rho_1\|\boldsymbol{e}\|+\rho_2\|\boldsymbol{\eta}\|
\end{aligned}\tag{11.2.38}
$$

式中，$\rho_1=k_0+k_1+k_2+k_3+k_4$。

定理 11.3　对于 $\mu\in(0,\mu_0)$，$\mu_0=\frac{1}{2}\left(\frac{1}{2c_1c_2+c_3}\right)$，则奇异摄动模型是渐近稳定的，而且有下面的性质成立：

(1) $\boldsymbol{\Theta}_f,\boldsymbol{\Theta}_g,\boldsymbol{x},\boldsymbol{u}\in L_\infty$。

(2) $\lim\limits_{t\to\infty}\boldsymbol{e}(t)=\boldsymbol{0}$，$\lim\limits_{t\to\infty}\boldsymbol{\eta}(t)=\boldsymbol{0}$。

(3) $\lim\limits_{t\to\infty}\dot{\tilde{\boldsymbol{\Theta}}}_f=\boldsymbol{0}$，$\lim\limits_{t\to\infty}\dot{\tilde{\boldsymbol{\Theta}}}_g=\boldsymbol{0}$。

证明　考虑 Lyapunov 函数

$$
V=\frac{1}{2}c_1\boldsymbol{e}^{\mathrm{T}}\boldsymbol{P}\boldsymbol{e}+\frac{1}{2}c_2\boldsymbol{\eta}^{\mathrm{T}}\boldsymbol{P}_0\boldsymbol{\eta}+\frac{1}{2}c_1\mathrm{tr}(\tilde{\boldsymbol{\Theta}}_f\tilde{\boldsymbol{\Theta}}T_f)+\frac{1}{2}c_1\mathrm{tr}(\tilde{\boldsymbol{\Theta}}_g\tilde{\boldsymbol{\Theta}}T_g)\tag{11.2.39}
$$

式中，$c_1>0$，$c_2>0$ 在定理证明中给出；$\boldsymbol{P}^{\mathrm{T}}=\boldsymbol{P}>0$，$\boldsymbol{P}_0^{\mathrm{T}}=\boldsymbol{P}_0>0$ 且满足下面的方程：

$$
\begin{cases}\boldsymbol{P}(-\boldsymbol{A})+(-\boldsymbol{A})^{\mathrm{T}}\boldsymbol{P}=-\boldsymbol{I}\\ \boldsymbol{P}_0\boldsymbol{A}_0+\boldsymbol{A}_0^{\mathrm{T}}\boldsymbol{P}_0=-\boldsymbol{I}\end{cases}\tag{11.2.40}
$$

求 V 对时间的导数，并根据式(11.2.32)和式(11.2.40)有

$$
\begin{aligned}
\dot{V}=&-\frac{c_1}{2}\|\boldsymbol{e}\|^2-c_1\boldsymbol{e}^{\mathrm{T}}\boldsymbol{P}\boldsymbol{\Theta}_f\boldsymbol{\xi}(\boldsymbol{x})+c_1\boldsymbol{e}^{\mathrm{T}}\boldsymbol{P}\boldsymbol{\Theta}_g\boldsymbol{\xi}_1(\boldsymbol{x})\boldsymbol{u}+c_1\boldsymbol{e}^{\mathrm{T}}\boldsymbol{P}\boldsymbol{F}\boldsymbol{\eta}\\
&+c_1\mathrm{tr}(\dot{\tilde{\boldsymbol{\Theta}}}_f\boldsymbol{\Theta}_f^{\mathrm{T}})+c_1\mathrm{tr}(\dot{\tilde{\boldsymbol{\Theta}}}_g\boldsymbol{\Theta}_g^{\mathrm{T}})-\frac{c_2}{2\mu}\|\boldsymbol{\eta}\|^2-c_2\boldsymbol{\eta}^{\mathrm{T}}\boldsymbol{P}_0\dot{\boldsymbol{h}}\\
=&-\frac{c_1}{2}\|\boldsymbol{e}\|^2-c_1\mathrm{tr}\{[\boldsymbol{P}\boldsymbol{e}\boldsymbol{\xi}^{\mathrm{T}}(\boldsymbol{x})-\dot{\boldsymbol{\Theta}}]\tilde{\boldsymbol{\Theta}}_f\}+c_2\mathrm{tr}\{[\boldsymbol{P}\boldsymbol{e}\boldsymbol{u}^{\mathrm{T}}\boldsymbol{\xi}_1^{\mathrm{T}}(\boldsymbol{x})-\dot{\boldsymbol{\Theta}}_g]\tilde{\boldsymbol{\Theta}}_g\}\\
&-\frac{c_2}{2\mu}\|\boldsymbol{\eta}\|^2+c_1\boldsymbol{e}^{\mathrm{T}}\boldsymbol{P}\boldsymbol{F}\boldsymbol{\eta}-c_2\boldsymbol{\eta}^{\mathrm{T}}\boldsymbol{P}_0\dot{\boldsymbol{h}}
\end{aligned}\tag{11.2.41}
$$

由参数向量的自适应调节律(11.2.19)～(11.2.20)得

$$
\begin{aligned}
\dot{V}=&-\frac{c_1}{2}\|\boldsymbol{e}\|^2-\frac{c_2}{2\mu}\|\boldsymbol{\eta}\|^2+c_1\boldsymbol{e}^{\mathrm{T}}\boldsymbol{P}\boldsymbol{F}\boldsymbol{\eta}-c_2\boldsymbol{\eta}^{\mathrm{T}}\boldsymbol{P}_0\dot{\boldsymbol{h}}\\
\leqslant&-\frac{c_1}{2}\|\boldsymbol{e}\|^2-\frac{c_2}{2\mu}\|\boldsymbol{\eta}\|^2+c_1\|\boldsymbol{\eta}\|\,\|\boldsymbol{F}\|\,\|\boldsymbol{P}\|\,\|\boldsymbol{e}\|+c_2\|\dot{\boldsymbol{h}}\|\,\|\boldsymbol{P}_0\|\,\|\boldsymbol{\eta}\|
\end{aligned}\tag{11.2.42}
$$

设

$$
\|\boldsymbol{F}\|\,\|\boldsymbol{P}\|\leqslant c_2,\quad \rho_1\|\boldsymbol{P}_0\|\leqslant c_1,\quad \rho_2\|\boldsymbol{P}_0\|\leqslant c_1
$$

则

$$
\dot{V}\leqslant-\frac{c_1}{2}\|\boldsymbol{e}\|^2-\frac{c_2}{2\mu}\|\boldsymbol{\eta}\|^2+2c_1c_2\|\boldsymbol{\eta}\|\,\|\boldsymbol{e}\|+c_2c_3\|\boldsymbol{\eta}\|^2
$$

$$\leqslant -\frac{c_1}{2}\|\boldsymbol{e}\|^2 - c_2\left(\frac{1}{2\mu}-c_3\right)\|\boldsymbol{\eta}\|^2 + 2c_1c_2\|\boldsymbol{\eta}\|\|\boldsymbol{e}\| \quad (11.2.43)$$

式(11.2.43)等价于

$$\dot{V} \leqslant [\|\boldsymbol{e}\| \ \|\boldsymbol{\eta}\|]\begin{bmatrix} \frac{c_1}{2} & -\frac{c_1c_2}{2} \\ -\frac{c_1c_2}{2} & c_2\left(\frac{1}{2\mu}-c_3\right) \end{bmatrix}\begin{bmatrix} \|\boldsymbol{e}\| \\ \|\boldsymbol{\eta}\| \end{bmatrix} \quad (11.2.44)$$

当 $\mu \leqslant \left(\frac{1}{2c_1c_2+c_3}\right)$ 时,上面的 2×2 矩阵是正定的,所以 $V\in L_\infty$。这就意味着 $\boldsymbol{e},\boldsymbol{\eta}$, $\tilde{\boldsymbol{\Theta}}_f,\tilde{\boldsymbol{\Theta}}_g \in L_\infty$,进而推出 $\boldsymbol{x}=\boldsymbol{e}+\hat{\boldsymbol{x}}\in L_\infty$。因为 V 是单调减少并且下方有界,所以 $\lim\limits_{t\to\infty}V(t)=V(\infty)$ 存在,积分式(11.2.44)有

$$\int_0^\infty \dot{V}\mathrm{d}t = V(0)-V(\infty) < 0 \quad (11.2.45)$$

可推出 $\boldsymbol{e}(t),\boldsymbol{\eta}(t)\in L_2$。因为 $\dot{\boldsymbol{e}}(t),\dot{\boldsymbol{\eta}}(t)\in L_\infty$,所以根据 Barbalet 引理可得 $\lim\limits_{t\to\infty}\boldsymbol{e}(t)=\boldsymbol{0},\lim\limits_{t\to\infty}\boldsymbol{\eta}(t)=\boldsymbol{0}$。利用 $\boldsymbol{u}$ 的有界性,$\boldsymbol{\Theta}_f,\boldsymbol{\Theta}_g$ 的有界性及 $\boldsymbol{e}(t)$ 的收敛性可得 $\lim\limits_{t\to\infty}\dot{\tilde{\boldsymbol{\Theta}}}_f=\boldsymbol{0},\lim\limits_{t\to\infty}\dot{\tilde{\boldsymbol{\Theta}}}_g=\boldsymbol{0}$。

11.3 多变量不确定非线性系统的间接自适应模糊控制

11.2 节构造了模糊辨识器,并讨论了具有的性质。辨识的目的是为控制阶段提供足够的初值如模糊隶属函数的选取,模糊规则数的确定等,并对不确定系统给予必要的洞察。本节进行算法的第二步,设计自适应控制器实现非线性系统的模型参考自适应控制。

11.3.1 参数不确定的间接自适应模糊控制

首先假设非线性系统的精确模型可以获得,即没有建模误差。在这种情况下,设计控制律及参数的自适应律以保证闭环系统的稳定、跟踪误差收敛。

因为系统只存在参数不确定性,所以可假设存在参数 $\boldsymbol{\Theta}_f^*$ 和 $\boldsymbol{\Theta}_g^*$ 使得系统(11.2.1)表示为

$$\dot{\boldsymbol{x}} = \boldsymbol{\Theta}_f\boldsymbol{\xi}(\boldsymbol{x}) + \boldsymbol{\Theta}_g\boldsymbol{\xi}_1(\boldsymbol{x})\boldsymbol{u} + \tilde{\boldsymbol{\Theta}}_f\boldsymbol{\xi}(\boldsymbol{x}) + \tilde{\boldsymbol{\Theta}}_g\boldsymbol{\xi}_1(\boldsymbol{x})\boldsymbol{u} \quad (11.3.1)$$

给定的跟踪参考模型为

$$\dot{\boldsymbol{x}}_m = \boldsymbol{A}_m\boldsymbol{x}_m + \boldsymbol{B}_m\boldsymbol{r}_m \quad (11.3.2)$$

式中,$\boldsymbol{x}_m\in\mathbf{R}^n,\boldsymbol{r}_m\in\mathbf{R}^n,\boldsymbol{B}_m\in\mathbf{R}^{n\times n},\boldsymbol{A}_m$ 是稳定矩阵。

设控制跟踪误差为 $\boldsymbol{e}_1=\hat{\boldsymbol{x}}-\boldsymbol{x}_m$,那么辨识和控制误差方程分别为

$$\dot{\boldsymbol{e}} = -\alpha\boldsymbol{e} + \tilde{\boldsymbol{\Theta}}_f\boldsymbol{\xi}(\boldsymbol{x}) + \tilde{\boldsymbol{\Theta}}_g\boldsymbol{\xi}_1(\boldsymbol{x})\boldsymbol{u} \quad (11.3.3)$$

$$\dot{\boldsymbol{e}}_1 = -\boldsymbol{A}\boldsymbol{e} + \boldsymbol{\Theta}_f\boldsymbol{\xi}(\boldsymbol{x}) + \boldsymbol{\Theta}_g\boldsymbol{\xi}_1(\boldsymbol{x})\boldsymbol{u} + \tilde{\boldsymbol{\Theta}}_f\boldsymbol{\xi}(\boldsymbol{x}) + \tilde{\boldsymbol{\Theta}}_g\boldsymbol{\xi}_1(\boldsymbol{x})\boldsymbol{u} - \boldsymbol{A}_m\boldsymbol{x}_m - \boldsymbol{B}_m\boldsymbol{r}_m \tag{11.3.4}$$

取模糊控制及参数的调节律如下：

$$\boldsymbol{u} = [\boldsymbol{\Theta}_g\boldsymbol{\xi}_1(\boldsymbol{x})]^{-1}[\boldsymbol{A}\boldsymbol{e} + \boldsymbol{A}_m\boldsymbol{x} + \boldsymbol{B}_m\boldsymbol{r}_m - \boldsymbol{\Theta}_f\boldsymbol{\xi}(\boldsymbol{x})] \tag{11.3.5}$$

$$\dot{\boldsymbol{\Theta}}_f = \begin{cases} \boldsymbol{P}\boldsymbol{e}\boldsymbol{\xi}^{\mathrm{T}}(\boldsymbol{x}), & \boldsymbol{\Theta}_f \in \Omega_f \\ & \text{或 } \|\boldsymbol{\Theta}_f\| = M_f \text{ 且 } \mathrm{tr}[\boldsymbol{P}\boldsymbol{e}\boldsymbol{\xi}^{\mathrm{T}}(\boldsymbol{x})\boldsymbol{\Theta}_f^{\mathrm{T}}] \leqslant 0 \\ \boldsymbol{P}\boldsymbol{e}\boldsymbol{\xi}^{\mathrm{T}}(\boldsymbol{x}) - \mathrm{tr}[\boldsymbol{P}\boldsymbol{e}\boldsymbol{\xi}^{\mathrm{T}}(\boldsymbol{x})\boldsymbol{\Theta}_f^{\mathrm{T}}]\left(\dfrac{1+\|\boldsymbol{\Theta}_f\|}{M_f}\right)^2\boldsymbol{\Theta}_f, & \|\boldsymbol{\Theta}_f\| = M_f \\ & \text{且 } \mathrm{tr}[\boldsymbol{P}\boldsymbol{e}\boldsymbol{\xi}^{\mathrm{T}}(\boldsymbol{x})\boldsymbol{\Theta}_f^{\mathrm{T}}] > 0 \end{cases} \tag{11.3.6}$$

$$\dot{\boldsymbol{\Theta}}_g = \begin{cases} \boldsymbol{P}\boldsymbol{e}\boldsymbol{u}^{\mathrm{T}}\boldsymbol{\xi}_1^{\mathrm{T}}(\boldsymbol{x}), & \boldsymbol{\Theta}_g \in \Omega_g \text{ 或}\{\|\boldsymbol{\Theta}_g\| = M_g \\ & \text{且 } \mathrm{tr}[\boldsymbol{P}\boldsymbol{e}\boldsymbol{u}^{\mathrm{T}}\boldsymbol{\xi}_1^{\mathrm{T}}(\boldsymbol{x})\boldsymbol{\Theta}_g]\} \leqslant 0 \\ \boldsymbol{P}\boldsymbol{e}\boldsymbol{u}^{\mathrm{T}}\boldsymbol{\xi}_1^{\mathrm{T}}(\boldsymbol{x}) - \mathrm{tr}[\boldsymbol{P}\boldsymbol{e}\boldsymbol{u}^{\mathrm{T}}\boldsymbol{\xi}_1^{\mathrm{T}}(\boldsymbol{x})]\left(\dfrac{1+\|\boldsymbol{\Theta}_g\|}{M_g}\right)^2\boldsymbol{\Theta}_g, & \|\boldsymbol{\Theta}_g\| = M_g \\ & \text{且 } \mathrm{tr}[\boldsymbol{P}\boldsymbol{e}\boldsymbol{u}^{\mathrm{T}}\boldsymbol{\xi}_1^{\mathrm{T}}(\boldsymbol{x})\boldsymbol{\Theta}_g] > 0 \end{cases} \tag{11.3.7}$$

定理 11.4　对于系统(11.2.1)，假设 10.2～假设 10.3 成立，如果采用自适应控制方案(11.3.5)～(11.3.7)，则有

(1) $\|\boldsymbol{\Theta}_f\| \leqslant M_f$，$\|\boldsymbol{\Theta}_g\| \leqslant M_g$，$\boldsymbol{x}, \hat{\boldsymbol{x}}, \boldsymbol{u} \in L_\infty$。

(2) $\lim\limits_{t\to\infty}\boldsymbol{e}(t) = \boldsymbol{0}$，$\lim\limits_{t\to\infty}\boldsymbol{e}_1(t) = \boldsymbol{0}$，$\lim\limits_{t\to\infty}\dot{\tilde{\boldsymbol{\Theta}}}_f = \boldsymbol{0}$，$\lim\limits_{t\to\infty}\dot{\tilde{\boldsymbol{\Theta}}}_g = \boldsymbol{0}$。

证明　因为

$$\frac{\mathrm{d}(\|\boldsymbol{\Theta}_f\|^2)}{\mathrm{d}t} = \frac{\mathrm{d}[\mathrm{tr}(\boldsymbol{\Theta}_f^{\mathrm{T}}\boldsymbol{\Theta}_f)]}{\mathrm{d}t} = 2\mathrm{tr}(\dot{\boldsymbol{\Theta}}_f^{\mathrm{T}}\boldsymbol{\Theta}_f) \tag{11.3.8}$$

所以根据式(11.3.6)，得

$$\begin{aligned} \mathrm{tr}(\dot{\boldsymbol{\Theta}}_f^{\mathrm{T}}\boldsymbol{\Theta}_f) &= \mathrm{tr}\left(\left\{[\boldsymbol{P}\boldsymbol{e}\boldsymbol{\xi}^{\mathrm{T}}(\boldsymbol{x})]^{\mathrm{T}}\boldsymbol{\Theta}_f - \mathrm{tr}\left\{[\boldsymbol{P}\boldsymbol{e}\boldsymbol{\xi}^{\mathrm{T}}(\boldsymbol{x})\boldsymbol{\Theta}_f^{\mathrm{T}}]\left(\frac{1+\|\boldsymbol{\Theta}_f\|}{M_f}\right)^2\boldsymbol{\Theta}_f^{\mathrm{T}}\boldsymbol{\Theta}_f\right\}\right\}\right) \\ &= \mathrm{tr}\{[\boldsymbol{P}\boldsymbol{e}\boldsymbol{\xi}^{\mathrm{T}}(\boldsymbol{x})]^{\mathrm{T}}\boldsymbol{\Theta}_f\} - \mathrm{tr}\left\{[\boldsymbol{P}\boldsymbol{e}\boldsymbol{\xi}^{\mathrm{T}}(\boldsymbol{x})\boldsymbol{\Theta}_f^{\mathrm{T}}]\left(\frac{1+\|\boldsymbol{\Theta}_f\|}{M_f}\right)^2\|\boldsymbol{\Theta}_f\|^2\right\} \end{aligned} \tag{11.3.9}$$

如果 $\|\boldsymbol{\Theta}_f\| = M_f$，则有

$$\mathrm{tr}(\dot{\boldsymbol{\Theta}}_f^{\mathrm{T}}\boldsymbol{\Theta}_f) = \mathrm{tr}\{[\boldsymbol{P}\boldsymbol{e}\boldsymbol{\xi}^{\mathrm{T}}(\boldsymbol{x})]^{\mathrm{T}}\boldsymbol{\Theta}_f\} - \mathrm{tr}[\boldsymbol{P}\boldsymbol{e}\boldsymbol{\xi}^{\mathrm{T}}(\boldsymbol{x})\boldsymbol{\Theta}_f^{\mathrm{T}}](1+M_f)^2 \tag{11.3.10}$$

因为 $\mathrm{tr}[\boldsymbol{P}\boldsymbol{e}\boldsymbol{\xi}^{\mathrm{T}}(\boldsymbol{x})\boldsymbol{\Theta}_f^{\mathrm{T}}] > 0$ 且 $(1+M_f)^2 > 1$，所以 $\dfrac{\mathrm{d}(\|\boldsymbol{\Theta}_f\|^2)}{\mathrm{d}t} < 0$，可得 $\|\boldsymbol{\Theta}_f\| \leqslant M_f$。同理可证 $\|\boldsymbol{\Theta}_g\| \leqslant M_g$。结论(1)成立。

取 Lyapunov 函数为

$$V=\frac{1}{2}\boldsymbol{e}^{\mathrm{T}}\boldsymbol{P}\boldsymbol{e}+\frac{1}{2}\boldsymbol{e}_1^{\mathrm{T}}\boldsymbol{P}_1\boldsymbol{e}_1+\frac{1}{2}\mathrm{tr}(\widetilde{\boldsymbol{\Theta}}T_f\widetilde{\boldsymbol{\Theta}}_f)+\frac{1}{2}\mathrm{tr}(\widetilde{\boldsymbol{\Theta}}T_g\widetilde{\boldsymbol{\Theta}}_g) \quad (11.3.11)$$

式中,$\boldsymbol{P}$ 和 $\boldsymbol{P}_1$ 分别满足下面 Lyapunov 方程的正定解:

$$\begin{cases}\boldsymbol{P}(-\boldsymbol{A})+(-\boldsymbol{A}^{\mathrm{T}})\boldsymbol{P}=-\boldsymbol{I}\\ \boldsymbol{P}_1\boldsymbol{A}_m+\boldsymbol{A}_m^{\mathrm{T}}\boldsymbol{P}_1=-\boldsymbol{I}\end{cases} \quad (11.3.12)$$

对 V 求导数,并由式(11.3.3)和式(11.3.4)得

$$\begin{aligned}\dot{V}=&-\frac{1}{2}\|\boldsymbol{e}\|^2-\frac{1}{2}\|\boldsymbol{e}_1\|^2+\boldsymbol{e}^{\mathrm{T}}\boldsymbol{P}\widetilde{\boldsymbol{\Theta}}_f\boldsymbol{\xi}(\boldsymbol{x})+\boldsymbol{e}^{\mathrm{T}}\boldsymbol{P}\widetilde{\boldsymbol{\Theta}}_g\boldsymbol{\xi}_1(\boldsymbol{x})\boldsymbol{u}+\mathrm{tr}(\dot{\widetilde{\boldsymbol{\Theta}}}_f\widetilde{\boldsymbol{\Theta}}T_f)+\mathrm{tr}(\dot{\widetilde{\boldsymbol{\Theta}}}_g\widetilde{\boldsymbol{\Theta}}T_g)\\ =&-\frac{1}{2}\|\boldsymbol{e}\|^2-\frac{1}{2}\|\boldsymbol{e}_1\|^2+\mathrm{tr}\{[\boldsymbol{P}\boldsymbol{e}\boldsymbol{\xi}^{\mathrm{T}}(\boldsymbol{x})-\dot{\boldsymbol{\Theta}}_f]\widetilde{\boldsymbol{\Theta}}_f\}+\mathrm{tr}\{[\boldsymbol{P}\boldsymbol{e}\boldsymbol{u}^{\mathrm{T}}\boldsymbol{\xi}_1^{\mathrm{T}}(\boldsymbol{x})-\dot{\boldsymbol{\Theta}}_g]\widetilde{\boldsymbol{\Theta}}_g\}\\ =&-\frac{1}{2}\|\boldsymbol{e}\|^2-\frac{1}{2}\|\boldsymbol{e}_1\|^2+I_1\mathrm{tr}[\boldsymbol{P}\boldsymbol{e}\boldsymbol{\xi}^{\mathrm{T}}(\boldsymbol{x})\boldsymbol{\Theta}_f^{\mathrm{T}}]\left(\frac{1+\|\boldsymbol{\Theta}_f\|}{M_f}\right)^2\mathrm{tr}(\boldsymbol{\Theta}_f\widetilde{\boldsymbol{\Theta}}T_f)\\ &+I_2\mathrm{tr}[\boldsymbol{P}\boldsymbol{e}\boldsymbol{u}^{\mathrm{T}}\boldsymbol{\xi}_1^{\mathrm{T}}(\boldsymbol{x})\boldsymbol{\Theta}_g^{\mathrm{T}}]\left(\frac{1+\|\boldsymbol{\Theta}_g\|}{M_g}\right)^2\mathrm{tr}(\boldsymbol{\Theta}_g\widetilde{\boldsymbol{\Theta}}T_g)\end{aligned} \quad (11.3.13)$$

式中,I_i 为示性函数,如果式(11.3.4)和式(11.3.5)中的第一个条件成立,则 $I_i=0$,如果第二个条件成立,则 $I_i=1$。不难证明下面的不等式成立:

$$I_1\mathrm{tr}[\boldsymbol{e}\boldsymbol{\xi}^{\mathrm{T}}(\boldsymbol{x})\boldsymbol{\Theta}_f^{\mathrm{T}}]\left(\frac{1+\|\boldsymbol{\Theta}_f\|}{M_f}\right)^2\mathrm{tr}(\boldsymbol{\Theta}_f\widetilde{\boldsymbol{\Theta}}T_f)\leqslant 0$$

$$I_2\mathrm{tr}[\boldsymbol{P}\boldsymbol{e}\boldsymbol{u}^{\mathrm{T}}\boldsymbol{\xi}_1^{\mathrm{T}}(\boldsymbol{x})\boldsymbol{\Theta}_g^{\mathrm{T}}]\left(\frac{1+\|\boldsymbol{\Theta}_g\|}{M_g}\right)^2\mathrm{tr}(\boldsymbol{\Theta}_g\widetilde{\boldsymbol{\Theta}}T_g)\leqslant 0$$

所以

$$\dot{V}\leqslant-\frac{1}{2}\|\boldsymbol{e}\|^2-\frac{1}{2}\|\boldsymbol{e}_1\|^2 \quad (11.3.14)$$

因此,V 是单调非增函数,$\lim\limits_{t\to\infty}V(t)=V(\infty)$ 存在。从 0 到∞积分,得

$$\frac{1}{2}\int_0^{\infty}\|\boldsymbol{e}\|^2\mathrm{d}t+\frac{1}{2}\int_0^{\infty}\|\boldsymbol{e}_1\|^2\mathrm{d}t\leqslant\int_0^{\infty}\dot{V}\mathrm{d}t=V(0)-V(\infty) \quad (11.3.15)$$

即它是有界的,有 $\boldsymbol{e}(t),\boldsymbol{e}_1(t)\in L_2$。又由于 $\dot{\boldsymbol{e}}(t),\dot{\boldsymbol{e}}_1(t)\in L_\infty$,所以根据 Barbalet 引理得 $\lim\limits_{t\to\infty}\boldsymbol{e}(t)=\boldsymbol{0}$,$\lim\limits_{t\to\infty}\boldsymbol{e}_1(t)=\boldsymbol{0}$,因为 x_m 有界,$\hat{\boldsymbol{x}}=\boldsymbol{e}_1+\boldsymbol{x}_m$,$\boldsymbol{x}=\boldsymbol{e}+\hat{\boldsymbol{x}}$,所以 $\hat{\boldsymbol{x}},\boldsymbol{x}_1$ 有界。

从式(11.3.5)~式(11.3.7)及参数的有界性可知 u 有界,且 $\lim\limits_{t\to\infty}\dot{\widetilde{\boldsymbol{\Theta}}}_f=\boldsymbol{0}$,$\lim\limits_{t\to\infty}\dot{\widetilde{\boldsymbol{\Theta}}}_g=\boldsymbol{0}$。

11.3.2　参数不确定及未建模动态的间接自适应模糊控制

11.2 节研究了在参数不确定情况下的自适应模糊控制,即假设存在参数 $\boldsymbol{\Theta}_f^*$,$\boldsymbol{\Theta}_g^*$ 使得非线性系统(11.2.1)完全由如下模型来描述:

$$\dot{\boldsymbol{x}}=\boldsymbol{\Theta}_f^*\boldsymbol{\xi}(\boldsymbol{x})+\boldsymbol{\Theta}_g^*\boldsymbol{\xi}_1(\boldsymbol{x})\boldsymbol{u}$$

由于建模误差的存在,上面模型的阶比原系统模型的阶低,所以本节在奇异摄动理论框架下研究存在建模误差时,分析 11.2 节设计的模糊控制器所形成的闭环控制系统的稳定性和鲁棒性。

由 11.2 节知道,非线性系统(11.1.1)可由下面的方程完全描述:

$$\begin{cases} \dot{\boldsymbol{x}} = \boldsymbol{\Theta}_f^* \boldsymbol{\xi}(\boldsymbol{x}) + \boldsymbol{\Theta}_g^* \boldsymbol{\xi}_1(\boldsymbol{x})\boldsymbol{u} + \boldsymbol{F}(\boldsymbol{x},\boldsymbol{\Theta}_f,\boldsymbol{\Theta}_g)\boldsymbol{A}_0^{-1}\boldsymbol{\Theta}_0\boldsymbol{u} + \boldsymbol{F}(\boldsymbol{x},\boldsymbol{\Theta}_f,\boldsymbol{\Theta}_g)\boldsymbol{z} \\ \mu\dot{\boldsymbol{z}} = \boldsymbol{A}_0\boldsymbol{z} + \boldsymbol{\Theta}_0\boldsymbol{u}, \quad \boldsymbol{z} \in \mathbf{R}^r \end{cases} \tag{11.3.16}$$

式中,$\boldsymbol{z}$ 是未建模动态,$\mu>0$ 是奇异摄动值,$\boldsymbol{F}(\boldsymbol{x},\boldsymbol{\Theta}_f,\boldsymbol{\Theta}_g)$是对每个变量可微分的有界函数。进一步假设存在 $v>0$,使得

$$\mathrm{Re}\lambda(\boldsymbol{A}_0) \leqslant -v < 0$$

即系统 $\mu\dot{\boldsymbol{z}}=\boldsymbol{A}_0\boldsymbol{z}+\boldsymbol{\Theta}_0\boldsymbol{u}$ 是稳定的。注意到 $\dot{\boldsymbol{z}}$ 值很大,而 μ 的值很小,因此未建模动态是快变量。对于奇异摄动值从 $\mu>0$ 变到 $\mu=0$,那么有

$$\boldsymbol{z} = -\boldsymbol{A}_0^{-1}\boldsymbol{\Theta}_0\boldsymbol{u} \tag{11.3.17}$$

把快变量 $\boldsymbol{z}$ 可表示为

$$\boldsymbol{z} = \boldsymbol{h}(\boldsymbol{x},\boldsymbol{\eta}) + \boldsymbol{\eta} \tag{11.3.18}$$

式中,$\boldsymbol{h}(\boldsymbol{x},\boldsymbol{\eta})$定义为 $\boldsymbol{z}$ 的拟稳状态,$\boldsymbol{\eta}$ 是快瞬态变量,并且 $\boldsymbol{h}(\boldsymbol{x},\boldsymbol{\eta})$可表示为

$$\boldsymbol{h}(\boldsymbol{x},\boldsymbol{\eta}) = -\boldsymbol{A}_0^{-1}\boldsymbol{\Theta}_0\boldsymbol{u}$$

由此可得奇异摄动模型

$$\begin{cases} \dot{\boldsymbol{x}} = \boldsymbol{\Theta}_f^* \boldsymbol{\xi}(\boldsymbol{x}) + \boldsymbol{\Theta}_g^* \boldsymbol{\xi}_1(\boldsymbol{x})\boldsymbol{u} + \boldsymbol{F}(\boldsymbol{x},\boldsymbol{\Theta}_f,\boldsymbol{\Theta}_g)\boldsymbol{\eta} \\ \mu\boldsymbol{\eta} = \boldsymbol{A}_0\boldsymbol{\eta} - \mu\boldsymbol{h}(\boldsymbol{x},\boldsymbol{\Theta}_f,\boldsymbol{\Theta}_g,\boldsymbol{\eta},\boldsymbol{u}) \end{cases} \tag{11.3.19}$$

由式(11.2.16)和式(11.2.31)可得

$$\begin{cases} \dot{\boldsymbol{e}} = \boldsymbol{A}\boldsymbol{e} + \widetilde{\boldsymbol{\Theta}}_f\boldsymbol{\xi}(\boldsymbol{x}) + \widetilde{\boldsymbol{\Theta}}_g\boldsymbol{\xi}_1(\boldsymbol{x})\boldsymbol{u} + \boldsymbol{F}(\boldsymbol{x},\boldsymbol{\Theta}_f,\boldsymbol{\Theta}_g)\boldsymbol{\eta} \\ \mu\dot{\boldsymbol{\eta}} = \boldsymbol{A}_0\boldsymbol{\eta} - \mu\boldsymbol{h}(\boldsymbol{e},\boldsymbol{\Theta}_f,\boldsymbol{\Theta}_g,\boldsymbol{\eta},\boldsymbol{u}) \end{cases} \tag{11.3.20}$$

$$\dot{\boldsymbol{e}}_1 = -\boldsymbol{A}\boldsymbol{e} + \boldsymbol{\Theta}_f\boldsymbol{\xi}(\boldsymbol{x}) + \widetilde{\boldsymbol{\Theta}}_g\boldsymbol{\xi}_1(\boldsymbol{x})\boldsymbol{u} + \widetilde{\boldsymbol{\Theta}}_f\boldsymbol{\xi}(\boldsymbol{x}) + \widetilde{\boldsymbol{\Theta}}_g\boldsymbol{\xi}_1(\boldsymbol{x})\boldsymbol{u} - \boldsymbol{A}_m\boldsymbol{x}_m - \boldsymbol{B}_m\boldsymbol{r}_m \tag{11.3.21}$$

取模糊自适应控制

$$\boldsymbol{u} = [\boldsymbol{\Theta}_g\boldsymbol{\xi}_1(\boldsymbol{x})]^{-1}[\boldsymbol{A}\boldsymbol{e} + \boldsymbol{A}_m\boldsymbol{x} + \boldsymbol{B}_m\boldsymbol{r}_m - \boldsymbol{\Theta}_f\boldsymbol{\xi}(\boldsymbol{x})] \tag{11.3.22}$$

把控制律(11.3.22)代入式(11.3.20),得闭环系统

$$\dot{\boldsymbol{e}} = \boldsymbol{A}\boldsymbol{e} + \widetilde{\boldsymbol{\Theta}}_f\boldsymbol{\xi}(\boldsymbol{x}) + \widetilde{\boldsymbol{\Theta}}_g\boldsymbol{\xi}_1(\boldsymbol{x})\boldsymbol{u} + \boldsymbol{F}(\boldsymbol{x},\boldsymbol{\Theta}_f,\boldsymbol{\Theta}_g)\boldsymbol{h} \tag{11.3.23}$$

$$\mu\dot{\boldsymbol{\eta}} = \boldsymbol{A}_0\boldsymbol{\eta} - \mu\dot{\boldsymbol{h}}(e,\widetilde{\boldsymbol{\Theta}}_f,\widetilde{\boldsymbol{\Theta}}_g,\boldsymbol{h}) \tag{11.3.24}$$

$$\dot{\boldsymbol{e}}_1 = \boldsymbol{A}_m\boldsymbol{e}_1 \tag{11.3.25}$$

$$\boldsymbol{u} = [\boldsymbol{\Theta}_g\boldsymbol{\xi}_1(\boldsymbol{x})]^{-1}[\boldsymbol{A}\boldsymbol{e} + A_m\boldsymbol{x} + \boldsymbol{B}_m\boldsymbol{r} - \boldsymbol{\Theta}_f\boldsymbol{\xi}(\boldsymbol{x})] \tag{11.3.26}$$

引理 11.2　函数 $\dot{\boldsymbol{h}}(e,\widetilde{\boldsymbol{\Theta}}_f,\widetilde{\boldsymbol{\Theta}}_g,\boldsymbol{\eta})$有界,即

$$\dot{\boldsymbol{h}}(e,\widetilde{\boldsymbol{\Theta}}_f,\widetilde{\boldsymbol{\Theta}}_g,\boldsymbol{\eta},\boldsymbol{u}) \leqslant \rho_1 \|\boldsymbol{e}\| + \rho_2 \|\boldsymbol{\eta}\|$$

如果下面的不等式成立:

$$\|\boldsymbol{h}_{\widetilde{\Theta}_f}\dot{\widetilde{\boldsymbol{\Theta}}}_f\| / \|1+\boldsymbol{h}_{\boldsymbol{\eta}}\| \leqslant k_0\|\boldsymbol{e}\|, \quad \|\boldsymbol{h}_{\widetilde{\Theta}_g}\dot{\widetilde{\boldsymbol{\Theta}}}_g\| / \|1+\boldsymbol{h}_{\boldsymbol{\eta}}\| \leqslant k_1\|\boldsymbol{e}\|$$

$$\|\boldsymbol{h}_e\widetilde{\boldsymbol{\Theta}}_f\boldsymbol{\xi}(\boldsymbol{x})\| / \|1+\boldsymbol{h}_{\boldsymbol{\eta}}\| \leqslant k_2\|\boldsymbol{e}\|, \quad \|\boldsymbol{h}_e\widetilde{\boldsymbol{\Theta}}_g\boldsymbol{\xi}_1(\boldsymbol{x})\boldsymbol{u}\| / \|1+\boldsymbol{h}_{\boldsymbol{\eta}}\| \leqslant k_3\|\boldsymbol{e}\|$$

$$\|\boldsymbol{h}_e\boldsymbol{A}\boldsymbol{e}\|/\|1+\boldsymbol{h}_{\boldsymbol{\eta}}\|\leqslant k_4\|\boldsymbol{e}\|,\quad \|\boldsymbol{A}_0/\boldsymbol{\mu}+\boldsymbol{F}\|/\|1+\boldsymbol{h}_{\boldsymbol{\eta}}\|\leqslant \rho_2$$

证明　对$\boldsymbol{h}(\boldsymbol{e},\widetilde{\boldsymbol{\Theta}}_f,\widetilde{\boldsymbol{\Theta}}_g,\boldsymbol{\eta})$求微分，得

$$\begin{aligned}\dot{\boldsymbol{h}}(\boldsymbol{e},\widetilde{\boldsymbol{\Theta}}_f,\widetilde{\boldsymbol{\Theta}}_g,\boldsymbol{\eta}) &= \boldsymbol{h}_e\dot{\boldsymbol{e}}+\boldsymbol{h}_{\widetilde{\boldsymbol{\Theta}}_f}\dot{\widetilde{\boldsymbol{\Theta}}}_f+\boldsymbol{h}_{\widetilde{\boldsymbol{\Theta}}_g}\dot{\widetilde{\boldsymbol{\Theta}}}_g+\boldsymbol{h}_{\boldsymbol{\eta}}\dot{\boldsymbol{\eta}}\\ &= \boldsymbol{h}_e[\boldsymbol{A}_m\boldsymbol{e}+\dot{\widetilde{\boldsymbol{\Theta}}}_f\boldsymbol{\xi}(\boldsymbol{x})+\dot{\widetilde{\boldsymbol{\Theta}}}_g\boldsymbol{\xi}_1(\boldsymbol{x})+\boldsymbol{\eta}F]\\ &\quad +\boldsymbol{h}_{\widetilde{\boldsymbol{\Theta}}_f}\dot{\widetilde{\boldsymbol{\Theta}}}_f+\boldsymbol{h}_{\widetilde{\boldsymbol{\Theta}}_g}\dot{\widetilde{\boldsymbol{\Theta}}}_g+\boldsymbol{h}_{\boldsymbol{\eta}}(\boldsymbol{A}_0\boldsymbol{\eta}/\mu-\dot{\boldsymbol{h}})\end{aligned} \tag{11.3.27}$$

式(11.3.27)等价于

$$\begin{aligned}(1+\boldsymbol{h}_{\boldsymbol{\eta}})\dot{\boldsymbol{h}} &= \boldsymbol{h}_e\boldsymbol{A}\boldsymbol{e}+\boldsymbol{h}_e\widetilde{\boldsymbol{\Theta}}_f\boldsymbol{\xi}(\boldsymbol{x})+\boldsymbol{h}_e\widetilde{\boldsymbol{\Theta}}_g\boldsymbol{\xi}_1(\boldsymbol{x})\\ &\quad +\boldsymbol{h}_{\widetilde{\boldsymbol{\Theta}}_f}\dot{\widetilde{\boldsymbol{\Theta}}}_f+\boldsymbol{h}_{\widetilde{\boldsymbol{\Theta}}_g}\dot{\widetilde{\boldsymbol{\Theta}}}_g+\boldsymbol{h}_{\boldsymbol{\eta}}(\boldsymbol{A}_0\boldsymbol{\eta}/\mu+\boldsymbol{\eta}F)\end{aligned} \tag{11.3.28}$$

由引理11.2中的假设条件得

$$\begin{aligned}\|\dot{\boldsymbol{h}}\| &\leqslant \|\boldsymbol{h}_e\boldsymbol{A}\boldsymbol{e}\|/\|(1+\boldsymbol{h}_{\boldsymbol{\eta}})\|+\|\boldsymbol{h}_e\widetilde{\boldsymbol{\Theta}}_f\boldsymbol{\xi}(\boldsymbol{x})\|/\|(1+\boldsymbol{h}_{\boldsymbol{\eta}})\|\\ &\quad +\|\boldsymbol{h}_e\widetilde{\boldsymbol{\Theta}}_g\boldsymbol{\xi}_1(\boldsymbol{x})\boldsymbol{u}\|/\|(1+\boldsymbol{h}_\eta)\|\\ &\quad +\|\boldsymbol{h}_{\widetilde{\boldsymbol{\Theta}}_f}\dot{\widetilde{\boldsymbol{\Theta}}}_f\|/\|(1+\boldsymbol{h}_\eta)\|+\|\boldsymbol{h}_{\widetilde{\boldsymbol{\Theta}}_g}\dot{\widetilde{\boldsymbol{\Theta}}}_g\|/\|(1+\boldsymbol{h}_\eta)\|\\ &\quad +\|(\boldsymbol{A}_0/\boldsymbol{\mu}+\boldsymbol{F})\boldsymbol{\eta}\|/\|(1+\boldsymbol{h}_\eta)\|\\ &\leqslant \rho_1\|\boldsymbol{e}\|+\rho_2\|\boldsymbol{\eta}\|\end{aligned} \tag{11.3.29}$$

式中，$\rho_1=k_0+k_1+k_2+k_3+k_4$。

定理 11.5　对于$\mu\in(0,\mu_0)$，$\mu_0=\dfrac{1}{2}\left(\dfrac{1}{2c_1c_2+c_3}\right)$，则闭环系统(11.3.23)～(11.3.26)是渐近稳定的，而且有下面的性质成立：

(1) $\|\boldsymbol{\Theta}_f\|\leqslant \boldsymbol{M}_f$，$\|\boldsymbol{\Theta}_g\|\leqslant \boldsymbol{M}_g$，$\boldsymbol{x},\boldsymbol{u}\in L_\infty$。

(2) $\lim\limits_{t\to\infty}\boldsymbol{e}(t)=\boldsymbol{0}$，$\lim\limits_{t\to\infty}\boldsymbol{e}_1(t)=\boldsymbol{0}$，$\lim\limits_{t\to\infty}\boldsymbol{\eta}(t)=\boldsymbol{0}$。

(3) $\lim\limits_{t\to\infty}\dot{\widetilde{\boldsymbol{\Theta}}}_f=\boldsymbol{0}$，$\lim\limits_{t\to\infty}\dot{\widetilde{\boldsymbol{\Theta}}}_g=\boldsymbol{0}$。

证明　关于参数的有界性与定理11.3的证明相类似。下面证明其他结论。

考虑Lyapunov函数

$$V=\frac{c_1}{2}\boldsymbol{e}^{\mathrm{T}}\boldsymbol{P}\boldsymbol{e}+\frac{c_1}{2}\boldsymbol{e}_1^{\mathrm{T}}\boldsymbol{P}_1\boldsymbol{e}_1+\frac{c_2}{2}\boldsymbol{\eta}^{\mathrm{T}}\boldsymbol{P}_0\boldsymbol{\eta}+\frac{c_1}{2}\mathrm{tr}(\widetilde{\boldsymbol{\Theta}}_f\widetilde{\boldsymbol{\Theta}}T_f)+\frac{c_1}{2}\mathrm{tr}(\widetilde{\boldsymbol{\Theta}}_g\widetilde{\boldsymbol{\Theta}}T_g) \tag{11.3.30}$$

式中，$c_1>0$，$c_2>0$在定理证明中给出。$\boldsymbol{P}_0^{\mathrm{T}}=\boldsymbol{P}_0>0$，$\boldsymbol{P}^{\mathrm{T}}=\boldsymbol{P}>0$，$\boldsymbol{P}_1^{\mathrm{T}}=\boldsymbol{P}_1>0$，且满足下面的方程：

$$\begin{cases}\boldsymbol{P}(-\boldsymbol{A})+(-\boldsymbol{A})^{\mathrm{T}}\boldsymbol{P}=-\boldsymbol{I}\\ \boldsymbol{P}_0\boldsymbol{A}_0+\boldsymbol{A}_0^{\mathrm{T}}\boldsymbol{P}_0=-\boldsymbol{I}\\ \boldsymbol{P}_1\boldsymbol{A}_m+\boldsymbol{A}_m^{\mathrm{T}}\boldsymbol{P}_1=-\boldsymbol{I}\end{cases}$$

求V的导数并由式(11.3.23)～式(11.3.25)得

$$\dot{V}=-\frac{c_1}{2}\|\boldsymbol{e}\|^2-\frac{c_1}{2}\|\boldsymbol{e}_1\|^2-c_1\boldsymbol{e}^{\mathrm{T}}\boldsymbol{P\Theta}_f\boldsymbol{\xi}(\boldsymbol{x})+c_1\boldsymbol{e}^{\mathrm{T}}\boldsymbol{P\Theta}_g\boldsymbol{\xi}_1(\boldsymbol{x})\boldsymbol{u}+c_1\boldsymbol{e}^{\mathrm{T}}\boldsymbol{PF\eta}$$

$$+c_1\mathrm{tr}(\dot{\widetilde{\boldsymbol{\Theta}}}_f\widetilde{\boldsymbol{\Theta}}T_f)+c_1\mathrm{tr}(\dot{\widetilde{\boldsymbol{\Theta}}}_g\widetilde{\boldsymbol{\Theta}}T_g)-\frac{c_2}{2\mu}\|\boldsymbol{\eta}\|^2-c_2\boldsymbol{\eta}^{\mathrm{T}}\boldsymbol{P}_0\dot{\boldsymbol{h}}$$

$$=-\frac{c_1}{2}\|\boldsymbol{e}\|^2-\frac{c_1}{2}\|\boldsymbol{e}\|^2-c_1\mathrm{tr}\{[\boldsymbol{Pe\xi}^{\mathrm{T}}(\boldsymbol{x})-\dot{\boldsymbol{\Theta}}]\widetilde{\boldsymbol{\Theta}}_f\}$$

$$+c_2\mathrm{tr}\{[\boldsymbol{Peu}\boldsymbol{\xi}_1^{\mathrm{T}}(\boldsymbol{x})-\dot{\boldsymbol{\Theta}}_g]\widetilde{\boldsymbol{\Theta}}_g\}-\frac{c_2}{2\mu}\|\boldsymbol{\eta}\|^2+c_1\boldsymbol{e}^{\mathrm{T}}\boldsymbol{PF\eta}-c_2\boldsymbol{\eta}^{\mathrm{T}}\boldsymbol{P}_0\dot{\boldsymbol{h}}$$

$$=-\frac{c_1}{2}\|\boldsymbol{e}\|^2-\frac{c_1}{2}\|\boldsymbol{e}_1\|^2-\frac{c_2}{2\mu}\|\boldsymbol{\eta}\|^2+c_1\boldsymbol{e}^{\mathrm{T}}\boldsymbol{PF\eta}-c_2\boldsymbol{\eta}^{\mathrm{T}}\boldsymbol{P}_0\dot{\boldsymbol{h}}$$

$$+I_1\mathrm{tr}[\boldsymbol{Pe\xi}^{\mathrm{T}}(\boldsymbol{x})\boldsymbol{\Theta}_f^{\mathrm{T}}]\left(\frac{1+\|\boldsymbol{\Theta}_f\|}{M_f}\right)^2\mathrm{tr}(\boldsymbol{\Theta}_f\widetilde{\boldsymbol{\Theta}}T_f)$$

$$+I_2\mathrm{tr}[\boldsymbol{Peu}\boldsymbol{\xi}_1^{\mathrm{T}}(\boldsymbol{x})\boldsymbol{\Theta}_g^{\mathrm{T}}]\left(\frac{1+\|\boldsymbol{\Theta}_g\|}{M_g}\right)^2\|\boldsymbol{\Theta}_g\|^2$$

$$\leqslant-\frac{c_1}{2}\|\boldsymbol{e}\|^2-\frac{c_1}{2}\|\boldsymbol{e}_1\|^2-\frac{c_2}{2\mu}\|\boldsymbol{\eta}\|^2+c_1\|\boldsymbol{\eta}\|\ \|\boldsymbol{F}\|\ \|\boldsymbol{P}\|\ \|\boldsymbol{e}\|$$

$$+c_2\|\dot{\boldsymbol{h}}\|\ \|\boldsymbol{P}_0\|\ \|\boldsymbol{\eta}\|$$

$$+I_1\mathrm{tr}[\boldsymbol{Pe\xi}^{\mathrm{T}}(\boldsymbol{x})\boldsymbol{\Theta}_f^{\mathrm{T}}]\left(\frac{1+\|\boldsymbol{\Theta}_f\|}{M_f}\right)^2\mathrm{tr}(\boldsymbol{\Theta}_f\widetilde{\boldsymbol{\Theta}}T_f)$$

$$+I_2\mathrm{tr}[\boldsymbol{Peu}\boldsymbol{\xi}_1^{\mathrm{T}}(\boldsymbol{x})\boldsymbol{\Theta}_g^{\mathrm{T}}]\left(\frac{1+\|\boldsymbol{\Theta}_g\|}{M_g}\right)^2\mathrm{tr}(\boldsymbol{\Theta}_g\widetilde{\boldsymbol{\Theta}}T_g)\tag{11.3.31}$$

设

$$\|\boldsymbol{F}\|\ \|\boldsymbol{P}\|\leqslant c_2,\quad \rho_1\|\boldsymbol{P}_0\|\leqslant c_1,\quad \rho_2\|\boldsymbol{P}_0\|\leqslant c_3$$

则

$$\dot{V}\leqslant-\frac{c_1}{2}\|\boldsymbol{e}\|^2-\frac{c_1}{2}\|\boldsymbol{e}_1\|^2-\frac{c_2}{2\mu}\|\boldsymbol{\eta}\|^2+2c_1c_2\|\boldsymbol{\eta}\|\ \|\boldsymbol{e}\|+c_2c_3\|\boldsymbol{\eta}\|^2$$

$$\leqslant-\frac{c_1}{2}\|\boldsymbol{e}\|^2-c_2\left(\frac{1}{2\mu}-c_3\right)\|\boldsymbol{\eta}\|^2+2c_1c_2\|\boldsymbol{\eta}\|\ \|\boldsymbol{e}\|\tag{11.3.32}$$

等价于

$$\dot{V}\leqslant[\|\boldsymbol{e}\|\ \|\boldsymbol{e}_1\|\ \|\boldsymbol{\eta}\|]\begin{bmatrix}\frac{c_1}{2} & -c_1c_2 & 0\\ -c_1c_2 & c_2\left(\frac{1}{2\mu}-c_3\right) & 0\\ 0 & 0 & \frac{c_1}{2}\end{bmatrix}\begin{bmatrix}\|\boldsymbol{e}\|\\ \|\boldsymbol{e}_1\|\\ \|\boldsymbol{\eta}\|\end{bmatrix}\tag{11.3.33}$$

当 $\mu\leqslant\frac{1}{2}\left(\frac{1}{2c_1c_2+c_3}\right)$ 时，上面的 3×3 矩阵是正定的，所以 $V\in L_\infty$。这就意味着 $\boldsymbol{e}$，$\boldsymbol{e}_1,\boldsymbol{\eta},\widetilde{\boldsymbol{\Theta}}_f,\widetilde{\boldsymbol{\Theta}}_g\in L_\infty$，进而推出 $\hat{\boldsymbol{x}}=\boldsymbol{e}_1+\boldsymbol{x}_m\in L_\infty$，$\boldsymbol{x}=\boldsymbol{e}+\hat{\boldsymbol{x}}\in L_\infty$。因为 V 是单调减少

并且下方有界,所以$\lim\limits_{t\to\infty}V(t)=V(\infty)$存在,对式(11.3.33)从$t=0$到$t=\infty$积分有

$$\int_0^\infty \dot{V}\mathrm{d}t = V(0)-V(\infty) < 0 \tag{11.3.34}$$

可推出$\boldsymbol{e}(t),\boldsymbol{e}_1(t),\boldsymbol{\eta}(t)\in L_2$。因为$\dot{\boldsymbol{e}}(t),\dot{\boldsymbol{e}}_1(t),\dot{\boldsymbol{\eta}}(t)\in L_\infty$,所以根据 Barbalet 引理可得$\lim\limits_{t\to\infty}\boldsymbol{e}(t)=\boldsymbol{0},\lim\limits_{t\to\infty}\boldsymbol{e}_1(t)=\boldsymbol{0},\lim\limits_{t\to\infty}\boldsymbol{\eta}(t)=\boldsymbol{0}$。再由式(11.3.26)知$u$有界。利用$\boldsymbol{u},\boldsymbol{\Theta}_f,\boldsymbol{\Theta}_g$的有界性及$\boldsymbol{e}(t)$的收敛性可得$\lim\limits_{t\to\infty}\dot{\tilde{\boldsymbol{\Theta}}}_f=\boldsymbol{0},\lim\limits_{t\to\infty}\dot{\tilde{\boldsymbol{\Theta}}}_g=\boldsymbol{0}$。

11.3.3 仿真

用间接自适应模糊控制方法控制如下的非线性系统[56]:

$$\begin{bmatrix}\dot{x}_1\\ \dot{x}_2\end{bmatrix}=\begin{bmatrix}-x_1^2-x_1x_2\\ 4x_1x_2-x_2^2\end{bmatrix}+\begin{bmatrix}\frac{1}{4} & 0\\ 0 & 2\end{bmatrix}\begin{bmatrix}u_1\\ u_2\end{bmatrix} \tag{11.3.35}$$

给定的参考模型为

$$\begin{bmatrix}\dot{x}_{1m}\\ \dot{x}_{2m}\end{bmatrix}=\begin{bmatrix}-3 & 0\\ 0 & -3\end{bmatrix}\begin{bmatrix}x_{1m}\\ x_{2m}\end{bmatrix}+\begin{bmatrix}4 & \frac{1}{2}\\ 1 & 4\end{bmatrix}\begin{bmatrix}\sin(3\pi t)\\ \sin(3\pi t)\end{bmatrix} \tag{11.3.36}$$

定义模糊集为

$$\begin{aligned}
A_1(x_1) &= \{1+\exp[-5(x_1+7)]\}^{-1}\\
A_i(x_1) &= \exp[-0.5(x_1-6.5+0.5i)^2],\quad i=2,3,\cdots,28\\
A_{29}(x_1) &= \{1+\exp[-0.5(x_1-7)]\}^{-1}\\
B_1(x_2) &= \{1+\exp[-5(x_2+7)]\}^{-1}\\
B_i(x_2) &= \exp[-0.5(x_2-6.5+0.5i)^2],\quad i=2,3,\cdots,28\\
B_{29}(x_2) &= \{1+\exp[-0.5(x_2-7)]\}^{-1}
\end{aligned}$$

建立如下的模糊规则

R^i:如果x_1是A_i且x_2是B_i,则y_1是C_1^i且y_2是C_2^i
$1\leqslant i\leqslant 12$或$18\leqslant i\leqslant 29$
R^l:如果x_1是A_i且x_2是B_j,则y_1是C_1^i且y_2是C_2^i (11.3.37)
$13\leqslant i\leqslant 17, 13\leqslant j\leqslant 17$

l为所有i,j的组合,共得到 49 个模糊规则。

令

$$\boldsymbol{\xi}_i(\boldsymbol{x})=\frac{A_i(x_1)B_i(x_2)}{\sum\limits_{i=1}^{12}A_i(x_1)B_i(x_2)+\sum\limits_{i,j=13}^{17}A_i(x_1)B_j(x_2)+\sum\limits_{i=14}^{29}A_i(x_1)B_j(x_2)},$$

$$1\leqslant i\leqslant 12 \text{ 或 } 18\leqslant i\leqslant 29$$

$$\boldsymbol{\xi}_{ij}(\boldsymbol{x})=\frac{A_i(x_1)B_j(x_2)}{\sum\limits_{i=1}^{12}A_i(x_1)B_i(x_2)+\sum\limits_{i,j=13}^{17}A_i(x_1)B_j(x_2)+\sum\limits_{i=14}^{29}A_i(x_1)B_j(x_2)},$$

$13 \leqslant i, j \leqslant 17$

对 $\xi_i(\boldsymbol{x}), \xi_{ij}(\boldsymbol{x})$ 重新排序并写成

$$\boldsymbol{\xi}(\boldsymbol{x}) = [\xi_1(\boldsymbol{x}), \cdots, \xi_{12}(\boldsymbol{x}), \xi_{11}(\boldsymbol{x}), \cdots, \xi_{55}(\boldsymbol{x}), \xi_{14}(\boldsymbol{x}), \cdots, \xi_{29}(\boldsymbol{x})]^{\mathrm{T}}$$

$$\boldsymbol{\theta}_i = (\theta_{i1}, \cdots, \theta_{i49}), \quad i = 1, 2$$

得到模糊逻辑系统

$$\hat{f}(\boldsymbol{x} \mid \boldsymbol{\Theta}_f) = \begin{bmatrix} \boldsymbol{\theta}_1 \\ \boldsymbol{\theta}_2 \end{bmatrix} \boldsymbol{\xi}(\boldsymbol{x}) \tag{11.3.38}$$

取 $x_1(0)=x_2(0)=0.5$，其他的初始条件为零，$\alpha=2, M_f=5$。仿真结果如图 11-2～图 11-4 所示。

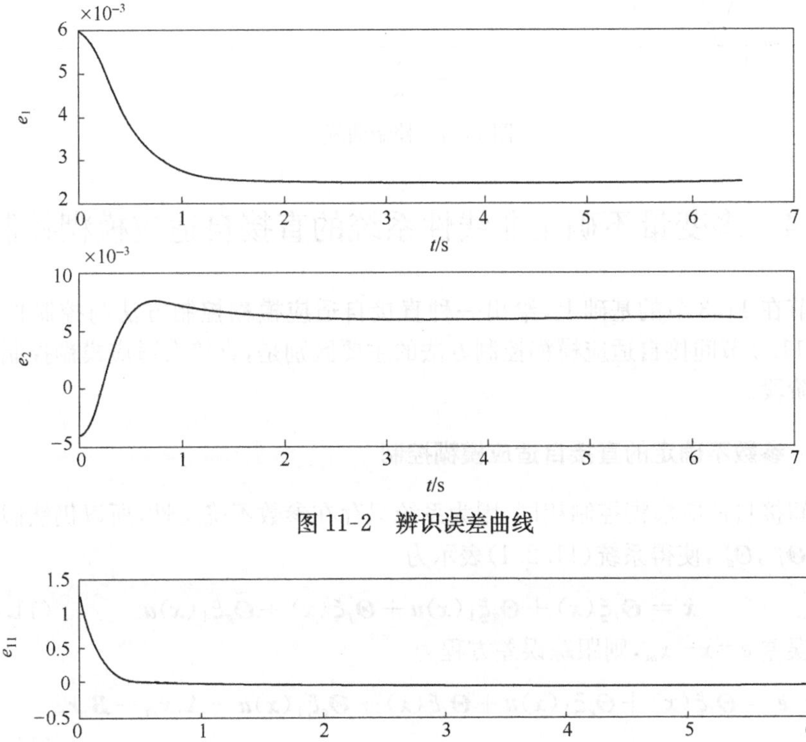

图 11-2　辨识误差曲线

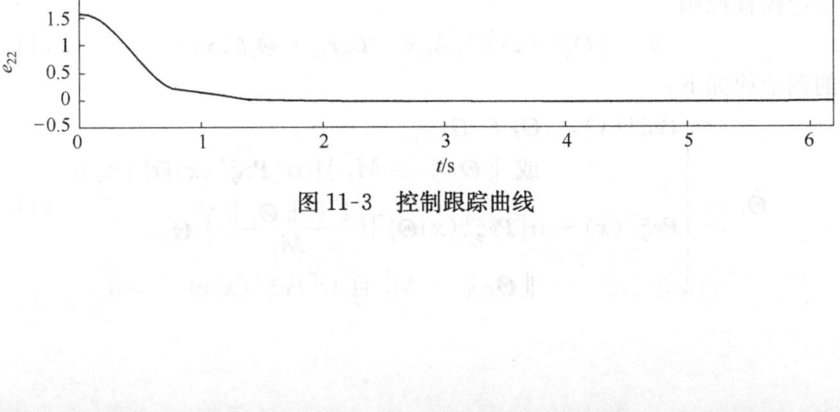

图 11-3　控制跟踪曲线

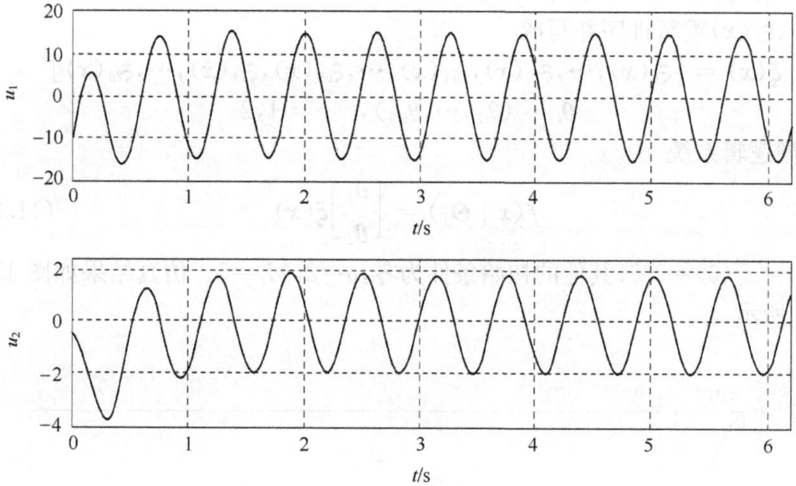

图 11-4 控制曲线

11.4 多变量不确定非线性系统的直接自适应模糊控制

本节在 11.3 节的基础上，给出一种直接自适应模糊控制方法与控制性能分析。与 11.3 节间接自适应模糊控制方法的主要区别是，直接自适应模糊控制不需要辨识阶段。

11.4.1 参数不确定的直接自适应模糊控制

与间接自适应模糊控制相同，因为系统只存在参数不确定性，所以仍然假设存在参数 $\boldsymbol{\Theta}_f^*$，$\boldsymbol{\Theta}_g^*$，使得系统(11.2.1)表示为

$$\dot{\boldsymbol{x}} = \boldsymbol{\Theta}_f\boldsymbol{\xi}(\boldsymbol{x}) + \boldsymbol{\Theta}_g\boldsymbol{\xi}_1(\boldsymbol{x})\boldsymbol{u} + \tilde{\boldsymbol{\Theta}}_f\boldsymbol{\xi}(\boldsymbol{x}) + \tilde{\boldsymbol{\Theta}}_g\boldsymbol{\xi}_1(\boldsymbol{x})\boldsymbol{u} \tag{11.4.1}$$

设跟踪误差 $\boldsymbol{e}=\boldsymbol{x}-\boldsymbol{x}_m$，则跟踪误差方程为

$$\dot{\boldsymbol{e}} = \boldsymbol{\Theta}_f\boldsymbol{\xi}(\boldsymbol{x}) + \boldsymbol{\Theta}_g\boldsymbol{\xi}_1(\boldsymbol{x})\boldsymbol{u} + \tilde{\boldsymbol{\Theta}}_f\boldsymbol{\xi}(\boldsymbol{x}) + \tilde{\boldsymbol{\Theta}}_g\boldsymbol{\xi}_1(\boldsymbol{x})\boldsymbol{u} - \boldsymbol{A}_m\boldsymbol{x}_m - \boldsymbol{B}_m\boldsymbol{r}_m \tag{11.4.2}$$

取自适应模糊控制

$$\boldsymbol{u} = [\boldsymbol{\Theta}_g\boldsymbol{\xi}_1(\boldsymbol{x})]^{-1}[\boldsymbol{A}_m\boldsymbol{x} + \boldsymbol{B}_m\boldsymbol{r}_m - \boldsymbol{\Theta}_f\boldsymbol{\xi}(\boldsymbol{x})] \tag{11.4.3}$$

参数的调节律如下：

$$\dot{\boldsymbol{\Theta}}_f = \begin{cases} \boldsymbol{P}\boldsymbol{e}\boldsymbol{\xi}^{\mathrm{T}}(\boldsymbol{x}), & \boldsymbol{\Theta}_f \in \Omega_f \\ & \text{或 } \|\boldsymbol{\Theta}_f\| = M_f \text{ 且 } \operatorname{tr}[\boldsymbol{P}\boldsymbol{e}\boldsymbol{\xi}^{\mathrm{T}}(\boldsymbol{x})\boldsymbol{\Theta}_f^{\mathrm{T}}] \leqslant 0 \\ \boldsymbol{P}\boldsymbol{e}\boldsymbol{\xi}^{\mathrm{T}}(\boldsymbol{x}) - \operatorname{tr}[\boldsymbol{P}\boldsymbol{e}\boldsymbol{\xi}^{\mathrm{T}}(\boldsymbol{x})\boldsymbol{\Theta}_f^{\mathrm{T}}]\left(\dfrac{1+\|\boldsymbol{\Theta}_f\|}{M_f}\right)^2\boldsymbol{\Theta}_f, & \\ & \|\boldsymbol{\Theta}_f\| = M_f \text{ 且 } \operatorname{tr}[\boldsymbol{P}\boldsymbol{e}\boldsymbol{\xi}^{\mathrm{T}}(\boldsymbol{x})\boldsymbol{\Theta}_f^{\mathrm{T}}] > 0 \end{cases} \tag{11.4.4}$$

$$\dot{\boldsymbol{\Theta}}_g = \begin{cases} \boldsymbol{Peu\xi}_1^{\mathrm{T}}(\boldsymbol{x}), \quad \boldsymbol{\Theta}_g \in \Omega_g \\ \qquad \text{或}\{\|\boldsymbol{\Theta}_g\| = M_g \text{ 且 } \mathrm{tr}[\boldsymbol{Peu\xi}_1^{\mathrm{T}}(\boldsymbol{x})\boldsymbol{\Theta}_g^{\mathrm{T}}]\} \leqslant 0 \\ \boldsymbol{Peu\xi}_1^{\mathrm{T}}(\boldsymbol{x}) - \mathrm{tr}[\boldsymbol{Peu}^{\mathrm{T}}\boldsymbol{\Theta}_1^{\mathrm{T}}(\boldsymbol{x})]\left(\dfrac{1+\|\boldsymbol{\Theta}_g\|}{M_g}\right)^2\boldsymbol{\Theta}_g \\ \qquad \|\boldsymbol{\Theta}_g\| = M_g \text{ 且 } \mathrm{tr}[\boldsymbol{Peu\xi}_1^{\mathrm{T}}(\boldsymbol{x})\boldsymbol{\Theta}_g^{\mathrm{T}}] > 0 \end{cases} \tag{11.4.5}$$

式中，$\boldsymbol{P}$ 为正定矩阵。

定理 11.6　对于系统(11.4.1)，在假设 10.2～假设 10.4 成立的条件下，如果采用自适应控制方案(11.4.4)～(11.4.5)，则有

(1) $\|\boldsymbol{\Theta}_f\| \leqslant M_f$，$\|\boldsymbol{\Theta}_g\| \leqslant M_g$，$\boldsymbol{x},\boldsymbol{u} \in L_\infty$。

(2) $\lim\limits_{t\to\infty}\boldsymbol{e}(t)=\boldsymbol{0}$，$\lim\limits_{t\to\infty}\dot{\tilde{\boldsymbol{\Theta}}}_f=\boldsymbol{0}$，$\lim\limits_{t\to\infty}\dot{\tilde{\boldsymbol{\Theta}}}_g=\boldsymbol{0}$。

证明　关于(1)的证明与 11.3 节间接自适应控制的证明相同。下面仅证明(2)。

取 Lyapunov 函数为

$$V = \frac{1}{2}\boldsymbol{e}^{\mathrm{T}}\boldsymbol{Pe} + \frac{1}{2}\mathrm{tr}(\tilde{\boldsymbol{\Theta}}_f^{\mathrm{T}}\boldsymbol{\Theta}_f) + \frac{1}{2}\mathrm{tr}(\tilde{\boldsymbol{\Theta}}_g^{\mathrm{T}}\boldsymbol{\Theta}_g) \tag{11.4.6}$$

式中，$\boldsymbol{P}$ 满足下面 Lyapunov 方程的正定解：

$$\boldsymbol{PA}_m + \boldsymbol{A}_m^{\mathrm{T}}\boldsymbol{P} = -\boldsymbol{I} \tag{11.4.7}$$

对 V 求导数，并由式(11.4.2)得

$$\begin{aligned} \dot{V} &= -\frac{1}{2}\|\boldsymbol{e}\|^2 + \boldsymbol{e}^{\mathrm{T}}\boldsymbol{P}\tilde{\boldsymbol{\Theta}}_f\boldsymbol{\xi}(\boldsymbol{x}) + \boldsymbol{e}^{\mathrm{T}}\boldsymbol{P}\tilde{\boldsymbol{\Theta}}_g\boldsymbol{\xi}(\boldsymbol{x})u + \mathrm{tr}(\dot{\tilde{\boldsymbol{\Theta}}}_f\tilde{\boldsymbol{\Theta}}_f^{\mathrm{T}}) + \mathrm{tr}(\dot{\tilde{\boldsymbol{\Theta}}}_g\boldsymbol{\Theta}_g^{\mathrm{T}}) \\ &= -\frac{1}{2}\|\boldsymbol{e}\|^2 + \mathrm{tr}\{[\boldsymbol{Pe\xi}^{\mathrm{T}}(\boldsymbol{x}) - \dot{\boldsymbol{\Theta}}_f]\tilde{\boldsymbol{\Theta}}_f\} + \mathrm{tr}\{[\boldsymbol{Peu\xi}_1^{\mathrm{T}}(\boldsymbol{x}) - \dot{\boldsymbol{\Theta}}_g]\tilde{\boldsymbol{\Theta}}_g\} \\ &= -\frac{1}{2}\|\boldsymbol{e}\|^2 + I_1\mathrm{tr}[\boldsymbol{Pe\xi}^{\mathrm{T}}(\boldsymbol{x})\boldsymbol{\Theta}_f^{\mathrm{T}}]\left(\frac{1+\|\boldsymbol{\Theta}_f\|}{M_f}\right)^2\mathrm{tr}(\boldsymbol{\Theta}_f\tilde{\boldsymbol{\Theta}}_f^{\mathrm{T}}) \\ &\quad + I_2\mathrm{tr}[\boldsymbol{Peu\xi}_1^{\mathrm{T}}(\boldsymbol{x})\boldsymbol{\Theta}_g^{\mathrm{T}}]\left(\frac{1+\|\boldsymbol{\Theta}_g\|}{M_g}\right)^2\mathrm{tr}(\boldsymbol{\Theta}_g\tilde{\boldsymbol{\Theta}}_g^{\mathrm{T}}) \end{aligned} \tag{11.4.8}$$

所以有

$$\dot{V} \leqslant -\frac{1}{2}\|\boldsymbol{e}\|^2 \tag{11.4.9}$$

V 是单调非增函数，$\lim\limits_{t\to\infty}V(t)=V(\infty)$存在。从 0 到∞积分，得

$$\frac{1}{2}\int_0^\infty \|\boldsymbol{e}\|^2\mathrm{d}t \leqslant \int_0^\infty \dot{V}\mathrm{d}t = V(0) - V(\infty) \tag{11.4.10}$$

即它是有界的，因此 $\boldsymbol{e}(t) \in L_2$。又由于 $\dot{\boldsymbol{e}}(t) \in L_\infty$，所以根据 Barbalet 引理得 $\lim\limits_{t\to\infty}\boldsymbol{e}(t)=0$。因为 $\boldsymbol{x}_m$ 有界，$\boldsymbol{x}=\boldsymbol{e}+\boldsymbol{x}_m$，所以 $\boldsymbol{x}$ 有界。从式(11.4.3)及参数的有界性可知 $\boldsymbol{u}$ 有界且 $\lim\limits_{t\to\infty}\dot{\tilde{\boldsymbol{\Theta}}}_f=0$，$\lim\limits_{t\to\infty}\dot{\tilde{\boldsymbol{\Theta}}}_g=0$。

11.4.2 参数不确定及未建模动态的直接自适应模糊控制

与间接自适应模糊控制分析相同,当存在建模误差时,模型(11.3.1)的阶比原系统模型的阶低,应用奇异摄动理论来研究闭环控制系统的稳定性和鲁棒性。

假设非线性系统(11.2.1)可由下面的方程完全描述:

$$\begin{aligned}&\dot{\boldsymbol{x}}=\boldsymbol{\Theta}_f^*\boldsymbol{\xi}(\boldsymbol{x})+\boldsymbol{\Theta}_g^*\boldsymbol{\xi}_1(\boldsymbol{x})\boldsymbol{u}+\boldsymbol{F}(\boldsymbol{x},\boldsymbol{\Theta}_f,\boldsymbol{\Theta}_g)\boldsymbol{A}_0^{-1}\boldsymbol{\Theta}_0\boldsymbol{u}+\boldsymbol{F}(\boldsymbol{x},\boldsymbol{\Theta}_f,\boldsymbol{\Theta}_g)\boldsymbol{z}\\&\mu\dot{\boldsymbol{z}}=\boldsymbol{A}_0\boldsymbol{z}+\boldsymbol{\Theta}_0\boldsymbol{u},\quad \boldsymbol{z}\in\mathbf{R}^r\end{aligned}\tag{11.4.11}$$

式中,$\boldsymbol{z},\mu,\boldsymbol{A}_0,\boldsymbol{\Theta}_0,\boldsymbol{F}(\boldsymbol{x},\boldsymbol{\Theta}_f,\boldsymbol{\Theta}_g)$表示的意义与间接自适应模糊控制中表示的意义相同。

将式(11.4.11)进一步表示成如下的奇异摄动模型:

$$\begin{cases}\dot{\boldsymbol{x}}=\boldsymbol{\Theta}_f^*\boldsymbol{\xi}(\boldsymbol{x})+\boldsymbol{\Theta}_g^*\boldsymbol{\xi}_1(\boldsymbol{x})\boldsymbol{u}+\boldsymbol{F}(\boldsymbol{x},\boldsymbol{\Theta}_f,\boldsymbol{\Theta}_g)\boldsymbol{\eta}\\\mu\dot{\boldsymbol{\eta}}=\boldsymbol{A}_0\boldsymbol{\eta}-\mu\dot{\boldsymbol{h}}(\boldsymbol{x},\boldsymbol{\Theta}_f,\boldsymbol{\Theta}_g,\boldsymbol{\eta},\boldsymbol{u})\end{cases}\tag{11.4.12}$$

由式(11.4.3)和式(11.4.12)可得

$$\begin{aligned}\dot{\boldsymbol{e}}=&\boldsymbol{\Theta}_f\boldsymbol{\xi}(\boldsymbol{x})+\boldsymbol{\Theta}_g\boldsymbol{\xi}_1(\boldsymbol{x})\boldsymbol{u}+\tilde{\boldsymbol{\Theta}}_f\boldsymbol{\xi}(\boldsymbol{x})+\tilde{\boldsymbol{\Theta}}_g\boldsymbol{\xi}_1(\boldsymbol{x})\boldsymbol{u}\\&+\boldsymbol{F}(\boldsymbol{x},\boldsymbol{\Theta}_f,\boldsymbol{\Theta}_g)\boldsymbol{\eta}-\boldsymbol{A}_m\boldsymbol{x}_m-\boldsymbol{B}_m\boldsymbol{r}\end{aligned}\tag{11.4.13}$$

$$\mu\dot{\boldsymbol{\eta}}=\boldsymbol{A}_0\boldsymbol{\eta}-\mu\dot{\boldsymbol{h}}(\boldsymbol{e},\tilde{\boldsymbol{\Theta}}_f,\boldsymbol{\Theta}_g,\boldsymbol{\eta},\boldsymbol{u})\tag{11.4.14}$$

将控制律(11.4.3)代入式(11.4.13)和式(11.4.14)中得

$$\dot{\boldsymbol{e}}=\boldsymbol{A}_m\boldsymbol{e}+\tilde{\boldsymbol{\Theta}}_f\boldsymbol{\xi}(\boldsymbol{x})+\tilde{\boldsymbol{\Theta}}_g\boldsymbol{\xi}_1(\boldsymbol{x})\boldsymbol{u}+\boldsymbol{F}(\boldsymbol{x},\boldsymbol{\Theta}_f,\boldsymbol{\Theta}_g)\boldsymbol{\eta}\tag{11.4.15}$$

$$\mu\dot{\boldsymbol{\eta}}=\boldsymbol{A}_0\boldsymbol{\eta}-\mu\dot{\boldsymbol{h}}(\boldsymbol{e},\boldsymbol{\Theta}_f,\boldsymbol{\Theta}_g,\boldsymbol{\eta})\tag{11.4.16}$$

$$\boldsymbol{u}=[\boldsymbol{\Theta}_g\boldsymbol{\xi}_1(\boldsymbol{x})]^{-1}[\boldsymbol{A}\boldsymbol{e}+\boldsymbol{A}_m\boldsymbol{x}+\boldsymbol{B}_m\boldsymbol{r}-\boldsymbol{\Theta}_f\boldsymbol{\xi}(\boldsymbol{x})]\tag{11.4.17}$$

引理 11.3 函数$\dot{\boldsymbol{h}}(\boldsymbol{e},\tilde{\boldsymbol{\Theta}}_f,\tilde{\boldsymbol{\Theta}}_g,\boldsymbol{\eta})$有界,即

$$\dot{\boldsymbol{h}}(\boldsymbol{e},\tilde{\boldsymbol{\Theta}}_f,\tilde{\boldsymbol{\Theta}}_g,\boldsymbol{\eta},\boldsymbol{u})\leqslant\rho_1\|\boldsymbol{e}\|+\rho_2\|\boldsymbol{\eta}\|$$

如果下面的不等式成立:

$$\|\boldsymbol{h}_{\tilde{\Theta}_f}\dot{\tilde{\boldsymbol{\Theta}}}_f\|/\|1+\boldsymbol{h}_\eta\|\leqslant k_0\|\boldsymbol{e}\|,\quad \|\boldsymbol{h}_{\tilde{\Theta}_g}\dot{\tilde{\boldsymbol{\Theta}}}_g\|/\|1+\boldsymbol{h}_\eta\|\leqslant k_1\|\boldsymbol{e}\|$$

$$\begin{aligned}&\|\boldsymbol{h}_e\tilde{\boldsymbol{\Theta}}_f\boldsymbol{\xi}(\boldsymbol{x})\|/\|1+\boldsymbol{h}_\eta\|\leqslant k_2\|\boldsymbol{e}\|,\quad \|\boldsymbol{h}_e\tilde{\boldsymbol{\Theta}}_g\boldsymbol{\xi}_1(\boldsymbol{x})\boldsymbol{u}\|/\|1+\boldsymbol{h}_\eta\|\leqslant k_3\|\boldsymbol{e}\|\\&\|\boldsymbol{h}_e\boldsymbol{A}\boldsymbol{e}\|/\|1+\boldsymbol{h}_\eta\|\leqslant k_4\|\boldsymbol{e}\|,\quad \|\boldsymbol{A}_0/\boldsymbol{\mu}+\boldsymbol{F}\|/\|1+\boldsymbol{h}_\eta\|\leqslant\rho_2\end{aligned}\tag{11.4.18}$$

定理 11.7 对于$\mu\in(0,\mu_0)$,$\mu_0=\dfrac{1}{2}\left(\dfrac{1}{2c_1c_2+c_3}\right)$,则闭环系统(11.4.15)、(11.4.16)是渐近稳定的,而且有下面的性质成立:

(1) $\|\boldsymbol{\Theta}_f\|\leqslant M_f,\|\boldsymbol{\Theta}_g\|\leqslant M_g,\boldsymbol{x},\boldsymbol{u}\in L_\infty$。

(2) $\lim\limits_{t\to\infty}\boldsymbol{e}(t)=\boldsymbol{0},\lim\limits_{t\to\infty}\boldsymbol{\eta}(t)=\boldsymbol{0}$。

(3) $\lim\limits_{t\to\infty}\dot{\tilde{\boldsymbol{\Theta}}}_f=\boldsymbol{0},\lim\limits_{t\to\infty}\dot{\tilde{\boldsymbol{\Theta}}}_g=\boldsymbol{0}$。

证明　关于参数的有界性与定理 10.4 的证明相类似。下面证明其他结论。

考虑如下的 Lyapunov 函数：

$$V=\frac{c_1}{2}\boldsymbol{e}^{\mathrm{T}}\boldsymbol{P}\boldsymbol{e}+\frac{c_2}{2}\boldsymbol{\eta}^{\mathrm{T}}\boldsymbol{P}_0\boldsymbol{\eta}+\frac{c_1}{2}\mathrm{tr}(\widetilde{\boldsymbol{\Theta}}_f\widetilde{\boldsymbol{\Theta}}_f^{\mathrm{T}})+\frac{c_1}{2}\mathrm{tr}(\widetilde{\boldsymbol{\Theta}}_g\widetilde{\boldsymbol{\Theta}}_g^{\mathrm{T}}) \tag{11.4.19}$$

式中，$c_1>0,c_2>0$ 在定理证明中给出。$\boldsymbol{P}^{\mathrm{T}}=\boldsymbol{P}_0>0,\boldsymbol{P}_0^{\mathrm{T}}=\boldsymbol{P}_0>0$ 且满足下面的方程：

$$\begin{cases}\boldsymbol{P}\boldsymbol{A}_m+\boldsymbol{A}_m^{\mathrm{T}}\boldsymbol{P}=-\boldsymbol{I}\\ \boldsymbol{P}_0\boldsymbol{A}_0+\boldsymbol{A}_0^{\mathrm{T}}\boldsymbol{P}_0=-\boldsymbol{I}\end{cases} \tag{11.4.20}$$

求 V 的导数，并由式(11.4.16)～式(11.4.18)得

$$\begin{aligned}\dot{V}=&-\frac{c_1}{2}\|\boldsymbol{e}\|^2-c_1\boldsymbol{e}^{\mathrm{T}}\boldsymbol{P}\boldsymbol{\Theta}_f\boldsymbol{\xi}(\boldsymbol{x})+c_1\boldsymbol{e}^{\mathrm{T}}\boldsymbol{P}\boldsymbol{\Theta}_g\boldsymbol{\xi}_1(\boldsymbol{x})\boldsymbol{u}+c_1\boldsymbol{e}^{\mathrm{T}}\boldsymbol{P}\boldsymbol{F}\boldsymbol{\eta}\\ &+c_1\mathrm{tr}(\dot{\widetilde{\boldsymbol{\Theta}}}_f\widetilde{\boldsymbol{\Theta}}_f^{\mathrm{T}})+c_1\mathrm{tr}(\dot{\widetilde{\boldsymbol{\Theta}}}_g\widetilde{\boldsymbol{\Theta}}_g^{\mathrm{T}})-\frac{c_2}{2\mu}\|\boldsymbol{\eta}\|^2-c_2\boldsymbol{\eta}^{\mathrm{T}}\boldsymbol{P}_0\dot{\boldsymbol{h}}\\ =&-\frac{c_1}{2}\|\boldsymbol{e}\|^2+c_1\mathrm{tr}\{[\boldsymbol{P}\boldsymbol{e}\boldsymbol{\xi}^{\mathrm{T}}(\boldsymbol{x})-\dot{\boldsymbol{\Theta}}_f]\widetilde{\boldsymbol{\Theta}}_f\}\\ &+c_2\mathrm{tr}\{[\boldsymbol{P}\boldsymbol{e}\boldsymbol{u}\boldsymbol{\xi}_1^{\mathrm{T}}(\boldsymbol{x})-\dot{\boldsymbol{\Theta}}_g]\widetilde{\boldsymbol{\Theta}}_g\}-\frac{c_2}{2\mu}\|\boldsymbol{\eta}\|^2+c_1\boldsymbol{e}^{\mathrm{T}}\boldsymbol{P}\boldsymbol{F}\boldsymbol{\eta}-c_2\boldsymbol{\eta}^{\mathrm{T}}\boldsymbol{P}_0\dot{\boldsymbol{h}}\\ =&-\frac{c_1}{2}\|\boldsymbol{e}\|^2-\frac{c_2}{2\mu}\|\boldsymbol{\eta}\|^2+c_1\boldsymbol{e}^{\mathrm{T}}\boldsymbol{P}\boldsymbol{F}\boldsymbol{\eta}-c_2\boldsymbol{\eta}^{\mathrm{T}}\boldsymbol{P}_0\dot{\boldsymbol{h}}\\ &+I_1\mathrm{tr}[\boldsymbol{P}\boldsymbol{e}\boldsymbol{\xi}^{\mathrm{T}}(\boldsymbol{x})\boldsymbol{\Theta}_f^{\mathrm{T}}]\left(\frac{1+\|\boldsymbol{\Theta}_f\|}{M_f}\right)^2\mathrm{tr}(\boldsymbol{\Theta}_f\widetilde{\boldsymbol{\Theta}}_f^{\mathrm{T}})\\ &+I_2\mathrm{tr}[\boldsymbol{P}\boldsymbol{e}\boldsymbol{u}\boldsymbol{\xi}_1^{\mathrm{T}}(\boldsymbol{x})\boldsymbol{\Theta}_g^{\mathrm{T}}]\left(\frac{1+\|\boldsymbol{\Theta}_g\|}{M_g}\right)^2\mathrm{tr}(\boldsymbol{\Theta}_g\widetilde{\boldsymbol{\Theta}}_g^{\mathrm{T}})\\ \leqslant&-\frac{c_1}{2}\|\boldsymbol{e}\|^2-\frac{c_2}{2\mu}\|\boldsymbol{\eta}\|^2+c_1\|\boldsymbol{\eta}\|\|\boldsymbol{F}\|\|\boldsymbol{P}\|\|\boldsymbol{e}\|\\ &+c_2\|\dot{\boldsymbol{h}}\|\|\boldsymbol{P}_0\|\|\boldsymbol{\eta}\|\\ &+I_1\mathrm{tr}[\boldsymbol{P}\boldsymbol{e}\boldsymbol{\xi}^{\mathrm{T}}(\boldsymbol{x})\boldsymbol{\Theta}_f^{\mathrm{T}}]\left(\frac{1+\|\boldsymbol{\Theta}_f\|}{M_f}\right)^2\mathrm{tr}(\boldsymbol{\Theta}_f\widetilde{\boldsymbol{\Theta}}T_f)\\ &+I_2\mathrm{tr}[\boldsymbol{P}\boldsymbol{e}\boldsymbol{u}\boldsymbol{\xi}_1^{\mathrm{T}}(\boldsymbol{x})\boldsymbol{\Theta}_g^{\mathrm{T}}]\left(\frac{1+\|\boldsymbol{\Theta}_g\|}{M_g}\right)^2\mathrm{tr}(\boldsymbol{\Theta}_g\widetilde{\boldsymbol{\Theta}}T_g)\end{aligned} \tag{11.4.21}$$

设

$$\|\boldsymbol{F}\|\|\boldsymbol{P}\|\leqslant c_2,\quad \rho_1\|\boldsymbol{P}_0\|\leqslant c_1,\quad \rho_2\|\boldsymbol{P}_0\|\leqslant c_3$$

则

$$\begin{aligned}\dot{V}\leqslant&-\frac{c_1}{2}\|\boldsymbol{e}\|^2-\frac{c_2}{2\mu}\|\boldsymbol{\eta}\|^2+2c_1c_2\|\boldsymbol{\eta}\|\|\boldsymbol{e}\|+c_2c_3\|\boldsymbol{\eta}\|^2\\ \leqslant&-\frac{c_1}{2}\|\boldsymbol{e}\|^2-c_2\left(\frac{1}{2\mu}-c_3\right)\|\boldsymbol{\eta}\|^2+2c_1c_2\|\boldsymbol{\eta}\|\|\boldsymbol{e}\|\end{aligned} \tag{11.4.22}$$

且等价于

$$\dot{V}\leqslant[\|\boldsymbol{e}\| \quad \|\boldsymbol{\eta}\|]\begin{bmatrix}\dfrac{c_1}{2} & \dfrac{-c_1c_2}{2}\\ \dfrac{-c_1c_2}{2} & c_2\left(\dfrac{1}{2\mu}-c_3\right)\end{bmatrix}\begin{bmatrix}\|\boldsymbol{e}\|\\ \|\boldsymbol{\eta}\|\end{bmatrix} \tag{11.4.23}$$

当$\mu\leqslant\dfrac{1}{2}\dfrac{1}{2c_1c_2+c_3}$时,上面的 2×2 矩阵是正定的,所以 $V\in L_\infty$。这就意味着 $\boldsymbol{e},\boldsymbol{\eta}$,$\widetilde{\boldsymbol{\Theta}}_f,\widetilde{\boldsymbol{\Theta}}_g\in L_\infty$,进而推出 $\boldsymbol{x}=\boldsymbol{e}+\boldsymbol{x}_m\in L_\infty$,因为 V 是单调减少并且下方有界,所以 $\lim\limits_{t\to\infty}V(t)=V(\infty)$存在,对式(11.4.23)从 $t=0$ 到 $t=\infty$ 积分有

$$\int_0^\infty \dot{V}\mathrm{d}t=V(0)-V(\infty)<0 \tag{11.4.24}$$

可推出 $\boldsymbol{e}(t),\boldsymbol{\eta}(t)\in L_2$。因为 $\dot{\boldsymbol{e}}(t),\boldsymbol{\eta}(t)\in L_\infty$,所以根据 Barbalet 引理有$\lim\limits_{t\to\infty}\boldsymbol{e}(t)=\boldsymbol{0},\lim\limits_{t\to\infty}\boldsymbol{\eta}(t)=\boldsymbol{0}$。再由式(11.4.15)知 $\boldsymbol{u}$ 有界,利用 $\boldsymbol{u},\boldsymbol{\Theta}_f,\boldsymbol{\Theta}_g$ 的有界性及$\boldsymbol{e}(t)$的收敛性可得$\lim\limits_{t\to\infty}\dot{\widetilde{\boldsymbol{\Theta}}}_f=\boldsymbol{0},\lim\limits_{t\to\infty}\dot{\widetilde{\boldsymbol{\Theta}}}_g=\boldsymbol{0}$。

11.4.3 仿真

例 11.1 用直接自适应模糊控制方法控制如下的非线性系统:

$$\begin{bmatrix}\dot{x}_1\\ \dot{x}_2\end{bmatrix}=\begin{bmatrix}-x_1^2-x_1x_2\\ 4x_1x_2-x_2^2\end{bmatrix}+\begin{bmatrix}\dfrac{1}{4} & 0\\ 0 & 2\end{bmatrix}\begin{bmatrix}u_1\\ u_2\end{bmatrix} \tag{11.4.25}$$

给定的参考模型为

$$\begin{bmatrix}\dot{x}_{1m}\\ \dot{x}_{2m}\end{bmatrix}=\begin{bmatrix}-3 & 0\\ 0 & -3\end{bmatrix}\begin{bmatrix}x_{1m}\\ x_{2m}\end{bmatrix}+\begin{bmatrix}4 & \dfrac{1}{2}\\ 1 & 4\end{bmatrix}\begin{bmatrix}\sin(3\pi t)\\ \sin(3\pi t)\end{bmatrix} \tag{11.4.26}$$

定义模糊集为

$$\begin{aligned}
A_1(x_1)&=\{1+\exp[-5(x_1+7)]\}^{-1}\\
A_i(x_1)&=\exp[-0.5(x_1-6.5+0.5i)^2],\quad i=2,3\cdots,28\\
A_{29}(x_1)&=\{1+\exp[-0.5(x_1-7)]\}^{-1}\\
B_1(x_2)&=\{1+\exp[-5(x_2+7)]\}^{-1}\\
B_i(x_2)&=\exp[-0.5(x_2-6.5+0.5i)^2],\quad i=2,3,\cdots,28\\
B_{29}(x_2)&=\{1+\exp[-0.5(x_2-7)]\}^{-1}
\end{aligned}$$

建立如下的模糊规则

R^i:如果 x_1 是 A_i 且 x_2 是 B_i,则 y_1 是 C_1^i 且 y_2 是 C_2^i

$1\leqslant i\leqslant 12$ 或 $18\leqslant i\leqslant 29$

R^l:如果 x_1 是 A_i 且 x_2 是 B_j,则 y_1 是 C_1^l 且 y_2 是 C_2^l

$13\leqslant i\leqslant 17,13\leqslant j\leqslant 17$

l 为所有 i,j 的组合,共得到 49 个模糊规则。令

$$\xi_i(\boldsymbol{x}) = \frac{A_i(x_1)B_i(x_2)}{\sum_{i=1}^{12} A_i(x_1)B_i(x_2) + \sum_{i,j=13}^{17} A_i(x_1)B_j(x_2) + \sum_{i=14}^{29} A_i(x_1)B_i(x_2)},$$

$1 \leqslant i \leqslant 12$ 或 $18 \leqslant i \leqslant 29$

$$\xi_{ij}(\boldsymbol{x}) = \frac{A_i(x_1)B_j(x_2)}{\sum_{i=1}^{12} A_i(x_1)B_i(x_2) + \sum_{i,j=13}^{17} A_i(x_1)B_j(x_2) + \sum_{i=14}^{29} A_i(x_1)B_i(x_2)},$$

$13 \leqslant i,j \leqslant 17$

对 $\xi_i(\boldsymbol{x}),\xi_{ij}(\boldsymbol{x})$ 重新排序并写成

$$\boldsymbol{\xi}(\boldsymbol{x}) = [\xi_1(\boldsymbol{x}),\cdots,\xi_{12}(\boldsymbol{x}),\xi_{11}(\boldsymbol{x}),\cdots,\xi_{55}(\boldsymbol{x}),\xi_{14}(\boldsymbol{x}),\cdots,\xi_{29}(\boldsymbol{x})]^{\mathrm{T}}$$

$$\boldsymbol{\theta}_i = (\theta_{i1},\cdots,\theta_{i49}),\quad i=1,2$$

得到模糊逻辑系统

$$\hat{f}(\boldsymbol{x} \mid \boldsymbol{\Theta}_f) = \begin{bmatrix} \boldsymbol{\theta}_1 \\ \boldsymbol{\theta}_2 \end{bmatrix} \boldsymbol{\xi}(\boldsymbol{x}) \tag{11.4.27}$$

用控制律(11.4.3)，参数的自适应律为式(11.4.4)，取 $x_1(0)=x_2(0)=0.5$，其他的初始条件取为零，$M_f=5$。仿真结果如图 11-5、图 11-6 所示。

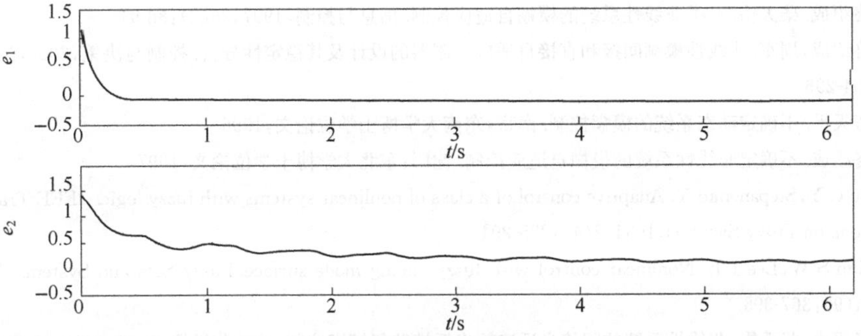

图 11-5　跟踪误差曲线

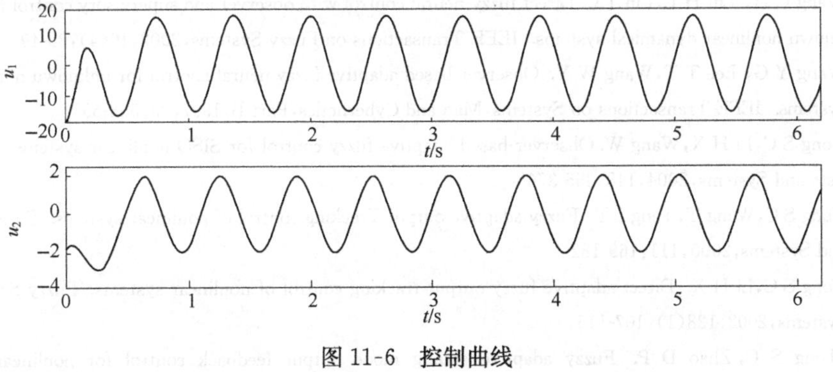

图 11-6　控制曲线

参考文献

[1] 王立新．自适应模糊系统与控制——设计与稳定性分析．北京：国防工业出版社，1995

[2] Wang L X. Stable adaptive fuzzy control of nonlinear systems. IEEE Transactions on Fuzzy Systems, 1993, 1(2): 146-155

[3] Slotine J E, Li W. Applied nonlinear control. Englewood Cliffs: Prentice-Hall, 1991

[4] Sastry S, Bodson M. Adaptive control: stability, convergence and robustness. Englewood Cliffs: Prentice-Hall, 1989

[5] Chen B S, Lee C H, Chang Y C. H_∞ Tracking design of uncertain nonlinear SISO systems: adaptive fuzzy control approach. IEEE Transactions on Fuzzy Systems, 1996, 4(2): 32-43

[6] 佟绍成，柴天佑. 一类非线性系统的模糊自适应 H_∞ 控制. 控制与决策，1997，12(6)：660-666

[7] Spooner J T, Passino K M. Stable adaptive control using fuzzy systems and neural networks. IEEE Transactions on Fuzzy Systems, 1996, 4(3): 339-359

[8] Tong S C, Chai T Y. Adaptive fuzzy sliding mode control for nonlinear systems. Proceedings of IEEE International Conference on Fuzzy Systems, New Orleans, 1996, 49-54

[9] Tong S C, Chai T Y. Fuzzy adaptive control for nonlinear systems. Fuzzy Sets and Systems, 1999, 101: 31-39

[10] Tong S C, Chai T Y. Fuzzy direct adaptive control for a class of nonlinear systems. Fuzzy Sets and Systems, 1999, 103: 379-381

[11] 佟绍成. 柴天佑. 一类非线性系统的模糊自适应控制. 信息与控制，1997，26(2)：88-91

[12] 佟绍成，周军. 非线性模糊间接和直接自适应控制器的设计及其稳定性分析. 控制与决策，2000，15(3)：294-296

[13] 张天平. 不确定动态系统的模糊控制. 南京：东南大学博士学位论文，1996

[14] 佟绍成. 不确定非线性系统的模糊自适应控制. 沈阳：东北大学博士学位论文，1997

[15] Su C Y, Stepanenko Y. Adaptive control of a class of nonlinear systems with fuzzy logic. IEEE Transactions on Fuzzy Systems, 1994, 2(4): 285-294

[16] Kim S W, Lee J J. Nonlinear control with fuzzy sliding mode surface. Fuzzy Sets and Systems, 1995, 71(9): 367-395

[17] 佟绍成，柴天佑. 非线性系统的间接自适应输出反馈监督模糊控制. 自动化学报，2005，12(6)：257-261

[18] 佟绍成，柴天佑. 非线性系统的直接自适应输出反馈监督模糊控制. 控制与决策，2004，19(3)：256-261

[19] Wang C H, Liu H L, Lin T C. Direct fuzzy-neural control with observer and supervisory control for unknown nonlinear dynamical systems. IEEE Transactions on Fuzzy Systems, 2002, 10(4): 39-49

[20] Wang Y G, Lee T T, Wang W Y. Observer-based adaptive fuzzy neural control for unknown nonlinear systems. IEEE Transactions on Systems, Man and Cybernetics, Part B, 1997, 29: 583-591

[21] Tong S C, Li H X, Wang W. Observer-based adaptive fuzzy control for SISO nonlinear systems. Fuzzy Sets and Systems, 2004, 148: 355-376

[22] Tong S C, Wang T, Tang J T. Fuzzy adaptive output Tracking control of nonlinear systems. Fuzzy Sets and Systems, 2000, 111: 169-182

[23] Tong S C, Li H X. Direct adaptive fuzzy output tracking control of nonlinear systems. Fuzzy Sets and Systems, 2002, 128(1): 107-115

[24] Tong S C, Zhao D P. Fuzzy adaptive sliding mode output feedback control for nonlinear systems. Dynamics of Continuous, Discrete and Impulsive systems Series A: Mathematical Analysis, 2004,

11:835-843

[25] Tong S C,Chai T Y. Indirect adaptive fuzzy control and robust analysis for unknown multivariable nonlinear systems. Fuzzy Sets and Systems,1999,106:309-319

[26] Tong S C,Tang J T,Wang T. Fuzzy adaptive control for multivariable nonlinear systems. Fuzzy Sets and Systems,2000,111(2):153-167

[27] Golea N, Golea A, Benmahammed K. Fuzzy model reference adaptive control. IEEE Transactions on Fuzzy Systems,2002,10(4):436-444

[28] Ordonez R,Passino K M. Stable multi-input and multi-output adaptive fuzzy/neural control. IEEE Transactions on Fuzzy Systems,1999,7(3):35-45

[29] Liu C C,Chen F C. Adaptive control of nonlinear continuous-time systems using neural networks-general relative degree and MIMO cases. International Journal of Control,1993,58(2):317-335

[30] Li H X, Tong S C. A hybrid adaptive fuzzy control for a class of nonlinear MIMO systems. IEEE Transactions on Fuzzy Systems,2003,11(1):24-34

[31] Tong S C,Li H X. Fuzzy adaptive sliding-mode control for MIMO nonlinear systems. IEEE Transactions on Fuzzy Systems,2003,11(3):315-322

[32] Golea N,Golea A,Benmahammed K. Stable indirect fuzzy adaptive control. Fuzzy Sets and Systems 2003,137:353-366

[33] 佟绍成,柴天佑.一类多变量非线性系统的自适应输出反馈模糊控制.电子学报,2005,33(6):987-990

[34] Liu Y J,Tong S C,Li T S. Observer-based adaptive fuzzy tracking control for a class of uncertain nonlinear MIMO systems. Fuzzy Sets & Systems,2011,164(1):25-44

[35] 佟绍成,柴天佑.关于一类非线性大系统的间接自适应分散模糊控制.自动化学报,1998,26(6):355-359

[36] Tong S C,Chai T Y. Fuzzy direct adaptive control for a class of decentralized nonlinear systems. International Journal of Cybernetics and Systems,1997,28(3):653-673

[37] Tong S C,Chai T Y. Fuzzy indirect adaptive control for a class of decentralized nonlinear systems. International Journal of Systems Science,1998,29(2):149-157

[38] 佟绍成,柴天佑.关于非线性大系统的直接自适应分散模糊控制. 控制与决策,1997,12:414-419

[39] Spooner J T, Passino K M. Adaptive control of a class of decentralized nonlinear systems. IEEE Transactions on Automatic Control,1996,41(2):280-451

[40] Tong S C,Li H X,Chen G R. Adaptive fuzzy control for decentralized control for a class of large-scale nonlinear systems. IEEE Transactions on Systems,Man and Cybernetics,2004,34(1):770-775

[41] Spooner J T,Passino K M. Decentralized adaptive control and nonlinear systems using radial basis neural networks. IEEE Transactions on Automatics Control,1999,44(11):2050-2057

[42] Huang S N,Tan K K,Lee T H. Nonlinear adaptive control of interconnected systems using neural networks. IEEE Transactions on Neural Networks,2006,17(1):243-246

[43] Lin D,Wang X. Observer-based decentralized fuzzy neural sliding mode control for interconnected unknown chaotic systems via network structure adaptation. Fuzzy Sets & Systems,2010,161(15):2066-2080

[44] Nussbaum R D. Some remarks on the conjecture in parameter adaptive control. Systems and Control Letters 3,1983,3(5):243-246

[45] Ge S S,Hong F,Lee T H. Adaptive neural control of nonlinear time-delay systems with unknown virtual control coefficients. IEEE Transactions on Systems,Man,and Cybernetics,Part B:Cybernetics,2004,34:499-516

[46] Lin F J,Hwang W J,Wai R J. A supervisory fuzzy neural network control system for tracking periodic

inputs. IEEE Transactions on Fuzzy Systems,1999,7(1):41-52

[47] Wang C H,Liu H L,Lin C T. Direct adaptive fuzzy-neural control with state observer and supervisory controller for unknown nonlinear dynamical systems. IEEE Transactions on Fuzzy Systems, 2001, 10(1):39-49

[48] Lin C M,Hsu C F. Supervisory recurrent fuzzy neural network control of wing rock for slender delta wings. IEEE Transactions on Fuzzy Systems,2004,12(5):733-742

[49] Wang L X. Design and analysis of fuzzy identifies of nonlinear dynamic systems. IEEE Transactions on Automatic Control,1995,40(1):11-23

[50] 佟绍成,王涛. 一类非线性多变量系统的直接自适应模糊控制. 控制与决策,1998,13(3):400-411

[51] 唐润涛,佟绍成. 一类非线性多变量系统的间接自适应模糊控制. 信息与控制,1999,28(4):297-302

[52] 佟绍成,柴天佑. 关于一类非线性多变量系统的模糊自适应鲁棒控制. 自动化学报,2000,28(5):674-680

[53] 崔连延,闫俐,佟绍成. 一类多变量非线性动态系统的模糊辨识及鲁棒分析. 控制与决策,1998,13(8):443-447

[54] Rovithakis G A,Chritodoulou M A. Adaptive control of unknown plants using dynamical neural networks. IEEE Transaction on Systems,Man and Cybernetics,Part B,1994,24(3):400-411

[55] Kokotovic P V,Khail H K,Oreily J. Singular Perturbation Methods in Control:Analysis and Design. New York:Academic Press,1986

[56] 戴琼海. 基于动态神经网络的非线性鲁棒自适应控制. 沈阳:东北大学博士论文,1996